Craftsman Gas

가스기능사 필기

한국산업인력공단이 주관 및 시행하는 가스기능사는 고압가스 제조, 저장 및 공급시설, 용기, 기구 등의 제조 및 수리시설을 시공, 조작, 검사하기 위한 기술적 사항의 관리, 생산공정에서 가스생산기계 및 장비를 운전하고 충전하기 위해 예방조치 점검과 고압가스충전용기의 운반, 관리 및 용기 부속품 교체 등의 업무를 수행하기 위해 필요한 국가자격시험제도입니다.

최근 국민 생활수준의 향상과 산업의 발달로 연료용 및 산업용 가스의 수급 규모가 대형화되고, 가스시설이 복잡·다양화됨에 따라 가스 사고건수가 급증하고 사고 규모도 대형화되는 추세입니다. 정부의 도시가스 확대방안으로 가스사용량의 증가가 지속적으로 이루어지고 있는 만큼 가스사고로 인한 인명 피해 또한 증가하고 있습니다. 더불어 이에 따른 가스기능사의 인력수요는 증가할 것입니다.

이 교재는 한국산업인력공단의 변경된 출제기준을 반영하여 이론 내용을 가장 효과적으로 학습할 수 있는 순서에 따라 구성함과 동시에 공단이 실시한 3년간의 기출문제와 CBT 시험에 출제되었던 문제들을 반영한 5회분의 적중 모의고사를 수록하고 있습니다. 또한, 각 이론에는 출제예상문제를 수록하여 학습에 만전을 기할 수 있도록 하였습니다.

가스기능사 관련 자격시험을 다년간 연구하고 분석해 온 저자들이 심혈을 기울여 집필한 교재인 만큼 이 교재를 선택한 여러분들에게 큰 도움이 있을 것으로 확신합니다. 끝으로, 이 교재의 발간을 위해 도움을 주신 많은 교육 현장의 선생님들과 도서출판 책과상상의 임직원 여러분들에게 감사의 말씀을 드립니다.

저자 일동

출제기준
Questions Standard

- 시 행 처 : 한국산업인력공단
- 자격종목 : 가스기능사
- 직무내용 : 가스 시설의 운용, 유지관리 및 사고예방조치 등의 업무를 수행하는 직무
- 시험방법 : 필기_ 전과목 혼합, 객관식 60문항(60분)
  실기_ 복합형[필답형(1시간)+ 작업형(1시간 정도)]
- 합격기준 : (필기·실기) 100점을 만점으로 하여 60점 이상
- 시험시간 : 필기 1시간, 실기 2시간 정도

필기과목 : 가스 법령 활용, 가스사고 예방·관리, 가스시설 유지관리, 가스 특성 활용

주요항목	세부항목	세세항목
1. 가스 법령 활용	1. 가스제조 공급·충전	1. 고압가스 특정·일반제조시설 / 2. 고압가스 공급·충전시설 3. 고압가스 냉동제조시설 / 4. 액화석유가스 공급·충전시설 5. 도시가스 제조 및 공급시설 / 6. 도시가스 충전시설 / 7. 수소 제조 및 충전시설
	2. 가스저장·사용시설	1. 고압가스 저장·사용시설 / 2. 액화석유가스 저장·사용시설 3. 도시가스 저장·사용시설 / 4. 수소 저장·사용시설
	3. 고압가스 관련 설비 등의 제조·검사	1. 특정설비 제조 및 검사 / 2. 가스용품 제조 및 검사 / 3. 냉동기 제조 및 검사 4. 히트펌프 제조 및 검사 / 5. 용기 제조 및 검사
	4. 가스판매, 운반·취급	1. 가스 판매시설 / 2. 가스 운반시설 / 3. 가스 취급
	5. 가스관련법 활용	1. 고압가스안전관리법 활용 / 2. 액화석유가스의안전관리 및 사업법 활용 3. 도시가스사업법 활용 / 4. 수소경제육성 및 수소안전관리법률 활용
2. 가스 사고 예방· 관리	1. 가스사고 예방·관리 및 조치	1. 사고조사 보고서 작성 / 2. 사고조사 장비 관리 / 3. 응급조치
	2. 가스화재·폭발예방	1. 폭발범위·종류 / 2. 폭발의 피해 영향·방지대책 / 3. 위험장소 및 방폭구조 4. 위험성 평가
	3. 부식·비파괴 검사	1. 부식의 종류 및 방식 / 2. 비파괴 검사의 종류
3. 가스 시설 유지 관리	1. 가스장치	1. 기화장치 및 정압기 / 2. 가스장치 요소 및 재료 / 3. 가스용기 및 저장탱크 4. 압축기 및 펌프 / 5. 저온장치
	2. 가스설비	1. 고압가스설비 / 2. 액화석유가스설비 / 3. 도시가스설비 / 4. 수소설비
	3. 가스계측기기	1. 온도계 및 압력계측기 / 2. 액면 및 유량계측기 / 3. 가스분석기 4. 가스누출검지기 / 5. 제어기기
4. 가스 특성 활용	1. 가스의 기초	1. 압력 / 2. 온도 / 3. 열량 / 4. 밀도, 비중 / 5. 가스의 기초 이론 6. 이상기체의 성질
	2. 가스의 연소	1. 연소현상 / 2. 연소의 종류와 특성 / 3. 가스의 종류 및 특성 4. 가스의 시험 및 분석 / 5. 연소계산
	3. 고압가스 특성 활용	1. 고압가스 특성 및 취급 / 2. 고압가스의 품질관리·검사기준적용
	4. 액화석유가스 특성 활용	1. 액화석유가스 특성 및 취급 / 2. 액화석유가스의 품질관리·검사기준적용
	5. 도시가스 특성 활용	1. 도시가스 특성 및 취급 / 2. 도시가스의 품질관리·검사기준적용
	6. 독성가스 특성 활용	1. 독성가스 특성 및 취급 / 2. 독성가스 처리

NCS(국가직무능력표준) 안내

NCS(국가직무능력표준)와 NCS 학습모듈

- 국가직무능력표준(NCS, National Competency Standards)이란 산업현장에서 직무를 수행하기 위해 요구되는 지식·기술·소양 등의 내용을 국가가 산업부문별·수준별로 체계화한 것으로 국가적 차원에서 표준화한 것을 의미합니다.
- NCS 학습모듈은 NCS 능력단위를 교육 및 직업훈련 시 활용할 수 있도록 구성한 교수·학습자 료입니다. 즉, NCS 학습모듈은 학습자의 직무능력 제고를 위해 요구되는 학습 요소(학습 내용)를 NCS에서 규정한 업무 프로세스나 세부 지식, 기술을 토대로 재구성한 것입니다.

NCS 개념도

NCS의 활용영역

구분		활용 콘텐츠
산업현장	근로자	평생경력개발경로, 자가진단도구
	기업	현장수요 기반의 인력채용 및 인사관리기준, 직무기술서
교육훈련기관		직업교육 훈련과정 개발, 교수계획 및 매체·교재개발, 훈련기준 개발
자격시험기관		자격종목설계, 출제기준, 시험문항, 시험방법

NCS 학습모듈의 특징

- NCS 학습모듈은 산업계에서 요구하는 직무능력을 교육훈련 현장에 활용할 수 있도록 성취목표와 학습의 방향을 명확히 제시하는 가이드라인의 역할을 합니다.
- NCS 학습모듈은 특성화고, 마이스터고, 전문대학, 4년제 대학교의 교육기관 및 훈련기관, 직장 교육기관 등에서 표준교재로 활용할 수 있으며 교육과정 개편 시에도 유용하게 참고할 수 있습니다.

NCS와 NCS 학습모듈의 연결 체제

과정평가형 자격취득 안내

과정평가형 자격

과정평가형 자격은 국가기술자격법에 근거하여 국가직무능력표준(NCS)에 따라 설계된 교육·훈련과정을 체계적으로 이수한 교육·훈련생에게 내·외부 평가를 통해 국가기술자격증을 부여하는 새로운 개념의 국가기술자격 취득 제도로서 2015년부터 시행되고 있다.

과정평가형 자격 운영 절차

시행 대상
국가기술자격법의 과정평가형 자격 신청자격에 충족한 기관 중 공모를 통하여 지정된 교육·훈련기관의 단위과정별 교육·훈련을 이수하고 내부평가에 합격한 자

교육·훈련생 평가
① 내부평가(지정 교육·훈련기관)
  ㉮ 평가대상 : 능력단위별 교육·훈련과정의 75% 이상 출석한 교육·훈련생
  ㉯ 평가방법
    ㉠ 지정받은 교육·훈련과정의 능력단위별로 평가
    ㉡ 능력단위별 내부평가 계획에 따라 자체 시설·장비를 활용하여 실시
  ㉰ 평가시기
    ㉠ 해당 능력단위에 대한 교육·훈련이 종료된 시점에서 실시하고 공정성과 투명성이 확보되어야 함
    ㉡ 내부평가 결과 평가점수가 일정수준(40%) 미만인 경우에는 교육·훈련기관 자체적으로 재교육 후 능력단위별 1회에 한해 재평가 실시
② 외부평가(한국산업인력공단)
  ㉮ 평가대상 : 단위과정별 모든 능력단위의 내부평가 합격자
  ㉯ 평가방법 : 1차·2차 시험으로 구분 실시
    ㉠ 1차 시험 : 지필평가(주관식 및 객관식 시험)
    ㉡ 2차 시험 : 실무평가(작업형 및 면접 등)

합격자 결정 및 자격증 교부
① 합격자 결정 기준
  내부평가 및 외부평가 결과를 각각 100점을 만점으로 하여 평균 80점 이상 득점한 자
② 자격증 교부
  기업 등 산업현장에서 필요로 하는 능력보유 여부를 판단할 수 있도록 교육·훈련 기관명·기간·시간 및 NCS 능력단위 등을 기재하여 발급

NCS 및 과정평가형 자격에 대한 내용은 NCS국가직무능력표준 홈페이지(www.ncs.go.kr)에서 보다 자세하게 살펴볼 수 있습니다.

CBT 필기시험제도 안내

CBT 필기시험 개요

CBT(컴퓨터 기반 시험) 필기시험제도는 한국산업인력공단 상설시험장과 외부기관의 시설 및 장비를 임차하여 시행하기 때문에 시험장 사정에 따라 시험일자가 달라질 수 있으며, 수험생들이 선호하는 시험장은 조기 마감될 수 있으므로 주의하여야 합니다.

원서접수 기간 및 접수처

- 한국산업인력공단이 주관 및 시행하는 기능사 정기 CBT 필기시험 및 상시 CBT 필기시험과 관련한 정보는 큐넷 홈페이지(http://www.q-net.or.kr)를 방문하여 확인합니다.
- 기능사 필기시험의 원서접수는 인터넷으로만 가능하며 정기 및 상시시험 모두 큐넷 홈페이지(http://www.q-net.or.kr)에서 접수할 수 있습니다.
- 기능사 상시시험 종목 : 한식조리기능사, 양식조리기능사, 일식조리기능사, 중식조리기능사, 제과기능사, 제빵기능사, 미용사(일반), 미용사(피부), 미용사(네일), 미용사(메이크업), 굴착기운전기능사, 지게차운전기능사, 건축도장기능사, 방수기능사 [14종목]
  ※ 건축도장기능사, 방수기능사 2종목은 정기검정과 병행 시행

CBT 부별 시험시간 안내

구분	입실시간	시험시간	비고
1부	09:30	09:50~10:50	
2부	10:00	10:20~11:20	
3부	11:00	11:20~12:20	
4부	11:30	11:50~12:50	
5부	13:00	13:20~14:20	시험실 입실 시간은 시험 시작 20분 전
6부	13:30	13:50~14:50	
7부	14:30	14:50~15:50	
8부	15:00	15:20~16:20	
9부	16:00	16:20~17:20	
10부	16:30	16:50~17:50	

※ 지역별 접수인원에 따라 일일 시행횟수는 변동될 수 있으며, 원거리 시험장으로 이동할 수 있습니다.

합격자 발표

종이 시험과 달리 CBT 필기시험은 시험이 종료된 후 시험점수와 함께 합격 여부를 확인할 수 있으며, 이 결과는 시험일정 상의 합격자 발표일에 최종 확인할 수 있습니다.

CBT 필기시험 체험하기

01 CBT 필기시험 응시를 위해 지정된 좌석에 앉으면 해당 컴퓨터 단말기가 시험감독관 서버에 연결되었음을 알리는 연결 성공 메시지가 나타납니다.

02 수험자 접속 대기 화면에서 좌석번호를 확인합니다. 좌석번호 확인이 끝나면 시험감독관의 지시에 따라 시험 안내 화면으로 자동으로 이동합니다.

03 수험자 정보를 확인합니다. 감독관의 신분 확인 절차가 진행됩니다. 신분 확인이 모두 끝나면 시험을 시작할 수 있습니다.

04 CBT 필기시험에 대한 안내사항이 나타납니다. 화면은 예제이며, 실제 기능사 필기시험은 총 60문제로 구성되며, 60분간 진행됩니다.

05 다음 항목에서 시험과 관련된 유의사항을 확인합니다. 특히, 시험과 관련한 부정행위 적발 시 퇴실과 함께 해당 시험은 무효처리되어 불합격 될 뿐만 아니라, 이후 3년간 국가기술자격검정에 응시할 수 있는 자격이 정지되므로 부정행위로 인정되는 내용을 꼼꼼히 확인하도록 합니다.

06 메뉴설명 항목에서는 문제풀이와 관련된 메뉴에 대한 설명을 확인할 수 있습니다. CBT 화면에서는 글자 크기를 크게 하거나 작게 할 수 있을 뿐 아니라, 화면 배치를 1단 또는 2단 화면 보기 혹은 한 문제씩 보기로 선택할 수 있습니다.

07 문제풀이 연습 항목에서는 실제 문제를 풀어보는 과정을 연습할 수 있습니다. 실제 시험에서 실수하지 않도록 하기 위해 [자격검정 CBT 문제풀이 연습] 버튼을 클릭합니다.

08 보기의 연습 문제는 국가기술자격시험의 정부 위탁기관인 한국산업인력공단의 본부 청사 소재지를 묻는 것입니다. 현재 한국산업인력공단 본부는 울산광역시에 소재하고 있습니다. 문제 아래의 보기에서 번호 항목을 클릭하거나 답안 표기란의 번호 항목에서 해당 답안을 클릭하여 답안을 체크합니다.

09 문제 아래의 보기를 클릭하거나 오른쪽 답안 표기란의 답안 항목을 클릭하면 화면과 같이 선택한 답안이 OMR 카드에 색칠한 것과 같이 색이 채워집니다.

> 답안을 수정할 때는 마찬가지 방법으로 수정하고자 하는 문제의 보기 항목이나 답안 표기란의 보기 항목에서 수정하고자 하는 답안을 클릭합니다.

10 문제를 풀고 나면 다음 문제를 풀기 위해 화면 하단의 [다음] 버튼을 클릭하여 문제를 계속 풀어나가면 됩니다. 참고로 하단 버튼 중 [계산기]를 클릭하면 간단한 공학용 계산기를 사용하여 계산 문제를 푸는 데 도움을 받을 수 있습니다.

> 계산이 끝나고 계산기를 화면에서 사라지게 하려면 계산기 창의 오른쪽 상단에 있는 닫기 ✖ 버튼을 클릭합니다.

11 문제 풀이 연습이 끝나면 하단의 [답안 제출] 버튼을 클릭하여 답안을 제출합니다.

> 어려운 문제의 경우 하단의 [다음] 버튼을 클릭하여 다음 문제를 풀 수도 있습니다. 단, 이러한 경우 답안을 제출하기 전에 하단의 [안 푼 문제] 버튼을 클릭하여 혹시 풀지 않은 문제가 있는 지 최종적으로 확인하도록 합니다.

12 답안 제출을 클릭하면 나타나는 화면입니다. 수험생들이 실수로 답안을 모두 체크하지 않고 제출할 수 있는 실수를 방지하기 위해 2회에 걸쳐 주의 화면이 나타납니다. 답안을 제출하려면 [예] 버튼을 누릅니다.

13 문제풀이 연습을 모두 마치면 나타나는 화면에서 [시험 준비 완료] 버튼을 클릭합니다. 이후 시험 시간이 되면 시험감독관의 지시에 따라 시험이 자동으로 시작됩니다.

14 본 시험이 시작되면 첫 번째 문제가 화면에 나타납니다. 앞서 문제풀이 연습 때와 마찬가지 방법으로 문제의 보기에서 정답을 클릭하거나 답안 표기란에 해당 문제의 정답 항목을 클릭하여 답을 선택합니다.

15 화면 하단의 [다음] 버튼을 클릭하면 다음 문제를 풀 수 있습니다. 앞서와 마찬가지 방법으로 답안에 체크하고 모든 문제를 풀었다면 [답안 제출] 버튼을 클릭합니다.

> 화면의 상단 오른쪽에 제한 시간과 남은 시간이 표시됩니다. 본 예제는 체험을 위한 것으로 실제 시험시간은 60분이며, 이에 따라 남은 시간도 표시됩니다.

16 수험생의 실수를 방지하기 위해 2회에 걸쳐 주의 문구가 출력됩니다. 모든 문제를 이상없이 풀고 답안에 체크했다면 [예] 버튼을 클릭하여 답안을 제출하고 시험을 마무리합니다.

> 문제 화면으로 다시 돌아가고자 한다면 [아니오] 버튼을 클릭하여 이미 푼 문제들을 다시 확인하고 필요한 경우 답안을 수정할 수 있습니다.

17 답안 제출 화면이 나타납니다. 잠시 기다립니다.

18 CBT 필기시험을 모두 끝내고 답안을 제출하면 곧바로 합격, 불합격 여부를 화면과 같이 확인할 수 있습니다. 독자분들은 꼭 화면과 같은 합격 축하 문구를 볼 수 있기를 기원합니다.

19 앞서의 합격 여부 화면에서 [확인 완료] 버튼을 클릭하면 CBT 필기시험이 종료됩니다. 고생하셨습니다.

본 도서에 수록된 CBT 필기시험 체험하기 내용은 한국산업인력공단의 CBT 체험하기 과정을 인용하여 구성 및 정리한 것입니다. 직접 한국산업인력공단에서 제공하는 CBT 필기시험을 체험하고자 하는 독자께서는 한국산업인력공단이 운영하는 큐넷 홈페이지(www.q-net.or.kr)를 방문하시기 바랍니다.

제1장 가스일반

제1절 | 가스의 기초
- 01 압력(Pressure) 20
- 02 온도(Temperature) 21
- 03 비열(specific heat)과 열량(quantity of heat) 21
- 04 비중, 밀도, 비중량, 비체적 23
- 05 일(Work)과 동력(Power) 25
- 06 열역학 법칙 25
- 07 이상기체 상태방정식 27
- 08 열역학과정 29
- 예상문제 31

제2절 | 가스의 연소
- 01 연소의 개요 45
- 02 연소의 종류 49
- 03 연소계산 49
- 04 가스폭발의 개요 57
- 05 폭발방지 및 소화방법 59
- 06 폭발의 위험성 평가 61
- 07 방폭구조 및 위험장소 62
- 예상문제 64

제3절 | 가스의 성질, 제조방법 및 용도
- 01 고압가스의 분류 74
- 02 고압가스의 특성 76
- 03 액화석유가스(LPG) 87
- 04 도시가스 90
- 예상문제 91

제2장 가스장치 및 기기

제1절 | 가스장치
- 01 금속 재료의 성질 및 탄소강의 종류 112
- 02 관 종류 및 이음방법 114
- 03 밸브 및 스트레이너 117
- 04 단열재 119
- 05 패킹재(packing, gasket) 121
- 06 전기방식 122
- 07 고압가스 용기 124
- 08 저장탱크 126
- 09 비파괴검사 128
- 예상문제 129

제2절 | 저온장치
- 01 가스액화사이클 140
- 02 공기액화분리장치 141
- 03 증기압축식 냉동기 142
- 04 펌프(Pump) 148
- 예상문제 152

제3절 | 가스설비
- 01 도시가스설비 162
- 02 액화석유가스(LPG)설비 171
- 03 고압가스설비 178
- 예상문제 184

제4절 | 가스계측기
- 01 계측기기의 개요 196
- 02 온도계측 198
- 03 압력측정 202
- 04 유량계측 204
- 05 액면계측 207
- 06 가스검지법 209
- 07 가스분석법 210
- 08 자동제어 213
- 예상문제 216

제3장 가스안전관리

제1절 | 고압가스기술기준
- 01 고압가스 용어 및 보호시설 — 226
- 02 고압가스 및 특정고압가스제조 및 저장설비 — 227
- 03 배관 및 부대설비 — 231
- 04 에어졸 제조 및 가스충전·품질검사·가스치환 — 237
- 05 내압시험과 기밀시험 — 240
- 06 경계표지 설치기준 — 241
- 07 가스설비의 점검사항 — 242
- 예상문제 — 243

제2절 | 도시가스 및 액화석유가스기술기준
- 01 도시가스기술기준 — 256
- 02 액화석유가스기술기준 — 261
- 예상문제 — 267

제3절 | 용기 및 냉동기제조와 검사
- 01 용기의 제조 및 검사 — 277
- 02 냉동기 제조 및 검사 — 283
- 예상문제 — 285

제4절 | 가스판매 및 운반
- 01 고압가스 판매시설 기준 — 290
- 02 고압가스 운반기준 — 292
- 예상문제 — 297

제4장 최근기출문제
- 2014년 제1회 기출문제 — 304
- 2014년 제2회 기출문제 — 313
- 2014년 제3회 기출문제 — 322
- 2014년 제4회 기출문제 — 332
- 2015년 제1회 기출문제 — 342
- 2015년 제2회 기출문제 — 352
- 2015년 제3회 기출문제 — 362
- 2015년 제4회 기출문제 — 371
- 2016년 제1회 기출문제 — 380
- 2016년 제2회 기출문제 — 389
- 2016년 제3회 기출문제 — 398

제5장 CBT 대비 적중모의고사
- 제1회 적중모의고사 — 408
- 제2회 적중모의고사 — 417
- 제3회 적중모의고사 — 426
- 제4회 적중모의고사 — 435
- 제5회 적중모의고사 — 444

CHAPTER

01

Craftsman Gas

가스 일반

Section 01 가스의 기초
Section 02 가스의 연소
Section 03 가스의 성질, 제조방법 및 용도

SECTION 01 가스의 기초

STEP 01 압력(Pressure)

1. 압력(P)

단위면적(m^2)당 작용하는 힘(N)이다.

$$P = \frac{F}{A} = \gamma H \ (N/m^2 \text{ 또는 } kgf/m^2)$$

(P(N/m^2 또는 kgf/m^2) : 압력, F(N 또는 kgf) : 힘, A(m^2) : 면적, H(m) : 수두
γ(1000kgf/m^3) : 물의 비중량)

- 1N(뉴튼) = 1kg · m/sec^2
- 1Pa(파스칼) = 1N/m^2

2. 표준대기압(P)

1atm = 760mmHg = 76cmHg
    = 1.0332kgf/cm^2 = 10332kg/m^2
    = 10.33mAq(H$_2$O)
    = 14.7psi(lb/in^2)
    = 101325Pa = 101.3kPa = 0.1MPa
    = 1.01325bar

 공학기압 1at = 1kgf/cm^2 = 10mAq

3. 게이지압력(gauge pressure, Pg)

① 압력계로 측정한 압력으로서 대기압을 0kgf/cm^{2}를 기준으로 측정한 압력이다.
② 단위 : kgf/cm^2 · g

4. 진공압력(vaccum pressure, Pv)

① 대기압보다 낮은 압력으로서 부압이다.
② 단위 : kgf/cm^2 · v

5. 절대압력(Absolute pressure, Pa)

① 완전진공 0kgf/cm²을 기준으로 측정한 압력이다.

② 단위 : kgf/cm² · a

③ 절대압력(Pa)과 게이지압력(Pg), 진공압력(Pv)과의 관계

- Pa = P + Pg
- Pa = P − Pv

STEP 02 온도(Temperature)

1. 온도(t)

구분	빙점(어는점)	비등점(끓는점)	등분	절대온도	관계식
섭씨온도 t_c(℃)	0℃	100℃	100	켈빈온도	$K = 273 + t_c$
화씨온도 t_F(℉)	32℉	212℉	180	랭킨온도	$R = 460 + t_F$

2. 섭씨온도와 화씨온도와의 관계

① 섭씨온도 $t_c = \dfrac{5}{9}(t_F - 32)(℃)$

② 화씨온도 $t_F = \dfrac{9}{5}t_c + 32(℉)$

3. 절대온도

① 켈빈온도 $K = 273 + t_c$ (K)

② 랭킨온도 $R = 460 + t_F$ (R)

STEP 03 비열(specific heat)과 열량(quantity of heat)

1. 비열(C)

1) 비열의 정의

① 어떤 물질 1kg을 1℃ 만큼 높이는데 필요한 열량(kcal)이다.

② 단위 : kcal/kg · ℃

2) 비열의 분류

① 정적비열(C_v) : 체적이 일정할 때의 비열이다.

② 정압비열(C_P) : 압력이 일정할 때의 비열이다.

3) 물질의 비열

물질	비열(kcal/kg·℃)	물질	비열(kcal/kg·℃)
물	1	수증기	0.441
얼음	0.5	공기	0.24

4) 비열비(k)

$$k = \frac{C_P}{C_V} > 1$$

① 비열비는 항상 1보다 크다.
② 정압비열이 정적비열보다 분자운동에너지가 크기 때문에 정압비열(C_P)이 정적비열(C_V)보다 크다.

2. 열량(q)

1) 열량의 단위
   ① 1kcal : 순수한 물 1kg을 1℃만큼 높이는데 필요한 열량이다.
   ② 1B.T.U : 순수한 물 1lb를 1℉만큼 높이는데 필요한 열량이다.
   ③ 1C.H.U : 순수한 물 1lb를 1℃만큼 높이는데 필요한 열량이다.

> **참고** 1kcal = 3.968B.T.U = 2.2046C.H.U = 4.186kJ

2) 현열량(감열량, sensible heat)
   ① 물질의 상태변화는 없고, 온도변화에 필요한 열량이다.
   ② 현열량(q_s)

$$q_s = GC\Delta t \ (kcal)$$
(G(kg) : 질량, C(kcal/kg·℃) : 비열, △t(℃) : 온도차)

3) 잠열량(latent heat)
   ① 물질의 온도변화는 없고, 상태변화에 필요한 열량이다.
   ② 잠열량(q_L)

$$q_L = G \times \gamma \ (kcal)$$
(G(kg) : 질량, γ(kcal/kg) : 대상 물질의 잠열)

   ③ 물질의 잠열량

물질	잠열(kcal/kg)
0℃ 얼음의 융해잠열	79.68
100℃ 물의 증발잠열	539

④ 물질의 상태변화

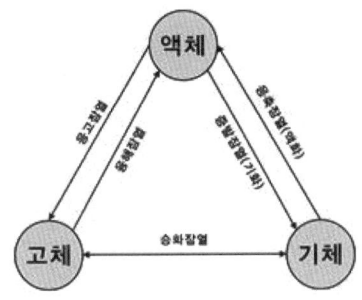

3. 열용량(heat capacity thermal)

어떤 물질을 1℃ 높이는데 필요한 열량이다.

$$q' = GC \ (kcal/℃)$$
(G(kg) : 질량, C(kcal/kg·℃) : 비열)

STEP 04 비중, 밀도, 비중량, 비체적

1. 비중(s)

1) 액비중(물과 비교)

기준 물질의 밀도(4℃ 순수한 물)에 대한 측정 물질의 밀도 비이다.

$$s = \frac{\rho}{\rho_\omega} = \frac{\gamma}{\gamma_\omega}$$
(s : 비중, $\rho(kg/m^3)$: 측정 물질의 밀도, $\rho_w(1000kg/m^3)$: 물의 밀도,
$\gamma(kgf/m^3)$: 측정 물질의 비중량, $\gamma_w(1000kgf/m^3)$: 물의 비중량

2) 기체비중(공기와 비교)

표준상태(0℃, 1atm)의 공기 분자량과 측정기체의 분자량과의 비이다.

$$s = \frac{M}{M_a} = \frac{M}{29}$$
(s : 비중, M : 측정기체의 분자량, Ma(29) : 공기분자량)

가스의 분자량

가스	분자량	가스	분자량	가스	분자량
수소(H_2)	2	질소(N_2)	28	산소(O_2)	32
일산화탄소(CO)	28	이산화탄소(CO_2)	44	아황산가스(SO_2)	64
암모니아(NH_3)	17	염소(Cl_2)	71	포스겐($COCl_2$)	99
아세틸렌(C_2H_2)	26	메탄(CH_4)	16	에탄(C_2H_6)	30
프로판(C_3H_8)	44	부탄(C_4H_{10})	58	프로필렌(C_3H_6)	42

2. 밀도(ρ)

① 단위체적(m^3)당 갖는 질량(kg)이다.

② 단위 : kg/m^3

③ 기체의 밀도

$$\rho = \frac{M}{22.4} \ (kg/m^3)$$

(ρ(kg/m^3) : 밀도, M : 기체의 분자량)

④ 물의 밀도 ρ = 1,000kg/m^3 = 102$kgf \cdot sec^2/m^4$

3. 비중량(γ)

① 단위체적(m^3)당 갖는 중량(kgf)이다.

② 단위 : kgf/m^3

③ 물의 비중량 γ = 1,000kgf/m^3 = 9,800N/m^3

④ 비중량

$$\gamma = \rho g \ (kgf/m^3)$$

(γ(kgf/m^3) : 비중량, ρ(kg/m^3) : 밀도, g(9.8m/sec^2) : 중력가속도)

4. 비체적(v)

① 단위질량(kg)당 갖는 체적(m^3)으로서 밀도(ρ)의 역수이다.

② 단위 : m^3/kg

③ 밀도의 역수이다.

$$v = \frac{1}{\rho} = \frac{22.4}{M} \ (m^3/kg)$$

(v(m^3/kg) : 비체적, ρ(kg/m^3) : 밀도, M : 기체의 분자량)

STEP 05 일(Work)과 동력(Power)

1. 일(Work)
① 어떤 물체에 힘(kgf 또는 N)을 가했을 때 이동한 거리(m)를 일(kgf·m 또는 N·m)이라 한다.
② 일

$$W = F \times S \ (N \cdot m \text{ 또는 } kgf \cdot m)$$
(F(N 또는 kgf) : 힘, S(m) : 이동한 거리)

> 참고 1J(주울) = 1N·m

2. 동력(Power, Load)
① 단위시간 동안의 일량을 동력이라 한다.
② 동력

$$L = \frac{W}{t} \ (W)$$
(W(J 또는 kgf·m) : 일, t(sec) : 시간)

③ 국제동력 1kW = 102kgf·m/sec = 860kcal/h
④ 국제마력 1PS = 75kgf·m/sec = 632kcal/h
⑤ 영국마력 1HP = 76kgf·m/sec = 641kcal/h

STEP 06 열역학 법칙

1. 열역학법칙
1) 열역학 제0법칙(온도평형의 법칙)
① 온도가 서로 다른 물질을 혼합시키면 높은 온도의 물질은 온도가 내려가고, 낮은 온도의 물질은 온도가 올라가서 두 물질의 온도는 같게 된다.
② 비열이 같은 두 물질을 혼합할 경우 평균온도(t_3)

$$t_3 = \frac{G_1 t_1 + G_2 t_2}{G_1 + G_2} \ (℃)$$
($G_1 \cdot G_2$(kg) : 고온·저온 물질의 질량,
$t_1 \cdot t_2$(℃) : 고온·저온 물질의 온도)

2) 열역학 제1법칙(에너지보존의 법칙)
① 열은 기계적 일로, 기계적 일은 열로 변화시킬 수 있다는 것으로 에너지 보존법칙이다.

② 제1종 영구기관(에너지의 공급을 받지 않고 일을 계속할 수 있는 기관)은 존재할 수 없다.
③ 열(Q)과 일(W)의 관계

열량 Q(kcal) = AW(kgf · m) 일의 열당량 A = $\frac{1}{427}$ kcal/kgf · m	일량 W(kgf · m) = JQ(kcal) 열의 열당량 J = 427kgf · m/kcal

3) 열역학 제2법칙(자연법칙)
① 일은 열로 쉽게 변환 시킬 수 있으나 열을 일로 쉽게 변환시킬 수 없다는것을 명시한 법칙으로서 열역학 제1법칙의 방향성을 제시한 법칙이다.
② 자연적인 법칙으로서 열은 고온에서 저온으로 이동한다.
③ 손실을 수반하는 비가역적 현상을 명시하는 법칙이다.
④ 제2종 영구기관(열효율이 100%인 기관)은 존재할 수 없다.

4) 열역학 제3법칙(절대온도의 법칙)
어떤 방법으로도 어떤 계(영역)를 절대온도 0도로 이르게 할 수 없다. 따라서, 절대온도에 관한 법칙이다.

2. 엔탈피(enthalpy, h 또는 i)
① 액체 또는 기체가 갖는 단위 중량당의 열에너지이다.
② 단위 : kcal/kg
③ 엔탈피는 내부에너지와 외부에너지(일)의 합이다.

$$h = u + APv \ (kcal/kg)$$
(h(kcal/kg) : 엔탈피, u(kcal/kg) : 내부에너지, APv(kcal/kg) : 외부에너지(일),
A(1/427kcal/kgf · m) : 일의 열당량, P(kgf/m^2) : 압력, v(m^3/kg) : 비체적)

3. 엔트로피(entropy, s)
① 어떤 물질 1kg이 일정한 온도에서 얻은 열량(kcal)을 절대온도(K)로 나눈 값이다.
② 단위 : kcal/kg · K, KJ/kg · K
③ 0℃ 포화액의 엔트로피 : 1kcal/kg · K
④ 열출입이 없는 단열과정(등엔트로피변화)은 엔트로피변화가 없다.

4. 보일과 샤를의 법칙
1) 보일의 법칙
온도(T)가 일정할 때 압력(P)과 체적(V)은 반비례한다.

$$\frac{P_2}{P_1} = \frac{V_1}{V_2}$$
(P_1, P_2 : 압력, V_1, V_2 : 체적)

2) 샤를의 법칙

압력(P)이 일정할 때 체적(V)과 온도(T)는 비례한다.

$$\frac{V_2}{V_1} = \frac{T_2}{T_1}$$
(V_1, V_2 : 체적, T_1, T_2 : 온도)

3) 보일과 샤를의 법칙

압력(P)은 온도(T)에 비례하고, 체적(V)에 반비례한다.

$$\frac{P_1 V_1}{T_1} = \frac{P_2 V_2}{T_2}, \quad \frac{P_2}{P_1} = \frac{T_2}{T_1} \times \frac{V_1}{V_2}$$
(P_1, P_2 : 압력, V_1, V_2 : 체적, T_1, T_2 : 온도)

5. 헨리의 법칙

① 기체의 용해도에 관한 법칙으로서 온도가 낮을수록, 압력이 높을수록 잘 용해된다.
② 물에 잘 녹지 않는 수소(H_2), 산소(O_2), 질소(N_2), 이산화탄소(CO_2) 등에 적용된다.

6. 그레이엄의 법칙

① 기체의 확산속도법칙으로서 일정한 온도에서 기체의 확산속도는 그 기체의 분자량 제곱근에 반비례한다.
② 모든 동일한 조건에서 기체의 분자량이 클수록 확산속도는 느리게 진행된다.

$$\frac{U_2}{U_1} = \sqrt{\frac{M_1}{M_2}} = \sqrt{\frac{\rho_1}{\rho_2}}$$
(U_1, U_2 : 확산속도, M_1, M_2 : 분자량, ρ_1, ρ_2 : 밀도)

STEP 07 이상기체 상태방정식

1. 이상기체의 성질

① 보일과 샤를의 법칙을 만족한다.
② 분자 상호간의 인력은 무시한다.
③ 분자간의 충돌은 완전탄성체이다.
④ 고온, 저압일 때 만족한다.

2. 아보가드로의 법칙

표준상태(0℃, 1atm)에서 모든 기체 1mol이 차지하는 부피는 22.4ℓ이며 이 때 6.02×10^{23}개의 분자량이 존재한다.

3. 이상기체 상태방정식

$$PV = nRT = \frac{W}{M}RT$$

(P(atm) : 압력, V(ℓ) : 체적, n : mol수, T(K) : 절대온도,
W(g) : 질량, M(g/mol) : 분자량, R(ℓ·atm/g-mol·K) : 기체상수)

 기체상수(R)
- 0.08205 ℓ·atm/g−mol·K = 0.08205 m³·atm/kg−mol·K
- 1.987kcal/kg−mol·K = 1.987cal/g−mol·K
- 848kgf·m/kg−mol·K = 8314.3N·m/kg−mol·K

$$PV = GRT$$

(P(kgf/m²) : 압력, V(m³) : 체적, T(K) : 절대온도, G(kg) : 질량,
R($\frac{848}{M}$ kgf·m/kg·K) : 일반기체상수, M : 분자량)

$$Pv = RT, \quad \frac{P}{\rho} = RT$$

(P(kgf/m²) : 압력, v(m³/kg) : 비체적, ρ(kg/m³) : 밀도, T(K) : 절대온도,
R($\frac{848}{M}$ kgf·m/kg·K) : 일반기체상수, M : 분자량)

 비열비(k)와 기체상수(R)와 관계
- 비열비 $k = \frac{C_P}{C_V}$
- 기체상수 $R = C_P - C_V$
- 정압비열 $C_P = \frac{kR}{k-1}$
- 정적비열 $C_V = \frac{R}{k-1}$

4. 실제기체 상태방정식

1) 반데르 바알스 방정식

$$\left(P + \frac{a}{V^2}\right)(V - b) = RT$$

($\frac{a}{V^2}$: 기체분자간의 인력, b : 기체가 차지하는 부피)

2) 압축계수(Z)가 주어지는 경우

$$PV = ZnRT$$
(Z : 압축계수)

5. 일반가스의 가열에 의한 상태변화
① 과냉각액 : 열을 가하면 상태변화없이 온도가 상승하여 포화액에 도달하기 전의 액이다.
② 포화액 : 열을 가하면 온도변화없이 상태가 변하여 증발하기 시작하는 액으로서 더 이상 100% 액으로 존재할 수 없는 액이다. 이때의 온도와 압력을 포화온도 및 포화압력이라 한다.
③ 습포화증기 : 포화액이 증발하여 100% 증기가 될 때까지의 과정으로서 일정한 온도와 압력하에서 액과 증기가 서로 공존하는 상태이다.
④ 건조포화증기 : 포화액이 완전히 증발하여 100%의 증기상태로 된 증기이다.
⑤ 과열증기 : 건조포화증기를 가열하면 증기가 포화온도 이상으로 과열된 증기이다.
⑥ 임계점 : 임계온도 이상에서는 증기를 냉각시켜도 액화되지 않으며, 임계온도에서는 액체와 증기가 서로 평형을 이루는 상태이다.
⑦ 건조도 : 습포화증기상태에서 액과 증기의 비를 증기의 양으로 표시한 것이다.
⑧ 과열도 : 과열증기온도 − 포화온도

STEP 08 열역학과정

1. 가역과정
마찰 또는 열손실을 수반하지 않는 이상적인 경우에는 어느 방향으로 변화시켜도 완전하게 처음의 상태로 돌아가는 변화이다.

1) 등온과정
① 시스템에서 동작유체의 온도를 일정하게 유지시키면서 진행되는 과정이다.
② 온도가 일정하면 보일법칙에 의하여 압력과 체적은 반비례한다.

2) 정압과정
① 시스템에서 동작유체의 압력을 일정하게 유지시키면서 진행되는 과정이다.
② 압력이 일정하면 샤를법칙에 의하여 온도와 체적은 비례한다.

3) 정적과정
① 시스템에서 동작유체의 체적을 일정하게 유지시키면서 진행되는 과정이다.
② 체적이 일정하면 압력과 온도는 비례한다.

4) 단열과정(등엔트로피 변화)
① 동작유체가 상태변화를 하는 동안 시스템에는 열의 출입이 없고 또한 마찰열에 의한 내부 발생열이 없는 과정이다.

② 단열압축과정은 압력과 온도가 상승하고, 단열팽창과정은 압력과 온도가 저하된다.

> **참고** 주울-톰슨 효과
> 압축된 가스를 단열팽창시키면 온도와 압력이 강하한다.

5) 폴리트로픽과정

기체의 상태변화 과정을 고려하여 등온, 정압, 정적, 단열과정을 포함한 일반적인 과정이다.

폴리트로픽 지수(n)에 따른 변화
- n = 0 : 정압과정
- n = 1 : 등온과정
- n = k : 단열과정
- n = ∞ : 정적과정
- n = n : 폴리트로픽과정

2. 비가역과정

① 에너지의 총량은 변하지 않으나 엔트로피의 총합은 증가한다.
② 종류 : 교축변화, 가스의 혼합, 마찰 수반

제01절_ 가스의 기초
출제예상문제

01 다음 기술 중 적합하지 아니한 것은?

① 단위 질량의 물질의 온도를 1℃ 올리는데 필요한 열량을 현열이라 한다.
② 열의 전달 방법으로는 전도, 대류 및 방사(복사)의 3가지가 있다.
③ 임계온도이상의 온도에서는 어떤 압력을 가하여도 액화는 일어나지 않는다.
④ 액체를 일정 압력으로 가열할 경우 비점에 도달하면 액이 모두 증발할 때까지 온도는 일정하다.

🔍 • 비열 : 어떤 물질 1kg을 1℃ 만큼 높이는데 필요한 열량
• 현열 : 물질의 상태는 변화가 없고 온도만 변하는데 필요한 열량

02 다음 가스 중 비중이 공기보다 무거워 바닥에 체류하는 가스로만 된 것은?

① 프로판, 염소, 포스겐
② 프로판, 수소, 아세틸렌
③ 염소, 암모니아, 아세틸렌
④ 염소, 포스겐, 암모니아

🔍 분자량이 큰 물질은 비중이 공기보다 커서 바닥에 체류한다.

가스명	분자량	가스명	분자량
프로판	44	포스겐	99
아세틸렌	26	염소	71
암모니아	17	수소	2

03 용기에 산소가 충전되어 있다. 이 용기의 온도가 15℃ 일 때 압력은 150kg/cm² · g였다. 이 용기가 직사일광을 받아서 용기의 온도가 40℃로 상승하였다면, 이 때의 압력은 몇 [kg/cm² · g] 가 되겠는가?

① 163kg/cm² · g
② 138kg/cm² · g
③ 100kg/cm² · g
④ 56kg/cm² · g

🔍 용기에 산소가 충전되어 있으므로 산소의 부피는 일정하다. 따라서, 보일과 샤를의 법칙을 적용하면
$\frac{P_1}{T_1} = \frac{P_2}{T_2}$ 에서
압력 $P_2 = P_1 \times \frac{T_2}{T_1} = 150 \times \frac{273+40}{273+15}$
$\approx 163 kg/cm^2 \cdot g$

04 부탄(C_4H_{10})용기에서 액체 580g이 대기중에 방출되었다. 표준상태에서 부피는 몇 [ℓ]가 되는가?

① 230 ℓ
② 150 ℓ
③ 224 ℓ
④ 210 ℓ

🔍 표준상태이므로 0℃, 1atm을 적용하여 이상기체상태방정식에 대입한다.
이상기체상태방정식 $PV = \frac{W}{M}RT$ 에서
부피 $V = \frac{WRT}{PM} = \frac{580 \times 0.08205 \times 273}{1 \times 58} = 224 \ell$

05 압력의 특징을 설명한 것 중 맞는 것은?

① 액두압이란 액화가스 저장탱크 내부의 윗부분 압력이다
② 고압가스법에 표시되는 압력은 절대압력이다.
③ 대기압보다 낮은 압력을 절대압력이라 한다.
④ 절대압력은 게이지 압력에 대기압을 더한 압력이다.

🔍 • 절대압력은 게이지압력에 대기압을 더한 압력이다.
• 진공압력은 대기압보다 낮은 압력이다.

06 표준대기압 하에서 물 1kg을 1℃ 올리는데 필요한 열량의 단위는 어느 것인가?

① kcal
② B.T.U
③ C.H.U
④ Joule

🔍 열량
• 1kcal : 순수한 물 1kg을 1℃만큼 높이는데 필요한 열량
• 1B.T.U : 순수한 물 1lb를 1℉만큼 높이는데 필요한 열량
• 1C.H.U : 순수한 물 1lb를 1℃만큼 높이는데 필요한 열량

정답 01 ① 02 ① 03 ① 04 ③ 05 ④ 06 ①

07 화씨온도 104°F를 섭씨온도로 환산하면 몇 [℃]인가?

① 25 ② 30
③ 35 ④ 40

> 화씨온도(°F)를 섭씨온도(℃)로 환산
> 섭씨온도 $℃ = \frac{5}{9}(°F - 32)$ 에서
> $℃ = \frac{5}{9}(104 - 32) = 40℃$

08 1[J]은 몇 [cal]의 열량에 해당하는가?

① 0.24 ② 2.4
③ 4.2   ④ 42

> 열량(cal)과 일량(J)의 관계
> • 1cal = 4.186J   • 1J = 0.24cal

09 내부에너지를 U, 외부에너지를 W라고 할 때 총 엔탈피 I를 구하는 식으로 옳은 것은?

① I = W − U   ② I = U ÷ W
③ I = U + W   ④ I = U × W

> 엔탈피(I)는 내부에너지(U)와 외부에너지(일, W)의 합으로 구성되어 있다. 따라서, 엔탈피 I = U + W이다.

10 엔트로피의 설명 중 틀린 것은?

① 단위는 kcal/kg · K이다.
② 0℃ 포화액의 엔트로피를 1로 규정하였다.
③ 단위중량당의 물체가 얻는 열량을 말한다.
④ 열출입이 없는 단열변화의 경우엔 엔트로피의 증감은 없다.

> 엔탈피는 액체 또는 기체가 갖는 단위 중량당의 열량이다.

11 다음 보기 중 압력이 높은 순서대로 나열된 것은?

• 림 : 100atm
• 립 : 2kg/mm²
• 릿 : 15m 수은주

① 림, 립, 릿   ② 립, 릿, 림
③ 릿, 림, 립   ④ 립, 림, 릿

> 압력 환산
> • 표준대기압 $1atm = 76cmHg = 1.0332 kg/cm^2$
> • 압력을 kg/cm² 단위로 환산하면
> − 림 : $\frac{100atm \times 1.0332 kg/cm^2}{1atm} = 103.32 kg/cm^2$
> − 립 : $2\frac{kg}{mm^2} \times \frac{10mm}{1cm} \times \frac{10mm}{1cm} = 200 kg/cm^2$
> − 릿 : $\frac{15mHg \times 1.0332 kg/cm^2}{0.76mHg} = 20.39 kg/cm^2$

12 표준상태에서 1,000ℓ의 체적을 갖는 가스상태의 부탄은 몇 [kg] 인가?

① 2.59   ② 3.12
③ 4.98   ④ 5.1

> 이상기체 상태방정식(표준상태 0℃, 1atm)을 적용한다.
> $PV = \frac{W}{M}RT$ 에서
> 질량 $W = \frac{PVM}{RT} = \frac{1 \times 1,000 \times 58}{0.08205 \times 273}$
> $= 2,589.3g = 2.59kg$

13 다음 중 물의 증발잠열은 얼마인가?

① 539kcal/kg
② 79.68kcal/kg
③ 539kg/kcal
④ 79.68kg/kcal

> 증발잠열
> • 물의 증발잠열 = 539kcal/kg
> • 얼음의 융해잠열 = 79.68kcal/kg

14 모든 조건이 동일할 때 다음 중 어느 기체의 확산속도가 가장 느리게 진행되는가?

① O_2
② CO_2
③ C_3H_8
④ C_4H_{10}

> 그레이엄의 확산속도법칙에서 모든 동일한 조건에서 기체의 분자량이 클수록 확산속도는 느리게 진행된다.

가스	분자량	가스	분자량
O_2	32	C_3H_8	44
CO_2	44	C_4H_{10}	58

정답 07 ④ 08 ① 09 ③ 10 ③ 11 ④ 12 ① 13 ① 14 ④

15 다음은 현열에 대한 설명이다. 맞는 것은?

① 물질이 상태변화 없이 온도가 변할 때 필요한 열이다.
② 물질이 온도변화 없이 상태가 변할 때 필요한 열이다.
③ 물질이 상태, 온도 모두 변할 때 필요한 열이다.
④ 물질이 온도변화 없이 압력이 변할 때 필요한 열이다.

🔍 • 현열 : 물질이 상태변화 없이 온도가 변할 때 필요한 열이다.
• 잠열 : 물질이 온도변화 없이 상태가 변할 때 필요한 열이다.

16 다음 중 일반 기체 상수의 단위는?

① kg · m/kg · K
② kg · m/kcal · K
③ kg · m/m³ · K
④ kcal/kg · ℃

🔍 일반기체상수 $R = \dfrac{848}{M}(kg \cdot m/kg \cdot K)$
여기서, M : 분자량

17 압력 10kg/cm²은 몇 [mAq] 인가?

① 1   ② 10
③ 100   ④ 1,000

🔍 압력 1kg/cm² = 10mAq이므로 10kg/cm²일 때 100mAq이다.

18 산소가스가 27℃에서 130kg/cm²의 압력으로 50kg이 충전되어 있다. 이 때 부피는 몇 [m³] 인가? (단, 산소의 정수는 26.5kg · m/ kg · K)

① 0.30m³   ② 0.25m³
③ 0.28m³   ④ 0.43m³

🔍 이상기체 상태방정식(표준상태 0℃, 1atm)을 적용한다.
$PV = GRT$ 에서
부피 $V = \dfrac{GRT}{P}$
$= \dfrac{50 \times 26.5 \times (273 + 27)}{130 \times 10^4}$
$= 0.306 m^3$

19 압력이 650mmHg인 10ℓ의 질소는 압력 760mmHg 에서는 약 몇 [ℓ] 인가? (단, 온도를 일정하다고 본다.)

① 8.5ℓ   ② 10.5ℓ
③ 15.5ℓ   ④ 20.5ℓ

🔍 보일의 법칙은 적용(온도가 일정)하다.
$P_1V_1 = P_2V_2$ 에서
체적 $V_2 = V_1 \times \dfrac{P_1}{P_2} = 10 \times \dfrac{650}{760} = 8.55 \ell$

20 다음 중 열과 같은 차원을 갖는 것은?

① 밀도   ② 비중
③ 비중량   ④ 에너지

🔍 에너지는 일을 할 수 있는 능력으로서 열이 전달되면 열에너지로 된다.

21 다음 온도에 대한 설명 중 옳은 것은?

① 절대온도 0도는 물의 어는 온도를 0으로 기준한 온도이다.
② 임계(臨界)온도 이상시에는 액화되지 않는다.
③ 임계온도는 기체를 액화시킬 수 있는 최소의 온도이다.
④ 온도의 상한계(上限界)를 기준으로 정한 것이 절대온도이다.

🔍 임계온도 이상에서는 증기를 냉각시켜도 액화되지 않으며, 임계온도 이상에서는 액체와 증기가 서로 평형으로 존재할 수 없는 상태이다.

22 0℃ 얼음 30kg을 100℃ 물로 만들 때 필요한 프로판 질량은 몇 [g] 인가? (단, 프로판의 발열량은 12,000kcal/kg 이다.)

① 300   ② 350
③ 400   ④ 450

🔍 • 얼음을 물로 만들 때 열량(q_1)
$q_1 = 30 \times 79.68 + 30 \times (100 - 0) = 5,390.4 kcal$
• 프로판의 열량(q_2)
$q_1 = G \times 12,000 kcal/kg$
• $q_1 = q_2$ 에서 $5390.4 = 12000G$
프로판의 질량 $G = \dfrac{5390.4}{12,000} = 0.4492 kg = 449.2 g$

정답 15 ① 16 ① 17 ③ 18 ① 19 ① 20 ④ 21 ② 22 ④

23 진공도 90%란? (단, 대기압은 760mmHg)

① $0.1033 kg/cm^2 \cdot a$
② $1.148 ata$
③ $684 mmHg$
④ $760 mmAq$

🔍 진공도 90%이므로
진공압력 $760 mmHg \times 0.9 = 684 mmHg \cdot V$
- 절대압력 $P_a = P - P_v$에서
  $P_a = 760 mmHg - 684 mmHg = 76 mmHg \cdot a$
  $= 1.0332 kg/cm^2 \times \dfrac{76 mmHg}{760 mmHg}$
  $= 0.10332 kg/cm^2 \cdot a$

24 다음 중 가장 큰 압력은?

① $1,000 kg/m^2$
② $10 kg/cm^2$
③ $0.01 kg/mm^2$
④ 수주 150m

🔍 압력 $10 kg/cm^2$를 기준
- $1,000 kg/m^2 = 1,000 \dfrac{kg}{m^2} \times \dfrac{1m}{100cm} \times \dfrac{1m}{100cm}$
  $= 0.1 kg/cm^2$
- $0.01 kg/mm^2 = 0.01 \dfrac{kg}{mm^2} \times \dfrac{10mm}{1cm} \times \dfrac{10mm}{1cm}$
  $= 1 kg/cm^2$
- $150 mH_2O = 1 kg/cm^2 \times \dfrac{150 mH_2O}{10 mH_2O}$
  $= 15 kg/cm^2$

25 다음 보기의 세 종류 물질에 동일량의 열량을 흡수시켰을 때 그 최종 온도가 높은 것부터 낮은 것의 순서대로 올바르게 나열된 것은? (단, 최초 온도는 동일한 것으로 본다.)

┌─────────────────────────┐
│ ㉠ 비열 0.7인 물질 30kg   │
│ ㉡ 비열 1인 물질 15kg   │
│ ㉢ 비열 0.5인 물질 40kg   │
└─────────────────────────┘

① ㉠-㉡-㉢
② ㉠-㉢-㉡
③ ㉡-㉠-㉢
④ ㉡-㉢-㉠

🔍 열량 $q = GC(t_2 - t_1)(kcal)$
(G(kg) : 질량, C(kcal/kg · ℃) : 비열,
t_1(℃) : 최초온도, t_2(℃) : 최종온도)
- 동일한 열량을 흡수하므로 $q = 1,000 kcal$로 가정한다.
- 최초온도는 동일하므로 $t_1 = 20℃$로 가정한다.
- 최종온도 $t_2(℃) = t_1 + \dfrac{q}{GC}$

 ㉠ 비열 0.7인 물질 30kg
  $t_2 = 20℃ + \dfrac{1,000 kcal}{30 kg \times 0.7 kcal/kg \cdot ℃} = 67.6℃$
 ㉡ 비열 1인 물질 15kg
  $t_2 = 20℃ + \dfrac{1,000 kcal}{15 kg \times 1 kcal/kg \cdot ℃} = 86.6℃$
 ㉢ 비열 0.5인 물질 40kg
  $t_2 = 20℃ + \dfrac{1,000 kcal}{40 kg \times 0.5 kcal/kg \cdot ℃} = 70℃$

26 다음 중 엔트로피의 변화가 없는 것은?

① 폴리트로픽 변화   ② 단열변화
③ 등온변화   ④ 등압변화

🔍 등엔트로피변화는 열의 출입이 없는 단열변화이다.

27 비체적이 큰 순서대로 올바르게 나열된 것은?

① 프로판 - 메탄 - 질소 - 수소
② 프로판 - 질소 - 수소 - 메탄
③ 수소 - 메탄 - 질소 - 프로판
④ 수소 - 질소 - 메탄 - 프로판

🔍 비체적은 분자량에 반비례한다. 따라서, 분자량이 작을수록 비체적은 크다.

가스	분자량	가스	분자량
수소	2	메탄	16
질소	28	프로판	44

28 다음은 온도 환산식이다. 옳게 표시된 것은?

① $K = ℃ - 273.15$
② $K = (5/9)R$
③ $℃ = (9/5)(°F + 32)$
④ $°F = R + 460$

🔍
- 섭씨온도 $℃ = (5/9)(°F - 32)$
- 켈빈온도 $K = ℃ + 273.15$
- 화씨온도 $°F = R - 460$

29 다음 압력 중 가장 높은 압력은?

① $2.4 kg/cm^2 \cdot a$ ② $3.1 kg/cm^2 \cdot g$
③ 760mmHg ④ 1017mmbar

> 압력 $3.1 kg/cm^2 \cdot g$를 기준
> • $2.4 kg/cm^2 \cdot a = 2.4 kg/cm^2 - 1.0332 kg/cm^2$
> $= 1.3668 kg/cm^2 \cdot g$
> • $760 mmHg = 1.0332 kg/cm^2$
> • $1017 mmbar = \frac{1017 mmbar}{1013 mmbar} \times 1.0332 kg/cm^2$
> $= 1.04 kg/cm^2$

30 10joule의 일의 양을 cal 단위로 나타내면?

① 0.39 ② 1.39
③ 2.39 ④ 3.39

> • 1cal = 4.186joule
> • 1joule = 0.239cal이므로 10joule는 2.39cal이다.

31 다음 중 단위가 옳게 연결된 것은?

① 엔탈피 – kcal/kg · ℃
② 밀도 – kcal/kg
③ 비체적 – kg/m³
④ 열의 일당량 – kg · m/kcal

> • 엔탈피 – kcal/kg   • 밀도 – kg/m³
> • 비체적 – m³/kg   • 비열 – kcal/kg · ℃

32 가스밀도가 0.25인 기체의 비체적은?

① 0.25 ℓ/g ② 0.25kg/ℓ
③ 4.0 ℓ/g   ④ 4.0kg/ℓ

> 비체적(v)은 가스밀도(ρ)의 역수이다.
> $v = \frac{1}{\rho} = \frac{1}{0.25} = 4 kg/\ell$

33 압력에 대한 정의는?

① 단위 체적에 작용되는 힘의 합
② 단위 체적에 작용되는 모멘트의 합
③ 단위 면적에 작용되는 힘의 합
④ 단위 길이에 작용되는 모멘트의 합

> 압력은 단위면적(m²)당 작용하는 힘(kgf 또는 N)이다.

34 -10℃인 얼음 10kg을 1기압에서 증기로 변화시킬 때 필요한 열량은 몇 [kcal] 인가? (단, 얼음의 비열은 0.5kcal/kg℃, 얼음의 용해열 80kcal/kg, 물의 기화열은 539kcal/kg이다.)

① 5,400 ② 6,000
③ 6,240 ④ 7,240

> • -10℃ 얼음의 현열량 $q_1 = GC\Delta t$에서
> $q_1 = 10 \times 0.5 \times \{0-(-10)\} = 50 kcal$
> • 0℃ 얼음의 융해잠열량 $q_2 = G \cdot \gamma$에서
> $q_2 = 10 \times 80 = 800 kcal$
> • 100℃ 물의 현열량 $q_3 = GC\Delta t$에서
> $q_3 = 10 \times 1 \times (100-0) = 1,000 kcal$
> • 100℃ 물의 증발잠열량 $q_4 = G \cdot \gamma$에서
> $q_4 = 10 \times 539 = 5,390 kcal$
> ∴ 열량 $q = 50 + 800 + 1,000 + 5,390 = 7,240 kcal$

35 다음 중 확산 속도가 가장 빠른 것은?

① O_2 ② N_2
③ CH_4 ④ CO_2

> 모든 동일한 조건에서 기체의 분자량이 작을수록 확산속도는 빠르게 진행된다.

가스	분자량	가스	분자량
O_2	32	CH_4	16
N_2	28	CO_2	44

36 대기압 750mmHg 하에서 게이지압력 $3.25 kg/cm^2$이면, 이때 절대압력은 약 몇 [$kg/cm^2 \cdot a$] 인가?

① $0.42 kg/cm^2 \cdot a$
② $4.27 kg/cm^2 \cdot a$
③ $42.7 kg/cm^2 \cdot a$
④ $427 kg/cm^2 \cdot a$

> • 표준대기압 $1 atm = 760 mHg = 1.0332 kg/cm^2$
> • 대기압 $P = \frac{750 mmHg}{760 mmHg} \times 1.0332 kg/cm^2 = 1.02 kg/cm^2$
> • 게이지압력 $Pg = 3.25 kg/cm^2$
> • 절대압력 $Pa = 3.25 + 1.02 = 4.27 kg/cm^2 \cdot a$

37 1atm과 다른 것은?

① $9.8N/m^2$ ② $101325Pa$
③ $14.7LB/in^2$ ④ $10.332mAq$

🔍 표준대기압
$1atm = 760mmHg = 1.0332kg/cm^2$
$= 10.332mAq = 14.7LB/in^2$
$= 101325Pa$

38 일정 압력, 20℃에서 체적 1L의 가스는 40℃에서는 약 몇 [L]가 되는가?

① 1.07 ② 1.21
③ 1.30 ④ 1.41

🔍 샤를의 법칙(압력이 일정) $\frac{V_1}{T_1} = \frac{V_2}{T_2}$에서
최종체적 $V_2 = \frac{T_2}{T_1} \times V_1 = \frac{273+40}{273+20} \times 1 = 1.07L$

39 압력단위에 대한 설명 중 옳은 것은?

① 절대압력 = 게이지압력 + 대기압
② 절대압력 = 대기압 + 진공압
③ 대기압은 진공압보다 낮다.
④ 1atm은 $1033.2kg/cm^2$이다.

🔍 압력
• 절대압력 = 대기압 − 진공압
• 진공압력은 대기압보다 낮은 압력이다.
• $1atm = 760mmHg = 1.0332kg/cm^2$

40 다음 중 1기압(1atm)과 같지 않은 것은?

① 760mmHg ② 0.9807bar
③ $10.332mH_2O$ ④ 101.3kPa

🔍 표준대기압
$1atm = 760mmHg = 1.0332kg/cm^2 = 10.332mH_2O$
$= 14.7LB/in^2 = 101325Pa = 101.3kPa$
$= 1.01325bar$

41 10kg의 물체를 온도 10℃에서 40℃까지 올리는데 소요되는 열량은 약 몇 [kcal] 인가? (단, 이 물체의 비열은 0.24kcal/kg · ℃이다.)

① 24 ② 72
③ 120 ④ 300

🔍 현열 $q_s = GC\Delta t (kcal)$에서
$q_s = 10 \times 0.24 \times (40-10) = 72kcal$

42 밀도의 단위로 옳은 것은?

① g/s^2 ② L/g
③ g/cm^3 ④ lb/in^2

🔍 밀도는 단위체적(cm^3)당 갖는 질량(g)이다.

43 다음 중 온도관계식 중 옳은 것은? (단, 캘빈온도는 T_K, 섭씨온도는 t_c, 랭킨온도는 T_R, 화씨온도는 t_F이다.)

① $t_c = \frac{9}{5}(t_F - 32)$ ② $T_K = t_c + 273.15$
③ $T_R = \frac{5}{9}T_K$ ④ $t_F = T_R + 460$

🔍
• 섭씨온도 $t_c = \frac{5}{9}(t_F - 32)$
• 랭킨온도 $T_R = \frac{9}{5}T_K = 1.8T_K$
• 화씨온도 $t_F = T_R - 460$

44 절대온도 300K는 랭킨온도(°R)로 약 몇 [도] 인가?

① 27 ② 167
③ 541 ④ 572

🔍
• 켈빈온도 $K = 273 + t_c$에서
  섭씨온도 $t_c = K - 273 = 300 - 273 = 27℃$
• 화씨온도 $t_F = \frac{9}{5}t_c + 32$에서
  $t_F = \frac{9}{5} \times 27 + 32 = 80.6°F$
• 랭킨온도 $R = 460 + t_F$에서
  $R = 460 + 80.6 = 540.6°R$

45 다음 설명 중 틀린 것은?

① 대기압보다 낮은 압력을 진공이라고 한다.
② 진공압은 mmHg · v로 나타낸다.
③ 절대압력 = 대기압 − 진공압이다.
④ 진공도의 단위는 %로 표시하며 대기압일 때 진공도 100%라고 한다.

🔍 완전진공일 때 진공도는 100%이고 대기압일 때 진공도는 0이다.

정답 37 ① 38 ① 39 ① 40 ② 41 ② 42 ③ 43 ② 44 ③ 45 ④

46 완전진공을 0으로 하여 측정한 압력을 의미하는 것은?

① 절대압력　　② 게이지압력
③ 표준대기압　④ 진공압력

> • 절대압력 : 완전진공을 0으로 하여 측정한 압력
> • 게이지압력 : 대기압을 0으로 하여 측정한 압력
> • 진공압력 : 대기압보다 낮은 압력

47 기체의 밀도를 이용해서 분자량을 구할 수 있는 법칙과 관계가 가장 깊은 것은?

① 아보가드로의 법칙　② 헨리의 법칙
③ 반데르발스의 법칙　④ 일정성분비의 법칙

> 아보가드로의 법칙
> 표준상태(0℃, 1atm)에서 모든 기체 1mol이 차지하는 부피는 22.4ℓ이며 이 때 6.02×10^{23}개의 분자량이 존재한다.

48 다음 설명 중 틀린 것은?

① 비열의 단위는 kcal/℃ 이다.
② 1kcal란 물 1kg을 1℃ 올리는데 필요한 열량을 말한다.
③ 1CHU란 물 1lb를 1℃ 올리는데 필요한 열량을 말한다.
④ 비열비(Cp/Cv)의 값은 언제나 1보다 크다.

> 비열의 단위 : kcal/kg · ℃

49 프로판 용기에 50kg의 가스가 충전되어 있다. 이 때 액상의 LP가스는 몇 [L]의 체적을 갖는가? (단, 프로판의 액 비중량은 0.5kg/L이다.)

① 25　　② 50
③ 100　④ 150

> 비중량 $\gamma = \frac{m}{V}$ 에서
> 체적 $V = \frac{m}{\gamma} = \frac{50}{0.5} = 100L$

50 다음 중 표준대기압(1atm)이 아닌 것은?

① 760mmHg　　② 1.013bar
③ $101302.7N/m^2$　④ 10.332psi

> 표준대기압
> $1atm = 760mmHg = 1.0332kg/cm^2$
> 　　　　$= 10.332mH_2O = 14.7psi(LB/in^2)$
> 　　　　$= 101325Pa(N/m^2) = 101.3kPa$
> 　　　　$= 1.01325bar$

51 다음 설명 중 옳지 않은 것은?

① 1J은 1N · m와 같다.
② 등엔트로피 과정이란 가역단열 과정을 말한다.
③ 1kcal는 427kgf · m와 같다.
④ 카르노사이클은 2개의 등온과정과 2개의 등압과정으로 구성된 사이클이다.

> 카르노사이클은 2개의 등온과정과 2개의 단열과정으로 구성된 이상적인 냉동사이클이다.

52 임계온도에 대한 설명으로 옳은 것은?

① 기체를 액화할 수 있는 최저의 온도
② 기체를 할 수 있는 절대온도
③ 기체를 액화할 수 있는 최고의 온도
④ 기체를 액화할 수 있는 평균온도

> 임계점
> 임계온도 이상에서는 증기를 냉각시켜도 액화되지 않으며, 기체를 액화시킬 수 있는 최고점의 온도이다.

53 다음 중 헨리의 법칙에 잘 적용되지 않는 가스는?

① 암모니아　② 수소
③ 산소　　　④ 이산화탄소

> 헨리의 법칙(기체의 용해도)은 물에 잘 녹지 않는 수소(H_2), 산소(O_2), 질소(N_2), 이산화탄소(CO_2)에 적용된다.

54 다음 중 가장 높은 온도는?

① 25℃　　② 250K
③ 41°F　　④ 460°R

> 25℃를 기준
> • $250K : 250 - 273 = -23℃$
> • $41°F : \frac{5}{9}(41 - 32) = 5℃$
> • 460°R
> 　$\frac{460}{1.8} = 255.6K = 255.6 - 273 = -17.4℃$

정답　46 ①　47 ①　48 ①　49 ③　50 ④　51 ④　52 ③　53 ①　54 ①

55 이상기체의 정압비열(C_P)과 정적비열(C_V)에 대한 설명 중 틀린 것은? (단, k는 비열비이고, R은 이상기체 상수이다.)

① 정적비열과 R의 합은 정압비열이다.
② 비열비(k)는 $\dfrac{C_P}{C_V}$ 로 표현된다.
③ 정적비열은 $\dfrac{R}{k-1}$ 로 표현된다.
④ 정압비열은 $\dfrac{k-1}{k}$ 로 표현된다.

🔍
- 비열비 $k = \dfrac{C_P}{C_V}$
- 기체상수 $R = C_P - C_V$
- 정압비열 $C_P = kC_V = \dfrac{kR}{k-1}$

56 다음 압력 중 표준대기압이 아닌 것은?

① $10.332 mH_2O$
② 1atm
③ 14.7inchHg
④ 76cmHg

🔍 표준대기압
$1atm = 76cmHg = 29.92inchHg$
$= 1.0332kg/cm^2 = 10.332mH_2O$
$= 14.7psi(LB/in^2)$
$= 101325Pa(N/m^2) = 101.3kPa$

57 표준상태에서 아세틸렌 가스의 밀도는 약 몇 [g/L] 인가?

① 0.86
② 1.16
③ 1.34
④ 2.24

🔍 이상기체 상태방정식(표준상태 0℃, 1atm)을 적용한다.
$\dfrac{P}{\rho} = RT$ 에서
밀도 $\rho = \dfrac{P}{RT} = \dfrac{P}{\dfrac{848}{M} \times T} = \dfrac{10332 kg/m^2}{\dfrac{848}{26} kg \cdot m/kg \cdot K \times 273K}$
$= 1.16 kg/m^3 = 1.16 g/L$

58 물 1g을 1℃ 올리는데 필요한 열량은 얼마인가?

① 1cal
② 1J
③ 1btu
④ 1erg

🔍 1cal는 순수한 물 1g을 1℃ 올리는데 필요한 열량이다.

59 밀폐된 용기 내의 압력이 20기압일 때 O_2의 분압은? (단, 용기 내에는 N_2가 80%, O_2가 20% 있다.)

① 3기압
② 4기압
③ 5기압
④ 6기압

🔍 분압 $P = 20 \times \dfrac{20}{80+20} = 4$기압

60 다음 ( ) 안에 알맞은 것은?

| 절대압력 = ( ) + 게이지 압력 |

① 진공압
② 수두압
③ 대기압
④ 동압

🔍 절대압력 = 대기압 + 게이지압력 = 대기압 − 진공압력

61 다음 중 엔트로피의 단위로 옳은 것은?

① $W/m \cdot ℃$
② W/m^3
③ J/K
④ $kcal/kg$

🔍
- 비엔트로피 : $kcal/kg \cdot K$, $J/kg \cdot K$
- 엔트로피 : J/K

62 다음 중 압력이 가장 높은 것은?

① 1atm
② $1kg/cm^2$
③ $8lb/in^2$
④ 700mmHg

🔍 $1kg/cm^2$ 기준
- $1atm = 1.0322 kg/cm^2$
- $8lb/in^2 = \dfrac{8}{14.7} \times 1.0332 = 0.56 kg/cm^2$
- $700mmHg = \dfrac{700}{760} \times 1.0332 = 0.95 kg/cm^2$

63 다음 중 물의 비등점을 ℉로 나타내면?

① 32
② 100
③ 180
④ 212

🔍 빙점과 비등점

구분	빙점(어는점)	비등점(끓는점)
섭씨온도 tc(℃)	0℃	100℃
화씨온도 tF(℉)	32℉	212℉

정답 55 ④ 56 ③ 57 ② 58 ① 59 ② 60 ③ 61 ③ 62 ① 63 ④

64 다음 에너지에 대한 설명 중 틀린 것은?

① 열역학 제0법칙은 열평형에 관한 법칙이다.
② 열역학 제1법칙은 열과 일사이의 방향성을 제시한다.
③ 이상기체를 정압하에서 가열하면 체적은 증가하고 온도는 상승한다.
④ 혼합기체의 압력은 각 성분의 분압의 합과 같다는 것은 돌턴의 법칙이다.

> 열역학 제2법칙(자연법칙)은 일은 열로 쉽게 변환 시킬 수 있으나 열을 일로 쉽게 변환시킬 수 없다는 것을 명시한 법칙으로서 열역학 제1법칙의 방향성을 제시한 법칙이다.

65 다음 중 공기보다 가벼운 가스는?

① O_2
② SO_2
③ H_2
④ CO_2

> 공기의 분자량보다 작을수록 가볍다.

가스명	분자량	가스명	분자량
산소(O_2)	32	아황산가스(SO_2)	64
수소(H_2)	2	이산화탄소(CO_2)	44
공기	29		

66 다음 비열에 대한 설명 중 틀린 것은?

① 단위는 kcal/kg · ℃이다.
② 비열이 크면 열용량이 크다.
③ 비열이 크면 온도가 빨리 상승한다.
④ 구리(銅)는 물보다 비열이 작다.

> 비열
> • 어떤 물질 1kg을 1℃ 높이는데 필요한 열량이다.
> • 비열이 크면 열용량이 커서 물질을 가열할 때 온도상승이 느려 예열시간이 길어진다.

67 열역학적 계(system)가 주위와의 열교환을 하지 않고 진행되는 과정을 무슨 과정이라고 하는가?

① 단열과정
② 등온과정
③ 등압과정
④ 등적과정

> 단열과정은 동작유체가 상태변화를 하는 동안 시스템에는 열의 출입이 없고 또한 마찰열에 의한 내부 발생열이 없는 과정이다.

68 기체의 체적이 커지면 밀도는?

① 작아진다.
② 커진다.
③ 일정하다.
④ 체적과 밀도는 무관하다.

> 밀도는 단위체적(m^3)당 갖는 질량(kg)으로서 체적이 클수록 작아진다.

69 일반적으로 기체에 있어서 정압비열과 정적비열과의 관계는?

① 정적비열 = 정압비열
② 정적비열 = 2×정압비열
③ 정적비열 > 정압비열
④ 정적비열 < 정압비열

> 비열비 $k = \dfrac{C_P}{C_V} > 1$
> 비열비는 항상 1보다 크며 정압비열이 정적비열보다 분자운동에너지가 크기 때문에 정압비열(C_P)이 정적비열(C_V)보다 크다.

70 다음 중 표준대기압에 해당되지 않는 것은?

① 760mmHg
② 14.7PSI
③ 0.101MPa
④ 1013bar

> 표준대기압
> $1atm = 760mmHg = 1.0332kg/cm^2$
> $= 10.332mH_2O = 14.7PSI$
> $= 101325Pa(N/m^2) = 0.101MPa$
> $= 1.01325bar$

71 0℃, 1atm에서 4L이면 기체는 273℃, 1atm일 때 몇 [L]가 되는가?

① 2
② 4
③ 8
④ 12

> 샤를의 법칙(압력 1atm 일정)을 적용한다.
> $\dfrac{V_1}{T_1} = \dfrac{V_2}{T_2}$ 에서
> 최종체적 $V_2 = \dfrac{T_2}{T_1} \times V_1 = \dfrac{273+273}{273+0} \times 4 = 8L$

정답 64 ② 65 ③ 66 ③ 67 ① 68 ① 69 ④ 70 ④ 71 ③

72 다음 비열(specific heat)에 대한 설명 중 틀린 것은?

① 어떤 물질 1kg을 1℃ 변화시킬 수 있는 열량이다.
② 일반적으로 금속은 비열이 작다.
③ 비열이 큰 물질일수록 온도의 변화가 쉽다.
④ 물의 비열은 약 1kcal/kg · ℃이다.

🔍 비열이 큰 물질일수록 열용량이 크기 때문에 온도변화가 작다.

73 진공압이 57cmHg일 때 절대압력은? (단, 대기압은 760mmHg이다.)

① 0.19kg/cm² · a   ② 0.26kg/cm² · a
③ 0.31kg/cm² · a   ④ 0.38kg/cm² · a

🔍 절대압력 = 대기압 − 진공압력에서
$P_a = 76 - 57 = 19 cmHg \cdot a$
$= \frac{19}{76} \times 1.0332 = 0.2583 kg/cm^2 \cdot a$

74 다음 온도의 환산식 중 틀린 것은?

① °F = 1.8℃ + 32
② ℃ = $\frac{5}{9}$(°F − 32)
③ °R = 460 + °F
④ °R = $\frac{5}{9}$ K

🔍 랭킨온도 °R = $\frac{9}{5}$K

75 산소용기에 부착된 압력계의 읽음이 10kgf/cm²이었다. 이 때 절대압력은 몇 [kgf/cm²]인가? (단, 대기압은 1.033kgf/cm²이다.)

① 1.033   ② 8.967
③ 10   ④ 11.033

🔍 절대압력 = 대기압 + 게이지압력에서
$P_a = 1.0332 + 10 = 11.0332 kgf/cm^2 \cdot a$

76 다음 중 섭씨온도(℃)의 눈금과 일치하는 화씨온도(°F)는?

① 0   ② −10
③ −30   ④ −40

🔍 · 섭씨온도와 화씨온도와의 관계
℃ = $\frac{5}{9}$(°F − 32)
· 섭씨온도(℃) = 화씨온도(°F)
℃ = $\frac{5}{9}$(℃ − 32)
$\frac{9}{9}$℃ = $\frac{5}{9}$℃ − $\frac{5}{9}$ × 32
$\frac{9}{9}$℃ − $\frac{5}{9}$℃ = − $\frac{5}{9}$ × 32
$\frac{4}{9}$℃ = − $\frac{5}{9}$ × 32
℃ = − $\frac{5}{9}$ × 32 × $\frac{9}{4}$
℃ = − 40℃ = − 40°F

77 다음 중 게이지압력을 옳게 표시한 것은?

① 게이지압력 = 절대압력 − 대기압
② 게이지압력 = 대기압 − 절대압력
③ 게이지압력 = 대기압 + 절대압력
④ 게이지압력 = 절대압력 + 진공압력

🔍 절대압력 = 대기압 + 게이지압력
    = 대기압 − 진공압력

78 표준상태(0℃, 101.3kPa)에서 메탄(CH_4)가스의 비체적(L/g)은 얼마인가?

① 0.71   ② 1.40
③ 1.71   ④ 2.40

🔍 이상기체 상태방정식(표준상태 0℃, 101.3kPa =1atm)을 적용한다.
$Pv = RT$ 에서
비체적 $v = \frac{RT}{P} = \frac{\frac{8,413.3}{16} \times 273}{101.3 \times 10^3}$
$= 1.42 m^3/kg = 1.42 L/g$

79 "압축된 가스를 단열팽창시키면 온도가 강하한다."는 것은 무슨 효과라고 하는가?

① 단열효과
② 주울−톰슨효과
③ 정류효과
④ 팽윤효과

🔍 주울 − 톰슨 효과 : 압축된 가스를 단열팽창시키면 온도와 압력이 강하한다.

정답 72 ③ 73 ② 74 ④ 75 ④ 76 ④ 77 ① 78 ② 79 ②

80 표준상태에서 염소가스의 증기비중은 약 얼마인가?

① 0.5　　② 1.5
③ 2.0　　④ 2.4

> 비중 $s = \dfrac{증기의 분자량}{29}$ 에서
> $s = \dfrac{71}{29} = 2.45$
> (염소의 분자량은 71이다.)

81 다음 가스 중 표준상태에서 공기보다 가벼운 것은?

① 메탄　　② 에탄
③ 프로판　　④ 프로필렌

> 공기의 분자량(29)보다 작을수록 가볍다.
>
> | 가스 | 분자량 | 가스 | 분자량 |
> |---|---|---|---|
> | 메탄(CH_4) | 16 | 에탄(C_2H_6) | 30 |
> | 프로판(C_3H_8) | 44 | 부탄(C_4H_{10}) | 58 |

82 샤를의 법칙에서 기체의 압력이 일정할 때 모든 기체의 부피는 온도가 1℃ 상승함에 따라 0℃ 때의 부피보다 어떻게 되는가?

① 22.4배씩 증가한다.　② 22.4배씩 감소한다.
③ $\dfrac{1}{273}$씩 증가한다.　④ $\dfrac{1}{273}$씩 감소한다.

> 샤를의 법칙 $\dfrac{V_1}{T_1} = \dfrac{V_2}{T_2}$ 에서
> 체적 $V_2 = \dfrac{T_2}{T_1} \times V_1 = \dfrac{273+1}{273} \times V_1 = (1 + \dfrac{1}{273}) V_1$
> 따라서, 체적은 0℃ 체적보다 1℃ 상승할 때마다 $\dfrac{1}{273}$배씩 증가한다.

83 다음 중 표준대기압으로 틀린 것은?

① $1.0332 kg/cm^2$　　② 1013.2bar
③ $10.332 mH_2O$　　④ 76cmHg

> 표준대기압
> $1atm = 760mmHg = 1.0332 kg/cm^2$
> $\quad = 10.332 mH_2O = 14.7 PSI (LB/in^2)$
> $\quad = 101325 Pa(N/m^2) = 101.3 kPa$
> $\quad = 1.01325 bar$

84 다음 중 이상기체상수 R값이 1.987일 때 이에 해당되는 단위는?

① J/mol · K
② atm · L/mol · K
③ cal/mol · K
④ N · m/mol · K

> 기체상수(R)
> • 0.08205 ℓ · atm/g-mol · K
> • 1.987 cal/g-mol · K
> • 8314.3 N · m/kg-mol · K

85 섭씨온도로 측정할 때 상승된 온도가 5℃ 이었다. 이 때 화씨온도로 측정하면 상승온도는 몇 도인가?

① 7.5　　② 8.3
③ 9.0　　④ 41

> 섭씨온도와 화씨온도는 1.8배 차이가 나므로 °F=1.8℃이다.
> °F = 1.8 × 5 = 9°F

86 기준물질의 밀도에 대한 측정물질의 밀도의 비를 무엇이라 하는가?

① 비중량　　② 비용
③ 비중　　④ 비체적

> 비중
> • 액비중 : 기준 물질의 밀도(4℃ 순수한 물)에 대한 측정 물질의 밀도 비이다.
> • 기체비중 : 표준상태(0℃, 1atm)의 공기 분자량과 측정기체의 분자량과의 비이다.

87 다음 압력이 가장 큰 것은?

① 1.01MPa　　② 5atm
③ 100inHg　　④ 88psi

> 압력 5atm을 기준
> • $1.01 MPa = \dfrac{1.01 MPa}{0.1 MPa} \times 1 atm = 10.1 atm$
> • $100 inHg = \dfrac{100 \times 25.4 mmHg}{760 mmHg} \times 1 atm$
> $\quad = 3.34 atm (1in = 25.4mm)$
> • $88 psi = \dfrac{88 psi}{14.7 psi} \times 1 atm = 6 atm$

정답 ▶ 80 ④　81 ①　82 ③　83 ②　84 ③　85 ③　86 ③　87 ①

88 가스의 비열비의 값은?

① 언제나 1보다 작다.
② 언제나 1보다 크다.
③ 1보다 크기도 하고 작기도 하다.
④ 0.5와 1사이의 값이다.

> 비열비 $k = \dfrac{C_P}{C_V} > 1$
> 정압비열(C_P)이 정적비열(C_V)보다 크기 때문에 비열비는 항상 1보다 크다.

89 다음 중 "제2종 연구기관은 존재할 수 없다. 제2종 영구기관의 존재 가능성을 부인한다."라고 표현되는 법칙은?

① 열역학 제0법칙
② 열역학 제1법칙
③ 열역학 제2법칙
④ 열역학 제3법칙

> 열역학 제2법칙은 제2종 영구기관(열효율이 100%인 기관)은 존재할 수 없다고 표현되는 법칙이다.

90 압력에 대한 설명으로 옳은 것은?

① 표준대기압이란 0℃에서 수은주 760mmHg에 해당하는 압력을 말한다.
② 진공압력이란 대기압보다 낮은 압력으로 대기압력과 절대압력을 합한 것이다.
③ 용기 내벽에 가해지는 기체의 압력을 게이지압력이라 하며 대기압과 압력계에 나타난 압력을 합한 것이다.
④ 절대압력이란 표준대기압 상태를 0으로 기준하여 측정한 압력이다.

> 압력
> • 진공압력 = 대기압 − 절대압력
> • 게이지압력은 대기압을 0으로 기준하여 압력계로 측정한 압력이다.
> • 절대압력은 완전진공을 0으로 기준하여 측정한 압력이다.

91 화씨 86℉는 절대온도로 몇 [K] 인가?

① 233　　② 303
③ 490　　④ 522

> • 섭씨온도 ℃ = $\dfrac{5}{9}$(℉ − 32)에서 ℃ = $\dfrac{5}{9}$(86 − 32) = 30℃
> • 절대온도 K = 273 + ℃에서 K = 273 + 30 = 303K

92 이상기체에 대한 설명으로 옳은 것은?

① 일정온도에서 기체부피는 압력에 비례한다.
② 일정압력에서 부피는 온도에 반비례한다.
③ 일정부피에서 압력은 온도에 반비례한다.
④ 보일-샤를의 법칙을 따르는 기체를 말한다.

> 온도와 압력
> • 온도가 일정하면 압력과 체적(부피)은 반비례한다.
> • 압력이 일정하면 샤를법칙에 의하여 온도와 체적(부피)은 비례한다.
> • 체적(부피)이 일정하면 압력과 온도는 비례한다.

93 다음 중 가장 낮은 압력은?

① 1bar
② 0.99atm
③ 28.56inHg
④ 10.3mH$_2$O

> 압력 0.99atm을 기준
> • 1bar = $\dfrac{1bar}{1.01325bar}$ × 1atm = 0.987atm
> • 28.56$inHg$ = $\dfrac{28.56 × 25.4mmHg}{760mmHg}$ × 1atm
> 　　　　　　 = 0.955atm (1in = 25.4mm)
> • 10.3mH_2O = $\dfrac{10.3mH_2O}{10.332mH_2O}$ × 1atm
> 　　　　　　 = 0.997atm

94 "어떠한 방법이라도 어떤 계를 절대온도 0도에 이르게 할 수 없다"는 열역학 제 몇 법칙인가?

① 열역학 제0법칙
② 열역학 제1법칙
③ 열역학 제2법칙
④ 열역학 제3법칙

> 열역학법칙
> • 열역학 제0법칙 : 온도평형의 법칙
> • 열역학 제1법칙 : 에너지보존법칙
> • 열역학 제2법칙 : 자연적인 법칙
> • 열역학 제3법칙 : 절대온도의 법칙

 88 ②　89 ③　90 ①　91 ②　92 ④　93 ③　94 ④

95 프로판의 표준상태에서의 이론적인 밀도는 몇 [kg/m³]인가?

① 1.52
② 1.96
③ 2.96
④ 3.52

🔍 이상기체 상태방정식(표준상태 0℃, 1atm= 10,332kg/m²)을 적용한다.

$\frac{P}{\rho} = RT$ 에서

밀도 $\rho = \frac{P}{RT} = \frac{P}{\frac{848}{M} \times T}$

$= \frac{10,332 kg/m^2}{\frac{848}{44} kg \cdot m/kg \cdot K \times 273K}$

$= 1.96 kg/m^3$

96 500kcal/h의 열량을 일(kgf·m/s)로 환산하면 얼마가 되겠는가?

① 59.3
② 500
③ 4,215.5
④ 213,500

🔍
• $860 kcal/h = 102 kgf \cdot m/sec$
• $\frac{500 kcal/h}{860 kcal/h} \times 102 kgf \cdot m/s$
  $= 59.3 kgf \cdot m/s$

97 액비중에 대한 설명으로 옳은 것은?

① 4℃ 물의 밀도와의 비를 말한다.
② 0℃ 물의 밀도와의 비를 말한다.
③ 절대 0도에서 물의 밀도와의 비를 말한다.
④ 어떤 물질이 끓기 시작한 온도에서의 질량을 말한다.

🔍 액비중 : 기준 물질의 밀도(4℃ 순수한 물)에 대한 측정 물질의 밀도의 비이다.

98 단위 넓이에 수직으로 작용하는 힘을 무엇이라고 하는가?

① 압력
② 비중
③ 일률
④ 에너지

🔍 압력 : 단위면적(넓이)에 수직으로 작용하는 힘이다.

99 "열은 스스로 다른 물체에 아무런 변화도 주지 않고 저온 물체에서 고온 물체로 이동하지 않는다."라고 표현되는 법칙은?

① 열역학 제0법칙
② 열역학 제1법칙
③ 열역학 제2법칙
④ 열역학 제3법칙

🔍 열역학 제2법칙은 자연적인 법칙으로서 열은 고온에서 저온으로 이동한다.

100 1Pa는 몇 [N/m²]인가?

① 1
② 10²
③ 10³
④ 10⁴

🔍 1Pa(파스칼) = 1N/m²

101 다음 압력에 대한 설명으로 옳은 것은?

① 공기가 누르는 대기 압력은 지역이나 기후 조건에 관계없이 일정하다.
② 고압가스 용기 내벽에 가해지는 기체의 압력은 절대압력을 나타낸다.
③ 지구표면에서 거리가 멀어질수록 공기가 누르는 힘은 커진다.
④ 표준기압보다 낮은 압력을 진공 압력이라 하며 진공도로 표시할 수 있다.

🔍 압력
• 대기압은 지역이나 기후 조건에 따라 다르다.
• 고압가스 용기에 가해지는 기체의 압력은 게이지압력이다.
• 지구표면에서 거리가 멀어질수록 공기가 누르는 힘은 작아진다.

102 다음 중 압력 환산 값을 서로 옳게 나타낸 것은?

① $1lb/ft^2 ≒ 0.142 kg/cm^2$
② $1kg/cm^2 ≒ 13.7 lb/in^2$
③ $1atm ≒ 1033 g/cm^2$
④ $76 cmHg ≒ 1013 dyne/cm^2$

🔍
• $1atm = 1.0332 kg/cm^2 = 1033.2 g/cm^2$
  $= 76 cmHg = 1.01325 dyne/cm^2$
• $1 kg/cm^2 = 14.22 lb/in^2$
• $1 lb/ft^2 = 4.88 \times 10^{-4} kg/cm^2$

정답 95 ② 96 ① 97 ① 98 ① 99 ③ 100 ① 101 ④ 102 ③

103 표준 대기압에서 물의 동결(凍結)온도로서 값이 틀린 하나는?

① 0°F
② 0℃
③ 273K
④ 492°R

> 🔍 빙점(동결온도)
>
> | 구분 | 빙점 | 절대온도 |
> |---|---|---|
> | 섭씨온도 t_c(℃) | 0℃ | 273K |
> | 화씨온도 t_F(°F) | 32°F | 460°R |

104 어떤 액체의 비중이 13.6이다. 액체 표면에서 수직으로 15m 깊이에서의 압력은?

① 2.04kg/cm²
② 20.4kg/cm²
③ 2.04kg/m²
④ 20.4kg/mm²

> 🔍 압력 $P = \dfrac{F}{A} = \gamma H \ (kg/m^2)$ 에서
> $P = (13.6 \times 1,000 kg/m^3) \times 15m$
> $= 204,000 kg/m^2 = 20.4 kg/cm^2$

105 가열로에서 20℃ 물 1,000kg을 80℃ 온수로 만들려고 한다. 프로판 가스는 약 몇 [kg]이 필요한가? (단, 가열로의 열효율은 90%이며, 프로판 가스의 열량은 12,000kcal/kg이다.)

① 4.6
② 5.6
③ 6.6
④ 7.6

> 🔍 열효율 $\eta = \dfrac{GC\Delta t}{G_f \times H}$
> 연료량 $G_f = \dfrac{GC\Delta t}{\eta \times H} = \dfrac{1,000 \times 1 \times (80-20)}{0.9 \times 12,000}$
> $= 5.56 kg$

106 8kg의 물을 18℃에서 98℃까지 상승하는데 표준상태에서 0.034m³의 LP가스를 연소시켰다. 프로판의 발열량이 24,000kcal/m³이라면 이 때의 열효율은 약 몇 [%] 인가?

① 48.6
② 59.3
③ 66.6
④ 78.4

> 🔍 열효율 $\eta = \dfrac{GC\Delta t}{G_f \times H} \times 100\%$
> $\eta = \dfrac{8 \times 1 \times (98-18)}{0.034 \times 24,000} \times 100\%$
> $= 78.4\%$

107 1kW의 열량을 환산한 것으로 옳은 것은?

① 536kcal/h
② 632kcal/h
③ 720kcal/h
④ 860kcal/h

> 🔍 1kW = 860kcal/h = 102kgf · m/s

108 가스의 기초법칙에 대한 설명으로 옳은 것은?

① 열역학 제1법칙 : 100% 효율을 가지고 있는 열기관은 존재하지 않는다.
② 그라함(Graham)의 확산법칙 : 기체의 확산(유출)속도는 그 기체의 분자량(밀도)의 제곱근에 비례한다.
③ 아마가트(Amagat)의 분압법칙 : 이상기체 혼합물의 전체압력은 각 성분 기체의 분압의 합과 같다.
④ 돌턴(Dalton)의 분용법칙 : 이상기체 혼합물의 전체부피는 각 성분의 부피의 합과 같다.

> 🔍 • 열역학 제1법칙 : 에너지의 공급을 받지 않고 일을 계속할 수 있는 기관은 존재할 수 없다.
> • 돌턴의 분압법칙 : 혼합기체의 전압은 각 성분의 분압의 합과 같다.
> • 아마가트의 법칙 : 기체 혼합물의 전 부피는 동일 온도 및 압력하에서 각 성분 기체의 부분부피의 합과 같다.

109 다음 중 액비중이 제일 작은 것은?

① 휘발유
② 산소
③ 염소
④ 프로판

> 🔍 액비중
> • 휘발유 : 0.67~0.8
> • 산소 : 1.14
> • 염소 : 1.56
> • 프로판 : 0.51

정답 103 ① 104 ② 105 ② 106 ④ 107 ④ 108 ② 109 ④

SECTION 02 가스의 연소

Craftsman Gas

STEP 01 연소의 개요

1. 연소의 정의
가연물이 공기 중의 산소와 화합하면서 열과 빛을 발생하는 산화반응이다.

2. 연소요소

1) 연소의 3요소
① 가연물(가연성가스)
② 산소 공급원(조연성가스, 공기)
③ 점화원

> 참고 연소의 4요소 : 가연물, 산소공급원, 점화원, 연쇄반응

2) 가연물의 조건
① 조연성가스(산소, 염소 등)와 친화력이 클 것
② 표면적이 클 것
③ 열전도율이 작을 것
④ 활성화(점화)에너지가 작을 것
⑤ 산화되기 쉽고 반응열이 클 것

3) 산소공급원
① 산소(공기)

공기의 조성

성분 조성	산소	질소	탄산가스	희가스
부피 (%)	20.99	78.03	0.03	0.95
중량 (%)	23.15	75.51	0.04	1.30

② 제1류 위험물과 제5류 위험물

4) 점화원
① 전기불꽃

② 단열압축
③ 충격마찰의 불꽃
④ 자연발화

3. 연소의 색상과 온도

색상	담암적색	암적색	적색	황적색	백적색	휘백색
온도	500℃	700℃	850℃	1,100℃	1,300℃	1,500℃ 이상

4. 발화점

1) 인화점(Flash point)
   ① 연소범위의 하한에 도달하는 최저온도이다.
   ② 가연성물질에 불꽃을 접하여 발화될 수 있는 최저온도이다.

   > 인화점
   > • 인화점이 낮을수록 폭발의 위험성은 크다.
   > • 인화점보다 착화점의 온도가 높다.

2) 착화점(Ignition point)
   점화원이 없이 그 물질자체가 열의 축척으로 발화하는 최저온도이다.
   ① 가연성 가스의 착화점에 영향을 주는 요인
      ㉮ 가연성가스와 공기의 혼합비
      ㉯ 가열속도와 지속시간
      ㉰ 용기의 재질과 촉매효과
      ㉱ 발화 공간의 형태의 크기
      ㉲ 점화원의 종류와 에너지 투여법
   ② 착화점이 낮아지는 경우
      ㉮ 분자구조(탄소의 수가 많은 분자)가 복잡할수록
      ㉯ 열전도율이 낮을수록
      ㉰ 산소의 농도가 클수록
      ㉱ 반응활성도가 높을수록
      ㉲ 압력이나 발열량이 높을수록
      ㉳ 증기압이 낮을 때

가스의 착화온도

가스	착화점	가스	착화점	가스	착화점
아세틸렌	299℃	에탄	515℃	수소	530℃
메탄	537℃	프로판	466℃	산화에틸렌	429℃

가스	착화점	가스	착화점	가스	착화점
부탄	405℃	에틸렌	450℃	시안화수소	537℃
암모니아	651℃	브롬메틸	535℃	일산화탄소	605℃

5. 최소착화(점화)에너지(Minimum Ignition Energy)

가연성가스가 공기와 혼합하여 착화원에 의해 착화시 발화하기 위하여 필요한 최소에너지이다.

1) 최소착화에너지에 영향을 주는 요인(발화 발생요인)
   ① 온도
   ② 압력
   ③ 농도(조성)

2) 최소 착화에너지가 커지는 현상
   ① 온도, 압력이 낮을 때
   ② 질소, 이산화탄소 등 불활성가스를 투입할 때
   ③ 가연물의 농도(가연성가스의 탄소수가 증가)가 증가할 때
   ④ 산소의 농도가 감소할 때

6. 완전연소의 구비조건

1) 연료를 인화점 가까이 예열하여 공급할 것
2) 연료량에 따라 적당한 양의 공기를 공급하여 연료와 잘 혼합시킬 것
3) 연료가 연소하는데 필요한 시간이 충분할 것
4) 연소실내의 온도는 되도록 높게 유지할 것
5) 연소실의 용적은 연료가 완전연소하는데 필요한 용적 이상일 것

7. 연소온도

1) 연소온도에 영향을 주는 요인
   ① 공기비
   ② 산소농도
   ③ 연료의 발열량
   ④ 화염의 열손실
   ⑤ 연소상태

2) 이론 연소온도(tg)

   이론공기량으로 연료가 완전연소 되었을 때 최고의 화염온도이다.

   $$tg = \frac{H}{S \times C} + t_o$$

   (H(kcal/kg):저위발열량, S(Nm³/kg):이론배기가스량,
   C(kcal/Nm³·℃):배기가스의 비열, t_o(℃):기준온도)

3) 실제 연소온도(t)

연소반응이 일어나면서 복사열이나 대류열이 외부로 전달되어 실제 화염온도를 의미하며 실제 연소온도는 이론 연소온도보다 낮다.

$$t = \frac{H + A + B - Q}{G \times C} + t_o$$

(H(kcal/kg) : 저위발열량, A(kcal/kg):공기의 현열, B(kcal/kg) : 연료의 현열, Q(kcal/kg): 손실열량, G(Nm³/kg) : 배기가스량, C(kcal/Nm³·℃) : 배기가스의 비열, t_o(℃) : 기준온도)

8. 연소시 발생되는 현상

1) 불완전 연소
   ① 산소공급이 충분하지 못하여 연소시 그을음이나 일산화탄소가 발생하는 연소이다.
   ② 불안전연소의 발생원인
      ㉮ 공기의 공급이 부족할 때
      ㉯ 연소실 및 연료의 온도가 낮을 때
      ㉰ 가스의 공급이 과다할 때
      ㉱ 노즐의 분무상태가 불량할 때

2) 역화(Back-fire)
   ① 연소시 노즐에서 혼합가스의 방출속도가 연소속도보다 느리게 되면 화염이 버너 내부로 들어가서 연소를 계속하는 현상이다.
   ② 역화의 발생원인
      ㉮ 염공이 크게 되었을 때
      ㉯ 콕크가 충분히 열리지 않은 경우
      ㉰ 노즐의 직경이 너무 큰 경우
      ㉱ 가스의 압력이 너무 낮을 때
      ㉲ 버너가 과열되었을 때

3) 블로우 오프(Blow-off)

   불꽃의 주위 특히 불꽃의 기저부에 대한 공기의 움직임이 세지면 불꽃이 노즐에 정착하지 않고 떨어지게 되어 꺼져버리는 현상이다.

4) 선화(Lifting)

   연소시 노즐에서 혼합가스의 방출속도가 연소속도보다 클 때 불꽃이 노즐에서 떨어져 연소하는 현상이다.

5) 옐로우 팁(Yellow Tip)

   불꽃의 끝이 적황색이 되어 연소하는 현상으로 탄화수소가 열분해 되어 탄소입자가 생기고 미연소가스가 적황색이 된다.

STEP 02 연소의 종류

1. 고체연료의 연소

1) 표면연소

코크스나 숯은 고온이 되면 표면이 발갛게 빛을 내면서 연소하는 형태이다.

2) 분해연소

종이, 목재, 석탄, 플라스틱, 합성수지 등과 같이 열분해에 의하여 발생된 가연성 가스가 산소와 화합하여 연소하는 형태이다.

3) 증발연소

나프탈렌, 황, 파라핀과 같이 고체를 가열하면 액체가 되고, 액체를 다시 가열하면 기체가 되어 그 기체가 공기와 화합하여 연소하는 형태이다.

4) 자기연소

가연물과 산소를 동시에 가지고 있는 물질(제5류 위험물)이 연소하는 형태이다.

2. 액체연료의 연소

1) 증발연소

휘발유, 경유, 등유와 같이 연소실 내의 방사열에 의해 기화한 증기가 산소와 혼합하여 연소하는 형태이다.

2) 액적(분무)연소

B-C유(중유)나 고점도인 제4류 위험물은 점도를 낮추기 위하여 액체연료를 예열하고, 분무기를 사용하여 미세입자 형태의 안개모양으로 분사시켜 공기와 혼합하여 연소하는 형태이다.

3. 기체연료의 연소

1) 예혼합연소

연소하기 전에 기체연료와 공기를 미리 혼합하여 연소실로 분사시켜 연소하는 형태이다.

2) 확산연소

공기와 기체연료를 각각 연소실로 분사시켜 화염의 외부에서 확산 연소하는 형태이다.

STEP 03 연소계산

1. 고체 및 액체연료의 이론산소량 및 이론공기량 계산

1) 중량 기준

① 탄소의 완전연소식

$$C \quad + \quad O_2 \quad \rightarrow \quad CO_2 \quad + \quad 97,200\text{kcal}$$

12kg　　32kg　　44kg

1kg　　　O_o　　　CO_2

㉮ 이론산소량 $O_o = \dfrac{1kg \times 32kg}{12kg} = 2.667kg$

㉯ 이론공기량 $A_o = \dfrac{2.667kg}{0.232} = 11.496kg$

㉰ 이산화탄소생성량 $CO_2 = \dfrac{1kg \times 44kg}{12kg} = 3.667kg$

㉱ 탄소 1kg당 발열량 $H = \dfrac{97,200kcal}{12kg} = 8,100kcal/kg$

② 수소의 완전연소식

$$H_2 \quad + \quad \tfrac{1}{2}O_2 \quad \rightarrow \quad H_2O \quad + \quad 68,400\text{kcal}$$

2kg　　16kg　　18kg

1kg　　　O_o　　　H_2O

㉮ 이론산소량 $O_o = \dfrac{1kg \times 16kg}{2kg} = 8kg$

㉯ 이론공기량 $A_o = \dfrac{8kg}{0.232} = 34.483kg$

㉰ 수증기생성량 $H_2O = \dfrac{1kg \times 18kg}{2kg} = 9kg$

㉱ 수소 1kg당 발열량 $H = \dfrac{68,400kcal}{2kg} = 34,200kcal/kg$

③ 황의 연소

$$S \quad + \quad O_2 \quad \rightarrow \quad SO_2 \quad + \quad 80,000\text{kcal}$$

32kg　　32kg　　64kg

1kg　　　O_o　　　SO_2

㉮ 이론산소량 $O_o = \dfrac{1kg \times 32kg}{32kg} = 1kg$

㉯ 이론공기량 $A_o = \dfrac{1kg}{0.232} = 4.31kg$

㉰ 아황산가스생성량 $SO_2 = \dfrac{1kg \times 64kg}{32kg} = 2kg$

㉱ 탄소 1kg당 발열량 $H = \dfrac{80,000kcal}{2kg} = 2,500kcal/kg$

2) 체적 기준

① 탄소의 완전연소식

$$C \quad + \quad O_2 \quad \rightarrow \quad CO_2$$

12kg　　22.4Nm³　　22.4Nm³

1kg　　　O_o　　　CO_2

㉮ 이론산소량 $O_o = \dfrac{1kg \times 22.4Nm^3}{12kg} = 1.867Nm^3$

㉯ 이론공기량 $A_o = \dfrac{1.867Nm^3}{0.21} = 8.89Nm^3$

㉰ 이산화탄소생성량 $CO_2 = \dfrac{1kg \times 22.4Nm^3}{12kg} = 1.867Nm^3$

② 수소의 완전연소식

$$H_2 \quad + \quad \tfrac{1}{2}O_2 \quad \rightarrow \quad H_2O \quad + \quad 68,400kcal$$

2kg　　11.2Nm³　　22.4Nm³

1kg　　　O_o　　　H_2O

㉮ 이론산소량 $O_o = \dfrac{1kg \times 11.2Nm^3}{2kg} = 5.6Nm^3$

㉯ 이론공기량 $A_o = \dfrac{5.6Nm^3}{0.21} = 26.67Nm^3$

㉰ 수증기생성량 $H_2O = \dfrac{1kg \times 22.4Nm^3}{2kg} = 11.2Nm^3$

③ 황의 완전연소식

$$S \quad + \quad O_2 \quad \rightarrow \quad SO_2$$

32kg　　22.4Nm³　　22.4Nm³

1kg　　　O_o　　　SO_2

㉮ 이론산소량 $O_o = \dfrac{1kg \times 22.4Nm^3}{32kg} = 0.7Nm^3$

㉯ 이론공기량 $A_o = \dfrac{0.7Nm^3}{0.21} = 3.333Nm^3$

㉰ 아황산가스생성량 $SO_2 = \dfrac{1kg \times 22.4Nm^3}{32kg} = 0.7Nm^3$

2. 기체연료의 이론산소량 및 이론공기량 계산

탄화수소계 가스의 완전연소식

$$C_mH_n + (m + \frac{n}{4})O_2 \to mCO_2 + \frac{n}{2}H_2O$$

1) 중량 기준

① 메탄의 완전연소식

$$CH_4 + 2O_2 \to CO_2 + 2H_2O$$

16kg   2×32kg

1kg O_o

㉮ 이론산소량 $O_o = \dfrac{1kg \times 2 \times 32kg}{16kg} = 4kg$

㉯ 이론공기량 $A_o = \dfrac{4kg}{0.232} = 17.24kg$

② 아세틸렌의 완전연소식

$$C_2H_2 + 2.5O_2 \to 2CO_2 + H_2O$$

26kg   2.5×32kg

1kg O_o

㉮ 이론산소량 $O_o = \dfrac{1kg \times 2.5 \times 32kg}{26kg} = 3.08kg$

㉯ 이론공기량 $A_o = \dfrac{3.08kg}{0.232} = 13.28kg$

③ 프로판의 완전연소식

$$C_3H_8 + 5O_2 \to 3CO_2 + 4H_2O$$

44kg   5×32kg

1kg O_o

㉮ 이론산소량 $O_o = \dfrac{1kg \times 5 \times 32kg}{44kg} = 3.64kg$

㉯ 이론공기량 $A_o = \dfrac{3.64kg}{0.232} = 15.69kg$

④ 부탄의 완전연소식

$$C_4H_{10} + 6.5O_2 \rightarrow 4CO_2 + 5H_2O$$

58kg   6.5×32kg

1kg O_o

㉮ 이론산소량 $O_o = \dfrac{1kg \times 6.5 \times 32kg}{58kg} = 3.59kg$

㉯ 이론공기량 $A_o = \dfrac{3.59kg}{0.232} = 15.47kg$

2) 체적기준

① 수소의 완전연소식

$$H_2 + \frac{1}{2}O_2 \rightarrow H_2O$$

22.4Nm³ $\frac{1}{2}$×22.4Nm³

1Nm³ O_o

㉮ 이론산소량 $O_o = \dfrac{1Nm^3 \times \frac{1}{2} \times 22.4Nm^3}{22.4Nm^3} = 0.5Nm^3$

㉯ 이론공기량 $A_o = \dfrac{0.5Nm^3}{0.21} = 2.38Nm^3$

② 메탄의 완전연소식

$$CH_4 + 2O_2 \rightarrow CO_2 + 2H_2O$$

22.4Nm³   2×22.4Nm³

1Nm³ O_o

㉮ 이론산소량 $O_o = \dfrac{1Nm^3 \times 2 \times 22.4Nm^3}{22.4Nm^3} = 2Nm^3$

㉯ 이론공기량 $A_o = \dfrac{2Nm^3}{0.21} = 9.52Nm^3$

③ 아세틸렌의 완전연소식

$$C_2H_2 + 2.5O_2 \rightarrow 2CO_2 + H_2O$$

22.4Nm³   2.5×22.4Nm³

1Nm³ O_o

㉮ 이론산소량 $O_o = \dfrac{1Nm^3 \times 2.5 \times 22.4Nm^3}{22.4Nm^3} = 2.5Nm^3$

㉯ 이론공기량 $A_o = \dfrac{2.5Nm^3}{0.21} = 11.9Nm^3$

④ 프로판의 완전연소식

$$C_3H_8 \quad + \quad 5O_2 \quad \rightarrow \quad 3CO_2 \quad + \quad 4H_2O$$

$22.4Nm^3 \qquad 5 \times 22.4Nm^3$

$1Nm^3 \qquad\qquad O_o$

㉮ 이론산소량 $O_o = \dfrac{1Nm^3 \times 5 \times 22.4Nm^3}{22.4Nm^3} = 5Nm^3$

㉯ 이론공기량 $A_o = \dfrac{5Nm^3}{0.21} = 23.81Nm^3$

⑤ 부탄의 완전연소식

$$C_4H_{10} \quad + \quad 6.5O_2 \quad \rightarrow \quad 4CO_2 \quad + \quad 5H_2O$$

$22.4Nm^3 \qquad 6.5 \times 22.4Nm^3$

$1Nm^3 \qquad\qquad O_o$

㉮ 이론산소량 $O_o = \dfrac{1Nm^3 \times 6.5 \times 22.4Nm^3}{22.4Nm^3} = 6.5Nm^3$

㉯ 이론공기량 $A_o = \dfrac{6.5Nm^3}{0.21} = 30.95Nm^3$

3. 공기량 계산

1) 이론 산소량(O_o)

어떤 연료를 완전연소시키는데 필요한 산소량이다.

① 고체 및 액체 연료의 이론산소량(O_o)

㉮ 체적 기준

$$O_o = \dfrac{22.4}{12}C + \dfrac{11.2}{2}\left(H - \dfrac{O}{8}\right) + \dfrac{22.4}{32}S$$
$$= 1.867C + 5.6\left(H - \dfrac{O}{8}\right) + 0.7S \ [Nm^3/kg]$$

㉯ 중량 기준

$$O_o = \dfrac{32}{12}C + \dfrac{16}{2}\left(H - \dfrac{O}{8}\right) + \dfrac{32}{32}S$$
$$= 2.667C + 8\left(H - \dfrac{O}{8}\right) + S \ [kg/kg]$$

② 기체 연료의 이론 산소량(O_o)

$$O_o = 0.5H_2 + 0.5CO + 2CH_4 + 3C_2H_4 + 5C_3H_8 + 6.5C_4H_{10} - O_2 \; [Nm^3/Nm^3]$$

2) 이론 공기량(A_o)

연료가 완전연소하는데 필요한 최소 공기량이다.

① 고체 및 액체 연료의 이론 공기량(A_o)

㉮ 체적 기준

$$A_o = \frac{1}{0.21}[1.867C + 5.6(H - \frac{O}{8}) + 0.7S]$$

$$= 8.89C + 26.67(H - \frac{O}{8}) + 3.33S \; [Nm^3/kg]$$

㉯ 중량 기준

$$A_o = \frac{1}{0.232}[2.667C + 8(H - \frac{O}{8}) + S]$$

$$= 11.49C + 34.5(H - \frac{O}{8}) + 4.31S \; [kg/kg]$$

② 기체 연료의 이론 공기량(A_o)

$$A_o = \frac{1}{0.21}(0.5H_2 + 0.5CO + 2CH_4 + 3C_2H_4 + 5C_3H_8 + 6.5C_4H_{10} - O_2) \; [Nm^3/Nm^3]$$

3) 실제 공기량(A)

$$A = mA_o$$

(A : 실제공기량, m : 공기비, A_o : 이론공기량)

4) 과잉공기량

과잉공기량 = 실제공기량 − 이론공기량

5) 공기비(m)

① $m = \dfrac{실제공기량}{이론공기량} = 1 + \dfrac{과잉공기량}{이론공기량}$

② 완전연소시

$$m = \frac{21}{21 - O_2(\%)} = \frac{21N_2}{21N_2 - 79O_2} = \frac{N_2}{N_2 - 3.76O_2}$$

③ 불완전연소시

$$m = \frac{N_2}{N_2 - 3.76(O_2 - 0.5CO)}$$

④ 공기비에 따른 연소현상

구분	현상
공기비가 클 경우	연소실 내의 연소온도가 저하하고 CO_2는 감소한다.
	통풍력이 강하여 배기가스에 의한 열손실이 많아진다.
	연소가스 중의 SO_2나 NO_2의 함유량이 많아져 저온 부식을 촉진 또는 대기오염을 유발한다.
공기비가 적을 경우	불완전 연소가 되어 매연발생이 심하다.
	미연소가스에 의하여 열손실이 증가한다.
	미연소가스로 인한 폭발의 위험이 있다.

4. 연료의 발열량

1) 고체 및 액체연료의 발열량 계산

① 연소반응식

연료	연소반응식	1kg당 발열량
탄소(C)	$C + O_2 \rightarrow CO_2 + 97{,}200\,kcal$	$\dfrac{97{,}200\,kcal}{12\,kg} = 8{,}100\,kcal/kg$
수소(H)	$H_2 + 1/2O_2 \rightarrow H_2O + 68{,}000\,kcal$	$\dfrac{68{,}000\,kcal}{2\,kg} = 34{,}000\,kcal/kg$
황(S)	$S + O_2 \rightarrow SO_2 + 80{,}000\,kcal$	$\dfrac{80{,}000\,kcal}{32\,kg} = 2{,}500\,kcal/kg$

② 고위발열량(H_h)

$$H_h = 8{,}100C + 34{,}000\left(H - \dfrac{O}{8}\right) + 2{,}500S$$
$$= 8{,}100C + 34{,}000H - 4{,}250O + 2{,}500S\ [kcal/kg]$$

③ 저위발열량(H_ℓ)

고위발열량에서 수증기 응축잠열을 제외한 것이다.
$$H_\ell = H_h - 600(9H + W)\ [kcal/kg]$$

2) 기체 연료의 발열량 계산

① 연소반응식

연료	연소반응식 및 발열량($kcal/Nm^3$)
수소	$H_2 + 1/2O_2 \rightarrow H_2O + 3{,}050$
일산화탄소	$CO + 1/2O_2 \rightarrow CO_2 + 3{,}035$
메탄	$CH_4 + 2O_2 \rightarrow CO_2 + 2H_2O + 9{,}530$
에틸렌	$C_2H_4 + 3O_2 \rightarrow 2CO_2 + 2H_2O + 15{,}280$
프로판	$C_3H_8 + 5O_2 \rightarrow 3CO_2 + 4H_2O + 24{,}370$
부탄	$2C_4H_{10} + 13O_2 \rightarrow 8CO_2 + 10H_2O + 32{,}010$

② 고위발열량(H_h)

$H_h = 3,050H_2 + 3,035CO + 9,530CH_4 + 15,280C_2H_4 + 24,370C_3H_8 + 32,010C_4H_{10}$ [kcal/Nm³]

③ 저위발열량(H_ℓ)

$H_\ell = 2,570H_2 + 3,035CO + 8,570CH_4 + 14,320C_2H_4 + 22,350C_3H_8 + 29,610C_4H_{10}$ [kcal/Nm³]

STEP 04 가스폭발의 개요

1. 폭발(Explosion)

밀폐된 용기에서 갑자기 압력상승으로 인하여 외부로 순간적인 많은 압력을 방출하는 것으로 폭발속도는 0.1~10m/sec이다.

1) 폭발의 종류

① 압력폭발 : 보일러 압력의 폭발, LP가스탱크 폭발, 고압용기 폭발
② 산화폭발 : 가연성가스의 연소에 의한 폭발
③ 분해폭발 : 아세틸렌(C_2H_2), 산화에틸렌(C_2H_4O), 히드라진(N_2H_4) 등이 분해열에 의해 폭발

> **참고** 아세틸렌가스의 분해폭발을 방지하기 위한 희석제
> : 일산화탄소, 질소, 메탄, 에틸렌

④ 중합폭발 : 시안화수소(HCN)와 같이 단량체가 일정온도와 압력으로 반응이 진행되어 분자량이 큰 중합체가 되어 폭발
⑤ 가스폭발 : 가연성가스와 인화성 액체의 증기가 산소와 반응하여 착화원에 의해 폭발

> **참고** 블레비(BLEVE, Boiling liquid Expanding Vapor Explosion)
> : 액화가스저장탱크의 액체가 급격한 상변화를 하여 증가된 후 폭발하는 현상이다.

⑥ 분진폭발 : Mg분말, Al분말, 아연, 플라스틱 등이 공기 중에 미세한 분말상태로 존재할 경우 정전기에 의해 폭발
⑦ 촉매폭발 : 수소(H_2), 염소(Cl_2) 등이 직사광선에 의해 폭발
⑧ 마찰 및 타격에 의한 폭발 : 아질화은(AgN_2), 질화수은(HgN_2), 은아세틸라이드(Ag_2C_2), 구리아세틸라이드(Cu_2C_2), 황화질소(N_4S_4), 염화질소(NCl_2)는 폭발성이 예민하므로 마찰이나 타격 등으로 격렬히 폭발

2. 폭굉(Detonation)

1) 폭굉의 정의

가스중의 음속보다 화염전파속도가 큰 경우로 파면선단에 충격파라고 하는 솟구치는 압력파가 생겨 격렬한 파괴작용을 일으키는 현상으로서 폭발속도는 1000~3500m/sec이다.

2) 폭굉유도거리(DID)

최초의 완만한 연소가 격렬한 폭굉으로 발전할 때까지의 거리이다.

> **[참고] 폭굉유도거리가 짧아지는 요인**
> - 압력이 높을수록
> - 관속에 방해물이 있거나 관경이 가늘수록
> - 정상연소속도가 큰 혼합가스일수록
> - 점화원의 에너지가 강할수록

3. 폭연(Deflagration)

발열반응으로서 연소의 전파속도가 그 물질내에서의 음속보다 느린 것이다.

> **[참고] 폭굉과 폭연의 차이**
> - 폭굉 : 전파속도가 음속보다 빠른 것
> - 폭연 : 전파속도가 음속보다 느린 것

4. 폭발범위

1) 가연성가스의 폭발범위

가연성가스가 공기와 혼합하여 일정농도 범위 내에서 연소(폭발)가 일어나는 범위로서 폭발상한계와 폭발하한계의 차이다.

① 폭발하한계(Lower explosive limit, LEL)

가연성가스와 공기 또는 산소와의 혼합 가스 중의 가연성가스의 용량을 [vol%]로 나타내는 폭발 최저 농도이다.

② 폭발상한계(Upper explosive limit, UEL)

가연성가스와 공기 또는 산소와의 혼합 가스 중의 가연성가스의 용량을 [vol%]로 나타내는 폭발 최고 농도이다.

2) 폭발범위

① 폭발범위가 넓을수록 위험하다. 따라서 폭발하한계가 낮을수록 폭발상한계가 높을수록 위험하다.
② 고온, 고압일수록 폭발범위는 넓어진다. 온도나 압력을 높이면 폭발하한계는 변하지 않고, 폭발상한계는 상승한다. 단, 일산화탄소는 감소한다.
③ 분자량이 클수록 폭발하한계나 폭발상한계는 낮아진다.
④ 수소는 압력을 상승하면 10atm정도까지 폭발범위가 좁아지다가 그 이상이 되면 점차로 넓어진다.
⑤ 일산화탄소(CO)는 고압일수록 폭발범위가 좁아진다.
⑥ 불연성가스(질소, 이산화탄소)를 첨가하면 폭발범위는 좁아진다.
⑦ 산소 중의 폭발범위는 공기 중의 폭발범위보다 넓어진다.

3) 가연성가스의 폭발범위

범위 가스종류	공기중		산소중		범위 가스종류	공기중		산소중	
	하한계 (vol%)	상한계 (vol%)	하한계 (vol%)	상한계 (vol%)		하한계 (vol%)	상한계 (vol%)	하한계 (vol%)	상한계 (vol%)
아세틸렌	2.5	81.0	2.5	93	메틸알콜	7.3	36.0	–	–

범위\가스종류	공기중 하한계(vol%)	공기중 상한계(vol%)	산소중 하한계(vol%)	산소중 상한계(vol%)	범위\가스종류	공기중 하한계(vol%)	공기중 상한계(vol%)	산소중 하한계(vol%)	산소중 상한계(vol%)
벤젠	1.4	7.1	–	–	메틸알콜	4.3	19.0	–	–
톨루엔	1.4	6.7	–	–	이소프로필알콜	2.0	12.0	–	–
수소	4.0	75.0	4.0	94	아세트알데히드	4.1	57.0	–	–
이황화탄소	1.2	44.0	–	–	에테르	1.9	48.0	2.0	82.0
황화수소	4.3	45.0	–	–	프로판	2.1	9.5	–	–
메탄	5.0	15.0	5.1	59	부탄	1.8	8.4	–	–
에탄	3.0	12.5	3.0	66	펜탄	1.4	7.8	–	–
일산화탄소	12.5	74.0	12.5	94	헥산	1.2	7.4	–	–
암모니아	15.0	28.0	15.0	79	에틸렌	2.7	36.0	2.7	80
아세톤	3.0	13.0	–	–	프로필렌	2.4	10.3	2.1	53
산화에틸렌	3.0	80.0	–	–	브롬메틸	13.5	14.5	–	–
산화프로필렌	2.0	22.0	–	–	이소부틸렌	1.8	9.6	–	–
시클로헥산	1.3	8.0	–	–	1,3부타디엔	2.0	12.0	–	–

4) 혼합가스의 폭발한계

$$\frac{100}{L} = \frac{V_1}{L_1} + \frac{V_2}{L_2} + \frac{V_3}{L_3} + \cdots + \frac{V_n}{L_n}$$

(L(vol%) : 혼합가스의 폭발한계,
L_1, L_2, L_3, L_n(vol%) : 가연성 가스의 폭발하한계 또는 폭발상한계
V_1, V_2, V_3, V_n (vol%) : 혼합가스 중 각 가연성 가스의 용량)

5) 위험도(Degree of hazards, H)

$$H = \frac{U - L}{L}$$

(H : 위험도, L(vol%) : 폭발하한계(vol%), U(vol%) : 폭발상한계)

STEP 05 폭발방지 및 소화방법

1. 화재방지 대책

1) 예방대책

화재가 발생되지 않도록 미연에 점화원을 제거하는 대책

2) 국한대책 : 화재가 발생하였을 때 그 화재의 피해를 최소화하기 위한 대책
① 건물 및 설비의 불연화
② 방화벽이나 방유제 등을 정비
③ 위험물 시설 등을 지하에 매립
④ 공한지 확보 및 가연물의 집적방지

3) 소화 대책
① 초기 소화 : 화재시 초기에 대처하는 소화대책
② 본격적 소화 : 공장내의 자치소방대 또는 소방대원에 의하여 대처하는 소화대책

4) 피난 대책
화재가 발생하면 위험지역에서 피난자를 안전한 장소로 대피하는 대책

2. 화재폭발 방지

1) 불활성물질에 의한 폭발방지
① 불활성가스 주입
불연성가스(질소, 이산화탄소, 수증기, 할로겐화 탄화수소)를 주입하여 폭발을 방지
② 불활성 분진 주입
불활성 분진(모래, 석분(石紛), 탄산칼슘, 규산칼슘, 석고분말)을 주입하여 폭발을 방지
③ 불활성 가스첨가에 의한 분해폭발 방지
㉮ 아세틸렌, 산화에틸렌 : 질소, 이산화탄소 등 불활성가스를 첨가하여 분해폭발을 방지
㉯ 고압력의 아세틸렌 : 불활성가스를 다량 첨가하여 분해폭발을 방지

2) 폭발범위외의 농도로 폭발방지
① 공기 중의 누설 및 누출 방지
② 밀폐된 용기내에 공기 혼입 방지
③ 폭발하한계 이하의 농도로 희석

3. 소화방법

가연물이 연소할 때 연소의 3요소 중 1가지 이상을 제거하여 연소를 중단시키는 것

1) **제거소화** : 가연물을 화재현장에서 제거하여 소화

2) **냉각소화** : 물을 방사하여 가연물의 온도를 발화점 이하로 낮추어 소화

> **참고** 물을 소화약제로 사용하는 이유 : 비열과 증발잠열이 크기 때문

3) **질식소화** : 분말, 이산화탄소, 할로겐화합물 등과 같이 소화약제를 방사하여 산소의 농도 21%를 16% 이하로 낮추어 소화

4) **부촉매(억제)소화** : 분말, 할로겐 화합물 소화설비와 같이 산소와 결합을 차단하거나 연소의 연쇄반응을 억제시켜 소화

STEP 06 폭발의 위험성 평가

1. 위험성평가
사업장 안에 존재하는 위험에 대하여 정성적 또는 정량적으로 위험성 등을 평가하는 방법

2. 위험성 평가의 종류
1) 정성적 평가
   ① 체크리스트기법(Check List)
   공정 및 설비의 오류, 결함상태, 위험 상황 등을 목록화한 형태로 작성하여 경험적으로 비교함으로써 위험성을 정성적으로 파악하는 안전성 평가기법
   ② 사고예상질문 분석기법(What-If)
   공정에 잠재하고 있으면서 원하지 않은 나쁜 결과를 초래할 수 있는 사고에 대하여 예상 질문을 통해 사전에 확인함으로써 그 위험과 결과 및 위험을 줄이는 방법을 제시하는 정성적 안전성 평가기법
   ③ 상대위험 순위결정기법(Dow and Mond Indices)
   설비에 존재하는 위험에 대하여 수치적으로 상대위험 순위를 지표화하여 그 피해정도를 나타내는 상대적 위험 순위를 정하는 안전성 평가기법
   ④ 위험성 운전 분석기법(HAZOP)
   공정에 존재하는 위험 요소들과 공정의 효율을 떨어뜨릴 수 있는 운전상의 문제점을 찾아내어 그 원인을 제거하는 정성적인 안전성 평가기법
   ⑤ 작업자 실수 분석기법(Human Error Analysis)
   설비의 운전원, 정비보수원, 기술자 등의 작업에 영향을 미칠만한 요소를 평가하여 그 실수의 원인을 파악하고 추적하여 정량적으로 실수의 상대적 순위를 결정하는 안전성 평가기법

2) 정량적 평가
   ① 결함수 분석기법(FTA)
   사고를 일으키는 장치의 이상이나 운전자 실수의 조합을 연역적으로 분석하는 정량적 안전성 평가기법
   ② 사건수 분석기법(ETA)
   초기사건으로 알려진 특정한 장치의 이상이나 운전자의 실수로부터 발생되는 잠재적인 사고결과를 평가하는 정량적 안전성 평가기법
   ③ 원인결과 분석기법(Cause-Consequence Analysis)
   잠재된 사고의 결과와 이러한 사고의 근본적인 원인을 찾아내고 사고 결과와 원인의 상호관계를 예측·평가하는 정량적 안전성 평가기법

STEP 07 방폭구조 및 위험장소

1. 방폭구조의 분류

1) 내압방폭구조

  용기 내부에서 가연성가스의 폭발이 발생할 경우 용기가 폭발에 견디고 접합면, 개구부 등을 통하여 외부의 가연성 가스에 인화되지 않도록 한 구조

2) 유입방폭구조

  용기 내부에 절연유를 주입하여 불꽃아크 또는 고온발생 부분이 기름속에 잠기게 함으로써 기름 위에 존재하는 가연성가스에 인화되지 않도록 한 구조

3) 압력방폭구조

  용기 내부에 신선한 공기 및 불활성가스를 압입하여 내부압력을 유지함으로써 가연성가스가 용기 내부로 유입되지 않도록 한 구조

4) 안전증방폭구조

  정상운전 중에 가연성가스의 점화원이 될 전기불꽃아크 또는 고온부분 등의 발생을 방지하기 위해 기계적, 전기적 구조상 또는 온도상승에 대해 특히 안전도를 증가시킨 구조

5) 본질안전방폭구조

  정상시 또는 단선, 단락, 지락시에 발생하는 전기불꽃아크 또는 고온부로 인하여 가연성가스가 점화되지 않는 것이 점화시험, 그 밖의 방법에 의하여 확인된 구조

6) 특수방폭구조

  이외의 방폭구조로서 가연성가스에 점화를 방지할 수 있다는 것이 시험, 그 밖의 방법에 의하여 확인된 구조

방폭구조의 종류와 표시방법

방폭구조의 종류	표시방법
내압방폭구조	d
유입방폭구조	o
압력방폭구조	p
안전증방폭구조	e
본질안전방폭구조	ia 또는 ib
특수방폭구조	s

참고 가연성가스의 제조설비 중 전기설비 방폭구조 제외가스 : 암모니아, 브롬화메탄

2. 위험장소의 분류

1) 0종 장소

① 상용의 상태에서 가연성가스의 농도가 연속해서 폭발하한계 이상으로 되는 장소
② 방폭구조 : 본질안전방폭구조

2) 1종 장소
① 상용상태에서 가연성가스가 체류하여 위험하게 될 우려가 있는 장소
② 정비보수 또는 누출 등으로 인하여 종종 가연성가스가 체류하여 위험하게 될 우려가 있는 장소
③ 방폭구조 : 내압, 압력, 유입방폭구조

3) 2종 장소
① 밀폐된 용기 또는 설비 안에 밀봉된 가연성가스가 용기 또는 설비의 사고로 인하여 파손되거나 오조작의 경우에만 누출할 위험이 있는 장소
② 확실한 기계적 환기조치에 따라 가연성가스가 체류하지 아니하도록 되어 있으나 환기장치에 이상이나 사고가 발생한 경우에는 가연성가스가 체류하여 위험하게 될 우려가 있는 장소
③ 1종 장소의 주변 또는 인접한 실내에서 위험한 농도의 가연성가스가 종종 침입할 우려가 있는 장소
④ 방폭구조 : 안전증방폭구조

3. 가연성가스의 폭발등급

1) 최대안전틈새
내용적이 8ℓ이고, 틈새깊이가 25mm인 표준용기 안에서 가스가 폭발할 때 발생한 화염이 용기 밖으로 전파하여 가연성가스에 점화되지 않는 최대값이며 안전틈새의 간격이 좁을수록 위험하다.

2) 가연성가스의 폭발등급

최대안전 틈새범위	내압방폭구조	0.9mm 이상	0.5mm 초과 0.9mm 미만	0.5mm 이하
	본질안전증방폭구조	0.8mm 초과	0.45mm 이상 0.8mm 이하	0.45mm 미만
가연성가스의 폭발등급		A	B	C
방폭전기기기의 폭발등급		ⅡA	ⅡB	ⅡC

4. 방폭전기기기의 온도등급

가연성가스의 발화도가 낮을수록(온도등급이 높을수록) 위험한 가스이다.

가연성가스의 발화도	방폭전기기기의 온도등급	가스종류
450℃ 초과	T1	수소, 암모니아, 메탄, 에탄, 프로판
300℃ 초과 450℃ 이하	T2	에틸렌, 부탄, 아세틸렌
200℃ 초과 300℃ 이하	T3	헥산
135℃ 초과 200℃ 이하	T4	아세트알데히드
100℃ 초과 135℃ 이하	T5	이황화탄소
80℃ 초과 100℃ 이하	T6	

제02절_ 가스의 연소 출제예상문제

01 다음 폭발의 종류와의 관계가 틀린 것은?
① 화학적 폭발 : 화약의 폭발
② 압력적 폭발 : 보일러의 폭발
③ 촉매적 폭발 : C₂H₂의 폭발
④ 중합적 폭발 : HCN의 폭발

🔍 아세틸렌(C_2H_2) : 분해폭발, 산화폭발, 화합폭발

02 도시가스 성분을 분석하였다. 그 성분이 아래와 같을 때 폭발하한값으로 옳은 것은?

C_3H_8 60%[vol], 공기 중 폭발범위 1.8~9.5%
CH_4 40%[vol], 공기 중 폭발범위 5~15%

① 2.4%
② 3.6%
③ 4.8%
④ 5.5%

🔍 혼합가스의 폭발
$$\frac{100}{L} = \frac{V_1}{L_1} + \frac{V_2}{L_2} + \frac{V_3}{L_3} + \cdots + \frac{V_n}{L_n}$$
폭발하한값 $\frac{100}{L} = \frac{60}{1.8} + \frac{40}{5}$ 에서
$L = \frac{100}{\frac{60}{1.8} + \frac{40}{5}} = 2.42\%$

03 다음 가스 중 착화온도가 가장 낮은 것은?
① 메탄
② 에틸렌
③ 아세틸렌
④ 일산화탄소

🔍 가스의 착화온도

가스	착화점	가스	착화점
아세틸렌	299℃	에틸렌	450℃
메탄	537℃	일산화탄소	605℃

04 탄화수소에서 탄소의 수가 증가할 때 생기는 현상이 아닌 것은?
① 증기압이 낮아진다.
② 발화점이 낮아진다.
③ 폭발 하한계가 낮아진다.
④ 비등점이 낮아진다.

05 가연성가스의 제조설비 또는 저장설비 중 전기설비 방폭구조를 하지 않아도 되는 가스는?
① 암모니아, 시안화수소
② 암모니아, 염화메탄
③ 브롬화메탄, 일산화탄소
④ 암모니아, 브롬화메탄

🔍 가연성가스의 제조설비 중 전기설비 방폭구조 제외가스 : 암모니아, 브롬화메탄

06 가연성가스와 산소의 혼합비가 완전산화에 가까울수록 발화지연은 어떻게 되는가?
① 길어진다.   ② 짧아진다.
③ 변함이 없다.   ④ 일정치 않다.

🔍 발화지연시간은 가연물을 가열하여 발화에 이르기까지의 시간이며 가연성가스와 공기의 혼합비가 완전산화에 가까울수록, 고온·고압일수록 발화지연시간은 짧아진다.

07 다음은 폭발에 관한 가스의 성질을 설명한 것이다. 틀린 것은?
① 폭발범위가 넓은 것은 위험하다.
② 가스 비중이 큰 것은 낮은 곳에 체류할 위험이 있다.
③ 안전 간격이 큰 것 일수록 위험하다.
④ 폭굉은 화염 전파속도가 음속보다 크다.

🔍 안전틈새의 간격이 작은 것 일수록 위험하다.

정답 01 ③ 02 ① 03 ③ 04 ④ 05 ④ 06 ② 07 ③

08 가연성가스를 취급하는 장소에는 누출된 가스의 폭발 사고를 방지하기 위하여 전기설비를 방폭구조로 한다. 다음 중 방폭구조가 아닌 것은?

① 안전증 방폭구조
② 내열 방폭구조
③ 압력 방폭구조
④ 내압 방폭구조

> 방폭구조의 종류 : 압력, 내압, 유입, 안전증, 본질안전, 특수방폭구조

09 발화점에서 영향을 주는 인자가 아닌 것은?

① 가연성가스와 공기의 혼합비
② 가열속도과 지속시간
③ 발화가 생기는 공간의 비중
④ 점화원의 종류와 에너지 투여법

> 가연성 가스의 발화점에 영향을 주는 인자
> • 가연성가스와 공기의 혼합비
> • 가열속도와 지속시간
> • 용기의 재질과 촉매효과
> • 발화 공간의 형태의 크기
> • 점화원의 종류와 에너지 투여법

10 다음 중 발화 발생 요인이 아닌 것은?

① 용기의 재질
② 온도
③ 압력
④ 조성

> 최소착화에너지(발화 발생요인)란 가연성가스가 공기와 혼합하여 착화원으로 착화시에 발화하기 위하여 필요한 최소에너지이며 온도, 압력, 농도(조성)의 영향을 받는다.

11 다음 중 폭굉이란 용어의 해석 중 적합한 것은?

① 가스중의 폭발속도보다 음속이 큰 경우의 파면선단에 충격파라고 하는 솟구치는 압력파가 생겨 격렬한 파괴작용을 일으키는 현상
② 가스중의 음속보다 폭발속도가 큰 경우로 파면선단에 충격파라고 하는 솟구치는 압력파가 생겨 격렬한 파괴작용을 일으키는 현상
③ 가스중의 음속보다 화염전파속도가 큰 경우로 파면선단에 충격파라고 하는 솟구치는 압력파가 생겨 격렬한 파괴작용을 일으키는 현상
④ 가스중의 화염전파속도보다 음속이 큰 경우로 파면선단에 충격파라고 하는 솟구치는 압력파가 생겨 격렬한 파괴작용을 일으키는 현상

> 폭굉이란 가스중의 음속보다 화염전파속도가 큰 경우로 파면선단에 충격파라고 하는 솟구치는 압력파가 생겨 격렬한 파괴작용을 일으키는 현상으로서 폭발속도는 1,000~3,500 m/sec이다.

12 가스의 폭발범위에 영향을 주는 인자가 아닌 것은?

① 비열
② 압력
③ 온도
④ 가스량

> 폭발범위는 고온, 고압일수록 가연성 가스량이 많을수록 좁아진다.

13 가연성 물질을 공기로 연소시키는 경우에 공기 중의 산소농도를 높게 하면 연소속도와 발화온도는 어떻게 변하는가?

① 연소속도는 크게(빠르게)되고, 발화온도도 높아진다.
② 연소속도는 크게(빠르게)되고, 발화온도는 낮아진다.
③ 연소속도는 낮게(느리게)되고, 발화온도는 높아진다.
④ 연소속도는 낮게(느리게)되고, 발화온도는 낮아진다.

> 산소농도가 많을수록 연소속도는 빨라지고, 발화온도는 낮아진다.

14 프로판 10kg이 완전 연소에 필요한 공기량은 몇 [m³] 인가?

① 25.45m³
② 121.2m³
③ 36.3m³
④ 173.2m³

> 프로판의 완전연소식
> $C_3H_8 + 5O_2 \rightarrow 3CO_2 + 4H_2O$
> 44kg   5 × 22.4Nm³
> 10kg O_o
> • 이론산소량
> $O_o = \dfrac{10kg \times (5 \times 22.4Nm^3)}{44kg} = 25.45Nm^3$
> • 이론공기량
> $A_o = \dfrac{25.45Nm^3}{0.21} ≒ 121.2Nm^3$

15 일산화탄소와 공기의 혼합가스 폭발범위는 고압일수록 어떻게 변하는가?

① 넓어진다. ② 변하지 않는다.
③ 좁아진다. ④ 일정치 않다.

🔍 일산화탄소(CO)는 고압일수록 폭발범위가 좁아진다.

16 다음 중 연소의 3요소가 아닌 것은?

① 가연물 ② 산소공급원
③ 점화원 ④ 인화점

🔍 연소의 3요소
- 가연물(가연성가스)
- 산소공급원(조연성가스)
- 점화원

17 고압가스 충전시설 중 방폭성능을 갖지 않아도 되는 가스는?

① 수소 ② 일산화탄소
③ 암모니아 ④ 아세틸렌

🔍 가연성가스의 충전설비 중 전기설비 방폭구조 제외가스 : 암모니아, 브롬화메탄

18 다음 중 역화의 원인이 아닌 것은?

① 염공이 적게 되었을 때
② 버너 위에 큰 용기를 올려서 장시간 사용할 경우
③ 가스의 압력이 너무 낮을 때
④ 콕이 충분히 열리지 않았을 때

🔍 역화의 발생원인
- 염공이 크게 되었을 때
- 콕크가 충분히 열리지 않은 경우
- 노즐의 직경이 너무 큰 경우
- 가스의 압력이 너무 낮을 때
- 버너가 과열되었을 때

19 가연성 가스가 폭발할 위험이 있는 장소에 전기설비를 할 경우 위험 장소의 등급 분류에 해당하지 않는 것은?

① 0종 ② 1종
③ 2종 ④ 3종

🔍 위험장소는 0종, 1종, 2종으로 분류된다.

20 부탄(C_4H_{10})의 위험도는 약 얼마인가? (단, 폭발범위는 1.8~8.4%이다.)

① 1.23 ② 2.27
③ 3.67 ④ 4.58

🔍 위험도 $H = \dfrac{U-L}{L}$

$H = \dfrac{8.4-1.8}{1.8} = 3.67$

21 다음 중 폭발범위가 넓은 것부터 좁은 순서로 옳게 나열한 것은?

① H_2, C_2H_2, CH_4, CO
② CH_4, CO, C_2H_2, H_2
③ C_2H_2, H_2, CO, CH_4
④ C_2H_2, CO, H_2, CH_4

🔍 폭발범위(폭발상한계 - 폭발하한계)

가스종류 \ 범위	공기중	
	하한계(V%)	상한계(V%)
아세틸렌(C_2H_2)	2.5	81.0
수소(H_2)	4.0	75.0
메탄(CH_4)	5.0	15.0
일산화탄소(CO)	12.5	74.0

22 폭발범위에 대한 설명 중 옳은 것은?

① 공기 중의 아세틸렌가스의 폭발범위는 약 4~71%이다.
② 공기 중의 폭발범위는 산소 중의 폭발범위보다 넓다.
③ 고온, 고압일 때 폭발범위는 대부분 넓어진다.
④ 한계산소 농도치 이하에서는 폭발성 혼합가스가 생성된다.

🔍 폭발범위
- 아세틸렌의 공기 중 폭발범위 : 2.5 ~ 81%
- 공기 중의 폭발범위는 산소 중의 폭발범위보다 좁다.
- 산소농도 이상에서 폭발성 혼합가스가 생성된다.

정답 15 ③ 16 ④ 17 ③ 18 ① 19 ④ 20 ③ 21 ③ 22 ③

23 연소에 대한 일반적인 설명 중 옳지 않은 것은?

① 인화점이 낮을수록 위험성이 크다.
② 인화점보다 착화점의 온도가 낮다.
③ 발열량이 높을수록 착화온도는 낮아진다.
④ 가스의 온도가 높아지면 연소범위는 넓어진다.

> **인화점**
> • 인화점이 낮을수록 폭발의 위험성은 크다.
> • 인화점보다 착화점의 온도가 높다.

24 다음 중 연소의 3요소에 해당되는 것은?

① 공기, 산소공급원, 열
② 가연물, 연료, 빛
③ 가연물, 산소공급원, 공기
④ 가연물, 공기, 점화원

> **연소의 3요소**
> • 가연물(가연성가스)
> • 산소 공급원(조연성가스, 공기)
> • 점화원

25 불꽃의 주위, 특히 불꽃 기저부에 대한 공기의 움직임이 강해지면 불꽃이 노즐에 정착되지 않고 떨어지게 되어 꺼져 버리는 현상은?

① 옐로우팁(yellow tip)
② 리프팅(lifting)
③ 블로우 오프(blow-off)
④ 백파이어(back fire)

> • **역화(back-fire)**: 가연성가스가 연소시 노즐에서 혼합가스의 방출속도가 연소속도보다 느리게 되면 화염이 버너 내부로 들어가서 연소를 계속하는 현상
> • **선화(lifting)**: 가연성 가스 연소시 노즐에서 혼합가스의 방출속도가 연소속도보다 클 때 불꽃이 노즐에서 떨어져 연소하는 현상
> • **옐로우 팁(yellow Tip)**: 불꽃의 끝이 적황색이 되어 연소하는 현상

26 다음 중 기체연료의 연소형태로서 가장 옳은 것은?

① 증발연소   ② 표면연소
③ 분해연소   ④ 확산연소

> **기체연료 연소**: 예혼합연소, 확산연소

27 프로판의 완전연소 반응식으로 옳은 것은?

① $C_3H_8 + 4O_2 \rightarrow 3CO_2 + 2H_2O$
② $C_3H_8 + 5O_2 \rightarrow 3CO_2 + 4H_2O$
③ $C_3H_8 + 2O_2 \rightarrow 3CO + H_2O$
④ $C_3H_8 + O_2 \rightarrow CO_2 + H_2O$

> **프로판(C_3H_8)의 완전연소식**
> $C_mH_n + (m + \frac{n}{4})O_2 \rightarrow mCO_2 + \frac{n}{2}H_2O$
> $C_3H_8 + (3 + \frac{8}{4})O_2 \rightarrow 3CO_2 + \frac{8}{2}H_2O$
> $C_3H_8 + 5O_2 \rightarrow 3CO_2 + 4H_2O$

28 수소와 염소에 일광을 비추었을 때 일어나는 폭발의 형태로서 가장 옳은 것은?

① 분해폭발   ② 중합폭발
③ 촉매폭발   ④ 산화폭발

> **촉매폭발**: 수소(H_2), 염소(Cl_2) 등이 직사광선에 의해 폭발

29 가스 중의 음속보다도 화염 전파속도가 큰 경우로서 충격파라고 하는 솟구치는 압력파가 생기는 현상을 무엇이라 하는가?

① 폭발   ② 폭굉
③ 폭연   ④ 연소

> **폭굉**이란 가스중의 음속보다 화염전파속도가 큰 경우로 파면선단에 충격파라고 하는 솟구치는 압력파가 생겨 격렬한 파괴작용을 일으키는 현상으로서 폭발속도는 1000~3500m/sec이다.

30 연소의 이상현상 중 불꽃의 주위, 특히 불꽃의 기저부에 대한 공기의 움직임이 세어지면 불꽃이 노즐에서 정착하지 않고 떨어지게 되어 꺼져 버리는 현상은?

① 선화   ② 역화
③ 블로우 오프   ④ 불완전 연소

> • **역화(Back-fire)**: 가연성가스가 연소시 노즐에서 혼합가스의 방출속도가 연소속도보다 느리게 되면 화염이 버너 내부로 들어가서 연소를 계속하는 현상
> • **선화(Lifting)**: 가연성 가스 연소시 노즐에서 혼합가스의 방출속도가 연소속도보다 클 때 불꽃이 노즐에서 떨어져 연소하는 현상
> • **불완전 연소**: 산소공급이 충분하지 못하여 연소시 그을음이나 일산화탄소가 발생하는 연소

정답 23 ② 24 ④ 25 ③ 26 ④ 27 ② 28 ③ 29 ② 30 ③

31 다음 착화온도에 대한 설명 중 틀린 것은?

① 탄화수소에서 탄소수가 많은 분자일수록 착화온도는 낮아진다.
② 산소농도가 클수록, 압력이 클수록 착화온도는 낮아진다.
③ 화학적으로 발열량이 높을수록 착화온도는 낮아진다.
④ 반응활성도가 작을수록 착화온도는 낮아진다.

> 착화점이 낮아지는 경우
> • 탄소의 수가 많은 분자일수록
> • 열전도율이 낮을수록
> • 산소의 농도가 클수록
> • 반응활성도가 높을수록
> • 압력이나 발열량이 높을수록

32 공기 중에서 폭발범위가 가장 넓은 가스는?

① C_2H_4O ② CH_4
③ C_2H_4 ④ C_3H_8

> 가연성가스의 폭발범위(폭발상한계 – 폭발하한계)

범위 가스종류	공기중	
	하한계(vol%)	상한계(vol%)
에틸렌(C_2H_4)	2.7	36.0
메탄(CH_4)	5.0	15.0
산화에틸렌(C_2H_4O)	3.0	80.0
프로판(C_3H_8)	2.1	9.5

33 프로판을 완전연소시켰을 때 주로 생성되는 물질은?

① CO_2, H_2 ② CO_2, H_2O
③ C_2H_4, H_2O ④ C_4H_{10}, CO

> 프로판의 완전연소식
> $C_3H_8 + 5O_2 \rightarrow 3CO_2 + 4H_2O$
> 생성물 : 이산화탄소(CO_2), 물(H_2O)

34 다음 가연성가스 중 위험성이 가장 큰 것은?

① 수소
② 프로판
③ 산화에틸렌
④ 아세틸렌

> 가연성가스는 폭발범위가 넓을수록 위험하다.

폭발범위 가스종류	공기중	
	하한계(vol%)	상한계(vol%)
아세틸렌	2.5	81.0
수소	4.0	75.0
산화에틸렌(C_2H_4O)	3.0	80.0
프로판(C_3H_8)	2.1	9.5

35 프로판가스 60mol%, 부탄가스 40mol%의 혼합가스 1mol을 완전연소시키기 위하여 필요한 이론 공기량은 몇 [mol] 인가? (단, 공기 중 산소는 21mol%이다.)

① 17.7   ② 20.7
③ 23.7   ④ 26.7

> • 1mol에 대한 산소량
> $O_o = 3 + 2.6 = 5.6 mol$
> • 이론공기량
> $A_o = \dfrac{5.6 mol}{0.21} = 26.7 mol$

36 메탄 95% 및 에탄 5%로 구성된 천연가스 1m³의 진발열량은 약 몇 [kcal] 인가? (단, 표준상태에서 메탄의 진발열량은 8,124cal/L, 에탄은 14,602cal/L이다.)

① 8,151   ② 8,242
③ 8,353   ④ 8,448

> 진발열량
> $H = 0.95 \times 8124 + 0.05 \times 14,602 = 8,447.9 kcal$

37 다음 중 공기중에서의 폭발범위가 가장 넓은 가스는?

① 황화수소   ② 암모니아
③ 산화에틸렌 ④ 프로판

정답 31 ④ 32 ① 33 ② 34 ④ 35 ④ 36 ④ 37 ③

가연성가스의 폭발범위(폭발상계 − 폭발하한계)

가스종류	공기중 하한계(vol%)	공기중 상한계(vol%)
황화수소	4.3	45.0
암모니아	15.0	28.0
산화에틸렌	3.0	80.0
프로판	2.1	9.5

38 산소없이 분해폭발을 일으키는 물질이 아닌 것은?

① 아세틸렌 ② 히드라진
③ 산화에틸렌 ④ 시안화수소

🔍 분해폭발 : 아세틸렌(C_2H_2), 산화에틸렌(C_2H_4O), 히드라진(N_2H_4)

39 프로판가스의 위험도(H)는 약 얼마인가? (단, 공기 중의 폭발범위는 2.1~9.5v%이다.)

① 2.1 ② 3.5
③ 9.5 ④ 11.6

🔍 위험도 $H = \dfrac{U-L}{L}$ 에서

$H = \dfrac{9.5 - 2.1}{2.1} = 3.52$

40 공기 중에서 폭발하한이 가장 낮은 탄화수소는?

① CH_4 ② C_4H_{10}
③ C_3H_8 ④ C_2H_6

🔍 폭발범위

가스종류	공기중 하한계(V%)	공기중 상한계(V%)
메탄(CH_4)	5.0	15.0
부탄(C_4H_{10})	1.8	8.4
프로판(C_3H_8)	2.1	9.5
프로필렌(C_3H_6)	2.4	10.3

41 다음은 탄화수소(C_mH_n)의 완전연소식이다. ( ) 안에 알맞은 것은?

$$C_mH_n + \left(m + \dfrac{n}{4}\right)O_2 \rightarrow mCO_2 + (\quad)H_2O$$

① n ② $\dfrac{n}{2}$
③ m ④ $\dfrac{n}{2}$

🔍 탄화수소계의 완전연소식

$C_mH_n + \left(m + \dfrac{n}{4}\right)O_2 \rightarrow mCO_2 + \dfrac{n}{2}H_2O$

42 부탄 1m³을 완전연소시키는데 필요한 이론공기량은 약 몇 [m³] 인가? (단, 공기 중의 산소농도는 21v%이다.)

① 5 ② 23.8
③ 6.5 ④ 31

🔍 부탄의 완전연소식

$C_4H_{10} + 6.5O_2 \rightarrow 4CO_2 + 5H_2O$
$1Nm^3$ $6.5 \times 22.4Nm^3$
$22.4Nm^3$ O_o

• 이론산소량
$O_o = \dfrac{1Nm^3 \times 6.5 \times 22.4Nm^3}{22.4Nm^3} = 6.5Nm^3$

• 이론공기량
$A_o = \dfrac{6.5Nm^3/kg}{0.21} = 30.95Nm^3$

43 가스의 경우 폭굉(Detonation)의 연소속도는 약 몇 [m/s] 정도인가?

① 0.03 ~ 10 ② 10 ~ 50
③ 100 ~ 600 ④ 1,000 ~ 3,000

🔍 폭굉은 파면선단에 충격파라고 하는 압력파가 솟구치는 현상으로서 폭발속도는 1,000~3,500 m/sec이다.

44 다음은 가스폭발의 위험성 평가기법 중 정량적 평가방법은?

① HAZOP(위험성운전 분석기법)
② FTA(결함수 분석기법)
③ Check List법
④ WHAT-IF(사고예상질문 분석기법)

🔍 정량적 평가방법의 종류
• 결함수 분석기법(FTA)
• 사건수 분석기법(ETA)
• 원인결과 분석기법(Cause-Consequence Analysis)

정답 38 ④ 39 ② 40 ② 41 ② 42 ④ 43 ④ 44 ②

45 용기 내부에서 가연성가스의 폭발이 발생할 경우 그 용기가 폭발압력에 견디고, 접합면, 개구부 등을 통하여 외부의 가연성가스에 인화되지 아니하도록 한 방폭구조는?

① 내압방폭구조 ② 압력방폭구조
③ 유입방폭구조 ④ 안전증방폭구조

> **방폭구조**
> • 유입방폭구조 : 용기 내부에 절연유를 주입하여 불꽃아크 또는 고온발생 부분이 기름속에 잠기게 함으로써 기름 위에 존재하는 가연성가스에 인화되지 않도록 한 구조
> • 압력방폭구조 : 용기 내부에 신선한 공기 및 불활성가스를 압입하여 내부압력을 유지함으로써 가연성가스가 용기 내부로 유입되지 않도록 한 구조
> • 안전증방폭구조 : 정상운전 중에 가연성가스의 점화원이 될 전기불꽃아크 또는 고온부분 등의 발생을 방지하기 위해 기계적, 전기적 구조상 또는 온도상승에 대해 특히 안전도를 증가시킨 구조

46 수소의 폭발한계는 4~75v%이다. 수소의 위험도는 약 얼마인가?

① 0.9   ② 17.75
③ 18.7 ④ 19.75

> 위험도 $H = \dfrac{U-L}{L}$ 에서
> $H = \dfrac{75-4}{4} = 17.75$

47 탄소 2kg을 완전연소시켰을 때 발생되는 연소가스는 약 몇 [kg] 인가?

① 3.67 ② 7.33
③ 5.87 ④ 8.89

> **탄소의 완전연소식**

> $CO_2 = \dfrac{2kg \times 44kg}{12kg} = 7.33kg$

48 프로판(C_3H_8) 1m³을 완전연소시킬 때 필요한 이론산소량은 몇 [m³] 인가?

① 5   ② 10
③ 15 ④ 20

> **프로판의 이론산소량**
> $C_3H_8 + 5O_2 \rightarrow 3CO_2 + 4H_2O$
> 22.4Nm³   5×22.4Nm³
> 1m³ O_o
> $O_o = \dfrac{1m^3 \times (5 \times 22.4Nm^3)}{22.4Nm^3} = 5Nm^3$

49 공정에 존재하는 위험요소들과 공정의 효율을 떨어뜨릴 수 있는 운전상의 문제점을 찾아내어 그 원인을 제거하는 정성적 안전성 평가기법을 의미하는 것은?

① FTA   ② EAT
③ CCA   ④ HAZOP

> • 결함수 분석기법(FTA) : 사고를 일으키는 장치의 이상이나 운전사 실수의 조합을 연역적으로 분석하는 정량적 안전성 평가기법
> • 사건수 분석기법(ETA) : 초기사건으로 알려진 특정한 장치의 이상이나 운전자의 실수로부터 발생되는 잠재적인 사고결과를 평가하는 정량적 안전성 평가기법
> • 원인결과 분석기법(Cause-Consequence Analysis) : 잠재된 사고의 결과와 이러한 사고의 근본적인 원인을 찾아내고 사고 결과와 원인의 상호관계를 예측·평가하는 정량적 안전성 평가기법

50 다음 중 방폭구조의 표시방법으로 잘못된 것은?

① 안전증방폭구조 : e
② 본질안전방폭구조 : b
③ 유입방폭구조 : o
④ 내압방폭구조 : d

> **방폭전기기기의 구조별 표시**
>
> | 방폭구조의 종류 | 표시방법 |
> |---|---|
> | 내압방폭구조 | d |
> | 유입방폭구조 | o |
> | 압력방폭구조 | p |
> | 안전증방폭구조 | e |
> | 본질안전방폭구조 | ia 또는 ib |
> | 특수방폭구조 | s |

51 프로판의 착화온도는 약 몇 [℃] 정도인가?

① 460~520 ② 550~590
③ 600~660 ④ 680~740

정답 45 ① 46 ② 47 ② 48 ① 49 ④ 50 ② 51 ①

🔍 프로판의 착화온도 : 466℃

52 방폭지역이 0종인 장소는 원칙적으로 어떤 방폭구조의 것을 사용하여야 하는가?

① 내압방폭구조   ② 압력방폭구조
③ 본질안전방폭구조   ④ 안전증방폭구조

🔍 0종 장소 : 본질안전방폭구조

53 공기 중에 10vol% 존재시 폭발의 위험성이 없는 가스는?

① CH_3Br ② C_2H_6
③ C_2H_4O ④ H_2S

🔍 가연성가스의 폭발범위 : 폭발하한계 농도가 10% 이상인 가스는 폭발의 위험성이 없다.

범위 가스종류	공기중 하한계(vol%)	상한계(vol%)
브롬메틸(CH_3Br)	13.5	14.5
에탄(C_2H_6)	3.0	12.5
산화에틸렌(C_2H_4O)	3.0	80.0
황화수소(H_2S)	4.3	45.0

54 수소 20v%, 메탄 50v%, 에탄 30v% 조성의 혼합가스가 공기와 혼합된 경우 폭발하한계의 값은? (단, 폭발하한계값은 각각 수소는 4v%, 메탄은 5v%, 에탄은 3v%이다.)

① 3   ② 4
③ 5   ④ 6

🔍 혼합가스의 폭발한계
$$\frac{100}{L} = \frac{V_1}{L_1} + \frac{V_2}{L_2} + \frac{V_3}{L_3} + \cdots + \frac{V_n}{L_n}$$
폭발하한값 $\frac{100}{L} = \frac{20}{4} + \frac{50}{5} + \frac{30}{3}$
$L = \frac{100}{\frac{20}{4} + \frac{50}{5} + \frac{30}{3}} = 4\%$

55 다음 중 탄소와 수소의 중량비가(C/H)가 가장 큰 것은?

① 에탄   ② 프로필렌
③ 프로판   ④ 메탄

🔍 중량비(C/H)
- 에탄(C_2H_6) = $\frac{2 \times 12kg}{1 \times 6kg} = 4$
- 프로필렌(C_3H_6) = $\frac{3 \times 12kg}{1 \times 6kg} = 6$
- 프로판(C_3H_8) = $\frac{3 \times 12kg}{1 \times 8kg} = 4.5$
- 메탄(CH_4) = $\frac{1 \times 12kg}{1 \times 4kg} = 3$

56 산소의 농도를 높임에 따라 일반적으로 감소하는 것은?

① 연소속도   ② 폭발범위
③ 화염속도   ④ 점화에너지

🔍 산소의 농도가 증가함에 따라 점화에너지는 감소한다.

57 방폭 전기기기의 구조별 표시방법 중 내압방폭구조의 표시방법은?

① d   ② o
③ p   ④ e

🔍 방폭전기기기의 구조별 표시

방폭구조의 종류	표시방법
내압방폭구조	d
유입방폭구조	o
압력방폭구조	p
안전증방폭구조	e
본질안전방폭구조	ia 또는 ib
특수방폭구조	s

58 도시가스의 주성분인 메탄가스가 표준상태에서 $1m^3$ 연소하는데 필요한 산소량은 약 몇 [m^3]인가?

① 2   ② 2.8
③ 8.89   ④ 9.6

🔍 메탄의 완전연소식
CH_4 + $2O_2$ → $CO_2 + 2H_2O$
$22.4Nm^3$ $2 \times 22.4Nm^3$
$1Nm^3$ O_o
이론산소량
$O_o = \frac{1Nm^3 \times 2 \times 22.4Nm^3}{22.4Nm^3} = 2Nm^3$

정답 52 ③ 53 ① 54 ② 55 ② 56 ④ 57 ① 58 ①

59 공기비(m)가 클 경우 연소에 미치는 영향에 대한 설명으로 가장 거리가 먼 것은?

① 미연소에 의한 열손실이 증가한다.
② 연소가스 중에 SO_2의 양이 증대한다.
③ 연소가스 중에 NO_2의 발생이 심해진다.
④ 통풍력이 강하여 배기가스에 의한 열손실이 커진다.

> 공기비가 클 경우
> • 연소실 내의 연소온도가 저하하고 CO_2는 감소한다.
> • 통풍력이 강하여 배기가스에 의한 열손실이 많아진다.
> • 연소가스 중의 SO_2나 NO_2의 함유량이 많아져 저온부식을 촉진 또는 대기오염을 유발한다.

60 공기 중의 산소농도나 분압이 높아지는 경우의 연소에 대한 설명으로 틀린 것은?

① 연소속도 증가
② 발화온도 상승
③ 점화 에너지의 감소
④ 화염온도의 상승

> 산소의 농도가 클수록, 증기분압이 높을수록 발화온도는 낮아진다.

61 표준상태에서 프로판 22g을 완전연소시켰을 때 얻어지는 이산화탄소의 부피는 몇 [L]인가?

① 23.6   ② 33.6
③ 35.6   ④ 67.6

> 프로판의 완전연소식
> $C_3H_8 + 5O_2 \rightarrow 3CO_2 + 4H_2O$
> 44g $3 \times 22.4L$
> 22g CO_2
> 이산화탄소 생성량
> $CO_2 = \dfrac{22g \times (3 \times 22.4L)}{44g} = 33.6L$

62 가스의 정상연소 속도를 가장 옳게 나타낸 것은?

① 0.03~10m/s   ② 30~100m/s
③ 350~500m/s   ④ 1,000~3,500m/s

> 가스의 정상 연소속도 : 0.03~10m/s

63 아세틸렌의 주된 연소 형식은?

① 확산연소
② 증발연소
③ 분해연소
④ 표면연소

> 기체연료(아세틸렌)의 연소 : 예혼합연소, 확산연소

64 다음 가스 중 위험도가 가장 큰 것은?

① 프로판
② 일산화탄소
③ 아세틸렌
④ 암모니아

> 가연성가스는 폭발범위가 넓을수록 위험하다.
>
> | 가스종류 \ 폭발범위 | 공기중 하한계(vol%) | 공기중 상한계(vol%) |
> |---|---|---|
> | 아세틸렌(C_2H_2) | 2.5 | 81.0 |
> | 암모니아(NH_3) | 15.0 | 28.0 |
> | 일산화탄소(CO) | 12.5 | 74.0 |
> | 프로판(C_3H_8) | 2.1 | 9.5 |

65 가연성가스와 발화도 범위가 85℃ 초과 100℃ 이하는 다음 발화도 범위에 따른 방폭전기기기의 온도등급 중 어디에 해당하는가?

① T3   ② T4
③ T5   ④ T6

> 방폭전기기기의 온도등급
>
> | 가연성가스의 발화도 | 온도등급 |
> |---|---|
> | 450℃ 초과 | T1 |
> | 300℃ 초과 450℃ 이하 | T2 |
> | 200℃ 초과 300℃ 이하 | T3 |
> | 135℃ 초과 200℃ 이하 | T4 |
> | 100℃ 초과 135℃ 이하 | T5 |
> | 80℃ 초과 100℃ 이하 | T6 |

66 다음 중 폭발한계의 범위가 가장 좁은 것은?

① 프로판   ② 암모니아
③ 수소   ④ 아세틸렌

정답 59 ① 60 ② 61 ② 62 ① 63 ① 64 ③ 65 ④ 66 ①

폭발범위(폭발상한계 − 폭발하한계)		
가스종류 \ 폭발범위	공기중 하한계(vol%)	상한계(vol%)
아세틸렌	2.5	81.0
암모니아	15.0	28.0
수소	4.0	75.0
프로판(C_3H_8)	2.1	9.5

67 다음 중 $1Nm^3$의 총발열량이 가장 큰 가스는?

① 프로판　　② 부탄
③ 수소　　　④ 도시가스

연소반응식

연료	연소반응식 및 발열량(kcal/Nm^3)
수소	$H_2 + 1/2O_2 \rightarrow H_2O + 3050$
메탄	$CH_4 + 2O_2 \rightarrow CO_2 + 2H_2O + 9530$
프로판	$C_3H_8 + 5O_2 \rightarrow 3CO_2 + 4H_2O + 24570$
부탄	$2C_4H_{10} + 13O_2 \rightarrow 8CO_2 + 10H_2O + 32010$

68 다음 중 착화온도가 가장 낮은 것은?

① 메탄
② 일산화탄소
③ 프로판
④ 수소

가스의 착화온도

가스	착화점	가스	착화점
프로판	466℃	수소	530℃
메탄	537℃	일산화탄소	605℃

69 가스의 연소와 관련하여 공기 중에서 점화원 없이 연소하기 시작하는 최저온도를 무엇이라고 하는가?

① 인화점　　② 발화점
③ 끓는점　　④ 융해점

• 인화점 : 가연성물질에 불꽃을 접하여 발화될 수 있는 최저온도
• 착화점(발화점) : 점화원이 없이 그 물질자체가 열의 축적으로 발화하는 최저온도

70 다음 중 마찰, 타격 등으로 격렬히 폭발하는 예민한 폭발물질로서 가장 거리가 먼 것은?

① AgN_2　　② H_2S
③ Ag_2C_2　　④ N_4S_4

마찰 및 타격에 의한 폭발 : AgN_2, HgN_2, Ag_2C_2, N_4S_4는 폭발성이 예민하므로 마찰이나 타격 등으로 격렬히 폭발

71 다음 가스 중 발화온도와 폭발등급에 의한 위험성을 비교하였을 때 위험도가 가장 큰 것은?

① 부탄　　　　② 암모니아
③ 아세트알데히드　④ 메탄

방폭전기기기의 발화도 : 발화도가 낮을수록 위험하다.

가연성가스의 발화도	가스종류
450℃ 초과	암모니아, 메탄
300℃ 초과 450℃ 이하	부탄
200℃ 초과 300℃ 이하	헥산
135℃ 초과 200℃ 이하	아세트알데히드
100℃ 초과 135℃ 이하	이황화탄소
80℃ 초과 100℃ 이하	

정답 67 ② 68 ③ 69 ② 70 ② 71 ③

SECTION 03 가스의 성질, 제조 방법 및 용도

STEP 01 고압가스의 분류

1. 상태에 따른 분류

1) 압축가스
   ① 일정한 압력에 의하여 압축되어 있는 가스로서 35℃ 온도에서 압력이 1MPa 이상이 되는 가스이다.
   ② 종류 : 수소(H_2), 산소(O_2), 질소(N_2), 아르곤(Ar), 헬륨(He), 네온(Ne), 일산화탄소(CO), 메탄(CH_4)

2) 액화가스
   ① 가압 · 냉각 등의 방법에 의하여 액체상태로 되어 있는 가스로서 압력이 0.2MPa이 되는 경우 온도가 35℃ 이하인 가스이다.
   ② 종류 : 암모니아(NH_3), 염소(Cl_2), 이산화탄소(CO_2), 프로판(C_3H_8), 부탄(C_4H_{10}), 시안화수소(HCN), 황화수소(H_2S)

3) 용해가스
   ① 가스를 용제에 용해시켜 사용하는 가스이다.
   ② 종류 : 아세틸렌(C_2H_2)

   > **참고** 아세틸렌 가스는 분해폭발을 방지하기 위하여 용기에 다공물질의 고체를 충전한 다음 아세톤과 같은 용제를 주입하여 기체상태로 압축한 가스이다.

2. 성질에 따른 분류

1) 가연성가스
   ① 공기 중에서 연소하는 가스로서 폭발한계의 하한이 10% 이하인 것과 폭발한계의 상한과 하한의 차가 20% 이상인 가스이다.
   ② 종류 : 아세틸렌(C_2H_2), 암모니아(NH_3), 수소(H_2), 황화수소(H_2S), 시안화수소(HCN), 일산화탄소(CO), 메탄(CH_4), 브롬화메탄(CH_3Br), 에탄(C_2H_6), 프로판(C_3H_8), 부탄(C_4H_{10}), 산화에틸렌(C_2H_4O), 아세트알데히드(CH_3CHO)

2) 조연성(지연성)가스
   ① 다른 가연성 가스와 혼합되었을 때 연소를 도와주는 가스이다.
   ② 종류 : 산소(O_2), 불소(F_2), 염소(Cl_2), 산화질소(NO), 이산화질소(N_2O), 오존(O_3), 공기

3) 불연성가스

① 공기 중에서 연소되지 않는 가스이다.
② 종류 : 질소(N_2), 이산화탄소(CO_2), 아르곤(Ar), 헬륨(He), 네온(Ne), 아황산가스(SO_2)

3. 독성에 따른 분류

1) 독성가스

① 허용농도가 5,000ppm(100만분의 5,000) 이하인 가스이다.
② 허용농도란 해당 가스를 성숙한 흰쥐 집단에게 대기 중에서 1시간 동안 계속하여 노출시킨 경우 14일 이내에 그 흰쥐의 $\frac{1}{2}$ 이상이 죽게 되는 가스의 농도를 말한다.
③ 종류 : 아황산가스(SO_2), 암모니아(NH_3), 일산화탄소(CO), 불소(F_2), 염소(Cl_2), 브롬화메탄(CH_3Br), 염화메탄(CH_3Cl), 산화에틸렌(C_2H_4O), 시안화수소(HCN), 황화수소(H_2S), 포스겐($COCl_2$), 염화수소(HCl), 아크릴로니트릴(CHCN), 메탄올(CH_3OH), 오존(O_3), 벤젠(C_6H_6)

독성가스의 허용농도

가스의 종류	허용농도(ppm)	가스의 종류	허용농도(ppm)
포스겐($COCl_2$)	0.05	브롬화메탄(CH_3Br)	20
불소(F_2)	0.1	암모니아(NH_3)	25
염소(Cl_2)	1	일산화탄소(CO)	50
아황산가스(SO_2)	5	염화메탄(CH_3Cl)	100
황화수소(H_2S) 시안화수소(HCN)	10	메탄올(CH_3OH)	200

④ 독성가스의 제독제

가스의 종류	제독제	보유량(kg)
염소(Cl_2)	소석회	620
	가성소다	670
	탄산소다	870
황화수소(H_2S)	가성소다	1,140
	탄산소다	1,500
포스겐($COCl_2$)	가성소다	390
	소석회	360
아황산가스(SO_2)	가성소다	530
	탄산소다	700
	물	다량
시안화수소(HCN)	가성소다	250
암모니아(NH_3) 산화에틸렌(C_2H_4O) 염화메탄(CH_3Cl)	물	다량

⑤ 가연성 및 독성가스

암모니아(NH_3), 일산화탄소(CO), 이황화탄소(CS_2), 염화메탄(CH_3Cl), 브롬화메탄(CH_3Br), 황화수소(H_2S), 산화에틸렌(C_2H_4O), 시안화수소(HCN), 벤젠(C_6H_6), 아크릴로니트릴(CH_2)

⑥ 독성가스 배관시 2중배관으로 설치해야 하는 가스

염소(Cl_2), 시안화수소(HCN), 황화수소(H_2S), 포스겐($COCl_2$), 아황산가스(SO_2), 암모니아(NH_3), 산화에틸렌(C_2H_4O), 염화메탄(CH_3Cl)

 2중관 구조
외층과 내층은 내층관 외경의 1.2배 이상으로 한다.

2) 비독성 가스

① 독성이 없는 가스이다.
② 종류 : 질소(N_2), 이산화탄소(CO_2), 수소(H_2)

 특정고압가스
• 포스핀 • 셀렌화수소 • 게르만 • 디실란
• 오불화비소 • 오불화인 • 삼불화인 • 삼불화질소
• 삼불화붕소 • 사불화유황 • 사불화규소

STEP 02 고압가스의 특성

1. 수소(H_2)

분자량	2	폭발범위(공기중, vol%)	4~75
비중	0.07	밀도(g/ℓ)	0.09
비점(℃)	−252	융점(℃)	−259.1
임계압력(atm)	12.8	임계온도(℃)	−239.9

1) 수소의 성질

① 상온에서 무색, 무취, 무미의 가연성 가스이다.
② 기체 중에서 가장 밀도가 작고 가벼우며 확산속도가 가장 빠르다.
③ 열전도율이 크고 열에 대해 안정하다.
④ 고온에서 금속재료를 쉽게 투과한다.
⑤ 염소, 산소, 불소와 반응하여 폭발을 일으킨다.

폭명기	화학식
염소폭명기	$H_2 + Cl_2 \rightarrow 2HCl + 44kcal$
수소폭명기	$2H_2 + O_2 \rightarrow 2H_2O + 136.6kcal$
불소폭명기	$H_2 + F_2 \rightarrow 2HF + 128kcal$

⑥ 일산화탄소와 반응하여 메탄올을 생성한다.
⑦ 고온, 고압에서 질소와 반응하여 암모니아를 생성한다.
⑧ 고온, 고압에서 강의 탄소와 반응하여 탈탄작용에 의해 메탄을 생성하고 수소취성을 일으킨다.

 수소취성을 방지하는 재료
크롬(Cr), 몰리브덴(Mo), 티타늄(Ti), 바나듐(V), 텅스텐(W)

2) 수소의 제조방법
　① 수전해법
　　㉮ 물을 전기분해하여 고순도의 수소를 제조한다.
　　㉯ 소비전력이 크므로 경제성이 적다.
　　㉰ 전해액으로는 20%의 수산화나트륨 수용액을 사용한다.
　　㉱ $2H_2O \rightarrow 2H_2 + O_2$
　② 수성가스법
　　㉮ 코크스를 연소(1,400℃)시켜 수증기와 반응하여 수소를 제조한다.
　　㉯ $C + H_2O \rightarrow \underset{(수성가스)}{CO + H_2}$
　③ 일산화탄소 전화법
　　㉮ 일산화탄소에 촉매(철-크롬계, 구리-아연계)와 함께 가열하여 수증기를 작용시켜 수소를 제조한다.
　　㉯ $CO + 2H_2O \rightarrow CO_2 + H_2$
　④ 천연가스 분해법
　⑤ 석유 분해법

3) 용도
　① 금속제련시 환원제로 사용
　② 로켓 연료 및 기구부양용으로 사용
　③ 암모니아와 메탄올, 염산의 합성원료로 사용
　④ 경화유 제조에 사용
　⑤ 용접용에 사용

2. 산소(O_2)

분자량	32	폭발범위(공기중, vol%)	-
비중	1.1	밀도(g/ℓ)	1.43
비점(℃)	-183	융점(℃)	-218.4
임계압력(atm)	50.1	임계온도(℃)	-118.4

1) 산소의 성질
  ① 상온에서 무색, 무취, 무미의 조연성 가스이다.
  ② 산소는 자성(磁性)을 가지고 있다.
  ③ 액체산소는 담청색을 띄고 있다.
  ④ 화학적으로 활성이 강하므로 금, 희가스, 할로겐 원소를 제외한 모든 원소와 반응하여 산화물을 생성한다.
  ⑤ 직사광선 및 열에 의하여 수소와 반응하면 격렬한 폭발이 일어난다.
  ⑥ 탄소와 반응하면 이산화탄소를 만든다.
  ⑦ 공기 중에 무성방전을 하면 오존(O_3)이 생성된다.
  ⑧ 60% 이상의 고순도 산소를 12시간 흡입하면 폐에 출혈을 일으켜 어린이나 작은 동물에게 실명, 사망을 일으킨다.
  ⑨ 고압의 산소는 유지류와 접촉할 경우 산화폭발의 위험이 있으므로 사염화탄소(CCl_4)로 세척한다.

  참고 산소결핍 : 산소농도가 16% 이하

2) 산소의 제조방법
  ① 물의 전기분해법
    ㉮ 물을 전기분해하여 산소를 제조한다.
    ㉯ $2H_2O \rightarrow 2H_2 + O_2$
  ② 공기액화분리법
    ㉮ 공기를 압축, 냉각시켜 비등점을 이용하여 액체 질소(N_2)와 액체 산소(O_2)를 복식 정류탑에서 분리시켜 산소를 제조한다.
    ㉯ 비등점 : 산소(-183℃), 아르곤(-186℃), 질소(-196℃)

3) 용도
  ① 용접 및 금속 절단용으로 사용
  ② 로켓 연료로 사용
  ③ 의료용으로 사용

3. 염소(Cl_2)

분자량	71	허용농도(ppm)	1
비중	2.45	밀도(g/ℓ)	2.46
비점(℃)	-33.7	융점(℃)	-102.4
임계압력(atm)	76.1	임계온도(℃)	144

1) 염소의 성질
  ① 상온에서 기체이며 심한 자극성을 가진 황록색의 독성가스 및 조연성가스이다.
  ② -34℃ 이하로 냉각하거나 0.6~0.8MPa로 가압하면 쉽게 액화된다.

③ 건조한 염소는 강재를 부식시키지 않으나 수분이 존재할 경우 염산을 생성하여 금속을 부식시키고 120℃ 이상의 철(Fe)과 반응하여 염화물을 만든다.

> **참고** 수분을 제거하는 건조제로는 진한 황산을 사용한다.

④ 화학적으로 활성이 강하므로 산소, 질소, 탄소, 희가스를 제외한 모든 원소와 화합하여 염화물을 생성한다.
⑤ 물과 잘 작용(용해)하여 염산과 차아염소산을 생성한다.
⑥ 암모니아와 반응하여 흰연기를 발생한다.

> **참고** 염소가스를 취급하다가 눈이 중독되거나 충혈되었을 때 3% 붕산수로 세안하여 응급처치를 한다.

2) 염소의 제조방법
① 소금물의 전기분해법
   ㉮ 소금물을 전기분해하여 염소를 제조한다.
   ㉯ $2NaCl + 2H_2O \rightarrow 2NaOH + H_2 + Cl_2$
② 염산의 전기분해법
   ㉮ 염산을 전기분해시켜 고순도의 염소와 수소를 제조한다.
   ㉯ $2HCl \rightarrow H_2 + Cl_2$

3) 용도
① 상수도 살균 및 소독제로 사용
② 섬유 표백제로 사용
③ 염산, 염화비닐, 염화메틸, 포스겐의 제조원료로 사용

4. 질소(N₂)

분자량	28	증발열(cal/g)	48
비중	0.97	밀도(g/ℓ)	2.46
비점(℃)	−195.8	융점(℃)	−209.9
임계압력(atm)	33.5	임계온도(℃)	−147

1) 질소의 성질
① 상온에서 무색, 무미, 무취의 불연성 가스이다.
② 공기 중에 78%(부피비) 존재한다.
③ 고온, 고압에서 수소와 반응하여 암모니아를 생성한다.
④ 고온에서 산소와 반응하여 산화질소를 만든다.
⑤ 고온, 고압에서 마그네슘(Mg), 칼슘(Ca), 리튬(Li) 등의 금속과 반응하여 질화물을 생성한다.
⑥ 고온에서 탄화칼슘(CaC_2)과 반응하여 칼슘시안아미드(석회질소)가 된다.

2) 용도
　① 암모니아 합성, 비료의 원료로 사용
　② 가연성 가스를 취급하는 장치의 퍼지용, 기밀시험용으로 사용
　③ 초저온냉동장치의 냉매, 급속 동결용으로 사용
　④ 금속의 산화방지제로 사용

5. 암모니아(NH_3)

분자량	17	폭발범위 (vol%)	공기중	15~28
			산소중	15~79
비중	0.68	허용농도(ppm)		25
비점(℃)	-33.3	융점(℃)		77.7
임계압력(atm)	111.3	임계온도(℃)		132.3

1) 암모니아의 성질
　① 상온에서 무색의 독성 및 가연성 가스이다.

> **참고** 암모니아 취급중 상해에 대한 구급법
> • 피부에 묻은 경우 : 물로 세척한 후 피크린산용액을 바른다.
> • 눈에 들어간 경우 : 물로 세척한 후 2% 붕산액이나 유동파라핀을 점안한다.

　② 물에 잘 녹는다.(물 1cc에 암모니아가 800cc 용해)
　③ 20℃에서 8.46atm의 압력으로 압축하면 쉽게 액화된다.
　④ 할로겐과 반응하여 질소를 유리시킨다.
　⑤ 황산과 반응하여 황산암모늄을 만든다.
　⑥ 상온에서 안정하며 1,000℃ 정도에서 질소와 수소로 분해한다.
　⑦ 산소 중에서 황색염의 상태로 연소한다.
　　　$4NH_3 + 3O_2 \rightarrow 2N_2 + 6H_2O$
　⑧ 강에 대하여 고온, 고압에서 질화작용과 수소취화작용이 일어난다.
　⑨ 아연(Zn), 구리(Cu), 은(Ag), 코발트(Co) 등의 금속과 반응하여 착이온을 만든다.
　⑩ 동, 동합금, 알루미늄합금을 부식시키므로 연강을 사용해야 한다.

> **참고** 암모니아 건조제로는 소다석회가 사용된다.

2) 암모니아의 제조방법
　① 합성법
　　㉮ 수소와 질소를 혼합하여 반응압력을 150~1,000atm, 반응온도를 500~600℃로 하여 암모니아를 제조한다.
　　㉯ $3H_2 + N_2 \rightarrow 2NH_3$

> **참고** 반응압력에 따른 합성법 분류
> - 저압법(150kgf/cm² 전후) : 구우데법, 케로그법
> - 중압법(300kgf/cm² 전후) : IG법, 뉴파우더법, 케미그법, JIC법
> - 고압법(600~1,000kgf/cm² 전후) : 클로우드법, 카자레법

② 석회질소법

탄산칼슘과 질소를 1,000℃로 가열하여 석회질소를 만들고 석회질소와 수증기를 반응시켜 암모니아를 제조한다.

3) 용도

① 질소비료(요소, 유안, 질산암모늄)의 원료로 사용
② 냉동기의 냉매로 사용
③ 질산제조의 원료로 사용

> **참고** 암모니아 가스 누설검지법
> - 냄새로 확인
> - 적색리트머스시험지 사용 → 청색으로 변함
> - 염화수소와 접촉, 유황초의 불꽃 → 흰연기 발생
> - 페놀프탈렌지 사용 → 적색으로 변함
> - 네슬러시약을 사용 → 소량 : 황색, 다량 : 자색

6. 시안화수소(HCN)

분자량	27	폭발범위(공기중, vol%)	6~41
비중	0.96	허용농도(ppm)	10
비점(℃)	25.7	융점(℃)	−13.2
임계압력(atm)	53.2	임계온도(℃)	183.5

1) 시안화수소의 성질

① 액체는 무색으로 투명하고 복숭아 냄새가 나며 맹독성 가스이다.
② 순수한 것은 안정하나 소량의 수분이나 알칼리성 물질을 함유하면 중합이 촉진되어 중합폭발이 발생한다.

> **참고** 중합을 방지하는 안정제
> - 황산   · 인산   · 동
> - 오산화인 · 아황산가스 · 염화칼슘

③ 장기간 저장하면 소량의 수분에 의해 중합폭발이 발생한다.
④ 용기에 충전한 시안화수소는 충전한 후 60일이 경과되기 전에 다른 용기에 옮겨 충전하여야 하나 순도가 98% 이상 착색되지 아니한 것에 대해서는 그러하지 않아도 된다.
⑤ 호흡시 흡입하거나 피부에 묻었을 경우 흡수되어 치명상을 입으며 고농도를 흡입하면 사망한다.

2) 용도
   ① 살충제로 사용
   ② 메타크릴수지의 원료로 사용
   ③ 아크릴로 니트릴의 제조에 사용

7. 일산화탄소(CO)

분자량	28	폭발범위(공기중, vol%)	12.5~74
비중	0.97	허용농도(ppm)	50
비점(℃)	-192	융점(℃)	-205
임계압력(atm)	35	임계온도(℃)	-139

1) 일산화탄소의 성질
   ① 무색, 무취의 가연성 및 독성가스이다.
   ② 독성이 강하여 혈액속의 헤모글로빈과 반응하여 산소의 운반력을 저하시킨다.
   ③ 상온에서 활성탄의 촉매하에서 염소와 반응하여 포스겐($COCl_2$)을 생성한다.
   ④ 고온, 고압에서 철(Fe), 코발트(Co), 니켈(Ni)과 작용하여 휘발성 카보닐을 생성한다.
   ⑤ 충전용기의 강재 내면에 은(Ag), 구리(Cu), 알루미늄(Al)으로 라이닝처리를 한다.
   ⑥ 환원성이 커서 금속산화물을 환원시킨다.
   ⑦ 산성과 염기성에는 반응하지 않으며 물에 잘 녹지 않는다.
   ⑧ 공기보다 약간 가벼우므로 수상치환으로 포집한다.
   ⑨ 개미산에 진한 황산을 작용시켜 만든다.

2) 용도
   ① 메탄올 합성 원료로 사용
   ② 포스겐의 제조 원료로 사용
   ③ 개미산의 제조 원료로 사용

8. 이산화탄소(CO_2)

분자량	44	허용농도(ppm)	5000
비중	1.52	밀도(g/ℓ)	1.98
비점(℃)	-78.5	융점(℃)	-102.4
임계압력(atm)	72.9	임계온도(℃)	31

1) 이산화탄소의 성질
   ① 무색, 무취의 불연성 가스이다.
   ② 탄산가스를 압축, 냉각하여 단열팽창시키면 드라이아이스가 된다.
   ③ 수분과 접촉시 탄산이 발생하여 강을 부식시킨다.
   ④ 물에 녹으면 약산성인 탄산(H_2CO_3)이 생성된다.

2) 용도
  ① 소화약제로 사용
  ② 청량음료수에 사용
  ③ 요소비료의 원료로 사용
  ④ 드라이아이스를 제조

9. 아세틸렌(C_2H_2)

분자량	26	폭발범위(공기중, vol%)	2.5~80.5
비중	0.91	밀도(g/ℓ)	
비점(℃)	−84	융점(℃)	−81
임계압력(atm)	61.6	임계온도(℃)	36

1) 아세틸렌의 성질
  ① 무색의 가연성 가스이며 에테르 향이 난다.
  ② 고체 아세틸렌은 융해하지 않고 승화한다.
  ③ 15℃에서 물에는 1.1배, 아세톤에는 25배 용해한다.
  ④ 액체 아세틸렌은 불안정하며, 고체 아세틸렌은 안정하다.
  ⑤ 3중 결합을 가진 불포화 탄화수소이다.
  ④ 고체 아세틸렌은 융해하지 않고 승화한다.
  ⑥ 백금, 니켈의 촉매하에서 수소를 부가시키면 에틸렌, 에탄을 생성한다.
  ⑦ 구리(Cu), 은(Ag), 수은(Hg) 등에 아세틸렌을 접촉시키면 화합폭발이 일어나며 폭발성의 금속 아세틸라이드를 생성한다.
  ⑧ 동 또는 동함유량이 62%를 초과하는 동합금을 사용해서는 안된다.
  ⑨ 0.15MPa(1.5atm) 이상으로 압축하면 불꽃, 가열, 마찰 등에 의해 분해폭발을 일으켜 수소와 산소가 분해된다.
  흡열반응 $C_2H_2 \rightarrow 2C + H_2 + 54.2kcal/kmol$
  ⑩ 산소와 혼합하여 점화하면 산화폭발이 일어난다.

2) 아세틸렌의 제조방법
  ① 탄화수소의 열분해법
    ㉮ 천연가스나 석유분해가스에 포함된 탄화수소를 열분해시켜 제조한다.
    ㉯ $C_3H_8 \rightarrow C_2H_2 + H_2$
  ② 카바이트(CaC_2)에 물을 넣어 제조
    가스발생기에 물과 카바이트를 넣어 아세틸렌을 제조하는 방법으로서 주수식, 투입식, 침지식이 있다.

3) 아세틸렌 제조장치
  ① 구성
    가스발생기 → 냉각기 → 가스청정기 → 저압건조기 → 가스압축기 → 유분리기 → 고압건조기 → 체크밸브 → 안전밸브 → 가스충전

② 가스발생기
  ㉮ 가스발생 방법에 따른 분류
   • 주수식 : 카바이트(CaC_2)에 물을 넣는 방법
   • 투입식 : 물에 카바이트(CaC_2)를 넣는 방법으로서 대량생산에 적합
   • 침지식 : 물과 카바이트(CaC_2)를 조금씩 넣어 접촉시키는 방법

    가스발생에 따른 카바이트 등급
   • 1급 : 280ℓ/kg 이상   • 2급 : 260ℓ/kg 이상   • 3급 : 230ℓ/kg 이상

  ㉯ 압력에 따른 분류
   • 저압식 : $0.07 kgf/cm^2$
   • 중압식 : $0.07 \sim 1.3 kgf/cm^2$
   • 고압식 : $1.3 kgf/cm^2$

    습식 아세틸렌 발생기
   • 표면온도 : 70℃ 이하   • 적정온도 : 50 ~ 60℃

③ 가스청정기
  아세틸렌에 함유된 불순물이 존재할 경우 순도가 저하, 악취가 발생, 용제에 용해가 잘 안되므로 청정기를 설치한다.

  참고 청정제
   • 에퓨렌   • 리카솔   • 카타리솔

④ 가스압축기
  ㉮ 압축기와 모터는 별도로 설치되어 있으며 압축기를 냉각시키기 위하여 수중에서 작동시킨다.
  ㉯ 냉각수의 온도는 20℃ 이하로 유지한다.
  ㉰ 윤활유는 양질의 광유를 사용한다.
  ㉱ 2.5MPa 이상으로 압축할 경우 희석제를 첨가해야 하며, 희석제에는 수소, 질소, 일산화탄소, 메탄, 에틸렌, 프로판이 있다.

⑤ 유분리기
  압축 후의 토출가스에 혼입된 오일을 분리하는 장치이다.

⑥ 건조기
  아세틸렌가스에 혼입된 수분을 제거하는 장치로서 건조제로 염화칼슘을 사용한다.

⑦ 역화방지기 설치위치
  ㉮ 고압건조기와 충전용 교체밸브 사이의 배관
  ㉯ 아세틸렌 충전용 지관

⑧ 용기에 가스 충전
  용기에 다공물질을 넣고, 여기에 아세톤(용제)을 주입시켜 아세틸렌을 압축, 흡수시킨다.
  ㉮ 충전 중의 압력은 온도와 관계없이 2.5MPa 이하로 유지해야 한다.
  ㉯ 충전은 천천히 하고 2~3회에 걸쳐 충전한다.

㉰ 충전 후 24시간 정치하고 15℃에서 1.5MPa 이하로 유지한다.
㉱ 다공물질 : 아세틸렌의 분해 및 연소의 기회를 방지하기 위하여 용기내부에 채워 넣는 물질로서 목탄, 규조토, 석면, 석회석, 산화철, 탄산마그네슘, 다공성플라스틱이 있다.

> **참고** 다공물질의 구비조건
> • 고다공도일 것   • 기계적 강도가 클 것   • 가스의 충전이 쉬울 것
> • 화학적으로 안정할 것   • 안전성이 있을 것

㉲ 다공도 : 75% 이상 ~ 92% 미만

$$다공도(\%) = \frac{V-E}{V} \times 100\%$$
(V : 다공물질의 용적, E : 아세톤 침윤 잔용적)

㉳ 용제 : 분해폭발을 방지하기 위하여 아세틸렌을 용제에 용해시켜 충전하는 물질로 아세톤, 디메틸포름아미드(DMF)가 있다.

3) 용도
① 용접 및 금속 절단용으로 사용
② 합성수지, 합성고무의 원료로 사용

10. 희가스

1) 희가스의 성질
① 주기율표의 0족의 가스로서 상온에서 무색, 무미, 무취의 단원자 가스이다.
② 상온에서 가장 안정된 가스이며 다른 원소와 화합하지 않는 불활성 가스이다.
③ 방전관에 넣어 방전시키면 특유의 색을 낸다.

2) 희가스의 종류 및 발광색

가스	발광색	가스	발광색
헬륨(He)	황백색	네온(Ne)	주황색
아르곤(Ar)	적색	크립톤(Kr)	녹자색
크세논(Xe)	청자색	라돈(Rn)	청록색

3) 공기중에 존재하는 비율

가스	부피%	가스	부피%
헬륨(He)	0.0005%	네온(Ne)	0.0018%
아르곤(Ar)	0.93%	크립톤(Kr)	0.0001%
크세논(Xe)	0.000009%	라돈(Rn)	–

4) 희가스의 용도
① 네온사인용으로 사용

② 헬륨은 가스크로마토그래피의 캐리어 가스나 기구 부양용 가스로 사용
③ 아르곤은 전구 봉입용, 금속제련 및 용접용 가스로 사용

11. 산화에틸렌(C_2H_4O)

분자량	44	폭발범위(공기중, vol%)	3.0~80.0
비중	0.87	허용농도(ppm)	50
비점(℃)	10.44	융점(℃)	−112.5
임계압력(atm)	70.95	임계온도(℃)	195.8

1) 산화에틸렌의 성질
   ① 무색의 가연성 가스이다.
   ② 에테르 향이 나는 독성가스이다.
   ③ 물, 아세톤, 알코올, 에테르와 잘 용해한다.
   ④ 알코올과 반응하여 글리콜에테르를 생성한다.
   ⑤ 암모니아와 반응하여 에탄올아민을 생성한다.
   ⑥ 산, 알칼리, 산화철, 산화알루미늄과 반응하여 중합폭발을 일으킨다.
   ⑦ 열이나 충격 등에 의해 분해폭발을 일으킨다.

2) 산화에틸렌의 저장 및 충전시 주의사항
   ① 저장탱크 내부에 질소가스나 탄산가스로 치환한 후에 5℃로 유지한다.
   ② 저장탱크는 45℃에서 내부압력을 0.4MPa 이상이 되도록 질소가스나 탄산가스로 충전한다.

3) 산화에틸렌의 용도
   ① 글리콜류와 에탄올아민을 제조하는데 사용
   ② 합성섬유나 합성수지 등에 사용

12. 메탄(CH_4)

분자량	16	폭발범위(공기중, vol%)	5.0~15.0
비중	0.554	허용농도(ppm)	−
비점(℃)	−161.5	융점(℃)	−112.5
임계압력(atm)	45.8	임계온도(℃)	−82.1

1) 메탄의 특성
   ① 액화천연가스(Liquefied Natural gas, LNG)의 주성분으로서 무색, 무취의 가연성가스이다.
   ② 기화된 가스는 무색, 무취로 −113℃ 이하에서는 건조공기보다 무거우나 그 이상의 온도에서는 가볍다.
   ③ 무극성이며 물에 잘 용해되지 않는다.
   ④ 파라핀계 탄화수소로서 안정된 가스이다.

⑤ 금속에 대한 부식성은 없으나 저온에서 취성을 일으킨다.
⑥ 메탄 1kg 가스를 액화하면 체적이 약 1/600로 줄어든다.

> **참고** 메탄은 기체(0℃, 1atm)일 때 1.4m³이고 액체일 때 0.0024m³이므로 약 1/600로 줄어든다.

⑦ 공기중에서 파란색의 불꽃을 내며 연소한다.
⑧ 니켈촉매하에 고온에서 산소와 수증기를 반응시키면 일산화탄소(CO)와 수소(H_2)를 생성한다.
⑨ 염소와 반응하면 염화물(염화메틸, 염화메틸렌, 클로로포름, 사염화탄소)을 생성한다.

2) 용도
① 도시가스 및 공업용 연료
② 액화산소 및 액화질소 제조
③ 메탄올, 암모니아 제조

STEP 03 액화석유가스(LPG)

1. LPG의 성분

석유계의 저급 탄화수소의 혼합물로서 주성분은 주로 프로판(C_3H_8)과 부탄(C_4H_{10})이며 도시가스의 원료로 사용된다.

1) 구분
① 파라핀계 탄화수소 : 프로판, 부탄
② 올레핀계 탄화수소 : 프로필렌, 부틸렌

LPG의 주요성분 및 물성치

구분 \ 가스명		프로판	부탄	프로필렌	부틸렌
분자식		C_3H_8	C_4H_{10}	C_3H_6	C_4H_8
분자량		44	58	42	56
임계압력[atm]		42	37.5	45.4	39.7
임계온도[℃]		96.8	152.8	91.9	146.4
임계밀도[kg/ℓ]		0.220	0.228	0.233	0.238
증기비중		1.52	2.0	1.45	1.93
비점[℃]		-42.1	-0.5	-34.5	-6.26
증발잠열[kcal/kg]		101.8	92.1	104.6	93.3
폭발범위(%)	상한	9.5	8.4	10.3	9.3
	하한	2.1	1.8	2.4	1.6

2. LPG의 일반적 특성

① 무색, 투명하고 무취의 액화가스이다. 냄새가 없으므로 누설시 조기발견이 어렵기 때문에 부취제를 첨가해야 한다.
② 가정용 연료로 사용되는 LPG는 파라핀계 탄화수소(프로판, 부탄)를 사용한다.
③ 물에 잘 녹지 않으나 알콜, 에테르, 동식물류, 석유류 또는 천연고무에 잘 용해한다.
④ 거의 무독성이나 다량 흡입하면 가벼운 마취성이 있다.
⑤ 기체상태의 LPG는 공기보다 약 1.5~2배 무겁다.

LP가스	프로판(C_3H_8)	부탄(C_4H_{10})
가스비중	1.52	2.08

⑥ 액체상태의 LPG는 물보다 약 0.51~0.58배 가볍다.

LP가스	프로판(C_3H_8)	부탄(C_4H_{10})
액비중	0.51	0.58

⑦ LPG는 기화 및 액화가 쉽다.
  ㉮ 상온에서 프로판은 0.7MPa, 부탄은 0.2MPa 이상으로 가압하면 액화된다.
  ㉯ 대기압하에서 프로판은 -42.1℃, 부탄은 -0.5℃ 이하로 냉각하면 액화된다.

LP가스	기화시 체적
프로판(C_3H_8)	$0.509 \times 10^3 g \times \frac{22.4L}{44g} = 259.13L$
부탄(C_4H_{10})	$0.582 \times 10^3 g \times \frac{22.4L}{58g} = 224.8L$

⑧ 기화할 때 다량의 증발잠열이 필요하다.

LP가스	프로판(C_3H_8)	부탄(C_4H_{10})
증발잠열	101.8[kcal/kg]	92.1[kcal/kg]

3. LPG의 연소 특성

① 공기 중에서 쉽게 연소한다.
② 연소시 다량의 공기가 필요하고 발열량이 크다.
  ㉮ 프로판의 완전연소식

$$C_3H_8 + 5O_2 \rightarrow 3CO_2 + 4H_2O + 12,000 kcal/kg$$

  44kg   5×32kg

  1kg O_o

  • 이론산소량 $O_o = \dfrac{1kg \times 5 \times 32kg}{44kg} = 3.64kg$

- 이론공기량 $A_o = \dfrac{3.64kg}{0.232} = 15.69kg$

㉮ 부탄의 완전연소식

C_4H_{10} + $6.5O_2$ → $4CO_2$ + $5H_2O$ + 11,800kcal/kg

58kg   6.5×32kg

1kg O_o

- 이론산소량 $O_o = \dfrac{1kg \times 6.5 \times 32kg}{58kg} = 3.59kg$
- 이론공기량 $A_o = \dfrac{3.59kg}{0.232} = 15.47kg$

③ 완전연소시 이산화탄소(CO_2)와 수증기(H_2O)가 생성되며 불완전연소시 일산화탄소(CO)가 생성된다.
④ 발화온도는 높고, 연소범위가 좁으며 연소속도가 느리다.

LPG의 주요성분 및 물성치

구분 \ 가스	발화온도	연소범위	연소속도
프로판	460~520℃	2.1~9.5vol%	4.45m/sec
부탄	430~510℃	1.8~8.4vol%	3.65m/sec

4. LPG 제조법

① 습성천연가스 및 원유로부터의 제조
② 나프타 분해 생성물로부터의 제조
③ 나프타의 수소화 분해, 생성물에서의 제조
④ 석유정제공정으로부터의 제조

5. LPG 사용시 장·단점

1) 장점

① 열용량이 크기 때문에 작은 배관지름으로도 공급이 가능하다.
② 발열량이 높기 때문에 단시간에 온도를 높일 수 있다.
③ 자가공급이므로 가스사용량이 많은 peak time에도 일정한 압력으로 공급이 가능하다.
④ 배관 및 가압장치가 필요 없으므로 사용에 제약을 받지 않는다.
⑤ 가스의 조성이 일정하고 소규모 또는 일시적으로 사용할 때는 경제적이다.

2) 단점

① 용기나 저장탱크 등의 집합공급시설이 필요하다.
② 연소기는 LPG에 맞는 구조이어야 한다.
③ 연소기 사용시 LPG 공급이 중단되지 않도록 예비용기가 필요하다.
④ 연소시 많은 공기량이 필요하다.

STEP 04 도시가스

1. 도시가스의 원료

① 고체연료 : 석탄, 코크스
② 액체연료 : 나프타, LPG, LNG
③ 기체연료 : 천연가스(NG), 업(정유)가스(off gas)

> 참고
> • LNG : 액화천연가스
> • LPG : 액화석유가스
> • SNG : 대체천연가스 또는 합성천연가스

2. 연료의 특성

1) 천연가스(Natural gas, NG)
  ① 저급 탄화수소인 메탄, 에탄, 프로판, 부탄 등이 주성분이며 질소, 이산화탄소, 황화수소를 소량 함유하고 있다.
  ② 황화수소를 함유하고 있어 연소시 유독한 아황산가스를 발생하기 때문에 탈황장치가 필요하다.
  ③ 이산화탄소는 수분(H_2O)과 접촉할 경우 가스관을 부식시키므로 탈황공정에서 제거한다.

2) 업(정유)가스(off gas)
  ① 석유를 정제과정에서 부생되는 가스로서 수소나 메탄을 주성분으로 하는 가스이다.
  ② 업가스는 불순물이 적기 때문에 정제할 필요가 없다.

3) 나프타(Naphtha)
  ① 원유의 상압증류에 의하여 얻어지는 비점 200℃ 이하의 유분이다.
  ② 구분
    ㉮ 라이트 나프타(light Naphtha) : 비점이 130℃ 이하의 경질 유분으로서 도시가스나 암모니아 제조용으로 사용한다.
    ㉯ 헤비 나프타(heavy Naphtha) : 비점이 130℃ 이상의 중질 유분으로서 에틸렌, 프로필렌 제조용으로 사용한다.

> 참고
> • P : 파라핀계 탄화수소
> • O : 올레핀계 탄화수소
> • N : 나프텐계 탄화수소
> • A : 방향족 탄화수소

제03절_ 가스의 성질, 제조방법 및 용도
출제예상문제

01 다음 중 가스에 대한 정의가 잘못된 것은?
① 압축가스 – 일정한 압력에 의하여 압축되어 있는 가스
② 액화가스 – 가압·냉각 등의 방법에 의하여 액체상태로 되어 있는 것으로서 대기압에서의 비점이 40℃ 이하 또는 상용의 온도 이하인 것
③ 독성가스 – 인체에 유해한 독성을 가진 가스로서 허용농도가 100만분의 3,000이하인 것
④ 가연성가스 – 공기 중에서 연소하는 가스로서 폭발한계의 하한이 10% 이하인 것과 폭발한계의 상한과 하한의 차가 20% 이상인 것

🔍 독성가스는 허용농도가 5,000ppm(100만분의 5,000) 이하인 가스이다.

02 가스의 종류를 가연성에 따라 구분한 것이 아닌 것은?
① 가연성가스   ② 조연성가스
③ 불연성가스   ④ 압축가스

🔍 가스의 상태에 따른 분류 : 압축가스, 액화가스, 용해가스

03 다음 중 상온에서 압축시 액화되지 않는 가스는?
① 염소   ② 부탄
③ 메탄   ④ 프로판

🔍 압축가스 : 수소, 산소, 질소, 아르곤, 헬륨, 네온, 일산화탄소, 메탄

04 상온에서 비교적 용이하게 가스를 압축 액화상태로 용기에 충전할 수 없는 가스는?
① C_3H_8 ② CH_4
③ Cl_2 ④ CO_2

🔍
- 압축가스 : 수소(H_2), 산소(O_2), 질소(N_2), 일산화탄소(CO), 메탄(CH_4)
- 액화가스 : 암모니아(NH_3), 염소(Cl_2), 이산화탄소(CO_2), 프로판(C_3H_8)

05 다음 중 지연성 가스로만 구성되어 있는 것은?
① CO, H_2
② N_2, Ar
③ 산소, 산화질소
④ 석탄가스, 수성가스

🔍 지(조)연성 가스 : 산소(O_2), 불소(F_2), 염소(Cl_2), 산화질소(NO), 이산화질소(N_2O), 공기

06 다음 중 지연성 가스에 해당되지 않는 것은?
① 염소   ② 불소
③ 이산화질소   ④ 이황화탄소

🔍 조연성(지연성)가스 : 산소, 불소, 염소, 이산화질소

07 다음 중 지연성(조연성) 가스가 아닌 것은?
① 네온   ② 염소
③ 이산화질소   ④ 오존

🔍 지연성가스 : 산소(O_2), 불소(F_2), 염소(Cl_2), 산화질소(NO), 이산화질소(N_2O), 오존(O_3), 공기

08 "가연성 가스"라 함은 폭발한계의 상한과 하한의 차가 몇 [%] 이상인 것을 말하는가?
① 5   ② 10
③ 15   ④ 20

🔍 가연성가스 : 공기 중에서 연소하는 가스로서 폭발한계의 하한이 10% 이하인 것과 폭발한계의 상한과 하한의 차가 20% 이상인 가스이다.

정답 01 ③ 02 ④ 03 ③ 04 ② 05 ③ 06 ④ 07 ① 08 ④

09 다음 중 불연성 가스는?
① 수소 ② 헬륨
③ 아세틸렌 ④ 히드라진

🔍 불연성가스 : 질소(N_2), 이산화탄소(CO_2), 아르곤(Ar), 헬륨(He), 네온(Ne), 아황산가스(SO_2)

10 가스의 허용농도란 그 분위기 속에서 1일 몇 시간 노출되더라도 신체 장애를 일으키지 않는 것을 말하는가?
① 1시간 ② 3시간
③ 5시간 ④ 8시간

🔍 허용농도란 건강한 성인 근로자가 1일 8시간 동안 계속 근무하였을 때 인체에 미치지 않는 한계농도이다.

11 다음 중 독성가스에 해당되는 가스는?
① 에틸렌 ② 탄산가스
③ 시클로프로판 ④ 산화에틸렌

🔍 독성가스 : 아황산가스(SO_2), 암모니아(NH_3), 일산화탄소(CO), 불소(F_2), 염소(Cl_2), 브롬화메탄(CH_3Br), 염화메탄(CH_3Cl), 산화에틸렌(C_2H_4O), 시안화수소(HCN), 황화수소(H_2S)

12 다음 중 독성가스가 아닌 것은?
① 아크릴로니트릴 ② 벤젠
③ 암모니아 ④ 펜탄

🔍 독성가스 : 아황산가스, 암모니아, 염소, 산화에틸렌, 아크릴로니트릴, 벤젠

13 가스 중독의 원인이 되는 가스가 아닌 것은?
① 시안화수소 ② 염소
③ 아황산가스 ④ 수소

🔍 • 가연성가스 : 수소
• 독성가스 : 시안화수소, 염소, 아황산가스

14 다음 중 가연성이면서 독성인 가스는?
① 프로판 ② 불소
③ 염소 ④ 암모니아

🔍 가연성 및 독성가스 : 암모니아, 일산화탄소, 이황화탄소, 염화메탄, 브롬화메탄, 황화수소, 산화에틸렌, 시안소

15 다음 중 가연성 및 독성가스가 아닌 것은?
① 아크릴로니트릴 ② 아황산가스
③ 시안화수소 ④ 일산화탄소

🔍 가연성 및 독성가스 : 암모니아, 일산화탄소, 이황화탄소,브롬화메탄, 산화에틸렌, 시안화수소, 벤젠, 아크닐로니트릴

16 다음 중 독성이면서 가연성가스가 아닌 것은?
① 포스겐 ② 황화수소
③ 시안화수소 ④ 일산화탄소

🔍 가연성 및 독성가스 : 암모니아, 일산화탄소, 이황화탄소, 염화메탄, 브롬화메탄, 황화수소, 산화에틸렌, 시안화수소

17 다음 중 가연성이며 독성인 가스는?
① 아세틸렌, 프로판
② 수소, 이산화탄소
③ 암모니아, 산화에틸렌
④ 아황산가스, 포스겐

🔍 가연성 및 독성가스 : 암모니아, 일산화탄소, 이황화탄소, 염화메탄, 브롬화메탄, 황화수소, 산화에틸렌, 시안화수소

18 다음 가스 중 무색, 무취가 아닌 것은?
① O_2 ② N_2
③ CO_2 ④ O_3

🔍 오존(O_3) : 독성가스

19 다음 가스 중 냄새로 쉽게 알 수 있는 것은?
① 프레온가스(R-12), 질소, 이산화탄소
② 일산화탄소, 알곤, 메탄
③ 염소, 암모니아, 메탄올
④ 아세틸렌, 부탄, 프로판

🔍 염소, 암모니아, 메탄올은 냄새로 확인이 가능하다.

정답 09 ② 10 ④ 11 ④ 12 ④ 13 ④ 14 ④ 15 ② 16 ① 17 ③ 18 ④ 19 ③

20 고압가스의 제조장치에서 누출되고 있는 것을 그 냄새로 알 수 있는 것은?

① 일산화탄소 ② 이산화탄소
③ 염소 ④ 포스겐

🔍 염소는 상온에서 황록색이며 자극성이 강한 맹독성 기체이다.

21 다음 가스 중 허용농도값이 가장 작은 것은?

① 염소 ② 염화수소
③ 아황산가스 ④ 일산화탄소

🔍 독성가스의 허용농도

가스명	허용농도
염소	1ppm
염화수소	5ppm
아황산가스	5ppm
일산화탄소	50ppm

22 다음 가스 중 독성이 가장 큰 것은?

① 일산화탄소 ② 불소
③ 황화수소 ④ 암모니아

🔍 독성가스의 허용농도

가스명	허용농도
일산화탄소	50ppm
불소	0.1ppm
황화수소	10ppm
암모니아	25ppm

23 다음 독성가스 중에서 가성소다(NaOH)를 제독제로 사용할 수 없는 것은?

① 시안화수소 ② 황화수소
③ 산화에틸렌 ④ 염소

🔍 산화에틸렌의 제독제 : 물

24 산화에틸렌 취급시 제독제로 준비해야 할 것은?

① 가성소다 수용액 ② 탄산소다 수용액
③ 소석회 수용액 ④ 물

🔍 산화에틸렌 제독제로 물을 사용한다.

25 염소의 재해 방지용으로 사용되는 제독제가 될 수 없는 것은?

① 소석회 ② 탄산소다 수용액
③ 가성소다 수용액 ④ 물

🔍 염소의 제독제 : 소석회, 탄산소다 수용액, 가성소다 수용액

26 다음 각 독성가스 누출시의 제독제로서 적합하지 않은 것은?

① 염소 : 탄산소다수용액
② 포스겐 : 소석회
③ 산화에틸렌 : 소석회
④ 황화수소 : 가성소다수용액

🔍 산화에틸렌 : 물

27 다음 독성가스 중 제독제로 물을 사용할 수 없는 것은?

① 암모니아 ② 아황산가스
③ 염화메탄 ④ 황화수소

🔍 황화수소 제독제 : 가성소다, 탄산소다

28 독성가스의 제독제로 물을 사용하는 가스명은 어느 것인가?

① 염소 ② 포스겐
③ 황화수소 ④ 산화에틸렌

🔍 암모니아, 산화에틸렌, 염화메탄은 제독제로 물을 사용한다.

29 다음 중 가성소다를 제독제로 사용하지 않는 가스는?

① 염소가스 ② 염화메탄
③ 아황산가스 ④ 시안화수소

🔍 염화메탄의 제독제 : 물

정답 20 ③ 21 ① 22 ② 23 ③ 24 ④ 25 ④ 26 ③ 27 ④ 28 ④ 29 ②

30 독성가스 배관은 2중관 구조로 하여야 한다. 이 때 외층과 내층은 내층관 외경의 몇 [배] 이상을 표준으로 하는가?

① 1.2
② 1.5
③ 2
④ 2.5

🔍 2중관 구조는 외층과 내층은 내층관 외경의 1.2배 이상으로 한다.

31 다음 중 독성가스의 가스설비 배관을 2중관으로 하지 않아도 되는 가스는?

① 암모니아
② 염소
③ 황화수소
④ 불소

🔍 독성가스 배관시 2중배관으로 설치해야 하는 가스 : 염소, 시안화수소, 황화수소, 포스겐, 아황산가스, 암모니아, 산화에틸렌, 염화메탄

32 독성가스 배관은 안전한 구조를 갖도록 하기 위해 2중관 구조로 하여야 한다. 다음 가스 중 2중관으로 하지 않아도 되는 가스는?

① 암모니아
② 염화메탄
③ 시안화수소
④ 에틸렌

🔍 독성가스 배관시 2중배관으로 설치해야 하는 가스 : 염소, 시안화수소, 황화수소, 포스겐, 아황산가스, 암모니아, 산화에틸렌, 염화메탄

33 독성가스의 가스설비에 관한 배관 중 2중관으로 하여야 하는 가스는?

① 아황산가스
② 이황화탄소가스
③ 수소가스
④ 불소가스

🔍 독성가스 배관시 2중배관으로 설치해야 하는 가스 : 염소, 시안화수소, 황화수소, 포스겐, 아황산가스, 암모니아, 산화에틸렌, 염화메탄

34 고압가스안전관리법에서 규정한 특정고압가스에 해당하지 않는 것은?

① 삼불화질소
② 사불화규소
③ 수소
④ 오불화비소

🔍 특정고압가스 : 포스핀, 셀렌화수소, 게르만, 디실란, 오불화비소, 오불화인, 삼불화인, 삼불화질소, 삼불화붕소, 사불화유황, 사불화규소

35 수소의 특징에 대한 설명으로 옳은 것은?

① 조연성기체이다.
② 폭발범위가 넓다.
③ 가스의 비중이 커서 확산이 느리다.
④ 저온에서 탄소와 수소취성을 일으킨다.

🔍 수소의 성질
• 무색, 무취의 가연성 가스이다.
• 밀도가 작고 가볍기 때문에 확산속도가 빠르다.
• 고온, 고압에서 강의 탄소와 반응하여 탈탄작용에 의해 메탄을 생성하고 수소취성을 일으킨다.
• 공기중에서 폭발범위는 4~75V%이다.

36 수소 용기의 파열사고 중 취급 사고의 원인이 아닌 것은?

① 용기가 40℃ 이하에서 수소취성을 일으켰다.
② 과충전 시켰다.
③ 용기에 균열이 있었다.
④ 용기 취급이 난폭했다.

🔍 수소가스는 고온, 고압에서 강의 탄소와 반응하여 탈탄작용에 의해 메탄을 생성하고 수소취성을 일으킨다.

37 다음 수소(H_2)에 대한 설명으로 옳은 것은?

① 3중 수소는 방사능을 갖는다.
② 밀도가 크다.
③ 금속재료를 취화시키지 않는다.
④ 열전달율이 아주 작다.

🔍 수소의 특징
• 기체 중에서 가장 밀도가 작고 가볍다.
• 열전도율이 크고 열에 대해 안정하다.
• 고온, 고압에서 강의 탄소와 반응하여 탈탄작용에 의해 메탄을 생성하고 수소취성을 일으킨다.

정답 30 ① 31 ④ 32 ④ 33 ① 34 ③ 35 ② 36 ① 37 ①

38 다음 중 수성가스는 어느 것인가?

① $CO_2 + H_2O$
② $CO_2 + H_2$
③ $CO + H_2$
④ $CO + H_2O$

> 🔍 **수성가스법**
> - 코크스를 연소(1400℃)시켜 수증기와 반응하여 수소를 제조한다.
> - $C + H_2O \rightarrow \underset{(\text{수성가스})}{CO + H_2}$

39 물을 전기분해하여 수소를 얻고자 할 때 주로 사용되는 전해액은 무엇인가?

① 1% 정도의 묽은 염산
② 20% 정도의 수산화나트륨 용액
③ 10% 정도의 탄산칼슘 용액
④ 25% 정도의 황산용액

> 🔍 수전해법 : 물을 전기분해하여 고순도의 수소를 제조하는 방법으로서 전해액으로 20%의 수산화나트륨 수용액을 사용한다.

40 염소폭명기에 대한 반응식은?

① $Cl_2 + CH_4 \rightarrow CH_3Cl + HCl$
② $Cl_2 + CO \rightarrow COCl_2$
③ $Cl_2 + H_2O \rightarrow HClO + HCl$
④ $Cl_2 + H_2 \rightarrow 2HCl$

> 🔍 **염소폭명기**
> $H_2 + Cl_2 \rightarrow 2HCl + 44kcal$

41 수소폭명기는 수소와 산소의 혼합비가 얼마일 때를 말하는가? (단, 수소 : 산소의 비이다.)

① 1 : 2
② 2 : 1
③ 1 : 3
④ 3 : 1

> 🔍 **수소폭명기**
> $2H_2 + O_2 \rightarrow 2H_2O + 136.6kcal$
>   2 : 1

42 수소가스의 특징이 아닌 것은?

① 가연성 기체이다.
② 열에 대하여 불안정하다.
③ 확산속도가 빠르다.
④ 폭발범위가 넓다.

> 🔍 수소가스는 열전도율이 크고 열에 대해 안정하다.

43 수소의 성질에 대한 설명 중 틀린 것은?

① 무색, 무미, 무취의 가연성 기체이다.
② 가스 중 최소의 밀도를 갖는다.
③ 열전도율이 작다.
④ 높은 온도일 때에는 강재, 기타 금속재료라도 쉽게 투과한다.

> 🔍 수소가스는 열전도율이 크고 열에 대해 안정하다.

44 다음 가스 중 열전도율이 가장 큰 것은?

① H_2
② N_2
③ CO_2
④ SO_2

> 🔍 수소(H_2)는 열전도율이 크고 열에 대해 안정하다.

45 수소가 고온, 고압에서 탄소강에 접촉하여 메탄을 생성하는 것을 무엇이라고 하는가?

① 냉간취성
② 수소취성
③ 메탄취성
④ 상온취성

> 🔍 수소가 고온, 고압에서 강의 탄소와 반응하여 탈탄작용에 의해 메탄을 생성하고 수소취성을 일으킨다.

46 수소취성을 방지하기 위하여 첨가되는 원소가 아닌 것은?

① Mo
② W
③ Ti
④ Mn

> 🔍 수소취성을 방지하는 재료 : 크롬(Cr), 몰리브덴(Mo), 티타늄(Ti), 바나듐(V), 텅스텐(W)

정답 38 ④ 39 ② 40 ④ 41 ② 42 ② 43 ③ 44 ① 45 ② 46 ④

47 수소가스의 용도 중 가장 거리가 먼 것은?

① 산소와 수소의 혼합기체의 온도가 높으므로 용접용으로 사용한다.
② 암모니아나 염산의 합성 원료로 사용한다.
③ 경화유의 제조에 사용한다.
④ 탄산소다의 제조시 주원료로 사용한다.

🔍 수소의 용도
• 로켓 연료 및 기구부양용으로 사용
• 암모니아와 메탄올, 염산의 제조 원료로 사용
• 경화유 제조에 사용
• 용접용에 사용

48 수소의 용도 중 맞지 않는 것은?

① 암모니아의 합성원료로 사용
② 비료 제조용
③ 환원성이 커서 금속 제련에 사용
④ 기구 부양용 가스로 사용

🔍 질소 : 비료제조용 원료로 사용

49 다음은 산소(O_2)에 대하여 설명한 것이다. 틀린 것은?

① 무색, 무취의 기체이며, 물에는 약간 녹는다.
② 가연성 가스이나 그 자신은 연소하지 않는다.
③ 용기의 도색은 일반 공업용이 녹색, 의료용이 백색이다.
④ 용기는 탄소강으로 무계목 용기이다.

🔍 산소는 다른 가연성 가스와 혼합되었을 때 연소를 도와주는 조연성가스이다.

50 0℃, 1기압 하에서 액체 산소의 비등점(B.P)은 몇 [℃] 인가?

① −186
② −196
③ −183
④ −178

🔍 표준상태에서의 액체산소 비등점 : −183℃

51 산소의 성질에 대한 설명 중 옳지 않은 것은?

① 그 자신은 폭발위험은 없으나 연소를 돕는데 조연제이다.
② 액체산소는 무색, 무취이다.
③ 화학적으로 활성이 강하며 많은 원소와 반응하여 산화물을 만든다.
④ 상자성을 가지고 있다.

🔍 액체산소 : 담청색

52 산소에 대한 설명 중 옳지 않은 것은?

① 고압의 산소와 유지류의 접촉은 위험하다.
② 과잉 산소는 인체에 해롭다.
③ 내산화성 재료로서는 주로 납(Pb)이 사용된다.
④ 산소의 화학반응에서 과산화물은 위험성이 있다.

🔍 내산화성 재료에는 크롬강이나 규소 또는 알루미늄을 첨가한 강을 사용한다.

53 산소에 대한 설명으로 옳은 것은?

① 가연성가스이다.
② 자성(磁性)을 가지고 있다.
③ 수소와는 반응하지 않는다.
④ 폭발범위가 비교적 큰 가스이다.

🔍 산소의 성질
• 조연성가스이다.
• 수소와 반응하여 연소한 후 수증기를 생성한다.
  ($2H_2 + O_2 \rightarrow 2H_2O$)
• 자성을 가지고 있다.

54 다음 산소에 대한 설명 중 틀린 것은?

① 폭발한계는 공기 중과 비교하면 산소 중에서는 현저하게 넓어진다.
② 화학반응에 사용하는 경우에는 산화물이 생성되어 폭발의 원인이 될 수 있다.
③ 산소는 치료의 목적으로 의료계에 널리 이용되고 있다.
④ 환원성을 이용하여 금속제련에 사용한다.

정답 47 ④ 48 ② 49 ② 50 ③ 51 ② 52 ③ 53 ②

> 금속제련에 사용하는 가스는 수소이다.

55 산소의 성질에 대한 설명으로 틀린 것은?

① 자신은 연소하지 않고 연소를 돕는 가스이다.
② 물에 잘 녹으며 백금과 화합하여 산화물을 만든다.
③ 화학적으로 활성이 강하여 다른 원소와 반응하여 산화물을 만든다.
④ 무색, 무취의 기체이다.

> 산소는 화학적으로 활성이 강하므로 금, 희가스, 할로겐 원소를 제외한 모든 원소와 반응하여 산화물을 생성한다.

56 다음은 염소에 대하여 기술한 것이다. 이 중 틀린 것은?

① 상온, 상압에서 황록색의 기체로 조연성이 있다.
② 강한 자극성의 취기가 있어 맹독성 가스로 허용농도는 1ppm이다
③ 수소와 염소의 등량 혼합기체를 염소 폭명기라 한다.
④ 건조 상태로 상온에서 강재에 대하여 부식성을 갖는다.

> 건조한 염소는 강재를 부식시키지 않는다.

57 염소에 대한 설명으로 옳지 않은 것은?

① 황록색 기체이다.
② 상수도 살균용으로도 사용된다.
③ 염소가스 누출시에는 다량의 물로 씻어낸다.
④ 수소와 혼합하면 염소폭명기가 되어 격렬히 폭발 한다.

> 염소가스를 취급하다가 눈이 중독되거나 충혈되었을 때 3% 붕산수로 세안하여 응급처치를 한다.

58 염소(Cl_2)의 성질에 대한 설명 중 옳지 않은 것은?

① 상온에서 물에 용해하여 염산과 차아염소산을 생성한다.
② 암모니아와 반응하여 염화암모늄을 생성한다.
③ 소석회에 용이하게 흡수된다.
④ 완전히 건조된 염소는 철과 반응하므로 철강 용기를 사용할 수 없다.

> 건조한 염소는 강재를 부식시키지 않으나 수분이 존재할 경우 염산을 생성하여 금속을 부식시킨다.

59 염소(Cl_2)가스의 위험성에 대한 설명으로 틀린 것은?

① 독성가스이다.
② 무색이고 자극적인 냄새가 난다.
③ 수분존재시 금속에 강한 부식성을 갖는다.
④ 유기화합물과 반응하여 폭발적인 화합물을 만든다.

> 염소는 황록색의 독성가스 및 조연성가스이다.

60 다음 [보기]에서 염소가스의 성질에 대한 것으로 모두 나열한 것은?

> ㉠ 상온에서 기체이다.
> ㉡ 상압에서 −40~−50℃으로 냉각하면 쉽게 액화한다.
> ㉢ 인체에 대하여 극히 유독하다.

① ㉠, ㉡   ② ㉡, ㉢
③ ㉠, ㉢   ④ ㉠, ㉡, ㉢

> 염소의 성질
> • 상온에서 기체이며 심한 자극성을 가진 황록색의 독성가스이다.
> • −34℃ 이하로 냉각하거나 0.6~0.8MPa로 가압하면 쉽게 액화된다.

61 염소 가스의 건조제로 사용되는 것은?

① 진한 황산
② 염화칼슘
③ 활성 알루미나
④ 진한 염산

> 수분을 제거하는 건조제로는 진한 황산을 사용한다.

정답 54 ④ 55 ② 56 ④ 57 ③ 58 ④ 59 ② 60 ④ 61 ①

62 다음 중 수돗물의 살균과 섬유의 표백용으로 주로 사용되는 가스는?

① F_2　　② Cl_2
③ O_2　　④ CO_2

> 염소(Cl_2)의 용도
> • 상수도 살균 및 소독제로 사용
> • 섬유 표백제로 사용

63 다음 중 염소의 용도로 적합하지 않는 것은?

① 소독용으로 쓰인다.
② 염화비닐 제조의 원료이다.
③ 표백제로 쓰인다.
④ 냉매로 사용된다.

> 염소의 용도
> • 상수도 살균 및 소독제로 사용
> • 섬유 표백제로 사용
> • 염화비닐의 제조원료로 사용

64 질소에 관한 설명 중 틀린 것은?

① 고온에서 산소와 반응하여 산화질소가 된다.
② 고온·고압 하에서 수소와 반응하여 암모니아를 생성한다.
③ 안정된 가스이므로 Mg, Ca, Li 등의 금속과는 반응하지 않는다.
④ 고온에서 탄화칼슘과 반응하여 칼슘시안아미드가 된다.

> 질소는 고온에서 마그네슘(Mg), 칼슘(Ca), 리튬(Li) 등의 금속과 반응한다.

65 다음 중 약 −195.8℃의 비점을 가진 기체는?

① 산소　　② 질소
③ 이산화탄소　　④ 수소

> 질소의 비점 : 약 −196℃

66 다음 중 천연가스 지하 매설배관의 퍼지용으로 주로 사용되는 가스는?

① H_2　　② Cl_2
③ N_2　　④ O_2

> 질소(N_2)가스는 가연성 가스를 취급하는 장치의 퍼지용, 기밀시험용으로 사용한다.

67 질소가스의 특징이 아닌 것은?

① 암모니아 합성원료
② 공기의 주성분
③ 방전용으로 사용
④ 산화방지제

> 질소가스의 용도
> • 암모니아 합성, 비료의 원료
> • 가연성 가스를 취급하는 장치의 퍼지용, 기밀시험용
> • 초저온냉동장치의 급속 동결용
> • 금속의 산화방지제

68 다음은 암모니아 가스의 특성이다. 옳지 못한 것은?

① 물에 잘 녹는다.
② $4NH_3 + 3O_2 \rightarrow 2N_2 + 6H_2O$
③ 산소중에서 폭발범위는 15~28% 이다.
④ 암모니아가 물에 녹으면 알칼리성이 된다.

> 암모니아 가스의 폭발범위
> • 공기중 : 15~28%
> • 산소중 : 15~79%

69 암모니아 가스의 특성에 대한 설명 중 옳은 것은?

① 물에 잘 녹지 않는다.
② 무색의 기체이다.
③ 상온에서 아주 불안정하다.
④ 물에 녹으면 산성이 된다.

> 암모니아의 성질
> • 상온에서 무색의 독성 가스이다.
> • 물에 잘 녹는다.
> • 상온에서 안정하며 1000℃ 정도에서 분해한다.

70 다음 암모니아에 대한 설명 중 틀린 것은?

① 무색, 무취의 가스이다.
② 암모니아가 분해하면 질소와 수소가 된다.
③ 물에 잘 용해된다.
④ 유안 및 요소의 제조에 이용된다.

정답 62 ② 63 ④ 64 ③ 65 ② 66 ③ 67 ③ 68 ③ 69 ②

🔍 암모니아는 무색의 독성가스로서 냄새로 확인이 가능하다.

71 다음 중 석유 정제 과정에서 발생될 수 없는 가스는?

① 암모니아 ② 프로판
③ 메탄 ④ 부탄

🔍 암모니아는 수소와 질소를 혼합하거나 탄산칼슘과 질소를 가열하여 제조한다.

72 질소와 수소를 원료로 하여 암모니아를 합성한다. 표준상태에서 수소 $5Nm^3$가 반응하였을 때 암모니아는 약 몇 [kg]이 생성되는가?

① 1.52 ② 2.53
③ 3.54 ④ 4.55χ

🔍 암모니아 제조
- 합성법 $3H_2 + N_2 \rightarrow 2NH_3$
- $3H_2 + N_2 \rightarrow 2NH_3$
  $3 \times 22.4 Nm^3$ $2 \times (14+3) kg$
  $5Nm^3$ χ
  $\chi = \dfrac{5 \times 2 \times 17}{3 \times 22.4} = 2.53 kg$

73 암모니아 취급시 피부에 닿았을 때 조치사항은?

① 열습포로 감싸준다.
② 다량의 물로 세척후 붕산수를 바른다.
③ 산으로 중화시키고 붕대로 감는다.
④ 아연화 연고를 바른다.

🔍 암모니아 취급중 상해에 대한 구급법
- 피부에 묻은 경우 : 물로 세척한 후 피크린산용액을 바른다.
- 눈에 들어간 경우 : 물로 세척한 후 2% 붕산액이나 유동파라핀을 점안한다.

74 암모니아 합성공정을 반응압력에 따라 분류한 것이 아닌 것은?

① 고압합성 ② 중압합성
③ 중저압합성 ④ 저압합성

🔍 암모니아의 반응압력에 따라 저압법, 중압법, 고압법으로 분류한다.

75 다음 암모니아 합성공정 중 고압 합성에 이용되고 있는 방법은?

① 케미그법
② 구우데법
③ 케로그법
④ 클로우드법

🔍 암모니아 가스의 반응압력에 따른 합성법 분류
- 저압법 : 구우데법, 케로그법
- 중압법 : IG법, 뉴파우더법, 케미그법, JIC법
- 고압법 : 클로우드법, 카쟈레법

76 암모니아 합성공정 중 중압합성에 해당되지 않는 것은?

① IG법 ② 뉴파우더법
③ 케미크법 ④ 케로그법

🔍 저압합성 : 구우데법, 케로그법

77 암모니아와 착이온을 생성하는 금속이 아닌 것은?

① Cu ② Zn
③ Ag ④ Fe

🔍 암모니아 가스는 아연(Zn), 구리(Cu), 은(Ag), 코발트(Co) 등의 금속과 반응하여 착이온을 만든다.

78 아연, 구리, 은, 코발트 등과 같은 금속과 반응하여 착이온을 만드는 가스는?

① 암모니아 ② 염소
③ 아세틸렌 ④ 질소

🔍 암모니아 가스는 아연(Zn), 구리(Cu), 은(Ag), 코발트(Co) 등의 금속과 반응하여 착이온을 만든다.

79 다음 중 NH_3의 용도가 아닌 것은?

① 요소제조 ② 질산제조
③ 유안제조 ④ 포스겐제조

🔍 암모니아(NH_3)용도
- 질소비료(요소, 유안, 질산암모늄)의 원료로 사용
- 냉동기의 냉매로 사용
- 질산제조의 원료로 사용

정답 70 ① 71 ① 72 ② 73 ② 74 ③ 75 ④ 76 ④ 77 ④ 78 ① 79 ④

80 암모니아 누설 검사법으로 가장 적합한 방법은?

① 뷰렛법 검사
② 타이록스법 검사
③ 네슬러시약 검사
④ 알카이드법 검사

> 암모니아 가스 누설검지법
> • 냄새로 확인
> • 적색리트머스시험지 사용
> • 염화수소와 접촉
> • 페놀프탈렌지 사용
> • 네슬러시약을 사용

81 암모니아 냉매의 누설시험방법으로 틀린 것은?

① 적색리트머스시험지가 푸른색으로 변화
② 자극성 냄새로 발견
③ 진한 염산에 접촉시키면 흰 연기가 남
④ 네슬러시약에 접촉하면 백색으로 변화

> 암모니아 가스 누설검지법
> • 냄새로 확인
> • 적색리트머스시험지 사용하면 청색으로 변함
> • 염화수소 및 유황초를 사용하면 흰연기가 발생
> • 페놀프탈렌지 사용하면 적색으로 변함
> • 네슬러시약을 사용하면 소량누설시 황색, 다량누설시 자색으로 변함

82 동합금제의 브르돈관을 사용한 압력계가 있다. 다음 중 이 압력계를 사용할 수 없는 가스는?

① 수소
② 산소
③ 질소
④ 암모니아

> 동합금제의 브르돈관식 압력계에 암모니아를 사용할 경우 심한 부식을 일으키므로 사용할 수 없다.

83 고온, 고압의 수소와 작용시키면 화합하여 암모니아를 생성하는 가스는?

① 질소   ② 탄소
③ 염소   ④ 메탄

> 수소는 고온, 고압에서 질소와 반응하여 암모니아를 생성한다.

84 고온, 고압에서 질화작용과 수소취화 작용이 일어나는 가스는?

① NH_3 ② SO_2
③ Cl_2 ④ C_2H_2

> 암모니아(NH_3) 가스는 강에 대하여 고온, 고압에서 질화작용과 수소취화작용이 일어난다.

85 다음 중 가스의 성질에 대한 설명으로 맞는 것은?

① 질소는 안정된 가스이며 불활성 가스라고도 불리우고 고온에서도 금속과 화합하는 일은 없다.
② 암모니아는 산이나 할로겐과도 잘 화합한다.
③ 산소는 액체 공기를 분류하여 제조하는 반응성이 강한 가스이며 그 자신으로서 연소된다.
④ 염소는 반응성이 강한 가스이며 강에 대해서 상온에서도 건조 상태에서 현저한 부식성이 있다.

> 가스의 성질
> • 질소는 고온에서 마그네슘, 칼슘, 리튬 등의 금속과 화합하여 질화마그네슘, 질화칼슘, 질화리튬 등의 질화물을 만든다.
> • 산소는 공기 중에 21% 존재하며 조연성 가스이므로 그 자신은 연소되지 않는다.
> • 염소는 반응성이 강한 가스로서 수분이 없는 건조 상태에서는 부식을 일으키지 않는다.

86 고압가스의 일반적 성질에 대한 설명으로 옳은 것은?

① 암모니아는 동을 부식하고 고온, 고압에서는 강재를 침식한다.
② 질소는 안정한 가스로서 불활성가스라고도 하고 고온에서도 금속과 화합하지 않는다.
③ 산소는 액체공기를 분류하여 제조하는 반응성이 강한 가스로 자신은 잘 연소한다.
④ 염소는 반응성이 강한 가스로 강재에 대하여 상온에서도 건조한 상태로 현저히 부식성을 갖는다.

> 가스의 성질
> • 질소는 고온에서 마그네슘, 칼슘, 리튬 등의 금속과 화합하여 질화마그네슘, 질화칼슘, 질화리튬 등의 질화물을 만든다.
> • 산소는 공기 중에 21% 존재하며 조연성 가스이므로 그 자신은 연소되지 않는다.
> • 염소는 반응성이 강한 가스로서 수분이 없는 건조 상태에서는 부식을 일으키지 않는다.

정답 80 ③ 81 ④ 82 ④ 83 ① 84 ① 85 ② 86 ①

87 다음 중 분해에 의한 폭발에 해당되지 않는 것은?
① 시안화수소 ② 아세틸렌
③ 히드라진 ④ 산화에틸렌

🔍 시안화수소 : 중합폭발

88 액체는 무색, 투명하고 특유한 복숭아 향을 가지고 있으며 맹독성이 있고 고농도를 흡입하면 목숨을 잃는 가스는?
① 일산화탄소 ② 포스겐
③ 시안화수소 ④ 메탄

🔍 시안화수소의 특성
• 액체는 무색이고, 투명하다.
• 복숭아 냄새가 나는 맹독성 기체이다.
• 물에 잘 녹는다.

89 다음 중 무색투명한 액체로 특유의 복숭아향과 같은 취기를 가진 독성가스는?
① 포스겐 ② 일산화탄소
③ 시안화수소 ④ 산화에틸렌

🔍 시안화수소의 액체는 무색으로 투명하고 복숭아 냄새가 나며 맹독성 가스이다.

90 용기에 충전하는 시안화수소의 순도는 몇 [%] 이상으로 규정되어 있는가?
① 90 ② 95
③ 98 ④ 99.5

🔍 시안화수소 순도 : 98% 이상

91 다음 ( ) 안에 알맞은 것은?

시안화수소를 충전한 용기는 전한 후 ( )일이 경과되기 전에 다른 용기에 옮겨 충전할 것. 다만, 순도 ( )% 이상으로서 착색되지 아니한 것은 다른 용기에 옮겨 충전하지 아니할 수 있다.

① 30, 90 ② 30, 95
③ 60, 90 ④ 60, 98

92 용기에 충전한 시안화수소는 충전한 후 몇 일이 경과되기 전에 다른 용기에 옮겨 충전하여야 하는가? (단, 순도 98% 이상으로서 착색된 것에 한한다.)
① 5 ② 20
③ 40 ④ 60

🔍 용기에 충전한 시안화수소는 충전한 후 60일이 경과되기 전에 다른 용기에 옮겨 충전하여야 하나 순도가 98% 이상 착색되지 아니한 것에 대해서는 그러하지 아니하여도 된다.

93 장기간 보존하면 수분과 반응하여 중합 폭발을 일으키는 가스는?
① 메탄
② 시안화수소
③ 수소
④ 아세틸렌

🔍 시안화수소는 순수한 것은 안정하나 소량의 수분이나 알칼리성 물질을 함유하면 중합이 촉진되어 중합폭발이 발생한다.

94 다음 중 시안화수소에 안정제를 첨가하는 주된 이유는?
① 분해 폭발하므로
② 산화 폭발을 일으켜 염려가 있으므로
③ 시안화수소는 강한 인화성 액체이므로
④ 소량의 수분으로도 중합하여 그 열로 인해 폭발할 위험이 있으므로

🔍 시안화수소는 순수한 것은 안정하나 소량의 수분이나 알칼리성 물질을 함유하면 중합폭발이 발생하므로 안정제를 첨가해야 한다.

95 일산화탄소와 염소를 활성탄 촉매하에서 반응시켰을 때 주로 얻을 수 있는 것은?
① 카르보닐
② 카르복실산
③ 사염화탄소
④ 포스겐

🔍 일산화탄소는 상온에서 활성탄의 촉매하에서 염소와 반응하여 포스겐($COCl_2$)을 생성한다.

정답 87 ① 88 ③ 89 ③ 90 ③ 91 ④ 92 ④ 93 ② 94 ④ 95 ④

96 일산화탄소의 성질에 대한 설명 중 틀린 것은?

① 산화성이 강한 가스이다.
② 공기보다 약간 가벼우므로 수상치환으로 포집한다.
③ 개미산에 진한 황산을 작용시켜 만든다.
④ 혈액 속에 헤모글로빈과 반응하여 산소의 운반력을 저하시킨다.

🔍 일산화탄소는 환원성이 커서 금속산화물을 환원시킨다.

97 다음 각 가스의 특성에 대한 설명으로 틀린 것은?

① 수소는 고온, 고압에서 탄소강과 반응하여 수소취성을 일으킨다.
② 산소는 공기액화분리장치를 통해 제조하며 질소와 분리시 비등점 차이를 이용한다.
③ 일산화탄소의 국내 독성 허용농도는 LC_{50} 기준으로 50ppm이다.
④ 암모니아는 붉은 리트머스를 푸르게 변화시키는 성질을 이용하여 검출할 수 있다.

🔍 • LC_{50} : 실험 동물 50%를 사망시키는 독성 물질의 농도
• 이산화탄소의 LC_{50} : 3760ppm

98 일산화탄소 가스의 용도로 알맞은 것은?

① 메탄올 합성
② 용접 절단용
③ 암모니아 합성
④ 섬유의 표백용

🔍 일산화탄소 가스의 용도
• 메탄올 합성 원료로 사용
• 포스겐의 제조 원료로 사용
• 개미산의 제조 원료로 사용

99 다음 중 드라이아이스의 제조에 사용되는 가스는?

① 일산화탄소
② 이산화탄소
③ 아황산가스
④ 염화수소

🔍 이산화탄소를 압축, 냉각하여 단열팽창시키면 드라이아이스가 된다.

100 다음 아세틸렌 취급방법 중 틀린 것은?

① 저장소는 화기 엄금을 명기한다.
② 가스출구 동결시 60℃ 이하의 온수로 녹인다.
③ 용기는 산소병과 같이 저장하지 않는다.
④ 저장소는 통풍이 양호한 구조이어야 한다.

🔍 가스출구 동결시 40℃ 이하의 온수나 열습포지로 녹인다.

101 아세틸렌 제조를 위한 설비에서 폭발사고가 발생하였다. 그 원인과 가장 거리가 먼 것은?

① 동이 포함되어 있다.
② 수은이 포함되어 있다.
③ 은이 포함되어 있다.
④ 아연이 포함되어 있다.

🔍 구리(Cu), 은(Ag), 수은(Hg) 등에 아세틸렌을 접촉시키면 화합 폭발이 일어나며 폭발성의 금속 아세틸라이드를 생성한다.

102 아세틸렌이 은, 수은과 반응하여 폭발성의 금속 아세틸라이드를 형성하여 폭발하는 형태는?

① 분해폭발
② 화합폭발
③ 산화폭발
④ 압력폭발

🔍 구리(Cu), 은(Ag), 수은(Hg) 등에 아세틸렌을 접촉시키면 화합 폭발이 일어나며 폭발성의 금속 아세틸라이드를 생성한다.

103 아세틸렌 제조시설에서 가스 발생기의 종류에 해당하지 않는 것은?

① 주수식
② 침지식
③ 투입식
④ 사관식

🔍 가스발생 방법
• 주수식 : 카바이트에 물을 넣는 방법
• 투입식 : 물에 카바이트를 넣는 방법으로서 대량생산에 적합
• 침지식 : 물과 카바이트를 조금씩 넣어 접촉시키는 방법

104 아세틸렌의 가스발생기 중 다량의 물속에 CaC_2를 투입하는 방법으로서 주로 공업적으로 대량 생산에 적합한 가스발생 방법은?

① 주수식
② 침지식
③ 접촉식
④ 투입식

정답 96 ① 97 ③ 98 ① 99 ② 100 ② 101 ④ 102 ② 103 ④

🔍 **가스발생 방법**
- 주수식 : 카바이트에 물을 넣는 방법
- 투입식 : 물에 카바이트를 넣는 방법으로서 대량생산에 적합
- 침지식 : 물과 카바이트를 조금씩 넣어 접촉시키는 방법

🔍 **가스발생에 따른 카바이트 등급**
- 1급 : 280ℓ/kg 이상
- 2급 : 260ℓ/kg 이상
- 3급 : 230ℓ/kg 이상

105 다음 중 카바이드와 관련이 없는 성분은?
① 아세틸렌(C_2H_2) ② 석회석($CaCO_3$)
③ 생석회(CaO) ④ 염화칼슘($CaCl_2$)

🔍 석회석을 열분해시켜 생석회를 얻어 무연탄을 전기로에서 가열하면 카바이트를 얻는다. 이것에 물을 가하여 아세틸렌을 제조한다.

106 다음 ( ) 안의 ①과 ②에 들어갈 명칭은?

아세틸렌을 용기에 충전하는 때에는 미리 용기에 다공물질을 고루 채워 다공도가 75% 이상, 92% 미만이 되도록 한 후 (㉠) 또는 (㉡)를(을) 고루 침윤시키고 충전하여야 한다.

① ㉠ 아세톤 ㉡ 알콜
② ㉠ 아세톤 ㉡ 물(H_2O)
③ ㉠ 아세톤 ㉡ 디메틸포름아미드
④ ㉠ 알콜 ㉡ 물(H_2O)

🔍 **아세틸렌 용기 충전**
- 다공도 : 75% 이상 ~ 92% 미만
- 용제 : 아세톤, 디메틸포름아미드(DMF)

107 아세틸렌을 용기에 충전시, 미리 용기에 다공질물을 고루 채운후 침윤 및 충전을 해야 하는데 이 때 다공도는 얼마로 해야 하는가?
① 75% 이상 92% 미만
② 70% 이상 95% 미만
③ 62% 이상 75% 미만
④ 92% 이상

🔍 다공도 : 75% 이상 ~ 92% 미만

108 아세틸렌 제조에 이용되는 카바이드(CaC_2)의 1급에 해당되는 가스 발생량은 몇 [ℓ/kg] 이상인가?
① 366 ② 280
③ 255 ④ 225

109 아세틸렌 가스의 폭발과 관계없는 것은?
① 중합폭발 ② 산화폭발
③ 분해폭발 ④ 화합폭발

🔍 아세틸렌의 폭발 : 산화폭발, 분해폭발, 화합폭발

110 아세틸렌에 대한 설명 중 틀린 것은?
① 액체 아세틸렌은 비교적 안정하다.
② 아세틸렌은 접촉적으로 수소화 하면 에틸렌, 에탄이 된다.
③ 가열, 충격, 마찰 등의 원인으로 탄소와 수소로 자기분해 한다.
④ 동, 은, 수은 등의 금속과 화합시 폭발성의 화합물인 아세틸라이드를 생성한다.

🔍 액체 아세틸렌은 불안정하며, 고체 아세틸렌은 안정하다.

111 아세틸렌의 성질에 대한 설명으로 옳은 것은?
① 분해 폭발성이 있는 가스이므로 단독으로 가압하여 충전할 수 없다.
② 염소와 반응하여 염화비닐을 만든다.
③ 염화수소와 반응하여 사염화에탄이 생성된다.
④ 융점은 약 82℃ 정도이다.

🔍 아세틸렌가스를 2.5MPa 이상으로 압축할 경우 분해폭발이 발생하므로 희석제를 첨가하여 압축해야 한다.

112 다음 아세틸렌에 대한 설명 중 틀린 것은?
① 연소시 고열을 얻을 수 있어 용접용으로 쓰인다.
② 압축하면 폭발을 일으킨다.
③ 2중 결합을 가진 불포화탄화수소이다.
④ 구리, 은과 반응하여 폭발성의 화합물을 만든다.

🔍 아세틸렌은 3중 결합을 가진 불포화 탄화수소이다.

정답 104 ④ 105 ④ 106 ③ 107 ① 108 ② 109 ① 110 ① 111 ① 112 ③

113 순수 아세틸렌은 0.15MPa 이상 압축시 위험하다. 그 이유는?

① 중합폭발　② 분해폭발
③ 화학폭발　④ 촉매폭발

> 아세틸렌은 0.15MPa 이상에서 불꽃, 가열, 마찰 등에 의해 분해폭발을 일으켜 수소와 소소가 분해된다.

114 아세틸렌 용기에 아세틸렌을 충전할 때 온도와 관계없이 몇 [MPa] 이하의 압력을 유지해야 하는가?

① 1.5　② 2.0
③ 2.5　④ 3.0

> 아세틸렌을 충전할 경우 압력은 온도와 관계없이 2.5MPa 이하로 유지해야 한다.

115 아세틸렌의 분해폭발을 방지하기 위하여 첨가하는 희석제가 아닌 것은?

① 에틸렌　② 산소
③ 메탄　④ 질소

> 아세틸렌가스를 2.5MPa 이상으로 압축할 경우 희석제를 첨가해야 하며, 희석제에는 수소, 질소, 일산화탄소, 메탄, 에틸렌, 프로판이 있다.

116 아세틸렌가스를 2.5MPa의 압력으로 압축할 때 사용되는 희석제가 아닌 것은?

① 질소　② 메탄
③ 일산화탄소　④ 아세톤

> 희석제 : 수소, 질소, 일산화탄소, 메탄, 에틸렌, 프로판

117 아세틸렌 제조 시설 중 아세틸렌 접촉부분에 사용해서는 안되는 것은?

① 알루미늄 또는 알루미늄 함량 62%
② 스테인레스 24종 이상
③ 철 또는 탄소함유량이 4.3% 이상인 강
④ 동 또는 동함유량이 62% 이상

> 아세틸렌 가스는 동 또는 동함유량이 62%를 초과하는 동합금을 사용해서는 안된다.

118 C_2H_2 제조설비에서 제조된 C_2H_2를 충전용기에 충전시 위험한 경우는?

① 아세틸렌이 접촉되는 설비부분에 동함량 72%의 동합금을 사용하였다.
② 충전 중의 압력을 2.5MPa 이하로 하였다.
③ 충전 후의 압력이 15℃에서 1.5MPa 이하로 될 때까지 정지하였다.
④ 충전용 지관은 탄소함유량 0.1% 이하의 강을 사용하였다.

> 아세틸렌(C_2H_2)은 동 또는 동함유량이 62%를 초과하는 동합금을 사용해서는 안된다.

119 아세틸렌충전시 첨가되는 다공질물의 구비조건이 아닌 것은?

① 화학적으로 안정할 것
② 기계적 강도가 클 것
③ 가스의 충전이 쉬울 것
④ 다공도가 적을 것

> 다공질물의 구비조건
> • 고다공도일 것
> • 기계적 강도가 클 것
> • 가스의 충전이 쉬울 것
> • 화학적으로 안정할 것
> • 안전성이 있을 것

120 아세틸렌 가스의 용해 충전시 다공질 물질의 재료로 사용할 수 없는 것은?

① 규조토, 석면
② 알루미늄 분말, 활성탄
③ 석회석, 산화철
④ 탄산마그네슘, 다공성플라스틱

> 다공질물질 : 목탄, 규조토, 석면, 석회석, 산화철, 탄산마그네슘, 다공성플라스틱

121 아세틸렌 용기에 다공성 물질을 고루 채운 후 아세틸렌을 충전하기 전에 침윤시키는 물질은?

① 알코올　② 아세톤
③ 규조토　④ 탄산마그네슘

정답　113 ②　114 ③　115 ②　116 ④　117 ④　118 ①　119 ④　120 ②

- 용제 : 아세톤, 디메틸포름아미드
- 다공성 물질 : 목탄, 규조토, 석면, 석회석, 산화철, 탄산마그네슘, 다공성플라스틱

122 아세틸렌 중의 수분을 제거하는 건조제로 주로 사용하는 것은?

① 염화칼슘   ② 사염화탄소
③ 진한 황산 ④ 활성알루미나

🔍 아세틸렌가스에 혼입된 수분을 제거하는 장치로서 건조제로 염화칼슘을 사용한다.

123 아세틸렌에 관한 다음 사항 중 틀린 것은?

① 공기 중에서의 폭발 범위는 수소보다 좁다.
② 아세틸렌은 구리, 은, 수은 및 그 합금과 폭발성의 화합물을 만든다.
③ 공기와 혼합되지 아니하여도 폭발하는 수가 있다.
④ 아세틸렌은 공기보다 가볍고 무색인 가스이다.

🔍 공기 중에서 폭발범위
- 수소 : 4~75%
- 아세틸렌 : 2.5~80.5%

124 아세틸렌(C_2H_2)에 대한 설명 중 틀린 것은?

① 카바이트(CaC_2)에 물을 넣어 제조한다.
② 동과 접촉하여 동아세틸라이드를 만들므로 동함유량이 62% 이상을 설비로 사용한다.
③ 흡열화합물이므로 압축하면 분해폭발을 일으킬 수 있다.
④ 공기 중 폭발범위는 약 2.5~80.5% 이다.

🔍 아세틸렌은 동 또는 동함유량이 62%를 초과하는 동합금을 사용해서는 안된다.

125 아세틸렌 가스를 제조하기 위한 설비를 설치하고자 할 때 아세틸렌 가스가 통하는 부분에 동합금을 사용할 경우 동함유량은 몇 [%] 이하의 것을 사용하여야 하는가?

① 62   ② 72
③ 75   ④ 85

🔍 아세틸렌은 동 또는 동함유량이 62%를 초과하는 동합금을 사용해서는 안된다.

126 아세틸렌 제조시설 중 가스발생기에서 최적 가스 발생 온도는?

① 20~30℃   ② 50~60℃
③ 80~100℃   ④ 200~500℃

🔍 습식 아세틸렌발생기의 가스발생온도 : 50~60℃

127 다음 가스의 일반적인 성질에 대한 설명으로 옳은 것은?

① 질소는 안정된 가스를 불활성가스라고도 하며, 고온, 고압에서는 금속과 화합하지 않는다.
② 산소는 액체공기를 분류하여 제조하는 반응성이 강한 가스로 그 자신은 잘 연소한다.
③ 염소는 반응성이 강한 가스로 강재에 대하여 상온, 건조한 상태에서도 현저한 부식성을 갖는다.
④ 아세틸렌은 은(Ag), 수은(Hg) 등의 금속과 반응하여 폭발성 물질을 생성한다.

🔍
- 질소는 고온, 고압에서 마그네슘, 칼슘, 리튬 등의 금속과 반응한다.
- 산소 자신은 연소하지 않으나 연소를 돕는 조연성가스이다.
- 건조한 염소는 강재를 부식시키지 않는다.

128 습식아세틸렌발생기의 표면 온도는 몇 ℃ 이하로 유지하여야 하는가?

① 30   ② 40
③ 60   ④ 70

🔍 습식 아세틸렌 발생기
- 표면온도 : 70℃ 이하 • 적정온도 : 50~60℃

129 가스 중독에 원인이 되는 가스로 거리가 가장 먼 것은?

① 시안화수소 ② 염소
③ 이산화유황 ④ 헬륨

🔍 헬륨은 희가스로서 공기중에 존재하며 상온에서 무색, 무미, 무취의 가스이다.

정답 121 ② 122 ① 123 ① 124 ② 125 ① 126 ② 127 ④ 128 ④ 129 ④

130 주기율의 0족에 속하는 불활성 가스의 성질이 아닌 것은?

① 상온에서 기체이며 단원자 분자이다.
② 다른 원소와 잘 화합한다.
③ 상온에서 무색, 무미, 무취의 기체이다.
④ 방전관에 넣어 방전시키면 특유의 색을 낸다.

> 희가스(주기율의 0족)는 상온에서 가장 안정된 가스이며 다른 원소와 화합하지 않는 불활성 가스이다.

131 다음 가스 중 비점이 가장 낮은 것은?

① 아르곤(Ar) ② 질소(N_2)
③ 헬륨(He)   ④ 수소(H_2)

> 비점

가스	비점(℃)	가스	비점(℃)
아르곤	-185.87	헬륨	-268.9
질소	-196	수소	-252.5

132 낮은 압력에서 방전시킬 때 붉은색을 방출하는 비활성기체는?

① He ② Kr
③ Ar ④ Xe

> 희가스의 종류 및 발광색

가스	발광색	가스	발광색
헬륨(He)	황백색	네온(Ne)	주황색
아르곤(Ar)	적색	크립톤(Kr)	녹자색
크세논(Xe)	청자색	라돈(Rn)	청록색

133 다음 가스 중 액화시키기가 가장 어려운 가스는?

① H_2 ② He
③ N_2 ④ CH_4

> 비점이 낮을수록 액화시키기가 어렵다.

가스	비점(℃)	가스	비점(℃)
N_2	-196	He	-268.9
CH_4	-161	H_2	-252.5

134 산화에틸렌의 저장탱크는 그 내부의 질소가스, 탄산가스 및 산화에틸렌가스의 분위기 가스를 질소가스 또는 탄산가스로 치환하고 몇 [℃] 이하로 유지해야 하는가?

① 0   ② 5
③ 10 ④ 20

> 산화에틸렌 저장시 저장탱크 내부에 질소가스나 탄산가스로 치환한 후에 5℃로 유지한다.

135 산화에틸렌 충전용기에는 질소 또는 탄산가스를 충전하는데 그 내부 압력으로 옳은 것은?

① 상온에서 $2kg/cm^2$ 이상
② 35℃에서 $2kg/cm^2$ 이상
③ 40℃에서 $4kg/cm^2$ 이상
④ 45℃에서 $4kg/cm^2$ 이상

> 산화에틸렌 충전용기는 45℃에서 내부압력을 0.4MPa($4kg/cm^2$) 이상이 되도록 질소가스나 탄산가스로 충전한다.

136 다음 각 가스의 성질에 대한 설명으로 옳은 것은?

① 산화에틸렌은 분해폭발성 가스이다.
② 포스겐의 비점은 -128℃로서 매우 낮다.
③ 염소는 가연성가스로서 물에 매우 잘 녹는다.
④ 일산화탄소는 가연성이며 액화하기 쉬운 가스이다.

> • 포스겐의 비점 : 8.2℃
> • 염소 : 조연성가스
> • 일산화탄소 : 압축가스

137 메탄(CH_4)의 성질에 대한 설명 중 틀린 것은?

① 무색, 무취의 기체로 잘 연소한다.
② 무극성이며 물에 대한 용해도가 크다.
③ 염소와 반응시키면 염소화합물을 만든다.
④ 니켈촉매하에 고온에서 산소 또는 수증기를 반응시키면 CO와 H_2를 발생한다.

> 메탄은 무극성이며 물에 잘 용해되지 않는다.

정답 130 ② 131 ③ 132 ③ 133 ② 134 ② 135 ④ 136 ① 137 ②

138 메탄의 성질에 대한 설명으로 틀린 것은?

① 무색, 무취의 기체이다.
② 파란색 불꽃을 내며 탄다.
③ 공기와 산소와의 혼합물에 불을 붙이면 폭발한다.
④ 불안정하며 격렬히 반응한다.

🔍 메탄은 파라핀계 탄화수소로서 안정된 가스이다.

139 다음 중 LNG의 주성분이 되는 것은?

① CH_4
② CO
③ C_2H_4
④ C_2H_2

🔍 메탄(CH_4)은 액화천연가스(LNG)의 주성분이며 무취, 무색의 가스이다.

140 천연가스의 임계온도는 몇 [℃]인가?

① −62.1
② −82.1
③ −92.1
④ −112.1

🔍 천연가스(CH_4)의 임계온도는 −82.1℃이다.

141 천연가스(LNG)를 공급하는 도시가스의 주요 특성이 아닌 것은?

① 공기보다 가볍다.
② 황분이 없으며 독성이 없는 고열량의 연료로서 정제설비가 필요 없다.
③ 공기보다 가벼워 누설되더라도 위험하지 않다.
④ 발전용, 일반공업용 연료로도 널리 쓰인다.

🔍 천연가스는 가연성가스로서 누설시 공기와 접촉하면 폭발의 위험성이 있다.

142 파라핀계 탄화수소 중 가장 간단한 형의 화합물로서 불순물을 전혀 함유하지 않는 도시가스의 원료는?

① 액화천연가스
② 액화석유가스
③ off가스
④ 나프타

🔍 액화천연가스는 파라핀계탄화수소로서 가장 간단한 탄화수소 화합물이며 도시가스 및 공업용 연료에 사용된다.

143 도시가스의 주원료인 메탄(CH_4)의 비점은 약 얼마인가?

① −50℃
② −82℃
③ −120℃
④ −162℃

🔍 메탄의 비점 : −161.5℃

144 다음 ( )안의 ㉠~㉡에 각각 알맞은 것은?

천연가스의 주성분인 메탄(CH_4)은 1kg당 0℃, 1기압에서 기체상태로 1.4m^3이며 이것을 (㉠)℃, 1기압으로 액화하면 체적이 0.0024m^3으로 되어 약 (㉡)로 줄어든다.

① ㉠ −42.1   ㉡ 1/600
② ㉠ −162   ㉡ 1/250
③ ㉠ −162   ㉡ 1/600
④ ㉠ −62   ㉡ 1/250

🔍 • 메탄은 기체(0℃, 1atm)일 때 1.4m^3이고 액체일 때 0.0024m^3이므로 약 1/600로 줄어든다.
• 액화온도 : −162℃

145 천연가스의 성질 중 잘못된 것은?

① 독성이 없고 청결한 가스이다.
② 주성분은 메탄으로 이루어졌다.
③ 공기보다 무거워 누설 시 바닥에 고인다.
④ 열량은 약 9,500~11,000kcal/m^3 정도이다.

🔍 액화천연가스의 주성분은 메탄이므로 누설시 공기보다 가벼워 위로 올라간다.

146 천연가스로 도시가스를 공급하고 있다. 이 천연가스의 주성분은?

① CH_4
② C_2H_6
③ C_3H_8
④ C_4H_{10}

🔍 천연가스(LNG)의 주성분 : CH_4(메탄)

정답 138 ④ 139 ① 140 ② 141 ③ 142 ① 143 ④ 144 ③ 145 ③ 146 ①

가스의 성질, 제조방법 및 용도

147 메탄가스에 대한 설명 중 틀린 것은?

① 무색, 무취의 기체이다.
② 공기보다 무거운 기체이다.
③ 천연가스의 주성분이다.
④ 폭발범위는 약 5~15% 정도이다.

> 메탄가스는 공기보다 가볍다.
> (가스비중 $s = \dfrac{16}{29} = 0.55$)

148 다음의 LPG 성질 중 옳은 것은?

① 공기보다 무겁기 때문에 누설시 바닥에 고인다.
② 누설되면 공기와 비중이 같으므로 공기와 혼합된다.
③ 공기보다 가벼워 누설되면 위로 날아간다.
④ 조연성 가스이기 때문에 불이 붙도록 도와준다.

> 기체상태의 LPG는 공기보다 약 1.5~2배 무거우므로 누설시 바닥에 고인다.

149 LP가스의 특성에 대한 설명 중 옳은 것은?

① 발화온도가 타연료에 비하여 낮다.
② 연소속도가 타연료에 비하여 빠르다.
③ 도시가스에 비하여 발열량이 크다.
④ 도시가스에 비하여 연소범위가 넓다.

> LP가스는 발화온도는 높고, 연소범위가 좁고, 연소속도가 느리다.

150 LPG의 성질에 대한 설명 중 틀린 것은?

① 상온, 상압에서는 기체이지만 상온에서도 비교적 낮은 압력으로 액화가 가능하다.
② 프로판의 임계온도는 32.3℃이다.
③ 동일 온도 하에서 프로판은 부탄보다 증기압이 높다.
④ 순수한 것은 색깔이 없고 냄새도 없다.

> 프로판의 임계온도 : 96.8℃

151 LP가스의 특성을 잘못 설명한 것은?

① 상온, 상압에서 기체상태이다.
② 증기비중은 공기의 1.5~2.0배이다.
③ 액체는 물보다 무겁다.
④ 액체는 무색, 투명하며, 물에 잘 녹지 않는다.

> LP가스의 특성
> • 무색, 투명하고 냄새가 없다.
> • 증기는 공기보다 무겁고, 액체는 물보다 가볍다.
> • 물에는 잘 녹지 않으나 알코올이나 에테르에 잘 용해된다.

152 다음 가스 중 가압 또는 냉각하면 가장 쉽게 액화되고 공업용 및 가정용 연료로 사용되는 가스는?

① 아세틸렌　　② 액화석유가스
③ CO_2　　　　④ 수소

> 액화가스이고 연료용으로 사용되는 가스는 액화석유가스이다.

153 LP가스의 성질에 대한 설명 중 옳은 것은?

① 무색, 투명하고 물에 잘 녹는다.
② 기체는 공기보다 가볍다.
③ 상온, 상압에서 액체이다.
④ 석유류 또는 동식물유, 천연고무를 잘 용해시킨다.

> LPG 성질
> • 물에 잘 녹지 않는다.
> • 상온에서 프로판은 0.7MPa, 부탄은 0.2MPa 이상으로 가압하거나 대기압하에서 프로판은 -42.1℃, 부탄은 0.5℃ 이하로 냉각하면 액화된다.
> • 기체상태의 LPG는 공기보다 약 1.5~2배 무겁다.

154 액화석유가스에 대한 설명으로 틀린 것은?

① 프로판, 부탄을 주성분으로 한 가스를 액화한 것이다.
② 물에 잘 녹으며 유지류 또는 천연고무를 잘 용해시킨다.
③ 기체의 경우 공기보다 무거우나 액체의 경우 물보다 가볍다.
④ 상온, 상압에서 기체이나 가압이나 냉각을 통해 액화가 가능하다.

 정답 147 ② 148 ① 149 ③ 150 ② 151 ③ 152 ② 153 ④

🔍 액화석유가스는 물에 잘 녹지 않으며 에테르, 동식물류, 석유류 또는 천연고무를 잘 용해시킨다.

155 액상의 LP가스와 물을 밀폐용기 안에 넣었을 경우에 어떻게 되는가?

① 물이 액상의 LP가스 위에 떠 있는 상태가 된다.
② 액상의 LP가스가 물 위에 떠 있는 상태가 된다.
③ 액상의 LP가스가 물에 용해되어 섞인 상태가 된다.
④ 액상의 LP가스가 물 중앙부에 위치하게 된다.

🔍 액체상태의 LPG는 물보다 약 0.51~0.58배 가볍다.

156 LPG에 대한 설명 중 옳지 않은 것은?

① 액화 석유가스의 약자이다.
② 고급 탄화수소의 혼합물이다.
③ 탄소수 3 및 4의 탄화수소 또는 이를 주성분으로 하는 혼합물이다.
④ 무색, 투명하고 물에 난용이다.

🔍 LPG는 석유계의 저급 탄화수소의 혼합물로서 주성분은 주로 프로판(C_3H_8)과 부탄(C_4H_{10})이다.

157 다음 중 액화석유가스의 주성분이 아닌 것은?

① 부탄   ② 헵탄
③ 프로판   ④ 프로필렌

🔍 액화석유가스의 주성분은 파라핀계 및 올레핀계 탄화수소로 구분되며 파라핀계는 프로판과 부탄, 올레핀계는 프로필렌, 부틸렌이 있다.

158 프로판가스 1kg의 기화열은 약 몇 [kcal] 인가?

① 75   ② 92
③ 102   ④ 539

🔍 프로판의 기화열 : 102kcal/kg

159 도시가스와 비교한 LP가스의 특성이 아닌 것은?

① 발열량이 높기 때문에 단시간에 온도를 높일 수 있다.
② 열용량이 크므로 작은 배관지름으로도 공급에 무리가 없다.
③ 자가 공급이므로 Peak time이나 한가할 때는 일정한 공급을 할 수 없다.
④ 가스의 조성이 일정하고 소규모 또는 일시적으로 사용할 때는 경제적이다.

🔍 LPG는 자가공급이므로 가스사용량이 많은 peak time에도 일정한 압력으로 공급이 가능하다.

160 LPG에 대한 설명 중 틀린 것은?

① 액체상태는 물(비중 1)보다 가볍다.
② 기화열이 커서 액체가 피부에 닿으면 동상의 우려가 있다.
③ 공기와 혼합시켜 도시가스 원료로도 사용된다.
④ 가정에서 연료용으로 사용하는 LPG는 올레핀계 탄화수소이다.

🔍 가정용 연료로 사용되는 LPG는 파라핀계 탄화수소(프로판, 부탄)를 사용한다.

161 다음 중 LNG와 SNG에 대한 설명으로 옳은 것은?

① 액체상태의 나프타를 LNG라 한다.
② SNG는 대체 천연가스 또는 합성 천연가스를 말한다.
③ LNG는 액화석유가스를 말한다.
④ SNG는 각종 도시가스의 총칭이다.

🔍 · LNG : 액화천연가스
· LPG : 액화석유가스
· SNG : 대체천연가스 또는 합성천연가스

162 다음 중 정유가스(off가스)의 주성분은?

① $H_2 + CH_4$ ② $CH_4 + CO$
③ $H_2 + CO$ ④ $CO + C_3H_8$

🔍 Off가스 : 석유를 정제과정에서 부생되는 가스로서 수소나 메탄을 주성분으로 하는 가스

정답 ▶ 154 ② 155 ② 156 ② 157 ② 158 ③ 159 ③ 160 ④ 161 ② 162 ①

163 나프타의 성상과 가스화에 미치는 영향 중 PONA 값의 각 의미에 대하여 잘못 나타낸 것은?

① P : 파라핀계 탄화수소
② O : 올리핀계 탄화수소
③ N : 나프텐계 탄화수소
④ A : 지방족 탄화수소

🔍 A : 방향족 탄화수소

164 비중이 0.58인 액화 부탄가스 1ℓ를 표준상태에서 기화시키면 약 몇 [ℓ]가 되는가?

① 58
② 116
③ 224
④ 448

🔍 부탄의 기화시 체적
$0.58 \times 10^3 (g) \times \dfrac{22.4\ell}{58g} = 224\ell$

165 다음 화합물 중 탄소의 함유량이 가장 많은 것은?

① CO_2
② CH_4
③ C_2H_4
④ CO

🔍 탄소함유량
- 에틸렌(C_2H_4) : 24kg
- 이산화탄소(CO_2), 메탄(CH_4), 일산화탄소(CO) : 12kg

166 포스겐에 대한 설명으로 옳은 것은?

① 순수한 것은 무색, 무취의 기체이다.
② 수산화나트륨에 빨리 흡수된다.
③ 폭발성과 인화성이 크다.
④ 화학식은 COCl이다.

🔍 포스겐($COCl_2$) 가스의 성질
- 상온에서 자극적인 냄새가 나는 독성가스이다.
- 포스겐 자체는 폭발성과 인화성이 없다.
- 수산화나트륨에 신속하게 흡수된다.

167 다음 보기와 같은 반응은 어떤 반응인가?

$CH_4 + Cl_2 \rightarrow CH_3Cl + HCl$
$CH_3Cl + Cl_2 \rightarrow CH_2Cl_2 + HCl$

① 첨가
② 치환
③ 중합
④ 축합

🔍 치환반응은 어떤 화합물의 원자 또는 원자단을 다른 원자나 원자단으로 바꾸어 놓는 반응이다.

168 가스와 그 용도를 짝지은 것 중 틀린 것은?

① 프레온-냉장고의 냉매
② 이산화황-환원성 표백제
③ 시안화수소-아크릴로 니트릴 제조
④ 에틸렌-메탄올 합성 원료

🔍 에틸렌 : 폴리에틸렌 및 에탄올 제조에 사용

169 에틸렌(C_2H_4)이 수소와 반응할 때 일으키는 반응은?

① 환원 반응
② 분해 반응
③ 제거 반응
④ 부가 반응

🔍 에틸렌은 아세틸렌에 수소를 반응시켜 2중결합을 갖는 부가반응에 의해 제조된다.

170 에틸렌 제조의 원료로 사용되지 않는 것은?

① 나프타
② 에탄올
③ 프로판
④ 염화메탄

🔍 에틸렌 제조
- 탄화수소의 열분해에 의해 제조
- 나프타의 열분해에 의해 제조
- 아세틸렌을 수소화하여 제조
- 에탄올 제조

정답 163 ④ 164 ③ 165 ③ 166 ② 167 ② 168 ④ 169 ④ 170 ④

CHAPTER 02

Craftsman Gas

가스장치 및 기기

Section 01 가스장치
Section 02 저온장치
Section 03 가스설비
Section 04 가스계측기

SECTION 01 가스장치

STEP 01 금속 재료의 성질 및 탄소강의 종류

1. 금속재료의 기계적 성질

① 강도 : 재료에 외력을 가하면 변형이나 파괴가 일어나는데 외력에 대한 재료 단면에 작용하는 최대 저항력
② 경도 : 물체를 재료에 압입할 때의 변형저항 즉 연질의 정도
③ 연성 : 가느다란 선으로 늘릴 수 있는 성질
④ 전성 : 얇은 판으로 넓게 펼 수 있는 성질
⑤ 인성 : 굽힘이나 비틀림 작용을 반복하여 가할 때 외력에 저항하는 성질로서 질긴 성질
⑥ 취성(메짐성) : 잘 부서지고 잘 깨지는 성질

취성의 종류	특징
청열취성	청색의 산화피막을 형성하는 것으로 강은 200~300℃에서 강도는 크지만 연신율이 매우 작아 취성을 일으킨다.
적열취성	강은 황(S)함유량이 많을수록 고온(900℃ 이상)에서 여린 성질이 되어 취성을 일으킨다.
상온취성(저온취성)	인(P)은 결정입자를 조대화시켜 강을 여리게 하며 상온취성 및 저온취청의 원인이 된다.

⑦ 피로 : 반복하중에 의해 재료의 저항력이 저하되는 현상

2. 탄소강의 종류 및 성분

1) 탄소강의 종류

종류	탄소(C)함유량	탄소함유량에 따른 기계적 성질
아공석강	0.025~0.85%	탄소량이 증가할수록 인장강도, 경도, 항복점이 증가한다.
공석강	0.85%	탄소량이 증가할수록 인장강도가 최대가 되고 연신율은 감소한다.
과공석강	0.85~2.0%	탄소가 증가하면 인장강도는 감소하고 경도는 증가한다.

2) 탄소강의 온도에 따른 기계적 성질

① 온도가 상승함에 따라 탄성계수, 항복점이 감소한다.
② 인장강도는 200~300℃까지 상승하여 최대가 된다.

③ 온도가 상승함에 따라 연신율과 단면수축률은 감소하고 인장강도가 최대점에서 연신율은 최소값이 되고 점차적으로 커진다.
④ 저온이 되면 인장강도, 경도, 탄성계수, 항복점이 증가되고 연신율, 단면수축률, 충격값은 감소되어 취성이 커진다.

3) 탄소강에 함유된 성분의 특징

성분	기호	특징
규소	Si	• 강도와 경도를 증가 • 연신율과 전성을 감소
망간	Mn	• 고온가공이 용이하며 강도, 경도, 인성을 증가 • 담금질 효과가 우수 • 황과 화합하여 적열취성을 방지
인	P	• 강도와 경도를 증가시키고 연신율을 감소 • 상온취성의 원인
황	S	• 강도, 연신율, 충격값을 저하 • 용접성을 나쁘게 하고 유동성을 해치고 기포가 발생 • 적열취성의 원인
구리	Cu	• 인장강도와 탄성한도를 증가 • 내식성을 증가

3. 열처리법

1) 담금질(Quenching)
   강을 기름이나 물 또는 소금물에 급냉시키는 방법으로서 강도 및 경도를 증대시키기 위하여 실시한다.

2) 뜨임(Tempering)
   담금질한 강은 경도는 크나 취성을 일으키므로 내부응력을 제거하여 인성을 증가시키기 위하여 실시한다.

3) 풀림(Annealing)
   재료를 단조나 주조 및 기계가공시 조직이 불균일하고 거칠게 되므로 내부 응력을 제거, 재질을 개선하고 담금질효과를 증대시키기 위하여 적당한 온도로 가열하여 서서히 냉각시키는 방법이다.

4) 불림(Normalizing)
   적당한 온도로 가열한 후 공기중에서 냉각하면 조직이 미세화되고 내부응력을 제거하여 균일한 조직을 얻기 위해 실시한다.

4. 표면 경화법

1) 화학적 표면 경화법
   ① 침탄법 : 저탄소강의 표면에 탄소를 침투시켜 고탄소강으로 만든 다음 담금질하여 경화하는 방법으로서 고체(목탄, 코우크스)침탄법, 가스(CO, CO_2, 메탄, 에탄, 프로판)침탄법, 액체(시안화칼륨, 시안화나트륨)침탄법이 있다.

② 질화법 : 강을 암모니아 가스 중에 장시간 가열하면 질소가 흡수되어 표면에 질화물이 형성되어 굳게 된다.

2) 물리적 표면 경화법
① 화염 경화법 : 산소-아세틸렌가스로 강의 표면을 빨리 가열하고 급랭하여 표면을 경화시키는 방법이다.
② 고주파 경화법

3) 금속 침투법
① 크로마이징(Cr 침투법) : 내식성, 내열성, 내마모성이 증가
② 캘러라이징(Al 침투법) : 내스케일성이 증가되고 고온 산화에 견딤
③ 실리코나이징(Si 침투법) : 내식성 및 내산성이 증가
④ 보로나이징(B 침투법) : 내마모성이 증가
⑤ 세라다이징(Zn 침투법) : 고온산화에 강함

STEP 02 관 종류 및 이음방법

1. 관 종류

1) 강관(steel pipe)
① 강관의 특징
㉮ 연관이나 주철관에 비해 가볍고 인장강도가 크다.
㉯ 내충격성 및 굴요성이 크다.
㉰ 관의 접합이 용이하다.
㉱ 가격이 저렴하고 부식이 되기 쉽다.
② 강관의 종류

종류	KS 기호	용도 및 특징
배관용 탄소강관	SPP	• 일명 가스관 • 사용온도 : 350℃ 이하 • 사용압력 : 1MPa 이하 • 용도 : 증기, 물, 가스, 공기배관 • 종류 : 흑관, 백관(흑관에 내식성을 부여하기 위하여 아연으로 도금처리한 관)
압력배관용 탄소강관	SPPS	• 사용온도 : 350℃ 이하 • 사용압력 : 1~10MPa • 용도 : 보일러 증기관, 수도관, 유압배관
고압배관용 탄소강관	SPPH	• 사용온도 : 350℃ 이하 • 사용압력 : 10MPa 이상 • 용도 : 암모니아관, 내연기관의 연료분사관, 화학공업용 고압관
고온배관용 탄소강관	SPHT	• 사용온도 : 350~450℃의 고온에 사용 • 용도 : 과열증기관

종류	KS 기호	용도 및 특징
배관용 합금강관	SPA	• 고온에서 높은 강도와 내산화성 및 내식성이 요구되는 배관에 적합 • 용도 : 석유정제용 배관
저온배관용 탄소강관	SPLT	• 0°C(빙점) 이하의 저온에 사용 • 용도 : LPG탱크용, 냉동기 배관
배관용 아크용접 탄소강 강관	SPW	• 사용압력 : 도시가스배관 1MPa 이하, 수도용 배관 1.5MPa 이하 • 용도 : 사용압력이 낮은 증기, 물, 기름, 가스 및 공기 등의 수송용 배관
배관용 스테인 레스강 강관	STSXT	• 내식용, 내열용 및 고온 배관에 사용하며 저온(-100°C)배관에도 사용 • 용도 : 내식성이 요구되는 화학공업배관

 고압가스 배관 등의 내압부분에 사용해서는 안되는 재료
- 탄소 함유량이 0.35% 이상의 탄소강재 및 저합금강 강재로서 용접구조에 사용되는 재료
- KSD3507(배관용 탄소강관)
- KSD3583(배관용 아크용접탄소강관)

③ 스케줄번호가 클수록 관의 두께가 커진다.

$$\text{스케줄번호 } sch\ No. = 10 \times \frac{P}{\sigma}$$

(P(kg/cm²) : 사용압력, σ(kg/mm²) : 허용응력=인장강도/안전율)

 강관의 호칭지름을 A와 B의 표시
- mm로 표시할 경우 A로 표시 예 15A, 20A, 25A
- inch로 표시할 경우 B로 표시 예 1/2B, 3/4B, 1B

2) 동관(copper tube)

① 동관의 특징

㉮ 전기 및 열전도율이 우수하다.

㉯ 산성에는 약하나 알칼리성에는 강하므로 내식성이 우수하다.

㉰ 연성 및 전성이 풍부하여 가공성(절단, 용접), 굴요성(굽힘)이 우수하다.

㉱ 동파, 진동, 열변형에 강하다.

㉲ 무게가 가볍고 마찰손실이 적다.

② 동관의 분류

㉮ 질별로 분류 : 연질, 반연질, 반경질, 경질

㉯ 두께별로 분류 : K형, L형, M형

㉰ 제조방법에 따른 분류 : 터프피치동관, 인탈산동관, 무산소동관

2. 이음방법

1) 강관이음

① 나사이음 : 저압 · 소구경(50A 이하) 접합에 사용된다.

㉮ 관의 방향을 바꿀 때 : 엘보, 벤드
㉯ 관을 도중에 분기할 때 : 티이(T), 와이(Y), 크로스(+)
㉰ 동경관을 직선으로 연결할 때 : 소켓, 유니온, 플랜지, 니플
㉱ 이경관을 연결할 때 : 이경엘보, 이경소켓, 이경티, 부싱, 레듀셔
㉲ 관 끝을 막을 때 : 캡, 플러그
㉳ 관을 자주 분해하거나 교체가 필요할 때 : 유니언, 플랜지

② 용접이음 : 기밀성이 우수하며 이음효율이 높은 접합
③ 플랜지이음 : 볼트와 너트로 플랜지를 접속하여 관을 연결하는 이음으로서 관을 자주 분해 또는 점검, 결합을 필요로 하는 곳에 사용

2) 동관접합
① 납땜 접합 : 연납땜, 경납땜(황동납, 은납)
② 압축접합(flare joint) : 관 끝부분을 나팔모양으로 넓혀서 플레어너트, 볼트로 고정시키는 접합으로서 20mm 이하의 동관을 자주 분해하거나 점검 또는 보수가 필요할 때 사용
③ 용접접합 : 동관과 동관을 수소용접에 의한 접합
④ 플랜지이음 : 동관을 경납땜으로 용접하고 플랜지 사이에 패킹을 넣어 볼트로 조여 접합

3) 신축이음(expansion joint, 팽창이음)
① 온도변화에 따라 관은 팽창과 수축이 발생하며 신축을 흡수하여 장치의 파손을 방지하기 위해 설치한다.
② 동관은 20m, 강관은 30m 마다 1개소씩 설치한다.
③ 팽창길이(λ)

$$\lambda = l \times \alpha \times \Delta t \ (mm)$$
(l(mm) : 배관길이, α(mm/mm·℃) : 선팽창계수, △t(℃) : 온도차)

④ 종류
㉮ 루프형(신축곡관) : 관을 구부려 관 자체의 가요성을 이용하여 신축을 흡수하는 방식이며 고온, 고압의 옥외배관에 많이 사용

> **참고** 곡률반경은 직경의 6배 이상으로 한다.

㉯ 슬리브형 : 관의 팽창과 수축은 본체 속을 슬라이드하는 슬리브 파이프에 의해 신축을 흡수하는 방식
㉰ 벨로즈형 : 파형주름관에 의해 신축을 흡수하는 방식
㉱ 스위블형 : 2개 이상의 엘보로 사용하여 이음부의 나사회전력을 이용하여 신축을 흡수하는 방식

> **참고** 신축량이 큰 순서
> 루프형 〉 슬리브형 〉 벨로스형 〉 스위블형

3. 배관용 공구

1) 강관용 배관공구
① 파이프 커터(pipe cutter) : 파이프 절단용 공구
② 쇠톱(hack saw) : 파이프 절단용 공구
③ 파이프 바이스(pipe vice) : 절단, 나사절삭, 조립시에 파이프를 고정하는 공구
④ 파이프 리머(pipe reamer): 파이프 절단시 파이프 내면에 생기는 거스러미를 제거하는 공구
⑤ 파이프 렌치(pipe wrench) : 관 접속시에 이음쇠와 밸브를 조이고 분해할 때 사용하는 공구
⑥ 수동 나사절삭기
⑦ 동력 나사절삭기 : 나사절삭, 관 절단, 리머작업
⑧ 파이프 벤딩 머신 : 열간 벤딩온도 800~900℃

2) 동관용 배관공구
① 플레어링 툴 셋(flaring tool set) : 압축이음시 사용하는 공구
② 익스팬더(expander) : 동관 끝을 확관하는데 사용하는 공구
③ 사이징 툴(sizing tool) : 동관의 끝부분을 원형으로 정형하는데 사용하는 공구
④ 튜브벤더(tube bender) : 동관을 90°, 180°로 벤딩하는데 사용하는 공구(열간 벤딩온도 600~700℃)
⑤ 튜브커터(tube cutter) : 동관을 절단하는데 사용하는 공구
⑥ 리머(reamer) : 동관 절단 후에 생기는 거스러미를 제거하는 공구

STEP 03 밸브 및 스트레이너

1. 밸브의 종류

1) 슬루스 밸브(sluice valve, 게이트(gate)밸브)
파이프의 횡단면과 평행하게 개폐하는 밸브로서 유체의 흐름을 차단하는데 사용한다.

2) 스톱밸브(stop valve)
① 글로브 밸브(glove valve) : 유체가 흐르는 방향에 따라 입구와 출구가 일직선상에 있는 밸브로서 유량조절용으로 사용된다.
② 앵글밸브(angle valve) : 유체의 흐름방향을 직각으로 바꿀 때 사용한다.
③ 니들밸브(needle valve) : 밸브 몸체를 15~60°의 원뿔 모양의 침으로 되어 있어 미세한 유량을 조절할 수 있다.

3) 콕(cock)
원뿔에 구멍을 뚫은 구조로 되어 있는 밸브로서 콕크를 1/4 회전시키면 통로가 완전히 개폐되므로 개폐가 빠르다.

4) 볼밸브(boll valve)
콕의 플러그를 볼로 바꾸고 볼과 본체 시트를 접촉시키지 않고 테프론 링을 끼운 구조로서 개폐가 빠르고 고압의 기밀용으로 사용한다.

> **참고** 볼밸브 : 저압의 가스사용시설에서 중간밸브로 사용

5) 체크밸브(check valve)
① 유체를 한쪽 방향으로만 흐르게 하는 역지밸브이다.
② 종류
　㉮ 스윙식 : 수직, 수평배관에 사용
　㉯ 리프트형 : 수평배관에 사용
　㉰ 풋 밸브(foot valve) : 펌프 흡입관 하부에 사용

6) 감압밸브
고압배관과 저압배관 사이에 설치하여 고압을 저압으로 감압시켜 저압측의 압력을 일정하게 유지하는 밸브이다.

7) 안전밸브(Safety valve)
① 고압가스장치 또는 용기의 압력이 일정압력 이상을 초과할 때 압력을 외부로 방출하여 장치의 파손을 방지하기 위한 밸브이다.
② 종류
　㉮ 스프링식 : 스프링의 탄성력에 의하여 일정압력 이상시 가스를 외부로 방출하여 일정 이하가 되면 가스의 분출이 정지되는 밸브이다.
　㉯ 중추식 : 추의 중량에 의하여 설정압력이 되면 가스를 분출하는 밸브이다.
　㉰ 가용전식 : 장치내의 온도가 상승하면 고온에서 저용융점 합금(Pb, Cd, Bi, Sn)이 녹아서 가스를 방출하는 밸브이다.
　㉱ 파열판식 : 박판이 일정압력 이상이 되면 파열되어 한번 작동되면 새로운 박판으로 교체해야 하며 부식성 액체에 사용된다.
③ 설치위치 : 압축기 토출측, 압력용기, 반응탑, 감압밸브 뒤의 배관
④ 가스에 다른 안전밸브 사용
　㉮ LPG(액화석유가스) 용기 : 스프링식 안전밸브
　㉯ 염소, 아세틸렌, 암모니아, 산화에틸렌 용기 : 가용전식 안전밸브
　㉰ 산소, 수소, 질소, 아르곤 등의 압축가스 용기 : 파열판식 안전밸브
　㉱ 초저온 용기 : 스프링식과 파열판식의 2중 안전밸브
⑤ 안전밸브의 작동압력과 분출면적
　㉮ 안전밸브의 작동압력
　　• 압축가스 및 액화가스
$$\text{안전밸브작동압력} = \text{내압시험압력} \times \frac{8}{10} = \text{최고충전압력} \times \frac{5}{3} \times \frac{8}{10}$$
$$= \text{상용압력} \times 1.5 \times \frac{8}{10}$$
　　• 아세틸렌
$$\text{안전밸브작동압력} = \text{최고충전압력} \times 3 \times \frac{8}{10}$$

④ 안전밸브의 분출면적(A)

$$A = \frac{W}{230P\sqrt{\dfrac{M}{T}}} \ (cm^2)$$

(A(cm²) : 분출면적, W(kg/h) : 분출가스량, P(kg/cm² · a) : 분출압력, M : 가스 분자량, T(K) : 절대온도)

2. 스트레이너(strainer, 여과기)

① 배관 내의 유체에 혼입된 토사나 이물질을 제거하기 위하여 설치한다.
② 설치 위치 : 장치나 밸브 등의 입구측에 부착한다.
③ 종류 : Y형, U형, V형

3. 배관고정

① 관경이 13mm 미만 : 1m마다 고정
② 관경이 13mm 이상, 33mm 미만 : 2m마다 고정
③ 관경이 33mm 이상 : 3m마다 고정

STEP 04 단열재

1. 단열재의 구비조건

① 보온능력이 크고 열전도율이 작을 것
② 밀도가 작고 경량일 것
③ 저온에서도 기계적 강도가 클 것
④ 흡습성, 흡수성이 없을 것
⑤ 불연성이고 안전 사용온도범위가 넓을 것
⑥ 사용온도에서 장시간 사용해도 변질이 없을 것
⑦ 구입이 용이하고 시공이 쉬우며 내용연수가 길 것

2. 유기질 보온재

1) 펠트(felt)
① 양모, 우모를 이용하여 펠트모양으로 제조한 것으로 곡면 시공이 용이하다.
② 최고사용온도는 100℃이며 아스팔트로 방습가공한 것은 −60℃까지 사용된다.

2) 콜크(cork)
① 콜크를 적당한 크기로 분쇄한 것을 금형에 넣어 압축 가열하여 만든 것이다.
② 최고사용온도는 130℃이며 냉수, 냉매배관의 보냉용에 사용된다.

3) 기포성 수지(plastic foam)
   ① 고무 또는 합성수지를 발포제로 가하여 다공질로 제조한 것이다.
   ② 종류
      ㉮ 폴리스틸렌(스티로폼) : 안전사용온도 70℃
      ㉯ 폴리우레탄폼 : 안전사용온도 130℃
      ㉰ 염화비닐폼 : 안전사용온도 60℃

3. 무기질 보온재

1) 탄산마그네슘 보온재
   ① 염기성 탄산마그네슘이 85%와 석면 15%를 배합하여 물에 갠 것이다.
   ② 안전사용온도는 250℃이며 파이프, 탱크의 보냉용으로 사용한다.

2) 석면
   ① 아스베스토스를 주원료로 하여 판이나 원통모양으로 성형하여 만든 것이다.
   ② 400℃ 이하의 파이프, 탱크, 노벽의 보온재로 적합하다.

3) 암면
   ① 현무암, 안산암 등에 석회를 섞어 용해시켜 섬유화한 것이다.
   ② 최고사용온도는 600℃이며 석면에 비해 섬유가 거칠고 굳어서 부서지기 쉽다.

4) 규조토
   ① 규조토에 4~7%의 석면섬유 또는 3~6%의 마 여물을 혼입하여 물에 이긴 것이다.
   ② 최고사용온도는 500℃이며 파이프, 탱크, 노벽의 보온재로 적합하다.

5) 유리섬유(glass wool)
   ① 용융유리를 압축공기 또는 원심력을 이용하여 섬유화 시킨 것이다.
   ② 안전사용온도 300℃이며 보냉, 보온재로 사용하고 덕트에 많이 사용한다.

6) 펄라이트(pearlite)
   ① 진주암, 흑석을 소성, 팽창시켜 다공질로하여 접착제와 석면 등의 무기질 섬유를 배합하여 성형한 것이다.
   ② 최고사용온도는 650℃ 정도이도 흡습성, 열전도율이 적고 내열도가 높다.

7) 규산칼슘 보온재
   ① 규산에 석회 및 석면 섬유를 섞어서 성형하고 다시 수증기로 처리하여 만든 것이다.
   ② 최고사용온도는 650℃ 정도이고 내산성, 내열성, 내수성이 크다.

8) 세라믹화이버(ceramic fiber)
   ① 용융석영을 방사하여 만든 실리카 물이나 고석회질의 규산유리로 만든 것이다.
   ② 최고사용온도는 1300℃ 정도이고 내약품성이 우수하다.

STEP 05 패킹재(packing, gasket)

1. 플랜지 패킹(flange packing)

1) 고무 패킹
   ① 탄성이 우수하며 흡수성은 없다.
   ② 산, 알칼리에는 강하고 기름에는 약하다.
   ③ 100℃ 이상의 고온에는 사용할 수 없다.

2) 네오프렌(neoprene)
   ① 합성고무로서 내열범위가 −46~121℃ 이다.
   ② 물, 공기, 기름, 냉매배관에 사용하며 증기배관에는 사용하지 않는다.

3) 석면 패킹
   ① 증기, 온수, 고온의 오일배관에 적합하다.
   ② 450℃까지 사용한다.

4) 합성수지(테프론) 패킹
   ① 기름에 침식되지 않으며 내산, 내알칼리성이 크다.
   ② 내열범위는 −260~260℃이다.

5) 오일시링 패킹
   ① 한지를 일정한 두께로 겹쳐 내유 가공한 것이다.
   ② 펌프, 기어박스에 사용한다.

6) 금속 패킹
   ① 구리, 납 등의 연질 금속을 사용한다.
   ② 탄성이 적어 관의 팽창, 수축, 진동이 발생할 경우 누설이 되는 경우가 있다.

2. 나사용 패킹

1) 페인트
   ① 광명단을 혼합하여 사용한다.
   ② 고온의 오일배관을 제외한 모든 배관에 사용한다.

2) 일산화연
   ① 페인트에 소량의 일산화연을 혼합하여 사용한다.
   ② 냉배배관용으로 사용된다.

3) 액상 합성수지
   ① 화학약품 및 내유성이 크므로 증기, 기름, 약품배관에 사용한다.
   ② 내열범위는 −30~130℃ 이다.

3. 그랜드패킹

1) 석면각형 패킹
① 석면을 각형으로 짜서 흑연과 윤활유를 혼합한 것이다.
② 내열성, 내산성이 우수하다.

2) 석면 야안 패킹
① 석면사를 꼬아서 만든 것이다.
② 소형밸브, 수면계의 콕에 사용한다.

3) 아마존 패킹
① 면포와 내열 고무 콤파운드를 가공 성형한 것이다.
② 압축기용으로 사용한다.

4) 몰드 패킹
① 석면, 흑연, 수지 등을 배합하여 가공 성형한 것이다.
② 밸브, 펌프 등에 사용한다.

STEP 06 전기방식

1. 고온가스에 의한 부식

1) 산소의 산화작용
① 산소는 상온에서 수분이 존재하거나 고온에서 금속표면에 산화피막이 형성되어 부식이 일어난다.
② 내산화성 원소 : Si, Al, Cr

2) 수소의 탈탄작용
① 고온, 고압에서 탄소와 반응하여 탈탄작용에 의해 부식이 일어난다.
② 수소취성을 방지하는 원소 : Cr, W, Mo, Ti, V

3) 일산화탄소의 카보닐화 및 침탄
① 고온, 고압에서 철족 원소(Fe, CO, Ni)와 반응하여 휘발성 카보닐 화합물을 생성하여 부식을 일으킨다.
② 카보닐화를 방지하는 원소 : Cu, Al, Ag로 라이닝처리
③ 침탄을 방지하는 원소 : Si, Al, Ti, V

4) 황화수소의 황화작용
① 황화수소는 철(Fe)과, 니켈(Ni)을 부식시키고 습기가 존재할 경우 부식을 촉진시킨다.
② 내황화성 원소 : Si, Al, Cr

5) 질소의 질화작용
① 질소는 고온에서 Al, Cr, Mo, Ti과 친화력이 커서 부식을 촉진시킨다.

② 내질화성 원소 : Ni

2. 전기방식의 종류

1) 희생양극법
지중 또는 수중에 설치된 양극금속과 매설배관 등을 전선으로 연결하여 양극금속과 매설배관등 사이의 전지작용에 의하여 전기적 부식을 방지하는 방법이다.

2) 외부전원법
외부직류전원장치의 양극(+, 애노드)은 매설배관 등이 설치되어 있는 토양이나 수중에 설치한 외부전원용 전극에 접속하고, 음극(−, 캐소드)은 매설배관 등에 접속시켜 전기적 부식을 방지하는 방법이다.

3) 배류법
매설배관 등의 전위가 주위의 타금속 구조물의 전위보다 높은 장소에서 매설배관 등과 주위의 타금속 구조물을 전기적으로 접속시켜 매설배관 등에 유입된 누출전류를 복귀시킴으로서 전기적 부식을 방지하는 방법이다.

> **참고** 배류법 : 직류 전철 등의 누출전류를 이용하여 부식을 방지

3. 전기방식시설의 시공

1) 전위측정용 터미널을 설치
① 희생양극법, 배류법 : 배관길이 300m 이내의 간격으로 설치
② 외부전원법 : 배관길이 500m 이내의 간격으로 설치

2) 설치장소
① 직류전철 횡단부 주위
② 지중에 매설되어 있는 배관절연부의 양측
③ 강재보호관 부분의 배관과 강재보호관
④ 타금속구조물과 근접교차부분
⑤ 도시가스도매사업자시설의 밸브기지 및 정압기지
⑥ 교량 및 횡단배관의 양단부

4. 전기방식의 기준
① 전기방식전류가 흐르는 상태에서 토양 중에 있는 배관 등의 방식전위는 포화황산동 기준전극으로 −5V 이상, −0.85V 이하(황산염환원 박테리아가 번식하는 토양에서는 −0.95V 이하)일 것
② 전기방식전류가 흐르는 상태에서 자연전위와의 전위변화가 최소한 −300mV 이하일 것
③ 배관 등에 대한 전위측정은 가능한 가까운 위치에서 기준전극으로 실시할 것

5. 전기방식시설의 유지관리

① 전기방식시설의 관대지 전위 등을 1년에 1회 이상 점검해야 한다.
② 외부전원법에 의한 전기방식시설은 외부전원점 관대지 전위, 정류기의 출력, 전압, 전류, 배선의 접속상태 및 계기류 확인 등을 3개월에 1회 이상 점검해야 한다.
③ 배류법에 의한 전기방식시설은 배류점 관대지 전위, 배류기의 출력, 전압, 전류, 배선의 접속상태 및 계기류 확인 등을 3개월에 1회 이상 점검해야 한다.

STEP 07 고압가스 용기

1. 용기재료의 구비조건

① 가공성(전성, 연성) 및 용접성이 좋을 것
② 내식성, 내마모성, 내열성이 있을 것
③ 경량이고 충분한 강도를 가질 것
④ 가공 중 결함이 발생하지 않을 것
⑤ 저온 및 사용온도에 견딜 수 있을 것

2. 용기의 종류

1) 이음매없는 용기(Seamless cylinder)

산소, 수소, 질소, 알곤, 천연가스 등 압력이 높은 압축가스를 저장하거나, 상온에서 높은 증기압을 갖는 이산화탄소(CO_2) 등의 액화가스를 충전하는 경우에 사용되는 용기이다.

2) 용접 용기(Welding cylinder)

LP가스, 프레온, 암모니아 등 상온에서 비교적 낮은 증기압을 갖는 액화가스를 충전하거나, 아세틸렌가스를 충전하는데 사용되는 용기이다.

3) 초저온용기

-50℃ 이하인 액화가스를 충전하기 위한 용기로서 단열재로 피복하여 용기 내의 가스 온도가 상용의 온도를 초과하지 아니하도록 조치한 용기로서 액화질소, 액화산소, 액화아르곤, 액화천연가스 등을 충전하는데 사용되는 용기이다.

4) 납붙임 또는 접합용기

살충제, 화장품, 의약품, 도료의 분사제 및 이동식 연소기용 부탄가스 용기 등에 사용되는 용기이다.

무계목 용기와 용접용기 비교

항목 \ 종류	이음매 없는 용기(무계목용기)	이음매 있는 용기(용접용기)
특징	• 고압에 견딜 수 있다. • 강도가 크다. • 부식성이 적다. • 응력분포가 일정하다.	• 두께 공차는 적다. • 형태 및 치수 선택이 자유롭다. • 가격이 저렴하다.

항목 \ 종류	이음매 없는 용기(무계목용기)	이음매 있는 용기(용접용기)
사용가스	N_2, H_2, O_2, CO_2, C_2H_4, C_2H_6, Cl_2, CH_4, He, Ne, Ar 등 압축가스 및 액화가스	C_2H_2, C_3H_8, C_4H_{10}, NH_3, HCN 등 액화가스나 용해가스
용기재료 - 인(P)	0.04% 이하	0.04% 이하
용기재료 - 황(S)	0.05% 이하	0.05% 이하
용기재료 - 탄소(C)	0.55% 이하	0.33% 이하
제조방법	에르하르트식, 만네스만식, 딥드로우잉식	–

3. 가스용기의 재질

재질	용기
탄소강	아세틸렌, 암모니아, 염소, LPG 등 저압 용접용기
알루미늄합금강	산소, 질소, 탄산가스 등 저온용기
망간강, 크롬강	수소, 산소, 탄산가스 등 고압 무계목용기
스테인리스강, Al합금	초저온(액화질소, 액화산소, 액화아르곤, LNG)가스

4. 용기용 밸브

1) 충전구의 나사방향에 의한 분류
  ① 왼나사 : 암모니아(NH_3)와 CH_3Br(브롬화메탄)을 제외한 가연성 가스
  ② 오른나사 : 조연성 가스 및 불연성 가스, NH_3, CH_3Br

2) 충전구의 나사형식에 의한 분류
  ① A형 : 가스충전구의 나사모양이 숫나사인 것
  ② B형 : 가스충전구의 나사모양이 암나사인 것
  ③ C형 : 가스충전구에 나사가 없는 것

5. 저장능력

1) 액화가스용기 및 차량에 고정된 탱크

$$W = \frac{V_2}{C} \ (kg)$$

(W(kg) : 저장능력, V_2(L) : 내용적, C : 가스의 정수)

2) 압축가스 저장탱크 및 용기

$$Q = (10P + 1)V_1 \, (m^3)$$

(Q(m^3) : 저장능력, V_1(L) : 내용적,
P(MPa) : 35℃(아세틸렌은 15℃)에서의 최고충전압력)

6. 용기의 두께(t)

① 용기동판의 최대두께와 최소두께와의 차이는 평균두께의 10% 이하로 한다.
② 동판의 용기두께

$$t = \frac{PD}{2S\eta - 1.2P} + C \, (mm)$$

(t(mm) : 용기두께, P(MPa) : 최고충전압력, D(mm) : 동체의 내경,
S(N/mm^2) : 허용응력, η : 이음매의 용접효율, C(mm) : 부식여유)

충전가스에 따른 부식여유

용기의 종류		부식여유(mm)
충전가스	내용적	
암모니아	1000L 이하	1
	1000L 초과	2
염소	1000L 이하	3
	1000L 초과	5

STEP 08 저장탱크

1. 저장탱크의 종류

1) 원통형 저장탱크

① 동체와 경판으로 구성되어 있으며 횡형과 입형이 있다.
② 동일용량일 경우 구형탱크에 비해 제작 및 조립이 용이하나 무겁다.

2) 구형 저장탱크

단각식 구형탱크   이중각식 구형탱크

① 액체를 저장할 경우 구형 탱크, 기체를 저장할 경우 가스홀더라고 한다.
② 동일 용량의 가스나 액체를 저장할 경우 원통형에 비해 표면적이 작고 강도가 크다.
③ 종류
 ㉮ 단각식 구형탱크 : 상온 또는 -30℃ 저온에서 액화가스를 저장하는 탱크로서 LPG(액화석유가스), NH_3(암모니아), CO_2(이산화탄소), Cl_2(염소)를 저장
 ㉯ 이중각식 구형탱크 : 액화산소, 액화질소, 액화에틸렌, 액화메탄, 액화천연가스(LNG) 등의 -50℃ 이하의 저온에서 액화가스를 저장

2. 초저온 액화가스 저장탱크

1) 액화질소, 액화산소, 액화아르곤, LNG를 저장 충전하는 탱크이다.

2) 초저온장치의 저온단열법
 ① 상압 단열법 : 단열공간에 분말이나 섬유 등의 단열재를 충전하여 열을 차단하는 방법
 ② 진공 단열법 : 단열공간을 진공으로 처리하여 열을 차단하는 방법
  ㉮ 고진공단열법 : 진공압력을 10^{-3}Torr로 유지
  ㉯ 분말진공단열법 : 진공압력을 10^{-2}Torr로 유지
  ㉰ 다층진공단열법 : 알루미늄판과 글라스울을 서로 포개어 있어 단열층이 어느 정도 압력에 견디므로 내층의 지지력이 있고 최고의 단열층을 얻으려면 10^{-5}Torr의 높은 진공을 필요로 함

3. 액화가스 저장능력(W)

$$W = 0.9dV_2 \ (kg)$$

(W(kg) : 저장능력, V_2(L) : 내용적, d(kg/L) : 액화가스의 비중)

STEP 09 비파괴검사

1. 방사선 투과시험
방사선(X선, γ선)은 물체를 투과하는 성질이 있어 시험체 배후에 X선 필름을 장착하여 방사선을 조사하면 결함의 형상이 그림자 사진으로 필름상에 촬영되어 균열유무를 판단한다.

2. 초음파탐상시험
시험하려고 하는 물체에 초음파를 보내어 그 통로에 결함이 있으면 반사가 일어나는 현상을 이용하여 균열유무를 판단한다.

3. 자분탐상 시험
철강 재료와 같은 강자성체 재료에 철분 등의 강자성체 분말(자분)을 살포하면 자분은 자극부근에 부착하여 자분모양을 형성하게 되어 균열유무를 판단한다.

4. 침투탐상시험
표면장력이 작은 적색 액체 또는 형광액체를 균열 등이 있는 재료에 스며들게 하면 결함내로 침투되어 균열유무를 판단한다.

5. 음향 검사
테스터 해머를 사용하여 가볍게 물건을 두들겨 음향에 의해 균열유무를 판단한다.

제01절_ 가스장치
출제예상문제

01 상용의 온도에서 사용압력이 12kg/cm²인 고압가스설비가 있다. 고압가스 설비에 사용되는 배관의 재료로서 부적합한 것은?

① KSD3562(압력배관용 탄소강관)
② KSD3570(고온배관용 탄소강관)
③ KSD3507(배관용 탄소강관)
④ KSD3576(배관용 스테인리스강관)

🔍 고압가스 배관 등의 내압부분에 사용해서는 안되는 재료
• 탄소 함유량이 0.35% 이상의 탄소강재 및 저합금강 강재로서 용접구조에 사용되는 재료
• KSD3507(배관용 탄소강관)
• KSD3583(배관용 아크 용접 탄소강관)

02 가스 저장시설 중 이중각식 구형 저장탱크에 저장하지 않아도 되는 가스는?

① 액체 산소   ② 액체 질소
③ 액화 에틸렌   ④ 액화 아세틸렌

🔍 이중각식 구형 저장탱크에 저장하는 가스 : 액화산소, 액화질소, 액화에틸렌, 액화메탄

03 다음 중 플랜지 패킹이 아닌 것은?

① 합성수지 패킹 ② 석면 패킹
③ 금속 패킹   ④ 모울드 패킹

🔍 그랜드패킹 : 석면각형 패킹, 석면 야안 패킹, 아마존 패킹, 모울드 패킹

04 금속재료의 저온 특성에 관한 다음 기술 중 올바른 것은?

① 오스테나이트 스테인리스강은 어느 온도이하가 되면 샬피충격치가 급격히 저하, 저온취성을 나타낸다.
② 알루미늄은 저온취성이 현저하므로 저온용 재료로서 부적당하다.
③ 탄소강은 저온이 되면 연신율이 떨어진다.
④ 탄소강은 저온이 되면 인장강도가 저하한다.

🔍 탄소강은 저온이 되면 인장강도, 경도, 탄성계수, 항복점이 증가되고, 연신율, 단면수축률, 충격값이 감소되어 취성이 커진다.

05 고온·고압의 가스 배관에 쓰이며 가끔 분해할 수 있는 관의 접합방법은?

① 플랜지 접합   ② 나사 접합
③ 차입 접합   ④ 용접 접합

🔍 자주 분해하거나 점검이 필요한 배관에는 유니언, 플랜지 접합을 한다.

06 고압가스 제조시설에 안전밸브를 설치하는 곳과의 관계가 잘못된 것은?

① 압축기 토출측
② 감압밸브 앞의 배관
③ 반응탑
④ 저장탱크

🔍 안전밸브는 감압밸브 뒤의 배관 즉 2차측 배관에 설치한다.

07 용기 또는 용기밸브에 안전밸브를 설치하는 이유는?

① 규정량 이상의 가스를 충전시켰을 때 여분의 가스를 분출하기 위해
② 용기내 압력이 이상 상승시 용기파열을 방지하기 위해
③ 가스출구가 막혔을 때 가스출구로 사용하기 위해
④ 분석용 가스출구로 사용하기 위해

🔍 안전밸브는 고압가스장치 또는 용기의 압력이 일정압력 이상을 초과할 때 압력을 외부로 방출하여 장치의 파손을 방지하기 위하여 설치한다.

정답 01 ③ 02 ④ 03 ④ 04 ③ 05 ① 06 ② 07 ②

08 다음 중 나사이음용 공구와 가장 거리가 먼 것은?

① 파이프바이스
② 파이프커터
③ 익스팬더
④ 파이프렌치

🔍 익스팬더는 동관용 공구로서 동관을 확관하는데 사용하는 공구이다.

09 100A 강관을 B(inch)호칭으로 표시한 것은?

① 2B   ② 3B
③ 4B   ④ 6B

🔍 1inch = 25.4mm 이므로
100mm/25.4mm = 3.9inch ≒ 4B

10 다음 중 가스종류에 따른 용기재질이 부적합한 것은?

① LPG : 탄소강   ② 암모니아 : 동
③ 수소 : 크롬강   ④ 염소 : 탄소강

🔍 암모니아는 동 및 동합금을 부식시키므로 용기의 재질로 동을 사용할 수 없다.

11 저압 가스사용시설의 배관의 중간 밸브로 사용할 때 적당한 밸브는?

① 플러그 밸브   ② 글로우브 밸브
③ 볼밸브   ④ 슬루우스 밸브

🔍 볼밸브는 콕의 플러그를 볼로 바꾸고 볼과 본체 시트를 접촉시키지 않고 테프론 링을 끼운 구조로서 개폐가 빠르고 고압의 기밀용으로 사용한다.

12 고압가스 탱크의 제조 및 유지관리에 대한 설명 중 틀린 것은?

① 지진에 대해서는 구형보다 횡형이 안전하다.
② 용접후는 잔류응력을 제거하기 위해 용접부를 서서히 냉각시킨다.
③ 용접부는 방사선 검사를 실시한다.
④ 정기적으로 내부를 검사하여 부식 균열의 유무를 조사한다.

🔍 구형저장탱크는 원통형에 비해 표면적이 작고 강도가 크기 때문에 지진에 횡형보다 안전하다.

13 다음 중 팽창 조인트의 KS 도시기호는?

① ─⊏⊐─   ② ─╂╂─
③ ─⊂─   ④ ─○─

🔍 ② 플랜지이음, ③ 턱걸이이음, ④ 납땜이음

14 구리관의 특징이 아닌 것은?

① 내식성이 좋아 부식의 염려가 없다.
② 열전도율이 높아 복사난방용에 많이 사용된다.
③ 스케일 생성에 의한 열효율의 저하가 적다.
④ 굽힘, 절단, 용접 등의 가공이 복잡하여 공사비가 많이 든다.

🔍 동관은 연성 및 전성이 풍부하여 가공성(절단, 용접), 굴요성(굽힘)이 우수하다.

15 고압가스에 사용되는 고압장치용 금속재료가 갖추어야 할 일반적 성질로서 적당치 않은 것은?

① 내식성
② 내열성
③ 내마모성
④ 내알칼리성

🔍 고압장치용 금속재료의 구비조건
• 가공성(전성, 연성) 및 용접성이 좋을 것
• 내식성, 내마모성, 내열성을 가질 것
• 경량이고 충분한 강도를 가질 것
• 가공 중 결함이 발생하지 않을 것

16 내부 용적이 25,000 ℓ 인 액화산소 저장탱크의 저장능력은 얼마인가? (단, 비중은 1.14 이다.)

① 28,500kg   ② 21,930kg
③ 24,780kg   ④ 25,650kg

🔍 액화가스 저장능력 $W = 0.9 dV_2 \,(kg)$
$W = 0.9 \times 1.14 \times 25,000 = 25,650 kg$

 08 ③ 09 ③ 10 ② 11 ③ 12 ① 13 ① 14 ④ 15 ④ 16 ④

17 금속재료에 S, P, Ni, Mn과 같은 원소들이 함유되면 강에 영향을 미치는데 다음 설명 중 틀린 것은?

① S : 적열취성의 원인이 된다.
② P : 상온취성을 개선시킨다.
③ Mn : S와 결합하여 황에 의한 악영향을 완화시킨다.
④ Ni : 저온취성을 개선시킨다.

🔍 인(P) : 상온취성의 원인

18 LP가스 용기의 최대 충전량 계산식은? (단, C는 가스정수, V는 내용적, P는 최고 충전압력이다.)

① G = V/C
② G = 0.9d · V
③ G = (P + 1)V
④ G = V − 0.9d

🔍 액화가스용기(LPG)의 저장능력 $G = \dfrac{V}{C}(kg)$
G(kg) : 저장능력, V(L) : 내용적, C : 가스의 정수

19 강의 표면에 타금속을 침투시켜 표면을 경화시키고 내식성, 내산화성을 향상시키는 것을 금속침투법이라 한다. 그 종류에 해당되지 않는 것은?

① 세라다이징(Sheardizing)
② 칼로라이징(Caiorizing)
③ 크로마이징(Chromizing)
④ 도우라이징(Dowrizing)

🔍 금속 침투법의 종류 : 크로마이징, 칼로라이징, 실리코나이징, 보로나이징, 세라다이징

20 고압장치의 상용압력이 150kg/cm²일 때 안전밸브의 작동압력은?

① 120kg/cm²
② 165kg/cm²
③ 180kg/cm²
④ 225kg/cm²

🔍 안전밸브의 작동압력(P)
$P = 150 \times 1.5 \times 0.8 = 180 kg/cm^2$

21 압력 배관용 탄소 강관의 KS 규격 기호는?

① SPP
② SPPS
③ SPLT
④ SPHT

🔍 • SPP : 배관용 탄소강관
• SPLT : 저온배관용 탄소강관
• SPHT : 고온배관용 탄소강관

22 저장능력이 1ton인 액화염소 용기의 내용적(ℓ)은? (단, 액화염소 정수(C)는 0.80 이다.)

① 400
② 600
③ 800
④ 1,000

🔍 액화가스용기 저장능력 $W = \dfrac{V}{C}(kg)$에서
내용적 $V = WC = 0.8 \times 1,000 = 800\,\ell$

23 도시가스배관의 설치에서 직류 전철 등에 의한 누출전류의 영향을 받는 배관의 가장 적합한 전기 방식법은? (단, 이 전기방식의 방식효과는 충분한 경우임.)

① 배류법
② 정류법
③ 외부전원법
④ 희생 양극법

🔍 배류법 : 직류 전철 등의 누출전류를 이용하여 부식을 방지하는 방식법

24 다음 보기는 어떤 진공단열법의 특징을 설명한 것인가?

> ㉠ 단열층이 어느 정도 압력에 견디므로 내층의 지지력이 있다.
> ㉡ 최고의 단열성능을 얻으려면 10^{-5}Torr 정도의 높은 진공도를 필요로 한다.

① 고 진공 단열법
② 다층 진공 단열법
③ 분말 진공 단열법
④ 상압 진공 단열법

🔍 • 상압 단열법 : 단열공간에 분말이나 섬유 등의 단열재를 충전하여 열을 차단하는 방법
• 고진공단열법 : 진공압력을 10^{-3}Torr로 유지
• 분말진공단열법 : 진공압력을 10^{-2}Torr로 유지

정답 17 ② 18 ① 19 ④ 20 ③ 21 ② 22 ③ 23 ① 24 ②

25 다음 가스용기의 밸브 중 충전구 나사를 왼나사로 정한 것은 어느 것인가?

① NH_3 ② C_2H_2
③ CO_2 ④ O_2

> 암모니아(NH_3)와 CH_3Br(브롬화메탄)을 제외한 가연성 가스는 충전구 나사를 왼나사로 한다. 따라서, C_2H_2(아세틸렌)은 가연성가스이다.

26 다음 중 원통형 저장탱크의 부속품이 아닌 것은?

① 안전밸브
② 드레인 밸브
③ 액면계
④ 승압밸브

> 원통형 저장탱크의 부속품 : 안전밸브, 가스방출밸브, 드레인밸브, 액면계, 압력계

27 지하에 매설된 도시가스 배관의 전기방식 기준으로 틀린 것은?

① 전기방식전류가 흐르는 상태에서 토양 중에 있는 배관 등의 방식전위 상한 값은 포화황산동 기준전극으로 -0.85V 이하일 것
② 전기방식전류가 흐르는 상태에서 자연전위와의 전위변화가 최소한 -300mV 이하일 것
③ 배관에 대한 전위측정은 가능한 배관 가까운 위치에서 실시할 것
④ 전기방식시설의 관 대지전위 등을 2년에 1회 이상 점검할 것

> 전기방식시설의 관대지 전위 등은 1년에 1회 이상 점검해야 한다.

28 고압용기의 내용적이 105ℓ 인 암모니아 용기에 법정 가스 충전량은 약 몇 [kg]인가? (단, 가스상수 C값은 1.86이다.)

① 20.5kg   ② 45.5kg
③ 56.5kg   ④ 117.5kg

> 액화가스용기의 저장능력 $W = \dfrac{V}{C}(kg)$
> $W = \dfrac{105}{1.86} = 56.45 kg$

29 다음 중 고압가스 금속재료에서 내질화성(耐窒化性)을 증대시키는 원소는?

① Ni   ② Al
③ Cr   ④ Mo

> 질소는 고온에서 Al, Cr, Mo, Ti과 친화력이 커서 질화작용에 의한 부식을 촉진시키므로 이를 방지하기 위하여 Ni을 첨가한다.

30 다음 고압장치의 금속재료의 사용에 대하여 올바른 것은?

① LNG 저장탱크 - 고장력강
② 아세틸렌 압축기 실린더 - 주철
③ 암모니아 압력계 도관 - 동
④ 액화산소 저장탱크 - 탄소강

> • LNG, 액화산소는 초저온가스이므로 스테인리스강이나 Al합금강을 사용한다.
> • 암모니아는 동 및 동합금을 사용할 수 없다.

31 고온, 고압하에서 암모니아 가스장치에 사용하는 금속으로 적당한 것은?

① 탄소강   ② 알루미늄 합금
③ 동 합금   ④ 18-8 스테인레스강

> 고온, 고압에서 암모니아 가스장치는 18-8 스테인레스강을 사용해야한다.

32 용기용 밸브는 가스 충전구의 형식에 따라 분류된다. 가스 충전구에 나사가 없는 형식은?

① A형   ② B형
③ C형   ④ AB형

> 충전구의 나사형식에 의한 분류
> • A형:가스충전구의 나사모양이 숫나사인 것
> • B형:가스충전구의 나사모양이 암나사인 것
> • C형:가스충전구에 나사가 없는 것

33 금속재료에서 고온일 때의 가스에 의한 부식에 해당하지 않는 것은?

① 수소에 의한 강의 탈탄
② 황화수소에 의한 황화
③ 탄산가스에 의한 카아보닐화
④ 산소에 의한 산화

정답 25 ② 26 ④ 27 ④ 28 ③ 29 ① 30 ② 31 ④ 32 ③ 33 ③

🔍 고온가스 의한 부식 : 산소에 의한 산화작용, 수소의 탈탄작용, 일산화탄소의 카보닐화 및 침탄작용, 황화수소의 황화작용, 질소의 질화작용

34 양면간에 복사방지용 시일드판으로서 알루미늄박과 스페이서로서의 글라스울을 서로 다수 포개어 고진공 중에 두는 단열방법은?

① 상압 단열법
② 고진공 단열법
③ 다층진공 단열법
④ 분말진공 단열법

🔍 다층진공단열법 : 알루미늄판과 글라스울을 서로 포개어 있어 단열층이 어느 정도 압력에 견디므로 내층에 지지력이 있고 최고의 단열층을 얻으려면 10^{-5}Torr의 높은 진공을 필요로 한다.

35 가스용기 재료의 구비조건으로 옳지 않은 것은?

① 경량이고 충분한 흡습성이 있을 것
② 저온 및 사용온도에 견딜 것
③ 내식성, 내마모성이 있을 것
④ 용접성 및 가공성이 좋을 것

🔍 용기재료의 구비조건
• 가공성 및 용접성이 좋을 것
• 내식성, 내마모성, 내열성이 있을 것
• 경량이고 충분한 강도를 가질 것
• 가공 중 결함이 발생하지 않을 것
• 저온 및 사용온도에 견딜 수 있을 것

36 내용적 100L인 염소용기 제조시 부식여유는 몇 [mm] 이상 주어야 하는가?

① 1   ② 2
③ 3   ④ 4

🔍 충전가스에 따른 부식여유

용기의 종류		부식여유 (mm)
충전가스	내용적	
암모니아	1,000L 이하	1
	1,000L 초과	2
염소	1,000L 이하	3
	1,000L 초과	5

37 "초저온 용기"라 함은 몇 [℃] 이하의 액화가스를 충전하기 위한 용기를 말하는가?

① -50   ② -100
③ -150   ④ -186

🔍 초저온용기 : -50℃ 이하인 액화가스를 충전하기 위한 용기

38 배관 작업시 관 끝을 막을 때 주로 사용하는 부속품은?

① 캡   ② 엘보
③ 플랜지   ④ 니플

🔍 관 끝을 막을 때 : 캡, 플러그

39 반복하중에 의해 재료의 저항력이 저하하는 현상을 무엇이라고 하는가?

① 교축   ② 크리이프
③ 피로   ④ 응력

🔍 피로 : 반복하중에 의해 재료의 저항력이 저하되는 현상

40 500kg의 R-12를 내용적 50L 용기에 충전하려 할 때 필요한 용기는 몇 [개]인가? (단, 가스정수는 C는 0.86이다.)

① 5   ② 7
③ 9   ④ 11

🔍 액화가스용기의 저장능력 $W = \dfrac{V}{C}(kg)$

• 화 $W = \dfrac{50}{0.86} = 58.14 kg$
• 용기개수 $n = \dfrac{500}{58.14} = 8.6 ≒ 9개$

41 지하에 매설된 도시가스 배관의 전기방식 방법이 아닌 것은?

① 희생양극법   ② 직류법
③ 배류법   ④ 외부전원법

🔍 전기방식법 : 희생양극법, 배류법, 외부전원법

정답 34 ③ 35 ① 36 ③ 37 ① 38 ① 39 ③ 40 ③ 41 ②

42 LP가스 용기의 재질로서 가장 적절한 것은?
① 주철 ② 탄소강
③ 내산강 ④ 두랄루민

🔍 탄소강 : 아세틸렌, 암모니아, 염소, LPG 등 저압 용접용기

43 용기의 원통부로부터 길이방향으로 잘라내어 탄성한도, 연신율, 항복점, 단면수축률 등을 측정하는 검사방법은?
① 외관검사 ② 인장시험
③ 충격시험 ④ 내압시험

🔍 인장시험 : 시험편을 인장시험기에 물려 놓고 서서히 인장하중을 가하여 전단될 때의 하중과 이에 대응하는 변형을 측정하는 것으로 재료의 항복점, 탄성한도, 인장강도, 연신율을 측정

44 내용적 94L인 액화프로판 용기의 저장능력은 몇 [kg] 인가? (단, 충전상수 C는 2.35이다.)
① 20 ② 40
④ 60 ④ 80

🔍 액화가스용기의 저장능력 $W = \dfrac{V}{C}(kg)$에서
$W = \dfrac{94}{2.35} = 40kg$

45 고온·고압의 가스 배관에 주로 쓰이며 분해, 보수 등이 용이하나 매설배관에는 부적당한 접합방법은?
① 플랜지 접합 ② 나사 접합
③ 차입 접합 ④ 용접 접합

🔍 플랜지 접합 : 볼트와 너트로 플랜지를 접속하여 관을 연결하는 이음으로서 관을 자주 분해 또는 점검, 결합을 필요로 하는 곳에 사용

46 LNG, 액화산소 등을 저장하는 탱크에 사용되는 단열재 선정시 고려해야 할 사항으로 옳은 것은?
① 밀도가 크고 경량일 것
② 저온에 있어서의 강도는 적을 것
③ 열전도율이 클 것
④ 안전 사용온도 범위가 넓을 것

🔍 단열재의 구비조건
• 보온능력이 크고 열전도율이 작을 것
• 밀도가 작고 경량일 것
• 저온에서도 기계적 강도가 클 것

47 탄소강 중에 저온취성을 일으키는 원소로 옳은 것은?
① P ② S
③ Mo ④ Cu

🔍 인(P)은 결정입자를 조대화시켜 강을 여리게 하며 상온취성 및 저온취성의 원인이 된다.

48 저온 배관용 탄소강관의 표시기호는?
① SPPS ② SPLT
③ SPPH ④ SPHT

🔍 • SPPS : 압력 배관용 탄소강관
• SPPH : 고압 배관용 탄소강관
• SPHT : 고온 배관용 탄소강관

49 도시가스배관의 외부전원법에 의한 전기방식설비의 계기류 확인은 몇 [개월]에 1회 이상 하여야 하는가?
① 1 ② 3
③ 6 ④ 12

🔍 외부전원법에 의한 전기방식시설은 외부전원점 관대지 전위, 정류기의 출력, 전압, 전류, 배선의 접속상태 및 계기류 확인 등을 3개월에 1회 이상 점검해야 한다.

50 초저온 용기에 대한 정의로 옳은 것은?
① 임계온도가 50℃ 이하인 액화가스를 충전하기 위한 용기
② 강판과 동판으로 제조된 용기
③ −50℃ 이하인 액화가스를 충전하기 위한 용기로서 용기내의 가스온도가 상용의 온도를 초과하지 않도록 한 용기
④ 단열재로 피복하여 용기내의 가스온도가 상용의 온도를 초과하도록 조치된 용기

🔍 초저온용기 : −50℃ 이하인 액화가스를 충전하기 위한 용기로서 단열재로 피복하여 용기 내의 가스 온도가 상용의 온도를 초과하지 아니하도록 조치한 용기

 42 ② 43 ② 44 ② 45 ① 46 ④ 47 ① 48 ② 49 ② 50 ③

51 다음 중 충전구가 오른나사인 가연성 가스는?

① LPG ② 수소
③ 액화 암모니아 ④ 시안화수소

> 오른나사 : 조연성 가스 및 불연성 가스, 암모니아(NH₃), 브롬화메탄(CH₃Br)

52 저온장치의 단열법 중 일반적으로 사용되는 단열법으로 단열공간에 분말, 섬유 등의 단열재를 충전하는 방법은?

① 상압 단열법 ② 진공 단열법
③ 고진공 단열법 ④ 다층진공 단열법

> • 상압 단열법 : 단열공간에 분말이나 섬유 등의 단열재를 충전하여 열을 차단하는 방법
> • 진공 단열법 : 고진공단열법, 분말진공단열법, 다층진공단열법

53 강관의 스케줄(schedule) 번호가 의미하는 것은?

① 파이프의 길이
② 파이프의 바깥지름
③ 파이프의 무게
④ 파이프의 두께

> 스케줄번호가 클수록 파이프의 두께가 크다.

54 고온 배관용 탄소강관의 규격기호는?

① SPPH ② SPHT
③ SPLT ④ SPPW

> • SPLT : 저온 배관용 탄소강관
> • SPPW : 수도용 아연도금 강관
> • SPHT : 고온 배관용 탄소강관

55 땅 속에 애노드에 강제 전압을 가하여 피방식 금속제를 캐소드로 하는 전기방식법은?

① 희생양극법 ② 외부전원법
③ 선택배류법 ④ 강제배류법

> 외부전원법 : 외부직류전원장치의 양극(+, 애노드)은 매설배관 등이 설치되어 있는 토양이나 수중에 설치한 외부전원용 전극에 접속하고, 음극(-, 캐소드)은 매설배관 등에 접속시켜 전기적 부식을 방지하는 방법

56 아세틸렌 용기의 안전밸브 형식으로 가장 많이 사용되는 것은?

① 가용전식 ② 파열판식
③ 스프링식 ④ 중추식

> 가용전식 : 염소, 암모니아, 아세틸렌

57 가스관(강관)의 특징으로 틀린 것은?

① 구리관보다 강도가 높고 충격에 강하다.
② 관의 치수가 큰 경우 구리관보다 비경제적이다.
③ 관의 접합작업이 용이하다.
④ 연관이나 주철관에 비해 가볍다.

> 강관은 구리(동)관보다 가격이 싸기 때문에 치수가 큰 경우 경제적이다.

58 다음 보온재 중 안전사용 온도가 가장 높은 것은?

① 글라스 화이버 ② 플라스틱 폼
③ 규산칼슘 ④ 세라믹 화이버

> 안전사용온도
> • 글라스 화이버 : 300℃
> • 플라스틱폼 : 60~130℃
> • 규산칼슘 : 650℃
> • 세라믹 화이버 : 1100℃

59 도시가스사용시설 중 20A 가스관에 대한 고정장치의 간격으로 옳은 것은?

① 1m ② 2m
③ 3m ④ 4m

> • 관경이 13mm 미만 : 1m마다 고정
> • 관경이 13mm 이상, 33mm 미만 : 2m마다 고정
> • 관경이 33mm 이상 : 3m마다 고정

60 다음 중 주철관에 대한 접합법이 아닌 것은?

① 기계적 접합 ② 소켓접합
③ 플레어 접합 ④ 빅토릭 접합

> 동관접합 : 플레어 접합, 납땜

정답 51 ③ 52 ① 53 ④ 54 ② 55 ② 56 ① 57 ② 58 ④ 59 ② 60 ③

61 내용적이 300L인 용기에 액화암모니아를 저장하려고 한다. 이 저장설비의 저장능력은 얼마인가? (단, 액화암모니아의 충전정수는 1.86이다.)

① 161kg
② 232kg
③ 279kg
④ 558kg

🔍 액화가스용기의 저장능력 $W = \dfrac{V}{C}(kg)$
$W = \dfrac{300}{1.86} = 161.3kg$

62 가스 사용시설의 배관을 움직이지 아니하도록 고정부착하는 조치에 대한 설명 중 틀린 것은?

① 관경이 13mm 미만의 것에는 1,000mm 마다 고정부착하는 조치를 해야 한다.
② 관경이 33mm 이상의 것에는 3,000mm 마다 고정부착하는 조치를 해야 한다.
③ 관경이 13mm 이상 33mm 미만의 것에는 2,000mm 마다 고정부착하는 조치를 해야 한다.
④ 관경이 43mm 이상의 것에는 4,000mm 마다 고정부착하는 조치를 해야 한다.

🔍 • 관경이 13mm 미만 : 1m마다 고정
• 관경이 13mm 이상, 33mm 미만 : 2m마다 고정
• 관경이 33mm 이상 : 3m마다 고정

63 다음 배관부속품 중 유니온 대용으로 사용할 수 있는 것은?

① 엘보우
② 플랜지
③ 리듀서
④ 부싱

🔍 관을 자주 분해하거나 교체가 필요할 때 : 유니언, 플랜지

64 내용적 1,000L 이하인 암모니아를 충전하는 용기를 제조할 때 부식여유의 두께는 몇 [mm] 이상으로 하여야 하는가?

① 1
② 2
③ 3
④ 5

🔍 충전가스에 따른 부식여유

충전가스	용기의 종류 내용적	부식여유 (mm)
암모니아	1,000L 이하	1
	1,000L 초과	2
염소	1,000L 이하	3
	1,000L 초과	5

65 액화암모니아가 50kg을 충전하기 위하여 용기의 내용적은 몇 [L]로 하여야 하는가? (단, 암모니아의 정수 C는 1.86이다.)

① 27
② 40
③ 70
④ 93

🔍 액화가스용기의 저장능력 $W = \dfrac{V}{C}(kg)$
내용적 $V = WC = 1.86 \times 50 = 93L$

66 다음 중 상온취성의 원인이 되는 원소는?

① S
② P
③ Cr
④ Mn

🔍 인(P)은 결정입자를 조대화시켜 강을 여리게 하며 상온취성 및 저온취성의 원인이 된다.

67 LP가스 용기로서 갖추어야 할 조건으로 틀린 것은?

① 사용 중에 견딜 수 있는 연성, 인장강도가 있을 것
② 충분한 내식성, 내마모성이 있을 것
③ 완성된 용기는 균열, 뒤틀림, 찌그러짐 기타 해로운 결함이 없을 것
④ 중량이면서 충분한 강도를 가질 것

🔍 용기재료는 경량이면서 충분한 강도를 가질 것

68 고압가스 저장능력 산정기준에서 액화가스의 저장탱크 저장능력을 구하는 식은? (단, Q, W는 저장능력, P는 최고충전압력, V는 내용적, C는 가스종류에 따른 정수, d는 가스의 비중이다.)

① $Q = (10P+1)V$
② $Q = 10PV$
③ $W = \dfrac{V}{C}$
④ $W = 0.9dV$

정답 61 ① 62 ④ 63 ② 64 ① 65 ④ 66 ② 67 ④ 68 ④

> 저장능력 산정기준
> - 압축가스의 저장탱크 및 용기
> $Q = (10P+1)V(m^3)$
> - 액화가스의 저장탱크
> $W = 0.9dV\ (kg)$
> - 액화가스의 용기 및 차량에 고정된 탱크
> $W = \dfrac{V}{C}\ (kg)$

69 액화염소가스 1,375kg을 용량 50L인 용기에 충전하려면 몇 [개]의 용기가 필요한가? (단, 액화염소가스의 정수[C]는 0.8이다.)

① 20　　② 22
③ 25　　④ 27

> 액화가스용기의 저장능력 $W = \dfrac{V_2}{C}\ (kg)$
> 여기서, V_2(L) : 내용적, C : 정수
> - 용기 1개당 저장능력 $W = \dfrac{50}{0.8} = 62.5kg$
> - 용기 개수 $n = \dfrac{1,375}{6.25} = 22$개

70 다음 중 저온 단열법이 아닌 것은?

① 분말섬유단열법　② 고진공단열법
③ 다층진공단열법　④ 분말진공단열법

> 저온단열법
> - 상압 단열법
> - 진공 단열법 : 고진공단열법, 분말진공단열법, 다층진공단열법

71 도시가스배관에 설치하는 전위측정용 터미널의 간격을 옳게 나타낸 것은?

① 희생양극법 : 300m 이내, 외부전원법 : 400m 이내
② 희생양극법 : 300m 이내, 외부전원법 : 500m 이내
③ 희생양극법 : 400m 이내, 외부전원법 : 500m 이내
④ 희생양극법 : 400m 이내, 외부전원법 : 600m 이내

> 전위측정용 터미널 기준 설치
> - 희생양극법, 배류법 : 배관길이 300m 이내의 간격으로 설치
> - 외부전원법 : 배관길이 500m 이내의 간격으로 설치

72 도시가스배관의 전기방식 전류가 흐르는 상태에서 자연 전위와의 전위변화는 최소한 몇 [mV] 이하이어야 하는가? (단, 다른 금속과 접촉하는 배관은 제외한다.)

① −100　　② −200
③ −300　　④ −500

> 전기방식 전류가 흐르는 상태에서 자연전위와의 전위변화가 최소한 −300mV 이하일 것

73 고압가스 제조장치의 취급에 대한 설명으로 틀린 것은?

① 안전밸브는 천천히 작동하게 한다.
② 압력계의 밸브는 천천히 연다.
③ 액화가스를 탱크에 처음 충전할 때 천천히 충전한다.
④ 제조장치의 압력을 상승시킬 때 천천히 상승시킨다.

> 안전장치는 고압가스 장치의 파손을 방지하기 위하여 설치하므로 안전밸브 작동은 신속하게 이루어져야 한다.

74 포화황산동 기준 전극으로 매설 배관의 방식전위를 측정하는 경우 몇 [V] 이하이어야 하는가?

① −0.75V
② −0.85V
③ −0.95V
④ −2.5V

> 전류가 흐르는 상태에서 토양 중에 있는 배관 등의 방식전위는 포화황산동 기준전극으로 −5V 이상, −0.85V 이하(황산염환원 박테리아가 번식하는 토양에서는 −0.95V 이하)일 것

75 가스 충전구에 따른 분류 중 가스 충전구에 나사가 없는 것은 무슨 형으로 표시하는가?

① A　　② B
③ C　　④ D

> 충전구의 나사형식에 의한 분류
> - A형:가스충전구의 나사모양이 숫나사인 것
> - B형:가스충전구의 나사모양이 암나사인 것
> - C형:가스충전구에 나사가 없는 것

정답 69 ②　70 ①　71 ②　72 ③　73 ①　74 ②　75 ③

76 도시가스 배관의 설치장소나 구경에 따라 적절한 배관재료와 접합방법을 선정하여야 한다. 다음 중 배관재료 선정기준으로 틀린 것은?

① 배관내의 가스흐름이 원활한 것으로 한다.
② 내부의 가스압력과 외부로부터의 하중 및 충격하중 등에 견디는 강도를 갖는 것으로 한다.
③ 토양·지하수 등에 대하여 강한 부식성을 갖는 것으로 한다.
④ 절단가공이 용이한 것으로 한다.

🔍 배관재료는 내식성이 있는 재료를 선택하여야 한다.

77 고압가스안전관리법에 정하고 있는 저장능력 산정기준에 대한 설명으로 옳은 것은?

① 압축가스와 액화가스의 저장탱크 능력 산정식은 동일하다.
② 저장능력 합산시에는 액화가스 10kg을 압축가스 10m³로 본다.
③ 저장탱크 및 용기가 배관으로 연결된 경우에는 각각의 저장능력을 합산한다.
④ 액화가스 용기 저장능력 산정식은 W = 0.9dV₂이다.

🔍 저장능력 산정
• 액화가스 용기 및 차량에 고정된 탱크
$W = \dfrac{V}{C}(kg)$
• 압축가스 저장탱크 및 용기
$Q = (10+1)V_1 (m^3)$
• 액화가스 저장탱크의 저장능력
$W = 0.9dV_2 (kg)$

78 수소취성을 방지하기 위하여 첨가되는 원소가 아닌 것은?

① Mo   ② W
③ Ti   ④ Mn

🔍 수소취성을 방지하는 원소 : Cr, W, Mo, Ti, V

79 암모니아 가스를 저장하는 용기에 대한 설명으로 틀린 것은?

① 용접용기로 재질은 탄소강으로 한다.
② 검지경보장치는 방폭성능을 가지지 않아도 된다.
③ 충전구의 나사형식은 왼나사로 한다.
④ 용기의 바탕색은 백색으로 한다.

🔍 조연성 가스 및 불연성 가스, 암모니아(NH₃), 브롬화메탄(CH₃Br) 가스의 충전구 나사형식은 오른나사로 한다.

80 도시가스배관의 접합방법 중 강관의 접합방법으로 사용하지 않는 것은?

① 나사접합   ② 용접접합
③ 플랜지접합   ④ 압축접합

🔍 동관접합 : 압축접합(플레어접합)

81 배관용 탄소강관에 아연(Zn)을 도금하는 주된 이유는?

① 미관을 아름답게 하기 위해
② 보온성을 증대하기 위해
③ 내식성을 증대하기 위해
④ 부식성을 증대하기 위해

🔍 백관 : 흑관에 내식성을 부여하기 위하여 아연으로 도금처리한 관

82 수소취성을 방지하기 위해 강에 첨가하는 원소로서 옳은 것은?

① Cr   ② Al
③ Mn   ④ P

🔍 수소취성을 방지하는 원소 : Cr, W, Mo, Ti, V

83 다음 배관재료 중 사용온도가 350℃ 이하, 압력 1MPa 이상 10MPa까지의 LPG 및 도시가스의 고압관에 사용되는 것은?

① SPP   ② SPW
③ SPPW   ④ SPPS

🔍 압력배관용탄소강관(SPPS)
• 사용온도 : 350℃ 이하
• 사용압력 : 1~10MPa

정답 76 ③ 77 ③ 78 ④ 79 ③ 80 ④ 81 ③ 82 ① 83 ④

84 용기 파열사고의 원인으로 가장 거리가 먼 것은?

① 용기의 내압력 부족
② 용기 내압의 상승
③ 용기내에서 폭발성 혼합가스에 의한 발화
④ 안전밸브의 작동

> 안전밸브 : 고압가스장치 또는 용기의 압력이 일정압력 이상을 초과할 때 압력을 외부로 방출하여 장치의 파손을 방지하기 위한 밸브

85 액화석유가스의 사용시설 중 관경이 33mm 이상의 배관은 몇 [m] 마다 고정·부착하는 조치를 하여야 하는가?

① 1   ② 2
③ 3   ④ 4

> · 관경이 13mm 미만 : 1m마다 고정
> · 관경이 13mm 이상, 33mm 미만 : 2m마다 고정
> · 관경이 33mm 이상 : 3m마다 고정

86 다음 중 초저온 저장탱크에 사용하는 재질로 적당하지 않은 것은?

① 탄소강
② 18-8 스테인리스강
③ 9% 니켈강
④ 동합금

> 저압 용접용기의 재질 : 탄소강

87 수분이 존재할 때 일반강재를 부식시키는 가스는?

① 일산화탄소   ② 수소
③ 황화수소   ④ 질소

> 황화수소는 철(Fe)과 니켈(Ni)을 부식시키고, 습기(수분)가 존재할 경우 부식을 촉진시킨다.

88 액화천연가스를 취급하는 설비의 금속재료로 부적합한 것은?

① 일반 탄소강   ② 스테인리스강
③ 알루미늄 합금 ④ 9% 니켈강

> 액화천연가스(LNG)는 초저온가스로서 가스설비의 금속재료로 스테인리스강, 알루미늄 합금, 9% 니켈강을 사용한다.

89 액화석유가스 용기에 가장 적합한 안전밸브는?

① 가용전식   ② 스프링식
③ 중추식   ④ 파열판식

> 액화석유가스의 안전밸브 : 스프링식

90 왕복펌프의 밸브로서 구비해야 할 조건이 아닌 것은?

① 누출물을 막기 위하여 밸브의 중량이 클 것
② 내구성이 있을 것
③ 밸브의 개폐가 정확할 것
④ 유체가 밸브를 지날 때의 저항을 최소한으로 할 것

> 밸브는 가볍고 개폐가 확실해야 한다.

91 재료에 인장과 압축하중을 오랜 시간 반복적으로 작용시키면 그 응력이 인장강도보다 작은 경우에도 파괴되는 현상은?

① 인성파괴   ② 피로파괴
③ 취성파괴   ④ 크리프파괴

> 피로파괴 : 반복하중에 의해 재료의 저항력이 저하되어 파괴되는 현상

92 일산화탄소와 반응하여 금속 카아보닐을 생성하는 금속은 어느 것인가?

① 알루미늄(Al)   ② 니켈(Ni)
③ 아연(Zn)   ④ 구리(Cu)

> 일산화탄소는 고온, 고압에서 철족 원소(Fe, CO, Ni)와 반응하여 휘발성 카아보닐 화합물을 생성하여 부식을 일으킨다.

정답 ▶ 84 ④ 85 ③ 86 ① 87 ③ 88 ① 89 ② 90 ① 91 ② 92 ②

SECTION 02 저온장치

STEP 01 가스액화사이클

1. 가스액화의 방법

1) 단열팽창에 의한 방법

주울-톰슨 효과를 이용하여 가스를 자유 팽창시켜 액화시키는 방법이다.

2) 팽창기에 의한 방법

외부에서 일을 하면서 가스를 단열 팽창시켜 액화시키는 방법이다.

2. 공기액화사이클의 종류

1) 가역 가스액화사이클

산소, 질소, 공기 등 임계온도가 낮은 가스를 가역적으로 액화하는 액화사이클이다.

2) 클라우드(Claude)식 공기액화사이클

① 수입기지의 저온설비에서 가스를 압축기로 압축하여 콘덴서에 의해 응축시켜 재액화한 LPG를 다시 저온탱크에 끌어넣어 차압에 의해 증발시켜 그 일부를 저온의 액으로 저장하는 냉동사이클이다.
② 피스톤식 팽창기를 사용한다.

3) 린데식 공기액화사이클

① 건조된 공기는 열교환기를 통하여 액화되지 않는 저온 공기와 열교환시켜 냉각후 팽창 밸브를 통과하여 단열팽창한 후 주울-톰슨 효과에 의하여 액화된 가스를 액화기에 저장하는 사이클이다.
② 고압액화사이클로서 보조냉각기를 사용한다.

> **참고** 주울-톰슨효과 : 기체를 단열팽창시키면 압력과 온도는 강하한다.

4) 캐피자(kapitza)식 공기액화사이클

공기의 압축압력은 7atm 정도이며 열교환시 축냉기를 사용하여 공기를 냉각시키고 공기 중에 수분과 탄산가스를 제거하여 액화시키는 사이클이다.

5) 필립스식 공기액화 사이클

수소나 헬륨을 냉매로 사용하고 피스톤과 보조피스톤이 한 실린더 안에 설치되어 팽창기와 압축기의 역할을 동시에 하는 사이클이다.

6) 캐스케이드식 공기액화사이클

비점이 낮은 냉매를 사용하여 저비점의 기체를 액화시키는 다원액화사이클이다.

3. 가스액화분리장치의 3대 구성

1) 한냉발생장치

냉동 및 가스액화사이클을 응용한 장치이다.

2) 정류장치

저온에서 원료가스를 분리하여 정제하는 장치이다.

3) 불순물제거장치

저온에서 동결되는 원료가스 중 탄산가스 및 수분을 제거하는 장치이다.

STEP 02 공기액화분리장치

1. 공기액화분리장치

원료공기를 압축·냉각시켜 얻은 액체 공기를 분리, 정류하여 비점이 낮은 질소(N_2)는 정류탑 상부에 순도 99.8%의 액화질소가 생성되고, 비점이 높은 산소(O_2)는 정류탑 하부에 순도 99.5%의 액화산소가 생성된다.

2. 고압식 공기액화분리장치의 구성

> 참고: 원료공기취입구 → 압축기 → 중간냉각기 → 유분리기 → 열교환기 → 건조기 → 팽창기 → 열교환기 → 복식정류탑 → 저장 및 충전

① 원료공기 취입구 : 필터를 설치하여 원료공기에 포함된 먼지나 불순물(SO_2, C_2H_2, 탄화수소)을 제거한다.

공기의 조성비

조성	질소(N_2)	산소(O_2)	기타
중량비	75.5%	23.2%	1.3
체적비	78%	21%	1%

② 압축기 : 다단압축기를 사용하여 15atm에서 이산화탄소 흡수기에 송입되고, 150 ~ 200atm으로 압축하여 중간냉각기를 거쳐 유분리기로 보내진다.

③ 이산화탄소 흡수탑 : 이산화탄소는 저온에서 고형의 드라이아이스가 되어 밸브나 장치를 폐쇄시켜 장치를 파손할 우려가 있으므로 8% 가성소다 수용액으로 제거한다. ($2NaOH + CO_2 \rightarrow Na_2CO_3 + H_2O$)

> 참고: 공기액화분리장치에서 불순물 : 이산화탄소(CO_2), 수분

④ 중간냉각기 : 다단압축기는 저단측 압축기의 압축열을 제거하여 고단측 압축기의 실린더 과열을 방지하기 위한 인터쿨러이다.
⑤ 유분리기 : 공기압축기의 윤활유(광유)가 장치내에 혼입되면 폭발의 위험이 있으므로 윤활유를 분리한다.
⑥ 예냉기(열교환기) : 고압의 원료 공기는 열교환기를 통하여 약간 냉각된 후 수분리기로 보내진다.
⑦ 수분리기 : 수분이 저온장치에 들어가면 얼음이 되어 장치를 폐쇄시키므로 수분을 제거한 후 건조기로 보내진다.
⑧ 건조기 : 수분리기에서 완전히 제거하지 못한 수분을 입상 가성소다 또는 흡착제(실리카겔, 활성알루미나, 소바비드)인 건조제를 사용하여 수분을 제거한다.
⑨ 팽창기 : 건조기에서 수분을 제거한 50%의 원료공기는 팽창기에 들어가 정류탑 하부의 압력이 5atm이 될 때까지 단열팽창시켜 −150℃의 저온이 된다.
⑩ 열교환기(고온, 중온, 저온) : 팽창기에 송입되지 않은 원료공기는 열교환기에서 열교환된 후 팽창밸브에서 5atm으로 팽창하여 하부탑으로 들어간다.
⑪ 복식정류탑 : 하부탑 상부는 액체질소, 상부탑 하부는 액체산소를 분리된다.

- 비점 : 액화산소(−183℃), 액화아르곤(−186℃), 액화질소(−196℃)
- 공기액화분리장치에서 액화순서 : 액화산소 → 액화아르곤 → 액화질소
- 공기액화분리장치에서 기화순서 : 액화질소 → 액화아르곤 → 액화산소

3. 공기 액화 분리장치의 폭발원인
① 액체공기 중에 오존(O_3) 혼입
② 장치내 질소산화물(산화질소, 과산화질소) 생성
③ 윤활유의 열화에 의한 탄화수소의 생성
④ 공기 취입구로부터 아세틸렌의 혼입

- 공기액화분리장치의 폭발방지 : 1년에 1회 정도 사염화탄소(CCl_4)로 공기액화분리장치의 내부를 세척한다.
- 공기액화분리장치의 불순물 유입금지 : 공기액화분리기에 설치된 액화산소통 내의 액화산소 5L 중 아세틸렌 질량이 5mg 또는 탄화수소의 탄소질량이 500mg을 넘을 때에는 운전을 중지하고 액화산소를 방출한다.

STEP 03 증기압축식 냉동기

1. 증기압축식 냉동기

1) 증기압축식 냉동기의 개요
① 냉매의 증발잠열을 이용하여 피냉각 물체를 냉각하는 방식이다.
② 냉매 : 암모니아(NH_3), 프레온(Freon)

2) 증기압축식 냉동기의 4대장치
① 압축기

㉮ 증발기에서 증발한 저온·저압의 증기를 흡입하여 응축기에서 응축액화가 보다 쉽게 하도록 고온·고압의 과열증기로 만들어 주는 장치이다.
㉯ 기체이송용 장치이다.
② 응축기 : 압축기에서 토출된 고온·고압의 냉매증기를 응축기에서 공기 또는 물을 이용하여 냉매를 응축액화시키는 장치이다.
③ 팽창밸브
㉮ 고온·고압의 냉매액을 교축작용에 의하여 저온·저압의 상태로 단열팽창시키는 장치이다.
㉯ 증발기 부하에 따라 적정한 냉매량을 조절하여 공급하는 장치이다.
④ 증발기 : 팽창밸브의 교축과정에 의하여 저온·저압의 액냉매가 증발기를 통과하면서 냉매의 증발잠열에 의해 피냉각 물체로부터 열을 흡수하여 온도를 낮추어 주는 장치이다.

 역카르노 사이클
이상적인 냉동사이클로서 단열과정이 2개, 등온과정 2개로 구성되어 있다.

2. 압축기의 종류

1) 왕복동식(고속다기통) 압축기

피스톤의 왕복운동에 의해 가스를 압축하는 방식이다.
① 동적발런스를 잡기 위해 4, 6, 8, 12기통의 짝수로 설치되어 있다.
② 고속 회전이므로 소형이고 경량이며 설치면적이 작다.
③ 부품의 호환성이 양호하여 수리가 용이하다.
④ 용량제어(자동 운전)가 용이하다.
⑤ 배기용량이 크다.
⑥ 압축이 단속적이며 고속 다기통이므로 윤활유 소비량이 많다.
⑦ 탑클리어런스(top clearance)에 의해 체적효율이 나쁘다.

2) 회전식 압축기

로터의 원심력에 의하여 가스를 압축하는 방식이다.
① 부품수가 적어 구조가 간단하다.
② 흡입밸브는 없고 토출밸브는 체크밸브이다.
③ 크랭크케이스의 내부압력은 고압이다.
④ 압축이 연속적이고 고진공을 얻을 수 있어서 진공펌프로 사용한다.
⑤ 진동과 소음이 적다.
⑥ 왕복동식에 비하여 실린더 마모가 커서 마찰부분의 내마모성과 가공 정밀도를 요구한다.

3) 스크루식 압축기

숫로터와 암로터의 회전력에 의하여 가스를 압축하는 방식이다.
① 설치면적이 작고 중·대용량에 적합하다.
② 고속 회전으로 소음은 크고 진동은 적다.
③ 구조가 간단하여 고장률이 적다.

④ 흡입밸브와 토출밸브가 없으며 압축기 운전 정지 중에 역류를 방지하기 위하여 체크밸브를 설치한다.
⑤ 액압축의 우려가 적다.
⑥ 냉매의 압력손실이 없어 체적효율이 높다.
⑦ 운전 유지비가 많고 고장시 고도의 기술을 요구한다.

4) 원심식(터보) 압축기

임펠러의 원심력에 의해 가스를 압축하는 방식이다.
① 대용량에 적당하며 소용량에는 제작상 한계가 있고 제작비가 비싸다.
② 마찰부분이 없기 때문에 고장이 적고 보수가 용이하며 수명이 길다.
③ 저압 냉매가 사용되므로 취급이 간편하다.
④ 진동이 적은 반면에 소음이 크다.
⑤ 저온장치에서는 1단 압축으로 고압축비를 얻을 수 없으므로 증속장치가 필요하다.
⑥ 유량이 감소하면 운전이 불안정하게 되어 소음과 진동이 발생하며 전류계 지침이 떨리는 서징현상이 발생한다.
⑦ 용량조정범위가 좁다.

3. 압축기 소요동력

1) 이론동력(L_{th})

이론적으로 가스를 압축하는데 소요되는 동력이다.

$$L_{th} = \frac{G \times AW}{860} \ (kW), \quad L_{th} = \frac{G \times AW}{632} \ (PS)$$

(G(kg/h) : 냉매순환량, AW(kcal/kg) : 압축일량)

2) 지시동력(L_a)

이론적으로 가스를 압축하는데 소요되는 동력이다.

$$L_a = \frac{L_{th}}{\eta_c} = \frac{G \times AW}{860\eta_c} \ (kW), \quad L_a = \frac{G \times AW}{632\eta_c} \ (PS)$$

(η_c : 압축효율)

3) 축동력(L)

압축기를 운전하는데 소요되는 동력이다.

$$L = \frac{L_a}{\eta_m} = \frac{G \times AW}{860\eta_c\eta_m} \ (kW), \quad L = \frac{G \times AW}{632\eta_c\eta_m} \ (PS)$$

(η_m : 기계효율)

4. 단열압축과정에서 토출가스온도(T_2)

$$T_2 = T_1 \times \left(\frac{P_2}{P_1}\right)^{\frac{k-1}{k}} (K)$$

(T_1(K) : 흡입가스온도(K), P_1(Pa · abs) : 흡입압력, P_2(Pa · abs) : 토출압력)

5. 냉동능력(Q_e)과 냉동톤(RT)

1) 냉동능력
① 단위시간(1시간) 동안에 증발기에서 흡수하는 열량이다.
② 냉동능력(Q_e)

$$Q_e = G \times q_e \ (kcal/h)$$

(G(kg/h) : 냉매순환량, q_e(kcal/kg) : 냉동효과)

> **참고** 고압가스안전관리법의 냉동능력 산정 기준
> - 원심식 압축기를 사용하는 냉동설비
>   압축기의 원동기 정격출력 1.2kW를 1일의 냉동능력 1톤
> - 흡수식 냉동설비
>   발생기를 가열하는 1시간의 입열량 6,640kcal를 1일의 냉동능력 1톤
> - 그 밖의 냉동설비
> $R = \dfrac{V}{C}$
>   여기서, R : 1일의 냉동능력(톤), C : 냉매가스의 종류에 따른 수치, V(m³/h) : 피스톤압출량

2) 냉동효과(q_e)
① 냉매 1kg이 증발기에서 흡수하는 열량이다.
② 냉동효과

$$q_e = h_2 - h_1 \ (kcal/kg)$$

(h_1(kcal/kg) : 증발기입구 엔탈피, h_2(kcal/kg) : 증발기출구 엔탈피)

3) 1냉동톤(RT)
① 0℃ 물 1ton을 24시간 동안에 0℃ 얼음으로 만드는데 필요한 열량이다.
② 한국냉동톤(RT)

$$1RT = \frac{1{,}000kg}{24h} \times 79.68 kcal/kg = 3{,}320 kcal/h$$

6. 성적계수(coefficient of performance, COP)
① 성적계수는 항상 1보다 크고 무단위이다.
② 성적계수 값이 클수록 냉동기 성능이 우수하다.

③ 이상적 성적계수(COP₁)

$$COP_1 = \frac{T_L}{T_H - T_L}$$

(T_L(K) : 저온부(증발온도)의 절대온도, T_H(K) : 고온부(응축온도)의 절대온도)

④ 이론적 성적계수(COP₂)

$$COP_2 = \frac{q_e}{AW}$$

(q_e(kcal/kg) : 냉동효과, AW(kcal/kg) : 압축일량)

7. 다단압축

1) 다단압축의 목적
   ① 체적효율 증가 및 압축일 감소
   ② 압축 후 토출가스온도 상승을 방지
   ③ 힘의 평형을 양호하게 하기 위함
   ④ 압축비를 작게 하여 압축기 성능이 증대

2) 압축비 상승시 냉동기에 미치는 영향
   ① 체적효율, 압축효율 감소
   ② 압축기의 소요동력이 증대
   ③ 토출 가스온도 상승
   ④ 실린더 과열로 인하여 윤활유의 열화, 탄화현상 발생
   ⑤ 냉동기 성적계수가 저하

3) 다단압축시 압축비(a)

$$a = \sqrt[n]{\frac{P_H}{P_L}}$$

(P_H(Pa · abs) : 고압의 절대압력,
P_L(Pa · abs) : 저압의 절대압력, n : 압축단수)

8. 피스톤압출량(V)

1) 왕복동식 압축기

$$V = \frac{\pi}{4} \times D^2 \times L \times N \times n \times \eta_v \times 60 \; (m^3/h)$$

(D(m) : 피스톤 직경, L(m) : 피스톤 행정,
n : 기통수, N(rpm) : 회전수, η_v : 체적효율)

2) 회전식 압축기

$$V = \frac{\pi}{4} \times (D^2 - d^2) \times t \times N \times 60 \ (m^3/h)$$

(D(m) : 실린더 내경, d(m) : 피스톤 외경,
t(m) : 피스톤 두께, N(rpm) : 회전수)

3) 스크류식 압축기

$$V = K \times D^2 \times L \times N \times 60 \ (m^3/h)$$

(D(m) : 로우터 직경, L(m) : 로우터의 압축에 유효한 부분의 길이,
K : 로터형상에 따른 계수, N(rpm) : 회전수)

> **참고** 고압가스 제조시 압축금지
> • 가연성가스(아세틸렌, 수소, 에틸렌 제외) 중 산소용량이 전용량의 4% 이상
> • 산소 중의 가연성가스의 용량이 4% 이상
> • 아세틸렌, 수소, 에틸렌 중의 산소용량이 2% 이상
> • 산소 중의 아세틸렌, 수소, 에틸렌의 용량합계가 전용량의 2% 이상

9. 용량제어법

1) 용량제어의 목적
① 압축기를 보호하여 압축기 수명을 연장시킨다.
② 냉동기 부하변동에 따른 용량을 조절하여 경제적인 운전을 실현한다.
③ 무부하, 경부하 운전이 가능하다.
④ 증발온도를 일정하게 유지한다.

2) 왕복동식과 원심식 냉동기의 용량제어법

왕복동식 압축기	원심식 압축기
• 회전수 가감법 • 바이패스법 • 탑클리어런스 증대법 • 언로드(무부하)법	• 회전수 가감법 • 바이패스법 • 흡입 댐퍼 조정법 • 흡입 가이드베인 제어법 • 냉각수량 조절법

10. 윤활유

1) 윤활유 선택시 유의사항
① 가스와 화학반응을 일으키지 않을 것
② 항유화성이 크고 인화점이 높을 것
③ 응고점이 낮고 점도가 적당할 것

④ 수분이나 산 등의 불순물 함유량이 적을 것
⑤ 열에 의하여 분해되지 않을 것
⑥ 정제가 양호하고 잔류탄소가 적을 것

2) 압축기 윤활유

종류	윤활유	종류	윤활유
공기 압축기	양질의 광유(고급 디젤엔진유)	염소 압축기	진한 황산
LPG 압축기	식물성 기름	수소 압축기	양질의 광유
아세틸렌 압축기	양질의 광유	산소 압축기	물 또는 묽은(10%) 글리세린 수용액
아황산가스 압축기	화이트유, 정제된 용제터빈유		

STEP 04 펌프(Pump)

1. 펌프의 종류

1) 원심펌프(Centrifugal pump)
   ① 임펠러에 흡입된 물은 축과 직각방향으로 토출된다.
   ② 고양정용이며 벌류트펌프와 터빈펌프가 있다.
      ㉮ 벌류트 펌프 : 안내날개가 없으며 저양정, 고유량 펌프이다.
      ㉯ 터빈펌프 : 안내날개가 있으며 고양정, 저유량에 적합하다.
   ③ 특징
      ㉮ 고속회전이 가능하고, 소형 경량이며 구조가 간단하다.
      ㉯ 취급이 용이하고 효율이 높다.

2) 사류펌프
   임펠러에서 나온 물이 축에 대하여 비스듬히 토출된다.

3) 축류펌프
   임펠러에서 나온 물이 축과 평행하게 토출되므로 대유량, 저양정에 적합하다.

4) 용적형 펌프
   ① 왕복펌프
      ㉮ 소유량, 고양정(고압)을 필요로 할 때 적합하다.
      ㉯ 종류 : 피스톤펌프, 플런저펌프, 다이어프램펌프
   ② 회전펌프
      ㉮ 케이싱속에 회전자를 회전시켜 점도성 유체(기름)를 정량으로 이송하는데 적합하며 연속적으로 토출되므로 맥동이 적다.
      ㉯ 종류 : 기어펌프(스크류펌프), 베인펌프

2. 축봉장치

1) 그랜드 패킹
내부액이 누설이 되더라도 무방한 경우에 사용되며 섬유나 고무를 삽입하여 기밀을 유지한다.

2) 미케니컬시일
가연성가스 및 독성가스를 이송하는 경우 정밀하게 밀봉을 유지할 수 있도록 스프링과 벨로즈를 이용한 시일 형식이다.

형식	분류	특징
시일형식	싱글시일형	• 일반적으로 사용
	더블시일형	• 내부가 고진공일 때 • 인화성 및 독성이 강한 액일 때 • 누설되면 응고되는 액일 때
세트형식	인사이드시일형	• 일반적으로 사용
	아웃사이드시일형	• 스타핑박스 내가 고진공일 때 • 점성계수가 100Cp(센티포와즈)를 초과하는 액일 때 • 저응고점의 액일 때
면압밸런스형식	언밸런스시일형	• 일반적으로 사용
	밸런스시일형	• LPG와 같이 저비점의 액체일 때 • 하이드로카본일 때 • 내압이 0.4~0.5MPa 이상일 때

3. 펌프의 축동력(L)

$$L = \frac{\gamma HQ}{102 \times 60 \times \eta_P} \ (kW), \quad L = \frac{\gamma HQ}{75 \times 60 \times \eta_P} \ (PS)$$

($\gamma(kg/m^3)$: 물의 비중량, H(m) : 양정, $Q(m^3/min)$: 유량, η_P : 펌프효율)

4. 펌프의 관경 결정(d)

$$d = \sqrt{\frac{4Q}{\pi V}} \ (mm)$$

($Q(m^3/s)$: 유량, V(m/s) : 유속(펌프 흡입관 : 0.5~1.0m/s, 펌프 토출관 : 1.5~2.0m/sec))

5. 펌프의 상사법칙

펌프운전시 회전수나 임펠러 직경을 변화시키면 펌프의 특성(토출량, 양정, 소요동력)이 변한다.

1) 회전수 변화($N_1 \rightarrow N_2$)

특성	상사법칙
토출량은 회전수 변화에 비례한다.	$Q_2 = \left(\dfrac{N_2}{N_1}\right) \times Q_1 \ (m^3/s)$
양정은 회전수 변화의 2승에 비례한다.	$H_2 = \left(\dfrac{N_2}{N_1}\right)^2 \times H_1 \ (m)$
동력은 회전수 변화의 3승에 비례한다.	$L_2 = \left(\dfrac{N_2}{N_1}\right)^3 \times L_1 \ (kW)$

2) 임펠러직경 변화($D_1 \rightarrow D_2$)

특성	상사법칙
토출량은 임펠러 직경변화의 3승에 비례한다.	$Q_2 = \left(\dfrac{D_2}{D_1}\right)^3 \times Q_1 \ (m^3/s)$
양정은 임펠러 직경변화의 2승에 비례한다.	$H_2 = \left(\dfrac{D_2}{D_1}\right)^2 \times H_1 \ (m)$
동력은 임펠러 직경변화의 5승에 비례한다.	$L_2 = \left(\dfrac{D_2}{D_1}\right)^5 \times L_1 \ (kW)$

6. 펌프의 이상현상

1) 캐비테이션(공동현상, cavitation)

흡입배관이 가늘거나 흡입양정이 높거나 펌프의 회전수가 너무 빠를 경우 케이싱의 압력이 유체의 포화증기압보다 낮아져 용존산소가 분리되면서 기포가 발생하는 현상이다.

① 현상
  ㉮ 소음과 진동이 발생
  ㉯ 양정이 감소하고 펌프효율이 저하
  ㉰ 임펠러 침식이 발생
② 방지대책
  ㉮ 펌프의 설치 높이를 낮추어 흡입양정을 작게 한다.
  ㉯ 펌프의 회전수를 작게 한다.
  ㉰ 흡입배관을 크게 하여 유속을 줄인다.
  ㉱ 2대 이상의 펌프를 사용한다.

> **참고** 펌프 설치
> - 2대 이상의 펌프를 병렬로 설치 : 양정 일정, 유량 증가
> - 2대 이상의 펌프를 직렬로 설치 : 양정 증가, 유량 일정

2) 수격작용(water hammering)

배관내에 유체가 흐를 때 펌프의 순간적인 정지나 기동, 밸브의 급격한 개폐, 배관의 급격한 확대와 축소 등에 의해 유속이 급격히 변화하여 운동에너지가 압력에너지로 변하며 순간적으로 큰 압력변화가 발생하여 물이 관벽을 치는 현상이다.

① 발생원인
  ㉮ 밸브의 급폐쇄 및 펌프의 급정지
  ㉯ 관내의 유속이 너무 빠를 경우
  ㉰ 관경이 급격하게 축소

② 방지대책
  ㉮ 관경을 크게 하여 관내의 유속(2m/sec 이하)을 느리게 한다.
  ㉯ 펌프에 플라이휠을 부착한다.
  ㉰ 밸브를 펌프 송출구 가까이 설치하고 밸브를 천천히 조작한다.

3) 베이퍼록(vaper rock) 현상

① 저비점의 액체를 이송할 때 펌프의 입구측에서 액체가 기화하는 현상이다.
② 회전속도가 빠른 회전펌프에서 주로 발생한다.

제02절_ 저온장치
출제예상문제

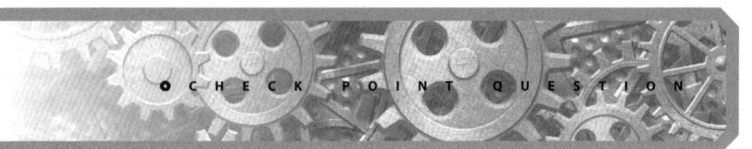

01 공기액화 분리장치의 내부를 세척하고자 한다. 세정액으로 사용할 수 있는 것은?
① 탄산나트륨(Na_2CO_3) ② 사염화탄소(CCl_4)
③ 염산(HCl) ④ 가성소다(NaOH)

> 공기액화분리장치의 폭발을 방지하기 위하여 1년에 1회 정도 사염화탄소(CCl_4)로 내부를 세척한다.

02 2,000[rpm]으로 회전하는 펌프를 3,500 [rpm]으로 변환하는 경우 펌프의 유량과 양정은 몇 [배]가 되는가?
① 유량 : 2.65, 양정 : 4.12
② 유량 : 3.06, 양정 : 1.75
③ 유량 : 3.06, 양정 : 5.36
④ 유량 : 1.75, 양정 : 3.06

> 펌프의 상사법칙
> · 유량 $Q_2 = \dfrac{N_2}{N_1} \times Q_1 = \dfrac{3,500}{2,000} \times Q_1 = 1.75 Q_1$
> · 양정 $H_2 = \left(\dfrac{N_2}{N_1}\right)^2 \times H_1 = \left(\dfrac{3,500}{2,000}\right)^2 \times H_1 = 3.06 H_1$

03 원심펌프를 병렬연결 운전할 때의 특성으로서 올바른 것은?
① 유량은 불변이다. ② 양정은 증가한다.
③ 유량은 감소한다. ④ 양정은 일정하다.

> · 병렬 연결 : 유량 증가, 양정 일정
> · 직렬 연결 : 유량 일정, 양정 증가

04 다음 공기 액화 사이클에서 관련이 없는 장치가 연결되어 있는 것은?
① 린데식 공기액화사이클-액화기
② 클로우드 공기액화사이클-축냉기
③ 필립스 공기액화사이클-보조피스톤
④ 카피쟈 공기액화사이클-압축기

> 클로우드식 공기액화사이클-피스톤식 팽창기

05 공기 액화 분리 장치에서 폭발사고가 발생했다. 그 원인에 해당하지 않는 것은?
① 장치내 질소 생성
② 공기중의 O_3 혼입
③ 공기 취입구로부터의 아세틸렌의 침입
④ 윤활유의 열화에 의한 탄화수소의 생성

> 공기 액화 분리장치의 폭발원인
> · 액체공기 중에 오존(O_3) 혼입
> · 장치내 질소산화물 생성
> · 윤활유의 열화에 의한 탄화수소의 생성
> · 공기 취입구로부터 아세틸렌의 혼입

06 산소를 제조하기 위한 공기액화 분리장치에서 수유분리기(水油分離器)의 역할 설명으로 옳지 않은 것은?
① 압축기 파손 우려가 있으므로 물이나 오일을 제거한다.
② 오일이 장치내에 들어가면 폭발위험이 있으므로 오일을 제거한다.
③ 수분이 장치중에 들어가면 동결하여 Valve 및 배관을 폐쇄하므로 수분을 제거한다.
④ 수유분리기에서는 압축된 공기중의 수분이나 오일을 가스 유속을 빠르게 하여 분리시킨다.

> · 유분리기 : 공기압축기의 윤활유(광유)가 장치내에 혼입되면 폭발의 위험이 있으므로 윤활유를 분리한다.
> · 수분리기 : 수분이 저온장치에 들어가면 얼음이 되어 장치를 폐쇄시키므로 수분을 제거한 후 건조기로 보내진다.

07 캐비테이션(Cavitation)의 방지책으로 틀린 것은?
① 펌프의 설치높이를 낮춘다.
② 양흡입 펌프를 사용한다.
③ 펌프의 회전수를 높게 한다.
④ 수직축 펌프를 사용하고 회전차를 수중에 잠기게 한다.

정답 01 ② 02 ④ 03 ④ 04 ② 05 ① 06 ④ 07 ③

🔍 캐비테이션을 방지하기 위하여 펌프의 회전수를 작게 한다.

08 펌프의 종류 중 용적형 펌프가 아닌 것은?

① 피스톤 펌프
② 터어보 펌프
③ 베인 펌프
④ 기어 펌프

🔍 용적형 펌프 : 왕복펌프(피스톤펌프, 플런저펌프), 회전펌프(기어펌프, 베인펌프)

09 압축기 윤활유의 구비조건에 해당되지 않는 것은?

① 인화점이 높고 응고점이 낮을 것
② 항유화성이 클 것
③ 정제도가 높아 잔류 탄소량이 클 것
④ 사용가스와 반응하지 않을 것

🔍 윤활유는 정제가 양호하고 잔류 탄소량이 적을 것

10 펌프의 축봉장치에서 스타팅 박스 내가 고진공이고, 점성계수가 100Cp(센티포와즈)를 초과하는 액 등에 사용하는 시일방식은?

① 더블 시일형
② 언밸런스 시일형
③ 아웃사이드 시일형
④ 밸런스 시일형

🔍 아웃사이드 시일형
 • 스타핑박스 내가 고진공일 때
 • 점성계수가 100Cp(센티포와즈)를 초과하는 액일 때
 • 저응고점의 액일 때

11 다단 압축을 하는 목적은?

① 압축일과 체적효율 증가
② 압축일 증가와 체적효율 감소
③ 압축일 감소와 체적효율 증가
④ 압축일과 체적효율 감소

🔍 다단압축을 채택하면 압축일이 감소되어 체적효율이 증가한다.

12 다음 펌프 중 베이퍼록 현상이 일어나는 것은?

① 회전펌프   ② 기포펌프
③ 왕복펌프   ④ 기어펌프

🔍 베이퍼록 현상 : 저비점의 액체를 이송할 때 펌프의 입구측에서 액체가 기화하는 현상으로서 회전속도가 빠른 회전펌프에서 주로 발생한다.

13 다음 중 왕복 압축기의 용량제어 방법으로 적당하지 않은 것은?

① 깃 각도 조정에 의한 방법
② 타임드 밸브에 의한 방법
③ 회전수 변경에 의한 방법
④ 바이패스 밸브에 의하여 압축가스를 흡입측에 복귀시키는 방법

🔍 원심식 압축기의 용량제어법 : 깃 각도 조정 즉 흡입 가이드베인 제어법

14 다음 중 공기를 압축·냉각하여 액체 공기를 만드는 과정 및 액체 공기를 분류, 정류하는 과정에서 기화, 액화되어 나오는 가스의 순서가 맞는 것은?

① 액화는 산소가 먼저하고, 기화는 질소가 먼저 한다.
② 액화는 질소가 먼저하고, 기화는 산소가 먼저 한다.
③ 산소가 액화, 기화 모두 먼저 한다.
④ 질소가 액화, 기화 모두 먼저 한다.

🔍 비점이 높을수록 액화가 먼저 되고, 비점이 낮을수록 기화가 먼저 된다.
 • 산소의 액화온도 : -183℃
 • 질소의 액화온도 : -196℃

15 저압 압축기로서 대용량을 취급할 수 있는 압축기의 형식은?

① 왕복동식   ② 원심식
③ 회전식   ④ 흡수식

🔍 원심식(터보) 압축기는 임펠러의 원심력에 의해 가스를 압축하는 방식으로서 대용량에 적당하며 소용량에는 제작상 한계가 있고 제작비가 비싸다.

정답 08 ② 09 ③ 10 ③ 11 ③ 12 ① 13 ① 14 ① 15 ②

16 펌프 중 고압에 사용하기 적합한 펌프는?

① 원심펌프   ② 왕복펌프
③ 축류펌프   ④ 사류펌프

🔍 왕복펌프는 소유량, 고양정(고압)을 필요로 할 때 적합한 펌프로서 피스톤펌프, 플런저펌프 등이 있다.

17 공기 액화분리기의 원료공기 중에서 제거해야 할 불순물로는 수분과 ( )이(가) 있다. ( )속에 가장 적합한 것은?

① He   ② CO_2
③ N_2 ④ Ar

🔍 공기액화분리장치에서 불순물 : 이산화탄소(CO_2), 수분

18 공기 액화 분리장치의 CO_2에 관한 설명으로 옳지 않은 것은?

① CO_2는 수분리기에서 제거하여 건조기에서 완결되어진다.
② CO_2는 장치 폐쇄를 일으킨다.
③ CO_2는 8% NaOH용액으로 제거한다.
④ CO_2는 원료 공기에 포함된 것이다.

🔍 이산화탄소(CO_2)는 저온에서 고형의 드라이아이스가 되므로 밸브나 장치를 폐쇄시켜 장치를 파손할 우려가 있으므로 이산화탄소 흡수탑에서 8% 가성소다 수용액으로 제거한다.

19 공기 액화 분리장치에는 가연성 단열재를 사용할 수 없다. 그 이유는 어느 가스 때문인가?

① N_2 ② CO_2
③ H_2 ④ O_2

🔍 가연성 단열재와 조연성 가스인 산소(O_2)와 접촉시 자연발화에 의한 폭발의 위험성이 있다.

20 회전펌프의 장점이 아닌 것은?

① 왕복펌프와 같은 흡입, 토출밸브가 없다.
② 점성이 있는 액체에 좋다.
③ 토출압력이 높다.
④ 연속 토출되어 맥동이 많다.

🔍 회전펌프 : 케이싱속에 회전자를 회전시켜 점도성 유체(기름)를 정량으로 이송하는데 적합하며 연속적으로 토출되므로 맥동이 적다.

21 실린더의 단면적 50cm², 행정 10cm, 회전수 200rpm, 체적효율 80%인 왕복 압축기의 토출량은?

① 60ℓ/min   ② 80ℓ/min
③ 120ℓ/min   ④ 140ℓ/min

🔍 압축기 토출량 $V = \frac{\pi}{4} \times D^2 \times L \times N \times n \times \eta_v \; (cm^3/min)$
$V = 50 \times 10 \times 200 \times 0.8$
$= 80,000 cm^3/min$
$= 80 ℓ/min$

22 압축된 가스를 단열 팽창시키면 온도가 강하한다는 효과는?

① 단열효과
② 주울-톰슨효과
③ 정류효과
④ 강하효과

🔍 주울-톰슨효과 : 기체를 단열팽창시키면 압력과 온도는 강하한다.

23 원심펌프를 병렬로 연결시켜서 운전하면 무엇이 증가하는가?

① 양정   ② 동력
③ 유량   ④ 효율

🔍 병렬로 연결 : 유량 증가, 양정 일정

24 LPG, 액화가스와 같이 저비점의 액체용 펌프에서 쓰이는 펌프의 축봉장치는?

① 싱글시일
② 더블시일
③ 언밸런스시일
④ 밸런스시일

🔍 밸런스시일형 : LPG와 같이 저비점의 액체일 때

정답 16 ② 17 ② 18 ① 19 ④ 20 ④ 21 ② 22 ② 23 ③ 24 ④

25 가스 액화 분리장치를 구분할 때 속하지 않는 장치는?
① 한냉 발생장치　② 정류 장치
③ 불순물 제거장치　④ 물분무 장치

🔍 물분무장치는 가연성가스 저장탱크의 온도상승을 방지하기 위하여 설치한다.

26 공기액화분리장치에서 공기 중의 이산화탄소를 제거하는 이유는?
① 가스의 원활함과 밸브 및 배관에 세척을 잘 하기 때문에
② 압축기에서 토출된 가스의 압축열을 제거하기 때문에
③ 저온장치에 이산화탄소가 존재하면 고형의 드라이아이스가 되어 밸브 및 배관을 폐쇄 장애를 일으키기 때문에
④ 원료가스를 저온에서 분리, 정제하기 때문에

🔍 이산화탄소는 저온에서 고형의 드라이아이스가 되므로 밸브나 장치를 폐쇄시켜 장치를 파손할 우려가 있으므로 8% 가성소다 수용액으로 제거한다.

27 압축기의 다단 압축의 목적이 아닌 것은?
① 소요 일량을 절약할 수 있다.
② 힘의 평형을 이룰 수 있다.
③ 온도 상승을 피할 수 있다.
④ 압축비가 커지며 이용효율을 증가시킨다.

🔍 다단압축의 목적
- 체적효율 증가 및 압축일 감소
- 압축 후 토출가스온도 상승을 방지
- 힘의 평형을 양호하게 하기 위함
- 압축비를 작게 하여 압축기 성능이 증대

28 공기 100kg 중에는 산소가 약 몇 [kg] 섞여 있는가?
① 12.3kg　② 23.2kg
③ 31.5kg　④ 43.7kg

🔍 공기 중에 산소가 중량비로 23.2% 존재하므로 100kg×0.232 = 23.2kg이 섞여 있다.

29 압축기 윤활유에 대한 설명으로 옳은 것은?
① 수소 압축기의 윤활에는 양질의 광유가 사용된다.
② 아세틸렌 압축기의 윤활에는 물이 사용된다.
③ 산소 압축기의 윤활에는 진한 황산이 사용된다.
④ 염소 압축기의 윤활에는 식물성유가 사용된다.

🔍 압축기 윤활유

종류	윤활유
아세틸렌 압축기	양질의 광유
염소 압축기	진한 황산
수소 압축기	양질의 광유
산소 압축기	물 또는 묽은 글리세린 수용액

30 양정 90m, 유량 90m³/h의 송수펌프의 소요동력은 약 몇 [kW] 인가? (단, 펌프의 효율은 60% 이다.)
① 30.6　② 36.8
③ 50.2　④ 56.8

🔍 펌프의 소요동력 $L = \dfrac{\gamma H Q}{102 \times 3{,}600 \times \eta_p}(kW)$

$L = \dfrac{1{,}000 \times 90 \times 90}{102 \times 3{,}600 \times 0.6} = 36.76 kW$

31 비점이 점차 낮은 냉매를 사용하여 저비점의 기체를 액화하는 사이클은?
① 클라우드 액화 사이클
② 캐스케이드 액화 사이클
③ 필립스 액화 사이클
④ 린데 액화 사이클

🔍 캐스케이드식 공기액화사이클 : 비점이 낮은 냉매를 사용하여 저비점의 기체를 액화시키는 다원액화사이클

32 펌프를 운전할 때 송출압력과 송출유량이 주기적으로 변동하여 펌프의 토출구 및 흡입구에서 압력계의 지침이 흔들리는 현상은?
① 공동현상　② 맥동현상
③ 수격작용　④ 진동현상

🔍 맥동현상은 진동이 주기적으로 발생하여 압력계 지침이 떨린다.

정답 25 ④　26 ③　27 ④　28 ②　29 ①　30 ②　31 ②　32 ②

33 스크류 펌프는 어느 형식의 펌프에 해당하는가?

① 축류 펌프
② 원심 펌프
③ 회전 펌프
④ 왕복 펌프

🔍 스크류펌프는 치차(기어)펌프로서 회전펌프에 해당한다.

34 다음 중 공기액화사이클의 종류에 해당되지 않는 것은?

① 클라우드 공기액화사이클
② 캐피자 공기액화사이클
③ 뉴파우더 공기액화사이클
④ 필립스 공기액화사이클

🔍 공기액화사이클의 종류 : 클라우드식, 린데식, 캐피자식, 필립스식, 캐스케이드식

35 압축기에서 다단압축의 목적이 아닌 것은?

① 가스의 온도 상승을 방지하기 위하여
② 힘의 평형을 달리 하기 위하여
③ 이용 효율을 증대시키기 위하여
④ 압축 일량의 절약을 위하여

🔍 다단압축의 목적
• 체적효율 증가 및 압축일 감소
• 압축 후 토출가스온도 상승을 방지
• 힘의 평형을 양호하게 하기 위함
• 압축비를 작게 하여 압축기 성능이 증대

36 공기액화분리장치용 구성기기 중 압축기에서 고압으로 압축된 공기를 저온, 저압으로 낮추는 역할을 하는 장치는?

① 응축기
② 유분리기
③ 팽창기
④ 열교환기

🔍 팽창기 : 고압의 압축공기를 저온, 저압으로 감압시켜 주는 장치

37 공기액화분리장치에 들어가는 공기 중에 아세틸렌 가스가 혼입되면 안되는 이유로서 가장 옳은 것은?

① 산소의 순도가 나빠지기 때문에
② 분리기 내의 액화산소 탱크 내에 들어가 폭발하기 때문에
③ 배관 내에서 동결되어 약하므로
④ 질소와 산소의 분리에 방해가 되므로

🔍 공기취입구로부터 아세틸렌이 혼입되면 액화산소 탱크 내에서 폭발이 발생한다.

38 흡입압력이 대기압과 같으며 최종압력이 15kgf/cm² · g인 4단 공기 압축기의 압축비는? (단, 대기압은 1kgf/cm²로 한다.)

① 2   ② 4
③ 8   ④ 16

🔍 다단압축시 압축비 $a = \sqrt[n]{\frac{P_H}{P_L}}$ 에서
$a = \sqrt[4]{\frac{15+1}{1}} = 2$

39 다음 중 터보(Turbo)형 펌프가 아닌 것은?

① 원심펌프   ② 사류펌프
③ 축류펌프   ④ 플런저펌프

🔍 플런저펌프 : 왕복펌프

40 고압식 액체산소 분리장치의 주요 구성이 아닌 것은?

① 공기압축기   ② 기화기
③ 액화산소탱크   ④ 저온열교환기

🔍 기화기는 LPG 공급설비로서 액화가스를 기화시키는 설비이다.

41 20RT의 냉동능력을 갖는 냉동기에서 응축온도가 +30℃, 증발온도가 −25℃일 때 냉동기를 운전하는데 필요한 냉동기의 성적계수(COP)는 얼마인가?

① 4.51   ② 7.46
③ 14.51   ④ 17.46

정답 33 ③ 34 ③ 35 ② 36 ③ 37 ② 38 ① 39 ④ 40 ② 41 ①

이상적 성적계수 $COP = \dfrac{T_L}{T_H - T_L}$ 에서

$COP = \dfrac{273 - 25}{(273 + 30) - (273 - 25)} = 4.509$

42 캐피자(Kapitza) 공기액화사이클에서 공기의 압축 압력은 약 얼마 정도인가?

① 3atm ② 7atm
③ 29atm ④ 40atm

캐피자식 공기액화사이클의 공기 압축압력은 7atm 정도이며 열교환시 축냉기를 사용하여 공기를 냉각시키고 공기 중에 수분과 탄산가스를 제거하여 액화시키는 사이클이다.

43 펌프의 성능을 표시하는 특성곡선에서 일반적으로 표시되어 있지 않은 것은?

① 양정 ② 축동력
③ 토출량 ④ 임펠러 재실

펌프의 성능곡선은 유량에 대한 축동력, 양정, 효율이 표시되어 있다.

44 왕복식 압축기의 구성 부품이 아닌 것은?

① 피스톤 ② 임펠러
③ 커넥팅 로드 ④ 크랭크축

왕복동식 압축기 구성 : 실린더, 압축기, 흡입 및 토출밸브, 커넥팅로드, 크랭크축, 크랭크케이스, 축봉장치

45 산소 압축기의 내부 윤활유로 사용되는 것은?

① 물 또는 10% 묽은 글리세린 수
② 진한 황산
③ 양질의 광유
④ 디젤엔진유

압축기 윤활유

종류	윤활유
공기 압축기	디젤엔진유
염소 압축기	진한 황산
수소 압축기	양질의 광유
산소 압축기	물 또는 묽은 글리세린 수용액

46 LPG나 액화가스와 같이 저비점이고 내압이 0.4~0.5MPa 이상인 액체에 주로 사용되는 펌프의 메카니컬 시일의 형식은?

① 더블 시일형
② 인사이드 시일형
③ 아웃사이드 시일형
④ 밸런스 시일형

밸런스시일형
• LPG와 같이 저비점의 액체일 때
• 하이드로카본일 때
• 내압이 0.4~0.5MPa 이상일 때

47 펌프의 유량이 100m³/s, 전양정이 50m, 효율이 75%일 때 회전수를 20% 증가시키면 소요동력은 몇 [배]가 되는가?

① 1.73 ② 2.36
③ 3.73 ④ 4.36

펌프의 상사법칙

동력 $L_2 = \left(\dfrac{N_2}{N_1}\right)^3 \times L_1$ 에서

$L_2 = \left(\dfrac{1.2N_1}{1N_1}\right)^3 \times L_1 = 1.728L_1$

48 액화석유가스 이송용 펌프에서 발생하는 이상현상으로 가장 거리가 먼 것은?

① 케비테이션 ② 수격작용
③ 오일포밍 ④ 베이퍼록

오일포밍은 유면이 약동하고 거품이 발생하는 현상으로서 압축기에서 발생한다.

49 기어펌프의 특징에 대한 설명 중 틀린 것은?

① 저압력에 적합하다.
② 토출압력이 바뀌어도 토출량은 크게 바뀌지 않는다.
③ 고점도액의 이송에 적합하다.
④ 흡입양정이 크다.

기어펌프는 소유량, 고양정(고압)을 필요로 할 때 적합한 것으로 정량펌프이다.

정답 42 ② 43 ④ 44 ② 45 ① 46 ④ 47 ① 48 ③ 49 ①

50 수소나 헬륨을 냉매로 사용한 냉동방식으로 실린더 중에 피스톤과 보조 피스톤으로 구성되어 있는 액화사이클은?

① 클라우드 공기액화사이클
② 린데 공기액화사이클
③ 필립스 공기액화사이클
④ 캐피자 공기액화사이클

> 필립스식 공기액화 사이클 : 수소나 헬륨을 냉매로 사용하고 피스톤과 보조피스톤이 한 실린더 안에 설치되어 팽창기와 압축기의 역할을 동시에 하는 사이클

51 다음 중 저압식 공기액화분리장치에서 사용되지 않는 장치는?

① 여과기　　② 축냉기
③ 액화기　　④ 중간냉각기

> 중간냉각기는 고압식 공기액화분리기에 사용하는 장치이다.

52 나사압축기에서 숫로터 직경이 150mm, 로터 길이 100mm, 숫로터 회전수 350rpm이라고 할 때 이론적 토출량은 약 몇 [m³/min] 인가? (단, 로터 형상에 의한 계수(Cv)는 0.476이다.)

① 0.11　　② 0.21
③ 0.37　　④ 0.47

> 스크류식 압축기의 피스톤 압출량(V)
> $V = C_V \times D^2 \times L \times N \times 60 \ (m^3/h)$
> $V = 0.476 \times 0.15^2 \times 0.1 \times 350$
> $\quad = 0.375 m^3/min$

53 펌프의 캐비테이션 발생에 따라 일어나는 현상이 아닌 것은?

① 양정곡선이 증가한다.
② 효율곡선이 저하한다.
③ 소음과 진동이 발생한다.
④ 깃에 대한 침식이 발생한다.

> 캐비테이션 발생시 현상
> • 소음과 진동이 발생
> • 양정이 감소하고, 펌프효율이 저하
> • 임펠러 침식이 발생

54 흡수식냉동기에서 냉매로 물을 사용할 경우 흡수제로 사용하는 것은?

① 암모니아
② 사염화메탄
③ 리튬브로마이드
④ 파라핀유

> 흡수식 냉동기의 냉매와 흡수제
>
> | 냉매 | 흡수제 |
> |---|---|
> | 물(H_2O) | 리튬브로마이드(LiBr) |
> | 암모니아(NH_3) | 물(H_2O) |

55 가스액화분리장치 중 축냉기에 대한 설명으로 틀린 것은?

① 열교환기이다.
② 수분을 제거시킨다.
③ 탄산가스를 제거시킨다.
④ 내부에는 열용량이 적은 충전물이 들어 있다.

> 축냉기는 열교환기로서 불순한 질소를 축냉체상에 빙결된 탄산가스와 수분을 제거하는 장치이다.

56 다음 중 공기액화분리장치에서 발생할 수 있는 폭발의 원인으로 볼 수 없는 것은?

① 액체공기 중에 산소의 혼입
② 공기 취입구에서 아세틸렌의 침입
③ 윤활유 분해에 의한 탄화수소의 생성
④ 산화질소(NO), 과산화질소(NO_2)의 혼입

> 공기 액화 분리장치의 폭발원인
> • 액체공기 중에 오존(O_3) 혼입
> • 장치내 질소산화물 생성
> • 윤활유의 열화에 의한 탄화수소의 생성
> • 공기 취입구로부터 아세틸렌의 혼입

57 다음 중 왕복식 펌프에 해당하는 것은?

① 기어펌프　　② 베인펌프
③ 터빈펌프　　④ 플런저펌프

> 왕복식펌프 : 피스톤펌프, 플런저펌프

정답 50 ③　51 ④　52 ③　53 ①　54 ③　55 ④　56 ①　57 ④

58 원심식 압축기의 특징에 대한 설명으로 옳은 것은?

① 용량 조정 범위는 비교적 좁고, 어려운 편이다.
② 압축비가 크며, 효율이 대단히 높다.
③ 연속토출로 맥동현상이 크다.
④ 서징현상이 발생하지 않는다.

🔍 원심식 압축기는 대용량에 적합하며 용량조정범위가 좁고 서징 현상이 발생한다.

59 냉동설비 중 흡수식 냉동설비의 냉동능력 정의로 옳은 것은?

① 발생기를 가열하는 24시간의 입열량 6천 640kcal를 1일의 냉동능력 1톤으로 봄
② 발생기를 가열하는 1시간의 입열량 3천 320kcal를 1일의 냉동능력 1톤으로 봄
③ 발생기를 가열하는 1시간의 입열량 6천 640kcal를 1일의 냉동능력 1톤으로 봄
④ 발생기를 가열하는 24시간의 입열량 3천 320kcal를 1일의 냉동능력 1톤으로 봄

🔍 흡수식 냉동설비의 1일의 냉동능력 1톤은 발생기를 가열하는 1시간의 입열량 6640kcal이다.

60 가스액화분리장치의 구성 3요소가 아닌 것은?

① 한냉발생 장치   ② 정류 장치
③ 불순물 제거 장치   ④ 유회수장치

🔍 가스액화분리장치의 3대 구성 : 한냉발생장치, 정류장치, 불순물제거장치

61 다음 중 왕복식 펌프에 해당하지 않는 것은?

① 플런저 펌프   ② 피스톤 펌프
③ 다이어프램 밸브   ④ 기어 펌프

🔍 회전펌프 : 기어펌프, 베인펌프

62 배관 속을 흐르는 액체의 속도를 급격히 변화시키면 물이 관벽을 치는 현상이 일어나는데 이런 현상을 무엇이라 하는가?

① 캐비테이션 현상   ② 워터해머링 현상
③ 서징 현상   ④ 맥동 현상

🔍 수격작용(water hammering) : 배관내에 유체가 흐를 때 펌프의 순간적인 정지나 기동, 밸브의 급격한 개폐 등으로 물이 관벽을 치는 현상

63 가스히트펌프(GHP)는 다음 중 어떤 분야로 분류되는가?

① 냉동기   ② 특정설비
③ 가스용품   ④ 용기

🔍 가스히트펌프는 응축기의 방열을 이용하여 난방을 채택하는 시스템으로서 냉동기분야에 해당한다.

64 로터리 압축기에 대한 설명으로 틀린 것은?

① 왕복동식 압축기에 비해 부품수가 적고 구조가 간단하다.
② 압축이 단속적이므로 저진공에 적합하다.
③ 기름 윤활 방식으로 소용량이다.
④ 구조상 흡입기체에 기름이 혼입되기 쉽다.

🔍 로터리(회전) 압축기는 압축이 연속적이므로 고진공을 얻을 수 있어 진공펌프로 사용된다.

65 펌프의 회전수를 1,000rpm에서 1,200rpm으로 변화시키면 동력은 약 몇 [배]가 되는가?

① 1.3   ② 1.5
③ 1.7   ④ 2.0

🔍 펌프의 상사법칙
동력 $L_2 = \left(\dfrac{N_2}{N_1}\right)^3 \times L_1$에서
$L_2 = \left(\dfrac{1,200}{1,000}\right)^3 \times L_1 = 1.728 L_1$

66 기어펌프로 10kg 용기에 LP 가스를 충전하던 중 베이퍼록이 발생되었다면 그 원인으로 틀린 것은?

① 저장탱크의 긴급차단밸브가 충분히 열려 있지 않았다.
② 스트레이너에 녹, 먼지가 끼었다.
③ 펌프의 회전수가 적었다.
④ 흡입측 배관의 지름이 가늘었다.

🔍 베이퍼록 현상 : 저비점의 액체를 이송할 때 펌프의 입구측에서 액체가 기화하는 현상으로서 회전속도가 빠르거나 흡입측 배관이 가늘고 막혀 있을 경우에 발생한다.

정답 58 ① 59 ③ 60 ④ 61 ④ 62 ② 63 ① 64 ② 65 ③ 66 ③

67 압축기에서 두압이란?

① 흡입 압력이다.
② 증발기내의 압력이다.
③ 크랭크 케이스내의 압력이다.
④ 피스톤 상부의 압력이다.

🔍 압축기의 두압은 피스톤 상부의 압력이다.

68 다음 [그림]은 무슨 공기 액화장치인가?

① 클라우드식 액화장치
② 린데식 액화장치
③ 캐피자식 액화장치
④ 필립스식 액화장치

🔍 클라우드식 공기액화사이클은 그림에서 피스톤식 팽창기를 사용한 것으로 알 수 있다.

69 증기 압축식 냉동기에서 냉매가 순환되는 경로로 옳은 것은?

① 압축기 → 증발기 → 응축기 → 팽창밸브
② 증발기 → 응축기 → 압축기 → 팽창밸브
③ 증발기 → 팽창밸브 → 응축기 → 압축기
④ 압축기 → 응축기 → 팽창밸브 → 증발기

70 터보식 펌프로서 비교적 저양정에 적합하며 효율 변화가 비교적 급한 펌프는?

① 원심 펌프   ② 축류 펌프
③ 왕복 펌프   ④ 베인 펌프

🔍 축류펌프 : 임펠러에서 나온 물이 축과 평행하게 토출되므로 대유량, 저양정에 적합하다.

71 원심식 압축기를 사용하는 냉동설비는 원동기 정격출력 얼마를 1일의 냉동능력 1톤으로 하는가?

① 1.2kW   ② 2.4kW
③ 3.6kW   ④ 4.8kW

🔍 원심식 압축기를 사용하는 냉동설비는 압축기의 원동기 정격출력 1.2kW를 1일의 냉동능력 1톤으로 한다.

72 원심펌프를 직렬로 연결시켜 운전하면 무엇이 증가하는가?

① 양정   ② 동력
③ 유량   ④ 효율

🔍 직렬 연결 : 유량 일정, 양정 증가

73 펌프가 운전 중에 한숨을 쉬는 것과 같은 상태가 되어 토출구 및 흡입구에서 압력계의 바늘이 흔들리며 동시에 유량이 변화하는 현상을 무엇이라고 하는가?

① 캐비테이션(공동현상)
② 워터햄머링(수격작용)
③ 바이브레이션(진동현상)
④ 서어징(맥동현상)

🔍 맥동(서어징)현상은 진동이 주기적으로 발생하여 압력계 지침이 떨린다.

74 공기액화 분리장치의 이산화탄소 흡수탑에서 가성소다로 이산화탄소를 제거한다. 이 반응식으로 옳은 것은?

① $2NaOH + CO_2 \rightarrow Na_2CO_3 + H_2O$
② $2NaOH + 3CO_2 \rightarrow Na_2CO_3 + 2CO + H_2O$
③ $NaOH + CO_2 \rightarrow Na_2CO_3 + H_2O$
④ $NaOH + 2CO_2 \rightarrow Na_2CO_3 + CO + H_2O$

75 가스 액화 분리장치 중 원료 가스를 저온에서 분리, 정제하는 장치는?

① 한냉장치   ② 정류장치
③ 열교환장치   ④ 불순물제거장치

- 한냉발생장치 : 냉동 및 가스액화사이클을 응용한 장치
- 정류장치 : 저온에서 원료가스를 분리하여 정제하는 장치
- 불순물제거장치 : 저온에서 동결되는 원료가스 중 탄산가스 및 수분을 제거하는 장치

76 압축기가 과열 운전되는 원인으로 가장 거리가 먼 것은?

① 압축비 증대
② 윤활유 부족
③ 냉동부하의 감소
④ 냉매량 부족

냉동부하가 감소하면 압축일량이 작게 되어 실린더가 과열되지 않는다.

77 압축기에서 사용하는 윤활유 선택시 주의사항으로 틀린 것은?

① 사용가스와 화학반응을 일으키지 않을 것
② 인화점이 높을 것
③ 정제도가 높고 잔류탄소의 양이 적을 것
④ 점도가 적당하고 항유화성이 적을 것

윤활유는 점도가 적당하고 항유화성이 클 것

78 다음은 저압식 공기액화분리장치의 작동개요의 일부이다. ( ) 안에 각각 알맞은 수치를 옳게 나열한 것은?

저압식 공기액화분리장치의 복식정류탑에서는 하부탑에서 약 5atm의 압력하에서 원료공기가 정류되고, 동탑 상부에서는 (㉠)% 정도의 액체질소가, 탑하부에서는 (㉡)% 정도의 액체공기가 분리된다.

① ㉠ 98 ㉡ 40
② ㉠ 40 ㉡ 98
③ ㉠ 78 ㉡ 30
④ ㉠ 30 ㉡ 78

- 동탑상부 : 98% 액체질소
- 동탑하부 : 40% 액체공기

정답 76 ③ 77 ④ 78 ①

SECTION 03 가스설비

Craftsman Gas

STEP 01 도시가스설비

1. 도시가스 제조설비

1) 도시가스의 원료

고체연료	액체연료	기체연료
석탄, 코크스	LNG, LPG, 나프타	천연가스, 정류(off)가스

2) 원료 정제공정
① 탈황방법
  ㉮ 건식탈황법 : 산화철($Fe_2O_3 \cdot 3H_2O$)을 사용하여 H_2S를 제거하는 방법과 활성탄, 실리카겔, 몰리큘러시브 등의 흡착제를 사용하여 제거하는 방법이 있다.
  ㉯ 습식탈황법 : 산성인 황화수소(H_2S)를 알카리성인 흡수액(암모니아수, 탄산나트륨)을 사용하여 흡수 제거하는 방법이 있다.
② 나프탈렌 제거
  ㉮ 세정법 : 냉각작용 및 기계적 충격작용에 의하여 나프탈렌, 타르, 먼지 등의 불순물을 제거한다.
  ㉯ 흡수법(오일세정기) : 세정유를 이용하여 나프탈렌을 흡수 제거한다.
③ 불순물이 장치에 미치는 영향
  ㉮ 물 : 배관의 부식 및 밸브나 배관을 폐쇄시킨다.
  ㉯ 나프탈렌, 타르, 먼지 : 정압기 및 노즐에 부착하여 기능을 저하시킨다.
  ㉰ 산화질소 또는 황화합물 : 가스기구 및 정압기를 부식시킨다.

3) 도시가스의 제조공정

구분	공정의 종류
가스제조방식에 따른 분류	접촉분해 프로세스, 열분해법 프로세스, 부분연소 프로세스, 수소화분해 프로세스, 대체천연가스 프로세스
원료송입에 따른 분류	배치식, 연속식, 사이클링식
가열방식에 따른 분류	축열식, 외열식, 부분연소식, 자열식

① 접촉분해 프로세스
  ㉮ 탄화수소와 수증기를 400~800℃에서 반응시켜 메탄, 에탄, 에틸렌, 프로필렌, 수소, 일산화탄소, 이산화탄소 등 저급 탄화수소로 변화시키는 공정이다.

㉯ 온도가 700℃ 이상이 되면 수소와 일산화탄소는 증가, 메탄과 탄산가스는 감소한다.
　㉰ 수증기의 탄화수소비가 클 때 수소와 탄산가스는 증가, 메탄과 일산화탄소는 감소한다.
　㉱ 저온일 때는 메탄, 탄산가스가 증가한다.
　㉲ 고압일 때는 메탄과 탄산가스는 증가, 수소와 일산화탄소는 감소한다.
　㉳ 종류 : 저온수증기 개질법, 고온수증기 개질법, Cyclic식 접촉분해법
② 열분해 프로세스 : 분자량이 큰 원료(나프타, 원유)를 800~900℃로 분해하여 고열량(10,000kcal/Nm³)의 가스를 제조하는 공정이다.
③ 부분연소 프로세스 : 고온, 고압에서 탄화수소를 원료로 산소, 공기, 수증기를 이용하여 탄산가스, 일산화탄소, 메탄, 수소 등을 제조하는 공정이다.
④ 수소화분해 프로세스 : 니켈(Ni) 등의 촉매를 사용하여 나프타 등 C/H비(탄화수소/수소)가 낮은 탄화수소를 메탄으로 변화시키는 공정이다.
⑤ 대체천연가스 프로세스 : 나프타, 원유, 중질유, LPG, 석탄 등으로 제조되며 대체천연가스(SNG, Substitute Natural Gas) 또는 합성천연가스(SNG, Synthetic Natural Gas)라 한다.

2. 도시가스 공급방식

1) 저압공급방식
직접 수용가에게 공급하는 방식으로 0.1MPa 미만의 압력으로 정압기를 통해 송출하는 방식으로서 일반주택의 공급에 적합한 방식이다.

2) 중압공급방식
공장에서 가스를 중압으로 공급하고 공급지역내에 설치된 정압기에 의하여 저압으로 감압시켜 일반수용가에 공급하는 방식이다.
① 전용정압기방식
　일반수용가 건물내에 설치된 정압기에서 중압의 가스를 저압으로 감압시켜 공급하는 방식이다.
② 지구정압기방식
　냉온수기나 보일러에 설치된 지구정압기에서 연소기구에 적당한 압력으로 감압시켜 공급하는 방식이다.
③ 전용정압기방식 + 지구정압기방식

3) 고압공급방식
공급가스량이 많거나 장거리 수송(배관이 길 경우)시 수송압력을 높여 공급할 수 있으며 배관 설치비를 절약할 수 있는 방식이다.

도시가스 공급방식의 압력 및 특징

공급방식	공급압력	특징
저압공급 방식	0.1MPa 미만	• 저압도관으로 공급계통이 간단하다. • 공급량이 적어 일반주택에 적합하다. • 압송비용은 저렴하다. • 물고임을 방지하기 위하여 수취기로 채수가 가능하다. • 장거리 수송과 수송량이 많을 때는 대구경의 도관을 사용하므로 비경제적이다.
중압공급 방식	0.1MPa 이상 1MPa 미만	• 소구경, 대량의 가스수송으로 도관비를 절약할 수 있다. • 균일한 압력으로 공급이 가능하다. • 유지관리가 어렵고 공급비가 높아진다. • 압송기에서 압축되므로 수분에 의한 장해가 적다. • 가스홀더를 설치할 경우 단시간의 정전은 가스공급에 영향을 주지 않는다.
고압공급 방식	1MPa 이상	• 소구경의 배관으로 다량의 가스를 공급할 수 있다. • 고압장치의 유지관리가 복잡하고 압송비가 커진다. • 고압 가스홀더를 설치할 경우 공급의 안전성이 높다. • 정압기, 가스미터의 고무막의 건조열화 등으로 고장이 우려된다.

3. 부취제

도시가스(LNG, LPG)는 무색, 무취의 가연성가스이므로 누설시 냄새로 확인할 수 없기 때문에 폭발 및 중독사고가 발생 할 수 있다. 따라서, 도시가스에 향료를 넣어 쉽게 냄새로 확인할 수 있도록 첨가한 것이 부취제이다.

1) 부취제의 구비조건
① 물에 용해되지 아니할 것
② 부식성이 없을 것
③ 가격이 저렴하고 독성이 없을 것
④ 화학적으로 안정할 것
⑤ 배관내에 응축되지 않을 것
⑥ 낮은 농도에서 냄새를 감지할 수 있을 것
⑦ 토양에 대한 투과성이 클 것

> **참고** 착취농도
> 공기 중에 가스가 $\frac{1}{1000}$의 농도로 섞였을 때 쉽게 그 냄새를 느낄 수 있는 농도

2) 부취제의 성질
① 취기의 강도 : TBM 〉THT 〉DMS
② Impact(충격) : 순간적으로 냄새를 판단하는 취질

> **참고** Impact 순서 : THT 〉 TBM 〉 DMS

③ 화학적 안정성 : THT 〉DMS 〉TBM

④ 토양 투과성 : DMS 〉TBM 〉THT

3) 부취제의 종류

항목 \ 종류	T.B.M(메르캅탄) (Tertiary butyl Mercaptan)	T.H.T(환상황화물) (Tetra hydro thiophen)	D.M.S(이황화물) (Di methyl Sulfide)
분자량	90	88	62
냄새	양파 썩는 냄새	석탄가스 냄새	마늘냄새
황함유량(%)	35.5	36.4	51.6
비중(15℃)	0.799	0.999	0.85
비점(℃)	64.4	122	37.2
응고점(℃)	0	96	98
안정성	내산화성	안정 (산화중합무반응)	안정 (내산화성)
토양투과성	우수	보통	상당히 우수

4) 부취제 주입설비

분류	종류
액체주입방식	펌프주입방식, 적하주입방식, 미터연결 바이패스방식
기체주입방식(증발식)	위크증발방식, 바이패스증발방식

① 펌프주입방식 : 펌프를 사용하여 부취제를 주입하므로 부취제 농도를 일정하게 유지할 수 있는 방식이다.
② 미터연결 바이패스방식 : 가스 주배관의 오리피스 차압에 의해 바이패스 배관에 설치된 가스미터와 부취제 첨가장치를 연동시켜 가스중에 부취제를 첨가하는 방식이다.
③ 적하주입방식 : 부취제 주입용기로부터 중력에 의해 부취제를 가스흐름 중에 적하시키는 방식이다.
④ 바이패스 증발방식 : 부취제 용기에 가스가 흐르면 부취제가 증발하여 포화상태가 되며 가스유량을 조절하여 주입하는 방식이다.
⑤ 위크 증발방식 : 아스베스토스에 부취제가 흡수되어 가스가 접촉하는 부분에서 부취제가 증발하여 주입되는 방식이다.

> **참고** 증발식 부취설비의 특징
> • 온도 및 압력변동이 적은 장소에 설치하도록 한다.
> • 관내가스의 유속이 큰 곳에 바람직하다.
> • 동력을 필요로 하지 않는다.
> • 온도변동을 피하기 위하여 지중에 매설하는 것이 좋다.
> • 부취제 첨가물을 일정하게 유지하기가 어렵다.

5) 부취제 농도측정방법
① 오더미터법 : 공기와 시험가스의 유량조절이 가능한 장비를 이용하여 시료기체를 만들어 감지희석배수를 구하는 방법이다.

② 주사기법 : 채취용 주사기로 채취한 일정량의 시험가스를 희석용 주사기로 옮기는 방법으로 시료기체를 만들어 감지희석배수를 구하는 방법이다.
③ 냄새주머니법 : 일정한 양의 깨끗한 공기가 들어있는 주머니에 시험가스를 주사기로 첨가하여 시료기체를 만들어 감지희석배수를 구하는 방법이다.

4. 가스홀더(Gas Holder)
제조된 가스의 품질(성분, 열량, 연소성 등)을 일정하게 유지하고, 가스사용의 시간적 변화에 따른 원활한 가스공급을 위하여 공급량을 확보하고 공급의 안전성을 확보하기 위한 압력저장탱크이다.

1) 가스홀더의 종류 및 설치기준
① 유수식 가스홀더 : 가스탱크를 물탱크 속에 엎어 놓은 방식이다.
  ㉠ 가스방출장치를 설치한다.
  ㉡ 수조에 물 공급관과 물 넘쳐 빠지는 구멍을 설치한다.
  ㉢ 봉수의 동결방지조치를 한다.
② 무수식 가스홀더 : 저부의 가스실과 상부의 공기실이 자유피스톤에 의해 나누어지고 가스출입에 따라 피스톤이 상하로 움직이는 방식이다.
  ㉠ 피스톤이 원활히 작동되도록 설치한다.
  ㉡ 봉액을 사용하는 것은 봉액공급용 예비펌프를 설치한다.
③ 고압홀더 : 가스를 압축하여 저장하는 방식이다.
  ㉠ 관의 입구와 출구에 신축을 흡수하는 조치를 한다.
  ㉡ 응축액을 외부로 뽑을 수 있는 장치를 설치한다.
  ㉢ 맨홀이나 검사구를 설치한다.

2) 가스홀더의 기능
① 시간적 변화에 대해 안정적으로 공급한다.
② 가스의 성분, 열량, 연소성을 균일화한다.
③ 가스의 최대 사용시 도관 수송량을 감소시킨다.
④ 제조 및 공급시설의 일시적인 장애에도 안정하게 공급한다.

3) 가스홀더의 특징

종류	특징
유수식 가스홀더	• 대량의 물이 필요하므로 기초 설비비가 많이 든다. • 유효 가동량이 구형가스 홀더에 비해 많다. • 동절기에 동결 방지조치가 필요하다. • 건조된 가스는 수조의 수분을 흡수한다.
무수식 가스홀더	• 대용량의 경우에 적합하다. • 가스를 건조상태로 저장할 수 있다. • 수조가 필요 없어 설치비가 절약된다.
고압 홀더	• 압송설비가 필요없다. • 설치면적이 작고 소형으로 관리가 간단하다. • 저장가스에는 수분이 없다.

5. 정압기(Governer)

1) 기능
① 도시가스 압력을 사용처에 맞게 낮추는 감압기능
② 2차측의 압력을 허용압력으로 유지하는 정압기능
③ 가스의 흐름이 없을 때는 밸브를 완전히 폐쇄하여 압력상승을 방지하는 폐쇄기능

2) 정압기의 종류 및 특징

종류	특성
레이놀드(Reynolds)식 정압기	• Unloading 형식이다. • 정특성은 양호하나 안정성이 떨어진다. • 다른 형식에 비해 크기가 크다. • 본체는 복좌밸브로 되어 있어 상부에 다이어프램을 갖는다.
피셔(Fisher)식 정압기	• loading 형식이다. • 정특성과 동특성이 양호하다. • 콤팩트(Compact)하다.
엑셜 플로우(Axial-flow)식 정압기	• 변칙 Unloading 형식이다. • 정특성과 동특성이 양호하다. • 극히 콤팩트하다. • 고차압이 될수록 특성이 양호해진다.

3) 정압기의 특성
① 정특성 : 정상상태에서 유량과 2차 압력의 관계를 말한다.
② 동특성 : 부하변동이 큰 신속성과 안전성이 요구되는 관계를 말한다.
③ 유량특성 : 직선형, 2차형, 평방근형과 같이 메인밸브의 열림과 유량의 관계를 말한다.
④ 사용최대차압 : 메인밸브에 1차 압력과 2차 압력의 차가 발생하여 실제사용 범위내에서 최대로 되었을 때의 차압을 말한다.
⑤ 작동최소차압 : 파일로트식 정압기가 작동할 수 없는 1차 압력과 2차 압력의 차압의 최소값을 말한다.

4) 정압기의 부속설비
① 불순물제거 장치 : 배관내의 불순물(녹, 먼지, 흙)을 1차측에 여과기를 설치하여 제거
② 이상압력상승방지 장치 : 2차측 배관의 압력상승으로 가스미터파손, 배관누설, 연소불량 등 사고를 미연에 방지하는 장치이다.

> **참고** 정압기 출구에서 측정한 가스압력은 1.5kPa 이상 2.5kPa 이내로 유지한다.

③ 가스차단장치 : 정압기 입출구에 설치한다.

5) 정압기실 기술기준
① 정압기 기밀시험
  ㉮ 입구측 : 최고사용압력의 1.1배
  ㉯ 출구측 : 최고사용압력의 1.1배 또는 8.4kPa 중 높은 압력

② 정압기 점검
　㉮ 분해점검 : 설치 후 2년에 1회 이상 실시
　㉯ 작동상황 점검 : 1주일에 1회 이상 실시
　㉰ 필터 분해점검 : 가스공급개시 후 1개월 이내 및 가스공급개시 후 매년 1회 이상
③ 가스방출관의 방출구 : 지면으로부터 5m 이상의 높이에 설치
④ 경계책 : 1.5m 높이의 철책 또는 철망으로 설치
⑤ 정압기실 조명 : 150lux 이상
⑥ 기계환기설비
　㉮ 통풍능력 : 바닥면적 $1m^2$마다 $0.5m^3$/분 이상
　㉯ 배기가스 방출구를 지면에서 5m 이상의 높이에 설치
　㉰ 통풍구조는 환기구를 2방향 이상 분산설치
　㉱ 배기구는 천정면으로부터 30cm 이내에 설치
　㉲ 흡기구와 배기구의 관경은 100mm 이상
⑦ 가스누출검지경보장치
　㉮ 검지부 설치개수 : 바닥면 둘레 20m에 대하여 1개 이상
　㉯ 작동 : 폭발하한계의 1/4 이하에서 60초 이내에 경보가 작동

6. 연소기구

1) 월 사용예정량(Q)의 산정

$$Q = \frac{(A \times 240) + (B \times 90)}{11,000} \ (m^3)$$

($Q(m^3)$: 월 사용예정량, A(kcal/h) : 산업용으로 사용하는 연소기의 명판에 적힌 도시가스 소비량의 합계, B(kcal/h) : 산업용이 아닌 연소기의 명판에 적힌 도시가스 소비량의 합계, $11,000kcal/Nm^3$: 도시가스발열량)

2) 연소기구의 분류

① 개방형 연소기구
　㉮ 실내의 공기를 흡입하여 연소를 지속적으로 실시하며 배기가스를 직접 실내로 배출하는 방식
　㉯ 종류 : 가스렌지, 가스난로, 가스순간온수기
② 반밀폐식 연소기구
　㉮ 연소용 공기는 옥내에서 취하고 배기가스는 배기통을 통하여 옥외로 배출하는 방식
　㉯ 종류 : 소형(난방용) 가스보일러, 중형 가스온수기
③ 밀폐식 연소기구
　㉮ 급·배기통을 외기와 접하는 벽을 관통하여 옥외로 빼내 급기와 배기를 하고 연소실이 옥내에 밀폐구조로 되어 있는 방식
　㉯ 종류 : 대형보일러, 대형 가스온수기

3) 반밀폐식 급·배기 방식에 따른 설치기준

① 자연배기식

㉮ 배기통의 굴곡수는 4개 이하로 한다.
㉯ 배기통의 입상높이는 원칙적으로 10m 이하로 한다.
㉰ 배기통의 가로길이는 5m 이하로 될 수 있는 한 짧고 물고임이나 배기통 앞 끝의 기울기가 없도록 한다.
㉱ 배기통의 옥상돌출부는 지붕면으로부터 수직거리를 1m 이상으로 하고 배기통 상단으로부터 수평거리 1m 이내에 건축물이 있는 경우에는 그 건축물의 처마보다 1m 이상 높게 설치한다.
㉲ 배기통은 배기가스를 잘 배출시키는 구조로서 다익형, H형, 경사H형, P형 등으로 한다.
㉳ 상부 환기구는 될 수 있는 한 높게 설치하며 최소한 보일러 역풍방지장치보다 높게 설치한다.

② 강제 배기식(FE, Forced Exhaust Type)
㉮ 배기통의 유효단면적은 보일러 또는 배기팬의 배기통 접속부 유효단면적 이상으로 한다.
㉯ 배기통은 기울기를 주어 응축수가 외부로 배출될 수 있도록 한다.
㉰ 배기통의 전방, 측면, 상하 주위 60cm 이내에 가연물이 없도록 한다.

③ 공동배기식
㉮ 공동배기구의 정상부에서 최상층 보일러의 역풍방지장치 개구부 하단까지의 거리가 4m 이상일 때는 공동배기구에 연결하고 그 이하일 경우에는 단독 배기통 방식으로 한다.
㉯ 공동배기구는 굴곡없이 수직으로 설치하고 원형 또는 정사각형에 가깝도록 하고 가로, 세로의 비는 1:1.4 이하로 한다.
㉰ 동일층에서 공동배기구로 연결되는 보일러수는 2대 이하로 한다.
㉱ 공동배기구 최하부에는 청소구와 수취기를 설치한다.
㉲ 공동배기구 및 배기통에는 방화댐퍼를 설치하지 않는다.
㉳ 옥상 또는 지붕면에서 공동배기구 톱 개구부하단까지 수직높이는 1.5m 이상으로 한다.
㉴ 보일러 배기통 접속부에서 공동배기구에 접속되는 배기통 하단부까지의 높이가 30cm 이상 60cm 미만인 경우 수평거리를 1m 이하, 60cm 이상일 경우 수평거리를 5m 이하로 한다.

4) 가스버너의 종류

① 강제혼합식 버너
㉮ 송풍기로 강제적으로 연소용 공기를 밀어넣어 주는 가스보일러용 버너로서 산업용 중소형 보일러에 사용된다.
㉯ 종류 : 내부혼합식(가스와 공기를 미리 혼합하여 버너로 공급하는 방식), 외부혼합식(공기와 가스가 버너출구에서 혼합을 개시하는 방식), 부분혼합식(연소용 공기의 일부를 혼합하여 버너에서 분출하고 나머지는 노즐 출구에서 혼합하는 방식)

② 유도혼합식버너 : 연소가스와 외기와의 온도차에 의한 통풍력 및 가스분출에 의한 흡인력에 의해 연소용 공기가 공급되는 버너이다.
㉮ 적화식 버너 : 연소에 필요한 연소용 공기를 모두 2차 공기(노즐 분출 후에 유입되는 공기)로 유입하고 1차 공기(노즐 분출 전에 유입하여 가스와 혼합되는 공기)를 유입하지 않는 방식이다.
㉯ 분젠식버너 : 가스를 노즐에서 일정압력으로 분출시켜 그 때의 운동에너지를 이용하여 공기구멍에서 연소용 공기의 일부(1차공기)를 흡인하고 혼합관내에서 가스와 1차공기가 혼합된 후 이 혼합기를 노즐에서 분출시켜 연소하는 방식으로서 연소시에 화염의 주위에서 확산에 의해 2차공기를 취한다.

분젠식버너의 종류	1차공기량 혼합율(%)
세미분젠식	40
분젠식	50 ~ 60
전1차공기식	100

5) 가스연소기의 안전장치
① 소화안전장치
② 과열방지장치
③ 공연소방지장치
④ 과압방지장치
⑤ 동결방지장치
⑥ 불완전연소방지장치

> **퓨즈콕**
> 가스를 사용하는 일반가정이나 음식점 등에서 호스가 절단 또는 파손으로 다량의 가스가 누출될 경우 사고예방을 위해 신속하게 자동으로 가스누출을 차단하기 위한 장치이다.

6) 연소기 명판에 기재사항
① 연소기명
② 제조자형식번호(모델번호)
③ 사용가스명 및 사용가스압력
④ 가스소비량
⑤ 제조(로트)번호 및 제조년월
⑥ 품질보증기간과 용도
⑦ 제조자명
⑧ 정격전압 및 소비전력

7. 도시가스의 열량, 압력, 연소성, 유해성분 측정

1) 열량 측정
매일 6시 30분부터 9시 사이와 17시부터 20시 30분 사이에 각각 제조소의 출구나 배송기 또는 압송기의 출구에서 자동열량측정기로 측정한다.

2) 압력 측정
가스홀더의 출구·정압기 출구 및 가스공급시설의 끝부분의 배관에서 자기압력계를 사용하여 측정하되, 정압기 출구 및 가스공급시설의 끝부분의 배관에서 측정한 도시가스 압력은 1kPa 이상 2.5kPa 이내를 유지할 것

3) 연소성 측정
매일 6시 30분부터 9시 사이와 17시부터 20시 30분 사이에 각각 1회씩 가스홀더 또는 압송기 출구

에서 연소속도 및 웨베지수를 측정하고 표준웨베지수의 ±4.5% 이내를 유지할 것

$$웨베지수\ WI = \frac{Hg}{\sqrt{d}}$$

(WI : 웨베 지수, Hg(kcal/m³) : 도시가스의 총발열량,
d : 도시가스의 공기에 대한 비중)

4) 유해성분 측정
① 도시가스의 황전량, 황화수소 및 암모니아에 대하여는 매주 1회씩 가스홀더의 출구에서 검사할 것
② 0℃, 101,325Pa의 압력에서 건조한 도시가스 1m³당 황전량은 0.5g, 황화수소는 0.02g, 암모니아는 0.2g을 초과하지 못한다.

STEP 02 액화석유가스(LPG)설비

1. LPG의 공급방식

1) 자연기화방식

용기 내의 LPG가 대기 중의 열을 흡수하여 기화하는 방식이다.
① 가스발열량의 변화와 조성변화가 크다.
② 비교적 소량소비에 적합하다.

2) 강제기화방식

비점이 높은 부탄가스나 LPG 소비량이 많을 경우와 한랭지의 경우에는 기화기를 사용하여 강제로 기화시켜 공급하는 방식이다.

 강제기화방식의 특징
• LPG의 종류에 관계없이 한냉지에서도 기화가 가능하다.
• 공급가스의 조성을 일정하게 유지한다.
• 장치가 간단하고 설치장소가 작아도 된다.
• 기화량을 조정할 수 있다.

① 생가스 공급방식

저장탱크의 기화기에서 기화된 가스를 그대로 공급하는 방식으로서 가스배관을 보온처리하여 재액화를 방지하여야 한다.

> LP가스의 재액화 방지대책
> • 공기와 혼합시킨다.
> • 공급압력을 줄인다.
> • 배관을 보온재로 단열처리 한다.

② 공기혼합 공급방식

기화기에서 기화된 부탄에 공기를 혼합하여 공급하는 방식으로 기화된 가스의 재액화를 방지하고 발열량을 조절할 수 있다.

> 공기의 혼합목적
> • 재액화를 방지   • 연소효율 증대
> • 발열량 조절   • 누설시 손실을 감소

③ 변성가스 공급방식

고온에서 촉매하에 부탄을 분해하여 메탄(CH_4), 수소(H_2), 일산화탄소(CO) 등의 가스로 변성시켜 공급하는 방식으로 특수제품의 가열 또는 재액화방지에 사용되는 방식이다.

2. 기화장치

1) 기화기의 구성요소

① 기화부 : 열교환기로서 액체상태의 LPG를 가스화로 만드는 장치
② 제어부 : 열매온도제어, 열매과열방지제어, 액유출방지장치
③ 조압부 : 압력조정기

2) 기화장치 분류

① 작동원리에 따른 분류
  ㉮ 가온감압방식 : 액상가스를 기화시킨후 조정기로 감압시켜 공급하는 방식
  ㉯ 감압가온방식 : 액상가스를 조정기로 감압시킨후 온도를 내려 대기 또는 온수로 가온하여 기화시켜 공급하는 방식
② 강제기화장치에 따른 분류
  ㉮ 대기온방식

　　　　　㉔ 간접가열방식 : 온수, 열매체
　　③ 장치 구성형식에 따른 분류
　　　　　㉮ 단관식　　　　　　　　㉯ 다관식
　　　　　㉰ 사관식　　　　　　　　㉱ 열관식
　　④ 증발형식에 따른 분류
　　　　　㉮ 순간증발식
　　　　　㉯ 유입증발식

3. LPG의 이송설비

1) 이송방법

탱크로리로부터 충전소의 저장탱크에 이송하는 방법은 압축기를 이용하는 방법과 펌프를 이용하는 방법, 차압에 의한 방법이 있다.

펌프를 이용하는 방법	압축기를 이용하는 방법
• 드레인 현상이 없다. • 충전시간이 길다. • 잔가스 회수가 불가능하다. • 베이퍼록 현상이 발생한다. • 재액화현상이 발생하지 않는다.	• 드레인 현상이 있다. • 충전시간이 짧다. • 잔가스 회수가 가능하다. • 베이퍼록현상이 발생하지 않는다. • 재액화현상이 일어난다.

2) LPG 탱크로리 충전작업 중 중단하는 경우

　　① 저장탱크에 가스가 과충전이 되었거나 안전밸브가 작동될 경우
　　② 주변에 화재 등 이상상태가 발생하였을 경우
　　③ 탱크로리와 저장탱크 연결한 호스가 분리되거나 접속부분에 누설된 경우
　　④ 압축기 사용시 워터 해머링이 발생하는 경우
　　⑤ 펌프 사용시 베이퍼록이 발생하는 경우

3) 디스펜서(Dispenser)

자동차 충전소에서 LP가스 자동차의 용기에 용적을 계량하여 충전하는 계량기이다.
　　① 고정식 디스펜서 : 고정된 기초 위에다 디스펜서를 설치한 것으로 호스교환이 용이하나 충전차량과 충돌이 예상된다.
　　② 현수식 디스펜서 : 충전소 지붕에 둘러 쌓인 철강제의 대들보에 호스를 매달아 충전호스가 넓은 반경으로 움직일 수 있는 방식이다.

4. LPG의 배관 설비

1) 배관의 구분

구분	고압	중압	저압
압력	1MPa 이상	0.1MPa 이상 1MPa 미만	0.1MPa 미만

2) 저압배관의 설계요인
　① 배관내의 압력손실
　② 관경 결정
　③ 배관경로 결정
　④ 가스소비량 결정
　⑤ 용기의 크기 및 수량결정
　⑥ 조정기 및 감압방식 선정

3) 가스배관 경로선정요인
　① 가능한 짧게 할 것
　② 굴곡이 없게 할 것
　③ 은폐 또는 매설은 피할 것
　④ 가능한 옥외에 설치할 것

4) 배관내의 압력손실
　① 입상배관에 의한 압력손실(H)

$$H = 1.293(S-1)h \ (mmH_2O)$$

(S : 가스비중, h(m) : 입상배관의 높이)

　② 마찰저항에 의한 압력손실(H)
　　유량의 2승과 관 길이에 비례하고, 관경의 5승에 반비례한다.

$$H = \left(\frac{Q}{K}\right)^2 \cdot \frac{S \cdot L}{D^5} \ (mmH_2O)$$

(Q(m³/h) : 분출가스량, K(0.707) : 유량계수, D(cm) : 관 내경,
S : 가스 비중, L(m) : 관 길이)

5) LPG 공급 소비설비의 압력손실요인
　① 직관에 의한 압력손실
　② 입상배관에 의한 압력손실
　③ 엘브, 티, 밸브 등 관부속품에 의한 압력손실
　④ 가스미터, 콕크 등에 의한 압력손실

6) 가스소비량(노즐의 분출량)

$$Q = 0.009D^2 \sqrt{\frac{h}{S}} \ (m^3/h)$$

(Q(m³/h) : 분출가스량, D(mm) : 노즐의 직경,
h(mmH₂O) : 가스압력, S : 가스 비중)

7) 유량(Q)
    ① 가스배관일 경우

$$Q = K\sqrt{\dfrac{HD^5}{SL}}\ (m^3/h)$$

(Q(m³/h) : 분출가스량, K(0.707) : 유량계수, D(cm) : 관 내경,
H(mmH₂O) : 압력손실, S : 가스 비중, L(m) : 관 길이)

    ② 중압, 고압배관일 경우

$$Q = K\sqrt{\dfrac{D^5(P_1^2 - P_2^2)}{SL}}\ (m^3/h)$$

(Q(m³/h) : 분출가스량, K(52.31) : 유량계수, D(cm) : 관 내경,
P₁(kg/cm²) : 초기압력, P₂(kg/cm²) : 나중압력, S : 가스 비중, L(m) : 관 길이)

5. LPG 소비설비

1) 소규모설비
    ① 하나의 공급설비를 일반소비자(2호 이상)에게 공급하는 경우의 설비이다.
    ② 소비량 계산
        ㉮ 피크시 평균가스소비량(kg/h)
            = 1호당 평균가스소비량×소비호수×피크시 평균가스소비율
        ㉯ 피크시의 최대소비량(kg/h)
            = 각 연소기의 최대소비량의 합계×동시사용율
        ㉰ 용기개수 = $\dfrac{\text{피크시 평균가스소비량}(kg/h)}{\text{가스발생능력}(kg/h \cdot \text{개})}$
    ③ 용기의 가스발생능력
        ㉮ 용기의 크기 및 주위온도
        ㉯ 용기의 주위 환기상황
        ㉰ 용기내 LPG의 조성 및 잔류 가스량
        ㉱ 연속소비시간

2) 중규모설비
    ① 조정기를 통하여 일반소비자(2호 이상, 69호 이하)에 집단 공급하는 설비이다.
    ② 최대소비량(kg/h) =1호당 1일 평균가스량 × 소비호수 × 피크시 평균가스소비율

6. 압력조정기

1) 설치목적과 기능
    ① 설치목적 : 가스의 유출압력을 조정하여 안정된 연소를 공급하기 위해 사용한다.

② 기능 : 연소기에서 완전 연소하는데 필요한 최적의 압력으로 감압시켜 일정한 압력으로 유지시켜 준다.

종류 규격			1단 감압식		2단 감압식		자동절체식			그밖의 압력 조정기
			저압조정기	준저압조정기	1차용조정기	2차용조정기	분리형 조정기	일체형 조정기 (저압)	일체형조정기 (준저압)	
입구 압력	상한(MPa)		1.56	1.56	1.56	0.1	0.1	1.56	1.56	1.56	1.56
	하한(MPa)		0.07	0.1	0.1	0.01	0.025	0.1	0.1	0.1	조정압력 이상
	최대폐쇄 압력		3.5kPa	조정압력의 1.25배이하	0.095MPa 이하	3.5kPa	0.095 MPa 이하	3.5kPa	3.5kPa	조정압력의 1.25배이하	조정압력의 1.25배이하
출구 압력	조정	상한	3.3kPa	30kPa	0.083MPa	3.3kPa	0.083MPa	3.3kPa	30kPa	제조자의 사양에 따름 (0.005MPa 초과에 한함)
		하한	2.3kPa	5kPa	0.057MPa	2.3kPa	0.032MPa	2.55kPa	5kPa	
내압 시험 압력	입구측		3MPa 이상	3MPa 이상	3MPa 이상	0.8MPa 이상	3MPa 이상	3MPa 이상	3MPa 이상	3MPa 이상
	출구측		3MPa 이상	3MPa 이상	0.8MPa 이상	3MPa 이상	0.8MPa 이상	3MPa 이상	3MPa 이상	0.8MPa이상 또는조정 압력의 1.5배 이상 중 높은 것으로
기밀 시험 압력	입구측		1.56MPa 이상	1.56MPa 이상	1.8MPa 이상	0.5MPa 이상	1.8MPa 이상	1.8MPa 이상	1.8MPa 이상	최대입구 압력의 1.1배 이상
	출구측		5.5kPa	조정압력의 2배이상	0.15MPa 이상	5.5kPa	0.15MPa 이상	5.5kPa	조정압력의 2배이상	조정압력의 1.5배
안전 장치 작동 압력	작동표준 압력		7kPa							
	작동개시 압력		5.6kPa~8.4kPa							
	작동정지 압력		5.04kPa~8.4kPa							

※안전장치의 작동압력은 조정압력이 3.3kPa이하인 것

2) 압력조정기의 종류 및 구조

① 1단 감압식 저압조정기 : 1단 감압하여 LPG를 공급하는 경우로서 일반가정용으로 가장 많이 사용하고 있는 조정기

② 1단 감압식 준저압조정기 : 음식점용에 LPG를 공급하는 경우에 사용하는 조정기
  ㉮ 조작이 간단하다.
  ㉯ 장치 및 구조가 간단하다.
  ㉰ 최종공급압력을 정확히 공급하기 어렵다.
  ㉱ 배관의 직경이 크다.
③ 2단 감압식 1차용 조정기 : 중압조정기로서 레버를 사용하지 않고 격막의 움직임이 직접 밸브에 전달되는 조정기
④ 2단 감압식 2차용 조정기 : 2단 감압식의 2차용 및 자동절체식 분리형의 2차용으로 사용되는 조정기

  ㉮ 배관이 길어도 공급압력이 안정하다.
  ㉯ 중간배관이 가늘어도 된다.
  ㉰ 각 연소기구에 맞는 가스공급이 가능하다.
  ㉱ 입상에 의한 압력손실을 보정할 수 있다.
  ㉲ 조정기 수가 많아 설비가 복잡하다.
  ㉳ 부탄의 경우재액화의 우려가 있다.
⑤ 자동교체식 분리형 조정기 : 1차 감압기능과 자동절체기능을 겸한 1차용 조정기로서 출구측 배관에 의하여 2단 감압식 2차용 조정기에 연결되어 있다.

⑥ 자동교체식 일체형 조정기 : 2차용 조정기가 1차용 조정기의 출구측에 직결되어 있는 조정기
  ㉮ 전체 용기수량이 수동교체식보다 적어도 된다.
  ㉯ 가스의 전량을 소비할 수 있다.
  ㉰ 용기 교환주기의 폭을 넓일 수 있다.

3) 압력조정기의 설치시 주의 사항
① 조정기는 통풍이 양호한 곳에 설치하여야 한다.
② 조정기와 용기의 탈착작업은 판매자가 하여야 한다.
③ 부착한 후 접속부는 반드시 비눗물로 검사한다.
④ LPG 조정기의 규정용량은 총가스소비량의 150% 이상의 용량을 가져야 한다.

STEP 03 고압가스설비

1. 고압가스 설비
① 안전밸브, 긴급차단장치, 역화방지장치
② 기화장치
③ 압력용기
④ 자동차용 가스자동주입기
⑤ 독성가스배관용 밸브
⑥ 냉동설비를 구성하는 압축기, 응축기, 증발기, 압력용기
⑦ 특정고압가스용 실린더캐비넷
⑧ 자동차용 압축천연가스 완속충전설비
⑨ 액화석유가스용 용기 잔류가스 회수장치

2. 암모니아 합성탑
① 질소(N_2) 1mol과 수소(H_2) 3mol의 체적비로 반응하여 암모니아를 합성한다.
② 화학 반응식

$$N_2 + 3H_2 \xrightarrow{촉매} 2NH_3 + 23.5 kcal$$

③ 촉매 : 산화철(Fe_2O_3)에 Al_2O_3 및 K_2O 첨가, MgO 또는 CaO 첨가
④ 압력에 의한 분류

구분	반응압력	방법
저압법	150kg/cm² 전후	구우데법, 켈로그법,
중압법	300kg/cm² 전후	IG법, JCI법, 신파우더법, 뉴우파우더법, 뉴우데법, 동공시법, 케미그법,
고압법	600~1,000kg/cm²	캬자레법, 클로우드법

⑤ 암모니아 합성탑의 내부용기의 재질은 18-8 스테인레스강을 사용한다.

3. 메탄올 합성탑
① 수소(H_2) 2mol과 일산화탄소(CO) 1mol과 반응하여 메탄올을 합성한다.

② 화학반응식

$2H_2 + CO \rightarrow CH_3OH$

③ 반응조건

㉮ 반응온도 : 300 ~ 350℃

㉯ 반응압력 : 150 ~ 300atm

㉰ 촉매 : Zn-Cr계, CuO-ZnO계, Zn-Cr-Cu계

4. 오토클레이브(Auto Clave)

1) 오토클레이브의 개요

① 액체를 가열하면 온도상승으로 인하여 증기압이 상승하게 된다. 이 때 액상상태로 유지하면서 고온, 고압으로 반응할 수 있는 밀폐용기의 반응가마이다.

② 구조

재질	압력계	안전밸브	반응온도 측정
스테인레스강	브르돈관식	스프링식, 파열판	수은온도계, 열전대

2) 종류

① 교반형

㉮ 교반기에 의하여 내용물을 균일하게 혼합하는 방식이다.

㉯ 진탕형에 비해 교반효과가 크다.

② 진탕형

㉮ 횡형 오토클레이브 전체가 수평 또는 전후에서 운동을 함으로서 내용물을 교반시키는 방식이다.

㉯ 교반축 스타핑박스에서 가스누설의 가능성이 없다.

㉰ 고압에 사용할 수 반응물의 오손이 없다.

㉱ 뚜껑판에 뚫어진 구멍에 촉매가 끼워 들어갈 염려가 있다.

㉲ 장치 전체가 진동하므로 압력계는 본체에서 떨어져 설치한다.

③ 회전형 : 오토클레이브 자체를 회전시키는 방식이다.

④ 가스교반형

㉮ 가늘고 긴 수직형 반응기로 유체가 순환됨으로서 교반이 행하여지는 방식이다.

㉯ 공업적 레페반응장치 및 대형 화학공장에 채택이 된다.

5. 벤트스택과 플레어스택

1) 벤트스택

가연성가스 또는 독성가스의 설비에서 이상상태가 발생한 경우 설비내의 내용물을 설비 밖으로 긴급하고 안전하게 방출하는 설비이다.

① 가연성가스는 폭발하한계값 미만, 독성가스는 허용농도값 미만으로 치환한 후 방출한다.

② 종류 및 방출구 설치

종류	방출구의 위치
긴급용 벤트스택	작업원이 정상작업을 하는데 필요한 장소 및 작업원이 항시 통행하는 장소로부터 10m 이상 떨어진 곳에 설치할 것
그 밖의 벤트스택	작업원이 정상작업을 하는데 필요한 장소 및 작업원이 항시 통행하는 장소로부터 5m 이상 떨어진 곳에 설치할 것

2) 플레어스택의 설치기준

가연성가스의 설비에서 이상상태가 발생한 경우 긴급이송장치에서 이송되는 가스를 연소시켜 대기로 안전하게 방출하는 장치이다.

① 플레어스택의 설치위치 및 높이는 플레어스택 바로 밑의 지표면에 미치는 복사열이 4,000kcal/$m^2 \cdot h$ 이하가 되도록 한다.
② 파이롯트버너 또는 항상 작동할 수 있는 자동점화장치를 설치한다.
③ 역화 및 공기 등과의 혼합폭발을 방지하기 위한 장치를 설치해야 한다.
④ 플레어스택의 혼합폭발 방지장치
  ㉮ Liquid Seal 설치
  ㉯ Flame Arresstor 설치
  ㉰ Vapor Seal 설치
  ㉱ Purge Gas(N_2, Off Gas) 주입
  ㉲ Molecular Seal의 설치

6. 물분무장치

1) 설치시 주의점

가연성가스 저장탱크(저장능력이 300m^3 또는 3톤 이상)가 상호 인접한 경우 또는 산소저장탱크와 인접된 경우로서 저장탱크 상호간의 거리가 1m 또는 그 저장탱크의 최대 직경의 1/4 중 큰 쪽 거리를 유지하지 못한 경우에는 물분무장치를 설치하여야 한다.

2) 설치방법

① 방사량

저장탱크	저장탱크	내화구조저장탱크	준내화구조 저장탱크
산소탱크와 가연성가스탱크가 인접할 경우	8L/$m^2 \cdot$ min	4L/$m^2 \cdot$ min	6.5L/$m^2 \cdot$ min
가연성가스탱크와 가연성가스탱크가 인접할 경우	7L/$m^2 \cdot$ min	2L/$m^2 \cdot$ min	4.5L/$m^2 \cdot$ min
액화가스저장탱크(도시가스)	-	5L/$m^2 \cdot$ min	2.5L/$m^2 \cdot$ min

② 소화전설치

저장탱크 외면으로부터 40m 이내에서 호스 끝 압력이 0.3MPa 이상으로서 방수능력 400ℓ/분 이상의 물을 방수할 수 있는 것

저장탱크	저장탱크	내화구조저장탱크	준내화구조 저장탱크
산소탱크와 가연성가스탱크가 인접할 경우	30m²당 1개 이상	60m²당 1개 이상	38m²당 1개 이상
가연성가스탱크와 가연성가스탱크가 인접할 경우	35m²당 1개 이상	125m²당 1개 이상	55m²당 1개 이상
액화가스저장탱크(도시가스)	–	50m²당 1개 이상	100m²당 1개 이상

3) 조작위치
① 저장탱크의 외면에서 15m이상 떨어진 안전한 위치에서 조작
② 방류둑을 설치한 저장탱크에는 방류둑 밖에서 조작

4) 방사시간 및 점검
① 방사시간 : 30분 이상
② 점검 : 매월 1회 이상 작동상황을 점검

7. 긴급차단장치

① 동력원 : 액압, 기압, 전기, 스프링
② 조작위치 : 저장탱크로부터 5m 이상 떨어진 곳에서 조작
③ 저장탱크에 가까운 위치 또는 저장탱크의 내부에 설치하되 저장탱크의 주밸브와 겸용해서는 안된다.
④ 긴급차단장치를 설치하는 배관에는 긴급차단장치에 따르는 밸브외에 2개 이상의 밸브를 설치한다. 1개는 저장탱크 가까운 부근에 설치하고 이 밸브는 가스를 송출 또는 이입하는 때 이외에는 닫아둔다.

8. 역류방지밸브 및 역화방지장치

1) 역류방지밸브 설치위치
① 암모니아 또는 메탄올의 합성탑 및 정제탑과 압축기 사이의 배관
② 아세틸렌을 압축하는 압축기의 유분리기와 고압건조기 사이의 배관
③ 가연성가스를 압축하는 압축기와 충전용 주관과의 사이 배관

2) 역화방지장치 설치위치
① 가연성가스를 압축하는 압축기와 오토클레이브와의 사이 배관
② 아세틸렌의 고압건조기와 충전용 교체밸브 사이의 배관
③ 아세틸렌용 충전용 지관

9. 가스누출검지경보장치

가연성가스 또는 독성가스의 누출을 검지하여 그 농도를 지시함과 동시에 경보를 울리는 장치이다.

1) 가스누출검지경보장치의 종류
① 접촉연소방식
② 격막갈바니전지방식

③ 반도체방식

2) **구조** : 검지부, 차단부, 제어부

3) **경보농도, 지시계눈금, 정밀도**

가스의 종류	경보농도	지시계눈금	정밀도
가연성가스	폭발한계의 1/4 이하	0 ~ 폭발하한계값	± 25% 이하
독성가스	허용농도 이하	0 ~ 허용농도의 3배값	± 30% 이하
암모니아	50ppm	150ppm	–

4) **검지부 설치위치**
   ① 공기보다 가벼운 가스를 사용하는 경우 천정으로부터 검지부 하단까지의 거리가 30cm 이하
   ② 공기보다 무거운 가스를 사용하는 경우 바닥면으로부터 검지부 상단까지의 거리는 30cm 이하

5) **경보장치**
   ① 검지경보장치의 검지에서 발신까지 걸리는 시간은 경보농도의 1.6배 농도에서 보통 30초 이내이어야 하고 암모니아와 일산화탄소는 1분 이내로 할 것
   ② 전원의 전압 변동이 ±10% 정도일 때에도 경보정밀도가 저하되지 않을 것
   ③ 경보를 발신한 후에는 원칙적으로 분위기중 가스농도가 변화하여도 계속 경보를 울린다.

6) **설치개수**
   ① 건축물밖에 설치되어 있는 고압가스설비가 다른 고압가스설비, 벽이나 그 밖의 구조물에 인접하거나 피트 등의 내부에 설치되어 있는 경우, 누출한 가스가 체류할 우려가 있는 경우, 누출한 가스가 체류할 우려가 있는 장소에 그 설비군의 바닥면 둘레 20m마다 1개 이상의 비율로 계산한 수
   ② 특수 반응설비(아세틸렌수첨탑)로서 그 주위에 누출한 가스가 체류하기 쉬운 장소에는 그 바닥면 둘레 10m마다 1개 이상의 비율로 계산한 수
   ③ 가열로 등 발화원이 있는 제조설비의 주위에 가스가 체류하기 쉬운 장소에는 그 바닥면 둘레 20m마다 1개 이상의 비율로 계산한 수
   ④ 계기실 내부에 1개 이상
   ⑤ 독성가스의 충전용 접속구 군의 주위에 1개 이상
   ⑥ 건축물 안에 설치되어 있는 감압설비, 저장설비, 판매설비, 특정고압가스 사용설비 등 가스가 누출하기 쉬운 설비를 설치한 곳 주위에는 누출한 가스가 체류하기 쉬운 장소에 이들 설비군의 둘레 10m마다 1개 이상의 비율로 계산한 수
   ⑦ 건축물 안에 설치되어 있는 냉매설비에 속하는 압축기, 펌프, 응축기, 수액기 등의 설비군이 설치되어 있는 장소의 주위에는 누출한 가스가 체류하기 쉬운 장소에 설비군의 바닥면둘레 10m마다 1개 이상의 비율로 계산한 수

7) **설치제외 장소**
   ① 출입구 부근으로 외부의 기류가 통하는 곳
   ② 환기구 등 공기가 들어오는 곳으로부터 1.5m 이내의 곳

③ 연소기의 폐가스에 접촉하기 쉬운 곳

8) 가스누출경보기 설치제외 장소
① 증기, 물방울, 기름섞인 연기 등이 직접 접촉할 우려가 있는 곳
② 주위 온도 또는 복사열에 의한 온도가 40℃ 이상이 되는 곳
③ 설비 등에 가려져 누출가스의 유동이 원활하지 못한 곳
④ 차량 그 밖의 작업 등으로 인하여 경보기가 파손될 우려가 있는 곳

9) 가스누출자동차단장치 설치제외 장소
① 건조로, 열처리로, 가열로, 용융로
② 식품가공시설, 발전기용
③ 개방된 공장의 국부난방시설, 개방된 작업장에 설치된 용접 및 절단시설
④ 상하방향, 전후방향, 좌우방향 중에 3방향이 이상이 외기에 개방된 가스시설

제03절_ 가스설비

출제예상문제

01 도시가스의 측정 사항에 있어서 반드시 측정하지 않아도 되는 것은?

① 농도 측정
② 연소성 측정
③ 압력 측정
④ 열량 측정

🔍 도시가스 측정 사항 : 열량, 압력, 연소성, 유해성분

02 LP가스 이송설비 중 압축기에 의한 이송 방식에서 잘못된 것은?

① 잔가스 회수가 용이하다.
② 베이퍼록 현상이 없다.
③ 펌프에 비해 이송시간이 짧다.
④ 저온에서 부탄가스가 재액화 되지 않는다.

🔍 압축기를 이송하는 방식의 특징
• 충전시간이 짧다.
• 잔가스 회수가 용이하다.
• 베이퍼록 현상이 발생하지 않는다.
• 재액화현상이 일어난다.

03 다음 기화기에 대한 설명 중 틀린 것은?

① 기화기 사용시 잇점은 LP가스 종류에 관계 없이 한냉시에도 충분히 기화시킨다.
② 기화 장치의 구성요소 중에는 기화부, 제어부, 조압부 등이 있다.
③ 감압가열 방식은 열교환기에 의해 액상의 가스를 기화시킨후 조정기로 감압시켜 공급하는 방식이다.
④ 기화기를 증발형식에 의해 분류하면 순간 증발식과 유입 증발식이 있다.

🔍 감압가온방식 : 액상가스를 조정기로 감압시킨 후 온도를 내려 대기 또는 온수로 가온하여 기화시켜 공급하는 방식

04 저장탱크에 물분무 장치를 설치시 수원의 수량이 몇 [분] 이상 방사할 수 있어야 하는가?

① 20분 ② 30분
③ 40분 ④ 60분

🔍 물분무장치의 방사시간은 30분 이상 연속으로 방사할 수 있어야 한다.

05 가스누출 검지경보장치의 설치에 관한 다음 사항 중 틀린 것은?

① 가스의 누출을 검지하여 그 농도를 지시함과 동시에 경보를 울릴 것
② 경보를 울린 후에 주위의 농도가 변화되면 경보가 자동적으로 정지할 것
③ 암모니아의 경우 검지에서 발신까지의 시간은 1분 이내일 것
④ 지시계의 눈금은 가연성가스용은 0~폭발 하한계값 일 것

🔍 경보를 발신한 후에는 원칙적으로 분위기중 가스농도가 변화하여도 계속 경보를 울린다.

06 실내에 설치된 도시가스(천연가스) 정압기의 가스누출검지 통보설비에서 검지부의 설치 갯수는?

① 연소기 반경 8m마다 1개
② 연소기 반경 4m마다 1개
③ 바닥둘레 10m마다 1개
④ 바닥둘레 20m마다 1개

🔍 가스누출검지경보설비의 검지부는 바닥면 둘레 20m에 대하여 1개 이상 설치해야 한다.

07 다음은 긴급차단 장치에 관한 설명이다. 이 중 옳지 않은 것은?

① 긴급차단 장치는 저장탱크 주밸브의 외측으로서 가능한한 저장탱크의 가까운 위치에 설치해야 한다.

 정답 01 ④ 02 ④ 03 ③ 04 ② 05 ② 06 ④ 07 ②

② 긴급차단 장치는 저장탱크 주밸브와 겸용할 수 있다.
③ 긴급차단 장치의 동력원은 그 구조에 따라 액압, 기압, 전기 또는 스프링 등으로 할 수 있다.
④ 긴급차단 장치는 당해 저장탱크로부터 5m 이상 떨어진 곳에서 조작할 수 있어야 한다.

🔍 긴급차단장치는 저장탱크에 가까운 위치 또는 저장탱크의 내부에 설치하되 저장탱크의 주밸브와 겸용해서는 안된다.

08 가스누출 검지경보장치 설치시 검지경보장치의 경보농도값으로 적합한 것은?

① 수소 4% 이하
② 일산화탄소 50ppm 이하
③ 메탄 2.5% 이하
④ 시안화수소 20ppm 이하

🔍 • 수소 : 1% 이하   • 메탄 : 1.25% 이하
• 시안화수소 : 10ppm 이하

09 다음 중 공업적으로 레페반응장치 등에 채택되고 있는 형식의 오토클레이브는?

① 가스교반형   ② 진탕형
③ 교반형   ④ 회전형

🔍 가스교반형은 공업적으로 레페반응장치에 채택되고 있다.

10 진탕형 오토클레이브의 특징이 아닌 것은?

① 가스 누설의 가능성이 없다.
② 고압력에 사용할 수 있고 반응물의 오손이 없다.
③ 뚜껑판에 뚫어진 구멍에 촉매가 끼워 들어갈 염려가 있다.
④ 교반효과가 뛰어나며 교반형에 비하여 효과가 크다.

🔍 진탕형은 교반형보다 교반효과가 작다.

11 긴급차단밸브의 동력원이 아닌 것은?

① 액압   ② 기압
③ 전기   ④ 차압

🔍 긴급차단밸브의 동력원 : 액압, 기압, 전기, 스프링

12 가스 누출검지 경보장치의 설치기준 중 틀리는 것은?

① 통풍이 잘되는 곳에 설치할 것
② 설치수는 가스의 누설을 신속하게 검지하고 경보하기에 충분한 수 일 것
③ 그 기능은 가스종류에 적절한 것일 것
④ 체류할 우려가 있는 장소에 적절하게 설치할 것

🔍 가스누출검지경보장치의 설치제외 장소
• 출입구 부근으로 외부의 기류가 통하는 곳
• 환기구 등 공기가 들어오는 곳으로부터 1.5m 이내의 곳
• 연소기의 폐가스에 접촉하기 쉬운 곳

13 고압가스설비에 설치하는 벤트스택과 후레아스택에 관한 기술 중 틀린 것은?

① 후레아스택에서는 화염이 장치내에 들어가지 않도록 역화방지장치를 설치해야 한다.
② 후레아스택에서 방출하는 가연성가스를 폐기할 때는 흑연의 발생을 방지하기 위하여 스팀을 불어넣는 방법이 이용된다.
③ 가연성가스의 긴급용 벤트스택의 높이는 착지농도가 폭발하한계값 미만이 되도록 충분한 높이로 한다.
④ 벤트스택은 가능한 공기보다 무거운 가스를 방출해야 한다.

🔍 벤트스택 : 가연성가스 또는 독성가스의 설비에서 이상상태가 발생한 경우 설비내의 내용물을 설비 밖으로 긴급하고 안전하게 방출하는 설비로서 공기보다 가벼운 가스를 방출한다.

14 다음 중 특정설비의 범위에 해당되지 않는 것은?

① 저장탱크
② 저장탱크의 안전밸브
③ 조정기
④ 기화기

🔍 고압가스 설비 : 안전밸브, 긴급차단장치, 역화방지장치, 기화장치, 압력용기, 자동차용 가스자동주입기, 독성가스배관용 밸브

정답 08 ② 09 ① 10 ④ 11 ④ 12 ① 13 ④ 14 ③

15 도시가스의 유해성분을 측정할 때 측정하지 않아도 되는 성분은?

① 일산화탄소 ② 황화수소
③ 황 ④ 암모니아

🔍 도시가스는 황전량, 황화수소 및 암모니아에 대하여 매주 1회씩 가스홀더의 출구에서 유해성분을 검사할 것

16 다음 중 진탕형 교반기의 특징으로 틀린 것은?

① 교반축 스타핑박스에서 가스 누설의 가능성이 많다.
② 고압력에 사용할 수 있고 반응물의 오손이 없다.
③ 장치 전체가 진동하므로 압력계는 본체에서 떨어져 설치한다.
④ 뚜껑 판에 뚫어진 구멍에 촉매가 끼어 들어갈 염려가 있다.

🔍 진탕형 교반기는 교반축 스타핑박스에서 가스누설의 가능성이 없다.

17 다음 설명 중 LP가스 충전시 디스펜서(dispenser)란?

① LP 가스 압축기 이송장치의 충전기기중 소량에 충전하는 기기
② LP 가스 자동차 충전소에서 LP 가스 자동차의 용기에 용적을 계량하여 충전하는 충전기기
③ LP 가스 대형 저장탱크에 역류방지용으로 사용하는 기기
④ LP 가스 충전소에서 청소하는데 사용하는 기기

🔍 디스펜서(Dispenser) : 자동차 충전소에서 LP가스 자동차의 용기에 용적을 계량하여 충전하는 계량기

18 기동성이 있어 장, 단거리 어느 쪽에도 적합하고 용기에 비해 다량 수송이 가능한 방법은?

① 용기에 의한 방법
② 탱크로리에 의한 방법
③ 철도 차량에 의한 방법
④ 유조선에 의한 방법

19 습성 천연가스 및 원유로부터 LP 가스 제조법이 아닌 것은?

① 단열 팽창 액화법
② 압축 냉각법
③ 흡수법
④ 활성탄에 의한 흡착법

🔍 단열팽창 액화법 : 가스액화분리장치

20 도시가스 제조설비에 설치되는 가스 누출 경보설비가 경보를 울릴 경우 검지농도로 적합한 것은?

① 폭발하한계의 1/4 이하
② 폭발하한계의 1/6 이하
③ 폭발상한계의 1/4 이하
④ 폭발상한계의 1/6 이하

🔍 가스누출경보설비의 검지농도
• 가연성가스 : 폭발하한계의 1/4 이하
• 독성가스 : 허용농도값 이하

21 다음 탱크로리 충전작업 중 작업을 중단해야 하는 경우가 아닌 것은?

① 탱크 상부로 충전시 ② 과 충전시
③ 누설시 ④ 안전밸브 작동시

🔍 LPG 탱크로리 충전작업 중 중단하는 경우
• 저장탱크에 가스가 과충전 되었거나 안전밸브가 작동될 경우
• 주변에 화재 등 이상상태가 발생하였을 경우
• 탱크로리와 저장탱크 연결한 호스가 분리되거나 접속부분에 누설된 경우

22 일반도시가스사업의 가스공급시설 중 최고 사용압력이 저압인 유수식 가스 홀더에 갖추어야 할 기준으로 틀린 것은?

① 모든 관의 입·출구에는 신축을 흡수하는 조치를 반드시 할 것
② 가스 방출장치를 설치한 것일 것
③ 수조에 물 공급관과 물넘쳐 빠지는 구멍을 설치한 것일 것
④ 봉수의 동결방지 조치를 한 것일 것

🔍 고압홀더의 관 입구와 출구에 신축을 흡수하는 조치를 한다.

정답 15 ① 16 ① 17 ② 18 ② 19 ④ 20 ① 21 ① 22 ①

23 고압가스 특정 제조설비의 배관시설에 검지경보장치의 검출부를 설치하여야 하는 장소가 아닌 것은?

① 긴급 차단장치의 부분
② 방호구조물 등에 의하여 개방되어 설치된 배관의 부분
③ 누출된 가스가 체류하기 쉬운 구조인 배관의 부분
④ 슬리이브관, 이중관 등에 의하여 밀폐되어 설치된 배관의 부분

🔍 가스누출검지경보장치는 출입구 부근에 외부의 기류가 통하는 곳에는 설치를 하지 않는다.

24 일반 도시가스 공급시설에 설치하는 정압기의 분해 점검 주기는 어떻게 정하여져 있는가? (단, 단독 사용자에게 공급하기 위한 정압기는 제외 한다.)

① 1년에 1회 이상
② 2년에 1회 이상
③ 3년에 1회 이상
④ 1주일에 1회 이상

🔍 정압기 점검
• 분해점검 : 설치 후 2년에 1회 이상
• 작동상황 점검 : 1주일에 1회 이상

25 다음 배관 중 역화방지장치를 반드시 설치하여야 할 곳은?

① 가연성 가스 압축기와 충전용 주관사이의 배관
② 가연성 가스 압축기와 오토클레이브사이의 배관
③ 아세틸렌 압축기의 유분리기와 고압 건조기 사이의 배관
④ 암모니아 또는 메탄올의 합성탑과 압축기 사이의 배관

🔍 역화방지장치 설치위치
• 가연성가스를 압축하는 압축기와 오토클레이브와의 사이 배관
• 아세틸렌의 고압건조기와 충전용 교체밸브 사이의 배관
• 아세틸렌용 충전용 지관

26 오토 클레이브(Auto Clave)에 대한 설명 중 옳지 않은 것은?

① 압력은 일반적으로 브르돈관식 압력계로 측정한다.
② 오토 클레이브의 재질은 사용범위가 넓은 탄소강이 주로 사용된다.
③ 오토 클레이브에는 정치형, 교반형, 진탕형 등이 있다.
④ 오토 클레이브의 부속 장치로는 압력계, 온도계, 안전밸브 등이 있다.

🔍 오토클레이브 재질 : 스테인리스강

27 LP가스의 이송 설비 중 압축기에 의한 공급방식에 대한 설명으로 틀린 것은?

① 이송시간이 짧다.
② 베이퍼록 현상의 우려가 없다.
③ 재 액화의 우려가 없다.
④ 잔가스 회수가 용이하다.

🔍 압축기를 이송하는 방식의 특징
• 충전시간이 짧다.
• 잔가스 회수가 용이하다.
• 베이퍼록 현상이 발생하지 않는다.
• 재액화현상이 일어난다.

28 긴급용 벤트스택 방출구의 위치는 작업원이 정상작업을 하는데 필요한 장소 및 작업원이 항시 통행하는 장소로부터 몇 [m] 이상 떨어진 곳에 설치하여야 하는가?

① 5
② 7
③ 10
④ 15

🔍 설치위치
• 긴급용 벤트스택 : 10m
• 그 밖의 벤트스택 : 5m

29 가스가 누출되었을 때 사용하는 가스누출 검지경보장치 중에서 독성가스용 가스누출 검지경보장치의 경보농도는 어떻게 정하여져 있는가?

① 폭발한계의 1/2 이하에서 경보
② 폭발한계의 1/4 이하에서 경보
③ 허용농도 이하에서 경보
④ 허용농도의 2배 이하에서 경보

🔍 가스누출경보설비의 검지농도
• 가연성가스 : 폭발하한계의 1/4 이하
• 독성가스 : 허용농도값 이하

30 직동식 정압기의 기본 구성요소가 아닌 것은?

① 다이어프램　② 스프링
③ 메인밸브　④ 안전밸브

> 직동식 정압기 구조 : 메인밸브, 다이어프램, 스프링 또는 분동, 공기구멍

31 다음 보기와 같은 정압기의 종류는?

- unloading형이다.
- 본체는 복좌밸브로 되어 있어 상부에 다이어프램을 가진다.
- 정특성은 아주 좋으나 안정성은 떨어진다.
- 다른 형식에 비하여 크기가 크다.

① 레이놀드 정압기
② 엠코 정압기
③ 피셔식 정압기
④ 엑셀 플로우식 정압기

32 액체주입식 부취제 설비의 종류에 해당되지 않는 것은?

① 위크증발식
② 적하주입식
③ 펌프주입식
④ 미터연결바이패스식

> 기체주입방식 : 위크증발식, 바이패스증발식

33 정압기의 특성에 대한 설명 중 틀린 것은?

① 정특성은 정상상태에서의 유량과 2차 압력과의 관계를 말한다.
② 동특성은 부하변동에 대한 응답의 신속성과 안정성이 요구된다.
③ 유량특성은 메인밸브의 열량과 점도와의 관계를 말한다.
④ 사용최대 차압은 실용적으로 사용할 수 있는 범위에서 최대로 되었을 때의 차압을 말한다.

> 유량특성 : 직선형, 2차형, 평방근형과 같이 메인밸브의 열림과 유량의 관계를 말한다.

34 저온저장 탱크에는 그 저장탱크의 내부압력이 외부압력보다 저하함에 따라 그 저장탱크가 파괴되는 것을 방지하기 위한 조치로서 갖추지 않아도 되는 설비는?

① 진공 안전밸브
② 다른 저장탱크 또는 시설로부터의 가스도입 배관(균압관)
③ 압력과 연동하는 긴급차단장치를 설치한 송액설비
④ 물분무설비

> 물분무설비는 가연성가스 저장탱크의 온도상승을 방지하기 위한 설비이다.

35 가늘고 긴 수직형 반응기로 유체가 순환됨으로서 교반이 행하여지는 방식으로 주로 대형 화학공장 등에 채택되는 오토클레이브는?

① 진탕형
② 교반형
③ 회전형
④ 가스교반형

> 가스교반형 : 가늘고 긴 수직형 반응기로 유체가 순환됨으로서 교반이 행하여지는 방식으로서 공업적 레페반응장치 및 대형 화학공장에 채택이 된다.

36 도시가스 제조방식 중 촉매를 사용하여 사용온도 400~800℃에서 탄화수소와 수증기를 반응시켜 수소, 메탄, 일산화탄소, 탄산가스 등의 저급 탄화수소로 변화시키는 프로세스는?

① 열분해 프로세스
② 접촉분해 프로세스
③ 부분연소 프로세스
④ 수소분해 프로세스

> - 열분해 프로세스 : 분자량이 큰 원료(나프타, 원유)를 800~900℃로 분해하여 고열량(10,000kcal/Nm³)의 가스를 제조하는 공정이다.
> - 부분연소 프로세스 : 고온, 고압에서 탄화수소를 원료로 산소, 공기, 수증기를 이용하여 탄산가스, 일산화탄소, 메탄, 수소 등을 제조하는 공정이다.
> - 수소화분해 프로세스 : 니켈(Ni) 등의 촉매를 사용하여 나프타 등 C/H비(탄화수소/수소)가 낮은 탄화수소를 메탄으로 변화시키는 공정이다.

정답　30 ④　31 ①　32 ①　33 ③　34 ④　35 ④　36 ②

37 다음 중 냄새가 나는 물질(부취제)의 구비조건이 아닌 것은?

① 독성이 없을 것
② 저농도에 있어서도 냄새를 알 수 있을 것
③ 완전연소하고 연소 후에는 유해물질을 남기지 말 것
④ 일상생활의 냄새와 구분되지 않을 것

🔍 부취제는 도시가스의 누설여부를 판단하기 위한 첨가제로서 일상생활의 냄새와 구분되어 쉽게 확인이 되어야 한다.

38 도시가스에 사용되는 부취제 중 DMS의 냄새는?

① 석탄가스 냄새　② 마늘 냄새
③ 양파 썩는 냄새　④ 암모니아 냄새

🔍 부취제 냄새
- T.H.T : 석탄가스 냄새
- T.B.M : 양파 썩는 냄새
- D.M.S : 마늘 냄새

39 가스누출경보기의 기능에 대한 설명으로 옳은 것은?

① 전원의 전압등 변동이 ± 3% 정도일 때에도 경보밀도가 저하되지 않을 것
② 가연성가스의 경보농도는 폭발하한계의 1/2 이하일 것
③ 경보를 울린 후 가스농도가 변하면 원칙적으로 경보를 중지시키는 구조일 것
④ 지시계의 눈금은 가연성가스용은 0~폭발하한계값일 것

🔍 가스누출경보기
- 전원의 전압 변동이 ±10% 정도일 때에도 경보정밀도가 저하되지 않을 것
- 가연성가스의 경보농도는 폭발하한계의 1/4 이하일 것
- 경보를 발신한 후에는 원칙적으로 분위기중 가스농도가 변화하여도 계속 경보를 울린다.

40 도시가스제조 공정 중 가열방식에 의한 분류에서 산화나 수첨반응에 의한 발열반응을 이용한 방식은?

① 외열식　② 자열식
③ 축열식　④ 부분연소식

🔍 가열방식에 의한 분류
- 외열식 : 용기를 외부에서 가열
- 축열식 : 반응기내에서 연료를 연소시켜 충분히 가열한 후 원료를 송입
- 자열식 : 산화나 수첨반응에 의한 발열반응을 이용
- 부분연소식 : 원료에 소량의 공기와 산소를 혼합하여 가스발생 반응기에 넣어 원료의 일부를 연소시켜 그 열을 이용

41 2단 감압조정기 사용시의 장점에 대한 설명으로 가장 거리가 먼 것은?

① 공급압력이 안정하다.
② 용기 교환주기의 폭을 넓힐 수 있다.
③ 중간 배관이 가늘어도 된다.
④ 입상에 의한 압력손실을 보정할 수 있다.

🔍 자동교체식 일체형 조정기의 특징으로 용기 교환주기의 폭을 넓힐 수 있다.

42 내화구조의 가연성가스의 저장탱크 상호간의 거리가 1m 또는 두 저장탱크의 최대지름을 합산한 길이의 $\frac{1}{4}$ 길이 중 큰 쪽의 거리를 유지하지 못한 경우 물분장치의 수량기준으로 옳은 것은?

① $4L/m^2 \cdot min$
② $5L/m^2 \cdot min$
③ $6.5L/m^2 \cdot min$
④ $8L/m^2 \cdot min$

🔍 내화구조일 경우 물분무설비의 수량
- 산소탱크와 가연성가스탱크가 인접할 경우 : $4L/m^2 \cdot min$
- 가연성가스탱크와 가연성가스탱크가 인접할 경우 : $2L/m^2 \cdot min$

43 기화기, 혼합기(믹서)에 의해서 기화한 부탄에 공기를 혼합하여 만들어지며 부탄을 다량 소비하는 경우에 적합한 공급방식은?

① 생가스 공급방식
② 공기혼합 공급방식
③ 자연기화 공급방식
④ 변성가스 공급방식

🔍 공기혼합 공급방식 : 기화기에서 기화된 부탄에 공기를 혼합하여 공급하는 방식으로 기화된 가스의 재액화를 방지하고 발열량을 조절할 수 있다.

정답 37 ④　38 ②　39 ④　40 ②　41 ②　42 ①　43 ②

44 LPG 용기에 사용되는 조정기의 기능으로 가장 옳은 것은?

① 가스의 유량 조정
② 가스의 유출압력 조정
③ 가스의 밀도 조정
④ 가스의 유속 조정

> 조정기의 기능 : 연소기에서 완전 연소하는데 필요한 최적의 압력으로 감압시켜 일정한 압력으로 유지시켜 준다.

45 LNG와 SNG에 대한 설명으로 옳은 것은?

① 액체상태의 나프타를 LNG라 한다.
② SNG는 대체 천연가스 또는 합성 천연가스를 말한다.
③ LNG는 액화석유가스를 말한다.
④ SNG는 각종 도시가스의 총칭이다.

> • LNG : 액화천연가스
> • LPG : 액화석유가스
> • SNG : 대체천연가스 또는 합성천연가스

46 도시가스 공급시설 중 저장탱크 주위의 온도상승 방지를 위하여 고정식 물분무장치의 단위면적당 방사능력의 기준은? (단, 단열재를 피복한 준내화구조 저장탱크가 아니다.)

① 2.5L/분·m² 이상
② 5L/분·m² 이상
③ 7.5L/분·m² 이상
④ 10L/분·m² 이상

> 액화석유가스(도시가스) 방사량
> • 내화구조 : 5L/m²·min
> • 준내화구조 : 2.5L/m²·min

47 LP 가스설비 중 조정기(Regulator) 사용의 주된 목적은?

① 유량 조절   ② 발열량 조절
③ 유속 조절   ④ 공급압력 조절

> 조정기의 기능 : 연소기에서 완전 연소하는데 필요한 최적의 압력으로 감압시켜 일정한 압력으로 유지시켜 준다.

48 도시가스사업법에서 정한 중압의 기준은?

① 0.1MPa 미만의 압력
② 1MPa 미만의 압력
③ 0.1MPa 이상 1MPa 미만의 압력
④ 1MPa 이상의 압력

> 도시가스 공급압력에 따른 분류
> • 저압 : 0.1MPa 미만
> • 중압 : 0.1MPa 이상, 1MPa 미만
> • 고압 : 1MPa 이상

49 일산화탄소의 경우 가스누출검지 경보장치의 검지에서 발신까지 걸리는 시간은 경보농도의 1.6배 농도에서 몇 [이내]로 규정되어 있는가?

① 10   ② 20
③ 30   ④ 60

> 검지경보장치의 검지에서 발신까지 걸리는 시간은 경보농도의 1.6배 농도에서 보통 30초 이내이어야 하고 암모니아와 일산화탄소는 1분 이내로 할 것

50 액화석유가스가 공기 중에 누출시 그 농도가 몇 [%] 일 때 감지할 수 있도록 냄새가 나는 물질(부취제)을 섞는가?

① 0.1   ② 0.5
③ 1   ④ 2

> 착취농도 : 공기 중에 가스가 $\frac{1}{1,000}$(0.1%)의 농도로 섞였을 때 쉽게 그 냄새를 느낄 수 있는 농도

51 LPG 사용시설에 사용하는 압력조정기에 대하여 실시하는 각종 시험압력 중 가스의 압력이 가장 높은 것은?

① 1단감압식 저압조정기의 조정압력
② 1단감압식 저압조정기의 출구측 기밀시험 압력
③ 1단감압식 저압조정기의 출구측 내압시험 압력
④ 1단감압식 저압조정기의 안전밸브작동개시 압력

정답 44 ② 45 ② 46 ② 47 ④ 48 ③ 49 ③ 50 ① 51 ③

- 조정압력 : 2.3 ~ 3.3kPa
- 출구측 기밀시험압력 : 5.5kPa
- 출구측 내압시험압력 : 3MPa 이상
- 안전밸브 작동개시압력 : 5.6kPa ~ 8.4kPa

52 다음 중 고압가스관련설비가 아닌 것은?

① 일반압축가스배관용 밸브
② 자동차용 압축천연가스 완속충전설비
③ 액화석유가스용 용기잔류가스회수장치
④ 안전밸브, 긴급차단장치, 역화방지장치

고압가스설비
- 안전밸브, 긴급차단장치, 역화방지장치
- 기화장치, 압력용기
- 독성가스배관용 밸브
- 자동차용 가스자동주입기
- 냉동설비를 구성하는 압축기, 응축기, 증발기, 압력용기
- 특정고압가스용 실린더캐비넷
- 자동차용 압축천연가스 완속충전설비
- 액화석유가스용 용기 잔류가스회수장치

53 도시가스에는 가스 누출시 신속한 인지를 위해 냄새가 나는 물질(부취제)을 첨가하고, 정기적으로 농도를 측정하도록 하고 있다. 다음 중 농도 측정방법이 아닌 것은?

① 오더(Odder)미터법   ② 주사기법
③ 냄새주머니법   ④ 헴펠(Hempel)법

부취제 농도측정방법 : 오더미터법, 주사기법, 냄새주머니법

54 도시가스가 안전하게 공급되어 사용되기 위한 조건으로 옳지 않은 것은?

① 공급하는 가스에 공기 중의 혼합비율의 용량이 1/1,000 상태에서 감지할 수 있는 냄새가 나는 물질을 첨가해야 한다.
② 정압기 출구에서 측정한 가스압력은 1.5kPa 이상 2.5kPa 이내로 유지해야 한다.
③ 웨버지수는 표준 웨버지수의 ±4.5% 이내를 유지해야 한다.
④ 도시가스 중 유해성분은 건조한 도시가스 1m³당 황전량은 0.5g 이하를 유지해야 한다.

정압기 출구에서 측정한 가스압력은 1kPa 이상 2.5kPa 이내로 유지해야 한다.

55 언로딩형과 로딩형이 있으며 대용량이 요구되고 유량제어 범위가 넓은 경우에 적합한 정압기는?

① 피셔식 정압기   ② 레이놀드식 정압기
③ 파일럿식 정압기   ④ 엑셜플로식 정압기

파일럿식 정압기는 언로딩형과 로딩형이 있으며 직동식에 비해 대용량에 사용되며 유량조절범위가 넓다.

56 LPG 사용시설에서 가스누출경보장치 검지부 설치높이의 기준으로 옳은 것은?

① 지면에서 30cm 이내
② 지면에서 60cm 이내
③ 천정에서 30cm 이내
④ 천정에서 60cm 이내

LPG 사용시설의 가스누출경보장치 검지부 설치위치는 공기보다 무거운 가스이므로 바닥면으로부터 검지부 상단까지의 거리는 30cm 이하로 한다.

57 액화석유가스는 공기 중의 혼합비율의 용량이 얼마인 상태에서 감지할 수 있도록 냄새가 나는 물질을 섞어 용기에 충전하여야 하는가?

① $\frac{1}{10}$ ② $\frac{1}{100}$
③ $\frac{1}{1,000}$ ④ $\frac{1}{10,000}$

착취농도 : 공기 중에 가스가 $\frac{1}{1,000}$ (0.1%)의 농도로 섞였을 때 쉽게 그 냄새를 느낄 수 있는 농도

58 0℃, 101,325Pa의 압력에서 건조한 도시가스 1m³당 유해성분인 암모니아는 몇 [g]을 초과하면 안되나?

① 0.02   ② 0.2
③ 0.3   ④ 0.5

도시가스 유해성분 측정 : 0℃, 101,325Pa의 압력에서 건조한 도시가스 1m³당 황전량은 0.5g, 황화수소는 0.02g, 암모니아는 0.2g을 초과하지 못한다.

정답 52 ① 53 ④ 54 ② 55 ③ 56 ① 57 ③ 58 ②

59 2단 감압 조정기의 장점이 아닌 것은?

① 공급압력이 일정하다.
② 배관이 가늘어도 된다.
③ 장치가 간단하다.
④ 각 연소기구에 알맞은 압력으로 공급이 가능하다.

🔍 2단 감압조정기는 조정기 수가 많아 설비가 복잡하다.

60 가스누출경보기의 검지부를 설치할 수 있는 장소는?

① 증기, 물방울, 기름기 섞인 연기 등이 직접 접촉될 우려가 있는 곳
② 주위온도 또는 복사열에 의한 온도가 섭씨 40℃ 미만이 되는 곳
③ 설비 등에 가려져 누출가스의 유동이 원활하지 못한 곳
④ 차량, 그 밖의 작업 등으로 인하여 경보기가 파손될 우려가 있는 곳

🔍 가스누출경보기의 검지부는 주위온도 또는 복사열에 의한 온도가 40℃ 이상이 되는 곳에는 설치하지 않는다.

61 고압가스특정제조사업소의 고압가스설비 중 특수반응설비와 긴급차단장치를 설치한 고압가스설비에서 이상사태가 발생하였을 때 그 설비 내의 내용물을 설비 밖으로 긴급하고 안전하게 이송하여 연소시키기 위한 것은?

① 내부반응감시장치
② 벤트스택
③ 인터록
④ 플레어스택

🔍 플레어스택은 가연성가스의 설비에서 이상상태가 발생한 경우 긴급이송장치에서 이송되는 가스를 연소시켜 대기로 안전하게 방출하는 장치이다.

62 도시가스의 총발열량이 10,400kcal/m³, 공기에 대한 비중이 0.55일 때 웨베지수는 얼마인가?

① 11,023
② 12,023
③ 13,023
④ 14,023

🔍 웨베지수 $WI = \dfrac{Hg}{\sqrt{d}}$ 에서

$WI = \dfrac{10,400}{\sqrt{0.55}} = 14,023$

63 도시가스에서 사용하는 부취제의 종류가 아닌 것은?

① THT
② TBM
③ MMA
④ DMS

🔍 부취제 종류
 • T.H.T : 석탄가스 냄새
 • T.B.M : 양파 썩는 냄새
 • D.M.S : 마늘 냄새

64 정압기를 평가·선정할 경우 고려해야 할 특성이 아닌 것은?

① 정특성
② 동특성
③ 유량특성
④ 압력특성

🔍 정압기의 특성 : 정특성, 동특성, 유량특성, 사용최대차압, 작동최소차압

65 플레어스택의 높이는 지표면에 미치는 복사열이 얼마 이하가 되도록 설치하여야 하는가?

① 1,000kcal/m² · hr
② 2,000kcal/m² · hr
③ 3,000kcal/m² · hr
④ 4,000kcal/m² · hr

🔍 플레어스택의 설치위치 및 높이는 플레어스택 바로 밑의 지표면에 미치는 복사열이 4,000kcal/m² · h 이하가 되도록 한다.

66 다음 ( )안에 알맞은 말은?

도시가스용 압력조정기의 유량시험은 조절스프링을 고정하고 입구압력 범위안에서 (㉠)을 통과시킬 경우 출구압력은 제조자가 제시한 설정압력의 ± (㉡)% 이내로 한다.

① ㉠ 최대표시유량, ㉡ 10
② ㉠ 최대표시유량, ㉡ 20
③ ㉠ 최대출구유량, ㉡ 10
④ ㉠ 최대출구유량, ㉡ 20

정답 59 ③ 60 ② 61 ④ 62 ④ 63 ③ 64 ④ 65 ④ 66 ②

67 다음 중 부취제의 토양투과성이 크기가 순서대로 된 것은?

① DMS〉TBM〉THT ② DMS〉THT〉TBM
③ TBM〉DMS〉THT ④ THT〉TBM〉DMS

> 부취제의 성질
> • 취기의 강도 : TBM〉THT〉DMS
> • 화학적 안정성 : THT〉DMS〉TBM
> • 토양 투과성 : DMS〉TBM〉THT

68 LPG 용기 충전시설에 설치되는 긴급차단장치에 대한 기준으로 틀린 것은?

① 저장탱크 외면에서 5m 이상 떨어진 위치에서 조작하는 장치를 설치한다.
② 기상 가스배관 중 송출배관에는 반드시 설치한다.
③ 액상의 가스를 이입하기 위한 배관에는 역류방지밸브로 갈음할 수 있다.
④ 소형 저장탱크에는 의무적으로 설치할 필요가 없다.

> 긴급차단장치는 저장탱크 가까운 부근에 설치하여 액상의 가스 배관에서 누출할 경우 긴급 차단용 설치한다.

69 다음 중 유해한 유황 화합물 제거방법에서 건식법에 속하지 않는 것은?

① 활성탄 흡착법
② 산화철 접촉법
③ 몰리큘러시이브 흡착법
④ 시이볼트법

> 건식탈황법 : 산화철($Fe_2O_3 \cdot 3H_2O$)을 사용하여 H_2S를 제거하는 방법과 활성탄, 실리카겔, 몰리큘러시브 등의 흡착제를 사용하여 제거한다.

70 고압가스시설의 가스누출검지경보장치 중 검지부 설치수량의 기준으로 틀린 것은?

① 건축물 내에 설치되어 있는 압축기, 펌프 및 열교환기 등 고압가스설비군의 바닥면 둘레가 22m인 시설에 검지부 2개 설치
② 에틸렌제조시설의 아세틸렌수첨탑으로서 그 주위에 누출한 가스가 체류하기 쉬운 장소의 바닥면 둘레가 30m인 경우에 검지부 3개 설치
③ 가열로가 있는 제조설비의 주위에 가스가 체류하기 쉬운 장소의 바닥면 둘레가 18m인 경우에 검지부 1개 설치
④ 염소충전용 접속구 군의 주위에 검지부 2개 설치

> 건축물 안에 설치되어 있는 냉매설비에 속하는 압축기, 펌프, 응축기, 수액기 등의 설비군이 설치되어 있는 장소의 주위에는 누출한 가스가 체류하기 쉬운 장소에 설비군의 바닥면둘레 10m 마다 1개 이상의 비율로 계산한 수로서 22m 시설은 3개 이상을 설치해야 한다.

71 다음 정압기 중 고차압이 될수록 특성이 좋아지는 것은?

① Reynolds식   ② Axial flow식
③ Fisher식   ④ KRF식

> 엑셜 플로우(Axial-flow)식 정압기 특징
> • 변칙 Unloading 형식이다.
> • 정특성과 동특성이 양호하다.
> • 극히 콤팩트하다.
> • 고차압이 될수록 특성이 양호해진다.

72 다음 LNG와 SNG에 대한 설명으로 옳은 것은?

① LNG는 액화석유가스를 말한다.
② SNG는 각종 도시가스의 일종이다.
③ 액체 상태의 나프타를 LNG라 한다.
④ SNG는 대체 천연가스 또는 합성 천연가스를 말한다.

> SNG : 대체천연가스(Substitute Natural Gas) 또는 합성천연가스(Synthetic Natural Gas)

73 LPG의 연소방식 중 모두 연소용 공기를 2차 공기로만 취하는 방식은?

① 적화식   ② 분젠식
③ 세미분젠식   ④ 전1차 공기식

> 적화식 버너 : 연소에 필요한 연소용 공기를 모두 2차 공기(노즐 분출 후에 유입되는 공기)로 유입하고 1차 공기(노즐 분출 전에 유입하여 가스와 혼합되는 공기)를 유입하지 않는 방식

정답 67 ① 68 ② 69 ④ 70 ① 71 ② 72 ④ 73 ①

74 다음 중 개방식으로 할 수 없는 연소기는?

① 가스보일러
② 가스난로
③ 가스렌지
④ 가스 순간 온수기

> 가스보일러는 반밀폐식 연소기구로서 연소에 필요한 공기를 실내에서 취하고, 배기가스를 옥외로 배출하는 형식이다.

75 가스를 사용하는 일반가정이나 음식점 등에서 호스가 절단 또는 파손으로 다량 가스 누출시 사고예방을 위해 신속하게 자동으로 가스누출을 차단하기 위해 설치하는 것은?

① 중간밸브 ② 체크밸브
③ 나사콕크 ④ 퓨즈콕크

> 퓨즈콕 : 다량의 가스가 누출될 경우 사고예방을 위해 신속하게 자동으로 가스누출을 차단하기 위한 장치

76 국내 일반가정에 공급되는 도시가스(LNG)의 발열량은 약 몇 [kcal/m³] 인가? (단, 도시가스 월사용예정량의 산정기준에 따른다.)

① 9,000   ② 10,000
③ 11,000   ④ 12,000

> 월 사용예정량(Q)의 산정
> $Q = \dfrac{(A \times 240) + (B \times 90)}{11,000}(m^3)$
> 여기서, Q(m³) : 월 사용예정량, A(kcal/h) : 산업용으로 사용하는 연소기의 명판에 적힌 도시가스 소비량의 합계, B(kcal/h) : 산업용이 아닌 연소기의 명판에 적힌 도시가스 소비량의 합계, 도시가스발열량 : 11,000kcal/Nm³

77 도시가스 사용시설의 월사용 예정량(m³) 산출식으로 올바른 것은? (단, A는 산업용으로 사용하는 연소기의 명판에 기재된 가스소비량의 합계(kcal/h), B는 산업용이 아닌 연소기의 명판에 기재된 가스소비량의 합계(kcal/h)이다.)

① {A×240)+(B×90)}/11,000
② {A×240)+(B×90)}/10,500
③ {A×220)+(B×80)}/11,000
④ {A×220)+(B×80)}/10,500

> 월 사용예정량(Q)의 산정
> $Q = \dfrac{(A \times 240) + (B \times 90)}{11,000}(m^3)$
> 여기서, Q(m³) : 월 사용예정량, A(kcal/h) : 산업용으로 사용하는 연소기의 명판에 적힌 도시가스 소비량의 합계, B(kcal/h) : 산업용이 아닌 연소기의 명판에 적힌 도시가스 소비량의 합계, 도시가스발열량 : 11,000kcal/Nm³

78 LPG 연소기의 명판의 기재사항이 아닌 것은?

① 연소기명
② 가스소비량
③ 연소기 재질명
④ 제조(롯드)번호

> 연소기 명판에 기재사항
> • 연소기명
> • 제조자형식번호(모델번호)
> • 사용가스명 및 사용가스압력
> • 가스소비량
> • 제조(롯드)번호 및 제조년월
> • 품질보증기간과 용도
> • 제조자명
> • 정격전압 및 소비전력

79 가스버너의 일반적인 구비조건으로 옳지 않은 것은?

① 화염이 안정될 것
② 부하조절비가 적을 것
③ 저공기비로 완전연소할 것
④ 제어하기 쉬울 것

> 부하조절의 범위가 클 것

80 다음은 도시가스사용시설의 월사용예정량을 산출하는 식이다. 이 중 기호 "A"가 의미하는 것은?

$$Q = \dfrac{[(A \times 240) + (B \times 90)]}{11,000}$$

① 월사용예정량
② 산업용으로 사용하는 연소기의 명판에 기재된 가스소비량의 합계
③ 산업용이 아닌 연소기의 명판에 기재된 가스소비량의 합계
④ 가정용 연소기의 가스소비량의 합계

정답 74 ① 75 ④ 76 ③ 77 ① 78 ③ 79 ② 80 ②

> **월 사용예정량(Q)의 산정**
> $$Q = \frac{(A \times 240) + (B \times 90)}{11,000}(m^3)$$
> 여기서, Q(m³) : 월 사용예정량, A(kcal/h) : 산업용으로 사용하는 연소기의 명판에 적힌 도시가스 소비량의 합계, B(kcal/h) : 산업용이 아닌 연소기의 명판에 적힌 도시가스 소비량의 합계, 도시가스발열량 : 11,000kcal/Nm³

81 개방형온수기에 반드시 부착하지 않아도 되는 안전장치는

① 소화안전장치
② 전도안전장치
③ 과열방지장치
④ 불완전연소방지장치 또는 산소결핍안전장치

> **가스연소기의 안전장치**
> • 소화안전장치
> • 과열방지장치
> • 공연소방지장치
> • 과압방지장치
> • 동결방지장치
> • 불완전연소방지장치

82 LPG의 연소방식이 아닌 것은?

① 적화식   ② 세미분젠식
③ 분젠식   ④ 원지식

> 유도혼합식 버너 : 적화식, 분젠식, 세미분젠식, 전1차공기식

83 가스보일러 설치기준에 따라 반밀폐식 가스보일러의 공동배기방식에 대한 기준으로 틀린 것은?

① 공동배기구의 정상부에서 최상층 보일러의 역풍방지장치 개구부 하단까지의 거리가 5m일 경우 공동배기구에 연결시킬 수 있다.
② 공동배기구 유효단면적 계산식(A = Q×0.6×K×F+P)에서 P는 배기통의 수평투영면적(mm²)을 의미한다.
③ 공동배기구는 굴곡 없이 수직으로 설치하여야 한다.
④ 공동배기구는 화재에 의한 피해확산 방지를 위하여 방화 댐퍼(Damper)를 설치하여야 한다.

> **공동배기방식의 설치**
> • 공동배기구의 정상부에서 최상층 보일러의 역풍방지장치 개구부 하단까지의 거리가 4m 이상일 때는 공동배기구에 연결하고 그 이하일 경우에는 단독 배기통 방식으로 한다.
> • 공동배기구는 굴곡없이 수직으로 설치하고 원형 또는 정사각형에 가깝도록 하고 가로, 세로의 비는 1:1.4 이하로 한다.
> • 공동배기구 및 배기통에는 방화댐퍼를 설치하지 않는다.

84 도시가스사용시설 중 자연배기식 반밀폐식 보일러에서 배기통의 옥상돌출부는 지붕면으로부터 수직거리로 몇 [cm] 이상으로 하여야 하는가?

① 30   ② 50
③ 90   ④ 100

> 배기통의 옥상돌출부는 지붕면으로부터 수직거리를 1m(100cm) 이상으로 한다.

정답 81 ② 82 ④ 83 ④

SECTION 04 가스계측기

Craftsman Gas

STEP 01 계측기기의 개요

1. 계측기기의 목적 및 조건

1) 계측기기의 제어 목적
   ① 조업조건의 안정화와 고효율화
   ② 노동력의 절감
   ③ 안전위생관리
   ④ 제품의 품질향상

2) 계측기기의 구비 조건
   ① 구조가 간단하고 사용하기에 편리할 것
   ② 견고성과 신뢰성이 높을 것
   ③ 안정성과 정도가 높을 것
   ④ 원거리지시 및 기록이 가능하고 연속적일 것
   ⑤ 내구성이고 경제적일 것

2. 단위 및 측정방법

1) 국제단위(SI단위)

   ① 기본단위

기본량	길이	질량	온도	시간	전류	물질량	광도
단위	m	kg	K	sec	A	mol	Cd
명칭	미터	킬로그램	켈빈	초	암페어	몰	칸델라

   ② 유도단위

유도량	SI유도단위			
	명칭	기호	다른 SI단위로 표시	SI 기본단위로 표시
넓이(면적)	제곱미터	m^2		
부피(체적)	세제곱미터	m^3		
질량밀도	킬로그램 매 세제곱미터	kg/m^3		
비체적	세제곱미터 매 킬로그램	m^3/kg		

유도량	SI유도단위			
	명칭	기호	다른 SI단위로 표시	SI 기본단위로 표시
열용량, 엔트로피	줄 매 켈빈	J/K	$kg \cdot m^2/s^2 \cdot K$	
비에너지(비엔탈피)	줄 매 킬로그램	J/kg	m^2/s^2	
힘	뉴턴	N		$kg \cdot m/s^2$
압력	파스칼	Pa	N/m^2	$kg/m \cdot s^2$
일, 열량	줄	J	$N \cdot m$	$kg \cdot m^2/s^2$
동력	와트	W	J/s	$kg \cdot m^2/s^3$
섭씨온도	섭씨도	℃		K

③ 특수단위

명칭	기호	SI단위로 나타낸 값
바아	bar	$1bar = 0.1MPa = 100kPa = 10^5 Pa$
포아즈	P	$1P = 0.1Pa \cdot s = 100cP$ ($1P = 1dyn \cdot s/cm^2 = 1g/cm \cdot s$)
스토크스	St	$1St = 1cm^2/s = 10^{-4} m^2/s$
다인	dyn	$1dyn = 1g \cdot cm/s^2 = 10^{-5}N$
토오르	Torr	$1Torr = (101325/760)Pa$
표준기압	atm	$1atm = 101325Pa$
칼로리	cal	$1cal ≒ 4.186J$

2) 보조단위

인자	접두어	기호	인자	접두어	기호
10^2	헥토	h	10^{-2}	센티	c
10^3	킬로	k	10^{-3}	밀리	m
10^6	메가	M	10^{-6}	마이크로	μ
10^9	기가	G	10^{-9}	나노	n
10^{12}	테라	T	10^{-12}	피코	p

3. 계측기기의 용어

1) 감도(感度)

피측정량의 변화에 대한 검출되는 양의 변화의 비로서 감도가 좋으면 측정범위가 좁아지고 측정시간은 길어진다.

$$감도 = \frac{지시량의\ 변화}{측정량의\ 변화}$$

2) 정도(精度)

미지의 양을 측정하는 경우에 미세하게 식별할 수 있느냐를 나타내는 것으로서 측정 방법과 측정기구에 관계되는 양이다.

3) 정확도(精確度)

계측기기로 같은 시료를 여러 번 측정하여도 측정값이 일정하지 않다. 이 값은 실제값과 일치하지 않는데 이때 평균오차가 0.1% 정도를 정확도라 한다.

> 참고 정확도는 계통오차가 작을수록 좋다.

4) 정밀도(情密度)

계측기기로 같은 시료를 여러 번 측정하여도 측정값이 일정하지 않다. 이 일치하지 않는 작은 정도(程度)를 정밀도라 하며 산술적 평균치로 나타낸다.

> 참고 정밀도는 우연오차가 작을수록 좋다.

5) 오차, 기차, 공차

① 오차 = 측정값 − 실제값(참값)
② 오차율 $= \dfrac{오차}{실제값} \times 100\% = \dfrac{측정값 - 실제값}{실제값} \times 100\%$
③ 기차(器差) : 계측기기가 가지고 있는 오차로서 표준기기의 공칭값에서 실제값을 뺀 값이다.
④ 공차(公差) : 계측기기가 가지고 있는 규정된 최대치와 최소치의 차이로서 검정공차와 사용공차가 있다.

STEP 02 온도계측

1. 온도계의 분류

분류	종류
접촉식 온도계	유리온도계, 바이메탈온도계, 압력식온도계, 열전대온도계, 저항온도계, 서미스터, 제게르콘, 서모컬러
비접촉식 온도계	방사온도계, 광고온도계, 광전관온도계, 색온도계

2. 접촉식 온도계

온도계의 종류	원리	온도계의 종류	원리
바이메탈온도계	열팽창을 이용	제겔콘온도계	물질의 상태변화를 이용
열전대온도계	열기전력을 이용	저항온도계	전기의 저항변화를 이용

1) 유리온도계

온도 변화에 따른 액체의 팽창을 이용한 온도계로서 수은을 봉입한 것과 유기성 액체를 봉입한 것이 있다.

① 수은 유리온도계의 측정범위 : −35~350℃
② 알콜 유리온도계의 측정범위 : −100~100℃

2) 저항온도계

온도 변화에 따른 금속의 전기저항 변화를 이용한 온도계이다.

저항온도계의 종류와 특징

종류	측정온도	특징
백금측온저항체(Pt)	−200~500℃	• 안정성과 재현성이 양호하다. • 측온지연시간이 크고, 고온에서 열화가 적다. • 가격이 비싸고 저항온도계수가 낮다.
니켈측온저항체(Ni)	−50~150℃	• 온도계수가 백금보다 크다. • 감도가 좋다. • 사용온도범위가 백금보다 좁다.
구리측온저항체(Cu)	0~120℃	• 백금 다음으로 고순도를 얻을 수 있다. • 저항율이 낮다. • 저온에서 온도특성이 직선적이다.
서미스터(Ni, Co, Mn, Fe, Cu)	−100~300℃	• 감도가 좋다. • 저항온도계수가 크고 응답이 빠르다. • 온도상승에 따라 저항치가 감소한다.

3) 열전대온도계

두 종류의 금속을 접합시켜 그 접점에 온도차를 주면 열기전력(전위차)이 발생한다. 이 전위차를 밀리볼트계로 측정하여 온도를 측정하는 전기식 원격지시온도계이다.

① 구성 : 보상도선, 냉접점, 열전대선, 열접점, 보호관 등
② 열전대 온도계의 장·단점

장점	단점
• 접촉식온도계 중 가장 고온을 측정할 수 있다. • 원격 측정온도계로 적합하다. • 진동, 충격 등에 대하여 강하다.	• 냉접점이 있고 보상도선을 사용한다. • 상온부근에서 보정에 주의하지 않으면 좋은 정밀도를 얻을 수 없다.

③ 열전대의 구비조건
㉮ 가격이 싸고 구입이 쉬울 것
㉯ 전기저항, 열전도율, 온도계수가 적을 것
㉰ 내식성, 내열성, 기계적 강도, 열기전력이 클 것
㉱ 온도상승에 따라 연속적으로 상승할 것
㉲ 열기전력의 특성이 안정되고 장시간 사용시 변화가 없을 것

④ 열전대의 종류 및 조성과 측정온도

종류	조성		측정온도
	(+) 측	(−) 측	
백금 – 백금로듐(PR)	Pt(백금) : 87%, Rh(로듐) : 13% (백금로듐)	(순백금)	0~1,600℃
철 – 콘스탄탄(IC)	(순철)	Cu : 55%, Ni : 45% (콘스탄탄)	−20~800℃
크로멜 – 알로멜(CA)	Ni(니켈) : 90%, Cr(크롬) : 10% (크로멜)	Ni : 94%, Al : 3% Mn : 2%, Si : 1% (알로멜)	−20~1,200℃
구리 – 콘스탄탄(CC)	(순구리)	Cu : 55%, Ni : 45% (콘스탄탄)	−200~350℃

⑤ 열전대의 특징

종류	특징
백금 – 백금로듐(PR)	• 가격이 비싸고, 접촉식 중 가장 고온측정에 적합하다. • 내열성이 강하고, 정도(精度)가 높다. • 환원성분위기에 약하다. • 열기전력이 작다.
철 – 콘스탄탄(IC)	• 열기전력이 크고 가격이 싸다. • 환원성분위기에 강하다.
크로멜 – 알로멜(CA)	• 가격이 싸고 열기전력이 크다. • 환원분위기가 강하다.
구리 – 콘스탄탄(CC)	• 열기전력이 크고 저항 및 온도계수가 작다. • 저온측정에 적합하다. • 수분에 의한 부식성이 강하다.

⑥ 보호관의 구비조건
  ㉮ 외부 온도변화를 열전대에 전하는 속도가 빠를 것
  ㉯ 압력에 견디는 힘이 강할 것
  ㉰ 고온에서 변형되지 않도록 내열성을 가질 것
  ㉱ 기밀성을 유지하고 유해가스에 부식되지 않을 것
  ㉲ 보호관 재료가 열전대에 유해한 가스를 발생시키지 않을 것

4) 바이메탈온도계

열팽창계수가 다른 2종류의 금속을 맞붙인 것으로 온도변화에 따라 굽히는 정도가 다른 점을 이용한 온도계로서 −50~500℃까지 측정할 수 있다.

5) 압력식 온도계

헬륨이나 아르곤 등 불활성기체나 수은, 알콜 등 액체를 봉입하고 열을 가하면 열팽창에 의하여 온도를 측정한다.
  ① 압력식 온도계의 특징

㉮ 구조가 간단하고 저온측정이 가능하다.
㉯ 진동 및 충격에 강하다.
㉰ 연속적으로 원격조작이 가능하다.
㉱ 자동조절이 용이하다.
㉲ 600℃ 이상의 고온 측정은 불가능하다.
② 압력식 온도계의 종류
㉮ 기체압력(팽창)식 : 온도계 내에 불활성가스(질소, 아르곤)를 봉입하여 보일-샤를의 법칙을 이용
㉯ 증기압력(팽창)식 : 에틸알콜, 에테르 등의 증기의 압력과 액체의 비점사이에 일정한 관계를 이용
㉰ 액체압력(팽창)식 : 온도계 내의 봉입된 수은, 물, 알콜, 아닐린 등 액체의 열팽창을 이용
㉱ 고체압력(팽창)식 : 고체(황동, 석영, 인바)의 선팽창 차이를 이용
③ 압력식 온도계의 측정범위

종류	사용물질	측정온도
기체팽창식	질소, 헬륨, 아르곤	-130 ~ 430℃
증기팽창식	에틸알콜, 에테르, 프레온, 톨루엔, 염화에틸, 아닐린, 프로판	-45 ~ 315℃
액체팽창식	수은, 물, 에틸알콜, 부탄, 프로판	-185 ~ 315℃

2. 비접촉식 온도계

1) 방사온도계

스테판-볼쯔만의 법칙을 이용하여 측정물체에서 방사되는 전방사 에너지를 렌즈 또는 반사경을 이용하여 온도를 측정한다.

> 참고 방사온도계 측정범위 : 500 ~ 3,000℃

2) 광고온도계

표준전구의 필라멘트 휘도와 복사에너지의 휘도를 비교하여 온도를 측정한다.
① 취급 및 휴대하기가 용이하다.
② 비접촉식 온도계 중 가장 정확한 온도를 측정할 수 있다.
③ 자동제어나 기록이 어렵다.
④ 오차발생이 일어나 자주 측정하여야 한다.

> 참고 광고온도계 측정온도 : 700 ~ 3,000℃

3) 광전관온도계

광전관을 사용하여 광고온도계를 자동화하여 온도를 측정한다.
① 구조가 복잡하고 응답속도가 빠르다.
② 자동제어가 가능하고 이동물체에 대한 온도측정이 가능하다.

STEP 03 압력측정

1. 압력계 분류

분류	종류
1차 압력계(직접식)	액주식(U자관식, 단관식, 경사관식), 자유피스톤식
2차 압력계(간접식)	브로돈관식, 다이어프램식, 벨로즈식, 전기저항식, 피에조전기식

2. 1차 압력계

1) U자관식 압력계(마노미터)

U자 모양의 유리관 안에 수은이나 물을 넣어 액주높이를 측정하여 압력을 측정하는 방법으로서 일반적으로 저압 측정용으로 사용된다.

> 압력 $P_2 = P_1 + \gamma h \; (kg/m^2)$
> ($P_1(kg/m^2)$: 대기압, $\gamma(kg/m^3)$: 액체의 비중량, h(m) : 액주높이)

 액주식 압력계의 액체 구비조건
- 점도가 작을 것
- 모세관 및 표면장력이 적을 것
- 화학적으로 안정할 것
- 온도변화에 따른 밀도의 변화가 적어야 할 것
- 휘발성이 적을 것
- 점도 및 팽창계수가 적을 것

2) 경사관식 압력계

미세한 압력을 측정하는데 사용되며 U자관식 압력계보다 정밀한 압력측정이 가능하다.

$$\text{압력 } P_2 = P_1 + \gamma L \sin\theta \ (kg/m^2)$$

($P_1(kg/m^2)$: 대기압, $\gamma(kg/m^3)$: 액체의 비중량, L(m) : 눈금읽기, θ : 경사각)

3) 자유피스톤식 압력계
① 실린더 내에 피스톤을 넣고 실린더 내부에는 액체로 압력을 가하고 피스톤 위에 추를 놓아 양쪽의 압력을 측정한다.
② 브르돈관식 압력계의 눈금교정과 연구실용으로 사용된다.

$$\text{압력 } P = \frac{W_1 + W_2}{A} = \frac{W_1 + W_2}{\frac{\pi}{4} \times d^2} \ (kg/m^2)$$

($W_1(kg)$: 추의 무게, $W_2(kg)$: 피스톤의 무게,
$A(m^2)$: 피스톤의 단면적, d(m) : 피스톤 직경)

4) 침종식 압력계
아르키메데스의 원리를 이용하여 액체 중의 침종이 상하로 움직여 압력을 측정한다.

3. 2차 압력계

1) 탄성식 압력계
① 브로돈관식 압력계
  ㉮ 브로돈관의 한쪽 끝을 막아둔 상태에서 곡관 튜브에 압력이 가해 질 때 압력의 크기에 따라 튜브의 변위로 압력을 측정한다.
  ㉯ 탄성을 이용한 2차 압력계로서 가장 많이 사용한다.
  ㉰ 고압용 브로돈관의 재질은 니켈강을 사용하는 것이 좋다.
  ㉱ 높은 압력을 측정하지만 정확도는 나쁘다.
  ㉲ 곡관에 압력을 가하면 곡률반경이 증대되는 것을 이용한 것이다.

> **참고** 사용가스에 따른 브로돈관식 압력계의 재질
> • 암모니아 : 연강을 사용(암모니아는 동 및 동합금을 부식)
> • 아세틸렌 : 연강을 사용(구리, 은, 수은 등에 아세틸렌을 접촉시키면 화합폭발이 발생)
> • 산소압력계는 "금유"라고 명시되어 있어야 한다.
>
> **압력계의 눈금범위**
> 상용압력의 1.5배 이상, 2배 이상의 눈금을 가진 것을 사용한다.

② 다이어프램(격막식)식 압력계
  ㉮ 원형박판으로 된 다이아프램에 압력을 작용시켜 변형되는 변위량에 의해 미소한 압력을 측정한다.
  ㉯ 부식성 유체의 압력측정이 가능하다.
  ㉰ 정확성이 높고 반응속도가 빠르다.

③ 벨로우즈 압력계 : 벨로우즈의 신축작용을 이용하여 압력을 측정하며 주로 저압이나 미압 측정에 사용한다.

4) 전기저항압력계
① 금속의 전기저항 변화를 이용하여 압력을 측정한다.
② 초고압력이나 특수목적에 사용되며 대표적으로 스트레인게이지이다.

5) 피에조 전기압력계
① 수정이나 롯셀염 등의 결정체의 특정방향에 압력을 가하면 그 표면에 전기가 발생하고 발생한 전기량은 압력에 비례하는 성질을 이용하여 순간적인 압력을 측정한다.
② 가스의 폭발 등 급속한 압력변화를 측정하거나 엔진의 지시계로 사용한다.

STEP 04 유량계측

1. 유량계의 분류

분류	종류
직접식 유량계	습식가스미터, 오벌기어식, 루츠식
간접식 유량계	차압식, 임펠러식, 피토관식, 로터미터, 플로트식

2. 베르누이방정식 및 연속방정식

1) 베르누이방정식

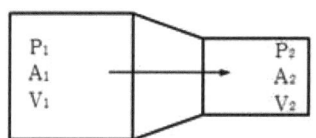

$$\frac{P_1}{\gamma} + \frac{V_1^2}{2g} + Z_1 = \frac{P_2}{\gamma} + \frac{V_2^2}{2g} + Z_2$$

($\frac{P_1}{\gamma}, \frac{P_2}{\gamma}$: 압력수두(P : 정압), $\frac{V_1^2}{2g}, \frac{V_2^2}{2g}$: 속도수두($\frac{V^2}{2g}\gamma$: 동압), Z_1, Z_2 : 위치수두, g(9.8/s² : 중력가속도)

2) 연속방정식
① 체적유량 : $Q = AV = \frac{\pi}{4} \times d^2 V \; (m^3/s)$
② 중량유량 : $G = \gamma AV \; (kgf/s)$
③ 질량유량 : $m = \rho AV \; (kg/s)$
  (A(m²) : 단면적, V(m/s) : 유속, d(m) : 직경, γ(kgf/m³) : 비중량, ρ(kg/m³) : 밀도)

3. 간접식 유량계

1) 차압식 유량계
① 베르누이의 원리를 이용하여 교축(조리개)부 전후의 압력차로 유속을 구하여 유량을 측정한다.
② 종류 : 오리피스미터(orifice meter), 벤튜리미터(Venturi meter), 플로노즐(flow-nozzle)

〈오리피스미터〉　　　　〈벤튜리미터〉　　　　〈플로노즐〉

③ 압력손실의 크기 : 오리피스＞플로우노즐＞벤츄리미터

2) 면적식 유량계
① 교축면적의 변화에 의해 유량을 측정한다.
② 종류 : 로터미터, 피스톤식

3) 유속식 유량계
① 피토우관(pitot tube) : 전압과 정압의 차를 이용하여 한 점에서 동압 즉 유속을 측정하여 유량을 산정한다.

$$\text{유속 } V = \sqrt{2gH} \ (m/s)$$

(g(9.8m/s^2) : 중력가속도, H(m) : 수주)

② 임펠러식 유량계 : 유체가 흐르는 관로에 임펠러를 설치하여 유속변화를 측정하여 유량을 측정하는 방식이다.

4) 용적식 유량계
① 유체를 연속적으로 공급하여 유출되는 양을 회전자의 회전수로 유량을 측정한다.
② 특징
　㉮ 점성이 높은 유체에 적합하며 입구측에는 여과기를 설치해야 한다.
　㉯ 정도(精度)가 높고 적산식 유량측정에 적합하다.
③ 종류
　루츠형, 오우벌형, 로타리형, 회전원판형, 왕복피스톤형

5) 와류식(볼텍스) 유량계
소용돌이(와류)를 유체 중에 인위적으로 일으켜 소용돌이의 발생수가 유속과 비례하는 것을 이용하여 유량을 측정한다.

6) 전자유량계
패러데이 전자유도법칙에 의해 기전력이 발생하여 유량을 측정한다.

4. 가스미터

분류	종류
실측식	건식(막식-크로바식, 독립내기식, 회전자식-루츠식, 오벌식, 로터리식), 습식
추량식	벤투리식, 오리피스식, 터빈식, 델타(delter)식

1) 가스미터의 설치조건
① 수직으로 1.6~2.0m 이내로 설치할 것
② 습도가 낮고 진동이 적은 곳에 설치할 것
③ 화기 및 전기기기와의 유지거리
   ㉮ 전기개폐기, 안전기와의 유지거리 : 60cm 이상
   ㉯ 저압전선과의 유지거리 : 15cm 이상
   ㉰ 화기와의 거리 : 2m 이상

2) 가스미터의 특징

종류	장점	단점	용도
막식 가스미터	• 설치 후 유지관리비가 저렴하다. • 소량의 계량에 적합하다.	• 설치공간이 크다.	일반수요가
습식 가스미터	• 계량이 정확하다. • 사용 중에 기차(器差)의 변동이 거의 없다. • 기준기용, 실험실용으로 사용된다.	• 설치면적이 크다. • 사용 중에 수위조정 등의 관리가 필요하다.	기준기 실험실용
루츠미터	• 설치스페이스가 적다. • 중압가스의 계량이 가능하다. • 대유량의 가스측정에 적합하다.	• 스트레이너 설치 후 유지관리가 필요하다. • $0.5m^3/h$ 이하에서는 작동하지 않을 수 있다.	대수용가

3) 막식 가스미터의 고장원인

종류	고장의 정의	고장원인
부동 (不動)	가스가 미터는 통과하나 가스미터의 지침이 움직이지 않는 고장	• 계량막의 파손, 밸브의 탈락, 밸브와 밸브시트의 간격에서 누설이 발생할 때 • 가스미터의 지침에 회전이 전달되지 않아 지침이 작동하지 않을 때
불통 (不通)	가스가 미터를 통과하지 않는 고장	• 크랭크 축이 녹슬었을 때 • 날개 등의 납땜탈락 등 회전부분에 고장이 발생하였을 때 • 밸브와 밸브시트가 타르, 수분 등에 의해 점착되거나 고착이 되었을 때
누설	가스가 누설되는 고장으로서 내부누설과 외부누설이 있다.	• 날개축이나 수평축이 격벽을 관통하는 seal부분의 기밀이 파손된 경우

종류	고장의 정의	고장원인
기차불량 (器差不良)	가스의 영향 또는 부품의 마모 등에 의하여 기차(器差)가 변화하여 계량법에 규정된 ±4% 이내의 사용공차를 넘었을 때를 말한다.	• 계량막이 신축하여 계량실의 부피가 변화할 때 • 계량막에서 누설 • 밸브와 밸브시트 사이에서 누설 • 밸브시트의 홈사이 패킹부에서 누설
감도불량 (感度不良)	미터에 유량을 통과시킬 때 미터의 지침 지시도에 변화가 나타나지 않는 고장이다.	• 밸브와 밸브시트 사이에서 누설 • 밸브시트의 홈사이 패킹부에서 누설

STEP 05 액면계측

1. 액면계의 분류

분류	종류
직접식	직관식(유리관식), 플로트식, 검척식
간접식	차압식, 방사선식, 압력검출식, 기포식, 초음파식, 정전용량식, 다이어프램식, 튜브식

2. 직접식 액면계

1) 직관식 액면계
   ① 저장탱크에 유리관을 붙이고 저장탱크 내의 액면을 유리관의 액면높이로 직접 측정한다.
   ② 종류 : 평형반사식, 평형투시식

   > **참고** 유리관식 액면계는 자동제어장치에 적용하기 어렵다.

2) 부자(플로트)식 액면계
   액면상에 플로트를 띄워서 플로트의 위치로 액면을 측정한다.

3) 검척식 액면계
   액면의 높이를 후크게이지나 포인트게이지로 재어서 액면을 측정한다.

3. 간접식 액면계

1) 차압(햄프슨)식 액면계
   ① 기준기의 정압과 유체의 정압과의 압력차를 이용하여 액면을 측정한다.
   ② 종류 : U자관식, 다이아프램식, 변위평형식

종류	특징
U자관식	• 자동제어의 부착에 용이하다. • 수은 등 혼합 액체는 측정이 불가능하다.
다이아프램식	• 개방 또는 밀폐탱크에 적합하다. • 정도(精度)는 ±0.5%이다.
변위평형식	• 극(초)저온 저장탱크의 액면을 측정할 수 있다. • 액체의 압력이 3.5kg/cm²까지 측정할 수 있다.

2) 방사선식 액면계

① 방사선이 큰 γ선을 투과하여 탱크의 상부에 설치된 검출기로 방사선의 강도변화로 액면을 측정한다.

② 고온, 고압의 액체나 부식성 액체탱크에 적합하다.

3) 기포식 액면계

① 탱크에 파이프를 삽입하여 공기압축기에서 공기를 불어 넣어 공기압을 압력계로 측정하여 액면을 측정한다.

② 부식성이 크고 점도가 높은 액체에 적합하다.

4) 초음파식 액면계

① 초음파를 발사하여 액면에서 반사된 초음파가 수신기로 되돌아오는 시간을 측정하여 액면을 측정한다.

② 고온, 고압 또는 저온 등으로 액면을 측정할 수 없을 때 적합하다.

5) 정전용량식 액면계

액체 또는 고체의 유전율을 이용하여 액위변화에 따른 전극과 정전용량의 변화로 액면을 측정한다.

6) 전기저항식 액면계

① 저항체를 탱크 속에 넣어 전기저항의 변화로 액면을 측정한다.

② 개방탱크나 밀폐탱크에 사용한다.

7) 압력검출식 액면계

탱크 외부에 압력계를 설치하고 액의 높이에 따라 압력이 변하는 원리를 이용하여 액면을 측정한다.

8) 튜브식 액면계

① 대형 용기의 상부에 설치되어 있으며 튜브를 상하로 움직여 직접 유체를 유출시켜 봄으로써 액면을 측정한다.

② 튜브식 액면계는 누설시 가연성가스는 인화의 우려, 독성가스는 중독의 우려가 있으므로 사용할 수 없다.

③ 종류 : 고정튜브식, 회전튜브식, 슬립튜브식

STEP 06 가스검지법

1. 시험지법

독성가스나 가연성가스 누설시 시험지를 접촉시켜 변색상태로 가스의 누출 유무를 검지한다.

시료가스에 따른 시험지와 변색

검지가스	시험지	변색
산성가스	적색리트머스지	적색
암모니아	적색리트머스지	청색
시안화수소(HCN)	초산벤젠지(질산구리벤젠지)	청색
아세틸렌(C_2H_2)	염화제일구리착염지	적색
일산화탄소(CO)	염화파라듐지	흑색
염소(Cl_2)	KI 전분지(요오드 칼륨시험지)	청색
포스겐($COCl_2$)	하리슨 시험지	심등색
황화수소(H_2S)	연당지(초산납시험지)	흑색

2. 검지관법

가스흡입기에 의하여 검지관에 시료가스를 흡입하면 시료가스는 발색시약을 흡착시킨 검지제와 화학반응을 일으켜 검지관의 입구로부터 변색되어 나타나는 변색상태나 착색층의 길이를 표준농도표와 비교하여 가스 농도를 측정한다.

1) 검지관의 측정농도와 검지한계

검지가스	측정농도범위 (vol %)	검지한도 (ppm)	검지가스	측정농도범위 (vol %)	검지한도 (ppm)
아세틸렌	0 ~ 0.3	10	시안화수소	0 ~ 0.01	0.2
벤젠	0 ~ 0.04	0.1	암모니아	0 ~ 25	5
산소	0 ~ 30	1000	염소	0 ~ 0.004	0.1
수소	0 ~ 1.5	250	포스겐	0 ~ 0.005	0.02

2) 가연성 가스검출기

① 안전등형 : 주로 탄광 내에서 CH_4의 발생을 검출하는데 사용되며 청염(푸른 불꽃)의 길이로 그 농도를 측정한다.
② 간섭계형 : 가스의 굴절률차를 이용하여 가스 농도를 측정한다.
③ 열선형 : 브리지회로의 편위전류를 이용하여 가스 농도를 측정한다.
④ 반도체식 : 반도체 소자에 전류를 흐르게 하고 가스를 접촉시키면 전압변화를 이용하여 가스 농도를 측정한다.

STEP 07 가스분석법

1. 흡수분석법
시료가스를 흡수액에 흡수시켜 흡수된 양의 차로 가스의 성분을 분석한다.

1) 오르잣트(Orsat)법
① 시료가스와 흡수액의 접촉이 양호한 구조의 피펫을 사용하여 시료가스를 흡수액에 흡수시켜 용량의 감소로 CO_2(이산화탄소), O_2(산소), CO(일산화탄소)순으로 가스농도를 분석한다.
② 구성 : 2개의 수준병, 3개의 피펫, 1개의 뷰렛

가스 성분 및 흡수액

가스성분	흡수액	성분(vol%)
CO_2	30% 수산화칼륨(KOH) 용액	$\dfrac{30\% \ KOH \text{용액의 흡수량}}{\text{시료채취량}} \times 100\%$
O_2	알카리성 피로카롤용액	$\dfrac{\text{알카리성피로카롤 용액의 흡수량}}{\text{시료채취량}} \times 100\%$
CO	암모니아성 염화제일구리용액	$\dfrac{\text{암모니아성염화제일구리용액의 흡수량}}{\text{시료채취량}} \times 100\%$
질소	–	$100\% - (CO_2\% + O_2\% + CO\%)$

2) 헴펠(Hempel)법
시료가스를 흡수액에 흡수시켜 이산화탄소(CO_2), 중탄화수소(C_mH_n), 산소(O_2), 일산화탄소(CO)의 순으로 가스가 흡수되어 가스의 농도을 분석한다.

성분 및 흡수액

가스성분	흡수액
이산화탄소(CO_2)	약 30% KOH용액
C_mH_n(중탄화수소)	무수황산 약 25%를 포함한 발연황산
O_2(산소)	알카리성 피로카롤 용액
CO(일산화탄소)	암모니아성 염화제일구리용액

3) 게겔(Gockel)법
이산화탄소, 아세틸렌, 프로필렌, 노르말부탄, 에틸렌, 산소, 일산화탄소 등 저급 탄화수소의 분석에 사용된다.

가스 성분 및 흡수액

가스성분	흡수액
이산화탄소(CO_2)	30% KOH용액
아세틸렌(C_2H_2)	옥소수은칼륨용액

가스성분	흡수액
프로필렌(C_3H_6), 노르말부탄($n-C_4H_8$)	87% 황산
에틸렌(C_2H_4)	취화수소(HBr)
산소(O_2)	알카리성 피로카롤용액
일산화탄소(CO)	암모니아성 염화제일구리용액

2. 연소분석법

시료가스를 산소나 공기 중에서 연소시켜 변화된 산소의 소비량과 이산화탄소의 생성량, 용적의 감소 등을 측정하여 가스의 농도를 측정한다.

1) 완만연소법

시료가스와 산소(공기)를 혼합하여 완만연소피펫에 이송하여 백금선으로 연소시켜 가스의 성분을 측정한다.

① 백금선을 이용하여 연소시키므로 폭발의 위험이 적다.
② 동족 탄화수소와 수소가 혼합된 시료는 측정할 수 없다.
③ 흡수법과 조합하여 H_2와 CO, H_2와 CH_4, CH_4와 C_2H_6 등의 용적 감소와 이산화탄소 생성량 및 산소 소비량으로 정량할 수 있다.

2) 폭발법

시료가스와 산소(공기)를 뷰렛에 넣고 혼합하여 폭발피펫에 옮겨 전기 스파크로 폭발시킨 후 용적감소에 의하여 가스성분을 측정한다.

3) 분별연소법

2종 이상의 동족 탄화수소와 수소가 혼합되어 있는 시료가스의 가스성분을 측정하는 방법으로서 탄화수소는 산화하지 않고 수소와 일산화탄소만을 분별적으로 완전산화시키는 방법이다.

3. 화학분석법

1) 적정법

① 중화적정법 : 시료가스 중의 암모니아(NH_3)를 황산(H_2SO_4)에 흡수시키고 나머지 황산을 수산화나트륨(NaOH) 용액으로 적정하는 방법이다.

$H_2SO_4 + 2NaOH \rightarrow Na_2SO_4 + 2H_2O$

② 요오드(I_2) 적정법
㉮ 직접법 : $I_2 + H_2S \rightarrow 2HI + S$
㉯ 간접법 : 요오드(I_2)를 티오황산나트륨 용액($Na_2S_2O_3$, H_2O)으로 적정하여 산소의 양을 구하는 방법이다.

$2KI + O_3 + H_2O \rightarrow 2KOH + I_2 + O_2$

③ 킬레이트적정법 : EDTA(Ethylene Diamine Tetraacetic Acid) 용액으로 적정시키는 방법이다.

2) 흡광광도법

빛이 시료용액을 통과할 때 흡수나 산란 등에 의하여 강도가 변하는 것을 이용하는 것으로서 용액의 흡광도를 측정하여 시료성분의 농도를 측정한다.(램버어트-비어(Lambert-Beer)의 법칙을 이용)

4. 기기분석법

1) 가스 크로마토 그래피법(Gas chromatograph, GC)

시료를 주사기로 시료주입부에 주입하여 기화된 성분들이 분리관(칼럼)내에 들어있는 운반가스(carrier gas)에 의하여 분배과정에 의해 각 성분별로 분리하는 분석방법으로 유기화합물에 대한 정성(定性) 및 정량(定量)분석에 이용된다.

① 구성 : 시료주입부→분리관→검출기→기록장치
② 운반가스(carrier gas) : 헬륨(He), 질소(N_2), 아르곤(Ar), 수소(H_2)
③ 검출기의 종류 및 특성

종류	특징	운반가스	분석대상
불꽃이온화 검출기 (FID)	• 무기가스나 물에 대해 응답하지 않는다. • 가장 널리 사용하는 검출기이다. • 시료는 검출되는 동안 파괴된다. • 가장 예민하고 넓은 농도 범위에 걸쳐 직선적으로 감응을 나타낸다.	헬륨(He) 질소(N_2)	탄화수소계 유기화합물
열전도도 검출기 (TCD)	• 시료는 검출하는 동안 파괴하지 않는다. • 열전도도가 다른 가스를 사용할 수 있다. • 감도안정에 시간이 걸리고 다른 검출기보다 나쁘다.	헬륨(He) 질소(N_2)	헬륨, 수소 이외 기타 가스
전자포획 검출기 (ECD)	• 친화성이 큰 분자시료의 검출에 사용된다. • 할로겐화합물, 니트로화합물과 같이 전기 음성도가 큰 것은 감도가 예민하다. • 시료는 검출하는 동안 파괴하지 않는다. • 알콜 및 탄화수소에는 감도가 작용하지 않는다.	헬륨(He) 질소(N_2)	할로겐화합물, 니트로화합 물에 고감도
불꽃광도 검출기 (FPD)	• 황이나 인화합물에 선택성이 높은 검출기이다. • 탄화수소는 감응하지 않는다. • 잔류농약, 대기오염물의 황화합물 측정에는 감도가 좋다.	질소(N_2) 헬륨(He)	황, 인 함유 화합물

2) 적외선 분광분석법

① 쌍극자모멘트의 변화를 일으킬 진동에 의하여 적외선을 흡수하여 가스를 분석한다.
② 분자가 적외선을 흡수하려면 그 분자는 진동과 회전운동에 의한 쌍극자 모멘트의 알짜 변화를 일으켜야 한다.
③ 쌍극자 모멘트의 변화량은 진동하고 있는 원자간 거리가 짧을수록, 부분전하가 클수록 커져서 강한 적외선 흡수가 관측된다.
④ 분석이 안되는 가스(2원자 가스) : H_2, O_2, N_2, Cl_2

3) 가스의 분석방법

시료성분	분석방법
산소	• 알칼리성 피로카롤 용액에 흡수 • 염화제1동 암모니아성 용액에 흡수
암모니아	• 황산에 흡수시켜 알칼리로 나머지 황산을 흡수
아세틸렌	• 발연황산에 흡수 • 시안화수소와 수산화칼륨용액에 흡수
염소	• 수산화나트륨에 흡수 • 요오드칼륨수용액에 흡수시켜 유리된 요소를 티오황산나트륨으로 적정
수소	• 파라듐관에 의한 연소 • 황산동에 의한 연소 • 열전도도법
이산화탄소	• 수산화나트륨에 흡수 • 열전도도법
일산화탄소	• 암모니아성 염화제1동 용액에 흡수

STEP 08 자동제어

1. 시퀀스제어(sequence control)

미리 정해진 순서에 따라 제어의 각 단계를 순차적으로 제어하는 방식으로서 개루프제어(open loop control)라 한다.

1) 명령처리에 따른 분류

① 시한제어 : 시간의 경과에 따라 공정의 각 단계를 순차적으로 제어하며 검출기를 사용하지 않는 제어방식이다.
② 순서제어 : 검출기를 사용하여 공정의 제어 여부를 확인한 후에 제어의 각 단계를 순차적으로 제어하는 방식이다.
③ 조건제어 : 입력 조건에 상응하는 여러 가지의 조건 또는 위험방지를 고려하여 제어를 실행하는 방식이다.

2) 제어장치에 따른 분류

① 유접점제어 : 릴레이 또는 전자계전기 등의 소자를 사용하는 제어하는 방식이다.
② 무접점제어 : 트랜지스터, 다이오드 등의 반도체 스위칭 소자를 사용하여 제어하는 방식이다.
③ PLC(programmable logic controller) : 논리연산이 주된 기능이며 수치연산기능, 데이터처리기능, 프로그램제어기능을 조합하여 제어하는 방식이다.

3) 응용회로

① 자기유지회로 : 계전기가 여자된 후에도 동작기능이 계속해서 유지되는 회로이다.

② 플리커회로 : 입력신호를 단속신호로 변환하여 기기의 고장 등을 운전자에게 알려주는 회로이다.
③ 인터록회로 : 2대 이상의 기기를 운전하는 경우 기기의 보호를 위해 운전순서를 결정하거나 동시 기동을 피할 경우에 사용하는 기기의 동작을 금지하는 회로이다.

2. 피드백(feed back control)제어

제어계의 출력값이 목표값과 비교하여 일치하지 않을 경우에는 다시 출력값을 입력으로 피드백시켜 오차를 수정하도록 귀환경로를 갖는 폐회로제어계(closed-loop control system)이다.

1) 피드백 제어의 기본 구성

① 목표값 : 외부에서 사용자가 제어량에 대한 희망값을 갖도록 주어지는 값
② 조절부 : 동작신호를 만드는 부분
③ 동작신호 : 기준 입력과 주 피드백 신호와의 차로서 제어동작을 일으키는 신호편차
④ 조작부 : 조절부에서 받은 신호를 조작량으로 변화하여 제어대상에 작용
⑤ 조작량 : 제어를 하기 위해 제어장치로부터 제어대상에 가해지는 양
⑥ 제어대상 : 기계, 프로세스, 시스템의 전체 또는 일부가 여기에 속하며 제어하고자 하는 대상
⑦ 제어량 : 제어대상에서 제어된 출력양
⑧ 검출부 : 제어량을 검출하고 기준 입력신호와 비교시키는 부분

2) 피드백 제어의 분류

① 목표값의 시간적 성질에 의한 분류
　㉮ 정치제어(constant value control) : 목표값이 시간에 따라서 일정한 자동제어이며 프로세스제어(공정제어)와 자동조정이 있다.
　㉯ 추치제어(value control) : 목표값이 시간에 따라서 변하는 자동제어이며 추종제어, 프로그램제어, 비율제어가 있다.
② 제어량에 따른 분류
　㉮ 프로세스제어(process control) : 온도, 압력, 유량, 액면, 농도, 습도 등의 공업 공정의 상태량을 제어한다.
　㉯ 자동조정(automatic regulation) : 전압, 전류, 회전수(속도), 주파수, 토크 등의 상태량을 제어한다.
　㉰ 서보기구 : 물체의 위치, 방위, 각도 등의 상태량을 제어하는 것으로 미사일 추적장치, 레이더, 선박의 방향을 제어한다.

3) 제어동작에 따른 분류

제어 동작	종류
불연속제어	2위치제어(ON-OFF제어), 다위치제어, 샘플값제어
연속제어	비례(P)제어, 적분(I)제어, 미분(D)제어, 비례적분(PI)제어, 비례미분(PD)제어, 비례적분미분(PID)제어

제04절_ 가스계측기
출제예상문제

01 자유 피스톤식 압력계의 피스톤의 직경이 4cm, 추와 피스톤의 무게가 15.7kg일 때 압력은? (단, π = 3.14로 계산한다.)

① $1.25kg/cm^2$
② $1.57kg/cm^2$
③ $2.5kg/cm^2$
④ $5kg/cm^2$

> 자유피스톤식 압력계 압력계산
> $P = \dfrac{W_1 + W_2}{A} = \dfrac{W_1 + W_2}{\dfrac{\pi}{4} \times d^2} (kg/cm^2)$ 에서
> 압력 $P = \dfrac{15.7}{\dfrac{3.14}{4} \times 4^2} = 1.25 kg/cm^2$

02 다음 온도계 중에서 접촉식 방법의 온도 측정을 하는 온도계가 아닌 것은?

① 더미스트 온도계
② 광고 온도계
③ 압력 온도계
④ 금속저항 온도계

> 비접촉식 온도계 : 광고온도계, 방사온도계, 광전관온도계

03 액주식 압력계에 사용되는 액체의 구비조건으로 적당하지 못한 것은?

① 화학적으로 안정되어야 한다.
② 모세관 현상이 적어야 한다.
③ 점도와 팽창계수가 작아야 한다.
④ 온도변화에 의한 밀도가 커야 한다.

> 액주식 압력계의 액체 구비조건
> • 점도가 작을 것
> • 온도변화에 따른 밀도의 변화가 작을 것
> • 모세관 현상과 표면장력이 적을 것
> • 휘발성이 적을 것
> • 화학적으로 안정할 것
> • 점도와 팽창계수가 적을 것

04 아세틸렌 검지를 위한 시험지와 반응 색은?

① KI전분지 – 청색
② 염화 제1동 착염지 – 적색
③ 염화 파라듐지 – 적색
④ 초산납 시험지 – 흑색

> • 염소 : KI전분지 – 청색
> • 일산화탄소 : 염화 파라듐지 – 적색
> • 황화수소 : 초산납 시험지 – 흑색

05 액화가스의 비중이 0.8이고 배관직경이 50mm일 때 1시간당 유량이 15톤이면 배관내의 평균 유속은 얼마인가?

① 1.8m/s
② 2.66m/s
③ 7.56m/s
④ 8.52m/s

> 질량유량 $m = \rho A V (kg/s)$
> • 질량유량 $m = \dfrac{15 \times 1,000}{3,600} = 4.17 kg/s$
> • 유속 $V = \dfrac{m}{\rho A} = \dfrac{4.17}{0.8 \times 1,000 \times \dfrac{\pi}{4} \times 0.05^2}$
> $= 2.655 m/s$

06 다음 압력계 중 브르돈관 압력계 눈금 교정용으로 사용되는 압력계는?

① 피에조 전기 압력계
② 마노미터 압력계
③ 자유 피스톤식 압력계
④ 벨로우즈 압력계

> 자유 피스톤식 압력계는 브르돈관 압력계의 눈금교정과 연구실용으로 사용된다.

정답 01 ① 02 ② 03 ④ 04 ② 05 ② 06 ③

07 그림에서와 같은 수은을 사용한 U자관 압력계에서 h = 300mm일 때 P_2의 압력은 절대 압력으로 얼마인가? (단, 대기압 [P_1]은 1kg/cm²로 하고 수은의 비중은 13.6× 10⁻³kg/cm³이다.)

① 0.816kg/cm² ② 1.408kg/cm²
③ 0.408kg/cm² ④ 1.816kg/cm²

🔍 압력 $P_2 = P_1 + \gamma h \ (kg/cm^2)$에서
$P_2 = 1 + 13.6 \times 10^{-3} \times 30$
$= 1.408 kg/cm^2$

08 오르잣트 가스 분석기에서 CO_2의 흡수액은?

① 포화 식염수
② 염화 제1구리용액
③ 알칼리성 피로가롤 용액
④ 수산화칼륨 30% 수용액

🔍 오르잣트 가스분석기의 흡수액

가스성분	흡수액
CO_2	30% 수산화칼륨(KOH) 용액
O_2	알카리성 피로카롤용액
CO	암모니아성 염화제일구리용액
N_2	–

09 다음 중에서 액면계의 측정방식에 해당하지 않는 것은?

① 다이어프램식
② 정전용량식
③ 음향식
④ 환상천평식

🔍 압력 측정방식 : 환상천평식

10 초저온 저장탱크의 측정에 많이 사용되며 차압에 의해 액면을 측정하는 액면계는?

① 햄프슨식 액면계
② 전기저항식 액면계
③ 초음파식 액면계
④ 크링카식 액면계

🔍 차압(햄프슨)식 액면계는 차압에 의해 액면을 측정하는 것으로 U자관식, 다이아프램식, 변위평형식이 있으며 변위평형식은 초저온 저장탱크의 액면측정용으로 사용된다.

11 다음 가스 분석법 중 흡수 분석법에 해당되지 않는 것은?

① 헴펠법   ② 산화동법
③ 올쟈트법 ④ 게겔법

🔍 흡수분석법 : 헴펠법, 올쟈트법, 게겔법

12 원통형의 관을 흐르는 물의 중심부의 유속을 피토관으로 측정하니 정압과 동압의 차가 수주 10m 이었다. 이때 중심부의 유속은 얼마인가?

① 10m/s ② 14m/s
③ 20m/s ④ 26m/s

🔍 피토관에서 유속 $V = \sqrt{2gH}$ 에서
$V = \sqrt{2 \times 9.8 \times 10} = 14 m/s$

13 다음 가스 유량계 중 그 측정원리가 다른 하나는?

① 오리피스미터 ② 벤츄리미터
③ 피토우관   ④ 로우터미터

🔍 로터미터 : 면적식 유량계

14 대형 용기의 상부에 설치되어 있어 튜브를 상하로 움직여 직접 유체를 유출시켜 봄으로써 액면을 측정하는 것은?

① 시창식 액면계
② 슬립 튜브식 액면계
③ 정전용량식 액면계
④ 마그네트식 액면계

정답 07 ② 08 ④ 09 ④ 10 ① 11 ② 12 ② 13 ④ 14 ②

15 주로 탄광 내에서 CH₄의 발생을 검출하는데 사용되며 청염(푸른 불꽃)의 길이로써 그 농도를 알 수 있는 가스 검지기는?

① 안전등형 ② 간섭계형
③ 열선형   ④ 흡광 광도형

- 안전등형 : 주로 탄광 내에서 CH₄의 발생을 검출
- 간섭계형 : 가스의 굴절률차를 이용
- 열선형 : 브리지회로의 편위전류를 이용

16 관내에 흐르고 있는 물의 속도가 6m/s일 때 속도 수두는 몇 [m] 인가?

① 1.22 ② 1.84
③ 2.62 ④ 2.82

베르누이정리에 의한 속도수두 $H = \frac{V^2}{2g}(m)$ 에서
$H = \frac{6^2}{2 \times 9.8} = 1.837m$

17 백금 로듐-백금 열전대 온도계의 온도 측정범위로 옳은 것은?

① −180~350℃
② −20~800℃
③ 0~1,600℃
④ 300~2,000℃

열전대온도계 측정범위
- 백금-백금로듐 : 0~1,600℃
- 철-콘스탄탄 : −20~800℃
- 크로멜-알로멜 : −20~1,200℃
- 구리-콘스탄탄 : −200~350℃

18 액체의 높이가 4m이며 이 액체의 비중을 0.68이라고 할 때 수은주의 높이는 몇 [cm] 인가? (단, 수은의 비중은 13.6 이다.)

① 10 ② 20
③ 40 ④ 80

압력 $P = \gamma H (kg/m^2)$
- 압력 $P = 0.68 \times 1,000 \times 4 = 2,720 kg/m^2$
- 수은주 $P = 76 cmHg = 10,332 kg/m^2$
  $H = \frac{2,720}{10,332} \times 76 = 20 cmHg$

19 가스가 누설될 경우 가스의 검지에 사용되는 시험지가 옳게 짝지어진 것은?

① 암모니아 − 하리슨시약
② 황화수소 − 초산벤지딘지
③ 염소 − 염화 제1동 착염지
④ 일산화탄소 − 염화파라듐지

시료가스에 따른 시험지

검지가스	시험지
암모니아	적색리트머스지
일산화탄소	염화파라듐지
염소	KI 전분지
황화수소	연당지(초산납시험지)

20 고압가스 설비에 장치하는 압력계의 최고눈금의 기준으로 옳은 것은?

① 상용압력의 1.0배 이하
② 상용압력의 2.0배 이하
③ 상용압력의 1.5배 이상 2.0배 이하
④ 상용압력의 2.0배 이상 2.5배 이하

압력계의 최고눈금 : 상용압력의 1.5배 이상, 2배 이하

21 다음의 그림과 같이 깊이 10cm인 물탱크 출구에서의 물의 유속은 몇 [m/s] 인가?

① 1.2 ② 12
③ 1.4 ④ 14

베르누이방정식 적용
$\frac{P_1}{\gamma} + \frac{V_1^2}{2g} + Z_1 = \frac{P_2}{\gamma} + \frac{V_2^2}{2g} + Z_2$
(대기압 $P_1 = P_2 = 0$, 유속 $V_1 = 0, Z_1 - Z_2 = H$)
유속 $V = \sqrt{2gH} = \sqrt{2 \times 9.8 \times 0.1} = 1.4 m/s$

22 다음 열전대 중 측정온도가 가장 높은 것은?

① 백금-백금·로듐형 ② 크로멜-알루멜형
③ 철-콘스탄탄형   ④ 동-콘스탄탄형

정답 15 ① 16 ② 17 ③ 18 ② 19 ④ 20 ③ 21 ③ 22 ①

> 열전대온도계 측정범위
> - 백금-백금로듐 : 0~1,600℃
> - 철-콘스탄탄 : -20~800℃
> - 크로멜-알로멜 : -20~1,200℃
> - 구리-콘스탄탄 : -200~350℃

23 스테판-볼쯔만의 법칙을 이용하여 측정물체에서 방사되는 전방사 에너지를 렌즈 또는 반사경을 이용하여 온도를 측정하는 온도계는?

① 색 온도계 ② 방사 온도계
③ 열전대 온도계 ④ 광전관 온도계

> 방사온도계 : 스테판-볼쯔만의 법칙을 이용하여 온도를 측정

24 동합금제의 부르돈관을 사용한 압력계가 있다. 다음 중 이 압력계를 사용할 수 없는 가스는?

① 수소 ② 산소
③ 질소 ④ 암모니아

> 동합금제의 부르돈관식 압력계에 암모니아를 사용할 경우 심한 부식을 일으키므로 연강을 사용해야 한다.

25 차압을 측정하여 유량을 계측하는 유량계가 아닌 것은?

① 오리피스미터 ② 피토관
③ 벤투리미터 ④ 플로노즐

> 피토관 : 유속식 유량계

26 헴펠법에 의한 가스 분석시 가장 먼저 흡수되는 가스는?

① C_2H_6 ② CO_2
③ O_2 ④ CO

> 헴펠법 가스분석은 탄산가스(CO_2), 중탄화수소(C_mH_n), 산소(O_2), 일산화탄소(CO) 순으로 흡수된다.

27 유체가 5m/s의 속도로 흐를 때 이 유체의 속도수도는 약 몇 [m] 인가? (단, 중력가속도는 9.8m/s²이다.)

① 0.98 ② 1.28
③ 12.2 ④ 14.1

> 베르누이정리에 의한 속도수두 $H = \dfrac{V^2}{2g}(m)$에서
> $H = \dfrac{5^2}{2 \times 9.8} = 1.276m$

28 다음 [보기]와 관련있는 분석법은?

- 쌍극자모멘트이 알짜변화
- 진동 짝지움
- Nernst 백열등
- Fourier 변환 분광계

① 질량분석법
② 흡광광도법
③ 적외선 분광분석법
④ 킬레이트 적정법

> 적외선 분광분석법 : 쌍극자모멘트의 변화를 일으킬 진동에 의하여 적외선을 흡수하여 가스를 분석하는 방식

29 열기전력을 이용한 온도계가 아닌 것은?

① 백금-백금로듐 온도계
② 동-콘스탄탄 온도계
③ 철-콘스탄탄 온도계
④ 백금-콘스탄탄 온도계

> 열전대온도계의 종류 : 백금-백금로듐, 철-콘스탄탄, 크로멜-알로멜, 구리-콘스탄탄

30 염화파라듐지로 검지할 수 있는 가스는?

① 아세틸렌
② 황화수소
③ 염소
④ 일산화탄소

> 시료가스에 따른 시험지
>
> | 검지가스 | 시험지 |
> |---|---|
> | 아세틸렌 | 염화제일구리착염지 |
> | 일산화탄소 | 염화파라듐지 |
> | 염소 | KI 전분지 |
> | 황화수소 | 연당지(초산납시험지) |

정답 23 ② 24 ④ 25 ② 26 ② 27 ② 28 ③ 29 ④ 30 ④

31 다음 가스 검지시의 지시약과 반응색이 맞지 않는 것은?

① 산성가스 – 리트머스시험지 : 적색
② COCl₂ – 하리슨씨약 : 심등색
③ CO – 염화파라듐지 : 흑색
④ HCN – 질산구리벤젠지 : 적색

🔍 시료가스에 따른 시험지와 변색

검지가스	시험지	변색
산성가스	적색리트머스지	적색
시안화수소(HCN)	질산구리벤젠지	청색
일산화탄소(CO)	염화파라듐지	흑색
포스겐(COCl₂)	하리슨 시험지	심등색

32 열전대 온도계의 원리를 옳게 설명한 것은?

① 금속의 열전도를 이용한다.
② 2종 금속의 열기전력을 이용한다.
③ 금속과 비금속 사이의 유도기전력을 이용한다.
④ 금속의 전기저항이 온도에 의해 변화하는 것을 이용한다.

🔍 열전대온도계는 두 종류의 금속을 접합시켜 그 접점에 온도차를 주면 열기전력(전위차)이 발생한다. 이 전위차를 밀리볼트계로 측정하여 온도를 측정한다.

33 시간당 200톤의 물을 20cm의 내경을 갖는 PVC 파이프로 수송하였다. 관내의 평균유속은 몇 [m/s] 인가?

① 0.9 ② 1.2
③ 1.8 ④ 3.6

🔍 연속방정식에서 질량유량 $m = \rho AV \ (kg/s)$
- 질량유량 $m = \dfrac{200 \times 1,000}{3,600} = 55.56 kg/s$
- 유속 $V = \dfrac{m}{\rho A} = \dfrac{55.56}{1,000 \times \dfrac{\pi}{4} \times 0.2^2} = 1.77 m/s$

34 브르돈관 압력계 사용시의 주의사항으로 옳지 않은 것은?

① 사전에 지시의 정확성을 확인하여 둘 것
② 안전장치가 부착된 안전한 것을 사용할 것
③ 온도나 진동, 충격 등의 변화가 적은 장소에서 사용할 것
④ 압력계에 가스를 유입하거나 빼낼 때는 신속히 조작할 것

🔍 압력계를 조작하여 가스를 유입하거나 뺄 때에는 고압에 의해 압력계 파손이 우려되므로 천천히 조작해야 한다.

35 수소(H₂)가스 분석방법으로 가장 적당한 것은?

① 팔라듐관 연소법 ② 헴펠법
③ 황산바륨 침전법 ④ 흡광광도법

🔍 수소분석법 : 파라듐관에 의한 연소법, 황산동에 의한 연소법, 열전도도법

36 품질검사 기준 중 산소의 순도측정에 사용되는 시약은?

① 동 · 암모니아 시약
② 발연황산 시약
③ 피로갈롤 시약
④ 하이드로 썰파이드 시약

🔍 산소의 품질검사 : 동 · 암모니아 시약을 사용한 오르자트법에 의한 시험에서 순도가 99.5% 이상일 것

37 다음 흡수분석법 중 오르쟈트법에 의해서 분석되는 가스가 아닌 것은?

① CO₂ ② C₂H₆
③ O₂   ④ CO

🔍 오르쟈트법은 CO₂(이산화탄소), O₂(산소), CO(일산화탄소)순으로 가스농도를 분석한다.

38 다음 중 비접촉식 온도계에 해당하는 것은?

① 열전온도계
② 압력식온도계
③ 광고온도계
④ 저항온도계

🔍 비접촉식 온도계 : 방사온도계, 광고온도계, 광전관온도계, 색온도계

정답 31 ④ 32 ② 33 ③ 34 ④ 35 ① 36 ① 37 ② 38 ③

39 다음 유량계 중 간접 유량계가 아닌 것은?

① 피토관 ② 오리피스 미터
③ 벤튜리 미터 ④ 습식 가스미터

🔍 직접식 유량계 : 습식 가스미터, 오벌기어식, 루츠식

40 루트미터에 대한 설명으로 옳은 것은?

① 설치공간이 크다.
② 일반 수용가에 적합하다.
③ 스트레이너가 필요없다.
④ 대용량의 가스측정에 적합하다.

🔍 루트미터의 장점
• 설치스페이스(설치공간)가 적다.
• 중압가스의 계량이 가능하다.
• 대용량의 가스측정에 적합하다.

41 다이아프램식 압력계의 특징에 대한 설명 중 틀린 것은?

① 정확성이 높다.
② 반응속도가 빠르다.
③ 온도에 대한 영향이 적다.
④ 미소압력을 측정할 때 유리하다.

🔍 다이아프램(격막식)식 압력계의 특징
• 미소한 압력을 측정한다.
• 부식성 유체의 측정이 가능하다.
• 정확성이 높고 반응속도가 빠르다.

42 열전대온도계 보호관의 구비조건에 대한 설명 중 틀린 것은?

① 압력에 견디는 힘이 강할 것
② 외부 온도변화를 열전대에 전하는 속도가 느릴 것
③ 보호관 재료가 열전대에 유해한 가스를 발생시키지 않을 것
④ 고온에서 변형되지 않고 온도의 급변에도 영향을 받지 않을 것

🔍 보호관은 외부 온도변화를 열전대에 전하는 속도가 빨라야 한다.

43 다음 중 벨로우즈식 압력측정장치와 가장 관계가 있는 것은?

① 피스톤식 ② 전기식
③ 액체봉입식 ④ 탄성식

🔍 탄성식 압력계 : 브로돈관식, 다이어프램식, 벨로우즈식

44 국제단위계에는 7가지의 SI 기본단위로 구성된다. 다음 중 기본량과 SI 기본단위가 틀리게 짝지어진 것은?

① 질량 – 킬로그램(kg) ② 길이 – 미터(m)
③ 시간 – 초(s) ④ 몰질량 – 몰(mol)

🔍 SI 기본단위 : 길이 – 미터(m), 질량 – 킬로그램(kg), 온도 – 켈빈(K), 시간 – 초(sec), 전류 – 암페어(A), 물질량 – 몰(mol), 광도 – 칸델라(Cd)

45 요오드화칼륨지(KI전분지)를 이용하여 어떤 가스의 누출여부를 검사한 결과 시험지가 청색으로 변하였다. 이 때 누출된 가스의 명칭은?

① 시안화수소 ② 아황산가스
③ 황화수소 ④ 염소

🔍 염소가스 시험지 및 변색 : KI 전분지(요오드화 칼륨지)–청색

46 액화산소 등과 같은 극저온 저장탱크의 액면 측정에 주로 사용되는 액면계는?

① 햄프슨식 액면계
② 슬립 튜브식 액면계
③ 크랭크식 액면계
④ 마그네틱식 액면계

🔍 차압(햄프슨)식 액면계 : 기준기의 정압과 유체의 정압과의 압력차를 이용하여 액면을 측정하는 액면계이며 변위평형식은 극(초)저온 저장탱크의 액면을 측정할 수 있다.

47 다음 중 비접촉식 온도계에 해당하지 않는 것은?

① 광전관 온도계 ② 색 온도계
③ 방사 온도계 ④ 압력식 온도계

🔍 접촉식 온도계 : 압력식 온도계

정답 39 ④ 40 ④ 41 ③ 42 ② 43 ④ 44 ④ 45 ④ 46 ① 47 ④

48 2종 금속의 양끝의 온도차에 따른 열기전력을 이용하여 온도를 측정하는 온도계는?

① 베크만 온도계   ② 바이메탈식 온도계
③ 열전대 온도계   ④ 전기저항 온도계

> 열전대 온도계는 두 종류의 금속을 접합시켜 그 접점에 온도차를 주면 열기전력(전위차)이 발생한다. 이 전위차를 밀리볼트계로 측정하여 온도를 측정한다.

49 압력계의 측정방법에는 탄성을 이용하는 것과 전기적 변화를 이용하는 방법 등이 있다. 다음 중 전기적 변화를 이용하는 압력계는?

① 부르동관식 압력계
② 벨로우즈 압력계
③ 스트레인게이지
④ 다이어프램 압력계

> 전기저항압력계 : 금속의 전기저항 변화를 이용하여 압력을 측정하는 것으로서 대표적으로 스트레인게이지이다.

50 유속이 일정한 장소에서 전압과 정압의 차이를 측정하여 속도수두에 따른 유속을 구하여 유량을 측정하는 형식의 유량계는?

① 피토관식 유량계   ② 열선식 유량계
③ 전자식 유량계   ④ 초음파식 유량계

> 피토관식 유량계는 전압과 정압의 차를 이용하여 한 점에서 동압 즉 유속을 측정하여 유량을 산정하는 방식이다.

51 다음 중 SI 기본단위가 아닌 것은?

① 질량 : 킬로그램(kg)   ② 주파수 : 헤르츠(Hz)
③ 온도 : 켈빈(K)   ④ 물질량 : 몰(mol)

> SI 기본단위 : 길이 – 미터(m), 질량 – 킬로그램(kg), 온도 – 켈빈(K), 시간 – 초(sec), 전류 – 암페어(A), 물질량 – 몰(mol), 광도 – 칸델라(Cd)

52 유독성 가스를 검지하고자 할 때 하리슨시험지를 사용하는 가스는?

① 염소   ② 아세틸렌
③ 황화수소   ④ 포스겐

> 시료가스에 따른 시험지
>
> | 검지가스 | 시험지 |
> |---|---|
> | 염소 | KI 전분지 |
> | 아세틸렌 | 염화제일구리착염지 |
> | 황화수소 | 초산납시험지 |
> | 포스겐 | 하리슨시험지 |

53 다음 각종 온도계에 대한 설명으로 옳은 것은?

① 저항 온도계는 이종금속 2종류의 양단을 용접 또는 납붙임으로 양단의 온도가 다를 때 발생하는 열기전력의 변화를 측정하여 온도를 구한다.
② 유리제 온도계의 봉입액으로 수은을 쓴 것은 -30℃~350℃ 정도의 범위에서 사용된다.
③ 온도계의 온도검출부는 열용량이 크면 좋다.
④ 바이메탈식 온도계는 온도에 따른 전기적 변화를 이용한 온도계이다.

> • 저항온도계 : 온도 변화에 따른 금속의 전기저항 변화를 이용하여 온도를 측정한다.
> • 온도계의 온도 검출부는 열용량이 작아야 반응속도가 빠르다.
> • 바이메탈식 온도계 : 열팽창계수가 다른 2종류의 금속을 맞붙인 것으로 온도변화에 따라 굽히는 정도가 다른 점을 이용하여 온도를 측정한다.

54 상용압력이 10MPa인 고압가스설비에 압력계를 설치하려고 한다. 압력계의 최고눈금 범위는?

① 11 ~ 15MPa   ② 15 ~ 20MPa
③ 18 ~ 20MPa   ④ 20 ~ 25MPa

> 압력계의 최고눈금은 상용압력의 1.5배 이상, 2배 이하로 해야 한다.
> 압력계의 눈금 $P = 10 \times (1.5~2) = 15~20MPa$

55 유체 중에 인위적인 소용돌이를 일으켜 와류의 발생수 즉 주파수가 유속에 비례한다는 사실을 응용하여 유량을 측정하는 유량계는?

① 볼텍스 유량계   ② 전자 유량계
③ 초음파 유량계   ④ 임펠러 유량계

> 와류식(볼텍스) 유량계 : 소용돌이(와류)를 유체 중에 인위적으로 일으켜 소용돌이의 발생수가 유속과 비례하는 것을 이용하여 유량을 측정

정답 48 ③ 49 ③ 50 ① 51 ② 52 ④ 53 ② 54 ② 55 ①

56 관 도중에 조리개(교축기구)를 넣어 조리개 전후의 차압을 이용하여 유량을 측정하는 계측기기는?

① 오벌식 유량계
② 오리피스 유량계
③ 막식 유량계
④ 터빈 유량계

🔍 차압식 유량계 : 교축(조리개)부 전후의 압력차를 이용하여 유속을 구하여 유량을 측정하는 방식으로 오리피스미터, 벤투리미터, 플로노즐이 있다.

57 오르쟈트 가스분석기에는 수산화칼륨(KOH) 용액이 들어있는 흡수피펫이 내장되어 있는데 이것은 어떤 가스를 측정하기 위한 것인가?

① CO_2
② C_2H_6
③ O_2
④ CO

🔍 오르잣트 가스분석기의 흡수액

가스성분	흡수액
CO_2	30% 수산화칼륨(KOH) 용액
O_2	알카리성 피로카롤용액
CO	암모니아성 염화제일구리용액
N_2	–

58 오리피스 미터로 유량을 측정하는 것은 어떤 원리를 이용한 것인가?

① 베르누이의 원리
② 페러데이의 원리
③ 아르키메데스의 원리
④ 돌턴의 법칙

🔍 오리피스미터는 베르누이 원리를 이용하여 교축(조리개)부 전후의 압력차를 이용하여 유속을 구하여 유량을 측정한다.

59 압력변화에 의한 탄성변위를 이용한 탄성압력계에 해당되지 않는 것은?

① 플로트식 압력계
② 부르돈관식 압력계
③ 다이어프램식 압력계
④ 벨로우즈식 압력계

🔍 탄성식 압력계 : 부르돈식, 다이어프램식, 벨로우즈식

60 자동제어계의 제어동작에 의한 분류시 연속동작에 해당되지 않는 것은?

① ON-OFF 제어
② 비례동작
③ 적분동작
④ 미분동작

🔍 불연속제어 : 2위치제어(ON-OFF제어), 다위치제어, 샘플값제어

61 일기예보에서 주로 사용하는 1헥토파스칼은 약 몇 $[N/m^2]$에 해당하는가?

① 1
② 10
③ 100
④ 1,000

🔍 1h(헥토)Pa = 10^2Pa = 100Pa

62 오리피스, 벤투리관 및 플로노즐에 의하여 유량을 구할 때 가장 관계가 있는 것은?

① 유로의 교축기구 전후의 압력차
② 유로의 교축기구 전후의 성상차
③ 유로의 교축기구 전후의 온도차
④ 유로의 교축기구 전후의 비중차

🔍 차압식 유량계(오리피스, 벤투리관, 플로노즐)는 베르누이 원리를 이용하여 교축(조리개)부 전후의 압력차를 이용하여 유속을 구하여 유량을 측정한다.

63 압축천연가스(CNG) 자동차 충전소에 설치하는 압축가스설비의 설계압력이 25MPa인 경우 압축가스설비에 설치하는 압력계의 법적 최대지시눈금은 최소 얼마 이상으로 하여야 하는가?

① 25.0MPa
② 27.5MPa
③ 37.5MPa
④ 50.0MPa

🔍 압력계의 최고눈금은 상용압력의 1.5배 이상, 2배 이하로 해야 한다.
압력계의 눈금 $P = 25 \times 1.5~2 = 37.5~50 MPa$
(최소눈금 37.5MPa, 최대눈금 50MPa)

정답 56 ② 57 ① 58 ① 59 ① 60 ① 61 ③ 62 ① 63 ③

64 침종식 압력계에서 사용하는 측정원리(법칙)는 무엇인가?

① 아르키메데스의 원리 ② 파스칼의 원리
③ 뉴턴의 법칙 ④ 돌턴의 법칙

> 침종식 압력계 : 아르키메데스의 원리를 이용하여 액체 중의 침종이 상하로 움직여 압력을 측정하는 방식

65 연료의 배기가스를 화학적으로 액속에 흡수시켜 그 용량의 감소로 가스의 농도를 분석하며 3개의 피펫과 1개의 뷰렛, 2개의 수준형으로 구성된 가스분석 방법은?

① 헴펠(Hempel)법 ② 오르자트(Orsat)법
③ 게겔(Gockel)법 ④ 직접법(Iodimetry)

> 오르자트법의 구성 : 2개의 수준병, 3개의 피펫, 1개의 뷰렛

66 온도계의 선정방법에 대한 설명 중 틀린 것은?

① 지시 및 기록 등을 쉽게 행할 수 있을 것
② 견고하고 내구성이 있을 것
③ 취급하기가 쉽고 측정하기 간편할 것
④ 피측 온체의 화학반응 등으로 온도계에 영향이 있을 것

> 피측온체의 화학반응 등으로 온도계에 영향이 없어야 한다.

67 계측과 제어의 목적이 아닌 것은?

① 조업조건의 안정화 ② 고효율화
③ 작업인원의 증가 ④ 안전위생관리

> 계측기기의 제어 목적
> • 조업조건의 안정화와 고효율화
> • 노동력의 절감
> • 안전위생관리
> • 제품의 품질향상

68 수은을 이용한 U자관 압력계에서 액주높이(h) 600mm, 대기압(P_1)은 1kg/cm²일 때 P는 약 몇 [kg/cm²] 인가?

① 0.22 ② 0.92
③ 1.82 ④ 9.16

> 압력 $P_2 = P_1 + \gamma h$ 에서
> $P_2 = 1 + 0.8157 = 1.8157 kg/cm^2$
> ($\gamma H = \dfrac{600mmHg}{760mmHg} \times 1.0332 kg/cm^2 = 0.8157 kg/cm^2$)

69 액면계로부터 가스가 방출되었을 때 인화 또는 중독의 우려가 없는 가스에만 사용할 수 있는 액면계가 아닌 것은?

① 고정 튜브식 ② 회전 튜브식
③ 슬립 튜브식 ④ 평형 튜브식

> 튜브식(고정, 회전, 슬립) 액면계는 가연성가스가 누설될 경우 인화의 우려, 독성가스는 중독의 우려가 있으므로 사용할 수 없다.

70 한 쪽 조건이 충족되지 않으면 다른 제어는 정지되는 자동제어 방식은?

① 피드백 ② 시퀀스
③ 인터록 ④ 프로세스

> 인터록회로 : 2대 이상의 기기를 운전하는 경우 기기의 보호를 위해 운전순서를 결정하거나 동시기동을 피할 경우에 사용하는 기기의 동작을 금지하는 회로이다.

71 다음 중 2차 압력계이며 탄성을 이용하는 대표적인 압력계는?

① 브르동관식 압력계 ② 수은주 압력계
③ 벨로우즈식 압력계 ④ 자유피스톤형 압력계

> 브르동관식 압력계는 탄성을 이용한 2차 압력계로서 가장 많이 사용한다.

72 크로멜-알루멜(K형) 열전대에서 크로멜의 구성성분은?

① Ni-Cr ② Cu-Cr
③ Fe-Cr ④ Mn-Cr

> • 크로멜의 구성 성분 : Ni 90%, Cr 10%
> • 알루멜의 구성 성분 : Ni 94%, Al 3%, Mn 2%, Si 1%

정답 64 ① 65 ② 66 ④ 67 ③ 68 ③ 69 ④ 70 ③ 71 ① 72 ①

CHAPTER

03

Craftsman Gas

가스안전관리

Section 01 고압가스기술기준
Section 02 도시가스 및 액화석유가스기술기준
Section 03 용기 및 냉동기제조와 검사
Section 04 가스판매 및 운반

SECTION 01 고압가스기술기준

STEP 01 고압가스 용어 및 보호시설

1. 용어설명

① 저장설비 : 고압가스를 충전·저장하기 위한 설비로서 저장탱크 및 충전용기 보관설비
② 저장탱크 : 고압가스를 충전·저장하기 위하여 지상 또는 지하에 고정 설치된 탱크
③ 차량에 고정된 탱크 : 고압가스의 수송·운반을 위하여 차량에 고정 설치된 탱크
④ 충전용기 : 고압가스의 충전질량 또는 충전압력의 2분의 1 이상이 충전되어 있는 상태의 용기
⑤ 잔가스용기 : 고압가스의 충전질량 또는 충전압력의 2분의 1 미만이 충전되어 있는 상태의 용기
⑥ 가스설비 : 고압가스의 제조·저장설비(제조·저장설비에 부착된 배관을 포함하며, 사업소 밖에 있는 배관은 제외) 중 가스가 통하는 부분
⑦ 고압가스설비 : 가스설비 중 고압가스가 통하는 부분
⑧ 처리설비 : 압축·액화 그 밖의 방법으로 가스를 처리할 수 있는 설비 중 고압가스의 제조에 필요한 설비와 저장탱크에 부속된 펌프·압축기 및 기화장치
⑨ 감압설비 : 고압가스의 압력을 낮추는 설비
⑩ 처리능력 : 처리설비 또는 감압설비에 의해 압축·액화 그 밖의 방법으로 1일에 처리할 수 있는 가스의 양(온도 0℃, 게이지압력 0Pa의 상태를 기준)
⑪ 방호벽 : 높이 2m 이상, 두께 12cm 이상의 철근콘크리트 또는 이와 동등 이상의 강도를 가진 벽

> 고압가스 적용범위에서 제외가스
> - 보일러 안과 그 도관 안의 고압증기
> - 철도차량의 에어콘디셔너 안의 고압가스
> - 선박 안의 고압가스, 항공기 안의 고압가스
> - 원자로 및 그 부속설비 안의 고압가스
> - 오토크레이브 안의 고압가스(수소·아세틸렌 및 염화비닐은 제외)
> - 액화브롬화메탄제조설비 외에 있는 액화브롬화메탄
> - 등화용의 아세틸렌가스
> - 냉동능력이 3톤 미만인 냉동설비 안의 고압가스
> - 내용적 1리터 이하의 소화기용 용기 또는 소화기에 내장되는 용기 안에 있는 고압가스

2. 보호시설

보호시설	적용
제1종 보호시설	학교, 유치원, 어린이집, 놀이방, 어린이 놀이터, 학원, 병원, 도서관, 청소년 수련시설, 경로당, 시장, 공중목욕탕, 호텔, 여관, 극장, 교회 및 공화당

보호시설	적용
제1종 보호시설	사람을 수용하는 건축물(가설건축물은 제외)로서 사실상 독립된 부분의 연면적이 1000m² 이상인 것
	예식장·장례식장 및 전시장, 그 밖에 이와 유사한 시설로서 300명 이상 수용할 수 있는 건축물
	아동복지시설 또는 장애인복지시설로서 수용능력이 20명 이상 수용할 수 있는 건축물
	문화재보호법에 의하여 지정문화재로 지정된 건축물
제2종 보호시설	주택
	사람을 수용하는 건축물(가설건축물은 제외)로서 사실상 독립된 부분의 연면적이 100m² 이상 1000m² 미만인 것

STEP 02 고압가스 및 특정고압가스제조 및 저장설비

1. 저장탱크설치

1) 내진설계
   ① 저장능력 5톤 또는 500m³(가연성 가스 또는 독성가스가 아닌 경우에는 10톤 또는 1,000m³) 이상인 저장탱크와 압력용기(반응, 분리, 정제, 증류를 위한 탑류로서 높이 5m 이상)에는 지진발생 시 저장탱크와 압력용기를 보호하기 위하여 내진성능확보를 위한 조치를 할 것
   ② 세로방향으로 설치한 동체의 길이가 5m 이상인 원통형 응축기와 내용적이 5,000L 이상인 수액기에는 지진 발생 시 그 응축기 및 수액기를 보호하기 위하여 내진성능 확보를 위한 조치를 할 것

2) 가스방출장치
   저장탱크 및 가스홀더는 가스가 누출되지 아니하는 구조로 하고 5m³ 이상의 가스를 저장하는 것에는 가스방출장치를 설치할 것

3) 저장탱크 지하에 설치
   ① 저장탱크는 천정, 벽 및 바닥의 두께가 각각 30cm 이상인 방수조치를 한 콘크리트 만든 곳에 설치할 것
   ② 저장탱크 주위에는 마른모래로 채울 것
   ③ 지면으로부터 저장탱크의 정상부까지의 깊이는 60cm 이상으로 할 것
   ④ 저장탱크를 2개 이상 인접하여 설치하는 경우에는 상호간에 1m 이상의 거리를 유지할 것
   ⑤ 저장탱크에 설치한 안전밸브에는 지면에서 5m 이상의 높이에 가스방출관을 설치할 것

4) 연소열량수치
   ① 안전구역안의 고압가스설비 연소열량수치(Q) : 6×10^8 이하
   ② 저장설비 및 처리설비 내 연소열량수치(Q)

$$Q = K \times W$$
(Q : 연소열량, K : 가스의 종류 및 상용온도에 따라 정한수치,
W : 저장설비 및 처리설비에 따라 정한 수치)

2. 안전거리

1) 보호시설과의 거리
① 고압가스의 처리설비 및 저장설비와 보호시설과는 안전거리 이상으로 유지할 것
② 저장설비를 지하에 설치하는 경우에는 보호시설과의 안전거리에 2분의 1을 곱한 거리 이상으로 유지할 것

보호시설과의 안전거리

구분	처리능력 및 저장능력	제1종 보호시설	제2종 보호시설
산소 처리설비 및 저장설비	1만 이하	12m	8m
	1만 초과 2만 이하	14m	9m
	2만 초과 3만 이하	16m	11m
	3만 초과 4만 이하	18m	13m
	4만 초과	20m	14m
독성가스 또는 가연성 가스의 처리설비 및 저장설비	1만 이하	17m	12m
	1만 초과 2만 이하	21m	14m
	2만 초과 3만 이하	24m	16m
	3만 초과 4만 이하	27m	18m
	4만 초과 5만 이하	30m	20m
	5만 초과 99만 이하	30m (가연성가스 저온저장탱크는 $\frac{3}{25}\sqrt{X+10,000}\,m$)	20m (가연성가스 저온저장탱크는 $\frac{2}{25}\sqrt{X+10,000}\,m$)
	99만 초과	30m (가연성가스 저온저장탱크는 120m)	20m (가연성가스 저온저장탱크는 80m)
그 밖의 가스 처리설비 및 저장설비	1만 이하	8m	5m
	1만 초과 2만 이하	9m	7m
	2만 초과 3만 이하	11m	8m
	3만 초과 4만 이하	13m	9m
	4만 초과	14m	10m

※ 위 표 중 각 처리능력 및 저장능력란의 단위 및 X는 1일간의 처리능력 또는 저장능력으로서 압축가스의경우에는 m^3, 액화가스의 경우에는 kg으로 한다.
※ 한 사업소에 2개 이상의 처리설비 또는 저장설비가 있는 경우에는 그 처리능력별 또는 저장능력별로각각 안전거리를 유지하여야 한다.

2) 화기와의 거리
① 가스설비 또는 저장설비는 그 외면으로부터 화기를 취급하는 장소까지 2m 이상의 우회거리를 유지할 것
② 가연성가스 또는 산소 가스설비, 저장설비는 8m 이상의 우회거리를 유지할 것

③ 유동방지시설은 높이 2m 이상의 내화성 벽으로 하고 가스설비 등과 화기를 취급하는 장소와는 우회수평거리 8m 이상을 유지할 것
④ 불연성 건축물 안에서 화기를 사용하는 경우 가스설비 등으로부터 8m 이내에 있는 건축물 개구부는 방화문 또는 망입유리로 폐쇄하고 사람이 출입하는 출입문은 2중문으로 할 것
⑤ 산소의 저장설비 주위 5m 이내에는 화기를 취급하지 말 것

3) 다른 설비와의 거리
① 가연성가스 제조시설의 고압가스설비(저장탱크 및 배관은 제외)는 그 외면으로부터 다른 가연성가스 제조시설의 고압가스설비와 5m 이상으로 할 것
② 가연성가스 제조시설의 고압가스설비 외면으로부터 산소 제조시설의 고압가스설비와 10m 이상으로 할 것

4) 설비사이의 안전거리
① 안전구역내의 고압가스설비는 그 외면으로부터 다른 안전구역 안에 있는 고압가스설비의 외면까지 30m 이상의 거리를 유지할 것
② 제조설비는 그 외면으로부터 그 제조소의 경계까지 20m 이상의 거리를 유지할 것
③ 가연성가스의 저장탱크는 그 외면으로부터 처리능력이 20만m³ 이상인 압축기까지 30m 이상의 거리를 유지할 것
④ 가연성가스의 저장탱크(저장능력이 300m³ 또는 3톤 이상)와 다른 가연성가스 또는 산소의 저장탱크와의 사이에는 두 저장탱크의 최대지름을 합산한 길이의 1/4 이상에 해당하는 거리(두 저장탱크의 최대지름을 합산한 길이의 1/4이 1m 미만인 경우에는 1m 이상의 거리)를 유지할 것

3. 저장능력

1) 압축가스의 저장탱크 및 용기

$$Q = (10P + 1)V_1 \ (m^3)$$

(Q(m³) : 저장능력, V_1(L) : 내용적,
P(MPa) : 35℃(아세틸렌은 15℃)에서의 최고충전압력)

2) 액화가스의 저장탱크

$$W = 0.9dV_2 \ (kg)$$

(W(kg) : 저장능력, d : 상용온도에서 액화가스의 비중, V_2(L) : 내용적)

3) 액화가스의 용기 및 차량에 고정된 탱크

$$W = \frac{V_2}{C} \ (kg)$$

(W(kg) : 저장능력, C : 가스의 정수, V_2(L) : 내용적)

4. 특정고압가스설비

1) 화기와의 거리
가연성가스 가스설비 및 저장설비 외면과 화기를 취급하는 장소 사이에 유지하여야 할 안전거리는 우회거리(산소 저장설비와는 5m)이상으로 할 것

2) 방호벽 설치
고압가스 저장량이 300kg(압축가스는 $1m^3$를 5kg으로 본다) 이상인 용기보관실의 벽은 방호벽으로 설치할 것

3) 보호시설과의 안전거리

구분	제1종 보호시설	제2종 보호시설
산소저장설비	12m	8m
독성 및 가연성가스설비	17m	12m
그 밖의 저장설비	8m	5m

① 제조설비와 인접한 제조소의 제조설비 사이의 거리가 40m 이상 유지할 것
② 안전구역의 면적은 $20000m^2$ 이하로 할 것
③ 지상에 가스배관을 설치할 경우 상용압력에 따른 공지의 폭 이상을 유지할 것

상용압력	공지의 폭
0.2MPa 미만	5m
0.2MPa 이상 1MPa 미만	9m
1MPa 이상	15m

5. 용기보관실 설치

① 가연성가스 및 산소의 충전용기 보관실의 벽은 불연재료를 사용하고 가연성가스의 충전용기보관실의 지붕은 가벼운 불연재료 또는 난연재료를 사용한다.
② 가연성가스, 산소 및 독성가스 용기는 각각 구분하여 용기보관실에 놓는다.
③ 충전용기와 잔가스용기는 각각 구분하여 용기보관소에 놓는다.
④ 가연성가스 용기보관장소의 주위 2m 이내에는 화기 또는 인화성 물질이나 발화성 물질을 두지 않는다.
⑤ 용기보관장소에는 계량기 등 작업에 필요한 물건 이외에는 두지 않는다.
⑥ 용기는 항상 40℃ 이하로 유지하고 직사광선을 받지 않도록 한다.
⑦ 가연성가스 용기보관장소에는 방폭형 휴대용손전등 외의 등화를 휴대하고 들어가지 않는다.
⑧ 밸브가 돌출한 용기(내용적이 5L 미만인 용기 제외)에는 고압가스를 충전한 후 용기의 넘어짐 및 밸브의 손상을 방지하기 위한 적절한 조치를 한다.
　㉮ 충전용기를 이동하면서 사용할 경우 손수레에 단단히 묶어 사용한다.
　㉯ 고정된 프로텍터가 없는 용기에는 캡을 씌워 보관한다.

STEP 03 배관 및 부대설비

1. 배관설비

1) 사업소안 배관 매몰설치
   ① 배관은 지면으로부터 1m 이상의 깊이에 매몰한다.
   ② 도로 폭이 8m 이상인 공도의 횡단부 지하에는 지면으로부터 1.2m 이상인 곳에 설치한다.
   ③ 철도 등의 횡단부 지하에는 지면으로부터 1.2m 이상인 곳에 매설하거나 강제의 케이싱 등을 사용하여 보호한다.

2) 사업소밖 배관 매몰설치
   ① 배관은 건축물과는 1.5m, 지하도로 및 터널과는 10m 이상의 거리를 유지한다.
   ② 독성가스 배관은 수도시설과는 300m 이상의 거리를 유지한다.
   ③ 배관은 외면으로부터 지하의 다른 시설물과 0.3m 이상의 거리를 유지한다.
   ④ 지표면으로부터 배관의 외면까지 매설깊이는 산이나 들에서는 1m 이상, 그 밖의 지역에서는 1.2m 이상으로 한다.
   ⑤ 도로의 차도에 매설할 경우 배관의 바닥부분에서 노반바닥까지의 사이를, 그 밖의 경우에는 배관의 바닥부분에서 배관 정상부의 위쪽까지 30cm까지의 사이를 모래 또는 사질토로 채우고 충분히 다진다.

3) 배관 도로매설
   ① 배관은 외면으로부터 도로의 경계까지 1m 이상의 수평거리를 유지한다.
   ② 배관은 외면으로부터 도로 밑의 다른 시설물과 0.3m 이상의 거리를 유지한다.
   ③ 배관의 정상부로부터 30cm 이상 떨어진 직상부에 보호판을 설치한다.
   ④ 시가지 도로면 밑에 매설하는 경우 노면으로부터 배관의 외면까지 깊이를 1.5m 이상으로 한다. 단, 방호구조물에 설치하는 경우 1.2m 이상으로 할 수 있다.
   ⑤ 포장되어 있는 차도에 매설하는 경우 노반 밑에 매설하고 배관의 외면과 노반의 최하부의 거리는 0.5m 이상으로 한다.
   ⑥ 인도, 보도 등 노면외의 도로 밑에 매설하는 경우 지표면으로부터 배관의 외면까지의 깊이는 1.2m 이상으로 한다.

4) 배관 철도부지 매설
   ① 배관의 외면으로부터 궤도중심까지 4m 이상, 철도부지의 경계까지는 1m 이상의 거리를 유지한다.
   ② 지표면으로부터 배관의 외면까지의 깊이를 1.2m 이상으로 한다.

5) 배관 하천횡단 설치
   ① 하천을 횡단하여 배관을 설치하는 경우에는 교량에 설치한다.
   ② 교량에 설치할 수 없어 하천 밑을 횡단하여 설치하는 경우
      ㉮ 배관의 외면과 계획하상높이와의 거리는 4m 이상으로 한다.
      ㉯ 소하천, 수로를 횡단하여 배관을 매설하는 경우에는 배관의 외면과 계획하상높이와의 거리는 2.5m 이상으로 한다.

ⓒ 좁은 수로를 횡단하여 배관을 매설하는 경우에는 배관의 외면과 계획하상높이와의 거리는 1.2m 이상으로 한다.

6) 배관 해저 및 해상에 설치
① 배관은 다른 배관과 교차하지 않아야 한다.
② 배관은 다른 배관과 30m 이상의 수평거리를 유지한다.
③ 배관의 입상부는 방호시설물을 설치한다.

7) 가스설비의 배관재료
① 가스설비에 사용하는 재료는 가스의 종류 및 성질, 온도, 압력에 적합한 것으로 한다.
② 아세틸렌에 접촉하는 부분에 사용하는 재료 기준
  ㉮ 동 또는 동함유량이 62%를 초과하는 동합금은 사용하지 말 것
  ㉯ 충전용 지관에는 탄소함유량이 0.1% 이하의 강을 사용할 것

8) 배관접합
① 배관접합은 원칙적으로 용접을 할 것
② 압력계 및 액면계, 온도계 등의 계기류를 배관에 부착할 경우 플랜지 접합으로 할 수 있으며 호칭지름이 25mm 이하의 것은 제외한다.

2. 밸브설치

① 밸브 등에는 개폐방향이 표시되도록 할 것
② 밸브가 설치된 배관에는 그 밸브 등의 가까운 부분에 쉽게 알아볼 수 있는 방법으로 그 배관 내의 가스와 그 밖에 유체의 종류 및 방향이 표시되도록 할 것
③ 조작함으로써 그 밸브 등이 설치된 제조설비에 안전상 중대한 영향을 미치는 밸브 중에서 항상 사용하지 않는 것에는 자물쇠 채움 또는 봉인 등의 조치를 해 둘 것
④ 안전밸브 또는 방출밸브에 설치된 스톱밸브는 그 밸브의 수리 등을 위하여 특별히 필요한 때를 제외하고는 항상 완전히 열어 놓을 것
⑤ 안전밸브 점검은 압축기의 최종단에 설치한 것은 1년에 1회 이상, 그 밖의 안전밸브는 2년에 1회 이상 조정을 하여 고압가스설비가 파손되지 않도록 적절한 압력 이하에서 작동이 되도록 할 것
⑥ 입상관 밸브는 분리가 가능한 것으로 바닥으로부터 1.6m~2m 이내에 설치한다.
⑦ 직접 손으로 조작하는 것을 원칙으로 하며 밸브조작에 밸브렌치나 토크렌치를 사용하는 경우 재질 및 구조에 안전한 개폐에 필요한 표준토크 조작력으로 조작한다.
⑧ 역류방지밸브 설치
  ㉮ 가연성가스 압축기와 충전용 주관사이
  ㉯ 아세틸렌압축기의 유분리기와 고압건조기 사이 또는 충전호스
  ㉰ 암모니아, 메탄올의 합성탑이나 정제탑과 압축기와의 사이
  ㉱ 독성가스 감압설비와 당해가스의 반응설비간의 배관

3. 계측설비

1) 압력계 설치
   ① 압력계는 상용압력의 1.5배 이상 2배 이하의 최고눈금이 있는 것을 사용할 것
   ② 가스의 용적이 1일 100m³ 이상인 사업소에는 압력계를 2개 이상 설치할 것
   ③ 충전용 주관의 압력계는 매월 1회 이상, 그 밖의 압력계는 3개월에 1회 이상 표준이 되는 압력계로 그 기능을 검사할 것

2) 액면계 설치
   ① 유리를 사용하는 액면계에는 액면을 보호하기 위한 최소면적 이외 부분은 금속제 등의 덮개로 보호할 것
   ② 고정튜브식, 회전튜브식이나 슬립튜브식 액면계는 가스가 방출되었을 때 인화 또는 중독의 우려가 없는 가스에만 사용할 것
   ③ 저장탱크와 유리제게이지를 접속하는 상하배관에는 자동식 및 수동식의 스톱밸브를 설치할 것
   ④ 유리액면계에 사용되는 유리는 KS B 6208(보일러용 수면계유리)중 기호 B 또는 P의 것 또는 이와 동등한 이상일 것

3) 비상전력설비
   ① 살수장치
   ② 방화 및 소화설비
   ③ 충전설비의 냉각수펌프
   ④ 비상조명설비
   ⑤ 자동제어장치
   ⑥ 긴급차단장치
   ⑦ 물분무장치
   ⑧ 독성가스 제해설비
   ⑨ 가스누설검지경보설비
   ⑩ 통신시설

4. 통신설비

사업소 내에서 긴급사태발생시 필요한 연락을 신속히 할 수 있도록 구비하여야 한다.

통신범위	통신설비
안전관리자가 상주하는 사업소와 현장사업소와의 사이 또는 현장사무소 상호간의 통신설비	구내전화, 구내방송설비, 인터폰, 페이징설비
사업소내 전체	구내방송설비, 사이렌, 메가폰, 휴대용 확성기, 페이징설비
종업원 상호간	페이징설비, 휴대용 확성기, 트랜시버, 메가폰

5. 제독설비

1) 보호구의 종류
① 공기호흡구 또는 송기식 마스크(전면식)
② 격리식 방독마스크
③ 보호장갑 및 보호장화(고무 또는 비닐제품)
④ 보호복(고무 또는 비닐제품)

2) 보호구의 수량
① 공기호흡구 또는 송기식 마스크, 보호복 : 긴급작업에 종사하는 작업원에 적절한 예비개수를 더한 수 또는 상시 작업에 종사하는 작업원 10인당 3개의 비율로 계산한 개수(3개 미만인 경우 3개) 중 많은 개수 이상을 구비할 것
② 격리식 방독마스크, 보호장갑 및 보호장화 : 독성가스를 취급하는 전 종업원 수의 수량을 구비할 것

3) 보호구의 장착훈련 주기
3개월마다 1회 이상 실시

6. 방류둑

1) 방류둑 기능
방류둑은 저장탱크의 액화가스가 액체상태로 누출된 경우 액체상태의 가스가 저장탱크 주위의 한정된 범위를 벗어나서 다른 곳으로 유출되는 것을 방지한다.

2) 방류둑 설치
① 가연성가스 및 산소 저장능력 : 1,000톤 이상
② 독성가스 저장능력 : 5톤 이상
③ 냉동설비의 수액기 : 독성가스를 사용하는 수액기의 내용적이 10,000L 이상

3) 방류둑 용량
① 저장탱크의 저장능력에 상당하는 용적 이상의 용적으로 한다.
② 액화산소 저장탱크는 저장능력 상당용적의 60% 이상으로 한다.
③ 2개 이상의 저장탱크를 집합방류둑 안에 설치한 저장탱크 : 저장탱크 중 최대저장탱크의 저장능력 상당용적에 잔여 저장탱크 총 저장능력의 10% 용적을 가산할 것
④ 암모니아 냉동설비의 수액기 방류둑 용량

수액기내의 압력	압력에 따른 방류둑 용량
0.7MPa 이상 2.1MPa 미만	수액기 내용적의 90% 이상
2.1MPa 이상	수액기 내용적의 80% 이상

4) 방류둑 재료 및 구조
① 방류둑은 액밀(液密)한 구조일 것

② 방류둑은 그 높이에 상당하는 해당 액화가스의 액두압에 견딜 수 있는 것
③ 방류둑의 재료는 철근콘크리트, 철골·철골콘크리트, 금속, 흙 또는 이들을 혼합한 것
④ 성토는 수평에 대하여 45°이하의 기울기로 하여 쉽게 허물어지지 않도록 충분히 다져 쌓고 강우 등에 의하여 유실되지 않도록 그 표면에 콘크리트 등으로 보호하고 성토 윗부분의 폭은 30cm 이상으로 할 것
⑤ 독성가스 또는 액화석유가스에 대하여는 방류둑 내에 체류한 액의 표면적을 될 수 있는 한 적게 되도록 할 것
⑥ 방류둑에는 계단, 사다리 또는 토사를 높이 쌓아올림 등에 의한 출입구를 둘레 50m마다 1개 이상씩 두되 그 둘레가 50m 미만일 경우에는 2개 이상을 분산하여 설치할 것
⑦ 방류둑 내에 고인 물을 외부로 배출할 수 있는 조치를 하고 이 경우 배수조치는 방류둑 밖에서 배수 및 차단 조작을 할 수 있어야 하며 배수할 때 이외에는 반드시 닫혀 있도록 할 것
⑧ 방류둑의 내측 및 그 외면으로부터 10m 이내에는 그 저장탱크의 부속설비 외의 것을 설치하지 않는다.

5) 방류둑의 내부에 설치할 수 있는 설비
① 송출 및 송액설비
② 불활성 가스의 저장탱크
③ 물분무장치 또는 살수장치
④ 가스누출검지경보설비(검지부)
⑤ 재해설비
⑥ 조명설비, 계기시스템
⑦ 배수설비, 배관

6) 방류둑 외부에 설치할 수 있는 설비
① 송출 및 송액설비
② 불활성 가스의 저장탱크
③ 냉동설비
④ 열교환기, 기화기
⑤ 가스누출 검지경보설비
⑥ 재해설비
⑦ 조명설비
⑧ 계기시스템, 배관

7) 방호벽 설치
아세틸렌 또는 압력이 9.8MPa 이상인 압축가스를 충전하는 경우 한쪽에서 발생하는 위해요소가 다른 쪽으로 전이되는 것을 방지하기 위한 방호벽을 설치한다.
① 압축기와 그 충전장소사이
② 압축기와 그 가스충전용기보관장소 사이
③ 충전장소와 그 가스충전용기보관장소 사이
④ 충전장소와 그 충전용주관밸브 조작밸브 사이

7. 정전기제거조치

① 탑류, 저장탱크, 열교환기, 회전기계, 벤트스택 등은 단독으로 되어 있어야 한다. 단, 기계가 복잡하게 연결되어 있는 경우 및 배관 등으로 연속되어 있는 경우에는 본딩용 접속선으로 접속하여 접지하여야 한다.
② 본딩용 접속선 및 접지접속선은 단면적 $5.5mm^2$ 이상의 것을 사용하고 경납붙임, 용접, 접속금구 등을 사용하여 확실히 접속하여야 한다.
③ 접지 저항치는 총합 100Ω(피뢰설비를 설치한 것은 총합 10Ω)이하로 하여야 한다.

8. 제조설비의 안전장치

1) 과충전방지 장치
① 독성가스를 저장탱크에 충전할 때 독성가스가 저장탱크 내용적의 90%를 초과하면 자동적으로 이를 검지 할 수 있도록 조치를 하여야 한다.
② 저장탱크에 충전된 독성가스의 용량이 90%에 이르렀을 때 용량이 검지되었을 때는 지체없이 경보(부자 등 음향으로 하는 것)를 울리는 것일 것

2) 부압을 방지하는 조치
저장탱크 내부의 압력이 외부의 압력보다 낮아져 저장탱크가 파괴되는 것을 방지하기 위한 조치이다.
① 압력계
② 압력경보설비
③ 다음 중 어느 한 개 이상의 설비
　㉮ 진공안전밸브
　㉯ 다른 저장탱크 또는 시설로부터의 가스도입배관(균압관)
　㉰ 압력과 연동하는 긴급차단장치를 설치한 냉동제어설비
　㉱ 압력과 연동하는 긴급차단장치를 설치한 송액설비

3) 내부반응 감시설비
폭발 등의 위해가 발생할 가능성이 큰 특수반응설비에는 그 위해의 발생을 방지하기 위하여 내부반응 감시설비 및 위험사태발생 방지설비의 설치 등 필요한 조치를 할 것
① 암모니아 2차 개질로
② 에틸렌 제조시설의 아세틸렌수첨탑
③ 산화에틸렌 제조시설의 에틸렌과 산소 또는 공기와의 반응기
④ 싸이크로헥산 제조시설의 벤젠수첨반응기
⑤ 석유정제 시의 중유 직접수첨탈황반응기 및 수소화분해반응기
⑥ 저밀도 폴리에틸렌중합기 또는 메탄올합성반응탑

4) 인터록기구
가연성가스, 독성가스의 제조설비에서 오조작되거나 정상적인 제조를 할 수 없을 경우에 자동적으로 원재료의 공급을 차단시키는 장치이다.

5) 수취기
   산소 또는 천연메탄을 수송하기 위한 배관과 이에 접속하는 압축기 사이에는 수취기를 설치해야 한다.

6) 운전상태감시장치(공통)
   배관장치에는 압력 또는 유량의 이상변동 등 이상상태가 발생한 경우에는 그 상황을 경보를 울리는 장치를 설치해야 한다.
   ① 배관 안의 압력이 상용압력의 1.05배(상용압력이 4MPa 이상인 경우에는 상용압력에 0.2MPa을 더한 압력)를 초과한 때
   ② 배관 안의 압력이 정상운전시의 압력보다 15% 이상 강하한 때
   ③ 배관 안의 유량이 정상운전시의 유량보다 7% 이상 변동한 때
   ④ 긴급차단밸브의 조작회로가 고장난 때 또는 긴급차단밸브가 폐쇄된 때

7) 풍향계
   ① 독성가스제조설비에는 풍향계를 설치할 것
   ② 풍향계는 식별이 용이한 위치 및 높이에 설치할 것

8) 온도상승방지설비
   ① 방류둑을 설치한 가연성가스 저장탱크의 경우 방류둑 외면으로부터 10m 이내에 설치
   ② 방류둑을 설치하지 않는 가연성가스 저장탱크의 경우 방류둑 외면으로부터 20m 이내에 설치
   ③ 가연성물질을 취급하는 설비의 경우 외면으로부터 20m 이내에 설치

STEP 04 에어졸 제조 및 가스충전 · 품질검사 · 가스치환

1. 에어졸제조

1) 에어졸제조 용기
   ① 용기의 내용적은 1L 이하로 하고 내용적이 100cm³를 초과하는 용기의 재료는 강 또는 경금속을 사용한다.
   ② 금속제 용기의 두께는 0.125mm 이상으로 한다.
   ③ 용기는 50℃에서 용기안의 가스압력의 1.5배 압력을 가했을 때 변형되지 아니하고 50℃에서 용기안의 가스압력의 1.8배 압력을 가했을 때 파열되지 않을 것
   ④ 내용적이 30cm³ 이상인 용기는 에어졸제조에 재사용하지 않을 것
   ⑤ 에어졸 제조설비 및 충전용기 저장소는 화기 또는 인화성 물질과 8m 이상의 우회거리를 유지할 것
   ⑥ 에어졸은 35℃에서 그 용기의 내압이 0.8MPa 이하로 하고, 에어졸의 용량이 그 내용적의 90% 이하로 한다.
   ⑦ 에어졸이 충전된 용기는 온수시험탱크에서 에어졸의 온도를 46℃ 이상, 50℃ 미만으로 하는 때에 누출되지 않을 것

2) 시험방법
   ① 시료는 동일 에어졸 제조소에서 동일 충전년월일에 내용물 조성을 동일하게 한 동일 롯트에서 에어졸을 충전한 용기를 1조로 하여 그 조에서 임의로 에어졸이 충전된 용기 3개를 취한다.

② 채취된 시료는 24℃ 이상, 26℃ 이하가 되도록 온도를 유지하여 불꽃길이 시험을 실시한다.
③ 시험측정결과는 시험시 마다 롯트번호, 시험년월일, 불꽃길이, 측정자, 에어졸제품 등을 기록하여 보존하여야 한다.

3) 용기에 기재사항의 표시방법
① 연소성의 표시 : 용기 내용적이 $200cm^3$ 이상 되는 용기에는 16포인트 이상, $200cm^3$ 미만의 것은 14포인트 이상이 되는 크기의 문자로 용기의 보기 쉬운 곳에 붉은 글씨로 표시할 것
② 주위사항의 표시 : 용기 내용적이 $200cm^3$ 이상이 되는 용기에는 8포인트 이상, $200cm^3$ 미만인 것은 6포인트 이상이 되는 크기의 문자로 용기의 보기 쉬운 곳에 선명하게 표시할 것
③ 사용가스의 명칭을 표시할 것

4) 에어졸제품의 기재사항
① 특정부위에 계속하여 장시간 사용하지 말 것
② 인체에서 20cm 이상 떨어져서 사용할 것
③ 불꽃을 향해 사용하지 말 것
④ 난로, 풍로 등 화기부근에서 사용하지 말 것
⑤ 온도 40℃ 이상의 장소에 보관하지 말 것
⑥ 밀폐된 실내에서 사용한 후에는 반드시 환기를 시킬 것
⑦ 불 속에 버리지 말 것
⑧ 사용 후 잔가스가 없도록 할 것
⑨ 밀폐된 장소에 보관하지 말 것

2. 가스 충전작업

1) 시안화수소 충전
① 순도가 98% 이상이고 아황산가스 또는 황산 등의 안정제를 첨가할 것
② 충전한 용기는 충전 후 24시간 정치하고 1일 1회 이상 질산구리벤젠지로 가스누출검사를 할 것
③ 충전 후 60일 경과되기 전에 다른 용기에 옮겨 충전한다. 단, 순도가 98% 이상으로 착색되지 아니한 것은 다른 용기에 옮겨 충전하지 않을 수 있다.

2) 아세틸렌 충전
① 아세틸렌을 2.5MPa 압력으로 압축할 경우에는 질소, 메탄, 일산화탄소, 에틸렌 등의 희석제를 첨가한다.
② 습식 아세틸렌발생기의 표면은 70℃ 이하의 온도로 유지한다.
③ 아세틸렌을 용기에 충전할 경우 미리 용기에 다공물질을 고루 채워 다공도가 75% 이상 92% 미만이 되도록 한 후 아세톤, 디메틸포름아미드를 고루 침윤시키고 충전한다.
④ 충전 중의 압력은 2.5MPa 이하로 하고 충전 후에는 15℃에서 1.5MPa 이하가 될 때까지 정치한다.

3) 산소 충전
① 충전할 경우 밸브와 용기 내부의 석유류 또는 유지류를 제거하고 용기와 밸브사이에는 가연성 패킹을 사용하지 않는다.

② 산소 또는 천연메탄을 용기에 충전하는 경우 압축기와 충전용 지관 사이에 수취기를 설치하여 가스 중의 수분을 제거한다.

4) 산화에틸렌 충전
① 산화에틸렌의 저장탱크는 그 내부의 질소가스, 탄산가스, 산화에틸렌의 분위기가스를 질소가스 또는 탄산가스로 치환하고 5℃ 이하로 유지한다.
② 산화에틸렌 저장탱크 및 충전용기는 45℃에서 그 내부가스의 압력이 0.4MPa 이상이 되도록 질소가스 또는 탄산가스로 충전한다.

3. 품질검사

품질검사는 1일 1회 이상 제조장에서 안전관리책임자가 실시한다.

1) 산소

동·암모니아시약을 사용한 오르자트법에 의한 시험에서 순도가 99.5% 이상이고 용기안의 가스충전압력이 35℃에서 11.8MPa 이상으로 한다.

2) 아세틸렌

발연황산시약을 사용한 오르자트법 또는 브롬시약을 사용한 뷰렛법에 의한 시험에서 순도가 98% 이상이고 질산은시약을 사용한 정성시험에서 합격한 것으로 한다.

3) 수소

피로카롤 또는 하이드로썰파이드시약을 사용한 오르자트법에 의한 시험에서 순도가 98.5% 이상이고 용기안의 가스충전압력이 35℃에서 11.8MPa 이상으로 한다.

4. 가스의 치환

1) 가스치환제외 설비
① 가스설비의 내용적이 $1m^3$ 이하인 것
② 출입구 밸브가 확실히 폐지되어 있고 내용적이 $5m^3$ 이상의 가스설비에 이르는 사이에 2개 이상의 밸브를 설치한 것
③ 사람이 그 설비 밖에서 작업하는 것
④ 화기를 사용하지 아니하는 작업인 것
⑤ 간단한 청소, 가스켓의 교환이나 이와 유사한 경미한 작업일 경우

2) 가연성가스의 가스설비
① 가스설비의 내부가스를 그 압력이 대기압 가까이 될 때까지 다른 저장탱크 등에 회수한 후 잔류가스를 서서히 안전하게 방출하거나 연소장치에 유도하여 연소시키는 방법으로 대기압이 될 때까지 방출하여야 한다.
② 잔류가스를 불활성가스 또는 물이나 스팀 등 당해 가스와 반응하지 아니하는 가스 또는 액체로 서서히 치환할 것
③ 잔류가스를 대기 중에 방출할 경우에는 방출한 가스의 착지농도가 당해 가연성가스의 폭발하한계의 1/4 이하가 되도록 방출관으로부터 서서히 방출시킬 것

3) 독성가스의 가스설비
① 가스설비의 내부가스를 그 압력이 대기압 가까이 될 때까지 다른 저장탱크 등에 회수한 후 잔류가스를 대기압이 될 때까지 제해설비에 유도하여야 한다.
② 당해 가스와 반응하지 아니하는 불활성가스 또는 물 그 밖의 액체 등으로 서서히 치환할 것
③ 치환결과를 가스검지기로 측정하고 당해 독성가스의 농도가 허용농도 이하로 될 때까지 치환을 계속하여야 한다.

4) 산소가스 설비
① 가스설비의 내부가스를 실외까지 유도하여 다른 용기에 회수하거나 산소가 체류하지 아니하는 조치를 강구하여 대기 중에 서서히 방출하여야 한다.
② 내부가스를 공기 또는 불활성가스로 치환하여야 한다.
③ 산소측정기 등에 의하여 치환결과를 수시 측정하여 산소의 농도가 22% 이하로 될 때까지 치환을 계속하여야 한다.

STEP 05 내압시험과 기밀시험

1. 내압시험
① 내압시험은 원칙적으로 수압으로 실시한다. 단, 부득이한 이유로 물을 채우는 것이 부적당한 경우에는 공기 또는 위험성이 없는 기체의 압력으로 할 수 있다.
② 내압시험은 상용압력(최고사용압력)의 1.5배(공기 등 기체의 압력으로 하는 내압시험은 상용압력의 1.25배)이상으로 하고 규정압력을 유지하는 시간은 5분에서 20분간을 표준으로 한다.
③ 내압시험을 공기 등의 기체의 압력으로 하는 경우에는 먼저 상용압력의 50%까지 승압하고 그 후에는 상용압력의 10%씩 단계적으로 승압하여 내압시험압력에 도달하였을 때 누설 등의 이상이 없어야 한다.

2. 기밀시험
① 기밀시험은 원칙적으로 공기 또는 위험성이 없는 기체의 압력으로 실시한다.
② 기밀시험은 상용압력(최고사용압력) 이상으로 하고 0.7MPa를 초과하는 경우 0.7MPa 압력 이상으로 한다.
③ 기밀유지시간

압력측정기구	용적	기밀유지시간
압력계 및 자기압력기록계	$1m^3$ 미만	48분
	$1m^3$ 이상 $10m^3$ 미만	480분
	$10m^3$ 이상	$48 \times V(m^3)$분(V는 용적)(단, 2880분을 초과하는 경우 2880분으로 함)

④ 냉동설비에서 기밀시험은 공기 또는 불연성가스(산소 및 독성가스 제외)를 사용하여 실시하며 압축공기의 온도는 140℃ 이하로 한다.

STEP 06 경계표지 설치기준

1. 사업소 및 용기보관실의 경계표지

| ○○가스저장소 | | ○○가스용기보관실 |

① 당해 사업소의 출입구 등 외부에서 보기 쉬운 장소에 게시한다.
② 당해 시설에 출입 또는 접근할 수 있는 장소가 여러 방향일 때에는 그 장소마다 게시해야 한다.
③ 이동식 냉동설비에 대하여는 그 설비외면의 보기 쉬운 장소에 표시할 수 있다.
④ 용기에 충전되어 있는 가스의 성질에 따라 가연성가스일 경우에는 "연", 독성가스일 경우에는 "독" 자로 표시한다.

2. 독성가스의 식별조치 및 위험표시

1) 독성가스 저장소

| 독성가스(○○) 저장소 |

① ○○(가스명)에는 가스의 명칭을 적색으로 기재한다.
② 문자의 크기는 가로, 세로 10㎝ 이상으로 한다.
③ 30m 이상 떨어진 위치에서도 알 수 있어야 한다.
④ 식별표지의 바탕색은 백색, 글씨는 흑색으로 한다.
⑤ 문자는 가로 또는 세로로 쓸 수 있다.

2) 독성가스 누출우려 표시

| 독성가스 누설주의 |

① 문자의 크기는 가로, 세로 5cm 이상으로 한다.
② 10m 이상 떨어진 위치에서도 알 수 있어야 한다.
③ 바탕색은 백색, 글씨는 흑색, 주의는 적색으로 한다.
④ 문자는 가로 또는 세로로 쓸 수 있다.

3. 경계책

① 경계책의 높이는 1.5m 이상으로 할 것
② 경계책의 재료는 철책 또는 철망 등으로 할 것
③ 경계책 안에는 누구도 화기, 발화 또는 인화하기 쉬운 물질을 휴대하고 들어갈 수 없도록 필요한 조치를 강구할 것

STEP 07 가스설비의 점검사항

1. 점검준비
① 안전관리총괄자는 사전에 안전관리담당자와 협의하여 점검계획을 정하고 이를 각각의 안전관리부분 담당자에게 철저히 주지시킬 것
② 점검계획을 기준으로 점검표를 작성하고 점검원에게 실시요령 및 주의사항을 철저히 주지시킬 것
③ 점검계획에는 지시 및 보고체계를 명시할 것
④ 점검에 사용하는 공구, 측정기구, 보호구 등을 준비하고 이를 확인할 것

2. 제조설비의 사용개시전 점검사항
① 제조설비 등에 있는 내용물의 상황
② 계기류의 기능 특히 인터록(Inter Lock), 긴급용 시퀀스, 경보 및 자동제어장치의 기능
③ 긴급차단 및 긴급방출장치, 통신설비, 제어설비, 정전기방지 및 제거설비 그밖에 안전설비의 기능
④ 각 배관계통에 부착된 밸브 등의 개폐상황 및 맹판의 탈착·부착 상황
⑤ 회전기계의 윤활유 보급상황 및 회전구동상황
⑥ 제조설비 등 당해 설비의 전반적인 누출유무
⑦ 가연성가스 및 독성가스가 체류하기 쉬운 곳의 당해 가스농도
⑧ 전기, 물, 증기, 공기 등 유틸리티시설의 준비상황
⑨ 안전용 불활성가스 등의 준비상황
⑩ 비상전력 등의 준비상황

3. 일일점검(운전 중 점검사항)
운전중의 제조설비 등에 대하여는 1일 1회 이상 설비 등의 작동상황에 대하여 이상유무를 점검하여야 한다.
① 제조설비 등으로부터의 누출
② 계기류의 지시, 경보, 제어의 상태
③ 제조설비 등의 온도, 압력, 유량등 조업조건의 변동상황
④ 제조설비 등의 외부부식, 마모, 균열, 그 밖의 손상유무
⑤ 회전기계의 진동, 이상음, 이상온도상승, 그 밖의 작동상황
⑥ 탑류, 저장탱크류, 배관 등의 진동 및 이상음
⑦ 가스누출 경보장치 및 가스경보기의 상태
⑧ 저장탱크 액면의 지시
⑨ 접지접속선의 단선, 그 밖의 손상유무

제01절_ 고압가스기술기준
출제예상문제

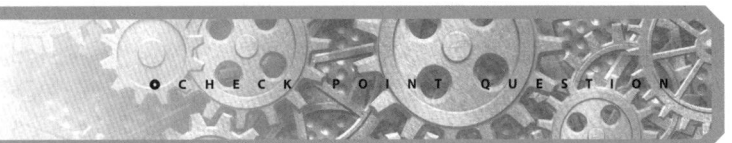

01 액화 산소 취급시 아세틸렌 혼입은 위험하므로 검출하게 되는데 이 때 사용하는 시약은?

① 이로스 베이시약
② 질산은 시약
③ 페놀프탈레인 시약
④ 동 암모니아 시약

02 배관을 지하에 매설할 때 독성가스 배관은 그 가스가 혼입될 우려가 있는 수도시설과 몇 [m] 이상의 거리를 유지해야 하는가?

① 100m   ② 200m
③ 300m   ④ 400m

🔍 독성가스 배관은 수도시설과는 300m 이상의 거리를 유지해야 한다.

03 어떤 고압설비의 최고 사용압력이 16kg/㎠일 때 이 설비의 내압시험 압력은 몇 [kg/㎠] 인가?

① 20.8   ② 23.8
③ 24.0   ④ 26.0

🔍 내압시험압력 = 상용압력(최고사용압력) × 1.5배 = 16×1.5 = 24kg/㎠

04 저장 탱크를 지하에 설치하는 기준이 틀린 것은?

① 저장 탱크의 주위에 마른 모래를 채울 것
② 저장 탱크의 정상부와 지면과의 거리는 40cm 이상으로 할 것
③ 저장 탱크를 2개 이상 인접하여 설치하는 경우에는 상호간에 1m 이상의 거리를 유지할 것
④ 저장 탱크를 묻은 곳의 주위에는 지상에 경계를 표시할 것

🔍 지면으로부터 저장탱크의 정상부까지의 깊이는 60cm 이상으로 한다.

05 액화 염소가스의 1일 처리능력이 38,000kg일 때 수용정원이 350명인 공연장과의 안전거리는 얼마로 유지해야 하는가?

① 11m   ② 18m
③ 23m   ④ 27m

🔍 공연장으로서 300명 이상 수용할 수 있는 건축물은 1종 보호시설로서 독성가스(염소) 처리능력이 30,000kg 초과 40,000kg 이하일 경우 안전거리는 27m이다.

06 가연성가스 제조시설의 설비와 산소 제조시설의 설비는 몇 [m] 이상의 거리를 유지해야 하는가?

① 5m   ② 10m
③ 15m   ④ 20m

🔍 가연성가스 제조시설의 고압가스설비 외면으로부터 산소 제조시설의 고압가스설비와 10m 이상으로 할 것

07 고압가스 특정제조 시설에서 배관을 해저에 설치하는 경우 다음 기준에 적합치 않은 것은?

① 배관은 해저면 밑에 매설할 것
② 배관은 원칙적으로 다른 배관과 교차하지 아니할 것
③ 배관은 원칙적으로 다른 배관과 수평거리로 20m 이상을 유지할 것
④ 배관의 입상부에는 보호시설물을 설치할 것

🔍 배관은 다른 배관과 30m 이상의 수평거리를 유지할 것

08 방류둑에는 계단, 사다리 또는 토사를 높이 쌓아올림 등에 의한 출입구를 둘레 몇 [m] 마다 1개 이상을 두어야 하는가?

① 30   ② 40
③ 50   ④ 60

🔍 방류둑에는 계단, 사다리 또는 토사를 높이 쌓아올림 등에 의한 출입구를 둘레 50m마다 1개 이상씩 두되 그 둘레가 50m 미만일 경우에는 2개 이상 분산하여 설치할 것

정답 01 ① 02 ③ 03 ③ 04 ② 05 ④ 06 ② 07 ③ 08 ③

09 냉동설비 수액기 방류둑 용량을 결정하는데 있어서 암모니아의 경우 수액기 내의 압력이 7kg/cm² 이상 21kg/cm² 미만일 경우 내용적은?

① 방류둑에 설치된 수액기 내용적의 60%
② 방류둑에 설치된 수액기 내용적의 70%
③ 방류둑에 설치된 수액기 내용적의 80%
④ 방류둑에 설치된 수액기 내용적의 90%

🔍 암모니아 냉동설비의 수액기 방류둑 용량

수액기내의 압력	압력에 따른 용량
0.7MPa(7kg/cm²) 이상 2.1MPa(21kg/cm²) 미만	90%
2.1MPa(21kg/cm²) 이상	80%

10 내부반응 감시장치를 설치하여야 할 설비에서 특수반응 설비에 속하지 않은 것은?

① 암모니아 2차 개질로
② 수소화 분해반응기
③ 사이클로 헥산 제조 시설의 벤젠 수첩 반응기
④ 산화에틸렌 제조시설의 아세틸렌 수첨탑

🔍 특수반응설비
• 암모니아 2차 개질로
• 에틸렌 제조시설의 아세틸렌수첨탑
• 산화에틸렌 제조시설의 에틸렌과 산소 또는 공기와의 반응기
• 싸이크로헥산 제조시설의 벤젠수첨반응기
• 석유정제 시의 중유 직접수첨탈황반응기 및 수소화분해반응기
• 저밀도 폴리에틸렌중합기 또는 메탄올합성반응탑

11 가스가 누출된 경우에 제2의 누출을 방지하기 위해서 방류둑을 설치한다. 방류둑을 설치하지 않아도 되는 저장탱크는?

① 저장능력 1,000톤 이상의 액화 질소 탱크
② 저장능력 5톤 이상의 액화 암모니아 탱크
③ 저장능력 1,000톤 이상의 액화 산소 탱크
④ 저장능력 5톤 이상의 액화 염소 탱크

🔍 방류둑 설치
• 가연성가스 및 산소 저장능력 : 1,000톤 이상
• 독성가스(암모니아, 염소) 저장능력 : 5톤 이상

12 가스설비 및 저장설비는 그 외면으로부터 화기를 취급하는 장소까지 몇 [m] 이상의 우회거리를 두어야 하는가?

① 2m ② 5m
③ 8m ④ 10m

🔍 가연성가스 또는 산소 가스설비, 저장설비는 8m 이상의 우회거리를 유지할 것

13 방류둑의 내측 및 그 외면으로부터 몇 [m] 이내에는 그 저장 탱크의 부속설비외의 것을 설치하지 않아야 하는가?

① 10m ② 20m
③ 30m ④ 50m

🔍 방류둑의 내측 및 그 외면으로부터 10m 이내에는 그 저장탱크의 부속설비외의 것을 설치하지 않는다.

14 독성가스 제조시설 식별표지의 가스 명칭 색상은?

① 노란색 ② 청색
③ 적색   ④ 흰색

🔍 독성가스 제조소의 가스의 명칭은 적색으로 기재한다.

15 가연성 가스의 제조설비에서 오조작되거나 정상적인 제조를 할 수 없을 경우에 자동적으로 원재료의 공급을 차단시키는 등 제조 설비내의 제조를 제어할 수 있는 장치는?

① 인터록 기구 ② 가스누설 자동차단기
③ 벤트스택   ④ 플레어스택

🔍 인터록기구 : 가연성가스, 독성가스의 제조설비에서 오조작되거나 정상적인 제조를 할 수 없을 경우에 자동적으로 원재료의 공급을 차단시키는 장치

16 고압가스 일반제조시설의 저장탱크에 설치하는 가스 방출장치는 저장능력 얼마 이상의 것에 설치해야 하는가?

① 5m³   ② 10m³
③ 20m³ ④ 30m³

🔍 저장탱크 및 가스홀더는 가스가 누출되지 아니하는 구조로 하고 5m³ 이상의 가스를 저장하는 것에는 가스방출장치를 설치할 것

정답 09 ④ 10 ④ 11 ① 12 ③ 13 ① 14 ③ 15 ① 16 ①

17 시안화수소 충전시 유지해야 할 조건 중 틀린 것은?

① 충전시 순도는 98% 이상을 유지한다.
② 안정제는 아황산가스나 황산 등을 사용한다.
③ 저장시는 1일 2회 이상 염화 제1동착염지로 누출검사를 한다.
④ 충전한 용기는 충전 후 24시간 정치한다.

🔍 품질검사는 1일 1회 이상 제조장에서 안전관리책임자가 실시한다.

18 고압가스 냉매 설비의 기밀 시험시 압축공기를 공급할 때 공기의 온도는?

① 40℃ 이하
② 70℃ 이하
③ 100℃ 이하
④ 140℃ 이하

🔍 냉동설비에서 기밀시험은 공기 또는 불연성가스(산소 및 독성가스 제외)를 사용하여 실시하며 압축공기의 온도는 140℃ 이하로 한다.

19 수소의 순도는 피로카롤 또는 하이드로 썰파이드 시약을 사용한 오르잣드법에 의해서 몇 [%] 이상이어야 하는가?

① 98.5%   ② 90%
③ 99.9%   ④ 99.5%

🔍 수소의 품질검사 : 피로카롤 또는 하이드로쎌파이드시약을 사용한 오르자트법에 의한 시험에서 순도가 98.5% 이상이고 용기안의 가스충전압력이 35℃에서 11.8MPa 이상으로 한다.

20 방류둑의 성토 윗부분의 폭은 얼마 이상으로 해야 하는가?

① 10cm 이상
② 15cm 이상
③ 20cm 이상
④ 30cm 이상

🔍 성토는 수평에 대하여 45°이하의 기울기로 하여 쉽게 허물어지지 않도록 충분히 다져 쌓고 성토 윗부분의 폭은 30cm 이상으로 할 것

21 고압가스의 저장설비 및 충전설비는 그 외면으로부터 화기를 취급하는 장소까지 얼마이상의 우회 거리를 두어야 하는가? (단, 산소 및 가연성가스 제외)

① 1m 이상   ② 2m 이상
③ 5m 이상   ④ 8m 이상

🔍 가스설비 또는 저장설비는 그 외면으로부터 화기를 취급하는 장소까지 2m 이상의 우회거리를 유지할 것

22 독성가스 저장탱크에 과충전 방지장치를 설치하고자 한다. 과충전 방지장치는 가스 충전량이 저장탱크 내용적의 몇 [%]를 초과하는 것을 방지하기 위하여 설치하는가?

① 80   ② 85
③ 90   ④ 95

🔍 과충전방지 장치 : 저장탱크에 충전된 독성가스의 용량이 90%에 이르렀을 때 용량이 검지되었을 때는 지체없이 경보를 울리는 장치

23 다음은 저장설비나 가스설비를 수리 또는 청소를 할 때 가스치환을 생략할 수 있는 조건들이다. 이 조건에 적합하지 않은 것은?

① 설비들의 내용적이 $2m^3$ 이하일 경우
② 작업원이 설비내부로 들어가지 않고 작업을 할 경우
③ 화기를 사용하지 아니하는 작업일 경우
④ 간단한 청소, 가스켓의 교환이나 이와 유사한 경미한 작업일 경우

🔍 가스설비의 내용적이 $1m^3$ 이하인 것은 가스치환을 생략한다.

24 고압가스 일반 제조 시설의 처리설비를 실내에 설치하는 경우에 처리설비실의 천정, 벽 및 바닥의 두께가 몇 [cm] 이상인 철근콘크리트로 하여야 하는가?

① 20   ② 30
③ 40   ④ 50

🔍 저장탱크는 천정, 벽 및 바닥의 두께가 각각 30cm 이상인 방수조치를 한 콘크리트 만든 곳에 설치한다.

정답 17 ③ 18 ④ 19 ① 20 ④ 21 ② 22 ③ 23 ① 24 ②

25 고압가스 제조 설비에서 긴급사태 발생시 필요한 연락을 신속히 할 수 있도록 설치해야 할 통신설비 중 현장사무소 상호간에 설치하여야 할 통신설비가 아닌 것은?

① 페이징설비 ② 구내전화
③ 인터폰 ④ 메가폰

🔍 현장사무소 상호간에 설치하여야 할 통신설비 : 구내전화, 구내방송설비, 인터폰, 페이징설비

26 다음 중 에어졸이 충전된 용기에서 에어졸의 누출시험을 하기 위한 시설은?

① 자동충전기
② 수압시험탱크
③ 가압시험탱크
④ 온수시험탱크

🔍 에어졸이 충전된 용기는 온수시험탱크에서 에어졸의 온도를 46℃ 이상, 50℃ 미만으로 하는 때에 누출되지 않을 것

27 인체용 에어졸 제품의 용기에 기재할 사항으로 옳지 않은 것은?

① 특정부위에 계속하여 장시간 사용하지 말 것
② 가능한 한 인체에서 10cm 이상 떨어져서 사용할 것
③ 온도가 40℃ 이상되는 장소에 보관하지 말 것
④ 불 속에 버리지 말 것

🔍 인체에서 20cm 이상 떨어져서 사용할 것

28 탱크를 지상에 설치하고자 할 때 방류둑을 설치하지 않아도 되는 저장탱크는?

① 저장능력 1,000톤 이상의 질소탱크
② 저장능력 1,000톤 이상의 부탄탱크
③ 저장능력 1,000톤 이상의 산소탱크
④ 저장능력 5톤 이상의 염소탱크

🔍 방류둑 설치
• 가연성가스(부탄) 및 산소 저장능력 : 1,000톤 이상
• 독성가스(염소) 저장능력 : 5톤 이상

29 고압가스충전시설의 안전밸브 중 압축기의 최종단에 설치한 것은 내압시험 압력의 8/10 이하의 압력에서 작동할 수 있도록 조정을 몇 년에 몇 [회] 이상 실시하여야 하는가?

① 2년에 1회 이상 ② 1년에 1회 이상
③ 1년에 2회 이상 ④ 2년에 3회 이상

🔍 안전밸브 중 압축기의 최종단에 설치한 것은 1년에 1회 이상, 그 밖의 안전밸브는 2년에 1회 이상 조정할 것

30 아세틸렌가스 또는 압력이 9.8MPa 이상인 압축가스를 용기에 충전하는 경우 방호벽을 설치하지 않아도 되는 경우는?

① 압축기와 충전장소 사이
② 압축기와 그 가스충전용기 보관장소 사이
③ 압축가스를 운반하는 차량과 충전용기 사이
④ 압축가스 충전장소와 그 가스충전용기보관장소 사이

🔍 방호벽 설치
• 압축기와 그 충전장소사이
• 압축기와 그 가스충전용기보관장소 사이
• 충전장소와 그 가스충전용기보관장소 사이
• 충전장소와 그 충전용주관밸브 조작밸브 사이

31 고압가스 저장탱크 2개를 지하에 인접하여 설치하는 경우 상호 간에 유지하여야 할 최소거리의 기준은?

① 30cm ② 60cm
③ 1m ④ 3m

🔍 저장탱크를 2개 이상 인접하여 설치하는 경우에는 상호간에 1m 이상의 거리를 유지한다.

32 고압가스설비를 수리할 경우 가스설비 내를 대기압 이하까지 가스 치환을 생략할 수 없는 것은?

① 사람이 그 설비의 밖에서 작업하는 것
② 당해 가스설비의 내용적이 $1m^3$ 이하인 것
③ 화기를 사용하지 아니하는 작업인 것
④ 출입구의 밸브가 확실히 폐지되어 있고 내용적이 $10m^3$ 이상의 가스설비에 이르는 사이에 1개 이상의 밸브를 설치한 것

정답 25 ④ 26 ④ 27 ② 28 ① 29 ② 30 ③ 31 ③ 32 ④

> **가스치환제외 설비**
> - 가스설비의 내용적이 1m³ 이하인 것
> - 출입구 밸브가 확실히 폐지되어 있고 내용적이 5m³ 이상의 가스설비에 이르는 사이에 2개 이상의 밸브를 설치한 것
> - 사람이 그 설비 밖에서 작업하는 것
> - 화기를 사용하지 아니하는 작업인 것
> - 간단한 청소, 가스켓의 교환이나 이와 유사한 경미한 작업일 경우

33 특정고압가스사용시설에 대한 설명으로 옳은 것은?

① 산소의 저장설비 주위 5m 이내에서는 화기를 취급하지 않도록 할 것
② 가연성 가스의 사용시설 설치실은 누설된 가스가 체류될 수 있도록 할 것
③ 고압가스 설비는 상용압력의 1.5배 이상의 압력에서 항복을 일으키지 않는 두께일 것
④ 고압가스 설비에는 저장능력에 관계없이 안전밸브를 설치할 것

> 산소의 저장설비 주위 5m 이내에는 화기를 취급해서는 안된다.

34 다음 중 아세틸렌의 분석에 사용되는 시약은?

① 동암모니아
② 파라듐블랙
③ 발연황산
④ 피로갈롤

> 아세틸렌 품질검사 : 발연황산시약을 사용한 오르자트법 또는 브롬시약을 사용한 뷰렛법에 의한 시험에서 순도가 98% 이상이고 질산은시약을 사용한 정성시험에서 합격한 것으로 한다.

35 독성가스의 저장설비에서 가스누출에 대비하여 설치하여야 하는 것은?

① 액화방지장치
② 액회수장치
③ 살수장치
④ 흡수장치

> 독성가스 누출시 허용농도이하로 낮추어 주는 중화흡수장치를 설치하여야 한다.

36 고압가스 안전관리상 제1종 보호시설이 아닌 것은?

① 학교
② 여관
③ 주택
④ 시장

> 제2종 보호시설 : 주택, 사람을 수용하는 건축물로서 사실상 독립된 부분의 연면적이 100m² 이상 1,000m² 미만인 것

37 고압가스특정제조에서 지하매설 배관은 그 외면으로부터 지하의 다른 시설물과 몇 [m] 이상 거리를 유지해야 하는가?

① 0.3
② 0.5
③ 1
④ 1.2

> 배관은 외면으로부터 지하의 다른 시설물과 0.3m 이상의 거리를 유지할 것

38 상용압력이 10MPa인 고압가스설비의 내압시험 압력은 몇 [MPa] 이상으로 하여야 하는가?

① 8
② 10
③ 12
④ 15

> 내압시험압력 = 상용압력(최고사용압력)×1.5배 = 10×1.5 = 15MPa

39 고압가스일반제조의 시설기준에 대한 내용 중 틀린 것은?

① 가연성가스제조시설의 고압가스설비는 다른 가연성가스 고압가스설비와 2m 이상 거리를 유지한다.
② 가연성가스설비 및 저장설비는 화기와 8m 이상의 우회거리를 유지한다.
③ 사업소에는 경계표지와 경계책을 설치한다.
④ 독성가스가 누출될 수 있는 장소에는 위험표지를 설치한다.

> 가연성가스 제조시설의 고압가스설비는 그 외면으로부터 다른 가연성가스 제조시설의 고압가스설비와 5m 이상으로 할 것

40 다음 중 1종 보호시설이 아닌 것은?

① 가설건축물이 아닌 사람을 수용하는 건축물로서 사실상 독립된 부분의 연면적이 1,500m²인 건축물
② 문화재보호법에 의하여 지정문화재로 지정된 건축물
③ 예식장 시설로서 200명을 수용할 수 있는 건축물
④ 어린이집 및 어린이 놀이터

🔍 예식장·장례식장 및 전시장, 그 밖에 이와 유사한 시설로서 300명 이상 수용할 수 있는 건축물은 제1종 보호시설에 해당된다.

41 다음 중 운전 중의 제조설비에 대한 일일점검 항목이 아닌 것은?

① 회전기계의 진동, 이상음, 이상온도 상승
② 인터록의 작동
③ 제조설비 등으로부터의 누출
④ 제조설비의 조업조건의 변동상황

🔍 인터록, 긴급용 시퀀스, 경보 및 자동제어장치의 작동은 제조설비의 사용개시 전 점검사항이다.

42 다음 중 독성가스 제해설비를 갖추어야 하는 시설이 아닌 것은?

① 아황산가스 및 암모니아 충전설비
② 염소 및 황화수소 충전설비
③ 프레온 가스를 사용한 냉동제조시설 및 충전시설
④ 염화메탄 충전설비

🔍 프레온은 냉동기의 냉매로 사용되고 있으며 무색, 무취, 무독성 가스이다.

43 고압가스 특정제조시설 중 비가연성 가스의 저장탱크는 몇 [m³] 이상일 경우에 지진영향에 대한 안전한 구조로 설계하여야 하는가?

① 5   ② 250
③ 500   ④ 1,000

🔍 저장능력 5톤 또는 500m³(가연성 가스 또는 독성가스가 아닌 경우에는 10톤 또는 1,000m³) 이상인 저장탱크와 압력용기(반응, 분리, 정제, 증류를 위한 탑류로서 높이 5m 이상)에는 지진 발생 시 저장탱크와 압력용기를 보호하기 위하여 내진성능확보를 위한 조치를 할 것

44 고압가스 품질검사에서 산소의 경우 동·암모니아 시약을 사용한 오르잣드법에 의한 시험에서 순도가 몇 [%] 이상이어야 하는가?

① 98   ② 98.5
③ 99   ④ 99.5

🔍 산소의 품질검사 : 동·암모니아시약을 사용한 오르잣드법에 의한 시험에서 순도가 99.5% 이상이고 용기안의 가스충전압력이 35℃에서 11.8MPa 이상으로 한다.

45 독성가스 제조시설 식별표지의 글씨 색상은? (단, 가스의 명칭은 제외한다.)

① 백색   ② 적색
③ 노란색   ④ 흑색

🔍 독성가스 제조소의 식별표지의 바탕색은 백색, 글씨는 흑색, 가스의 명칭은 적색으로 기재한다.

46 독성가스의 저장탱크에는 가스의 용량이 그 저장탱크 내용적의 90%를 초과하는 것을 방지하는 장치를 설치하여야 한다. 이 장치를 무엇이라고 하는가?

① 경보장치   ② 액면계
③ 긴급차단장치   ④ 과충전방지장치

🔍 과충전방지 장치 : 저장탱크에 충전된 독성가스의 용량이 90%에 이르렀을 때 용량이 검지되었을 때는 지체없이 경보(부자 등 음향으로 하는 것)를 울리는 장치

47 우리나라도 지진으로부터 안전한 지역이 아니라는 판단하에 고압가스 설비를 설치할 때에는 내진설계를 하도록 의무화하고 있다. 다음 중 내진설계 대상이 아닌 것은?

① 동체부의 높이가 3m인 증류탑
② 저장능력이 1,000m³인 수소 저장탱크
③ 저장능력이 5톤인 염소 저장탱크
④ 저장능력이 10톤인 액화질소 저장탱크

🔍 저장능력 5톤 또는 500m³(가연성 가스 또는 독성가스가 아닌 경우에는 10톤 또는 1,000m³) 이상인 저장탱크와 압력용기(반응, 분리, 정제, 증류를 위한 탑류로서 높이 5m 이상)에는 지진 발생 시 저장탱크와 압력용기를 보호하기 위하여 내진성능확보를 위한 조치를 할 것

정답 40 ③ 41 ② 42 ③ 43 ③ 44 ④ 45 ④ 46 ④ 47 ①

48 저장탱크의 방류둑 용량은 저장능력 상당용적 이상의 용적이어야 한다. 다만, 액화산소 저장탱크의 경우에는 저장능력 상당용적의 몇 [%] 용량 이상으로 할 수 있는가?

① 40　　② 60
③ 80　　④ 90

> 액화산소의 방류둑 용량 : 저장탱크 저장능력 상당용적의 60% 이상

49 아세틸렌가스 또는 압력이 9.8MPa 이상인 압축가스를 용기에 충전하는 경우에 압축기와 그 충전장소 사이에 다음 중 반드시 설치하여야 하는 것은?

① 가스방출장치　　② 안전밸브
③ 방호벽　　④ 압력계와 액면계

> 아세틸렌 또는 압력이 9.8MPa 이상인 압축가스를 충전하는 경우 한쪽에서 발생하는 위해요소가 다른 쪽으로 전이되는 것을 방지하기 위하여 방호벽을 설치한다.

50 고압가스 일반제조시설의 저장탱크를 지하에 매설하는 경우의 기준에 대한 설명으로 틀린 것은?

① 저장탱크 외면에는 부식방지코팅을 한다.
② 저장탱크는 천정, 벽, 바닥의 두께가 각각 10cm 이상의 콘크리트로 설치한다.
③ 저장탱크 주위에는 마른모래로 채운다.
④ 저장탱크에 설치한 안전밸브에는 지면에서 5m 이상의 높이에 방출구가 있는 가스방출관을 설치한다.

> 저장탱크는 천정, 벽 및 바닥의 두께가 각각 30cm 이상의 방수조치를 한 콘크리트로 만든 곳에 설치한다.

51 독성가스를 사용하는 내용적이 몇 L 이상인 수액기 주위에 액상의 가스가 누출될 경우에 대비하여 방류둑을 설치하여야 하는가?

① 1,000　　② 2,000
③ 5,000　　④ 10,000

> 방류둑 설치
> • 가연성가스 및 산소 저장능력 : 1,000톤 이상
> • 독성가스 저장능력 : 5톤 이상
> • 냉동설비의 수액기에서 독성가스를 사용하는 수액기의 내용적 : 10,000L 이상

52 액화질소 35톤을 저장하려고 할 때 사업소 밖의 제1종 보호시설과 유지하여야 하는 안전거리는 최소 몇 [m] 인가?

① 8　　② 9
③ 11　　④ 13

> 산소, 가연성, 독성가스 이외의 처리설비 및 저장설비에서 저장능력이 35톤(35,000kg)은 제1종 보호시설과 13m, 제2종 보호시설과 9m 이상 안전거리를 유지해야 한다.

53 고압가스의 인허가 및 검사의 기준이 되는 "처리능력"을 산정함에 있어 기준이 되는 온도 및 압력은?

① 온도 : 섭씨 15도, 게이지압력 : 0파스칼
② 온도 : 섭씨 15도, 게이지압력 : 1파스칼
③ 온도 : 섭씨 0도, 게이지압력 : 0파스칼
④ 온도 : 섭씨 0도, 게이지압력 : 1파스칼

> 처리능력 : 처리설비 또는 감압설비에 의해 압축·액화 그 밖의 방법으로 1일에 처리할 수 있는 가스의 양(온도 0℃, 게이지압력 0Pa의 상태를 기준)

54 방류둑의 성토는 수평에 대하여 몇 [도] 이하의 기울기를 하여야 하는가?

① 15
② 30
③ 45
④ 60

> 성토는 수평에 대하여 45° 이하의 기울기로 하여 쉽게 허물어지지 않도록 충분히 다져 쌓고 성토 윗부분의 폭은 30cm 이상으로 할 것

55 고압가스안전관리법상 "충전용기"라 함은 고압가스의 충전질량 또는 충전압력의 몇 분의 몇 [이상]이 충전되어 있는 상태의 용기를 말하는가?

① $\frac{1}{5}$　　② $\frac{1}{4}$
③ $\frac{1}{2}$　　④ $\frac{3}{4}$

> 충전용기 : 고압가스의 충전질량 또는 충전압력의 2분의 1 이상이 충전되어 있는 상태의 용기

정답 48 ② 49 ③ 50 ② 51 ④ 52 ④ 53 ③ 54 ③ 55 ③

56 고압가스안전관리법 시행규칙에서 정의한 "처리능력"이라 함은 처리설비 또는 감압·설비에 의하여 며칠에 처리할 수 있는 가스의 양을 말하는가?

① 1일
② 7일
③ 10일
④ 30일

> 처리능력 : 처리설비 또는 감압설비에 의해 압축·액화 그 밖의 방법으로 1일에 처리할 수 있는 가스의 양(온도 0℃, 게이지압력 0Pa의 상태를 기준)을 말한다.

57 다음 중 1종 보호시설이 아닌 것은?

① 대지면적이 2,000제곱미터에 신축한 주택
② 국보 제1호인 숭례문
③ 시장에 있는 공중목욕탕
④ 건축연면적이 300제곱미터인 유아원

> 제2종 보호시설 : 주택, 사람을 수용하는 건축물(가설건축물을 제외)로서 사실상 독립된 부분의 연면적이 100m² 이상 1,000m² 미만인 것

58 가연성가스 제조시설의 고압가스설비(저장탱크 및 배관은 제외한다)에는 그 외면으로부터 다른 가연성가스 제조시설의 고압가스설비와 몇 [m] 이상의 거리를 유지하여야 하는가?

① 2   ② 3
③ 5   ④ 10

> 가연성가스 제조시설의 고압가스설비는 그 외면으로부터 다른 가연성가스 제조시설의 고압가스설비와 5m 이상으로 할 것

59 다음 방류둑의 구조에 대한 설명으로 틀린 것은?

① 방류둑의 재료는 철근콘크리트, 철골·철근콘크리트, 흙 또는 이들을 조합하여 만든다.
② 철근콘크리트는 수밀성 콘크리트를 사용한다.
③ 성토는 수평에 대하여 45°이하의 기울기로 하여 다져 쌓는다.
④ 방류둑은 액밀하지 않는 것으로 한다.

> 방류둑은 액밀(液密)한 구조일 것

60 고압가스 일반제조시설에서 아세틸렌가스를 용기에 충전하는 경우에 방호벽을 설치하지 않아도 되는 곳은?

① 압축기의 유분리기와 고압건조기 사이
② 압축기와 아세틸렌가스 충전장소 사이
③ 압축기와 아세틸렌가스 충전용기 보관장소 사이
④ 충전장소와 아세틸렌 충전용주관밸브 조작밸브 사이

> 방호벽 설치
> • 압축기와 그 충전장소 사이
> • 압축기와 그 가스충전용기보관장소 사이
> • 충전장소와 그 가스충전용기보관장소 사이
> • 충전장소와 그 충전용주관밸브 조작밸브 사이

61 독성가스의 제독작업에 필요한 보호구 장착훈련의 주기는?

① 1개월마다 1회 이상
② 2개월마다 1회 이상
③ 3개월마다 1회 이상
④ 6개월마다 1회 이상

> 보호구의 장착훈련 주기 : 3개월마다 1회 이상 실시

62 발연황산시약을 사용한 오르자트법 또는 브롬시약을 사용한 뷰렛법에 의한 시험에서 순도가 98% 이상이고, 질산은 시약을 사용한 정성시험에서 합격한 것을 품질검사기준으로 하는 가스는?

① 시안화수소
② 산화에틸렌
③ 아세틸렌
④ 산소

> • 산소 품질검사 : 동·암모니아시약을 사용한 오르자트법에 의한 시험에서 순도가 99.5% 이상이고 용기안의 가스충전압력이 35℃에서 11.8MPa 이상으로 한다.
> • 아세틸렌 품질검사 : 발연황산시약을 사용한 오르자트법 또는 브롬시약을 사용한 뷰렛법에 의한 시험에서 순도가 98% 이상이고 질산은시약을 사용한 정성시험에서 합격한 것으로 한다.
> • 수소 품질검사 : 피로카롤 또는 하이드로쎌파이드시약을 사용한 오르자트법에 의한 시험에서 순도가 98.5% 이상이고 용기안의 가스충전압력이 35℃에서 11.8MPa 이상으로 한다.

정답 56 ① 57 ① 58 ③ 59 ④ 60 ① 61 ③ 62 ③

63 고압가스안전관리법의 적용을 받는 가스는?

① 철도차량의 에어콘디셔너 안의 고압가스
② 냉동능력 3톤 미만인 냉동설비 안의 고압가스
③ 용접용 아세틸렌가스
④ 액화브롬화메탄제조설비외에 있는 액화브롬화메탄

🔍 고압가스 적용범위에서 제외가스
- 보일러 안과 그 도관 안의 고압증기
- 철도차량의 에어콘디셔너 안의 고압가스
- 선박 안의 고압가스, 항공기 안의 고압가스
- 원자로 및 그 부속설비 안의 고압가스
- 오토크레이브 안의 고압가스(수소·아세틸렌 및 염화비닐은 제외)
- 액화브롬화메탄제조설비 외에 있는 액화브롬화메탄
- 등화용의 아세틸렌가스
- 냉동능력이 3톤 미만인 냉동설비 안의 고압가스
- 내용적 1리터 이하의 소화기용 용기 또는 소화기에 내장되는 용기안에 있는 고압가스

64 고압가스배관을 지하에 매설하는 경우의 설치기준으로 틀린 것은?

① 배관은 건축물과는 1.5m, 지하도로 및 터널과는 10m 이상의 거리를 유지한다.
② 독성가스의 배관은 그 가스가 혼입될 우려가 있는 수도시설과는 300m 이상의 거리를 유지한다.
③ 배관은 그 외면으로부터 지하의 다른 시설물과 0.3m 이상의 거리를 유지한다.
④ 지표면으로부터 배관의 외면까지 매설깊이는 산이나 들에서는 1.2m 이상, 그 밖의 지역에서는 1.0m 이상으로 한다.

🔍 지표면으로부터 배관의 외면까지 매설깊이는 산이나 들에서는 1m 이상, 그 밖의 지역에서는 1.2m 이상으로 한다.

65 도시가스 사업소 내에는 긴급사태 발생 시 필요한 연락을 신속히 할 수 있도록 통신시설을 갖추어야 한다. 이 때 인터폰을 설치하는 경우의 통신범위는 어느 것인가?

① 안전관리자가 상주하는 사업소와 현장 사업소와의 사이
② 사업소내 전체
③ 종업원 상호간
④ 사업소 책임자와 종업원 상호간

🔍 안전관리자가 상주하는 사업소와 현장사업소와의 사이 또는 현장사무소 상호간의 통신설비 : 구내전화, 구내방송설비, 인터폰, 페이징설비

66 고압장치 운전 중 점검사항으로 가장 거리가 먼 것은?

① 가스경보기의 상태
② 진동 및 소음 상태
③ 누출상태
④ 벨트의 이완 상태

🔍 운전 중 점검사항
- 제조설비 등으로부터의 누출
- 계기류의 지시, 경보, 제어의 상태
- 제조설비 등의 온도, 압력, 유량등 조업조건의 변동상황
- 제조설비 등의 외부식, 마모, 균열, 그 밖의 손상유무
- 회전기계의 진동, 이상음, 이상온도상승, 그 밖의 작동상황
- 탑류, 저장탱크류, 배관 등의 진동 및 이상음
- 가스누출 경보장치 및 가스경보기의 상태
- 저장탱크 액면의 지시
- 접지접속선의 단선, 그 밖의 손상유무

67 아세틸렌의 정성시험에 사용하는 시약은?

① 질산은
② 구리암모니아
③ 염산
④ 피로카롤

🔍 아세틸렌 품질검사 : 발연황산시약을 사용한 오르자트법 또는 브롬시약을 사용한 뷰렛법에 의한 시험에서 순도가 98% 이상이고 질산은시약을 사용한 정성시험에서 합격한 것으로 한다.

68 가스설비의 수리시 가연성 가스와 독성가스의 농도기준으로 틀린 것은?

① 수소의 농도를 1%로 유지하였다.
② 아세틸렌의 농도를 1%로 유지하였다.
③ 산소가스의 농도를 18~22% 이하로 유지하였다.
④ 염소가스의 농도를 1ppm으로 유지하였다.

🔍 아세틸렌은 공기 중 폭발하한계가 2.5%이므로 폭발하한계의 1/4 이하로 유지해야 한다. 따라서 아세틸렌 가스설비 수리시 0.625%의 농도로 유지해야 한다.

정답 63 ③ 64 ④ 65 ① 66 ④ 67 ① 68 ②

69 고압가스 판매시설의 용기보관실에 대한 기준으로 맞지 않은 것은?

① 충전용기의 넘어짐 및 충격을 방지하는 조치를 할 것
② 가연성 가스와 산소의 용기 보관실은 각각 구분하여 설치할 것
③ 가연성 가스의 충전용기 보관실 8m 이내에 화기 또는 발화성 물질을 두지 말 것
④ 충전용기는 항상 40℃ 이하를 유지할 것

> 가연성가스 용기보관장소의 주위 2m 이내에는 화기 또는 인화성 물질이나 발화성 물질을 두지 않는다.

70 용기 보관 장소에 대한 설명으로 옳지 않은 것은?

① 외부에서 보기 쉬운 곳에 경계표지를 설치할 것
② 지붕은 쉽게 연소될 수 있는 가연성 재료를 사용할 것
③ 가스가 누출된 때에 체류하지 아니하도록 할 것
④ 독성가스인 경우에는 흡입장치와 연동시켜 중화설비에 이송시키는 설비를 갖출 것

> 가연성가스 및 산소의 충전용기 보관실의 벽은 불연재료를 사용하고 가연성가스의 충전용기보관실의 지붕은 가벼운 불연재료 또는 난연재료를 사용할 것

71 시안화수소 충전시 한 용기에서 60일을 초과할 수 있는 경우는?

① 순도가 90% 이상으로서 착색되었다.
② 순도가 90% 이상으로서 착색되지 아니하였다.
③ 순도가 98% 이상으로서 착색되었다.
④ 순도가 98% 이상으로서 착색되지 아니하였다.

> 시안화수소는 충전 후 60일 경과되기 전에 다른 용기에 옮겨 충전한다. 단, 순도가 98% 이상으로 착색되지 아니한 것은 다른 용기에 옮겨 충전하지 않을 수 있다.

72 압축 또는 액화 그 밖의 방법으로 처리할 수 있는 가스의 용적이 1일 100m³ 이상인 사업소는 표준압력계를 몇 [개] 이상 비치해야 하는가?

① 1 ② 2
③ 3 ④ 4

> 가스의 용적이 1일 100m³ 이상인 사업소에는 압력계를 2개 이상 설치할 것

73 고압가스 특정제조시설에서 지상에 배관을 설치하는 경우 상용압력이 1MPa 이상일 때 공지의 폭은 얼마 이상을 유지하여야 하는가? (단, 전용 공업지역 이외의 경우이다.)

① 5m   ② 9m
③ 15m ④ 20m

> 지상에 가스배관을 설치할 경우 상용압력에 따른 공지의 폭 이상 유지해야 한다.

상용압력	공지의 폭
0.2MPa 미만	5m
0.2MPa 이상 1MPa 미만	9m
1MPa 이상	15m

74 고압가스 저장에 대한 설명 중 옳지 않은 것은?

① 충전용기는 넘어짐 및 충격을 방지하는 조치를 할 것
② 가연성 가스의 저장실은 누출된 가스가 체류하지 아니하도록 할 것
③ 가연성 가스를 저장하는 곳에는 방폭형 휴대용 손전등외의 등화를 휴대하지 아니할 것
④ 충전용기와 잔가스용기는 서로 단단히 결속하여 넘어지지 않도록 할 것

> 충전용기와 잔가스용기는 각각 구분하여 용기보관소에 놓는다.

75 아세틸렌 제조설비에서 충전용 지관은 탄소함유량이 얼마 이하인 강을 사용하여야 하는가?

① 0.1% ② 2.1%
③ 4.3% ④ 6.75

> 아세틸렌의 충전용 지관에는 탄소함유량이 0.1% 이하의 강을 사용할 것

76 고압가스 일반제조시설에서 밸브가 돌출한 충전용기에는 충전한 후 넘어짐 방지조치를 하지 않아도 되는 용량은 내용적 몇 [L] 미만인가?

① 5   ② 10
③ 20 ④ 30

정답 69 ③ 70 ② 71 ④ 72 ② 73 ③ 74 ④ 75 ① 76 ①

🔍 밸브가 돌출한 용기(내용적이 5L 미만인 용기 제외)에는 고압가스를 충전한 후 용기의 넘어짐 및 밸브의 손상을 방지하기 위한 적절한 조치를 한다.

🔍 용기는 항상 40℃ 이하로 유지하고 직사광선을 받지 않도록 한다.

77 액화가스를 충전하는 탱크는 그 내부에 액면요동을 방지하기 위하여 무엇을 설치해야 하는가?

① 방파판　　② 안전밸브
③ 액면계　　④ 긴급차단장치

🔍 방파판 : 탱크내의 액면요동을 방지하기 위하여 설치

78 고압가스용기의 안전점검 기준에 해당되지 않는 것은?

① 용기의 부식, 도색 및 표시 확인
② 용기의 캡이 씌워져 있거나 프로텍터의 부착 여부 확인
③ 재검사 기간의 도래여부를 확인
④ 용기의 누설을 성냥불로 확인

🔍 고압가스용기 중 가연성가스용기일 경우 누설여부를 성냥불로 확인할 경우 가스 누설 시 폭발의 위험성이 있다.

79 다음 중 공기액화분리장치의 주요 구성요소가 아닌 것은?

① 공기압축기　　② 팽창밸브
③ 열교환기　　　④ 수취기

🔍 산소 또는 천연메탄을 수송하기 위한 배관과 이에 접속하는 압축기 사이에 수취기를 설치해야 한다.

80 다음 중 용기보관장소에 충전용기를 보관할 때의 기준으로 틀린 것은?

① 충전용기와 잔가스용기는 각각 구분하여 보관할 것
② 가연성가스, 독성가스 및 산소의 용기는 각각 구분하여 보관할 것
③ 충전용기는 항상 50℃ 이하의 온도를 유지하고 직사광선을 받지 아니하도록 할 것
④ 용기보관 장소의 주위 2m 이내에는 화기 또는 인화성 물질이나 발화성 물질을 두지 아니할 것

81 액화석유가스 저장시설의 액면계 설치기준으로 틀린 것은?

① 액면계는 평형반사식 유리액면계 및 평형투시식 유리액면계를 사용할 수 있다.
② 유리액면계에 사용되는 유리는 KS B 6208(보일러용 수면계유리)중 기호 B 또는 P의 것 또는 이와 동등 이상 이어야 한다.
③ 유리를 사용한 액면계에는 액면의 확인을 명확하게 하기 위하여 덮개 등을 하지 않는다.
④ 액면계 상하에는 수동식 및 자동식 스톱밸브를 각각 설치한다.

🔍 유리를 사용하는 액면계에는 액면을 보호하기 위한 최소면적 이외 부분은 금속제 등의 덮개로 보호할 것

82 특정고압가스사용시설 중 고압가스의 저장량이 몇 [kg] 이상인 용기 보관실의 벽을 방호벽으로 설치하여야 하는가?

① 100
② 200
③ 300
④ 500

🔍 고압가스 저장량이 300kg(압축가스는 1m³를 5kg으로 본다) 이상인 용기보관실의 벽은 방호벽으로 설치한다.

83 고압가스특정제조시설에서 안전구역을 설정하기 위한 연소열량의 계산공식을 옳게 나타낸 것은? (단, Q는 연소열량, W는 저장설비 또는 처리설비에 따라 정한 수치, K는 가스의 종류 및 상용온도에 따라 정한 수치이다.)

① $Q = K + W$　　② $Q = \dfrac{W}{K}$
③ $Q = \dfrac{K}{W}$　　④ $Q = K \times W$

🔍 저장설비 및 처리설비 내 연소열량수치(Q)
$Q = K \times W$
(Q : 연소열량, K : 가스의 종류 및 상용온도에 따라 정한수치, W : 저장설비 및 처리설비에 따라 정한 수치)

정답 77 ①　78 ④　79 ④　80 ③　81 ③　82 ③　83 ④

84 도시가스의 배관의 해저설치시의 기준으로 틀린 것은?

① 배관을 원칙적으로 다른 배관과 교차하지 아니하도록 한다.
② 배관의 입상부는 방호 시설물을 설치한다.
③ 배관은 해저면 위에 설치한다.
④ 배관은 원칙적으로 다른 배관과 30m 이상의 수평거리를 유지한다.

> 배관 해저 및 해상에 설치
> • 배관은 다른 배관과 교차하지 않아야 한다.
> • 배관은 다른 배관과 30m 이상의 수평거리를 유지한다.
> • 배관의 입상부는 방호시설물을 설치한다.

85 산소 또는 천연메탄을 수송하기 위한 배관과 이에 접속하는 압축기와의 사이에 반드시 설치하여야 하는 것은?

① 표시판
② 압력계
③ 수취기
④ 안전밸브

> 산소 또는 천연메탄을 수송하기 위한 배관과 이에 접속하는 압축기 사이에는 수취기를 설치해야 한다.

86 다음 중 같은 저장실에 혼합 저장이 가능한 것은?

① 수소와 염소가스
② 수소와 산소
③ 아세틸렌가스와 산소
④ 수소와 질소

> 가연성가스(수소, 아세틸렌), 산소 및 독성가스(염소) 용기는 각각 구분하여 용기보관실에 놓는다.

87 가연성 물질을 취급하는 설비는 그 외면으로부터 몇 [m] 이내에 온도상승방지 설비를 하여야 하는가?

① 10m
② 15m
③ 20m
④ 30m

> 온도상승방지설비 : 가연성물질을 취급하는 설비의 경우 외면으로부터 20m 이내에 설치

88 배관용밸브 제조자가 안전관리규정에 따라 자체검사를 적정하게 수행하기 위해 갖추어야 하는 계측기기에 해당하는 것은?

① 내전압시험기
② 토크메타
③ 대기압계
④ 표면온도계

> 밸브조작 시 밸브렌치나 토크렌치를 사용하는 경우 재질 및 구조에 안전한 개폐에 필요한 표준토크 조작력으로 조작해야 하므로 토크메타가 필요하다.

89 고압가스 배관에서 상용압력이 0.2MPa 이상 1MPa 미만인 경우 공지의 폭은 얼마로 정해져 있는가?

① 3m 이상
② 5m 이상
③ 9m 이상
④ 15m 이상

> 지상에 가스배관을 설치할 경우 상용압력에 따른 공지의 폭 이상을 유지해야 한다.

상용압력	공지의 폭
0.2MPa 미만	5m
0.2MPa 이상 1MPa 미만	9m
1MPa 이상	15m

90 시안화수소의 충전시 사용되는 안정제가 아닌 것은?

① 암모니아
② 황산
③ 염화칼슘
④ 인산

> 시안화수소는 순도가 98% 이상이고 아황산가스, 황산, 인산, 염화칼슘 등의 안정제를 첨가할 것

91 특정고압가스 사용시설의 시설기준 및 기술기준으로 틀린 것은?

① 저장시설의 주위에는 보기 쉽게 경계표지를 할 것
② 가스설비에는 그 설비의 안전을 확보하기 위하여 습기 등으로 인한 부식방지조치를 할 것
③ 독성가스의 감압설비와 그 가스의 반응설비 간의 배관에는 일류방지장치를 할 것
④ 고압가스의 저장량이 300kg 이상인 용기 보관실의 벽은 방호벽으로 할 것

정답 84 ③ 85 ③ 86 ④ 87 ③ 88 ② 89 ③ 90 ① 91 ③

🔍 독성가스 감압설비와 당해가스의 반응설비간의 배관에는 역류방지밸브를 설치한다.

92 다음 중 고압가스 충전시설 시설기준에서 풍향계를 설치하여야 할 가스는?

① 액화석유가스 ② 압축산소가스
③ 액화질소가스 ④ 암모니아가스

🔍 독성가스제조설비에는 풍향계를 설치하고 풍향계는 식별이 용이한 위치 및 높이에 설치할 것

93 산화에틸렌에 대한 설명으로 틀린 것은?

① 산화에틸렌의 저장탱크에는 그 저장탱크 내용적의 90%를 초과하는 것을 방지하는 과충전방지조치를 한다.
② 산화에틸렌 제조설비에는 그 설비로부터 독성가스가 누출될 경우 그 독성가스로 인한 중독을 방지하기 위하여 제독설비를 설치한다.
③ 산화에틸렌 저장탱크는 45℃에서 그 내부 가스의 압력이 0.4MPa 이상이 되도록 탄산가스를 충전한다.
④ 산화에틸렌을 충전한 용기는 충전 후 24시간 정치하고 용기에 충전 연월일을 명기한 표지를 붙인다.

🔍 산화에틸렌 충전
• 산화에틸렌의 저장탱크는 그 내부의 질소가스, 탄산가스, 산화에틸렌의 분위기가스를 질소가스 또는 탄산가스로 치환하고 5℃ 이하로 유지한다.
• 산화에틸렌 저장탱크 및 충전용기는 45℃에서 그 내부가스의 압력이 0.4MPa 이상이 되도록 질소가스 또는 탄산가스로 충전한다.

94 배관 내의 상용압력이 4MPa인 도시가스배관의 압력이 상승하여 경보장치의 경보가 울리기 시작하는 압력은?

① 4MPa 초과시 ② 4.2MPa 초과시
③ 5MPa 초과시 ④ 5.2MPa 초과시

🔍 운전상태감시장치 : 상용압력이 4MPa 이상인 경우에는 상용압력에 0.2MPa을 더한 압력에서 작동되므로 4MPa + 0.2 = 4.2MPa에서 경보가 울리기 시작한다.

95 내용적이 48m³인 LPG저장탱크에서 부탄 18톤을 충전한다면 저장탱크 내의 액체 부탄의 용적은 상용의 온도에서 저장탱크 내용적의 약 몇 [%]가 되겠는가? (단, 저장탱크 상용온도에 있어서의 액체 부탄의 비중은 0.55로 한다.)

① 58 ② 68
③ 78 ④ 88

🔍 액화가스 저장탱크의 저장량 $W = 0.9dV_2$ 에서
$W = 0.9 \times 0.55 \times 48 = 23.76ton$
부탄을 저장탱크에 90% 충전하므로
$\frac{18ton \times 0.9}{23.76ton} \times 100\% = 68.2\%$

96 액화석유가스 충전시설의 지하에 묻는 저장탱크는 천정, 벽 및 바닥의 철근 콘크리트 두께가 몇 [cm] 이상으로 된 저장탱크실에 설치해야 하는가?

① 20cm ② 30cm
③ 40cm ④ 50cm

🔍 저장탱크는 천정, 벽 및 바닥의 두께가 각각 30cm 이상의 방수조치를 한 콘크리트로 만든 곳에 설치한다.

97 액화가스 충전시설의 정전기 제거조치의 기준으로 옳은 것은?

① 탑류, 저장탱크, 열교환기 등은 단독으로 되어 있도록 한다.
② 벤트스택은 본딩용 접속으로 공동접지 한다.
③ 접지저항의 총합은 200오옴 이하로 한다.
④ 본딩용 접속선의 단면적은 3mm² 이상의 것을 사용한다.

🔍 정전기제거조치
• 탑류, 저장탱크, 열교환기, 회전기계, 벤트스택 등은 단독으로 되어 있어야 한다.
• 본딩용 접속선 및 접지접속선은 단면적 5.5mm² 이상의 것을 사용한다.
• 접지 저항치는 총합 100Ω 이하로 하여야 한다.

정답 92 ④ 93 ④ 94 ② 95 ② 96 ② 97 ①

SECTION 02 도시가스 및 액화석유가스기술기준

STEP 01 도시가스기술기준

1. 용어정리

1) **본관**
   도시가스제조사업소의 부지 경계에서 정압기까지 이르는 배관

2) **공급관**
   ① 공동주택, 오피스텔, 콘도미니엄 그 밖에 안전관리를 위하여 지식경제부장관이 필요하다고 인정하여 정하는 건축물에 도시가스를 공급하는 경우에는 정압기에서 가스사용자가 구분하여 소유하거나 점유하는 건축물의 외벽에 설치하는 계량기의 전단밸브(계량기가 건축물의 내부에 설치된 경우에는 건축물의 외벽)까지 이르는 배관
   ② 공동주택 외의 건축물 등에 도시가스를 공급하는 경우에는 정압기에서 가스사용자가 소유하거나 점유하고 있는 토지의 경계까지 이르는 배관
   ③ 가스도매사업의 경우에는 정압기에서 일반도시가스사업자의 가스공급시설이나 대량수요자의 가스사용시설까지 이르는 배관

3) **사용자공급관**
   공급관 중 가스사용자가 소유하거나 점유하고 있는 토지의 경계에서 가스사용자가 구분하여 소유하거나 점유하는 건축물의 외벽에 설치된 계량기의 전단밸브(계량기가 건축물의 내부에 설치된 경우에는 그 건축물의 외벽)까지 이르는 배관

4) **내관**
   가스사용자가 소유하거나 점유하고 있는 토지의 경계(공동주택으로서 가스사용자가 구분하여 소유하거나 점유하는 건축물의 외벽에 계량기가 설치된 경우에는 그 계량기의 전단밸브, 계량기가 건축물의 내부에 설치된 경우에는 건축물의 외벽)에서 연소기까지 이르는 배관

5) **고압**
   1MPa 이상의 압력(게이지압력)을 말하며 액체상태의 액화가스는 고압으로 본다.

6) **중압**
   0.1MPa 이상 1MPa 미만의 압력을 말하며 액화가스가 기화되고 다른 물질과 혼합되지 아니한 경우에는 0.01MPa 이상 0.2MPa 미만의 압력을 말한다.

7) 저압

0.1MPa 미만의 압력을 말하며 액화가스가 기화되고 다른 물질과 혼합되지 아니한 경우에는 0.01MPa 미만의 압력을 말한다.

2. 안전거리

1) 제조소
   ① 가스혼합기, 가스정제설비, 배송기, 압송기 그 밖에 가스공급시설의 부대설비는 그 외면으로부터 사업장의 경계까지의 거리를 3m 이상 유지할 것 단, 최고사용압력이 고압인 것은 그 외면으로부터 사업장의 경계까지의 거리를 20m 이상, 제1종 보호시설까지의 거리를 30m 이상으로 할 것
   ② 가스발생기와 가스홀더는 그 외면으로부터 사업장의 경계까지 최고사용압력이 고압인 것은 20m 이상, 최고사용압력이 중압인 것은 10m 이상, 최고사용압력이 저압인 것은 5m 이상의 거리를 각각 유지할 것
   ③ 2개 이상의 제조소가 인접하여 있는 경우의 가스공급시설은 그 외면으로부터 다른 제조소의 경계까지 20m 이상의 거리를 유지할 것

2) 저장설비
   ① 액화석유가스의 저장설비와 처리설비는 그 외면으로부터 보호시설까지 30m 이상의 거리를 유지할 것
   ② 제조소 및 공급소에 설치하는 도시가스가 통하는 가스공급시설은 그 외면으로부터 화기를 취급하는 장소까지 8m 이상의 우회거리를 유지할 것
   ③ 액화천연가스의 저장설비와 처리설비(1일 처리능력이 52,500m³ 이하인 펌프, 압축기, 응축기, 기화장치는 제외)는 그 외면으로부터 사업소경계까지 다음 계산식에 따라 얻은 거리(그 거리가 50m 미만의 경우에는 50m) 이상을 유지할 것

$$L = C \times \sqrt[3]{143,000W} \ (m)$$

(L(m) : 유지하여야 하는 거리, C : 저압 지하식 저장탱크(0.24), 그 밖의 가스저장설비와 처리설비(0.576), W(ton) : 저장탱크는 저장능력의 제곱근, 그 밖의 것은 그 시설 안의 액화천연가스의 질량)

   ④ 고압의 가스공급시설은 안전구획 안에 설치하고 그 안전구역의 면적은 20,000m² 미만일 것
   ⑤ 안전구역 안의 고압인 가스공급시설은 그 외면으로부터 다른 안전구역 안에 있는 고압인 가스공급시설의 외면까지 30m 이상의 거리를 유지할 것
   ⑥ 액화천연가스의 저장탱크는 그 외면으로부터 처리능력이 200,000m³ 이상인 압축기까지 30m 이상의 거리를 유지할 것

 수봉기
최고사용압력이 저압인 가스정제 설비에는 압력의 이상상승 방지를 위해 설치한다.

3. 배관 및 부대설비설치기준

1) 배관표시
① 배관 외부에 사용가스명, 최고사용압력, 도시가스의 흐름방향 등을 표시할 것
② 도시가스배관의 표면색상은 지상배관은 황색으로 하고 지상배관 중 건축물의 내외벽에 노출된 것으로서 바닥(2층 이상 건물의 경우에는 각 층의 바닥)으로부터 1m의 높이에 폭 3cm의 황색띠를 2중으로 표시한 경우에는 표면색상을 황색으로 하지 않을 수 있다.
③ 매설배관은 최고사용압력이 저압인 배관은 황색, 중압인 배관은 적색으로 할 것

2) 매설배관설치
① 배관을 지하에 매설하는 경우에는 지표면으로부터 배관의 외면까지 매설깊이는 산이나 들에서는 1m 이상, 그 밖의 지역에서는 1.2m 이상으로 할 것
② 배관의 외면으로부터 도로의 경계까지 수평거리 1m 이상, 도로 밑의 다른시설물과는 0.3m 이상으로 할 것
③ 배관을 시가지의 도로 노면 밑에 매설하는 경우에는 노면으로부터 배관의 외면까지 1.5m 이상, 방호구조물 안에 설치하는 경우에는 노면으로부터 그 방호구조물의 외면까지 1.2m 이상으로 할 것
④ 배관을 시가지 외의 도로 노면 밑에 매설하는 경우에는 노면으로부터 배관의 외면까지 1.2m 이상으로 할 것
   ㉮ 폭 8m 이상의 도로에서는 1.2m 이상으로 할 것
   ㉯ 폭 4m 이상 8m 미만인 도로에서는 1m 이상으로 할 것
⑤ 배관을 포장되어 있는 차도에 매설하는 경우에는 그 포장부분의 노반의 밑에 매설하고 배관의 외면과 노반의 최하부와의 거리는 0.5m 이상으로 할 것
⑥ 배관을 인도, 보도 등 노면 외의 도로 밑에 매설하는 경우에는 지표면으로부터 배관의 외면까지 1.2m 이상, 방호구조물 안에 설치하는 경우에는 그 방호구조물의 외면까지 0.6m(시가지의 노면 외의 도로 밑에 매설하는 경우에는 0.9m) 이상으로 할 것
⑦ 배관을 철도부지에 매설하는 경우에는 배관의 외면으로부터 궤도 중심까지 4m 이상, 그 철도부지 경계까지는 1m 이상의 거리를 유지하고 지표면으로부터 배관의 외면까지의 깊이를 1.2m 이상으로 할 것
⑧ 하천구역을 횡단하여 매설하는 경우 배관의 외면과 계획하상높이와의 거리는 원칙적으로 4m 이상, 소하천·수로를 횡단하여 배관을 매설하는 경우에는 배관의 외면과 계획하상높이와의 거리는 원칙적으로 2.5m 이상, 그 밖의 좁은 수로를 횡단하여 배관을 매설하는 경우에는 배관의 외면과 계획하상높이와의 거리는 원칙적으로 1.2m 이상으로 할 것
⑨ 배관의 외면과 하천 바닥면의 경암 상부와 1.2m 이상으로 할 것
⑩ 공동주택 등의 부지 안에서는 0.6m 이상으로 할 것

3) 배관시공
① 건물내의 배관은 외부에 노출시켜 시공하며 동관이나 스테인리스관 등 이음매 없는 관은 매몰하여 설치할 수 있다.
② 배관접합은 용접을 원칙으로 하며 용접이 곤란한 경우는 기계적 접합 또는 나사접합으로 할 수 있다.

③ 배관하단에서 배관상단 30cm까지 모래 또는 침상재료로 포설할 것
④ 도로가 평탄할 경우 1/500~1/1000 정도로 배관의 기울기를 줄 것
⑤ 호스의 길이는 연소기까지 3m 이내로 하고 호스는 "T"형으로 연결하지 아니할 것
⑥ 중압 이하의 배관과 고압배관을 매설하는 경우 서로간의 거리를 2m 이상으로 할 것
⑦ 노출배관의 길이가 15m를 넘는 경우 점검자가 통행이 가능하도록 점검통로를 설치할 것
⑧ 배관은 그 외면으로부터 건축물까지 1.5m의 수평거리를 유지하고 지하의 다른 시설물과 0.3m 이상의 거리를 유지한다.

4) 부대설비
① 보호판
㉮ 배관의 정상부에서 30cm 높이에 설치하고 보호판의 두께는 중압일 경우 4mm, 고압일 경우 6mm로 할 것
㉯ 보호판은 직경 30mm 이상 50mm 이하의 구멍을 3m 이하의 간격으로 뚫어 누출된 가스가 지면으로 확산되도록 할 것
② 보호포
㉮ 보호포는 폴리에틸렌수지, 폴리프로필렌수지 등 잘 끊어지지 않는 재질로 직조한 것으로서 두께는 0.2mm 이상으로 할 것
㉯ 보호포의 폭은 15cm~35cm로 할 것
㉰ 보호포의 바탕색은 저압배관의 경우 황색, 중압 이상인 배관의 경우 적색으로 하고 가스명, 사용압력, 공급자명을 표기할 것
㉱ 보호포는 호칭지름에 10cm를 더한 폭으로 설치할 것
㉲ 보호포는 저압인 배관의 경우에는 배관의 정상부로부터 60cm 이상, 중압이상인 경우의 배관에는 보호판의 상부로부터 30cm 떨어진 곳에 설치할 것
③ 라인마크 : 배관을 매설하는 경우 배관길이 50m 마다 설치할 것
④ 표지판
㉮ 표지판은 배관을 따라 500m 간격으로 설치할 것
㉯ 표지판의 가로치수는 200mm, 세로치수는 150mm 이상의 직사각형으로 하고 황색바탕에 검정색 글씨로 표기할 것
⑤ 노출배관 방호 : 굴착으로 주위가 노출된 도시가스 배관(관경이 100mm 미만인 저압배관은 제외)으로서 노출된 부분의 길이가 100m 이상인 것은 위급시 신속히 차단할 수 있도록 노출부분 양 끝으로부터 300m 이내에 차단장치를 설치하거나 500m 이내에 원격조작이 가능한 차단장치를 설치할 것

4. 가스계량기 설치기준
① 가스계량기는 수시로 환기가 가능한 곳에 설치하되 직사광선 또는 빗물을 받을 우려가 있는 곳에 설치하는 경우 격납상자 안에 설치할 것
② 가스계량기(30m³/h 미만)및 입상관 밸브의 설치높이는 바닥으로부터 1.6m 이상 2m 이내의 높이에 수직, 수평으로 설치하고 밴드나 보호가대로 고정할 것

③ 가스계량기와 전기계량기 및 전기개폐기와의 거리는 60cm 이상, 굴뚝, 전기점멸기 및 전기접속기와의 거리는 30cm 이상, 절연조치를 하지 않은 전선과의 거리는 15cm 이상의 거리를 유지할 것
④ 가스계량기와 화기사이에 유지하여야 하는 우회거리는 2m 이상으로 할 것

5. 내압시험 및 기밀시험

1) 기밀시험

가스사용시설은 최고사용압력의 1.1배 또는 8.4kPa 중 높은 압력이상에서 기밀을 유지할 것

① 압력기구별 기밀유지시간

압력측정기구	최고사용압력	용적	기밀유지시간
수은주 게이지	0.3MPa 미만	1m³ 미만	2분
		1m³ 이상 10m³ 미만	10분
		10m³ 이상 300m² 미만	V(m³)분(120분을 초과할 경우 120분)
수주 게이지	저압	1m³ 미만	1분
		1m³ 이상 10m³ 미만	5분
		10m³ 이상 300m² 미만	0.5×V(m³)분(60분을 초과할 경우 60분)
전기식 다이어프램형 압력계	저압	1m³ 미만	4분
		1m³ 이상 10m³ 미만	40분
		10m³ 이상 300m² 미만	4×V(m³)분(240분을 초과할 경우 240분)
압력계 또는 자기압력 기록계	저압 중압	1m³ 미만	24분
		1m³ 이상 10m³ 미만	240분
		10m³ 이상 300m² 미만	24×V(m³)분(1440분을 초과할 경우 1440분)
	고압	1m³ 미만	48분
		1m³ 이상 10m³ 미만	480분
		10m³ 이상 300m² 미만	48×V(m³)분(2880분을 초과할 경우 2880분)

② 내용적에 따른 기밀시간유지

내용적	시험 압력유지시간
10L 이하	5분
10L 초과 50L 이하	10분
50L 초과	24분

2) 내압시험

최고사용압력이 중압 이상인 배관은 최고사용압력의 1.5배 이상의 압력에서 내압성능을 가질 것

6. 환기설비

1) 자연환기설비
   ① 환기구의 위치는 공기보다 무거운 가스는 바닥면에 접하도록 하고 공기보다 가벼운 가스는 천정 또는 벽면 상부에서 30cm 이내에 설치할 것
   ② 외기에 면하여 설치하는 환기구의 통풍가능 면적 합계는 바닥면적 1m²당 300cm²의 비율로 계산한 면적(1개의 환기구 면적은 2,400cm² 이하) 이상으로 할 것

2) 기계환기설비
   ① 통풍능력이 바닥면적 1m²마다 0.5m²/분 이상으로 할 것
   ② 배기가스 방출구는 지면에서 5m 이상의 높이에 설치할 것 단, 공기보다 비중이 가벼운 배기가스로서 배기가스 방출구를 3m 이상의 높이에 설치한 경우 그러지 아니할 수 있다.

3) 공기보다 비중이 가벼운 도시가스 사용시설로서 지하에 설치된 경우
   ① 통풍구조는 환기구를 2방향 이상 분산하여 설치할 것
   ② 배기구는 천정면으로부터 30cm 이내에 설치할 것
   ③ 흡입구 및 배기구의 관경은 100mm 이상으로 할 것
   ④ 배기가스 방출구는 지면에서 3m 이상의 높이에 설치할 것

STEP 02 액화석유가스기술기준

1. 용어정리

1) 패널
   액화석유가스의 냄새측정을 위하여 미리 선정한 정상적인 후각을 가진 사람으로서 냄새를 판정하는 자를 말한다.

2) 시험자
   액화석유가스의 냄새 농도측정을 할 때 희석조작으로 냄새농도를 측정하는 자를 말한다.

3) 시험가스
   냄새를 측정할 수 있도록 액화석유가스를 기화시킨 가스를 말한다.

4) 시료기체
   액화석유가스의 냄새측정을 위하여 시험가스를 청정한 공기로 희석한 판정용 기체를 말한다.

5) 희석배수
   액화석유가스의 냄새측정을 위하여 시료기체의 양을 시험가스의 양으로 나눈 값을 말하며 500배, 1000배, 2000배, 4000배의 4가지 이상으로 한다.

6) 소형저장탱크
   액화석유가스를 저장하기 위하여 지상 또는 지하에 고정 설치된 탱크로서 그 저장능력이 3톤 미만인 탱크를 말한다.

7) 용기집합설비

2개 이상의 용기를 집합하여 액화석유가스를 저장하기 위한 설비로서 용기, 용기집합장치, 자동절체기와 이를 접속하는 관 및 그 부속설비를 말한다.

2. 액화석유가스 저장소 기술기준

1) 안전거리

① 저장설비(소형저장탱크는 제외)는 그 외면으로부터 보호시설까지 안전거리를 유지할 것

저장능력	제1종 보호시설	제2종 보호시설
10톤 이하	17m	12m
10톤 초과 20톤 이하	21m	14m
20톤 초과 30톤 이하	24m	16m
30톤 초과 40톤 이하	27m	18m
40톤 초과	30m	20m

② 저장설비와 가스설비는 그 외면으로부터 화기를 취급하는 장소까지 8m 이상의 우회거리를 유지할 것

③ 누출된 가연성가스가 화가를 취급하는 장소로 유동하는 것을 방지하기 위한 시설은 높이 2m 이상의 내화성 벽으로 할 것

2) 저장설비

① 냉각살수장치 : 저장탱크, 자동차에 고정된 탱크의 이입 및 충전장소에는 외면으로부터 5m 이상 떨어진 위치에서 조작할 수 있을 것

② 과압안전장치

㉮ 스프링식 안전밸브의 작동압력 : 액화가스의 설비내의 내용적이 98%까지 팽창하게 되는 온도에 대응하는 압력에서 작동할 것

㉯ 안전밸브 설정압력 : 프로판용 및 부탄용 가스설비는 1.8MPa, 부탄용 저장설비는 1.08MPa로 할 것

㉰ 가스방출관 설치 : 지면에서 5m 이상 또는 저장탱크의 정상부로부터 2m 이상의 높이 중 더 높은 위치

③ 가스누출경보기

㉮ 검지부의 설치높이 : 바닥면으로부터 검지부 상단까지의 높이가 30cm 이내인 범위에서 가능한 바닥에 가까운 곳

㉯ 설치개수 : 검지부가 건축물 안에 설치된 경우 바닥면 둘레 10m에 대하여 1개 이상의 비율로 설치하고 검지부가 지하에 설치된 전용 저장탱크실 및 건축물 밖에 설치된 경우 바닥면 둘레 20m에 대하여 1개 이상의 비율로 설치할 것

④ 긴급차단장치 : 저장탱크로부터 5m 이상 떨어진 곳에 1개 이상 설치할 것

㉮ 자동차에 고정된 탱크 이입 및 충전장소 주변

㉔ 액화석유가스의 대량 유출에 대하여 안전이 확보되고 조작이 용이한 곳

3) 소형저장탱크의 설치기준

① 소형저장탱크의 가스충전구와 토지경계선 및 건축물개구부 사이의 거리, 소형저장탱크와 다른 소형저장탱크 사이의 거리는 안전거리를 유지할 것

소형저장탱크의 충전질량	가스충전구로부터 토지경계선에 대한 수평거리	탱크간 거리	가스충전구로부터 건축물개구부에 대한 거리
1,000kg 미만	0.5m 이상	0.3m 이상	0.5m 이상
1,000kg 이상 2,000kg 미만	3.0m 이상	0.5m 이상	3.0m 이상
2,000kg 이상	5.5m 이상	0.5m 이상	3.5m 이상

② 화기와의 거리

저장능력	화기와의 거리
1톤 미만	2m
1톤 이상 3톤 미만	5m

③ 소형 저장탱크는 옥외에 지상설치식으로 설치한다.
④ 소형저장탱크의 수는 6기 이하로 하고 충전질량의 합계는 5,000kg 미만이 되도록 설치한다.
⑤ 전용탱크실은 단층으로 3면 이상(벽둘레의 75% 이상)의 불연성 벽으로 된 구조로 하고 지붕은 설치하지 않는다.
⑥ 전용탱크실은 바닥면에 접하고 외기에 면한 구조의 환기구를 $1m^2$마다 $300cm^2$의 비율로 2방향 이상 분산하여 설치한다.
⑦ 소형저장탱크 상부에는 소형저장탱크 외면으로부터 5m 이상 떨어진 위치에서 조작할 수 있는 살수장치를 설치한다.
⑧ 소형저장탱크는 기초가 지면보다 5cm 이상 높게 설치된 콘크리트 등에 설치한다.
⑨ 12cm 이상의 철근콘크리트 또는 100A 이상의 강관제 보호대를 100cm 높이(차량의 범퍼높이 이상)에 설치한다.
⑩ 배관은 온도상승을 방지하기 위하여 차광조치 및 배관 외면에 은백색 도장을 하고 폭 3cm의 노란색 띠를 2중으로 표시한다.
⑪ 소형저장탱크는 착화원이 없는 지면에서 2.5m 이상 또는 저장탱크의 정상부로부터 1m 이상의 높이 중 더 높은 위치에 가스방출구를 설치한다.
⑫ 경계표지는 출입구 잘 보이는 장소에 "액화석유가스" 또는 "LPG"라고 적색으로 표시하고 소형저장탱크 주위에는 "화기엄금" 및 "출입금지"의 경계표지를 한다.

3. 액화석유가스 충전소 기술기준

1) 사업소경계까지의 거리

저장능력	사업소경계와의 거리
10톤 이하	24m
10톤 초과 20톤 이하	27m
20톤 초과 30톤 이하	30m
30톤 초과 40톤 이하	33m
40톤 초과 200톤 이하	36m
200톤 초과	39m

① 액화석유가스 충전설비는 외면으로부터 사업소경계까지 24m 이상 유지할 것
② 자동차에 고정된 탱크 이입 및 충전장소에는 정차위치를 지면에 표시하고 중심으로부터 사업소경계까지 24m 이상을 유지할 것
③ 사업소의 부지는 그 한 면이 폭 8m 이상의 도로에 접할 것

2) 액화석유가스 특정사용자 또는 주거용으로 액화석유가스를 직접 공급하는 경우

① 자동차에 고정된 탱크로부터 액화석유가스를 저장탱크 또는 소형저장탱크에 송출 또는 이입하려면 "가스충전 중"의 표시를 하고 자동차가 고정되도록 그 자동차에 자동차 정지목 등을 설치할 것
② 저장탱크에 가스를 충전하려면 정전기를 제거한 후 저장탱크의 내용적의 90%(소형저장탱크의 경우는 85%)를 넘지 아니하도록 충전할 것
③ 저장설비 또는 가스설비에는 방폭형 휴대용전등 외의 등화를 지니고 들어가지 아니할 것

3) 충전설비설치기준

① 로딩암설치
　㉮ 충전시설에는 자동차에 고정된 저장탱크에는 가스를 이입할 수 있도록 건축물 내부에 로딩암을 설치할 것
　㉯ 건축물 내부에 설치할 경우 환기구를 2방향 이상 설치하고 환기구의 면적은 바닥면적의 6% 이상으로 할 것
② 충전호스설치
　㉮ 충전호스의 길이는 5m 이내로 할 것
　㉯ 충전호스에 과도한 인장력이 가해졌을 때 충전기와 가스주입기가 분리될 수 있는 안전장치를 설치할 것
　㉰ 충전호스에 부착하는 가스주입기는 원터치형으로 할 것
③ 배관설비
　㉮ 배관접합은 원칙적으로 가스누출을 방지하기 위하여 용접시공을 원칙으로 할 것
　㉯ 지하매설배관과 호칭지름이 50A를 초과하는 노출배관의 접합부는 맞대기용접으로 할 것
　㉰ 신축을 흡수하기 위하여 분기관에 90°엘보 1개 이상의 굴곡부를 설치하고 분기관이 외벽, 창문을 관통하는 부분에 사용하는 보호관의 내경은 분기관 내경의 1.2배 이상으로 할 것
　㉱ 건축물에 노출하여 설치하는 배관의 분기관 길이는 50cm 이상으로 할 것

㉲ 11층 이상 20층 이상의 건축물 배관에는 1개소 이상의 곡관을 설치하고 20층 이상인 건축물의 배관에는 2개소 이상의 곡관을 설치할 것

4) 충전장소 경계표지

① 자동차에 고정된 탱크 인입 및 충전장소

```
┌─────────────────────┐
│  LPG이 · 충전작업 중  │
│                     │
│     절 대 금 연      │
└─────────────────────┘
```

㉮ 규격 : 60×45cm 이상
㉯ 색상 : 바탕은 흰색, LPG이 · 충전작업 중은 흑색, 절대금연은 적색
㉰ 수량 : 2개소 이상
㉱ 게시위치 : 자동차에 고정된 탱크의 전후

② 자동차용기 충전장소

```
┌─────────────────────┐
│   충 전 중 엔 진 정 지   │
└─────────────────────┘
```

㉮ 규격 : 30×80cm 이상
㉯ 색상 : 바탕은 황색, 충전중엔진정지의 글자는 흑색
㉰ 수량 : 충전기 수량 이상
㉱ 게시위치 : 충전기 부근(운전자가 보기 쉬운 곳)

③ 용기보관소 : "연"자는 적색으로 표시

```
┌─────────────────────┐
│   L P G 용 기 보 관 소 ⓔ   │
└─────────────────────┘
```

3. 액화석유가스 사용시설 기술기준

1) 가스사용시설

① 사용시설의 저장설비를 용기로 하는 경우 그 저장설비의 저장능력은 500kg 이하로 할 것
② 호스(금속플렉시블호스 제외)의 길이는 연소기까지 3m 이내로 하고 "T"형으로 연결하지 않을 것
③ 압력조정기출구에서 연소기입구까지 호스는 8.4kPa 이상의 압력(압력이 3.3kPa 이상 30kPa 이내인 것은 35kPa 이상의 압력)으로 기밀시험을 할 것
④ 저장능력이 250kg 이상(자동절체기를 사용하여 용기를 집합한 경우에는 저장능력 500kg 이상)인 경우에는 용기에서 압력조정기 입구까지의 배관에 이상압력 상승시 압력을 방출할 수 있는 안전장치를 설치할 것
⑤ 용기집합설비
㉮ 저장능력이 100kg을 초과할 경우 용기의 보호와 용기를 사용하는 시설의 안전 확보를 위하여 용기집합설비를 설치하고 용기는 옥외에 설치된 용기보관실 안에 설치할 것
㉯ 저장능력이 100kg 이하일 경우 용기, 용기밸브 및 압력조정기를 직사광선, 눈 또는 빗물에 노출되지 않도록 할 것

⑥ 압력조정기의 입·출구압력, 조정압력 및 최대유량은 연소기의 사용압력 및 가스소비량에 충분한 것으로 할 것

2) 배관설비
① 건축물 안의 배관은 노출하여 시공할 것
② 건축물의 벽을 관통하는 부분의 배관에는 보호관 및 부식방지 피복을 할 것
③ 배관의 호칭지름이 13mm 미만의 것은 1m마다, 13mm 이상 33mm 미만의 것은 2m마다, 33mm 이상의 것은 3m 마다 고정조치를 할 것
④ 배관의 관경별 지지간격

호칭지름(A)	지지간격(m)
100	8
150	10
200	12
300	16
400	19
500	22
600	25

⑤ 배관이음부와 절연조치를 한 전선과의 거리는 10cm 이상을 유지할 것

3) 금속플렉시블호스
① 호스는 튜브 양단에 관용테이퍼나사를 가지는 이음쇠와 호스엔드를 접속할 수 있는 이음쇠를 플레어이음 또는 경납땜으로 부착한 구조로 할 것
② 연소기용 호스의 최대길이는 3m 이내로 하고 허용오차는 +3~-2% 이내로 할 것
③ 배관용 호스의 최대길이는 50m로 하고 허용오차는 +3~-2% 이내로 할 것

제02절_ 도시가스 및 액화석유가스기술기준
출제예상문제

01 일반 도시가스사업 가스 공급시설의 입상관 밸브는 분리가 가능한 것으로서 바닥으로부터 몇 [m] 이내에 설치해야 하는가?

① 0.5 ~ 1m
② 1.2 ~ 1.5m
③ 1.6 ~ 2.0m
④ 2.5 ~ 3.0m

🔍 입상관 밸브는 분리가 가능한 것으로 바닥으로부터 1.6m~2m 이내에 설치한다.

02 일반도시가스 사업자 정압기의 가스방출관 방출구는 지면으로부터 몇 [m] 이상의 높이에 설치하여야 하는가? (단, 전기시설물과의 접촉 등으로 사고의 우려가 없는 장소임)

① 1
② 2
③ 3
④ 5

🔍 가스방출관은 5m 이상의 높이에 설치한다.

03 도시가스의 가스발생설비, 가스정제설비, 가스홀더 등이 설치된 장소 주위에는 철책 또는 철망 등의 경계책을 설치하여야 하는데 그 높이는 몇 [m] 이상으로 하여야 하는가?

① 1m 이상
② 1.5m 이상
③ 2.0m 이상
④ 3.0m 이상

🔍 경계책의 높이는 1.5m 이상으로 할 것

04 도시가스배관의 압력이 중압 배관일 경우 보호판의 두께(mm)는?

① 3
② 4
③ 5
④ 6

🔍 보호판은 배관의 정상부에서 30cm 높이에 설치하고 보호판의 두께는 중압일 경우 4mm, 고압일 경우 6mm로 할 것

05 도시가스 배관의 보호판은 배관의 정상부에서 몇 [cm] 이상 높이에 설치하는가?

① 20cm
② 30cm
③ 40cm
④ 60cm

🔍 보호판은 배관의 정상부에서 30cm 높이에 설치하고 보호판의 두께는 중압일 경우 4mm, 고압일 경우 6mm로 할 것

06 도시가스 배관 이음부와 굴뚝, 전기점멸기, 전기접속기와는 몇 [cm] 이상의 거리를 유지해야 하는가?

① 10cm
② 30cm
③ 40cm
④ 60cm

🔍 유지거리
• 전기계량기 및 전기개폐기와의 거리는 60cm 이상
• 굴뚝, 전기점멸기 및 전기접속기와의 거리는 30cm 이상
• 절연조치를 하지 않은 전선과의 거리는 15cm 이상

07 일반도시가스사업의 공급시설 중 최고사용압력이 저압인 가스 정제 설비에서 압력의 이상 상승을 방지하기 위해 설치하는 것은?

① 일류방지장치
② 역류방지장치
③ 고압차단스위치
④ 수봉기

🔍 수봉기 : 최고사용압력이 저압인 가스정제 설비에는 압력의 이상상승 방지를 위해 설치

08 도시가스배관을 도로에 매설하는 경우 보호포는 중압이상의 배관의 경우에 보호판의 상부로부터 몇 [cm] 이상 떨어진 곳에 설치하는가?

① 20cm
② 30cm
③ 40cm
④ 60cm

🔍 보호포는 저압인 배관의 경우에는 배관의 정상부로부터 60cm 이상, 중압이상인 경우의 배관에는 보호판의 상부로부터 30cm 떨어진 곳에 설치할 것

정답 01 ③ 02 ④ 03 ② 04 ② 05 ② 06 ② 07 ④ 08 ②

09 도로에 도시가스배관을 매설하는 경우에 라인마크는 구부러진 지점 및 그 주위 몇 [m] 이내에 설치하는가?

① 15m ② 30m
③ 50m ④ 100m

> 라인마크 : 배관을 매설하는 경우 배관길이 50m 마다 설치할 것

10 노출된 배관(매달림배관)의 점검 통로는 노출된 배관의 길이가 몇 [m]를 넘는 경우에 설치해야 하는가?

① 5m ② 10m
③ 15m ④ 20m

> 노출배관의 길이가 15m를 넘는 경우 점검자가 통행이 가능하도록 점검통로를 설치할 것

11 공기보다 비중이 가벼운 도시가스의 공급 시설로서 공급시설이 지하에 설치된 경우 통풍구조는 흡입구 및 배기구의 관경을 몇 [mm] 이상으로 하는가?

① 50mm ② 75mm
③ 100mm ④ 150mm

> 공기보다 비중이 가벼운 도시가스 사용시설로서 지하에 설치된 경우
> • 통풍구조는 환기구를 2방향 이상 분산하여 설치할 것
> • 배기구는 천정면으로부터 30cm 이내에 설치할 것
> • 흡입구 및 배기구의 관경은 100mm 이상으로 할 것

12 굴착으로 주위가 노출된 일반 도시가스 사업자 도시가스 배관(관경이 100mm미만인 저압배관은 제외)으로서 노출된 부분의 길이가 100m 이상인 것은 위급시 신속히 차단할 수 있도록 노출부분 양 끝으로부터 몇 [m] 이내에 차단장치를 설치해야 하는가?

① 200m ② 300m
③ 350m ④ 500m

> 노출배관 방호
> • 차단장치 : 300m 이내
> • 원격조작차단장치 : 500m 이내

13 가스 도매사업의 가스공급시설 중 배관의 운전상태 감시장치가 경보를 울려야 되는 경우가 아닌 것은?

① 긴급 차단밸브 폐쇄시
② 배관내 압력이 상용압력의 1.05배초과시
③ 배관내 압력이 정상 운전 압력보다 10% 이상 강하시
④ 긴급차단밸브 회로가 고장시

> 운전상태감시장치는 배관 안의 압력이 정상운전의 압력보다 15% 이상 강하한 때 경보가 울린다.

14 일반 도시 가스 공급시설에서 도로가 평탄할 경우 배관의 기울기는?

① 1/50 ~ 1/100 ② 1/150 ~ 1/300
③ 1/500 ~ 1/1,000 ④ 1/1,500 ~ 1/2,000

> 배관시공시 도로가 평탄할 경우 1/500 ~ 1/1,000 정도로 배관의 기울기를 줄 것

15 일반 도시가스사업의 가스 공급시설 중 수봉기를 설치하여야 하는 설비는?

① 최고사용압력이 고압인 차단장치
② 최고사용압력이 저압인 가스발생설비
③ 최고사용압력이 저압인 가스정제설비
④ 최고사용압력이 고압인 경보설비

> 수봉기 : 최고사용압력이 저압인 가스정제설비에는 압력의 이상상승 방지를 위해 설치

16 가스 도매사업의 가스 공급시설 중 배관을 지하에 매설할 때의 기준으로 틀린 것은?

① 배관은 그 외면으로부터 수평거리로 건축물까지 1.0m 이상으로 할 것
② 배관은 그 외면으로부터 지하의 다른 시설물과 0.3m 이상으로 할 것
③ 배관을 산과 들에 매설할 때는 지표면으로부터 배관의 외면까지의 매설깊이를 1m 이상으로 할 것
④ 굴착 및 되메우기는 안전확보를 위하여 적절한 방법으로 실시할 것

정답 09 ③ 10 ③ 11 ③ 12 ② 13 ③ 14 ③ 15 ③ 16 ①

🔍 배관은 그 외면으로부터 건축물까지 1.5m의 수평거리를 유지하고 지하의 다른 시설물과 0.3m 이상의 거리를 유지한다.

17 도시가스 사용시설 중 호스의 길이는 연소기까지 몇 [m] 이내로 하여야 하는가?

① 1   ② 2
③ 3   ④ 4

🔍 호스의 길이는 연소기까지 3m 이내로 하고 호스는 "T"형으로 연결하지 아니할 것

18 고압인 도시가스 공급시설은 통로, 공지 등으로 구획된 안전구역 안에 설치하되 그 안전구역 면적은 몇 [m²] 미만이어야 하는가?

① 10,000
② 20,000
③ 30,000
④ 40,000

🔍 고압의 가스공급시설은 안전구획 안에 설치하고 그 안전구역의 면적은 20,000m² 미만일 것

19 가스계량기와 화기(그 시설안에서 사용하는 자체 화기는 제외)와의 우회거리는 몇 [m] 이상 유지하여야 하는가?

① 1   ② 2
③ 3   ④ 4

🔍 가스계량기와 화기사이에 유지하여 하는 우회거리는 2m 이상으로 할 것

20 도시가스 배관의 지하매설시 사용하는 침상재료(Bedding)는 배관 하단에서 배관 상단 몇 [cm] 까지 포설하는가?

① 10
② 20
③ 30
④ 50

🔍 배관하단에서 배관상단 30cm까지 모래 또는 침상재료로 포설할 것

21 다음 중 도시가스 매설배관 보호용 보호포에 표시하지 않아도 되는 사항은?

① 가스명   ② 사용압력
③ 공급자명   ④ 배관매설 년도

🔍 보호포의 바탕색은 저압배관의 경우 황색, 중압 이상인 배관의 경우 적색으로 하고 가스명, 사용압력, 공급자명을 표기할 것

22 도시가스 사용시설은 최고사용압력의 1.1배 또는 얼마의 압력 중 높은 압력으로 실시하는 기밀시험에 이상이 없어야 하는가?

① 5.4kPa   ② 6.4kPa
③ 7.4kPa   ④ 8.4kPa

🔍 가스사용시설은 최고사용압력의 1.1배 또는 8.4kPa 중 높은 압력이상에서 기밀을 유지할 것

23 가스사용자가 소유하거나 점유하고 있는 토지의 경계에서 가스사용자가 구분하여 소유하거나 점유하는 건축물의 외벽에 설치된 계량기의 전단밸브까지에 이르는 배관을 무엇이라 하는가?

① 본관
② 저압관
③ 사용자 공급관
④ 내관

🔍 • 본관 : 도시가스제조사업소의 부지 경계에서 정압기까지 이르는 배관
• 내관 : 가스사용자가 소유하거나 점유하고 있는 토지의 경계에서 연소기까지 이르는 배관

24 액화 천연가스 저장설비의 안전거리 산정식으로 옳은 것은? (단, L : 유지거리, C : 상수, W : 저장능력 제곱근 또는 질량이다.)

① $L = C\sqrt[3]{143,000W}$
② $L = W\sqrt{143,000C}$
③ $L = C\sqrt{143,000W}$
④ $W = L\sqrt[3]{143,000C}$

🔍 안전거리(L)
$L = C \times \sqrt[3]{143,000W}\ (m)$

정답 17 ③ 18 ② 19 ② 20 ③ 21 ④ 22 ④ 23 ③ 24 ①

25 도시가스 사용시설의 기밀시험 기준으로 옳은 것은? (단, 연소기는 제외한다.)

① 최고 사용압력의 1.1배 또는 8.40kPa 중 높은 압력 이상의 압력으로 실시하여 이상이 없을 것
② 최고 사용압력의 1.2배 또는 10.00kPa 중 높은 압력 이상의 압력으로 실시하여 이상이 없을 것
③ 최고 사용압력의 1.1배 또는 10.00kPa 중 높은 압력 이상의 압력으로 실시하여 이상이 없을 것
④ 최고 사용압력의 1.2배 또는 8.40kPa 중 높은 압력 이상의 압력으로 실시하여 이상이 없을 것

🔍 가스사용시설은 최고사용압력의 1.1배 또는 8.4kPa 중 높은 압력이상에서 기밀을 유지할 것

26 가스사용시설의 지하매설배관이 저압인 경우 배관 색상은?

① 황색
② 적색
③ 백색
④ 청색

🔍 매설배관은 최고사용압력이 저압인 배관은 황색, 중압인 배관은 적색으로 할 것

27 도시가스사용시설에서 가스계량기는 절연조치를 하지 아니한 전선과는 몇 [cm] 이상의 거리를 유지하여야 하는가?

① 5
② 15
③ 30
④ 150

🔍 가스계량기와 전기계량기 및 전기개폐기와의 거리는 60cm 이상, 굴뚝, 전기점멸기 및 전기접속기와의 거리는 30cm 이상, 절연조치를 하지 않은 전선과의 거리는 15cm 이상의 거리를 유지할 것

28 일반도시가스 공급시설의 시설기준으로 틀린 것은?

① 가스공급시설을 설치하는 실(제조소 및 공급소내에 설치한 것에 한함)은 양호한 통풍구조로 한다.
② 제조소 또는 공급소에 설치한 가스가 통하는 가스공급시설의 부근에 설치하는 전기설비는 방폭성능을 가져야 한다.
③ 가스방출관의 방출구는 지면으로부터 5m 이상의 높이로 설치하여야 한다.
④ 고압 또는 중압의 가스공급시설은 최고사용압력의 1.1배 이상의 압력으로 실시하는 내압시험에 합격해야 한다.

🔍 최고사용압력이 중압 이상인 배관은 최고사용압력의 1.5배 이상의 압력에서 내압성능을 가질 것

29 도시가스 지하 매설용 중압 배관의 색상은?

① 황색
② 적색
③ 청색
④ 흑색

🔍 매설배관은 최고사용압력이 저압인 배관은 황색, 중압인 배관은 적색으로 할 것

30 도시가스사용시설의 노출배관에 의무적으로 표시하여야 하는 사항이 아닌 것은?

① 최고사용압력
② 가스흐름방향
③ 사용가스명
④ 공급자명

🔍 도시가스 배관 외부에 사용가스명, 최고사용압력, 가스의 흐름방향을 표시한다.

31 도시가스 본관 중 중압배관의 내용적이 9m³ 일 경우, 자기압력기록계를 이용한 기밀시험 유지시간은?

① 24분 이상
② 40분 이상
③ 216분 이상
④ 240분 이상

🔍 압력계 또는 자기압력기록계(중압기준)

용적(V)	기밀유지시간
1m³미만	24분
1m³이상 10m³ 미만	240분
10m³이상 300m³미만	24V분(단, 1,440분을 초과할 경우에는 1,440분으로 할 수 있다.)

정답 25 ① 26 ① 27 ② 28 ④ 29 ② 30 ④ 31 ④

32 가스 도매사업의 가스공급시설·기술기준에서 배관을 지상에 설치할 경우 원칙적으로 배관에 도색하여야 하는 색상은?

① 흑색 ② 황색
③ 적색 ④ 회색

🔍 지상배관은 황색, 매설배관은 최고사용압력이 저압인 배관은 황색, 중압인 배관은 적색으로 한다.

33 도시가스 매설배관의 보호판은 누출가스가 지면으로 확산되도록 구멍을 뚫는데 그 간격의 기준으로 옳은 것은?

① 1m 이하의 간격 ② 2m 이하의 간격
③ 3m 이하의 간격 ④ 5m 이하의 간격

🔍 보호판은 직경 30mm 이상 50mm 이하의 구멍을 3m 이하의 간격으로 뚫어 누출된 가스가 지면으로 확산이 되도록 할 것

34 하천의 바닥이 경암으로 이루어져 도시가스배관의 매설깊이를 유지하기 곤란하여 배관을 보호조치한 경우에는 배관의 외면과 하천 바닥면의 경암 상부와의 최소거리는 얼마이어야 하는가?

① 1.0m ② 1.2m
③ 2.5m ④ 4m

🔍 배관의 외면과 하천 바닥면의 경암 상부와 1.2m 이상으로 할 것

35 도시가스 공급배관을 차량이 통하는 폭 8m 이상인 도로에 매설할 때의 깊이는 몇 [m] 이상으로 하여야 하는가?

① 1.0 ② 1.2
③ 1.5 ④ 2.0

🔍 폭 8m 이상의 도로에서는 1.2m 이상으로 매설할 것

36 일반도시가스 공급시설의 시설기준으로 틀린 것은?

① 가스공급 시설을 설치한 곳에는 누출된 가스가 머물지 아니하도록 환기설비를 설치한다.
② 공동구 안에는 환기장치를 설치하며 전기설비가 있는 공동구에는 그 설비를 방폭구조로 한다.
③ 저장탱크의 안전장치인 안전밸브나 파열판에는 가스방출관을 설치한다.
④ 저장탱크의 안전밸브는 다이어프램식 안전밸브로 한다.

🔍 저장탱크의 안전밸브는 스프링식을 사용한다.

37 도시가스용 가스계량기와 전기개폐기와의 이격거리는 몇 [cm] 이상으로 하여야 하는가?

① 15 ② 30
③ 45 ④ 60

🔍 유지거리
• 전기계량기 및 전기개폐기와의 거리는 60cm 이상
• 굴뚝, 전기점멸기 및 전기접속기와의 거리는 30cm 이상
• 절연조치를 하지 않은 전선과의 거리는 15cm 이상

38 액화석유가스 충전소에서 저장탱크를 지하에 설치하는 경우에는 콘크리트로 저장탱크실을 만들고 그 실내에 설치하여야 한다. 이 때 저장탱크 실내의 공간에는 무엇으로 채워야 하는가?

① 물 ② 건조 모래
③ 자갈 ④ 콜타르

🔍 저장탱크를 지하에 매설하는 경우 저장탱크 주위에는 마른(건조)모래로 채운다.

39 액화가스 저장탱크의 부압방지대책에 관한 다음 기술 중 틀린 것은?

① 다른 저장탱크 또는 설비에서 가스 도입관을 설치한다.
② 액의 이송장치에 압력과 연동하는 긴급차단 설비를 설치한다.
③ 불활성가스 도입관을 설치한다.
④ 진공안전밸브를 설치한다.

🔍 부압방지 조치
• 진공안전밸브
• 다른 저장탱크 또는 시설로부터의 가스도입배관(균압관)
• 압력과 연동하는 긴급차단장치를 설치한 냉동제어설비
• 압력과 연동하는 긴급차단장치를 설치한 송액설비

정답 32 ② 33 ③ 34 ② 35 ② 36 ④ 37 ④ 38 ② 39 ③

40 LPG 충전 및 저장시설 내압 시험시 공기를 사용하는 경우 우선 상용압력의 몇 [%] 까지 승압하는가?

① 상용압력의 30% 까지
② 상용압력의 40% 까지
③ 상용압력의 50% 까지
④ 상용압력의 60% 까지

🔍 내압시험을 공기 등의 기체의 압력으로 하는 경우에는 먼저 상용압력의 50%까지 승압하고 그 후에는 상용압력의 10%씩 단계적으로 승압하여 내압시험압력에 도달하였을 때 누설 등의 이상이 없어야 한다.

41 LP 가스용기 충전시설 중 지상에 설치하는 경우 저장탱크의 주위에는 액상의 LP가스가 유출하지 아니하도록 방류둑을 설치하여야 한다. 다음 중 얼마의 저장량 이상일 때 방류둑을 설치하는가?

① 500톤 이상
② 1,000톤 이상
③ 1,500톤 이상
④ 2,000톤 이상

🔍 방류둑 설치
• 가연성가스 및 산소 저장능력 : 1,000톤 이상
• 독성가스 저장능력 : 5톤 이상

42 일반 도시가스사업 가스 공급시설의 입상관 밸브는 분리가 가능한 것으로서 바닥으로부터 몇 [m] 이내에 설치해야 하는가?

① 0.5 ~ 1m
② 1.2 ~ 1.5m
③ 1.6 ~ 2.0m
④ 2.5 ~ 3.0m

🔍 입상관 밸브는 분리가 가능한 것으로 바닥으로부터 1.6m~2m 이내에 설치한다.

43 액화석유가스 설비의 내압시험 압력은 얼마인가?
(단, 공기, 질소 등의 기체에 의한 내압시험은 제외)

① 상용압력의 1.5배 이상
② 기밀시험압력 이상
③ 허용압력 이상
④ 설계압력의 1.5배 이상

🔍 내압시험압력 = 상용압력(최고사용압력) × 1.5배

44 일반도시가스 사업자 정압기의 가스방출관 방출구는 지면으로부터 몇 [m] 이상의 높이에 설치하여야 하는가? (단, 전기시설물과의 접촉 등으로 사고의 우려가 없는 장소임)

① 1
② 2
③ 3
④ 5

🔍 가스방출관은 5m 이상의 높이에 설치한다.

45 LPG 충전집단공급저장시설의 공기 내압시험시 상용압력의 일정 압력이상 승압 후 단계적으로 승압시킬 때 몇 [%] 씩 증가시키는가?

① 상용압력의 5% 씩
② 상용압력의 10% 씩
③ 상용압력의 15% 씩
④ 상용압력의 20% 씩

🔍 내압시험을 공기 등의 기체의 압력으로 하는 경우에는 먼저 상용압력의 50%까지 승압하고 그 후에는 상용압력의 10%씩 단계적으로 승압하여 내압시험압력에 도달하였을 때 누설 등의 이상이 없어야 한다.

46 LP 가스가 충전된 납붙임 용기 또는 접합용기는 얼마의 온도범위에서 가스누출 시험을 할 수 있는 온수시험 탱크를 갖추어야 하는가?

① 20℃ 이상 32℃ 미만
② 35℃ 이상 45℃ 미만
③ 46℃ 이상 50℃ 미만
④ 52℃ 이상 60℃ 미만

🔍 온수시험탱크에서 납붙임용기의 온도를 46℃ 이상, 50℃ 미만으로 하는 때에 누출되지 않을 것

47 액화석유가스 충전사업시설 중 두 저장탱크의 최대직경을 합산한 길이의 1/4이 0.5m일 경우에 저장탱크간의 거리는 몇 [m] 이상을 유지하여야 하는가?

① 0.5
② 1
③ 2
④ 3

🔍 가연성가스의 저장탱크(저장능력이 300m³ 또는 3톤 이상)와 다른 가연성가스 또는 산소의 저장탱크와의 사이에는 두 저장탱크의 최대지름을 합산한 길이의 1/4 이상에 해당하는 거리(두 저장탱크의 최대지름을 합산한 길이의 1/4이 1m 미만인 경우에는 1m 이상의 거리)를 유지할 것

정답 40 ③ 41 ② 42 ③ 43 ① 44 ④ 45 ② 46 ③ 47 ②

48 액화석유가스를 충전하는 충전용 주관의 압력계는 국가표준기준법에 의한 교정을 받는 압력계로 몇 [개월]마다 한번 이상 그 기능을 검사하여야 하는가?

① 1개월
② 2개월
③ 3개월
④ 6개월

🔍 충전용 주관의 압력계는 매월 1회 이상, 그 밖의 압력계는 3개월에 1회 이상 표준이 되는 압력계로 그 기능을 검사할 것

49 도시가스의 가스발생설비, 가스정제설비, 가스홀더 등이 설치된 장소 주위에는 철책 또는 철망 등의 경계책을 설치하여야 하는데 그 높이는 몇 [m] 이상으로 하여야 하는가?

① 1m 이상
② 1.5m 이상
③ 2.0m 이상
④ 3.0m 이상

🔍 경계책의 높이는 1.5m 이상으로 할 것

50 LPG 충전소에는 시설의 안전확보상 "충전중 엔진 정지"를 주위에 보기 쉬운 곳에 설치해야 한다. 이 표지란은?

① 흑색바탕에 백색글씨
② 흑색바탕에 황색글씨
③ 백색바탕에 흑색글씨
④ 황색바탕에 흑색글씨

🔍 "충전 중 엔진정지"의 경계표지의 바탕은 황색, 충전중엔진정지의 글자는 흑색으로 표시한다.

51 저장탱크에 액화석유가스를 충전하는 때에는 가스의 용량이 상용의 온도에서 저장탱크 내용적의 몇 [%]를 넘지 아니하여야 하는가?

① 95
② 90
③ 85
④ 80

🔍 저장탱크에 가스를 충전하려면 정전기를 제거한 후 저장탱크의 내용적의 90%(소형저장탱크의 경우는 85%)를 넘지 아니하도록 충전할 것

52 액화석유가스 사용시설의 엘피지 용기집합설비의 저장능력이 얼마일 때는 용기, 용기밸브, 압력조정기가 직사광선, 눈 또는 빗물에 노출되지 않도록 해야 하는가?

① 50kg 이하
② 100kg 이하
③ 300kg 이하
④ 500kg 이하

🔍 용기집합설비에서 저장능력이 100kg 이하일 경우 용기, 용기밸브 및 압력조정기를 직사광선, 눈 또는 빗물에 노출되지 않도록 할 것

53 다음은 액화석유가스 사용시설의 시설기준 및 기술기준이다. 설명이 잘못된 것은?

① 용기에 의하여 가스를 사용하는 경우 용기집합설비를 설치하되, 그 저장능력이 100kg을 초과하는 경우에는 용기보관실을 설치하여야 한다.
② 저장능력이 500kg 이상인 경우에는 저장탱크 또는 소형저장탱크를 설치하여야 한다.
③ 용기의 수량과 압력조정기의 조정압력 및 최대유량은 설치된 연소기의 가스소비량보다 적어야 한다.
④ 주거용 시설이 아닌 저장설비, 감압설비 및 배관은 화기취급장소와 8m 이상 우회거리를 유지하여야 한다.(단, 그 설비내의 것은 제외한다.)

🔍 용기의 수량과 압력조정기의 조정압력 및 최대유량은 설치된 연소기에 적합한 것을 선택한다.

54 액화석유가스 용기 저장실의 통풍구는 어디에 설치하는 것이 옳은 방법인가?

① 저장실 하부 바닥면에 가까운 위치
② 저장실 상부에서 30cm 밑에
③ 저장실 중간 부분에
④ 아무데나

🔍 액화석유가스는 공기보다 무거운 가스이므로 통풍구를 바닥면에 가까운 위치에 설치한다.

정답 48 ① 49 ② 50 ④ 51 ② 52 ② 53 ③ 54 ①

55 LPG 사용시설의 고압배관에 안전장치를 설치해야 되는 저장능력은?

① 저장능력 100kg 이상
② 저장능력 150kg 이상
③ 저장능력 200kg 이상
④ 저장능력 250kg 이상

🔍 저장능력이 250kg 이상인 경우에는 용기에서 압력조정기 입구까지의 배관에 이상압력 상승시 압력을 방출할 수 있는 안전장치를 설치할 것

56 액화석유가스의 냄새측정 기준에서 사용하는 용어 설명으로 옳지 않은 것은?

① 시험가스 : 냄새를 측정할 수 있도록 액화석유가스를 기화시킨 가스
② 시 험 자 : 미리 선정한 정상적인 후각을 가진 사람으로서 냄새를 판정하는 자
③ 시료기체 : 시험가스를 청정한 공기로 희석한 판정용 기체
④ 희석배수 : 시료기체의 량을 시험가스의 량으로 나눈 값

🔍 시험자 : 냄새가 나는 물질의 농도를 측정하는 자

57 액화석유가스 사용시설에서 가스계량기는 화기와 몇 [m] 이상의 우회거리를 유지해야 하는가?

① 2m   ② 3m
③ 5m   ④ 8m

🔍 가스계량기와 화기사이에 유지하여 하는 우회거리는 2m 이상으로 할 것

58 액화석유가스의 저장소 시설기준에 적합하지 않은 것은?

① 기화장치 주위에는 보호책을 설치해야 함
② 저장설비를 용기 집합식으로 해야함
③ 실외 저장소 주위에는 경계책을 설치하고 경계책과 용기보관장소 사이에는 20m 이상의 거리를 유지함
④ 저장탱크 색은 은백색이고, 글씨 색은 적색임

🔍 용기집합설비는 저장능력이 100kg을 초과할 경우 설치한다.

59 LPG 용기보관소 경계표지의 "연"자 표시의 색상은?

① 흑색   ② 적색
③ 노란색   ④ 흰색

🔍 용기보관소 : "연"자는 적색으로 표시

60 LPG 사용시설의 배관 중 호스의 길이는 연소기까지 몇 [m] 이내로 해야 하는가?

① 10   ② 8
③ 5   ④ 3

🔍 호스의 길이는 연소기까지 3m 이내로 하고 호스는 "T"형으로 연결하지 아니할 것

61 액화석유가스 설비 중 소형 저장탱크라 함은 용량이 얼마 미만의 것을 말하는가?

① 500kg
② 1,000kg
③ 2,000kg
④ 3,000kg

🔍 소형저장탱크는 액화석유가스를 저장하기 위하여 지상 또는 지하에 고정 설치된 탱크로서 그 저장능력이 3톤 미만인 탱크를 말한다.

62 LP가스를 용기에 의해 수송할 때의 설명으로 틀린 것은?

① 용기 자체가 저장설비로 이용될 수 있다.
② 소량 수송의 경우 편리한 점이 많다.
③ 취급 부주의로 인한 사고의 위험 등이 수반된다.
④ 용기의 내용적을 모두 채울 수 있어 가스의 누설이 전혀 발생되지 않는다.

🔍 저장탱크에 가스를 충전하려면 정전기를 제거한 후 저장탱크의 내용적의 90%(소형저장탱크의 경우는 85%)를 넘지 아니하도록 충전할 것

정답 55 ④ 56 ② 57 ① 58 ② 59 ② 60 ④ 61 ④ 62 ④

63 저장능력이 23,000kg인 액화석유가스의 저장탱크와 제2종 보호시설과의 안전거리 기준은 몇 [m] 이어야 하는가?

① 16　　② 18
③ 20　　④ 21

🔍 저장설비는 그 외면으로부터 보호시설까지 안전거리를 유지할 것

저장능력	제1종 보호시설	제2종 보호시설
10톤 이하	17m	12m
10톤 초과 20톤 이하	21m	14m
20톤 초과 30톤 이하	24m	16m
30톤 초과 40톤 이하	27m	18m
40톤 초과	30m	20m

64 지상에 액화석유가스(LPG) 저장탱크를 설치하는 경우 냉각살수장치는 그 외면으로부터 몇 [m] 이상 유지하여야 하는가?

① 2　　② 3
③ 5　　④ 7

🔍 냉각살수장치 : 저장탱크, 자동차에 고정된 탱크의 이입 및 충전장소에는 외면으로부터 5m 이상 떨어진 위치에서 조작할 수 있을 것

65 LP가스용기 충전시설 중 지상에 설치하는 경우 저장탱크의 주위에는 액상의 LP가스가 유출되지 아니하도록 방류둑을 설치하여야 한다. 다음 중 얼마의 저장량 이상일 때 방류둑을 설치하여야 하는가?

① 500톤　　② 1,000톤
③ 1,500톤　　④ 2,000톤

🔍 방류둑 설치
• 가연성가스 및 산소 저장능력 : 1,000톤 이상
• 독성가스 저장능력 : 5톤 이상

66 액화석유가스를 자동차에 충전하는 충전호스의 길이는 몇 [m] 이내에어야 하는가? (단, 자동차 제조공정 중에 설치된 것을 제외한다.)

① 3　　② 5
③ 9　　④ 10

🔍 충전호스의 길이는 5m 이내로 할 것

67 LP가스의 용기보관실 바닥면적이 $3m^2$ 이라면 통풍구의 크기는 몇 [cm^2] 이상으로 하도록 되어 있는가?

① 500
② 700
③ 900
④ 1,100

🔍 용기보관실의 환기구의 통풍가능 면적 합계는 바닥면적 $1m^2$당 $300cm^2$의 비율로 계산한 면적 이상으로 해야 하므로 바닥면적 $3m^2$ 일 때 통풍구는 $900cm^2$ 이상이어야 한다.

68 다음은 이동식 압축천연가스 자동차충전시설을 점검한 내용이다. 이 중 기준에 부적합한 것은?

① 이동충전차량과 가스배관구를 연결하는 호스의 길이가 6m 이었다.
② 가스배관구 주위에는 가스배관구를 보호하기 위하여 높이 40cm, 두께 13cm인 철근콘크리트 구조물이 설치되어 있었다.
③ 이동충전차량과 충전설비 사이 거리는 8m 이었고, 이동충전차량과 충전설비 사이에 강판제 방호벽이 설치되어 있었다.
④ 충전설비 근처 및 충전설비에서 6m 떨어진 장소에 수동 긴급차단장치가 각각 설치되어 있었으며 눈에 잘 띄었다.

🔍 충전호스의 길이는 5m 이내로 할 것

69 가스용 금속플렉시블호스에 대한 설명으로 틀린 것은?

① 이음쇠는 플레어(flare) 또는 유니언(union)의 접속기능이 있어야 한다.
② 호스의 최대길이는 10,000mm 이내로 한다.
③ 호스길이의 허용오차는 $^{+3}_{-2}$ % 이내로 한다.
④ 튜브는 금속제로서 주름가공으로 제작하여 쉽게 굽혀 질 수 있는 구조로 한다.

🔍 연소기용 호스의 최대길이는 3m(3000mm) 이내로 하고 허용오차는 $^{+3}_{-2}$% 이내로 할 것

정답 63 ④　64 ③　65 ②　66 ②　67 ③　68 ①　69 ②

70 LPG 사용시설에서 가스누출경보장치 검지부 설치높이의 기준으로 옳은 것은?

① 지면에서 30cm 이내
② 지면에서 60cm 이내
③ 천정에서 30cm 이내
④ 천정에서 60cm 이내

> LPG 사용시설의 가스누출경보장치 검지부 설치위치는 공기보다 무거운 가스이므로 바닥면으로부터 검지부 상단까지의 거리는 30cm 이하로 한다.

71 액화석유가스 사용시설에서 소형저장탱크의 저장능력이 몇 [kg] 이상인 경우에 과압안전장치를 설치하여야 하는가?

① 100
② 150
③ 200
④ 250

> 저장능력이 250kg 이상인 경우에는 용기에서 압력조정기 입구까지의 배관에 이상압력 상승시 압력을 방출할 수 있는 안전장치를 설치할 것

72 고정식 압축 천연가스 자동차 충전의 시설기준에서 저장설비, 처리설비, 압축가스설비 및 충전설비는 인화성물질 또는 가연성물질 저장소로부터 얼마 이상의 거리를 유지하여야 하는가?

① 5m
② 8m
③ 12m
④ 20m

> 저장설비와 가스설비는 그 외면으로부터 화기를 취급하는 장소까지 8m 이상의 우회거리를 유지할 것

73 액화석유가스 자동차용기 충전소에 설치하는 충전기의 충전호스 기준에 대한 설명으로 틀린 것은?

① 충전호스에 과도한 인장력이 가해졌을 때 충전기와 가스주입기가 분리될 수 있는 안전장치를 설치한다.
② 충전호스에 부착하는 가스주입기는 원터치형으로 한다.
③ 자동차 제조공정 중에 설치된 충전호스에 부착하는 가스주입기는 원터치형으로 하지 않을 수 있다.
④ 자동차 제조공정 중에 설치된 충전호스의 길이는 5m 이상으로 할 수 있다.

> 충전호스의 길이는 5m 이내로 할 것

74 액화석유가스 사용시설에서 저장능력이 2톤인 경우 저장설비가 화기취급장소와 유지하여야 하는 우회거리는 얼마 이상이어야 하는가?

① 2m
② 3m
③ 5m
④ 8m

> 소형저장탱크의 화기와의 우회거리

저장능력	화기와의 거리
1톤 미만	2m
1톤 이상 3톤 미만	5m

정답 70 ① 71 ④ 72 ② 73 ④ 74 ③

SECTION 03. 용기 및 냉동기 제조와 검사

STEP 01 용기의 제조 및 검사

1. 용기의 도색 및 표시

1) 용기제조자 또는 수입자는 용기의 외면에 도색을 하고 충전하는 가스의 명칭을 표시해야 한다.
2) 스테인레스강 등 내식성재료를 사용한 용기의 경우에는 용기 동체의 외면 상단에 10㎝ 이상의 폭으로 충전가스에 해당하는 색으로 도색할 수 있다.
3) 가연성가스는 "연", 독성가스는 "독"자로 표시한다.
    ① 10cm 원안에 1cm의 글자 굵기로 적색으로 표시한다.
    ② 수소는 백색으로 표시하고 LPG는 표시하지 않는다.
4) 충전가스 표시부분 아래에 충전기한을 표시한다.
5) 가연성가스 및 독성가스의 용기 도색 및 표시

가스의 종류	도색	가스의 종류	도색	가스의 종류	도색
액화석유가스	회색	아세틸렌	황색	액화염소	갈색
수소	주황색	액화암모니아	백색	그 밖의 가스	회색

① 가연성가스 및 독성가스의 표시

가연성 가스   독성가스

② 내용적 2L 미만의 용기는 제조자가 정하는 바에 따라 도색할 수 있다.
③ 액화석유가스용기 중 부탄가스를 충전하는 용기는 부탄가스임을 표시하여야 한다.
④ 선박용 액화석유가스용기의 표시
    ㉮ 용기의 상단부에 폭 2㎝의 백색띠를 두 줄로 표시한다.
    ㉯ 백색띠의 하단과 가스 명칭 사이에 백색글자로 가로, 세로 5㎝의 크기로 "선박용"이라고 표시한다.
⑤ 자동차의 연료장치용 용기의 외면에는 그 용도를 "자동차용"으로 표시할 것

⑥ 그 밖의 가스에는 가스명칭 하단에 가로, 세로 5cm의 크기의 백색글자로 용도("절단용")를 표시할 것

6) 의료용 가스용기 도색 및 표시

가스의 종류	도색	가스의 종류	도색	가스의 종류	도색
산소	백색	헬륨	갈색	질소	흑색
액화탄산가스	회색	에틸렌	자색	아산화질소	청색
싸이크로플로판	주황색	그 밖의 가스	회색		

① 용기의 상단부에 폭 2cm의 백색(산소는 녹색)의 띠를 두 줄로 표시한다.
② 용도의 표시 : 의료용(각 글자마다 백색(산소는 녹색)으로 가로, 세로 5cm로 띠와 가스명칭 사이에 표시한다.)

7) 문자의 색상

| 충전가스명 | 문자의 색상 | | 충전가스명 | 문자의 색상 | |
	공업용	의료용		공업용	의료용
액화석유가스	적색	–	질소	백색	백색
수소	백색	–	아산화질소	백색	백색
아세틸렌	흑색	–	헬륨	백색	백색
액화암모니아	흑색	–	에틸렌	백색	백색
액화염소	백색	–	싸이크로프로판	백색	백색
산소	백색	녹색	그 밖의 가스	백색	–
액화탄산가스	백색	백색			

8) 문자의 크기

문자명	문자색상	크기
가스명	'7) 문자의 색상'표 참조	7cm
충전기한	적색	5cm
절단용・선박용・자동차용・의료용	백색	5cm

2. 용기에 대한 표시

1) 용기의 각인 위치
① 용기의 어깨부분 또는 프로텍터부분 등 보기 쉬운 곳에 부착한다.
② 각인하기가 곤란한 용기의 경우에는 다른 금속박판에 각인한 것을 그 용기에 부착한다.

2) 각인 내용
① 용기제조업자의 명칭 또는 약호

② 충전하는 가스의 명칭
③ 용기의 번호
④ 내용적(기호 : V, 단위 : L)
⑤ 초저온용기외의 용기는 밸브 및 부속품을 포함하지 아니한 용기의 질량(기호 : W, 단위 : kg)
⑥ 아세틸렌가스 충전용기는 용기의 질량(W)에 용기의 다공물질, 용제 및 밸브의 질량을 합한 질량 (기호 : TW, 단위 : kg)
⑦ 내압시험에 합격한 연월
⑧ 내압시험압력(기호 : TP, 단위 : MPa)

> **참고** 내압시험압력표시는 초저온용기, 액화천연가스자동차용 용기는 제외

⑨ 최고충전압력(기호 : FP, 단위 : MPa)

> **참고** 최고충전압력표시는 압축가스를 충전하는 용기, 초저온 용기, 액화천연가스 자동차 용 용기에 한정

⑩ 동판의 두께(기호 : t, 단위 : mm)

> **참고** 동판의 두께표시는 내용적이 500L를 초과하는 용기에 한정

⑪ 충전량(g)

> **참고** 충전량표시는 납붙임 또는 접합용기에 한정

3. 용기부속품에 대한 표시
① 부속품제조업자의 명칭 또는 약호
② 질량(기호 : W, 단위 : kg)
③ 부속품검사에 합격한 연월
④ 내압시험압력(기호 : TP, 단위 : MPa)
⑤ 용기종류별 부속품의 기호
  ㉮ 아세틸렌가스를 충전하는 용기의 부속품 : AG
  ㉯ 압축가스를 충전하는 용기의 부속품 : PG
  ㉰ 액화석유가스외의 액화가스를 충전하는 용기의 부속품 : LG
  ㉱ 액화석유가스를 충전하는 용기의 부속품 : LPG
  ㉲ 초저온용기 및 저온용기의 부속품 : LT

4. 용기의 검사
1) 용기의 신규검사
   ① 강재로 제조된 용기의 검사항목(용접용기, 이음매없는 용기, 초저온용기) : 외관검사, 인장시험, 충격시험, 압궤시험, 내압시험, 기밀시험

② 초저온용기 : 단열성능시험
③ 납붙임용기 및 접합용기 : 외관검사, 고압가압시험, 기밀시험
④ 아세틸렌용기 : 다공도시험

2) 내압시험압력(TP, Test Pressure)
① 아세틸렌(C_2H_2) 용기 : 최고충전압력(FP) × 3배 이상
② 압축가스 및 저온용기 충전하는 액화가스 용기 : 최고충전압력(FP) × 이상

3) 기밀시험압력(AP, Airtight Pressure)
① 아세틸렌(C_2H_2) 용기 : 최고충전압력(FP) × 1.8배 이상
② 압축가스 및 저온용기 충전하는 액화가스 용기 : 최고충전압력(FP) × 1.1배 이상
③ 기타 용기 : 최고충전압력(FP) 이상

4) 항구증가율
① 누출 및 이상팽창이 없고 항구증가율이 10% 이하의 것은 적합하다.
② 항구증가율 = $\frac{영구증가량}{전증가량} \times 100\%$

5) 초저온용기의 단열성능시험
① 적용 가스 : 액화질소, 액화산소, 액화아르곤
② 침입열량(Q)

$$Q = \frac{W \times q}{H \times \Delta t \times V} \, (kcal/h \cdot \text{℃} \cdot L)$$
(W(kg) : 기화된 가스량, q(kcal/kg) : 기화잠열, H(h) : 측정시간,
Δt(℃) : 가스의 비점과 대기온도와의 온도차, V(L) : 초저온용기의 내용적)

③ 가스의 비점과 기화잠열

가스	비점(℃)	기화잠열(kcal/kg)
액화질소	−196	48
액화산소	−183	51
액화아르곤	−186	38

④ 판정기준
㉠ 침입열량이 0.0005kcal/h · ℃ · L 이하인 경우 적합하다.
㉡ 내용적이 1,000L 이상인 초저온용기는 0.002kcal/h · ℃ · L 이하인 경우 적합하다.

5. 합격한 용기에 대한 각인 및 표시
용기에는 그 어깨부분 또는 프로텍터부분 등 보기 쉬운 곳에 다음과 같이 KC 자의 각인을 한다.

• 크기 : 6mm×10mm(단, 내용적 5L 미만인 용기의 경우에는 3mm×5mm)

6. 용기의 관리방법
① 고압가스의 충전용기는 항상 40℃ 이하로 유지한다.
② 고압가스의 충전용기는 넘어짐 등으로 인한 충격을 방지하는 조치를 하여야 하며 사용 후에는 밸브를 닫아야 한다.
③ 고압가스의 충전용기 밸브는 서서히 개폐하고 밸브 또는 배관을 가열하는 때에는 열습포나 40℃ 이하의 더운 물을 사용해야 한다.

7. 재충전 금지용기
① 용기와 용기부속품을 분리할 수 없는 구조일 것
② 최고충전압력(MPa)의 수치와 내용적(L)의 수치를 곱한 값이 100 이하일 것
③ 최고충전압력이 22.5MPa 이하이고 내용적이 25L 이하일 것
④ 최고충전압력이 3.5MPa 이상인 경우에는 내용적이 5L 이하일 것
⑤ 가연성 가스 및 독성 가스를 충전하는 것이 아닐 것

8. 용기 재검사 기간
① 재검사 주기 : 제조 후 경과연수가 15년 미만이고 내용적이 500L 미만인 용접용기
  ㉠ 용기내장형 가스난방기용 용기 : 6년
  ㉡ 내식성재료로 제조된 초저온 용기 : 5년
② 1회용으로 제조된 용기는 사용 후 폐기한다.
③ 내용적 125L 미만인 용기에 부착된 용기부속품은 부속품의 제조 또는 수입 시의 검사를 받은 날부터 2년이 지난 후 해당 용기의 첫 번째 재검사를 받게 될 때 폐기한다.
④ 복합재료용기 및 압축천연가스 자동차용 용기는 제조검사를 받은 날부터 15년이 되었을 때에 폐기한다.
⑤ 내용적 45L 이상, 125L 미만인 것으로서 제조 후 경과연수가 26년 이상된 액화석유가스용 용접용기는 폐기한다.

용기의 종류		신규검사 후 경과연수		
		15년 미만	15년 이상 20년 미만	20년 이상
용접용기	500L 이상	5년마다	2년마다	1년마다
	500L 미만	3년마다	2년마다	1년마다
액화석유가스용 용접용기	500L 이상	5년마다	2년마다	1년마다
	500L 미만	5년마다		2년마다

용기의 종류		신규검사 후 경과연수		
		15년 미만	15년 이상 20년 미만	20년 이상
이음매 없는 용기 복합재료용기	500L 이상	5년마다		
	500L 미만	신규검사후 경과연수가 10년 이하인 것은 5년마다, 10년을 초과한 것은 3년마다		
액화석유가스용 복합재료용기		5년마다(설계조건에 반영되고, 지식경제부장관으로부터 안전한 것으로 인정을 받은 경우에는 10년마다)		
용기부속품 (지식경제부장관이 고시하는 것은 제외)	용기에 부착되지 아니한 것	2년마다		
	용기에 부착된 것 (압축천연가스자동차용 밸브 외의 내용적이 125L 이하의 용기용 용기부속품은 제외)	검사 후 2년이 지나 용기부속품을 부착한 해당 용기의 재검사를 받을 때 마다		

⑥ 특정설비의 재검사주기

특정설비의 종류		재검사주기		
		신규검사 후 경과연수		
		15년 미만	15년 이상 20년 미만	20년 이상
차량에 고정된 탱크		5년마다	2년마다	1년마다
저장탱크		• 5년마다 • 재검사에 불합격되어 수리한 것은 3년마다 • 음향방출시험에 의하여 안전성이 확인된 경우에는 5년마다		
안전밸브 및 긴급차단장치		검사 후 2년을 경과하여 해당 안전밸브 또는 긴급차단장치가 설치된 저장탱크 또는 차량에 고정된 탱크의 재검사 시마다		
기화장치	저장탱크와 함께 설치 된 것	검사 후 2년을 경과하여 해당 탱크의 재검사 시마다		
	저장탱크가 없는 곳에 설치된 것	3년마다		
	설치되지 아니한 것	2년마다		
압력용기		4년마다		

9. 용기의 안전점검 및 유지 · 관리기준

① 용기의 내 · 외면을 점검하여 사용할 때에 위험한 부식 · 금 · 주름 등이 있는 것인지의 여부를 확인할 것
② 용기는 도색 및 표시가 되어 있는지의 여부를 확인할 것
③ 용기의 스커트에 찌그러짐이 있는지, 사용할 때에 위험하지 않도록 적정 간격을 유지하고 있는지의 여부를 확인할 것
④ 유통 중 열영향을 받았는지의 여부를 점검할 것

⑤ 용기 캡이 씌워져 있거나 프로텍터가 부착되어 있는지의 여부를 확인할 것
⑥ 재검사기간의 도래 여부를 확인할 것
⑦ 용기 아랫부분의 부식 상태를 확인할 것
⑧ 밸브의 몸통·충전구나사·안전밸브에 사용에 지장을 주는 흠, 주름, 스프링의 부식 등이 있는지의 여부를 확인할 것
⑨ 밸브의 그랜드너트가 고정핀 등에 의하여 이탈 방지를 위한 조치가 있는지 여부를 확인할 것
⑩ 밸브의 개폐조작이 쉬운 핸들이 부착되어 있는지 여부를 확인할 것
⑪ 용기에는 충전가스의 종류에 맞는 용기부속품이 부착되어 있는지 여부를 확인할 것

STEP 02 냉동기 제조 및 검사

1. 냉동기
고압가스를 사용하여 냉동하기 위한 기기로서 냉동능력 산정기준에 따라 계산된 냉동능력이 3톤 이상인 것이다.

2. 일체형 냉동기
① 냉동설비 및 압축기용 원동기가 하나의 프렌임 위에 일체로 조립된 것
② 냉동설비를 사용할 때 스톱밸브 조작이 필요없는 것
③ 사용장소에 분할, 반입하는 경우에는 냉매설비에 용접 또는 절단을 수반하는 공사를 하지 아니하고 재조립하여 냉동제조용으로 사용할 수 있는 것
④ 냉동설비 수리 등을 하는 경우에 냉매설비 부품의 종류, 설치개수, 부착위치 및 외형치수와 압축기용 운동기의 정격출력이 제조사와 동일하도록 설계, 수리될 수 있는 것
⑤ 응축기와 증발기 유니트가 냉매배관으로 연결된 것으로 1일의 냉동능력이 20톤 미만인 공조용 팩키지에어콘이다.

3. 냉동설비에 사용하는 재료의 제한
① 암모니아 : 동 및 동합금
② 염화메탄 : 알루미늄 합금
③ 프레온 : 2%를 넘는 마그네슘을 함유한 알루미늄 합금
④ 항상 물에 접촉되는 부분 : 99.7% 미만의 알루미늄

4. 냉동설비의 안전장치
① 압축기 토출측 : 고압차단스위치, 안전밸브
② 쉘형응축기 : 안전밸브, 가용전(내용적이 500L 미만)
③ 코일형응축기(냉동설비가 20톤 이상) : 안전밸브, 가용전

④ 원심식냉동설비 : 안전밸브, 파열판, 가용전(내용적이 500L 미만)
⑤ 저압부에 사용하는 압력용기 : 안전밸브, 파열판, 압력릴리프밸브

> **참고** 가용전(저용융점합금)
> - 성분 : 납(Pb), 비스무트(Bi), 카드뮴(Cd), 안티몬(Sb)
> - 용융온도 : 75℃ 이하

5. 냉동기의 제품표시
① 냉동기의 제조자의 명칭 또는 약호
② 냉매가스의 종류
③ 냉동능력(RT)
④ 원동기소요전력(kW) 및 전류(A)
⑤ 제조번호
⑥ 검사에 합격한 연월
⑦ 내압시험압력(기호 : TP, 단위 : MPa)
⑧ 최고사용압력(기호 : DP, 단위 : MPa)

6. 내압시험압력 및 기밀시험

1) 내압시험압력
피시험품에 액체를 가득 채워 공기를 완전히 뺀 후 액압을 서서히 가하여 내압시험압력까지 올리고 최고압력을 1분 이상 유지한 다음 압력을 내압시험압력의 8/10까지 내려 피시험품의 용접부나 이음부에 이상이 없는지 확인하는 액체압력시험이다.
① 내압시험압력은 설계압력의 1.3배로 한다.
② 내압시험압력은 공기나 질소 등의 기체를 사용하는 경우 설계압력의 1.1배로 한다.

2) 기밀시험
① 기밀시험압력은 설계압력 이상으로 한다.
② 기밀시험은 공기 또는 불연성가스를 사용하며 공기압축기를 사용할 경우 공기의 온도는 140℃ 이하로 한다.

제03절_ 용기 및 냉동기제조와 검사
출제예상문제

01 암모니아를 사용하는 냉동장치의 시운전에 사용해서는 안되는 기체는?
① 질소 ② 산소
③ 공기 ④ 이산화탄소

🔍 암모니아 냉동장치 시운전시 산소 및 가연성가스를 사용할 경우 폭발의 위험성이 있으므로 사용해서는 안된다.

02 다음 중 일반용 고압가스 용기의 도색이 옳은 것은?
① 액화암모니아 – 백색 ② 수소 – 회색
③ 아세틸렌 – 주황색 ④ 액화염소 – 황색

🔍 용기의 도색

가스명	도색	가스명	도색
액화석유가스	회색	아세틸렌	황색
수소	주황색	액화암모니아	백색
액화염소	갈색		

03 재충전금지용기에 충전 가능한 가스의 종류 및 충전조건으로 옳지 않은 것은?
① 가연성가스, 독성가스 및 헬륨가스를 제외하고 충전할 것
② 최고충전압력(MPa)의 수치와 내용적(ℓ)의 수치와의 곱이 100 이하일 것
③ 최고충전압력이 35.5MPa 이하이고 내용적이 20리터 이하일 것
④ 최고충전압력이 3.5MPa 이상인 경우에는 내용적이 5리터 이하일 것

🔍 재충전 금지용기
• 용기와 용기부속품을 분리할 수 없는 구조일 것
• 최고충전압력(MPa)의 수치와 내용적(ℓ)의 수치를 곱한 값이 100 이하일 것
• 최고충전압력이 22.5MPa 이하이고 내용적이 25리터 이하일 것
• 최고충전압력이 3.5MPa 이상인 경우에는 내용적이 5리터 이하일 것
• 가연성 가스 및 독성 가스를 충전하는 것이 아닐 것

04 고압가스용기를 내압시험한 결과 전증가량이 250cc, 영구증가량이 15cc이다. 항구증가율은 얼마인가?
① 4% ② 6%
③ 8% ④ 10%

🔍 항구증가율 = $\frac{영구증가량}{전증가량} \times 100\%$ 에서
항구증가율 = $\frac{15}{250} \times 100\% = 6\%$

05 고압가스의 충전용기는 그 온도를 항상 몇 [℃] 이하로 유지하도록 해야 하는가?
① 40℃ ② 30℃
③ 20℃ ④ 15℃

🔍 충전용기는 온도를 항상 40℃ 이하로 유지할 것

06 내압시험에 합격하려면 용기의 전증가량이 500cc일 때 영구 증가량은 얼마인가? (단, 이음매 없는 용기는 신규 검사시)
① 80cc 이하 ② 50cc 이하
③ 60cc 이하 ④ 70cc 이하

🔍 항구증가율 : 누출 및 이상팽창이 없고 항구증가율이 10% 이하의 것은 적합하다.
항구증가율 = $\frac{영구증가량}{전증가량} \times 100\%$ 에서
영구증가량 = $500cc \times 0.1 = 50cc$

07 아세틸렌가스의 용기에 표시하는 문자로 옳은 것은?
① 독 ② 연
③ 독, 연 ④ 지

🔍 아세틸렌가스는 가연성가스이므로 "연"자 표시한다.

정답 01 ② 02 ① 03 ③ 04 ② 05 ① 06 ② 07 ②

08 용기종류별 부속품 기호로 틀린 것은?

① AG : 아세틸렌가스를 충전하는 용기의 부속품
② PG : 압축가스를 충전하는 용기의 부속품
③ LPG : 액화석유가스를 충전하는 용기의 부속품
④ TL : 초저온용기 및 저온용기의 부속품

🔍 LT : 초저온용기 및 저온용기의 부속품

09 초저온 용기 부속품의 기호를 나타낸 것은?

① LG
② PG
③ LT
④ LP

🔍 용기종류별 부속품의 기호
• 아세틸렌가스를 충전하는 용기의 부속품 : AG
• 압축가스를 충전하는 용기의 부속품 : PG
• 액화석유가스외의 액화가스를 충전하는 용기의 부속품 : LG
• 액화석유가스를 충전하는 용기의 부속품 : LPG
• 초저온용기 및 저온용기의 부속품 : LT

10 고압가스의 충전용기 밸브는 서서히 개폐하고 밸브 또는 배관을 가열하는 때에는 열 습포 또는 몇 [℃]의 물을 사용하는가?

① 15℃ 이하
② 25℃ 이하
③ 30℃ 이하
④ 40℃ 이하

🔍 고압가스의 충전용기 밸브는 서서히 개폐하고 밸브 또는 배관을 가열하는 때에는 열습포나 40℃ 이하의 더운 물을 사용해야 한다.

11 고압가스용기의 검사방법이다. 초저온 용기 신규 검사항목에 해당되지 않는 것은?

① 외관검사
② 용접부에 관한 방사선 검사
③ 단열성능시험
④ 다공도시험

🔍 아세틸렌용기 신규검사 : 다공도시험

12 공업용 산소 용기의 문자 색상은?

① 백색
② 적색
③ 흑색
③ 녹색

🔍 산소용기의 문자 색상
• 공업용 : 백색
• 의료용 : 녹색

13 초저온 용기의 단열 성능시험용 저온 액화가스가 아닌 것은?

① 액화아르곤
② 액화산소
③ 액화공기
④ 액화질소

🔍 단열성능시험 적용 가스 : 액화질소, 액화산소, 액화아르곤

14 일반용 고압가스 용기의 도색이 옳게 짝지어진 것은?

① 액화암모니아 – 백색
② 수소 – 회색
③ 아세틸렌 – 흑색
④ 액화염소 – 황색

🔍 고압가스의 용기 도색

가스의 종류	도색	가스의 종류	도색
액화석유가스	회색	아세틸렌	황색
수소	주황색	액화암모니아	백색
액화염소	갈색	기타 가스	회색

15 에틸렌 공업용 가스용기에 사용하는 문자의 색상은?

① 적색
② 녹색
③ 흑색
④ 백색

🔍 공업용 가스용기의 문자 색상

충전가스명	색상	충전가스명	색상
액화석유가스	적색	질소	백색
수소	백색	아산화질소	백색
아세틸렌	흑색	헬륨	백색
액화암모니아	흑색	에틸렌	백색
액화염소	백색	싸이크로프로판	백색
산소	백색	그 밖의 가스	백색
액화탄산가스	백색		

정답 08 ④ 09 ③ 10 ④ 11 ④ 12 ① 13 ③ 14 ① 15 ④

16 내용적 35L에 압력 0.2MPa의 수압을 걸었더니 내용적이 35.34L로 증가되었다. 이 용기의 항구증가율은 얼마인가? (단, 대기압으로 하였더니 35.03L 이었다.)

① 6.8% ② 7.4%
③ 8.1% ④ 8.8%

> 항구증가율 = $\dfrac{\text{영구증가량}}{\text{전증가량}} \times 100\%$ 에서
> 항구증가율 = $\dfrac{35.03 - 35}{35.34 - 35} \times 100\% = 8.8\%$

17 공업용 질소 용기의 문자 색상은?

① 백색 ② 적색
③ 흑색 ④ 녹색

> 공업용 가스용기의 문자 색상

충전가스명	색상	충전가스명	색상
액화석유가스	적색	질소	백색
수소	백색	아산화질소	백색
아세틸렌	흑색	헬륨	백색
액화암모니아	흑색	에틸렌	백색
액화염소	백색	싸이크로프로판	백색
산소	백색	그 밖의 가스	백색
액화탄산가스	백색		

18 용기의 재검사 주기에 대한 기준 중 옳지 않는 것은?

① 용접용기로서 신규검사 후 15년 이상 20년 미만인 용기는 2년마다 재검사
② 500L 이상 이음매 없는 용기는 5년마다 재검사
③ 저장탱크가 없는 곳에 설치한 기화기는 2년마다 재검사
④ 압력용기는 4년마다 재검사

> 저장탱크가 없는 곳에 설치한 기화기는 3년마다 재검사를 한다.

19 고압가스의 충전용기는 항상 몇 [℃] 이하의 온도를 유지하여야 하는가?

① 15 ② 20
③ 30 ④ 40

> 고압가스의 충전용기는 항상 40℃ 이하로 유지한다.

20 가스를 사용하려 하는데 밸브에 얼음이 얼어붙었다. 이 때 조치방법으로 가장 적절한 것은?

① 40℃ 이하의 더운물을 사용하여 녹인다.
② 80℃의 램프로 가열하여 녹인다.
③ 100℃의 뜨거운 물을 사용하여 녹인다.
④ 가스토치로 가열하여 녹인다.

> 고압가스의 충전용기 밸브는 서서히 개폐하고 밸브 또는 배관을 가열하는 때에는 열습포나 40℃ 이하의 더운 물을 사용해야 한다.

21 겨울철 LP 가스용기에 서릿발이 생겨 가스가 잘 나오지 않을 경우 가스를 사용하기 위한 가장 적절한 조치는?

① 연탄불로 쪼인다.
② 용기를 힘차게 흔든다.
③ 열 습포를 사용한다.
④ 90℃ 정도의 물을 용기에 붓는다.

> 가스용기에 배관을 가열하는 때에는 열습포나 40℃ 이하의 더운 물을 사용해야 한다.

22 가스용기의 취급 및 주의사항에 대한 설명 중 틀린 것은?

① 충전시 용기는 용기 재검사기간이 지나지 않았는지를 확인한다.
② LPG 용기나 밸브를 가열할 때는 뜨거운 물(40℃ 이상)을 사용해야 한다.
③ 충전한 후에는 용기밸브의 누출 여부를 확인한다.
④ 용기 내에 잔류물이 있을 때에는 잔류물을 제거하고 충전한다.

> 고압가스의 충전용기 밸브는 서서히 개폐하고 밸브 또는 배관을 가열하는 때에는 열습포나 40℃ 이하의 더운 물을 사용해야 한다.

정답 ▶ 16 ④ 17 ① 18 ③ 19 ④ 20 ① 21 ③ 22 ②

23 다음 용기종류별 부속품의 기호가 옳지 않은 것은?

① 저온용기의 부속품 : LT
② 압축가스 충전용기 부속품 : PG
③ 액화가스 충전용기 부속품 : LPG
④ 아세틸렌가스 충전용기 부속품 : AG

🔍 액화석유가스외의 액화가스를 충전하는 용기의 부속품 : LG

24 고압가스 용기의 어깨부분에 "FP : 15MPa"라고 표기되어 있다. 이 의미를 옳게 설명한 것은?

① 사용압력이 15MPa이다.
② 설계압력이 15MPa이다.
③ 내압시험압력이 15MPa이다.
④ 최고충전압력이 15MPa이다.

🔍 최고충전압력 : 기호 – FP, 단위 – MPa

25 산소용기의 최고충전압력이 15MPa일 때 이 용기의 내압시험압력은 얼마인가?

① 15MPa　　② 20MPa
③ 22.5MPa　④ 25MPa

🔍 압축가스 및 저온용기 충전하는 액화가스 용기의 내압시험압력(TP)
$TP = FP \times \frac{5}{3}$ 이상에서
$TP = 15 \times \frac{5}{3} = 25MPa$

26 고압가스 용기 파열사고의 원인으로 가장 거리가 먼 것은?

① 용기의 내(耐)압력 부족
② 용기의 재질불량
③ 용접상의 결함
④ 이상압력 저하

🔍 용기내의 압력이 일정압력보다 높을 때 파열이 발생할 수 있다.

27 내용적 50L의 용기에 수압 30kgf/cm²를 가해 내압시험을 하였다. 이 경우 30kgf/cm²의 수압을 걸었을 때 용기의 용적이 50.5L로 늘어났고 압력을 제거하여 대기압으로 하니 용기용적은 50.025L로 되었다. 항구증가율은 얼마인가?

① 0.3%　　② 0.5%
③ 3%　　　④ 5%

🔍 항구증가율 = $\frac{영구증가량}{전증가량} \times 100\%$ 에서
항구증가율 = $\frac{50.025 - 50}{50.5 - 50} \times 100\% = 5\%$

28 의료용 가스용기의 도색 구분 표시로 틀린 것은?

① 산소 – 백색
② 질소 – 청색
③ 헬륨 – 갈색
④ 에틸렌 – 자색

🔍 의료용 가스용기 도색

가스의 종류	도색	가스의 종류	도색
산소	백색	헬륨	갈색
액화탄산가스	회색	에틸렌	자색
질소	흑색	아산화질소	청색
싸이크로플로판	주황색	그 밖의 가스	회색

29 내용적이 1천L 이상인 초저온가스용 용기의 단열성능 시험경과 합격 기준은 몇 [kcal/h · ℃ · L] 이하 인가?

① 0.0005　② 0.001
③ 0.002　　④ 0.005

🔍 초저온용기 단열성능시험 판정기준
• 침입열량이 0.0005kcal/h · ℃ · L 이하인 경우 적합
• 내용적이 1000L 이상인 초저온용기는 0.002kcal/h · ℃ · L 이하인 경우 적합

30 내압시험압력 및 기밀시험압력의 기준이 되는 압력으로서 사용 상태에서 해당설비 등의 각 부에 작용하는 최고사용압력을 의미하는 것은?

① 작용압력
② 상용압력
③ 사용압력
④ 설정압력

🔍 최고사용압력 = 상용압력

정답　23 ③　24 ④　25 ④　26 ④　27 ④　28 ②　29 ③　30 ②

31 다음 중 일체형 냉동기로 볼 수 없는 것은?

① 냉매설비 및 압축기용 원동기가 하나의 프레임 위에 일체로 조립된 것
② 냉동설비를 사용할 때 스톱밸브 조작이 필요한 것
③ 응축기 유니트와 증발기 유니트가 냉매배관으로 연결된 것으로서 1일 냉동능력이 20톤 미만인 공조용 패키지 에어콘
④ 사용 장소에 분할·반입하는 경우에 냉동설비에 용접 또는 절단을 수반하는 공사를 하지 아니하고 재조립하여 냉동제조용으로 사용할 수 있는 것

🔍 일체형 냉동기는 냉동설비를 사용할 때 스톱밸브 조작이 필요 없는 것을 말한다.

32 가스를 사용하려 하는데 밸브에 얼음이 얼어 붙었다. 이 때 조치방법으로 가장 적절한 것은?

① 40℃ 이하의 더운 물을 사용하여 녹인다.
② 80℃의 램프로 가열하여 녹인다.
③ 100℃의 뜨거운 물을 사용하여 녹인다.
④ 가스토치로 가열하여 녹인다.

🔍 고압가스의 충전용기 밸브는 서서히 개폐하고 밸브 또는 배관을 가열하는 때에는 열습포나 40℃ 이하의 더운 물을 사용해야 한다.

33 고압가스용기의 안전점검 기준에 해당되지 않는 것은?

① 용기의 부식, 도색 및 표시 확인
② 용기의 캡이 씌워져 있거나 프로텍터의 부착 여부 확인
③ 재검사 기간의 도래여부를 확인
④ 용기의 누출을 성냥불로 확인

🔍 용기의 누출여부를 성냥불로 확인할 경우 가스 누설 시 폭발의 위험성이 있으므로 비눗물로 확인한다.

34 다음 중 용기 파열사고의 원인으로 보기 어려운 것은?

① 용기의 내압력 부족
② 용기 내압의 상승
③ 안전밸브의 작동
④ 용기내에서 폭발성 혼합가스에 의한 발화

🔍 용기내의 압력이 일정압력보다 높을 때 파열이 발생할 수 있으므로 안전밸브를 설치하여 내부압력을 외부로 방출하여 용기의 파손을 방지한다.

35 고압가스판매자가 실시하는 용기의 안전점검 및 유지관리의 기준으로 틀린 것은?

① 용기아래부분의 부식상태를 확인할 것
② 완성검사 도래 여부를 확인할 것
③ 밸브의 그랜드 너트가 고정핀으로 이탈방지를 위한 조치가 되어 있는지의 여부를 확인할 것
④ 용기캡이 씌워져 있거나 프로텍터가 부착되어 있는지의 여부를 확인할 것

🔍 재검사기간에 도래 여부를 확인할 것

36 아세틸렌 용기의 기밀시험은 최고 충전압력의 얼마로 해야 하는가?

① 0.8배 ② 1.1배
③ 1.5배 ④ 1.8배

🔍 아세틸렌(C_2H_2) 용기의 기밀시험 압력 = 최고충전압력(FP) × 1.8배 이상

정답 31 ② 32 ① 33 ④ 34 ③ 35 ② 36 ④

SECTION 04 가스판매 및 운반

STEP 01 고압가스 판매시설 기준

1. 용기에 의한 판매시설

1) 사업소 배치
   ① 사업소의 부지는 한 면이 폭 4m 이상의 도로에 접할 것
   ② 고압가스의 저장설비 중 보관할 수 있는 고압가스의 용적이 300m³(액화가스는 3톤)을 넘는 저장설비는 그 외면으로부터 보호시설(사업소에 있는 보호시설 및 전용공업지역에 있는 보호시설은 제외)까지 안전거리를 유지할 것
   ③ 저장설비는 그 외면으로부터 화기를 취급하는 장소까지 2m 이상의 우회거리를 유지하여야 할 것

2) 저장설비
   ① 용기보관실 및 사무실은 한 부지 안에 구분하여 설치할 것
   ② 용기보관실
      ㉮ 용기보관실의 벽은 방호벽으로 할 것
      ㉯ 용기보관실 벽은 불연재료를 사용하고, 지붕은 가벼운 불연재료 또는 난연재료를 사용할 것
      ㉰ 용기보관실은 누출된 가스가 사무실로 유입되지 않는 구조로 설치할 것
      ㉱ 가연성가스 · 산소 및 독성가스의 용기보관실은 각각 구분하여 설치하고, 각각의 면적은 10m² 이상으로 할 것
      ㉲ 가연성가스, 산소 및 독성가스의 저장실은 각각 구분하여 설치할 것

3) 사고예방설비
   ① 가스누출 및 자동차단장치 설치한다.
      ㉮ 누출한 가스가 체류하기 쉬운 장소에 판매시설의 둘레 10m마다 1개 이상의 비율로 계산한 수를 설치한다.
      ㉯ 검지경보장치의 검출부는 가스비중, 주위상황, 가스설비 높이 등 조건에 따라 적절한 높이에 설치한다.
   ② 가연성가스(암모니아, 브롬화메탄 및 공기 중에서 자기발화하는 가스 제외)의 저장설비 중 전기설비는 누출된 가스의 점화원이 되는 방지하기 위하여 전기방폭설비를 설치한다.
   ③ 가연성가스의 용기보관실에는 누출된 가스가 체류하지 않도록 환기설비를 2방향 이상의 개구부 또는 강제환기시설을 설치한다.

3) 판매시설
   ① 판매시설에는 압력계 및 계량기를 갖출 것

② 판매업소에는 용기운반자동차의 원활한 통행과 용기의 원활한 하역작업을 위하여 용기보관실 주위에 11.5m² 이상의 부지(주차장)를 확보할 것
③ 사무실의 면적은 9m² 이상으로 할 것

4) 경계표지
① 경계표지는 용기보관실의 출입구 등 외부로부터 보기 쉬운 곳에 게시한다. 이 경우 출입방향이 여러 곳일 경우에는 그 장소마다 게시한다.
② 외부인의 출입을 통제할 수 있도록 적절한 경계책을 설치한다.
㉮ 경계책의 높이 : 1.5m 이상
㉯ 재료 : 철책, 철망

2. 배관에 의한 고압가스 판매

1) 저장설비
① 저장능력 5톤(비가연성 또는 비독성가스의 경우 10톤) 또는 500m³(비가연성 또는 비독성가스의 경우 1,000m³) 이상인 저장탱크 및 압력용기(반응·분리·정제·증류를 위한 탑류로서 높이 5m 이상)에는 지진발생시 저장탱크를 보호하기 위하여 지진의 영향에 대한 안전한 구조로 설계, 제작, 설치한다.
② 5m³ 이상의 가스를 저장하는 것에는 가스방출장치를 설치할 것
③ 가연성가스 저장탱크(저장능력이 300m³ 또는 3톤 이상인 탱크)와 다른 가연성가스 저장탱크 또는 산소저장탱크 사이에는 두 저장탱크 최대지름을 더한 길이의 4분의 1 이상에 해당하는 거리(두 저장탱크 최대지름을 더한 길이의 4분의 1이 1m 미만인 경우 1m 이상의 거리)에 해당하는 거리를 유지한다.
④ 안전거리를 유지하지 못한 경우 물분무장치를 설치한다.
⑤ 저장탱크를 지하에 설치
㉮ 저장탱크는 천정, 벽 및 바닥의 두께가 각각 30cm 이상인 방수조치를 한 철근콘크리트를 만든 곳에 설치한다.
㉯ 저장탱크의 주위에는 마른모래로 채운다.
㉰ 지면으로부터 저장탱크의 정상부까지의 깊이는 60cm 이상으로 한다.
㉱ 저장탱크에 설치한 안전밸브는 지면에서 5m 이상의 높이에 방출구가 있는 가스방출관을 설치한다.
㉲ 저장탱크를 2개 이상 인접하여 설치하는 경우 상호간에 1m 이상의 거리를 유지한다.
⑥ 저장탱크를 실내에 설치
㉮ 저장탱크실과 처리설비실은 각각 구분하여 설치하고 강제환기시설을 갖춘다.
㉯ 가연성가스 또는 독성가스의 저장탱크실과 처리설비실에는 가스누출검지경보설비를 설치한다.
㉰ 저장탱크실과 처리설비실의 출입문은 각각 따로 설치하고 외부인이 출입할 수 없도록 자물쇠로 채운다.
⑦ 부압파괴방지설비 : 가연성가스 저온저장탱크는 저장탱크의 내부압력이 외부압력보다 낮아짐에 따라 저장탱크가 파괴되는 것을 방지한다.

㉮ 압력계

㉯ 압력경보설비

㉰ 다음 중 어느 하나 설비 : 진공안전밸브, 다른 저장탱크 또는 시설로부터의 가스도입배관(균압관), 압력과 연동하는 긴급차단장치를 설치한 냉동제어설비, 압력과 연동하는 긴급차단장치를 설치한 송액설비

⑧ 과충전방지설비 : 아황산가스, 암모니아, 염소, 염화메탄, 산화에틸렌, 시안화수소, 포스겐, 황화수소의 저장탱크에는 저장탱크 내용적의 90%를 초과하는 것을 방지한다.

2) 밸브 또는 콕 조작

① 개폐방향이 표시되도록 할 것

② 밸브 가까운 부분에 쉽게 알아볼 수 있는 방법으로 그 배관 내의 가스나 그 밖의 유체의 종류 및 방향이 표시되도록 할 것

③ 조작함으로써 밸브가 설치된 가스설비에 안전상 중대한 영향을 미치는 밸브 중에서 항상 사용하지 않는 것에는 자물쇠 채움 또는 봉인하는 등의 조치를 해 둘 것

④ 안전밸브 또는 방출밸브에 설치된 스톱밸브는 그 밸브의 수리 등을 위하여 특별히 필요한 때를 제외하고는 항상 완전히 열어 놓을 것

⑤ 가연성가스 또는 독성가스의 저장탱크 긴급차단장치에 딸린 밸브 외에 설치한 밸브 중 그 저장탱크의 가장 가까운 부근에 설치한 밸브는 가스를 송출하거나 옮겨 넣을 때 외에는 잠가 둘 것

STEP 02 고압가스 운반기준

1. 용기에 의한 운반기준

1) 독성가스 용기 운반기준

① 운반차량

㉮ 가스운반차량의 적재함에는 리프트를 설치한다.

㉯ 적재능력이 1톤(내용적 1,000L) 이하의 차량은 리프트를 설치하지 아니할 수 있다.

㉰ 허용농도가 100만분의 200이하인 독성가스 충전용기를 운반하는 경우 용기승하차용 리프트와 밀폐된 구조의 적재함이 부착된 전용차량으로 운반한다.

② 경계표지

㉮ 차량의 앞뒤에 보기 쉬운 곳에 적색 글씨로 각각 "위험 고압가스" 및 "독성가스"라는 경계표지와 위험을 알리는 도형 및 전화번호를 표시한다.

㉯ 크기
- 가로치수는 차체 폭의 30% 이상, 세로치수는 가로치수의 20% 이상으로 된 직사각형으로 하고 문자는 발광도료나 보안용 반사시트 및 테이프를 사용할 것
- 삼각기는 운전석 외부의 보기 쉬운 곳에 게시하고 적색바탕에 글자는 황색, 경계표시는 적색글씨로 표시할 것
- 정사각형에 가까운 형상으로 경계표시를 할 경우 600m^2 이상의 면적으로 할 것

③ 적재기준
  ㉮ 충전용기를 차량에 적재하여 운반할 때에는 고압가스 운반차량에 세워서 적재할 것
  ㉯ 차량의 최대적재량을 초과하여 적재하지 않을 것
  ㉰ 납붙임용기 또는 접합용기에 고압가스를 충전하여 차량에 적재할 때에는 고정상자의 외면에 가스의 종류, 용도 및 취급시 주의사항을 기재한 것에만 적재하고 이탈을 방지하기 위하여 보호망을 적재함 위에 씌울 것
  ㉱ 차량운행 중의 동요로 인하여 용기가 충돌하지 않도록 고무링을 씌우거나 적재함에 세워서 적재할 것
  ㉲ 충전용기 등을 무너지거나 떨어지거나 차량의 충돌 등으로 인한 충격과 밸브손상 등을 방지하기 위하여 고무링을 씌우거나 적재함에 세워서 적재할 것
  ㉳ 밸브가 돌출한 충전용기는 고정식 프로텍터나 캡을 부착시켜 밸브의 손상를 방지할 것

④ 운반책임자 동승기준

가스의 종류		기준
압축가스	허용농도가 100만분의 200 초과	100m³ 이상
	허용농도가 100만분의 200 이하	10m³ 이상
액화가스	허용농도가 100만분의 200 초과	1,000kg 이상
	허용농도가 100만분의 200 이하	100kg 이상

⑤ 가스운반시 차량비치 항목
  ㉮ 가스의 명칭
  ㉯ 가스의 특성(온도와 압력과의 관계, 비중, 색깔, 냄새)
  ㉰ 인체에 대한 독성 유무
  ㉱ 화재, 폭발의 위험성 유무

⑥ 보호장비 비치
  ㉮ 보호구 : 방독마스크, 공기호흡기, 보호의, 보호장갑, 보호장화
  ㉯ 자재 : 적색기, 휴대용손전등, 메가폰, 물통, 누출검지액, 차바퀴고정목, 비상통신설비
  ㉰ 가스운반시 제독제 보유량

품명	운반하는 독성가스의 양		비고
	액화가스질량 1000kg		
	미만인 경우	이상인 경우	
소석회	20kg 이상	40kg 이상	염소, 염화수소, 아황산가스 등 효과가 있는 액화가스에 적용

2) 독성가스외 운반기준
  ① 적재기준
    ㉮ 충전용기를 차량에 적재하여 운반할 때에는 고압가스 운반차량에 세워서 적재할 것
    ㉯ 충전용기는 자전거나 오토바이에 적재하여 운반하지 아니할 것

> **참고** 오토바이에 적재하여 운반
> - 차량 통행이 곤란한 경우
> - 시도지사가 지정하는 경우
> - 용기운반 전용 적재함이 장착된 경우
> - 적재하는 충전용기의 충전량이 20kg 이하이고 적재수가 2개를 초과하지 않는 경우

   ㉰ 염소와 아세틸렌, 암모니아 또는 수소는 동일차량에 적재하여 운반하지 않을 것
   ㉱ 가연성가스와 산소를 동일 차량에 적재하여 운반하는 때에는 그 충전용기의 밸브가 서로 마주보지 않도록 할 것
   ㉲ 가연성가스 또는 산소를 운반하는 차량에는 소화설비 및 재해발생방지를 위한 응급조치에 필요한 자재 및 공구를 휴대할 것
   ㉳ 충전용기와 소방법이 정하는 위험물과는 동일차량에 적재하여 운반하지 아니 할 것
  ② 운반책임자 동승기준

가스의 종류		기준
압축가스	가연성가스	300m³ 이상
	조연성가스	600m³ 이상
액화가스	가연성가스	3,000kg 이상(납붙임용기 및 접합용기 2,000kg 이상)
	조연성가스	6,000kg 이상

2. 차량에 고정된 탱크에 의한 운반기준

 1) 차량 및 탱크기준
  ① 내용적 제한
   ㉮ 가연성가스(액화석유가스 제외)나 산소 탱크의 내용적 : 18,000L
   ㉯ 독성가스(액화암모니아 제외)의 내용적 : 12,000L
  ② 온도계 설치 : 충전탱크(용기)는 온도를 항상 40℃ 이하로 유지할 것
  ③ 액면요동방지 : 액면요동을 방지하기 위하여 방파판을 설치할 것
  ④ 검지봉 설치 : 탱크 정상부의 높이가 차량 정상부의 높이보다 높을 경우 높이를 측정하는 기구를 설치할 것
  ⑤ 돌출부속품의 보호
   ㉮ 가스를 이송 또는 이입하는데 사용되는 밸브를 후부취출식 탱크의 주밸브 및 긴급차단장치에 속하는 밸브와 차량의 뒷범퍼와의 수평거리를 40cm 이상 이격할 것
   ㉯ 후부취출식 탱크외의 탱크는 후면과 차량의 뒷범퍼와의 수평거리를 30cm 이상이 되도록 탱크를 차량에 고정시킬 것
   ㉰ 조작상자와 차량의 뒷범퍼와의 수평거리를 20cm 이상 이격할 것
  ⑥ 액면계 설치
  ⑦ 폭발방지장치 설치

2) 운반책임자 동승기준

가스의 종류		기준
압축가스	가연성가스	300m³ 이상
	조연성가스	600m³ 이상
	독성가스	100m³ 이상
액화가스	가연성가스	3,000kg 이상
	조연성가스	6,000kg 이상
	독성가스	1,000kg 이상

3) 운행 중 조치사항

① 가스운반차량을 운행할 때에는 그 가스로 인한 위해를 방지하기 위하여 주의사항의 비치, 안전점검, 안전수칙 준수 등 안전 확보에 필요한 조치를 마련할 것
② 고압가스를 운반하는 도중에 주차를 하려면 충전용기를 차에 싣거나 차에서 내릴 때를 제외하고는 보호시설 부근을 피할 것
③ 주위의 교통상황·지형조건·화기 등을 고려하여 안전한 장소를 택하여 주차해야 하며, 주차 시에는 엔진을 정지시킨 후 주차제동장치를 걸어 놓고 차바퀴를 고정목으로 고정시킬 것
④ 운반 중에는 충전용기를 항상 40℃ 이하로 유지할 것
⑤ 독성가스를 운반하는 때에는 그 고압가스의 명칭·성질 및 이동 중의 재해방지를 위하여 필요한 주의사항을 적은 서면을 운반책임자 또는 운전자에게 내주고 운반 중에 지니게 할 것
⑥ 고압가스를 적재하여 운반하는 차량은 차량의 고장, 교통사정, 운반책임자 또는 운전자의 휴식 등 부득이한 경우를 제외하고는 장시간 정차해서는 아니 되며, 운반책임자와 운전자가 동시에 차량에서 이탈하지 않을 것
⑦ 200km 이상의 거리를 운행하는 경우에는 중간에 충분한 휴식을 취한 후 운행할 것
⑧ 운반 중 누출 등의 위해 우려가 있는 경우에는 소방서 및 경찰서에 신고하고, 독성가스를 도난당하거나 분실한 때에는 즉시 그 내용을 경찰서에 신고할 것
⑨ 독성가스 충전용기를 적재하여 운반할 때에는 노면이 나쁜 도로에서는 가능한한 운행하지 말 것
⑩ 밸브가 돌출한 충전용기는 고정식 프로텍터 또는 캡을 부착시켜 밸브의 손상을 방지하는 조치를 하고 운반할 것
⑪ 운행도중 노상에 주차할 필요가 있는 경우
　㉮ 제1종보호시설로부터 15m 이상 떨어지도록 하고 주택 등이 밀집한 지역을 피하고 교통량이 적고 부근에 화기가 없는 안전하고 지반이 좋은 장소에 주차한다.
　㉯ 부득이하게 비탈길에 주차하는 경우 주차브레이크를 확실히 걸고 차바퀴에 차바퀴 고정목으로 고정한다.
　㉰ 차량운전자나 운반책임자가 차량으로부터 이탈할 경우 항상 눈에 띄는 곳에 있도록 한다.
⑫ 2개 이상의 탱크를 동일한 차량에 고정
　㉮ 탱크마다 주밸브를 설치할 것
　㉯ 탱크 상호간 또는 탱크와 차량과의 사이를 단단하게 부착시킬 것

㉰ 충전관에는 안전밸브, 압력계 및 긴급 탈압밸브를 설치할 것

4) 차량에 고정된 탱크를 운행할 경우 휴대해야 할 서류
① 고압가스 이동계획서
② 고압가스관련 자격증
③ 운전면허증
④ 탱크테이블(용량환산표)
⑤ 차량운행일지
⑥ 차량등록증

5) 이입작업
① 차량이 앞뒤로 움직이지 않도록 차바퀴 전후를 차바퀴 고정목으로 고정시킨다.
② 정전기 제거용 접지코드를 기지의 접지함에 접속한다.
③ "이입작업(충전) 중 화기엄금"의 표시판이 눈에 잘 띄는 곳에 세워져 있는가 확인한다.
④ 부근에 화재유무를 확인하고 만일의 화재에 대비하여 소화기를 즉시 사용할 수 있도록 한다.

제04절_ 가스판매 및 운반
출제예상문제

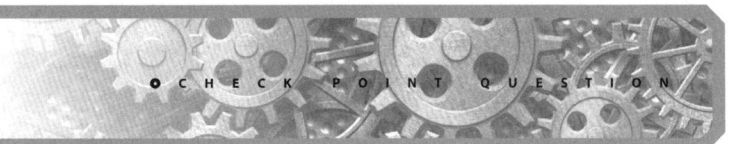

01 고압가스 충전용기의 운반기준으로 틀린 것은?

① 염소와 아세틸렌, 암모니아 또는 수소는 동일차량에 적재하여 운반하지 아니 할 것
② 가연성가스와 산소를 동일차량에 적재하여 운반하는 때에는 그 충전용기의 밸브가 마주보도록 할 것
③ 가연성가스 또는 산소를 운반하는 차량에는 소화설비 및 재해발생방지를 위한 응급조치에 필요한 자재 및 공구를 휴대할 것
④ 충전용기와 소방법이 정하는 위험물과는 동일차량에 적재하여 운반하지 아니 할 것

🔍 가연성가스와 산소를 동일 차량에 적재하여 운반하는 때에는 그 충전용기의 밸브가 서로 마주보지 않도록 할 것

02 가스운반시 차량 비치 항목이 아닌 것은?

① 가스 표시 색상
② 가스 특성(온도와 압력과의 관계, 비중, 색깔, 냄새)
③ 인체에 대한 독성 유무
④ 화재, 폭발의 위험성 유무

🔍 가스운반시 차량비치 항목
• 가스의 명칭
• 가스의 특성(온도와 압력과의 관계, 비중, 색깔, 냄새)
• 인체에 대한 독성 유무
• 화재, 폭발의 위험성 유무

03 차량에 고정된 탱크 중 독성가스는 내용적을 얼마로 제작하여야 하는가?

① 12,000 ℓ 이하   ② 18,000 ℓ 이하
③ 15,000 ℓ 이하   ④ 16,000 ℓ 이하

🔍 내용적 제한
• 가연성가스(액화석유가스 제외)나 산소 탱크의 내용적 : 18,000 ℓ
• 독성가스(액화암모니아 제외)의 내용적 : 12,000 ℓ

04 충전용기를 차량에 적재하여 운반하는 도중에 주차 하고자 할 때 주의사항으로 옳지 않은 것은?

① 충전용기를 싣거나 내릴 때를 제외하고는 제1종 보호시설의 부근 및 제2종 보호시설이 밀집된 지역을 피한다.
② 주차시는 엔진을 정지시킨후 사이드 브레이크를 걸어 놓는다.
③ 주차를 하고자 하는 주위의 교통상황, 주위의 지형조건, 주위의 화기 등을 고려하여 안전한 장소를 택하여 주차한다.
④ 주차시에는 긴급한 사태를 대비하여 바퀴 고정목을 사용하지 않는다.

🔍 주위의 교통상황·지형조건·화기 등을 고려하여 안전한 장소를 택하여 주차해야 하며, 주차 시에는 엔진을 정지시킨 후 주차제동장치를 걸어 놓고 차바퀴를 고정목으로 고정시킬 것

05 차량에 고정된 탱크로서 고압가스를 운반할 때 그 내용적의 한계로서 틀린 것은?

① 수소 : 18,000 ℓ
② 산소 : 18,000 ℓ
③ 액화 암모니아 : 12,000 ℓ
④ 액화 염소 : 12,000 ℓ

🔍 내용적 제한
• 가연성가스(액화석유가스 제외)나 산소 탱크의 내용적 : 18,000 ℓ
• 독성가스(액화암모니아 제외)의 내용적 : 12000 ℓ

06 고압가스의 충전용기는 그 온도를 항상 몇 [℃] 이하로 유지하도록 해야 하는가?

① 40℃   ② 30℃
③ 20℃   ④ 15℃

🔍 충전탱크 및 충전용기는 온도를 항상 40℃ 이하로 유지할 것

정답 01 ② 02 ① 03 ① 04 ④ 05 ③ 06 ①

07 몇 [km] 이상의 거리를 운행하는 경우에 중간에 충분한 휴식을 취한 후 운행하는가?

① 200 ② 100
③ 50   ④ 10

🔍 고압가스를 운반하는 자는 200km 이상의 거리를 운행하는 경우 중간에 충분한 휴식을 취한 후 운행할 것

08 액화독성가스 1,000kg 이상을 이동시 휴대해야 할 제독제인 소석회는 몇 [kg] 이상을 휴대하여야 하는가?

① 20kg ② 30kg
③ 40kg ④ 80kg

🔍 가스운반시 제독제 보유량

품명	운반하는 독성가스의 양	
	액화가스질량 1,000kg	
	미만인 경우	이상인 경우
소석회	20kg 이상	40kg 이상

09 2개 이상의 탱크를 동일한 차량에 고정 운반시의 기준에 적합하지 않은 것은?

① 탱크마다 주밸브를 설치할 것
② 탱크 상호간 또는 탱크와 차량 사이를 견고히 결속할 것
③ 충전관에는 안전밸브, 압력계 및 긴급 탈압 밸브를 설치할 것
④ 독성가스 운반시 소화설비를 휴대할 것

🔍 2개 이상의 탱크를 동일한 차량에 고정
• 탱크마다 주밸브를 설치할 것
• 탱크 상호간 또는 탱크와 차량과의 사이를 단단하게 부착시킬 것
• 충전관에는 안전밸브, 압력계 및 긴급 탈압밸브를 설치할 것

10 고압가스를 운반하는 차량의 경계표시 크기의 가로 치수는 차체 폭의 몇 [%] 이상으로 하는가?

① 5%   ② 10%
③ 20% ④ 30%

🔍 경계표지 크기 : 가로치수는 차체 폭의 30% 이상, 세로치수는 가로치수의 20% 이상으로 된 직사각형으로 한다.

11 독성가스를 운반시 휴대하는 보호구가 아닌 것은?

① 방독마스크 ② 메가폰
③ 보호의   ④ 보호장화

12 차량에 고정된 탱크가 있다. 차체폭이 A, 차체 길이가 B라고 할 때 이 탱크의 운반시 표시해야 하는 경계표시의 크기는?

① 가로 : A×0.3 이상, 세로 : B×0.2 이상
② 가로 : B×0.3 이상, 세로 : A×0.2 이상
③ 가로 : A×0.3 이상, 세로 : A×0.3×0.2 이상
④ 가로 : A×0.3 이상, 세로 B×0.3×0.2 이상

🔍 경계표지 크기 : 가로치수는 차체 폭의 30% 이상, 세로치수는 가로치수의 20% 이상으로 된 직사각형으로 한다.

13 차량에 고정된 고압가스 탱크를 운행할 경우에 휴대해야 할 서류가 아닌 것은?

① 차량등록증
② 탱크 테이블(용량환산표)
③ 고압가스 이동계획서
④ 탱크 제조시방서

🔍 차량에 고정된 탱크를 운행할 경우 휴대해야 할 서류
• 고압가스 이동계획서
• 고압가스관련 자격증
• 운전면허증
• 탱크테이블(용량환산표)
• 차량운행일지
• 차량등록증

14 고압가스의 운반기준으로 옳지 않은 것은?

① 염소와 아세틸렌, 수소는 동일 차량에 적재하여 운반하지 못한다.
② 아세틸렌과 산소는 동일 차량에 적재하여 운반하지 못한다.
③ 독성가스 중 가연성가스와 조연성가스는 동일 차량에 적재하여 운반하지 못한다.
④ 충전용기와 휘발유는 동일 차량에 적재하여 운반하지 못한다.

🔍 가연성가스와 산소를 동일 차량에 적재하여 운반하는 때에는 그 충전용기의 밸브가 서로 마주보지 않도록 할 것

 정답 07 ① 08 ③ 09 ④ 10 ④ 11 ② 12 ③ 13 ④ 14 ②

15 액화염소가스 2,000kg을 운반시에 차량에 휴대하여야 하는 소석회의 양은 얼마 이상이어야 하는가?

① 20kg ② 40kg
③ 60kg ④ 80kg

🔍 가스운반시 제독제 보유량

품명	운반하는 독성가스의 양	
	액화가스질량 1,000kg	
	미만인 경우	이상인 경우
소석회	20kg 이상	40kg 이상

16 차량에 고정된 산소탱크는 내용적이 몇 [L]를 초과해서는 안되는가?

① 12,000 ② 15,000
③ 18,000 ④ 20,000

🔍 내용적 제한
- 가연성가스(액화석유가스 제외)나 산소 탱크의 내용적 : 18,000L
- 독성가스(액화암모니아 제외)의 내용적 : 12,000L

17 고압가스 운반시 밸브가 돌출한 충전용기에는 밸브의 손상을 방지하기 위하여 무엇을 설치하여 운반하여야 하는가?

① 고무판
② 프로텍터 또는 캡
③ 스커터
④ 목재칸막이

🔍 밸브가 돌출한 충전용기는 고정식 프로텍터 또는 캡을 부착시켜 밸브의 손상을 방지하는 조치를 하고 운반할 것

18 가연성 액화가스를 충전하여 200km를 초과하여 운반할 때 운반책임자를 동승시켜야 하는 기준은? (단, 납붙임 및 접합용기는 제외한다.)

① 1,000kg 이상
② 2,000kg 이상
③ 3,000kg 이상
④ 6,000kg 이상

🔍 운반책임자 동승기준

가스의 종류		기준
압축가스	가연성가스	300m³ 이상
	조연성가스	600m³ 이상
	독성가스	100m³ 이상
액화가스	가연성가스	3,000kg 이상
	조연성가스	6,000kg 이상
	독성가스	1,000kg 이상

19 독성가스를 용기에 의하여 운반시 구비하여야 할 보호장비 중 반드시 휴대하지 않아도 되는 것은?

① 방독면   ② 제독제
③ 고무장갑 및 고무장화 ④ 산소마스크

🔍 보호장비 비치 : 방독마스크, 공기호흡기, 보호의, 보호장갑, 보호장화, 제독제

20 고압가스 운반기준에 대한 안전기준 중 틀린 것은?

① 밸브돌출 용기는 고정식 프로텍터나 캡 등을 부착하여 손상을 방지한다.
② 운반시 넘어짐 등으로 인한 충격을 방지하기 위하여 와이어로프 등으로 결속한다.
③ 위험물안전관리법이 정하는 위험물과 충전용기를 동일 차량에 적재시는 1m 정도 이격시킨 후 운반한다.
④ 독성가스 중 가연성과 조연성 가스는 동일 차량 적재함에 적재하여 운반하지 않는다.

🔍 충전용기와 소방법이 정하는 위험물과는 동일차량에 적재하여 운반하지 아니 할 것

21 후부 취출식 탱크에서 탱크 주밸브 및 긴급차단장치에 속하는 밸브와 차량의 뒷범퍼와의 수평거리는 얼마나 이상 떨어져 있어야 하는가?

① 20cm ② 30cm
③ 40cm ④ 60cm

🔍 가스를 이송 또는 이입하는데 사용되는 밸브를 후부취출식 탱크의 주밸브 및 긴급차단장치에 속하는 밸브와 차량의 뒷범퍼와의 수평거리를 40cm 이상 이격할 것

정답 15 ② 16 ③ 17 ② 18 ③ 19 ④ 20 ③ 21 ③

22 고압가스 용기 중 동일 차량에 혼합 적재하여 운반하여도 무방한 것은?

① 산소와 질소, 탄산가스
② 염소와 아세틸렌, 암모니아 또는 수소
③ 동일 차량에 용기의 밸브가 서로 마주보게 적재한 가연성가스와 산소
④ 충전용기와 위험물안전관리법이 정하는 위험물

> • 염소와 아세틸렌, 암모니아 또는 수소는 동일차량에 적재하여 운반하지 않을 것
> • 가연성가스와 산소를 동일 차량에 적재하여 운반하는 때에는 그 충전용기의 밸브가 서로 마주보지 않도록 할 것
> • 충전용기와 소방법이 정하는 위험물과는 동일차량에 적재하여 운반하지 아니 할 것

23 다음 중 아세틸렌, 암모니아 또는 수소와 동일 차량에 적재 운반할 수 없는 가스는?

① 염소　　② 액화석유가스
③ 질소　　④ 일산화탄소

> 염소와 아세틸렌, 암모니아 또는 수소는 동일차량에 적재하여 운반하지 않을 것

24 다음 중 고압가스 운반 등의 기준으로 틀린 것은?

① 고압가스를 운반하는 때에는 재해방지를 위하여 필요한 주의사항을 기재한 서면을 운전자에게 교부하고 운전 중 휴대하게 한다.
② 차량의 고장, 교통사정 또는 운전자의 휴식 등 부득이 한 경우를 제외하고는 장시간 정차하여서는 안된다.
③ 고속도로 운행 중 점심식사를 하기 위해 운반책임자와 운전자가 동시에 차량을 이탈할 때에는 시건장치를 하여야 한다.
④ 지정한 도로, 시간, 속도에 따라 운반하여야 한다.

> 고압가스를 적재하여 운반하는 차량은 차량의 고장, 교통사정, 운반책임자 또는 운전자의 휴식 등 부득이한 경우를 제외하고는 장시간 정차해서는 아니 되며, 운반책임자와 운전자가 동시에 차량에서 이탈하지 않을 것

25 다음 중 고압가스 운반기준 위반사항은?

① LPG와 산소를 동일차량에 그 충전용기의 밸브가 서로 마주보지 않도록 적재하였다.
② 운반 중 충전용기를 40℃ 이하로 유지하였다.
③ 비독성 압축가연성가스 500m³를 운반시 운반책임자를 동승시키지 않고 운반하였다.
④ 200km 이상의 거리를 운행하는 경우에 중간에 충분한 휴식을 하였다.

> 운반책임자 동승기준

가스의 종류		기준
액화가스	가연성가스	3,000kg 이상
	독성가스	1,000kg 이상
	조연성가스	6,000kg 이상
압축가스	가연성가스	300m³ 이상
	독성가스	100m³ 이상
	조연성가스	600m³ 이상

26 독성가스의 충전용기를 차량에 적재하여 운반시 그 차량의 앞뒤 보기 쉬운 곳에 반드시 표시해야 할 사항이 아닌 것은?

① 위험 고압가스　② 독성가스
③ 위험을 알리는 도형　④ 제조회사

> 차량의 앞뒤에 보기 쉬운 곳에 적색 글씨로 각각 "위험 고압가스" 및 "독성가스"라는 경계표지와 위험을 알리는 도형 및 전화번호를 표시한다.

27 독성가스를 운반하는 차량에 반드시 갖추어야 할 용구나 물품에 해당되지 않는 것은?

① 방독면　　② 제독제
③ 고무장갑　　④ 소화장비

> 보호장비 비치 : 방독마스크, 공기호흡기, 보호의, 보호장갑, 보호장화, 제독제

28 차량이 통행하기 곤란한 지역의 경우 액화석유가스 충전용기를 오토바이에 적재하여 운반할 수 있는 충전용기 기준에 적합한 것은?

① 충전량이 10kg인 충전용기-적재 충전용기 2개
② 충전량이 13kg인 충전용기-적재 충전용기 3개
③ 충전량이 20kg인 충전용기-적재 충전용기 3개
④ 충전량이 20kg인 충전용기-적재 충전용기 4개

정답 ▶ 22 ① 23 ① 24 ③ 25 ③ 26 ④ 27 ④ 28 ①

🔍 오토바이 적재조건 : 적재하는 충전용기의 충전량이 20kg 이하이고 적재수가 2개를 초과하지 않는 경우

29 고압가스 운반책임자를 꼭 동승하여야 하는 경우로서 틀린 것은?

① 압축가스인 수소 500m³를 적재하여 운반할 경우
② 압축가스인 산소 800m³를 적재하여 운반할 경우
③ 액화석유가스를 충전한 납붙임용기 1,000kg을 적재하여 운반할 경우
④ 액화천연가스를 충전한 탱크로리로서 3,000kg을 적재하여 운반할 경우

🔍 운반책임자 동승기준

가스의 종류		기준
압축가스	가연성가스	300m³ 이상
	조연성가스	600m³ 이상
액화가스	가연성가스	3,000kg 이상(납붙임용기 및 접합용기 2,000kg 이상)
	조연성가스	6,000kg 이상

30 고압가스 충전용기의 운반 기준으로 틀린 것은?

① 충전용기를 차량에 적재하여 운반할 때는 붉은 글씨로 "위험고압가스"라는 경계표시를 할 것
② 운반 중의 충전용기는 항상 50℃ 이하를 유지할 것
③ 하역 작업 시에는 완충판 위에서 취급하여 이를 항상 차량에 비치할 것
④ 충격을 방지하기 위하여 로프 등으로 결속할 것

🔍 충전용기는 온도를 항상 40℃ 이하로 유지할 것

31 다음 중 동일차량에 적재하여 운반할 수 없는 경우는?

① 산소와 질소   ② 질소와 탄산가스
③ 탄산가스와 아세틸렌 ④ 염소와 아세틸렌

🔍 염소와 아세틸렌, 암모니아 또는 수소는 동일차량에 적재하여 운반하지 않을 것

32 LPG를 수송할 때의 주의사항으로 틀린 것은?

① 운전중이나 정차중에도 허가된 장소를 제외하고는 담배를 피워서는 안된다.
② 운전자는 운전기술 외에 LPG의 취급 및 소화기 사용 등에 관한 지식을 가져야 한다.
③ 누출됨을 알았을 때는 가까운 경찰서, 소방서까지 직접 운행하여 알린다.
④ 주차할 때는 안전한 장소에 주차하며 운반책임자와 운전자는 동시에 차량에서 이탈하지 않는다.

🔍 운반 중 누출 등의 우려가 있는 경우에는 소방서 및 경찰서에 신고한다.

33 다음 중 아세틸렌, 암모니아 또는 수소와 동일 차량에 적재 운반할 수 없는 가스는?

① 염소
② 액화석유가스
③ 질소
④ 일산화탄소

🔍 염소와 아세틸렌, 암모니아 또는 수소는 동일차량에 적재하여 운반하지 않을 것

34 압축 가연성가스를 몇 [m³] 이상을 차량에 적재하여 운반하는 때에 운반책임자를 동승시켜 운반에 대한 감독 또는 지원을 하도록 되어 있는가?

① 100
② 300
③ 600
④ 1,000

🔍 운반책임자 동승기준

가스의 종류		기준
압축가스	가연성가스	300m³ 이상
	조연성가스	600m³ 이상
	독성가스	100m³ 이상
액화가스	가연성가스	3,000kg 이상
	조연성가스	6,000kg 이상
	독성가스	1,000kg 이상

정답 29 ③ 30 ② 31 ④ 32 ③ 33 ① 34 ②

35 고압가스판매 허가를 득하여 사업을 하려는 경우 각각의 용기보관실 면적은 몇 [m²] 이상이어야 하는가?

① 7
② 10
③ 12
④ 15

> 🔍 가연성가스·산소 및 독성가스의 용기보관실은 각각 구분하여 설치하고, 각각의 면적은 10m² 이상으로 할 것

정답 35 ②

CHAPTER

04

Craftsman Gas

최근기출문제

2014년 1회 최근기출문제

01 도시가스 배관이 하천을 횡단하는 배관 주위의 흙이 사질토의 경우 방호구조물의 비중은?

① 배관 내 유체 비중 이상의 값
② 물의 비중 이상의 값
③ 토양의 비중 이상의 값
④ 공기의 비중 이상의 값

> 보호관 또는 방호구조물의 비중은 주위의 흙이 사질토인 경우에는 물의 비중 이상이 되도록 하고, 점토질인 경우에는 흙의 액성 한계·소성 한계 시험방법에 의한 액성한계에서 흙의 단위체적 중량 이상으로 한다.

02 용기 종류별 부속품의 기호 중 아세틸렌을 충전하는 용기의 부속품 기호는?

① AT   ② AG
③ AA   ④ AB

> 용기종류별 부속품의 기호
> • 아세틸렌가스를 충전하는 용기의 부속품 : AG
> • 압축가스를 충전하는 용기의 부속품 : PG
> • 액화석유가스 외의 액화가스를 충전하는 용기의 부속품 : LG
> • 액화석유가스를 충전하는 용기의 부속품 : LPG
> • 초저온용기 및 저온용기의 부속품 : LT

03 다음 중 폭발방지 대책으로서 가장 거리가 먼 것은?

① 압력계 설치
② 정전기 제거를 위한 접지
③ 방폭성능 전기설비 설치
④ 폭발하한 이내로 불활성가스에 의한 희석

> 폭발방지 대책
> • 가연성가스의 경우 공기 중에서 폭발범위 내에 있을 경우 폭발이 이루어지므로 폭발하한 이내로 유지하기 위하여 불활성가스로 희석한다.
> • 정전기에 의한 화재 및 폭발을 방지하기 위하여 정전기 제거를 위한 접지를 하고 적당한 습도로 유지한다.
> • 방폭성능의 전기설비를 설치한다.
> • 화재 및 폭발위험성이 있는 가연물을 취급하는 작업장소에는 재해발생원이 되는 충격, 마찰에 의한 착화원 발생을 방지한다.

04 도시가스 배관을 노출하여 설치하고자 할 때 배관 손상방지를 위한 방호조치 기준으로 옳은 것은?

① 방호철판 두께는 최소 10mm 이상으로 한다.
② 방호철판의 크기는 1m 이상으로 한다.
③ 철근 콘크리트재 방호 구조물은 두께가 15cm 이상 이어야 한다.
④ 철근 콘크리트재 방호 구조물은 높이가 1.5m 이상 이어야 한다.

> 노출배관의 방호조치 기준
> • 방호철판의 두께는 4mm 이상으로 한다.
> • 방호철판의 크기는 1m 이상으로 한다.
> • 철근 콘크리트재 방호 구조물은 두께가 10cm 이상, 높이 1m 이상으로 한다.

05 가스사용시설에서 원칙적으로 PE관 배관을 노출배관으로 사용할 수 있는 경우는?

① 지상배관과 연결하기 위하여 금속관을 사용하여 보호조치를 한 경우로서 지면에서 20cm 이하로 노출하여 시공하는 경우
② 지상배관과 연결하기 위하여 금속관을 사용하여 보호조치를 한 경우로서 지면에서 30cm 이하로 노출하여 시공하는 경우
③ 지상배관과 연결하기 위하여 금속관을 사용하여 보호조치를 한 경우로서 지면에서 50cm 이하로 노출하여 시공하는 경우
④ 지상배관과 연결하기 위하여 금속관을 사용하여 보호조치를 한 경우로서 지면에서 1m 이하로 노출하여 시공하는 경우

> 가스용 폴리에틸렌(PE)관은 그 배관의 유지관리에 지장이 없고 그 배관에 대한 위해가 없도록 설치하되, 폴리에틸렌관을 노출배관용으로 사용하지 않을 것. 단, 지상배관과 연결을 위하여 금속관을 사용하여 보호조치를 한 경우로서 지면에서 30cm 이하로 노출하여 시공하는 경우에는 노출배관용으로 사용할 수 있다.

06 다음 중 누출 시 다량의 물로 제독할 수 있는 가스는?

① 산화에틸렌 ② 염소
③ 일산화탄소 ④ 황화수소

> 물을 제독제로 사용하는 가스 : 암모니아(NH_3), 산화에틸렌(C_2H_4O), 염화메탄(CH_3Cl)

07 가연물의 종류에 따른 화재의 구분이 잘못된 것은?

① A급 : 일반화재 ② B급 : 유류화재
③ C급 : 전기화재 ④ D급 : 식용유 화재

> 화재의 분류
> • A급 화재 : 보통화재(일반화재) • B급 화재 : 유류화재
> • C급 화재 : 전기화재 • D급 화재 : 금속화재

08 정전기에 대한 설명 중 틀린 것은?

① 습도가 낮을수록 정전기를 축적하기 쉽다.
② 화학섬유로 된 의류는 흡수성이 높으므로 정전기가 대전하기 쉽다.
③ 액상의 LP가스는 전기 절연성이 높으므로 유동 시에는 대전하기 쉽다.
④ 재료 선택 시 접촉 전위차를 적게 하여 정전기 발생을 줄인다.

> 화학섬유로 된 의복을 입으면 흡수성이 적어 정전기가 대전하기 쉽다.

09 아세틸렌 용기를 제조하고자 하는 자가 갖추어야 하는 설비가 아닌 것은?

① 원료혼합기 ② 건조로
③ 원료충전기 ④ 소결로

> 아세틸렌 용기제조 시 갖추어야 할 설비
> • 단조설비 또는 성형설비
> • 아랫부분 접합설비
> • 세척설비 및 밸브탈·부착기
> • 쇼트브라스팅 및 도장설비
> • 용기내부 건조설비 및 진공흡입 설비
> • 용접설비 및 넥킹 가공설비
> • 원료혼합기 및 원료충전기
> • 건조로 및 자동부식방지 도장설비
> • 아세톤 또는 디메틸포름아미드 충전설비

10 고압가스 배관의 설치기준 중 하천과 병행하여 매설하는 경우에 대한 설명으로 틀린 것은?

① 배관은 견고하고 내구력을 갖는 방호구조물 안에 설치한다.
② 배관의 외면으로부터 2.5m 이상의 매설심도를 유지한다.
③ 하상(河床, 하천의 바닥)을 포함한 하천구역에 하천과 병행하여 설치한다.
④ 배관손상으로 인한 가스누출 등 위급한 상황이 발생한 때에 그 배관에 유입되는 가스를 신속히 차단할 수 있는 장치를 설치한다.

> 정비가 완료된 하천으로서 시장·군수·구청장이 하천부지 외에는 배관을 설치할 장소가 없다고 인정하는 경우로서 배관을 하천과 병행하여 매설하는 경우 하상이 아닌 곳에 설치한다.

11 액화석유가스를 저장하기 위하여 지상 또는 지하에 고정 설치된 탱크로서 액화석유가스의 안전관리 및 사업법에서 정한 "소형저장탱크"는 그 저장능력이 얼마인 것을 말하는가?

① 1톤 미만
② 3톤 미만
③ 5톤 미만
④ 10톤 미만

> 소형저장탱크 : 액화석유가스를 저장하기 위하여 지상 또는 지하에 고정 설치된 탱크로서 그 저장능력이 3톤 미만인 탱크를 말한다.

12 도시가스사업자는 가스공급시설을 효율적으로 관리하기 위하여 배관·정압기에 대하여 도시가스배관망을 전산화 하여야 한다. 이 때 전산관리 대상이 아닌 것은?

① 설치도면
② 시방서
③ 시공자
④ 배관제조자

> 도시가스배관망 전산관리 대상 : 설치도면, 시방서(호칭지름 및 재질에 관한 사항), 시공자, 시공연월일

13 LPG 사용시설에서 가스누출경보장치 검지부 설치높이의 기준으로 옳은 것은?

① 지면에서 30cm 이내
② 지면에서 60cm 이내
③ 천장에서 30cm 이내
④ 천장에서 60cm 이내

> 가스누출경보장치의 검지부 설치높이 : LPG는 공기보다 무겁기 때문에 바닥면(지면)으로부터 검지부 상단까지의 높이가 30cm 이내인 범위에서 가능한 바닥에 가까운 곳에 설치한다.

14 겨울철 LP 가스용기 표면에 성에가 생겨 가스가 잘 나오지 않을 경우 가스를 사용하기 위한 가장 적절한 조치는?

① 연탄불로 쬐인다.
② 용기를 힘차게 흔든다.
③ 열 습포를 사용한다.
④ 90℃ 정도의 물을 용기에 붓는다.

> LP 가스용기의 표면에 성에가 생겨 가스가 잘 나오지 않을 경우 열 습포나 40℃ 이하의 더운 물을 사용하여 성에를 제거한다.

15 가스계량기와 전기개폐기와의 최소 안전거리는?

① 15cm
② 30cm
③ 60cm
④ 80cm

> 가스계량기와의 최소 안전거리
> • 전기계량기 및 전기개폐기와의 거리는 60cm 이상
> • 굴뚝, 전기점멸기 및 전기접속기와의 거리는 30cm 이상
> • 절연조치를 하지 않은 전선과의 거리는 15cm 이상

16 다음 중 동일차량에 적재하여 운반할 수 없는 가스는?

① 산소와 질소
② 염소와 아세틸렌
③ 질소와 탄산가스
④ 탄산가스와 아세틸렌

> 염소와 아세틸렌, 암모니아 또는 수소는 동일차량에 적재하여 운반하지 않을 것

17 냉동기란 고압가스를 사용하여 냉동하기 위한 기기로서 냉동능력 산정기준에 따라 계산된 냉동능력 몇 톤 이상인 것을 말하는가?

① 1　　　　② 1.2
③ 2　　　　④ 3

> 냉동기의 규정 : 고압가스를 사용하여 냉동하기 위한 기기로서 냉동능력 산정기준에 따라 계산된 냉동능력이 3톤 이상인 것이다.

18 비중이 공기보다 커서 바닥에 체류하는 가스로만 나열된 것은?

① 프로판, 염소, 포스겐
② 프로판, 수소, 아세틸렌
③ 염소, 암모니아, 아세틸렌
④ 염소, 포스겐, 암모니아

> 가스의 비중은 표준상태(0℃, 1atm)의 공기 분자량과 측정기체의 분자량과의 비이며 공기의 분자량은 29이다. 따라서, 공기의 분자량보다 크면 가스는 무거워서 바닥에 체류하게 된다.

가스명	분자량	가스명	분자량
프로판(C_3H_8)	44	염소(Cl_2)	71
포스겐($COCl_2$)	99	수소(H_2)	2
아세틸렌(C_2H_2)	26	암모니아(NH_3)	17

19 에어졸 제조설비와 인화성 물질과의 최소 우회거리는?

① 3m 이상　　　② 5m 이상
③ 8m 이상　　　④ 10m 이상

> 에어졸 제조설비 및 충전용기 저장소는 화기 또는 인화성 물질과 8m 이상의 우회거리를 유지할 것

20 아세틸렌을 용기에 충전시 미리 용기에 다공물질을 채우는데 이 때 다공도의 기준은?

① 75% 이상 92% 미만
② 80% 이상 95% 미만
③ 95% 이상
④ 98% 이상

> 다공도 : 75% 이상 ~ 92% 미만

21 가스의 연소한계에 대하여 가장 바르게 나타낸 것은?

① 착화온도의 상한과 하한
② 물질이 탈 수 있는 최저온도
③ 완전연소가 될 때의 산소공급 한계
④ 연소가 가능한 가스의 공기와의 혼합비율의 상한과 하한

> 가연성가스의 연소범위는 가연성가스가 공기와 혼합하여 일정 농도 범위 내에서 연소가 일어나는 범위로서 상한계와 하한계의 차이다.
> • 연소하한계 : 가연성가스와 공기 또는 산소와의 혼합 가스 중의 가연성가스의 용량을 [Vol%]로 나타내는 연소 최저 농도이다.
> • 폭발상한계 : 가연성가스와 공기 또는 산소와의 혼합 가스 중의 가연성가스의 용량을 [Vol%]로 나타내는 연소 최고 농도이다.

22 시안화수소의 충전시 사용되는 안정제가 아닌 것은?

① 암모니아
② 황산
③ 염화칼슘
④ 인산

> 시안화수소의 중합을 방지하는 안정제 : 황산, 인산, 오산화인, 아황산가스, 염화칼슘

23 다음 중 공동주택 등에 도시가스를 공급하기 위한 것으로서 압력조정기의 설치가 가능한 경우는?

① 가스압력이 중압으로서 전체세대수가 100세대인 경우
② 가스압력이 중압으로서 전체세대수가 150세대인 경우
③ 가스압력이 저압으로서 전체세대수가 250세대인 경우
④ 가스압력이 저압으로서 전체세대수가 300세대인 경우

> 공동주택 등에 압력조정기를 설치하는 경우
> • 도시가스 압력이 중압 이상으로서 전체 세대수가 150세대 미만인 경우
> • 도시가스 압력이 저압으로서 전체 세대수가 250세대 미만인 경우

24 지상배관은 안전을 확보하기 위해 그 배관의 외부에 다음의 항목들을 표기하여야 한다. 해당하지 않는 것은?

① 사용가스명
② 최고사용압력
③ 가스의 흐름방향
④ 공급회사명

> 도시가스 배관 외부에는 사용가스명, 최고사용압력, 가스의 흐름방향을 표시한다.

25 도로굴착공사에 의한 도시가스배관 손상 방지기준으로 틀린 것은?

① 착공 전 도면에 표시된 가스배관과 기타 지장물 매설 유무를 조사하여야 한다.
② 도로굴착자의 굴착공사로 인하여 노출된 배관 길이가 10m 이상인 경우에는 점검통로 및 조명시설을 하여야 한다.
③ 가스배관이 있을 것으로 예상되는 지점으로부터 2m 이내에서 줄파기를 할 때에는 안전관리전담자의 입회하에 시행하여야 한다.
④ 가스배관의 주위를 굴착하고자 할 때에는 가스배관의 좌우 1m 이내의 부분은 인력으로 굴착한다.

> 노출된 배관길이가 15m 이상인 경우에는 점검통로 및 조명시설을 하여야 한다.

26 차량에 고정된 탱크로 염소를 운반할 때 탱크의 최대 내용적은?

① 12,000L
② 18,000L
③ 20,000L
④ 38,000L

> 내용적 제한
> • 가연성가스(액화석유가스 제외)나 산소 탱크의 내용적 : 18,000L
> • 독성가스(액화암모니아 제외)의 내용적 : 12,000L
> ∴ 따라서, 염소는 독성가스이므로 최대 내용적은 12,000L로 제한한다.

27 고압가스제조시설에서 가연성가스 가스설비 중 전기설비를 방폭구조로 하여야 하는 가스는?

① 암모니아
② 브롬화메탄
③ 수소
④ 공기 중에서 자기 발화하는 가스

🔍 고압가스제조시설에서 가연성가스(수소)설비의 전기설비는 방폭구조로 해야 한다. 단, 암모니아와 브롬화메탄은 제외한다.

28 도시가스 제조소 저장탱크의 방류둑에 대한 설명으로 틀린 것은?

① 지하에 묻은 저장탱크 내의 액화가스가 전부 유출된 경우에 그 액면이 지면보다 낮도록 된 구조는 방류둑을 설치한 것으로 본다.
② 방류둑의 용량은 저장탱크 저장능력의 90%에 상당하는 용적 이상이어야 한다.
③ 방류둑의 재질은 철근콘크리트, 금속, 흙, 철골·철근 콘크리트 또는 이들을 혼합하여야 한다.
④ 방류둑은 액밀한 것이어야 한다.

🔍 방류둑의 용량은 저장탱크의 저장능력에 상당하는 용적 이상으로 한다.

29 굴착으로 인하여 도시가스배관이 65m가 노출되었을 경우 가스누출경보기의 설치 개수로 알맞은 것은?

① 1개
② 2개
③ 3개
④ 4개

🔍 굴착으로 인하여 20m 이상 노출된 배관에 매 20m마다 가스누출경보기를 설치하고 현장관계자가 상주하는 장소에 경보음이 전달되도록 설치한다.
∴ 가스누출경보기 개수 = $\frac{65m}{20m}$ = 3.25 ≒ 4개

30 액화석유가스 사용시설에서 LPG용기 집합설비의 저장능력이 얼마 이하일 때 용기, 용기밸브, 압력조정기가 직사광선, 눈 또는 빗물에 노출되지 않도록 해야 하는가?

① 50kg 이하
② 100kg 이하
③ 300kg 이하
④ 500kg 이하

🔍 용기집합설비에서 저장능력이 100kg 이하일 경우 용기, 용기밸브 및 압력조정기를 직사광선, 눈 또는 빗물에 노출되지 않도록 할 것

31 아세틸렌용기에 주로 사용되는 안전밸브의 종류는?

① 스프링식
② 가용전식
③ 파열판식
④ 압전식

🔍 가스에 다른 안전밸브 사용
• LPG(액화석유가스) 용기 : 스프링식
• 염소, 아세틸렌, 암모니아, 산화에틸렌 용기 : 가용전식
• 산소, 수소, 질소, 아르곤 등의 압축가스 용기 : 파열판식

32 저온 액체 저장설비에서 열의 침입요인으로 가장 거리가 먼 것은?

① 단열재를 직접 통한 열대류
② 외면으로부터의 열복사
③ 연결 파이프를 통한 열전도
④ 밸브 등에 의한 열전도

🔍 저온 액체 저장설비의 열침입 요인
• 단열재를 충전한 공간에 남아있는 가스분자의 열전도
• 외면으로부터의 열복사
• 연결된 파이프를 통한 열전도
• 지지 요크에서의 열전도
• 밸브나 안전밸브 등에 의한 열전도

33 다음 중 왕복동 압축기의 특징이 아닌 것은?

① 압축하면 맥동이 생기기 쉽다.
② 기체의 비중에 관계없이 고압이 얻어진다.
③ 용량 조절의 폭이 넓다.
④ 비용적식 압축기이다.

🔍 왕복동식 압축기 : 실린더 내에서 피스톤의 왕복운동에 의해 가스를 압축하는 압축기로서 용적식 압축이다.

34 다음 중 고압배관용 탄소강 강관의 KS 규격 기호는?

① SPPS
② SPHT
③ STS
④ SPPH

🔍 배관의 KS 규격 기호
• SPPS : 압력배관용 탄소강관
• SPHT : 고온배관용 탄소강관
• SPPH : 고압배관용 탄소강관

35 강관의 녹을 방지하기 위해 페인트를 칠하기 전에 먼저 사용되는 도료는?

① 알루미늄 도료   ② 산화철 도료
③ 합성수지 도료   ④ 광명단 도료

🔍 광명단 도료 : 연단을 아마인유와 혼합한 것으로 녹을 방지하기 위한 페인트 밑칠용으로 사용한다.

36 "압축된 가스를 단열 팽창시키면 온도가 강하한다."는 것은 무슨 효과라고 하는가?

① 단열효과   ② 줄 – 톰슨효과
③ 정류효과   ④ 팽윤효과

🔍 줄 – 톰슨효과 : 기체를 단열팽창시키면 압력과 온도는 저하한다.

37 저온장치용 재료 선정에 있어서 가장 중요하게 고려해야 하는 사항은?

① 고온 취성에 의한 충격치의 증가
② 저온 취성에 의한 충격치의 감소
③ 고온 취성에 의한 충격치의 감소
④ 저온 취성에 의한 충격치의 증가

🔍 저온장치용 재료는 저온에서 취성에 의한 충격치(값)이 감소되어야 한다.

38 다음 중 저온장치 재료로서 가장 우수한 것은?

① 13% 크롬강   ② 9% 니켈강
③ 탄소강   ④ 주철

🔍 저온장치의 재료는 스테인리스강, 알루미늄 합금강, 9% 니켈강을 사용한다.

39 재료에 인장과 압축하중을 오랜 시간 반복적으로 작용시키면 그 응력이 인장강도보다 작은 경우에도 파괴되는 현상은?

① 인성파괴   ② 피로파괴
③ 취성파괴   ④ 크리프파괴

🔍 피로파괴 : 반복하중에 의해 재료의 저항력이 저하되어 파괴되는 현상이다.

40 다음 곡률 반지름(r)이 50mm일 때 90° 구부림 곡선길이는 얼마인가?

① 48.75mm   ② 58.75mm
③ 68.75mm   ④ 78.75mm

🔍 구부림 곡선길이(L)을 산출하는 방법
곡률반지름 r = 50mm, 구부림 각도 θ = 90°일 때
ⓐ 일반적으로 자주 사용하는 계산식
$$L = 2\pi r \times \frac{\theta}{360°} (mm)$$
∴ 곡선길이 $L = 2 \times \pi \times 50 \times \frac{90°}{360°} = 78.54mm$
ⓑ 90°로 구부릴 때 계산식
$$L = 1.5r + \frac{1.5r}{20} (mm)$$
∴ 곡선길이 $L = 1.5 \times 50 + \frac{1.5 \times 50}{20} = 78.75mm$

41 다음 펌프 중 시동하기 전에 프라이밍이 필요한 펌프는?

① 기어펌프   ② 원심펌프
③ 축류펌프   ④ 왕복펌프

🔍 원심펌프는 시동하기 전에 프라이밍 작업(케이싱 내에 물을 채우는 작업)을 반드시 해야 한다.

42 LP가스 이송설비 중 압축기의 부속장치로서 토출측과 흡입측을 전환시키며 액송과 가스회수를 한 동작으로 할 수 있는 것은?

① 액트랩   ② 액가스분리기
③ 전자밸브   ④ 사방밸브

🔍 사방밸브 : 압축기의 부속장치로서 흡입측과 토출측의 방향을 전환시켜 액 이송과 가스를 회수할 때 사용한다.

43 펌프의 회전수를 1,000rpm에서 1,200rpm으로 변화시키면 동력은 약 몇 [배]가 되는가?

① 1.3   ② 1.5
③ 1.7   ④ 2.0

🔍 펌프의 상사법칙 $L_2 = \left(\frac{N_2}{N_1}\right)^3 L_1$
동력 L_1, L_2, 회전수 N_1 = 1,000rpm, N_2 = 1,200rpm
∴ 동력 $L_2 = \left(\frac{1,200}{1,000}\right)^3 L_1 = 1.73 L_1$

44 다음 가연성 가스검출기 중 가연성가스의 굴절률 차이를 이용하여 농도를 측정하는 것은?

① 열선형
② 안전등형
③ 검지관형
④ 간섭계형

> 🔍 가연성 가스검출기
> • 안전등형 : 주로 탄광 내에서 CH₄의 발생을 검출하는데 사용되며 청염(푸른 불꽃)의 길이로써 그 농도를 측정한다.
> • 간섭계형 : 가스의 굴절률 차이를 이용하여 가스 농도를 측정한다.
> • 열선형 : 브리지회로의 편위전류를 이용하여 가스 농도를 측정한다.
> • 반도체식 : 반도체 소자에 전류를 흐르게 하고 가스를 접촉시키면 전압이 변화에 의해 가스 농도를 측정한다.

45 다량의 메탄을 액화시키려면 어떤 액화사이클을 사용해야 하는가?

① 캐스케이드 사이클
② 필립스 사이클
③ 캐피자 사이클
④ 클라우드 사이클

> 🔍 캐스케이드 사이클(다원 액화사이클)
> • 증기압축 냉동사이클에서 다원 냉매사이클과 같이 비점이 점차 낮은 냉매를 사용하여 저비점의 기체를 액화하는 사이클이다.
> • 암모니아를 상온 10atm으로 액화하고, 액화암모니아를 기화하여 19atm으로 에틸렌을 액화하고, 에틸렌을 기화하여 29atm으로 메탄을 액화한다.

46 어떤 액의 비중을 측정하였더니 2.5 이었다. 이 액의 액주 6m의 압력은 몇 [kg/cm²] 인가?

① 15kg/cm²
② 1.5kg/cm²
③ 0.15kg/cm²
④ 0.015kg/cm²

> 🔍 압력 $P = \gamma H (kg/m^2)$
> • 액 비중 $s = \dfrac{\gamma}{\gamma_w}$ 에서 액 비중 $s = 2.5$이므로
>   물의 비중량 $\gamma_w = 1,000 kg/m^3$일 때
>   액의 비중량 $\gamma = s\gamma_w = 2.5 \times 1,000 = 2,500 kg/m^3$
> • 액주 $H = 2.5m$일 때
>   압력 $P = \gamma H = 2,500 \times 2.5 = 15,000 kg/m^2$
> $= 15,000 \times 10^{-4} kg/cm^2 = 1.5 kg/cm^2$

47 다음 중 1atm에 해당하지 않는 것은?

① 760mmHg
② 14.7psi
③ 29.92inHg
④ 1013kg/cm²

> 🔍 표준대기압
> 1atm = 760mmHg = 76cmHg = 29.92inHg
> = 1.0332kg/cm² = 10,332kg/m²
> = 10.33mAq(H₂O)
> = 14.7psi
> = 101,325Pa = 101.3kPa = 0.1MPa

48 밀도의 단위로 옳은 것은?

① g/s²
② L/g
③ g/cm³
④ lb/in²

> 🔍 밀도
> • 단위체적(m³)당 갖는 질량(kg)이다.
> • 단위 : kg/m³, g/cm³

49 다음 가스 1몰을 완전연소시키고자 할 때 공기가 가장 적게 필요한 것은?

① 수소
② 메탄
③ 아세틸렌
④ 에탄

> 🔍 완전연소식
> • 수소 $H_2 + \dfrac{1}{2}O_2 \rightarrow H_2O$
> • 메탄 $CH_4 + 2O_2 \rightarrow CO_2 + 2H_2O$
> • 아세틸렌 $C_2H_2 + 2.5O_2 \rightarrow 2CO_2 + H_2O$
> • 에탄 $C_2H_6 + 3.5O_2 \rightarrow 2CO_2 + 3H_2O$
> 따라서, 수소 1몰이 완전연소시 산소는 0.5몰이 필요하므로 공기량이 가장 적게 필요하다.

50 무색의 복숭아 냄새가 나는 독성가스는?

① Cl₂
② HCN
③ NH₃
④ PH₃

> 🔍 시안화수소(HCN) : 액체는 무색으로 투명하고 복숭아 냄새가 나며 맹독성 가스이다.

51 다음 가스 중 기체밀도가 가장 작은 것은?

① 프로판
② 메탄
③ 부탄
④ 아세틸렌

🔍 기체 밀도 $\rho = \dfrac{M}{22.4}(kg/m^3)$

· 분자량

가스	분자량	가스	분자량
프로판(C_3H_8)	44	메탄(CH_4)	16
부탄(C_4H_{10})	58	아세틸렌(C_2H_2)	26

· 프로판의 기체밀도
$\rho_1 = \dfrac{44}{22.4} = 1.96 kg/m^3$

· 메탄의 기체밀도
$\rho_2 = \dfrac{16}{22.4} = 0.71 kg/m^3$

· 부탄의 기체밀도
$\rho_3 = \dfrac{58}{22.4} = 2.59 kg/m^3$

· 아세틸렌의 기체밀도
$\rho_4 = \dfrac{26}{22.4} = 1.16 kg/m^3$

52 다음 중 열(熱)에 대한 설명이 틀린 것은?

① 비열이 큰 물질은 열용량이 크다.
② 1cal는 약 4.2J 이다.
③ 열은 고온에서 저온으로 흐른다.
④ 비열은 물보다 공기가 크다.

🔍 비열
· 어떤 물질 1kg을 1℃ 만큼 높이는데 필요한 열량(kcal)이다.
· 물의 비열 1kcal/kg℃
· 공기의 비열 0.24kcal/kg℃

53 수소의 성질에 대한 설명 중 틀린 것은?

① 무색, 무미, 무취의 가연성 기체이다.
② 밀도가 아주 작아 확산속도가 빠르다.
③ 열전도율이 작다.
④ 높은 온도일 때에는 강재, 기타 금속재료라도 쉽게 투과한다.

🔍 수소의 성질
· 상온에서 무색, 무취, 무미의 가연성 가스이다.
· 기체 중에서 가장 밀도가 작고 가볍우며 확산속도가 빠르다.
· 열전도율이 크고 열에 대해 안정하다.
· 고온에서 금속재료를 쉽게 투과한다.
· 염소, 산소, 불소와 반응하여 폭발을 일으킨다.

54 다음 각 가스의 성질에 대한 설명으로 옳은 것은?

① 질소는 안정한 가스로서 불활성가스라고도 하고, 고온에서도 금속과 화합하지 않는다.
② 염소는 반응성이 강한 가스로 강재에 대하여 상온에서도 무수(無水) 상태로 현저한 부식성을 갖는다.
③ 암모니아는 동을 부식하고 고온 고압에서는 강재를 침식시킨다.
④ 산소는 액체 공기를 분류하여 제조하는 반응성이 강한 가스로 그 자신이 잘 연소한다.

🔍 ① 질소는 고온, 고압에서 마그네슘(Mg), 칼슘(Ca), 리튬(Li) 등의 금속과 반응한다.
② 건조한 염소는 강재를 부식시키지 않으나 수분이 존재할 경우 염산을 생성하여 금속을 부식시키고 120℃ 이상의 철(Fe)과 반응하여 염화물을 만든다.
④ 산소는 다른 가연성 가스와 혼합되었을 때 연소를 도와주는 조연성가스이다.

55 불완전연소 현상의 원인으로 옳지 않은 것은?

① 가스압력에 비하여 공급 공기량이 부족할 때
② 환기가 불충분한 공간에 연소기가 설치되었을 때
③ 공기와의 접촉혼합이 불충분할 때
④ 불꽃의 온도가 증대되었을 때

🔍 불완전연소의 발생원인
· 공기의 공급량이 부족할 때
· 연소실의 환기가 불충분하거나 연료의 온도가 낮을 때
· 가스(연료)의 공급이 과다할 때
· 노즐의 분무상태가 불량할 때

56 다음 중 무색, 무취의 가스가 아닌 것은?

① O_2
② N_2
③ CO_2
④ O_3

🔍 오존(O_3) : 특이한 냄새가 나며 공기 속에 0.0002v%만 존재하여도 냄새를 감지할 수 있다.

57 다음 중 액화석유가스의 일반적인 특성이 아닌 것은?

① 기화 및 액화가 용이하다.
② 공기보다 무겁다.
③ 액상의 액화석유가스는 물보다 무겁다.
④ 증발잠열이 크다.

🔍 LPG(액화석유가스)의 일반적 특성
- 무색, 투명하고 무취의 액화가스이다.
- 물에 잘 녹지 않으며 알코올, 에테르, 동식물류, 석유류 또는 천연고무에 잘 용해한다.
- 기체상태의 LPG는 공기보다 약 1.5~2배 무겁다.
- 액상의 LPG는 물보다 약 0.51~0.58배 가볍다.
- LPG는 기화 및 액화가 쉽다.
- 기화할 때 증발잠열이 크다.

58 액화천연가스(LNG)의 폭발성 및 인화성에 대한 설명으로 틀린 것은?

① 다른 지방족 탄화수소에 비해 연소속도가 느리다.
② 다른 지방족 탄화수소에 비해 최저발화에너지가 낮다.
③ 다른 지방족 탄화수소에 비해 폭발하한 농도가 높다.
④ 전기저항이 작으며 유동 등에 의한 정전기 발생은 다른 가연성 탄화수소류보다 크다.

🔍 액화천연가스의 주성분인 메탄은 다른 지방족 탄화수소에 비해 연소속도가 느리며 최소발화에너지가 크고 발화점과 폭발하한 농도가 높다.

59 수돗물의 살균과 섬유의 표백용으로 주로 사용되는 가스는?

① F_2 ② Cl_2
③ O_2 ④ CO_2

🔍 염소(Cl_2)의 용도
- 수돗물 살균 및 소독제로 사용
- 섬유 표백제로 사용
- 염화비닐의 제조원료로 사용

60 100℃를 화씨온도로 단위 환산하면 몇 [℉] 인가?

① 212   ② 234
③ 248   ④ 273

🔍 화씨온도 $°F = \frac{9}{5}°C + 32$에서
$°F = \frac{9}{5} \times 100 + 32 = 212°F$

정답 최근기출문제 – 2014년 1회

01 ②	02 ②	03 ①	04 ②	05 ②
06 ①	07 ④	08 ②	09 ④	10 ③
11 ②	12 ④	13 ①	14 ③	15 ③
16 ②	17 ④	18 ①	19 ③	20 ①
21 ④	22 ①	23 ①	24 ①	25 ②
26 ①	27 ③	28 ②	29 ①	30 ②
31 ②	32 ①	33 ④	34 ④	35 ④
36 ①	37 ②	38 ②	39 ②	40 ④
41 ②	42 ④	43 ③	44 ④	45 ①
46 ②	47 ④	48 ③	49 ①	50 ②
51 ②	52 ④	53 ②	54 ③	55 ④
56 ④	57 ③	58 ②	59 ②	60 ①

2014년 2회 최근기출문제

01 교량에 도시가스 배관을 설치하는 경우 보호조치 등 설계·시공에 대한 설명으로 옳은 것은?

① 교량첨가 배관은 강관을 사용하며 기계적 접합을 원칙으로 한다.
② 제3자의 출입이 용이한 교량설치 배관의 경우 보행방지 철조망 또는 방호철조망을 설치한다.
③ 지진발생 시 등 비상 시 긴급차단을 목적으로 첨가배관의 길이가 200m 이상인 경우 교량 양단의 가까운 곳에 밸브를 설치토록 한다.
④ 교량첨가 배관에 가해지는 여러 하중에 대한 합성응력이 배관의 허용응력을 초과하도록 설계한다.

> 교량에 배관을 설치하는 기준
> • 배관은 강관을 사용하며 접합방법은 용접으로 한다.
> • 지진 발생 시 등 비상 시 긴급차단을 목적으로 첨가 배관의 길이가 300m 이상인 경우 교량 양단의 가까운 곳에 밸브를 설치토록 한다.
> • 교량첨가 배관에 가해지는 여러 하중에 대한 합성응력이 배관의 허용응력을 초과하지 않도록 설계한다.

02 가스 폭발을 일으키는 영향 요소로 가장 거리가 먼 것은?

① 온도
② 매개체
③ 조성
④ 압력

> 가스 폭발에 영향을 주는 요소
> • 온도 : 온도가 높을수록 폭발범위가 넓어진다.
> • 조성 : 가연성가스와 조연성가스의 혼합비율로서 폭발범위를 말한다.
> • 압력 : 고압일수록 폭발범위가 넓어진다.

03 고압가스 특정제조시설에서 긴급이송설비에 의하여 이송되는 가스를 안전하게 연소시킬 수 있는 장치는?

① 플레어스택
② 벤트스택
③ 인터록기구
④ 긴급차단장치

> 플레어스택 : 가연성가스의 설비에서 이상상태가 발생한 경우 긴급이송장치에서 이송되는 가스를 연소시켜 대기로 안전하게 방출하는 장치이다.

04 어떤 도시가스의 웨버지수를 측정하였더니 36.52MJ/m³ 이었다. 품질검사기준에 의한 합격 여부는?

① 웨버지수 허용기준보다 높으므로 합격이다.
② 웨버지수 허용기준보다 낮으므로 합격이다.
③ 웨버지수 허용기준보다 높으므로 불합격이다.
④ 웨버지수 허용기준보다 낮으므로 불합격이다.

> 웨버지수
> • 도시가스 품질검사 기준(0℃, 101.3kPa)에서 웨버지수는 52.75 ~ 57.77MJ/m³이다.
> • 도시가스의 웨버지수 측정값이 36.52MJ/m³이므로 품질검사 기준보다 낮기 때문에 불합격이다.

05 아세틸렌의 성질에 대한 설명으로 틀린 것은?

① 색이 없고 불순물이 있을 경우 악취가 난다.
② 융점과 비점이 비슷하여 고체 아세틸렌은 융해하지 않고 승화한다.
③ 발열화합물이므로 대기에 개방하면 분해폭발할 우려가 있다.
④ 액체 아세틸렌보다 고체 아세틸렌이 안정하다.

> 아세틸렌은 흡열화합물로서 1.5기압 이상으로 압축하면 산소 또는 공기의 혼합없이 불꽃, 가열, 마찰 등에 의해 분해폭발을 일으킨다.

06 용기의 안전점검 기준에 대한 설명으로 틀린 것은?

① 용기의 도색 및 표시 여부를 확인
② 용기의 내외면을 점검
③ 재검사 기간의 도래 여부를 확인
④ 열 영향을 받은 용기는 재검사와 상관이 없이 새 용기로 교환

> 용기를 안전점검하고자 할 경우 유통 중 열영향을 받았는지의 여부를 점검하고 열영향을 받은 용기는 재검사를 받아야 한다.

07 프로판을 사용하고 있던 버너에 부탄을 사용하려고 한다. 프로판의 경우보다 약 몇 [배]의 공기가 필요한가?

① 1.2배　　② 1.3배
③ 1.5배　　④ 2.0배

> 🔍 ① 프로판의 완전연소식
> $$C_3H_8 + 5O_2 \rightarrow 3CO_2 + 4H_2O$$
> $22.4Nm^3 \quad 5 \times 22.4Nm^3$
> $1Nm^3 \quad\quad O_1$
> • 이론산소량
> $$O_1 = \frac{1Nm^3 \times 5 \times 22.4Nm^3}{22.4Nm^3} = 5Nm^3$$
> • 이론공기량
> $$A_1 = \frac{5Nm^3}{0.21} = 23.81Nm^3$$
> ② 메탄의 완전연소식
> $$C_4H_{10} + 6.5O_2 \rightarrow CO_2 + 5H_2O$$
> $22.4Nm^3 \quad 6.5 \times 22.4Nm^3$
> $1Nm^3 \quad\quad O_2$
> • 이론산소량
> $$O_2 = \frac{1Nm^3 \times 6.5 \times 22.4Nm^3}{22.4Nm^3} = 6.5Nm^3$$
> • 이론공기량
> $$A_2 = \frac{6.5Nm^3}{0.21} = 30.95Nm^3$$
> ∴ 프로판보다 부탄을 사용했을 때 필요공기량의 비
> $$\frac{A_2}{A_1} = \frac{30.95}{23.81} = 1.3배$$

08 차량에 고정된 충전탱크는 그 온도를 항상 몇 [℃] 이하로 유지하여야 하는가?

① 20
② 30
③ 40
④ 50

> 🔍 차량에 고정된 충전탱크는 온도를 항상 40℃ 이하로 유지할 것

09 아세틸렌의 취급방법에 대한 설명으로 가장 부적절한 것은?

① 저장소는 화기엄금을 명기한다.
② 가스 출구 동결 시 60℃ 이하의 온수로 녹인다.
③ 산소용기와 같이 저장하지 않는다.
④ 저장소는 통풍이 양호한 구조이어야 한다.

> 🔍 가스출구 동결시 40℃ 이하의 온수나 열습포지로 녹인다.

10 독성가스 사용시설에서 처리설비의 저장능력이 45,000kg인 경우 제2종 보호시설까지 안전거리는 얼마 이상 유지하여야 하는가?

① 14m
② 16m
③ 18m
④ 20m

> 🔍 독성가스 및 가연성가스 저장설비의 안전거리
> [저장능력 45,000kg(45톤)]
>
> | 저장능력 | 제1종 보호시설 | 제2종 보호시설 |
> |---|---|---|
> | 10톤 이하 | 17m | 12m |
> | 10톤 초과 20톤 이하 | 21m | 14m |
> | 20톤 초과 30톤 이하 | 24m | 16m |
> | 30톤 초과 40톤 이하 | 27m | 18m |
> | 40톤 초과 | 30m | 20m |

11 300kg의 액화프레온12(R-12) 가스를 내용적 50L 용기에 충전할 때 필요한 용기의 개수는? (단, 가스정수 C는 0.86이다.)

① 5개　　② 6개
③ 7개　　④ 8개

> 🔍 액화가스용기의 저장능력 $W = \frac{V}{C}(kg)$
> • 저장능력 $W = \frac{50}{0.86} = 58.14kg$
> • 용기개수 $n = \frac{300}{58.14} = 5.16 ≒ 6개$

12 상용의 온도에서 사용압력이 1.2MPa인 고압가스 설비에 사용되는 배관의 재료로서 부적합한 것은?

① KS D 3562(압력배관용 탄소 강관)
② KS D 3570(고온배관용 탄소 강관)
③ KS D 3507(배관용 탄소 강관)
④ KS D 3576(배관용 스테인리스 강관)

> 🔍 고압가스 배관 등의 내압부분에 사용해서는 안되는 재료
> • 탄소 함유량이 0.35% 이상의 탄소강재 및 저합금강 강재로서 용접구조에 사용되는 재료
> • KS D 3507(배관용 탄소 강관)
> • KS D 3583(배관용 아크 용접 탄소 강관)

13 도시가스 사용시설의 지상배관은 표면색상을 무슨 색으로 도색하여야 하는가?

① 황색
② 적색
③ 회색
④ 백색

🔍 도시가스 지상배관의 외부에는 사용가스명, 최고사용압력, 가스의 흐름방향을 표시하고 황색으로 도색한다.

14 LPG 저장탱크 지하 설치 시 저장탱크실 상부 윗면으로부터 저장탱크 상부까지의 깊이는 얼마 이상으로 하여야 하는가?

① 0.6m
② 0.8m
③ 1m
④ 1.2m

🔍 저장탱크를 지하에 설치할 경우 지면으로부터 저장탱크 상부까지의 깊이는 60cm(0.6m) 이상으로 한다.

15 고압가스용 이음매 없는 용기의 재검사 시 내압시험 합격 판정의 기준이 되는 영구증가율은?

① 0.1% 이하
② 3% 이하
③ 5% 이하
④ 10% 이하

🔍 고압가스 용기는 누출 및 이상팽창이 없고 영구(항구)증가율이 10% 이하의 것은 적합하다.

16 초저온용기나 저온용기의 부속품에 표시하는 기호는?

① AG
② PG
③ LG
④ LT

🔍 용기종류별 부속품의 기호
• 아세틸렌가스를 충전하는 용기의 부속품 : AG
• 압축가스를 충전하는 용기의 부속품 : PG
• 액화석유가스 외의 액화가스를 충전하는 용기의 부속품 : LG
• 초저온용기 및 저온용기의 부속품 : LT

17 액화석유가스 충전시설 중 충전설비는 그 외면으로부터 사업소 경계까지 몇 [m] 이상의 거리를 유지하여야 하는가?

① 5
② 10
③ 15
④ 24

🔍 액화석유가스 충전설비는 외면으로부터 사업소경계까지 24m 이상 유지할 것

18 다음 중 가연성이면서 독성가스인 것은?

① NH_3
② H_2
③ CH_4
④ N_2

🔍 가연성이면서 독성가스 : 암모니아(NH_3), 일산화탄소(CO), 이황화탄소(CS_2), 염화메탄(CH_3Cl), 브롬화메탄(CH_3Br), 황화수소(H_2S), 산화에틸렌(C_2H_4O), 시안화수소(HCN), 벤젠(C_6H_6)

19 가스연소에 대한 설명으로 틀린 것은?

① 인화점은 낮을수록 위험하다.
② 발화점은 낮을수록 위험하다.
③ 탄화수소에서 착화점은 탄소수가 많은 분자일수록 낮아진다.
④ 최소점화에너지는 가스의 표면장력에 의해 주로 결정된다.

🔍 최소착화(점화)에너지
• 가연성가스가 공기와 혼합하여 점화원으로부터 착화시에 발화하기 위하여 필요한 최소에너지이다.
• 최소착화에너지에 영향을 주는 요인 : 온도, 압력, 농도(조성)

20 에어졸 시험방법에서 불꽃길이 시험을 위해 채취한 시료의 온도 조건은?

① 24℃ 이상, 26℃ 이하
② 26℃ 이상, 30℃ 이하
③ 46℃ 이상, 50℃ 이하
④ 60℃ 이상, 68℃ 이하

🔍 에어졸 시험방법
• 시료는 동일 에어졸 제조소에서 동일 충전년월일에 내용물 조성을 동일하게 한 동일 롯트에서 에어졸을 충전한 용기를 1조로 하여 그 조에서 임의로 에어졸이 충전된 용기 3개를 취한다.
• 채취된 시료는 24℃ 이상, 26℃ 이하가 되도록 온도를 유지하여 불꽃길이 시험을 실시한다.
• 시험측정결과는 시험시 마다 롯트번호, 시험년월일, 불꽃길이, 측정자, 에어졸제품 등을 기록하여 보존하여야 한다.

21 도시가스로 천연가스를 사용하는 경우 가스누출경보기의 검지부 설치위치로 가장 적절한 것은?

① 바닥에서 15cm 이내
② 바닥에서 30cm 이내
③ 천장에서 15cm 이내
④ 천장에서 30cm 이내

> 천연가스의 주성분이 메탄(CH_4)이며 메탄은 공기보다 가벼우므로 가스누출경보기의 검지부는 천장에서 30cm 이내에 설치한다.

22 다음 각 독성가스 누출 시 사용하는 제독제로서 적합하지 않은 것은?

① 염소 : 탄산소다수용액
② 포스겐 : 소석회
③ 산화에틸렌 : 소석회
④ 황화수소 : 가성소다수용액

> 산화에틸렌(C_2H_4O)의 제독제는 물이 적합하다.

23 저장탱크에 의한 액화석유가스 사용시설에서 가스계량기는 화기와 몇 [m] 이상의 우회거리를 유지해야 하는가?

① 2m
② 3m
③ 5m
④ 8m

> 가스계량기와 화기 사이에 유지하여야 하는 우회거리는 2m 이상으로 한다.

24 가연성 물질을 공기로 연소시키는 경우 공기 중의 산소농도를 높게 하면 연소속도와 발화온도는 어떻게 변하는가?

① 연소속도는 빠르게 되고, 발화온도는 높아진다.
② 연소속도는 빠르게 되고, 발화온도는 낮아진다.
③ 연소속도는 느리게 되고, 발화온도는 높아진다.
④ 연소속도는 느리게 되고, 발화온도는 낮아진다.

> 산소농도가 많을수록 연소속도는 빨라지고, 발화온도는 낮아진다.

25 다음 중 독성(LC_{50})이 가장 강한 가스는?

① 염소
② 시안화수소
③ 산화에틸렌
④ 불소

> LC_{50} : 실험 동물에 흡입투여시 실험 동물의 50%를 죽일 수 있는 물질의 농도인 반수치사 농도이며 LC_{50}값이 작을수록 독성이 크다.

가스명	LC_{50}	가스명	LC_{50}
염소	293ppm	시안화수소	140ppm
산화에틸렌	2900ppm	불소	185ppm

26 가스사고가 발생하면 산업통상자원부령에서 정하는 바에 따라 관계기관에 가스사고를 통보해야 한다. 다음 중 사고 통보내용이 아닌 것은?

① 통보자의 소속, 직위, 성명 및 연락처
② 사고원인자 인적사항
③ 사고발생 일시 및 장소
④ 시설현황 및 피해현황(인명 및 재산)

> 사고통보 내용에 포함되어야 하는 사항
> • 통보자의 소속, 직위, 성명 및 연락처
> • 사고발생 일시
> • 사고발생 장소
> • 사고내용
> • 시설현황
> • 인명 및 재산의 피해현황

27 가스의 경우 폭굉(Detonation)의 연소속도는 약 몇 [m/s] 정도인가?

① 0.03 ~ 10
② 10 ~ 50
③ 100 ~ 600
④ 1,000 ~ 3,000

> 폭굉이란 가스중의 음속보다 화염전파속도가 큰 경우로 파면 선단에 충격파라고 하는 솟구치는 압력파가 생겨 격렬한 파괴작용을 일으키는 현상으로서 폭발속도는 1,000 ~ 3,500 m/sec이다.

28 다음 가스 중 위험도(H)가 가장 큰 것은?

① 프로판
② 일산화탄소
③ 아세틸렌
④ 암모니아

🔍 위험도 $H = \dfrac{U-L}{L}$
- 프로판의 폭발범위 2.1 ~ 9.5V%
  위험도 $H = \dfrac{9.5-2.1}{2.1} = 3.52$
- 일산화탄소의 폭발범위 12.5 ~ 74V%
  위험도 $H = \dfrac{74-12.5}{12.5} = 4.92$
- 아세틸렌의 폭발범위 2.5 ~ 81V%
  위험도 $H = \dfrac{81-2.5}{2.5} = 31.4$
- 암모니아의 폭발범위 15 ~ 28V%
  위험도 $H = \dfrac{28-15}{15} = 0.87$

29 의료용 가스용기의 도색구분이 틀린 것은?

① 산소 – 백색
② 액화탄산가스 – 회색
③ 질소 – 흑색
④ 에틸렌 – 갈색

🔍 의료용 가스용기 도색

가스명	도색	가스명	도색
산소	백색	헬륨	갈색
액화탄산가스	회색	에틸렌	자색
질소	흑색	아산화질소	청색
싸이크로플로판	주황색	그 밖의 가스	회색

30 고압가스 저장실 등에 설치하는 경계책과 관련된 기준으로 틀린 것은?

① 저장설비·처리설비 등을 설치한 장소의 주위에는 높이 1.5m 이상의 철책 또는 철망 등의 경계표지를 설치하여야 한다.
② 건축물 내에 설치하였거나 차량의 통행 등 조업시행이 현저히 곤란하여 위해요인이 가중될 우려가 있는 경우에는 경계책 설치를 생략할 수 있다.
③ 경계책 주위에는 외부사람이 무단출입을 금하는 내용의 경계표지를 보기 쉬운 장소에 부착하여야 한다.
④ 경계책 안에는 불가피한 사유발생 등 어떠한 경우라도 화기, 발화 또는 인화하기 쉬운 물질을 휴대하고 들어가서는 아니 된다.

🔍 경계책 안에는 누구도 화기·발화 또는 인화하기 쉬운 물질을 휴대하고 들어갈 수 없도록 필요한 조치를 강구한다. 다만, 해당 설비의 정비수리 등 불가피한 사유가 발생한 경우에 한하여 안전관리책임자의 감독 하에 휴대 조치할 수 있다.

31 가스 액화 분리장치에서 냉동사이클과 액화사이클을 응용한 장치는?

① 한냉발생장치
② 정유분출장치
③ 정유흡수장치
④ 불순물제거장치

🔍 가스액화분리장치
- 한냉발생장치 : 냉동 및 가스액화사이클을 응용한 장치
- 정류장치 : 저온에서 원료가스를 분리하여 정제하는 장치
- 불순물제거장치 : 저온에서 동결되는 원료가스 중 탄산가스 및 수분을 제거하는 장치

32 양정 90m, 유량이 90m³/h인 송수 펌프의 소요동력은 약 몇 [kW] 인가? (단, 펌프의 효율은 60%이다.)

① 30.6
② 36.8
③ 50.2
④ 56.8

🔍 펌프의 소요동력 $L = \dfrac{\gamma HQ}{102 \times 3,600 \times \eta_p}(kW)$

물의 비중량 $\gamma = 1,000 kgf/m^3$
양정 $H = 90m$
유량 $Q = 90m^3/h$
펌프효율 $\eta = 60\% = 0.6$

∴ 펌프 소요동력 $L = \dfrac{1,000 \times 90 \times 90}{102 \times 3,600 \times 0.6} = 36.76 kW$

33 도시가스공급시설에서 사용되는 안전제어장치와 관계가 없는 것은?

① 중화장치
② 압력안전장치
③ 가스누출검지경보장치
④ 긴급차단장치

🔍 도시가스공급시설의 안전제어장치 : 압력안전장치, 가스누출검지경보장치, 긴급차단장치

34 재료가 일정 온도 이상에서 응력이 작용할 때 시간이 경과함에 따라 변형이 증대되고 때로는 파괴되는 현상을 무엇이라 하는가?

① 피로　　② 크리프
③ 에로숀　④ 탈탄

> 🔍 크리프(creep) : 어느 온도(350℃) 이상에서 재료에 일정한 응력을 가하였을 때 시간이 경과함에 따라 변형이 증가하는 현상이며 때로는 파괴되기도 하는 현상이다.

35 저압가스 수송배관의 유량공식에 대한 설명으로 틀린 것은?

① 배관길이에 반비례한다.
② 가스비중에 비례한다.
③ 허용압력손실에 비례한다.
④ 관경에 의해 결정되는 계수에 비례한다.

> 🔍 저압 가스배관의 유량 $Q = K\sqrt{\dfrac{HD^5}{SL}}\,(m^3/h)$
> 여기서, $K(0.707)$: 유량계수, $D(cm)$: 관 내경,
> $H(mmH_2O)$: 허용압력손실, S : 가스 비중, $L(m)$: 배관 길이
> ∴ 유량은 배관길이와 가스비중에 반비례하고 유량계수와 허용압력손실에 비례한다.

36 구조에 따라 외치식, 내치식, 편심로터리식 등이 있으며 베이퍼록 현상이 일어나기 쉬운 펌프는?

① 제트펌프
② 기포펌프
③ 왕복펌프
④ 기어펌프

> 🔍 기어펌프
> • 케이싱 내에 크기가 같은 2개의 기어를 맞물려 회전시키며 이때 이와 이 사이의 공간에 있는 액체를 송출하는 회전펌프이다.
> • 종류 : 외치식, 내치식, 편심로터리식

37 탄소강 중에 저온취성을 일으키는 원소로 옳은 것은?

① P　　② S
③ Mo　④ Cu

> 🔍 인(P)은 결정입자를 조대화시켜 강을 여리게 하며 상온취성 및 저온취성의 원인이 된다.

38 유량을 측정하는데 사용하는 계측기기가 아닌 것은?

① 피토관
② 오리피스
③ 벨로우즈
④ 벤투리

> 🔍 벨로우즈 : 벨로우즈의 신축작용을 이용하여 압력을 측정하며 주로 저압이나 미압 측정에 사용한다.

39 가스의 연소방식이 아닌 것은?

① 적화식
② 세미분젠식
③ 분젠식
④ 원지식

> 🔍 가스의 연소방식 : 적화식, 분젠식, 세미분젠식, 전1차공기식

40 다음 중 터보(Turbo)형 펌프가 아닌 것은?

① 원심 펌프
② 사류 펌프
③ 축류 펌프
④ 플런저 펌프

> 🔍 플런저 펌프 : 왕복펌프

41 LP가스 공급 방식 중 강제기화방식의 특징에 대한 설명 중 틀린 것은?

① 기화량 가감이 용이하다.
② 공급가스의 조성이 일정하다.
③ 계량기를 설치하지 않아도 된다.
④ 한랭시에도 충분히 기화시킬 수 있다.

> 🔍 강제기화방식의 특징
> • LP가스의 종류에 관계없이 한냉지에서도 충분히 기화된다.
> • 공급가스의 조성을 일정하게 유지한다.
> • 장치가 간단하고 설치장소가 작아도 된다.
> • 기화량을 가감할 수 있다.

42 LPG나 액화가스와 같이 비점이 낮고 내압이 0.4 ~ 0.5MPa 이상인 액체에 주로 사용되는 펌프의 메카니컬 시일의 형식은?

① 더블 시일형
② 인사이드 시일형
③ 아웃사이드 시일형
④ 밸런스 시일형

🔍 메카니컬시일의 종류

종류	특징
더블 시일	• 내부가 고진공일 때 • 인화성 및 독성이 강한 액일 때 • 누설되면 응고되는 액일 때
아웃사이드 시일	• 스타핑박스 내가 고진공일 때 • 점성계수가 100Cp(센티포이즈)를 초과하는 액일 때 • 저응고점의 액일 때
인사이드 시일	일반적으로 사용
밸런스 시일	• LPG와 같이 저비점의 액체일 때 • 하이드로카본일 때 • 내압이 0.4~0.5MPa 이상일 때

43 기화기의 성능에 대한 설명으로 틀린 것은?

① 온수가열방식은 그 온수의 온도가 90℃ 이하일 것
② 증기가열방식은 그 증기의 온도가 120℃ 이하일 것
③ 압력계는 그 최고눈금이 상용압력의 1.5~2배일 것
④ 기화통 안의 가스액이 토출배관으로 흐르지 않도록 적합한 자동제어장치를 설치할 것

🔍 온수가열방식의 온수온도는 80℃ 이하로 한다.

44 가스크로마토그래피의 구성요소가 아닌 것은?

① 광원
② 컬럼
③ 검출기
④ 기록계

🔍 가스크로마토그래피 구성 : 시료주입부 → 분리관(컬럼) → 검출기 → 기록장치

45 고압장치의 재료로서 가장 적합하게 연결된 것은?

① 액화염소용기 – 화이트메탈
② 압축기의 베어링 – 13% 크롬강
③ LNG 탱크 – 9% 니켈강
④ 고온고압의 수소반응탑 – 탄소강

🔍 고압장치의 재료
• 액화염소용기 – 탄소강
• 압축기의 베어링 – 고탄소 크롬강
• LNG 탱크 – 9% 니켈강, 18-8 스테인리스강, 알루미늄합금
• 고온고압의 수소반응탑 – 크롬강, 스테인리스강

46 가스분석 시 이산화탄소의 흡수제로 사용되는 것은?

① KOH
② H_2SO_4
③ NH_4Cl
④ $CaCl_2$

🔍 가스분석시 흡수제
• 이산화탄소(CO_2) : 30% KOH용액
• 아세틸렌(C_2H_2) : 옥소수은칼륨용액
• 프로필렌(C_3H_6), 노르말부틸렌($n-C_4H_8$) : 87% 황산(H_2SO_4)
• 에틸렌(C_2H_4) : 취화수소(HBr)
• 산소(O_2) : 알카리성 피로카롤용액
• 일산화탄소(CO) : 암모니아성 염화제일구리용액

47 기체의 성질로 나타내는 보일의 법칙(Boyles law)에서 일정한 값으로 가정한 인자는?

① 압력
② 온도
③ 부피
④ 비중

🔍 보일의 법칙 : 온도가 일정할 때 압력과 체적은 반비례한다는 법칙이다.

48 산소(O_2)에 대한 설명 중 틀린 것은?

① 무색, 무취의 기체이며, 물에는 약간 녹는다.
② 가연성가스이나 그 자신은 연소하지 않는다.
③ 용기의 도색은 일반 공업용이 녹색, 의료용이 백색이다.
④ 저장용기는 무계목 용기를 사용한다.

🔍 산소는 상온에서 무색, 무취, 무미의 조연성 가스로서 가연성 가스와 혼합되었을 때 연소를 도와주는 가스이다.

49 섭씨온도(℃)의 눈금과 일치하는 화씨온도(℉)는?

① 0　　　　　　　② −10
③ −30　　　　　　④ −40

> 🔍 섭씨온도와 화씨온도의 관계
> $T_C = \frac{5}{9}(T_F - 32)$
> 섭씨온도 T_C(℃) = 화씨온도 T_F(℉)일 때
> $T_C = \frac{5}{9}(T_C - 32)$
> $T_C = \frac{5}{9}T_C - \frac{5 \times 32}{9}$
> $\frac{9}{9}T_C - \frac{5}{9}T_C = \frac{5 \times 32}{9}$
> $4T_C = -5 \times 32$
> ∴ $T_C = -40℃ = -40℉$

50 연소기 연소상태 시험에 사용되는 도시가스 중 역화하기 쉬운 가스는?

① 13A−1　　　　② 13A−2
③ 13A−3　　　　④ 13A−R

> 🔍 연소기의 시험가스
> • 13A−1 : 메탄 85%, 프로판 15%
> • 13A−2 : 메탄 55%, 프로판 15%, 에탄 15%, 수소 30%
> • 13A−3 : 메탄 98%, 질소 2%
> • 13A−R : 메탄 89.7%, 에탄 6.7%, 프로판 2.6%, 질소 1%
> 시험 가스 내 수소 농도는 최대 연소속도지수를 결정짓는 중요한 인자이며 역화 한계 가스의 수소농도는 23%이다. 따라서, 시험가스 중 13A−2 가스의 수소농도가 30%이므로 역화하기가 쉽다.

51 다음 중 게이지압력을 옳게 표시한 것은?

① 게이지압력 = 절대압력 − 대기압
② 게이지압력 = 대기압 − 절대압력
③ 게이지압력 = 대기압 + 절대압력
④ 게이지압력 = 절대압력 + 진공압력

> 🔍 절대압력 = 대기압 + 게이지압력 = 대기압 − 진공압력에서
> 게이지압력 = 절대압력 − 대기압

52 나프타(Naphtha)의 가스화 효율이 좋으려면?

① 올레핀계 탄화수소 함량이 많을수록 좋다.
② 파라핀계 탄화수소 함량이 많을수록 좋다.
③ 나프텐계 탄화수소 함량이 많을수록 좋다.
④ 방향족계 탄화수소 함량이 많을수록 좋다.

> 🔍 나프타를 수소화 분해시켜 LP가스를 제조한다. 이때 파라핀계 탄화수소 함량이 많을수록 가스화 효율이 좋다.(파라핀계 탄화수소 : CH_4, C_2H_6, C_3H_8, C_4H_{10}, C_5H_{12})

53 10L 용기에 들어있는 산소의 압력이 10MPa이었다. 이 기체를 20L 용기에 옮겨놓으면 압력은 몇 [MPa]로 변하는가?

① 2　　　　　　　② 5
③ 10　　　　　　 ④ 20

> 🔍 보일의 법칙 : 산소를 부피가 다른 용기에 옮기는 과정이므로 이때 온도는 일정하다.
> $P_1V_1 = P_2V_2$에서
> 최종압력 $P_2 = \frac{V_1}{V_2} \times P_1 = \frac{10L}{20L} \times 10MPa = 5MPa$

54 순수한 물 1kg을 1℃ 높이는데 필요한 열량을 무엇이라 하는가?

① 1kcal　　　　② 1B.T.U
③ 1C.H.U　　　 ④ 1kJ

> 🔍 열량과 일량
> • 1kcal : 순수한 물 1kg을 1℃만큼 높이는데 필요한 열량
> • 1B.T.U : 순수한 물 1lb를 1℉만큼 높이는데 필요한 열량
> • 1C.H.U : 순수한 물 1lb를 1℃만큼 높이는데 필요한 열량
> • 1kJ : 어떤 물체에 힘 1kN을 가하여 1m만큼 이동시켰을 때 한 일량

55 같은 조건일 때 액화하기 쉬운 가스는?

① 수소　　　　　② 암모니아
③ 아세틸렌　　　④ 네온

> 🔍 비점이 높을수록 액화하기 쉽다.
>
> | 가스명 | 비점(℃) | 가스명 | 비점(℃) |
> |---|---|---|---|
> | 수소 | −252 | 암모니아 | −33.4 |
> | 아세틸렌 | −84 | 네온 | −245.9 |

56 다음 중 폭발범위가 가장 넓은 가스는?

① 암모니아　　　② 메탄
③ 황화수소　　　④ 일산화탄소

🔍 공기 중에서의 폭발범위(폭발상한계와 폭발하한계의 차)

가스명	폭발범위(V%)	폭발하한계(V%)	폭발상한계(V%)
암모니아	13	15	28
메탄	8.7	5.3	14
황화수소	40.7	4.3	45
일산화탄소	61.5	12.5	74

57 다음 중 암모니아 건조제로 사용되는 것은?

① 진한 황산
② 할로겐 화합물
③ 소다석회
④ 황산동 수용액

🔍 암모니아 건조제로는 소다석회가 사용된다.

58 다음 [보기]와 같은 성질을 갖는 것은?

- 공기보다 무거워서 누출 시 낮은 곳에 체류한다.
- 기화 및 액화가 용이하며 발열량이 크다.
- 증발잠열이 크기 때문에 냉매로도 이용된다.

① O_2
② CO
③ LPG
④ C_2H_4

🔍 LPG(액화석유가스)의 특징
• 기체 상태의 LP가스는 공기보다 무겁기 때문에 누출 시 바닥에 체류한다.
• 상온 · 상압하에서는 기체이나 가압 또는 냉각하면 쉽게 액화한다.
• 기화가 용이하며 기화하면 체적이 현저히 증가한다.
• 발화온도가 높고 발열량이 크다.
• 증발잠열이 크다.
• LP가스는 프로판, 프로필렌, 부탄, 부틸렌의 혼합물로서 프로판과 부탄은 냉매로도 이용된다.

59 다음 설명과 관계있는 법칙은?

열은 스스로 저온의 물체에서 고온의 물체로 이동하는 것은 불가능하다.

① 에너지 보존의 법칙
② 열역학 제2법칙
③ 평형 이동의 법칙
④ 보일-샤를의 법칙

🔍 열역학 제2법칙(자연법칙)
• 일은 열로 쉽게 변환 시킬 수 있으나 열은 일로 쉽게 변환시킬 수 없다는 것을 명시한 법칙으로서 열역학 제1법칙의 방향성을 제시한 법칙이다.
• 자연적인 법칙으로서 열은 고온에서 저온으로 이동한다.
• 손실을 수반하는 비가역적 현상을 명시하는 법칙이다.
• 제2종 영구기관(열효율이 100%인 기관)은 존재할 수 없다.

60 다음 압력 중 가장 높은 압력은?

① $1.5kg/cm^2$
② $10mH_2O$
③ $745mmHg$
④ $0.6atm$

🔍 표준대기압
$1atm = 760mmHg = 1.0332kg/cm^2 = 10.33mH_2O$

① $1.5kg/cm^2 = \dfrac{1.5kg/cm^2}{1.0332kg/cm^2} \times 1atm = 1.452atm$

② $10mH_2O = \dfrac{10mH_2O}{10.33H_2O} \times 1atm = 0.968atm$

③ $745mmHg = \dfrac{745mmHg}{760mmHg} \times 1atm = 0.98atm$

④ $0.6atm$

정답 최근기출문제 - 2014년 2회

01 ②	02 ②	03 ①	04 ④	05 ③
06 ④	07 ②	08 ③	09 ②	10 ④
11 ②	12 ③	13 ①	14 ①	15 ④
16 ④	17 ④	18 ①	19 ④	20 ①
21 ④	22 ③	23 ①	24 ②	25 ②
26 ②	27 ④	28 ③	29 ③	30 ④
31 ①	32 ②	33 ①	34 ②	35 ②
36 ④	37 ①	38 ③	39 ④	40 ④
41 ③	42 ④	43 ①	44 ①	45 ③
46 ①	47 ②	48 ②	49 ④	50 ②
51 ①	52 ②	53 ②	54 ①	55 ②
56 ④	57 ③	58 ③	59 ②	60 ①

2014년 3회 최근기출문제

01 다음 중 가연성이면서 유독한 가스는?

① NH_3 ② H_2
③ CH_4 ④ N_2

- 암모니아(NH_3) : 가연성가스이면서 독성가스
- 수소(H_2), 메탄(CH_4) : 가연성가스
- 질소(N_2) : 불연성가스

02 시안화수소(HCN)의 위험성에 대한 설명으로 틀린 것은?

① 인화온도가 아주 낮다.
② 오래된 시안화수소는 자체 폭발할 수 있다.
③ 용기에 충전한 후 60일을 초과하지 않아야 한다.
④ 호흡 시 흡입하면 위험하나 피부에 묻으면 아무 이상이 없다.

시안화수소는 호흡시 흡입하거나 피부에 묻었을 경우 피부에 흡수되어 치명상을 입으며 고농도를 흡입하면 사망한다.

03 도시가스 배관의 지하매설시 사용하는 침상재료(Bedding)는 배관 하단에서 배관 상단 몇 [cm]까지 포설되는가?

① 10 ② 20
③ 30 ④ 50

배관하단에서 배관상단 30cm까지 모래 또는 침상재료로 포설할 것

04 다음은 이동식 압축도시가스 자동차충전시설을 점검한 내용이다. 이 중 기준에 부적합한 것은?

① 이동충전차량과 가스배관구를 연결하는 호스의 길이가 6m 이었다.
② 가스배관구 주위에는 가스배관구를 보호하기 위하여 높이 40cm, 두께 13cm인 철근콘크리트 구조물이 설치되어 있었다.
③ 이동충전차량과 충전설비 사이 거리는 8m 이었고, 이동충전차량과 충전설비 사이에 강판제 방호벽이 설치되어 있었다.
④ 충전설비 근처 및 충전설비에서 6m 떨어진 장소에 수동 긴급차단장치가 각각 설치되어 있었으며 눈에 잘 띄었다.

압축도시가스 자동차 충전시설 검사기준
- 이동충전차량과 가스배관구를 연결하는 호스의 길이는 5m 이내로 한다.
- 가스배관구 주위에는 가스배관구를 보호하기 위하여 높이 30cm 이상, 두께 12cm 이상인 철근콘크리트 구조물을 설치한다.
- 이동충전차량과 충전설비 사이에는 8m 이상의 거리를 유지한다.
- 충전설비 근처 및 충전설비로부터 5m 이상 떨어진 장소에는 수동 긴급차단장치를 각각 설치하며, 쉽게 식별할 수 있도록 한다.

05 고정식 압축도시가스자동차 충전의 저장설비, 처리설비, 압축가스설비 외부에 설치하는 경계책의 설치기준으로 틀린 것은?

① 긴급차단장치를 설치할 경우는 설치하지 아니할 수 있다.
② 방호벽(철근콘크리트로 만든 것)을 설치할 경우는 설치하지 아니할 수 있다.
③ 처리설비 및 압축가스설비가 밀폐형 구조물 안에 설치된 경우는 설치하지 아니할 수 있다.
④ 저장설비 및 처리설비가 액확산방지시설 내에 설치된 경우는 설치하지 아니할 수 있다.

경계책 설치기준
- 압축가스 설비 주위에 방호벽(철근콘크리트제)을 설치할 경우 설치하지 아니할 수 있다.
- 압축가스 설비가 밀폐형 구조물 안에 설치된 경우 설치하지 아니할 수 있다.
- 저장설비 및 처리설비가 액확산방지시설 내에 설치된 경우는 설치하지 아니할 수 있다.

06 일반도시가스사업 가스공급시설의 입상관 밸브는 분리가 가능한 것으로서 바닥으로부터 몇 [m] 범위에 설치하여야 하는가?

① 0.5 ~ 1m   ② 1.2 ~ 1.5m
③ 1.6 ~ 2.0m   ④ 2.5 ~ 3.0m

🔍 입상관 밸브는 분리가 가능한 것으로 바닥으로부터 1.6m~2m 이내에 설치한다.

07 연소에 대한 일반적인 설명 중 옳지 않은 것은?

① 인화점이 낮을수록 위험성이 크다.
② 인화점보다 착화점의 온도가 낮다.
③ 발열량이 높을수록 착화온도는 낮아진다.
④ 가스의 온도가 높아지면 연소범위는 넓어진다.

🔍
- 인화점 : 가연성물질에 불꽃을 접하여 발화될 수 있는 최저온도이다.
- 착화점 : 점화원이 없이 그 물질자체가 열의 축척으로 발화하는 최저온도이다. 따라서, 인화점보다 착화점의 온도가 높다.

08 독성가스 저장시설의 제독 조치로써 옳지 않은 것은?

① 흡수, 중화조치
② 흡착 제거조치
③ 이송설비로 대기 중에 방출
④ 연소조치

🔍 독성가스 저장시설의 제독조치
- 물 또는 흡수제로 흡수 또는 중화하는 조치
- 흡착제로 흡착 제거하는 조치
- 저장탱크 주위에 설치된 유도구에 의하여 집액구·피트 등에 고인 액화가스를 펌프 등의 이송설비를 이용하여 안전하게 제조설비로 반송하는 조치
- 연소설비(플레어스택, 보일러 등)에서 안전하게 연소시키는 조치

09 다음 굴착공사 중 굴착공사를 하기 전에 도시가스사업자와 협의를 하여야 하는 것은?

① 굴착공사 예정지역 범위에 묻혀 있는 도시가스배관의 길이가 110m인 굴착공사
② 굴착공사 예정지역 범위에 묻혀 있는 송유관의 길이가 200m인 굴착공사
③ 해당 굴착공사로 인하여 압력이 3.2kPa인 도시가스배관의 길이가 30m 노출될 것으로 예상되는 굴착공사
④ 해당 굴착공사로 인하여 압력이 0.8MPa인 도시가스배관의 길이가 8m 노출될 것으로 예상되는 굴착공사

🔍 굴착공사 예정지역 범위에 묻혀 있는 도시가스배관의 길이가 100m 이상인 굴착공사 또는 해당 굴착공사로 인하여 최고사용압력이 중압(0.1MPa 이상 1MPa 미만) 이상인 배관이 10m 이상 노출될 것으로 예상되는 굴착공사에 대하여 굴착공사를 하려는 자와 도시가스사업자간의 굴착공사 전에 굴착공사 협의서를 작성해야 한다.

10 고압가스 제조설비에 설치하는 가스누출경보 및 자동차단장치에 대한 설명으로 틀린 것은?

① 계기실 내부에도 1개 이상 설치한다.
② 잡가스에는 경보하지 아니하는 것으로 한다.
③ 누출을 검지하여 그 농도를 지시함과 동시에 경보를 울리는 방식으로 한다.
④ 가연성 가스의 제조설비에 격막 갈바니 전지방식의 것을 설치한다.

🔍 가스누출경보장치의 종류 및 대상가스
- 접촉연소방식 : 가연성 가스
- 격막갈바니 전지방식 : 산소
- 반도체방식 : 가연성 가스, 독성 가스

11 건축물 내 도시가스 매설배관으로 부적합한 것은?

① 동관
② 강관
③ 스테인리스강
④ 가스용 금속플렉시블호스

🔍 매설배관은 토양에 의한 부식에 견딜 수 있는 재료를 사용해야 한다. 따라서, 강관은 부식이 잘 되므로 매설배관으로 사용할 수 없다.

12 시안화수소를 충전한 용기는 충전 후 몇 [시간] 정치한 뒤 가스의 누출검사를 해야 하는가?

① 6   ② 12
③ 18   ④ 24

🔍 시안화수소를 충전한 용기는 충전 후 24시간 정치한 뒤 가스 누출검사를 실시한다.

13 도시가스공급시설의 공사계획 승인 및 신고대상에 대한 설명으로 틀린 것은?

① 제조소 안에서 액화가스용 저장탱크의 위치변경 공사는 공사계획 신고대상이다.
② 밸브기지의 위치변경 공사는 공사계획 신고대상이다.
③ 호칭지름이 50mm 이하인 저압의 공급관을 설치하는 공사는 공사계획 신고대상에서 제외한다.
④ 저압인 사용자 공급관 50m를 변경하는 공사는 공사계획 신고대상이다.

> 공사계획 신고대상
> • 제조소안에서 가스발생설비, 배송기, 압송기, 가스압축기, 가스홀더 저장탱크의 위치변경공사
> • 가스홀더 및 정압기의 안전장치의 위치변경공사
> • 최고사용압력이 저압인 배관을 20m 이상 설치, 증설, 교체 또는 이설하는 공사
> • 호칭지름이 50mm 이하인 저압의 공급관을 설치하거나 변경하는 공사는 제외한다.

14 고압가스용 냉동기에 설치하는 안전장치의 구조에 대한 설명으로 틀린 것은?

① 고압차단장치는 그 설정압력이 눈으로 판별할 수 있는 것으로 한다.
② 고압차단장치는 원칙적으로 자동복귀방식으로 한다.
③ 안전밸브는 작동압력을 설정한 후 봉인될 수 있는 구조로 한다.
④ 안전밸브 각부의 가스통과 면적은 안전밸브의 구경면적 이상으로 한다.

> 고압차단스위치(HPS) : 고압이 일정 압력 이상이 되면 압축기용 전동기 전원을 차단하여 고압으로 인한 냉동장치의 파손을 방지하는 안전장치로서 수동복귀형이다.

15 염소(Cl_2)의 재해 방지용으로 흡수제 및 제해제가 아닌 것은?

① 가성소다 수용액   ② 소석회
③ 탄산소다 수용액   ④ 물

> 제해제(흡수제)
> • 염소(Cl_2) : 가성소다수용액, 소석회, 탄산소다수용액
> • 암모니아(NH_3), 산화에틸렌(C_2H_4O), 염화메탄(CH_3Cl) : 물

16 아세틸렌은 폭발 형태에 따라 크게 3가지로 분류된다. 이에 해당되지 않는 폭발은?

① 화합폭발
② 중합폭발
③ 산화폭발
④ 분해폭발

> 아세틸렌의 폭발
> • 구리(Cu), 은(Ag), 수은(Hg) 등에 아세틸렌을 접촉시키면 화합폭발이 일어난다.
> • 0.15MPa 이상으로 압축하면 불꽃, 가열, 마찰 등에 의해 분해폭발을 일으킨다.
> • 산소와 혼합하여 점화하면 산화폭발이 일어난다.

17 고압가스안전관리법의 적용을 받는 가스는?

① 철도차량의 에어콘디셔너 안의 고압가스
② 냉동능력 3톤 미만인 냉동설비 안의 고압가스
③ 용접용 아세틸렌
④ 액화브롬화메탄 제조설비 외에 있는 액화브롬화메탄

> 고압가스 적용범위에서 제외되는 가스
> • 보일러 안과 그 도관 안의 고압증기
> • 철도차량의 에어콘디셔너 안의 고압가스
> • 선박 안의 고압가스, 항공기 안의 고압가스
> • 원자로 및 그 부속설비 안의 고압가스
> • 오토크레이브 안의 고압가스(수소 · 아세틸렌 및 염화비닐은 제외)
> • 액화브롬화메탄 제조설비 외에 있는 액화브롬화메탄
> • 등화용의 아세틸렌가스
> • 냉동능력이 3톤 미만인 냉동설비 안의 고압가스
> • 내용적 1리터 이하의 소화기용 용기 또는 소화기에 내장되는 용기 안에 있는 고압가스

18 액화석유가스 사용시설을 변경하여 도시가스를 사용하기 위해서 실시하여야 하는 안전조치 중 잘못 설명한 것은?

① 일반도시가스사업자는 도시가스를 공급한 이후에 연소기 열량의 변경 사실을 확인하여야 한다.

② 액화석유가스의 배관 양단에 막음조치를 하고 호스는 철거하여 설치하려는 도시가스 배관과 구분되도록 한다.
③ 용기 및 부대설비가 액화석유가스 공급자의 소유인 경우에는 도시가스공급 예정일까지 용기 등을 철거해 줄 것을 공급자에게 요청해야 한다.
④ 도시가스로 연료를 전환하기 전에 액화석유가스 안전공급계약을 해지하고 용기 등의 철거와 안전조치를 확인하여야 한다.

> 액화석유가스 사용시설을 변경하여 도시가스를 사용하기 위한 안전조치로 일반도시가스사업자는 도시가스를 공급하기 전에 연소기 열량의 변경 사실을 확인하여야 한다.

19 고압가스설비에 장치하는 압력계의 눈금은?

① 상용압력의 2.5배 이상, 3배 이하
② 상용압력의 2배 이상, 2.5배 이하
③ 상용압력의 1.5배 이상, 2배 이하
④ 상용압력의 1배 이상, 1.5배 이하

> 압력계는 상용압력의 1.5배 이상, 2배 이하의 최고눈금이 있는 것을 설치한다.

20 LP가스 충전설비의 작동 상황 점검주기로 옳은 것은?

① 1일 1회 이상
② 1주일 1회 이상
③ 1월 1회 이상
④ 1년 1회 이상

> 충전시설 중 LPG의 안전을 확보하기 위하여 필요한 시설 또는 설비에 대하여 1일 1회 이상 작동상황을 주기적으로 점검한다.

21 다음은 어떤 안전설비에 대한 설명인가?

> 설비가 잘못 조작되거나 정상적인 제조를 할 수 없는 경우 자동으로 원재료의 공급을 차단시키는 등 고압가스 제조설비 안의 제조를 제어하는 기능을 한다.

① 긴급이송설비   ② 인터록기구
③ 안전밸브   ④ 벤트스택

> 인터록기구 : 가연성가스, 독성가스의 제조설비에서 오조작되거나 정상적인 제조를 할 수 없을 경우에 자동적으로 원재료의 공급을 차단시키는 장치이다.

22 일반도시가스사업자의 가스공급시설 중 정압기의 분해 점검 주기의 기준은?

① 1년에 1회 이상
② 2년에 1회 이상
③ 3년에 1회 이상
④ 5년에 1회 이상

> 정압기 점검기준
> • 분해점검 : 설치 후 2년에 1회 이상
> • 작동상황 점검 : 1주일에 1회 이상

23 공기 중 폭발범위에 따른 위험도가 가장 큰 가스는?

① 암모니아
② 황화수소
③ 석탄가스
④ 이황화탄소

> 폭발범위(폭발상한계와 폭발하한계의 차)가 넓을수록 가장 위험한 가스이다.
> 〈공기중에서의 폭발범위〉

가스명	폭발범위(V%)	폭발하한계(V%)	폭발상한계(V%)
암모니아	13	15	28
황화수소	40.7	4.3	45
석탄가스	25.7	5.3	31
이황화탄소	42.8	1.2	44

24 공기 중에서 폭발하한치가 가장 낮은 것은?

① 시안화수소   ② 암모니아
③ 에틸렌   ④ 부탄

> 공기 중에서의 폭발범위

가스명	폭발하한계(V%)	폭발상한계(V%)
시안화수소	6	41
암모니아	15	28
에틸렌	2.7	36
부탄	1.8	8.4

25 폭발 등급은 안전간격에 따라 구분한다. 폭발 등급 I급이 아닌 것은?

① 일산화탄소
② 메탄
③ 암모니아
④ 수소

> 🔍 **폭발등급**
> • 폭발 I급 : 메탄, 암모니아, 일산화탄소, 벤젠, 휘발유, 프로판
> • 폭발 II급 : 석탄가스, 에틸렌, 에틸렌옥사이드
> • 폭발 III급 : 수소, 아세틸렌, 유화탄소

26 다음 ( ) 안의 Ⓐ와 Ⓑ에 들어갈 명칭은?

> 아세틸렌을 용기에 충전하는 때에는 미리 용기에 다공물질을 고루 채워 다공도가 75% 이상, 92% 미만이 되도록 한 후 (Ⓐ) 또는 (Ⓑ)를(을) 고루 침윤시키고 충전하여야 한다.

① Ⓐ 아세톤, Ⓑ 알코올
② Ⓐ 아세톤, Ⓑ 물(H_2O)
③ Ⓐ 아세톤, Ⓑ 디메틸포름아미드
④ Ⓐ 알코올, Ⓑ 물(H_2O)

> 🔍 아세틸렌의 분해폭발을 방지하기 위하여 아세톤, 디메틸포름아미드(DMF)를 아세틸렌에 용해시켜 충전한다.

27 고압가스 용기의 파열사고 원인으로서 가장 거리가 먼 것은?

① 압축산소를 충전한 용기를 차량에 눕혀서 운반하였을 때
② 용기의 내압이 이상 상승하였을 때
③ 용기 재질의 불량으로 인하여 인장강도가 떨어질 때
④ 균열되었을 때

> 🔍 **고압가스 용기의 파열사고의 원인**
> • 용기의 내압이 이상 상승하였을 때
> • 용기의 재질불량으로 인장강도가 떨어질 때
> • 용접부의 결함으로 균열이 있을 때
> • 용기에 설치한 안전밸브가 불량할 때

28 도시가스사용시설 중 자연배기식 반밀폐식 보일러에서 배기톱의 옥상돌출부는 지붕면으로부터 수직거리로 몇 [cm] 이상으로 하여야 하는가?

① 30
② 50
③ 90
④ 100

> 🔍 배기톱의 옥상돌출부는 지붕면으로부터 수직거리를 1m(100cm) 이상으로 하고 배기톱 상단으로부터 수평거리 1m 이내에 건축물이 있는 경우에는 그 건축물의 처마보다 1m 이상 높게 설치한다.

29 자동차용 압축천연가스 완속충전설비에서 실린더 내경이 100mm, 실린더 행정이 200mm, 회전수가 100rpm일 때 처리능력(m^3/h)은 얼마인가?

① 9.42
② 8.21
③ 7.05
④ 6.15

> 🔍 피스톤압출량 $V = \frac{\pi}{4} \times D^2 \times L \times N \times 60 \, (m^3/h)$
> 실린더 직경 $D = 100mm = 0.1m$
> 실린더 행정 $L = 200mm = 0.2m$
> 회전수 $N = 100rpm$
> ∴ 피스톤압출량
> $V = \frac{\pi}{4} \times 0.1^2 \times 0.2 \times 100 \times 60 = 9.425 \, m^3/h$

30 공정과 설비의 고장형태 및 영향, 고장형태별 위험도 순위 등을 결정하는 안전성 평가기법은?

① 위험과 운전분석(HAZOP)
② 예비위험분석(PHA)
③ 결함수분석(FTA)
④ 이상 위험도 분석(FMECA)

> 🔍 **안정성 평가기법**
> • 위험성 운전 분석(HAZOP) : 공정에 존재하는 위험 요소들과 공정의 효율을 떨어뜨릴 수 있는 운전상의 문제점을 찾아내어 그 원인을 제거하는 정성적인 안전성 평가기법
> • 예비위험 분석(PHA) : 공정 또는 설비 등에 관한 상세한 정보를 얻을 수 없는 상태에서 위험물질과 공정 요소에 초점을 맞추어 초기위험을 확인하는 평가기법
> • 결함수 분석(FTA) : 사고를 일으키는 장치의 이상이나 운전자 실수의 조합을 연역적으로 분석하는 정량적 안전성 평가기법

31 3단 토출압력이 2MPa·g이고, 압축비가 2인 4단 공기압축기에서 1단 흡입압력은 약 몇 [MPa·g] 인가?

① 0.16MPa·g
② 0.26MPa·g
③ 0.36MPa·g
④ 0.46MPa·g

🔍 다단압축시 압축비 $a = \sqrt[n]{\dfrac{P_H}{P_L}} = \left(\dfrac{P_H}{P_L}\right)^{\frac{1}{n}}$

- 토출압력 $P_H = 2MPa \cdot g = 2 + 0.1 = 2.1 MP \cdot a$
- 압축비 $a = \sqrt[n]{\dfrac{P_H}{P_L}} = \left(\dfrac{P_H}{P_L}\right)^{\frac{1}{n}}$ 에서

  흡입압력 $P_L = \dfrac{P_H}{a^n} = \dfrac{2.01}{2^3}$
  $= 0.2625 MPa \cdot g = 0.2625 - 0.1$
  $= 0.1625 MPa \cdot g$

32 다음 [보기]에서 설명하는 정압기의 종류는?

- unloading 형이다.
- 본체는 복좌밸브로 되어 있어 상부에 다이어프램을 가진다.
- 정특성은 아주 좋으나 안정성은 떨어진다.
- 다른 형식에 비하여 크기가 크다.

① 레이놀드 정압기
② 엠코 정압기
③ 피셔식 정압기
④ 엑셀 플로우식 정압기

🔍 정압기의 종류 및 특성

종류	특성
레이놀드식 정압기	• Unloading 형식이다. • 정특성은 양호하나 안정성이 떨어진다. • 다른 형식에 비해 크기가 크다. • 본체는 복좌밸브로 되어 있어 상부에 다이어프램을 갖는다.
피셔식 정압기	• loading 형식이다. • 정특성과 동특성이 양호하다. • 콤팩트(Compact)하다.
엑셀 플로우식 정압기	• 변칙 Unloading 형식이다. • 정특성과 동특성이 양호하다. • 극히 콤팩트하다. • 고차압이 될수록 특성이 양호해진다.

33 대형 저장탱크 내를 가는 스테인리스관으로 상하로 움직여 관내에서 분출하는 가스상태와 액체상태의 경계면을 찾아 액면을 측정하는 액면계로 옳은 것은?

① 슬립튜브식 액면계
② 유리관식 액면계
③ 클링커식 액면계
④ 플로트식 액면계

🔍 슬립튜브식 액면계
- 대형 저장탱크 상부에 설치되어 있으며 튜브를 상하로 움직여 가스상태와 액체상태의 경계면을 찾아 액면을 측정한다.
- 튜브식 액면계는 액면계로부터 가스누설시 가연성가스는 인화의 우려, 독성가스는 중독의 우려가 있으므로 사용할 수 없다.

34 다음 배관재료 중 사용온도 350℃ 이하, 압력이 10MPa 이상의 고압관에 사용되는 것은?

① SPP
② SPPH
③ SPPW
④ SPPG

🔍 고압배관용 탄소강관(SPPH)
- 사용온도 : 350℃ 이하
- 사용압력 : 10MPa 이상
- 용도 : 암모니아관, 내연기관의 연료분사관, 화학공업용 고압관

35 반복하중에 의해 재료의 저항력이 저하하는 현상을 무엇이라고 하는가?

① 교축 ② 크리프
③ 피로 ④ 응력

🔍 피로 : 반복하중에 의해 재료의 저항력이 저하되는 현상이다.

36 다음 중 왕복식 펌프에 해당하는 것은?

① 기어펌프 ② 베인펌프
③ 터빈펌프 ④ 플런저펌프

🔍
- 왕복식 펌프 : 피스톤펌프, 플런저펌프, 다이어프램펌프
- 원심식 펌프 : 벌류트펌프, 터빈펌프
- 회전식 펌프 : 기어펌프, 베인펌프

37 LP가스 공급방식 중 자연기화 방식의 특징에 대한 설명으로 틀린 것은?

① 기화능력이 좋아 대량 소비시에 적당하다.
② 가스 조성의 변화량이 크다.
③ 설비장소가 크게 된다.
④ 발열량의 변화량이 크다.

> 자연기화방식의 특징
> • 용기 내의 LP가스가 대기 중의 열을 흡수하여 기화하는 방식으로서 용기의 수가 많아 설치장소가 크게 된다.
> • 가스발열량의 변화량과 가스 조성의 변화량이 크다.
> • 기화능력에 한계가 있어 비교적 소량 소비처에 적합하다.

38 LPG를 탱크로리에서 저장탱크로 이송 시 작업을 중단해야 되는 경우가 아닌 것은?

① 과충전이 된 경우
② 충전기에서 자동차에 충전하고 있을 때
③ 작업 중 주위에 화재 발생 시
④ 누출이 생길 경우

> LPG 탱크로리 충전작업 중 중단해야하는 경우
> • 저장탱크에 가스가 과충전 되었거나 안전밸브가 작동될 경우
> • 주변에 화재 등 이상상태가 발생하였을 경우
> • 탱크로리와 저장탱크에 연결한 호스가 분리되거나 접속부분이 누설될 경우

39 저온액화가스 탱크에서 발생할 수 있는 열의 침입현상으로 가장 거리가 먼 것은?

① 연결된 배관을 통한 열전도
② 단열재를 충전한 공간에 남은 가스분자의 열전도
③ 내면으로 부터의 열전도
④ 외면의 열복사

> 저온 액화가스 저장탱크의 열침입 요인
> • 단열재를 충전한 공간에 남아있는 가스분자의 열전도
> • 외면으로부터의 열복사
> • 연결된 배관을 통한 열전도
> • 지지 요크에서의 열전도
> • 밸브나 안전밸브 등에 의한 열전도

40 내압이 0.4~0.5MPa 이상이고, LPG나 액화가스와 같이 낮은 비점의 액체일 때 사용되는 터보식 펌프의 메카니컬시일 형식은?

① 더블 시일
② 아웃사이드 시일
③ 밸런스 시일
④ 언밸런스 시일

> 메카니컬시일의 종류
>
> | 종류 | 특징 |
> |---|---|
> | 더블 시일 | • 내부가 고진공일 때
• 인화성 및 독성이 강한 액일 때
• 누설되면 응고되는 액일 때 |
> | 아웃사이드 시일 | • 스타핑박스 내가 고진공일 때
• 점성계수가 100Cp(센티포이즈)를 초과하는 액일 때
• 저응고점의 액일 때 |
> | 언밸런스시일 | 일반적으로 사용 |
> | 밸런스시일 | • LPG와 같이 저비점의 액체일 때
• 하이드로카본일 때
• 내압이 0.4~0.5MPa 이상일 때 |

41 펌프의 실제 송출유량을 Q, 펌프 내부에서의 누설유량을 0.6Q, 임펠러 속을 지나는 유량을 1.6Q라 할 때 펌프의 체적효율(η_v)은?

① 37.5% ② 40%
③ 60%   ④ 62.5%

> 펌프의 체적효율 $\eta_v = \dfrac{Q_2}{Q_1} \times 100\%$
> • 펌프 입구로 들어온 유량 $Q_1 = 1.6Q$
> • 펌프의 실제 송출유량 $Q_2 = Q$
> ∴ 체적효율 $\eta_v = \dfrac{Q}{1.6Q} \times 100\% = 62.5\%$

42 도시가스의 측정 사항에 있어서 반드시 측정하지 않아도 되는 것은?

① 농도 측정   ② 연소성 측정
③ 압력 측정   ④ 열량 측정

> 도기가스 측정사항 : 열량 측정, 압력 측정, 연소성 측정, 유해성분 측정

43 가연성가스를 냉매로 사용하는 냉동제조시설의 수액기에는 액면계를 설치한다. 다음 중 수액기의 액면계로 사용할 수 없는 것은?

① 환형유리관 액면계 ② 차압식 액면계
③ 초음파식 액면계 ④ 방사선식 액면계

🔍 가연성 가스 또는 독성 가스를 냉매로 사용하는 냉매설비 중 수액기에 설치하는 액면계는 환형 유리관 액면계 외의 것을 사용한다.

44 가연성가스 검출기 중 탄광에서 발생하는 CH_4의 농도를 측정하는데 주로 사용되는 것은?

① 간섭계형 ② 안전등형
③ 열선형 ④ 반도체형

🔍 가연성가스 검출기
- 안전등형 : 주로 탄광 내에서 CH_4의 발생을 검출
- 간섭계형 : 가스의 굴절률차를 이용
- 열선형 : 브리지회로의 편위전류를 이용

45 LP가스 자동차충전소에서 사용하는 디스펜서(Dispenser)에 대하여 옳게 설명한 것은?

① LP가스 충전소에서 용기에 일정량의 LP가스를 충전하는 충전기기이다.
② LP가스 충전소에서 용기에 충전하는 가스용적을 계량하는 기기이다.
③ 압축기를 이용하여 탱크로리에서 저장탱크로 LP가스를 이송하는 장치이다.
④ 펌프를 이용하여 LP가스를 저장탱크로 이송할 때 사용하는 안전장치이다.

🔍 디스펜서(Dispenser) : LP가스 자동차 충전소에서 자동차의 LP가스 용기에 가스의 용적을 계량하여 충전하는 충전기기를 말한다.

46 고압가스의 성질에 따른 분류가 아닌 것은?

① 가연성 가스 ② 액화 가스
③ 조연성 가스 ④ 불연성 가스

🔍 고압가스 분류
- 성질에 따른 분류 : 가연성 가스, 조연성 가스, 불연성 가스
- 상태에 따른 분류 : 액화가스, 압축가스, 용해가스
- 독성에 따른 분류 : 독성 가스, 비독성 가스

47 다음 중 확산 속도가 가장 빠른 것은?

① O_2 ② N_2
③ CH_4 ④ CO_2

🔍 확산 속도는 가스의 분자량이 작을수록 가볍기 때문에 빠르다.

가스명	분자량	가스명	분자량
산소(O_2)	32	질소(N_2)	28
메탄(CH_4)	16	이산화탄소(CO_2)	44

48 다음 각 온도의 단위환산 관계로서 틀린 것은?

① 0℃ = 273K
② 32°F = 492R
③ 0K = −273℃
④ 0K = 460R

🔍 캘빈온도 0K 일 때
랭킨온도 $R = 1.8 \times K$ 에서 $R = 1.8 \times 0 = 0R$

49 수소의 공업적 용도가 아닌 것은?

① 수증기의 합성 ② 경화유의 제조
③ 메탄올의 합성 ④ 암모니아 합성

🔍 수소의 공업적 용도
- 금속제련시 환원제로 사용
- 로켓 연료 및 기구부양용으로 사용
- 암모니아와 메탄올의 제조 원료로 사용
- 경화유 제조에 사용
- 용접용에 사용

50 압력이 일정할 때 기체의 절대온도와 체적은 어떤 관계가 있는가?

① 절대온도와 체적은 비례한다.
② 절대온도와 체적은 반비례한다.
③ 절대온도는 체적의 제곱에 비례한다.
④ 절대온도는 체적의 제곱에 반비례한다.

🔍 샤를의 법칙
$\frac{V_1}{T_1} = \frac{V_2}{T_2}$ 에서 $\frac{V_2}{T_1} = \frac{T_2}{T_1}$
압력이 일정할 때 절대온도(T)와 체적(V)은 비례한다.

51 다음 중 수소(H_2)의 제조법이 아닌 것은?

① 공기액화 분리법
② 석유 분해법
③ 천연가스 분해법
④ 일산화탄소 전화법

🔍 수소의 제조방법 : 수전해법, 수성가스법, 일산화탄소 전화법, 천연가스 분해법, 석유 분해법

52 프로판의 완전연소 반응식으로 옳은 것은?

① $C_3H_8 + 4O_2 \rightarrow 3CO_2 + 2H_2O$
② $C_3H_8 + 5O_2 \rightarrow 3CO_2 + 4H_2O$
③ $C_3H_8 + 2O_2 \rightarrow 3CO_2 + 4H_2O$
④ $C_3H_8 + O_2 \rightarrow CO_2 + H_2O$

🔍 탄화수소계의 완전연소식
$C_mH_n + (m + \frac{n}{4})O_2 \rightarrow mCO_2 + \frac{n}{2}H_2O$
프로판의 완전연소식
$C_3H_8 + (3 + \frac{8}{4})O_2 \rightarrow 3CO_2 + \frac{8}{2}H_2O$
$C_3H_8 + 5O_2 \rightarrow 3CO_2 + 4H_2O$

53 도시가스 제조방식 중 촉매를 사용하여 사용온도 400~800℃에서 탄화수소와 수증기를 반응시켜 수소, 메탄, 일산화탄소, 탄산가스 등의 저급 탄화수소로 변환시키는 프로세스는?

① 열분해 프로세스
② 접촉분해 프로세스
③ 부분연소 프로세스
④ 수소화분해 프로세스

🔍 도시가스 제조공정
• 접촉분해 프로세스 : 탄화수소와 수증기를 400~800℃에서 반응시켜 메탄, 에탄, 에틸렌, 프로필렌, 수소, 일산화탄소, 이산화탄소 등 저급 탄화수소로 변화시키는 공정이다.
• 열분해 프로세스 : 분자량이 큰 원료(나프타, 원유)를 800~900℃로 분해하여 고열량(10,000kcal/Nm³)의 가스를 제조하는 공정이다.
• 부분연소 프로세스 : 고온, 고압에서 탄화수소를 원료로 산소, 공기, 수증기를 이용하여 탄산가스, 일산화탄소, 메탄, 수소 등을 제조하는 공정이다.
• 수소화분해 프로세스 : 니켈(Ni) 등의 촉매를 사용하여 나프타 등 C/H비(탄화수소/수소)가 낮은 탄화수소를 메탄으로 변화시키는 공정이다.

54 표준상태에서 분자량이 44인 기체의 밀도는?

① 1.96g/L
② 1.96kg/L
③ 1.55g/L
④ 1.55kg/L

🔍 밀도(ρ)
• 단위체적(L)당 갖는 질량(g)이다.
• 분자량 $M = 44$일 때
밀도 $\rho = \frac{44}{22.4} = 1.964 g/L$

55 다음 중 저장소의 바닥부 환기에 가장 중점을 두어야 하는 가스는?

① 메탄
② 에틸렌
③ 아세틸렌
④ 부탄

🔍 기체의 비중
• 기체의 비중이 1보다 큰 가스이면 누설 시 바닥에 체류하므로 바닥부에 환기구를 설치해야 한다.
• 기체의 분자량 M, 공기의 분자량 29일 때
기체의 비중 $s = \frac{M}{29}$
• 메탄(CH_4)의 비중 $s = \frac{16}{29} = 0.55$
• 에틸렌(C_2H_4)의 비중 $s = \frac{28}{29} = 0.97$
• 아세틸렌(C_2H_2)의 비중 $s = \frac{26}{29} = 0.9$
• 부탄(C_4H_{10})의 비중 $s = \frac{58}{29} = 2$

56 일산화탄소의 성질에 대한 설명 중 틀린 것은?

① 산화성이 강한 가스이다.
② 공기보다 약간 가벼우므로 수상치환으로 포집한다.
③ 개미산에 진한 황산을 작용시켜 만든다.
④ 혈액 속의 헤모글로빈과 반응하여 산소의 운반력을 저하시킨다.

🔍 일산화탄소는 환원성이 커서 금속산화물을 환원시킨다.

57 수은주 760mmHg 압력은 수주로는 얼마가 되는가?

① 9.33mH_2O
② 10.33mH_2O
③ 11.33mH_2O
④ 12.33mH_2O

🔍 **표준대기압**
$1atm = 760mmHg = 1.0332kgf/cm^2$
$= 10.33mH_2O = 14.7psi$
$= 101,325Pa$

58 고압가스 종류별 발생 현상 또는 작용으로 틀린 것은?

① 수소 – 탈탄작용
② 염소 – 부식
③ 아세틸렌 – 아세틸라이드 생성
④ 암모니아 – 카르보닐 생성

🔍 암모니아 – 질화작용, 수소취화작용

59 100J의 일의 양을 cal 단위로 나타내면 약 얼마인가?

① 24
② 40
③ 240
④ 400

🔍 **열량과 일량의 관계**
• $1cal = 4.186J$에서 $1J = \frac{1}{4.186}cal$이다.
• $100 \times \frac{1}{4.186} = 23.9cal$

60 정압비열(C_p)와 정적비열(C_v)의 관계를 나타내는 비열비(k)를 옳게 나타낸 것은?

① k = C_p/C_v
② k = C_v/C_p
③ k < 1
④ k = $C_v - C_p$

🔍 **비열비(k)**
• 정압비열(C_p)과 정적비열(C_v)의 비로서 비열비 $k = \frac{C_p}{C_v}$ 이다.
• 비열비는 항상 1보다 크다.
• 정압비열이 정적비열보다 분자운동에너지가 크기 때문에 정압비열이 정적비열보다 크다.

정답 최근기출문제 – 2014년 3회

01 ①	02 ④	03 ③	04 ①	05 ①
06 ③	07 ②	08 ③	09 ①	10 ④
11 ②	12 ④	13 ②	14 ②	15 ④
16 ②	17 ③	18 ①	19 ③	20 ①
21 ②	22 ②	23 ④	24 ④	25 ④
26 ③	27 ①	28 ④	29 ①	30 ④
31 ①	32 ①	33 ①	34 ②	35 ③
36 ④	37 ①	38 ②	39 ③	40 ③
41 ④	42 ①	43 ①	44 ②	45 ①
46 ②	47 ③	48 ④	49 ①	50 ①
51 ①	52 ②	53 ②	54 ①	55 ④
56 ①	57 ②	58 ④	59 ①	60 ①

2014년 4회 최근기출문제

01 다음 각 가스의 정의에 대한 설명으로 틀린 것은?

① 압축가스란 일정한 압력에 의하여 압축되어 있는 가스를 말한다.
② 액화가스란 가압·냉각 등의 방법에 의하여 액체상태로 되어 있는 것으로서 대기압에서의 끓는점이 40℃ 이하 또는 상용온도 이하인 것을 말한다.
③ 독성가스란 인체에 유해한 독성을 가진 가스로서 허용농도가 100만분의 3000 이하인 것을 말한다.
④ 가연성가스란 공기 중에서 연소하는 가스로서 폭발한계의 하한이 10% 이하인 것과 폭발한계의 상한과 하한의 차가 20% 이상인 것을 말한다.

🔍 독성가스의 정의
- 허용농도가 5000ppm(100만분의 5000) 이하인 가스이다.
- 허용농도란 해당 가스를 성숙한 흰쥐 집단에게 대기 중에서 1시간 동안 계속하여 노출시킨 경우 14일 이내에 그 흰쥐의 1/2 이상이 죽게 되는 가스의 농도를 말한다.

02 용기 신규검사에 합격된 용기 부속품 각인에서 초저온용기나 저온용기의 부속품에 해당하는 기호는?

① LT
② PT
③ MT
④ UT

🔍 용기종류별 부속품의 기호
- 아세틸렌가스를 충전하는 용기의 부속품 : AG
- 압축가스를 충전하는 용기의 부속품 : PG
- 액화석유가스 외의 액화가스를 충전하는 용기의 부속품 : LG
- 액화석유가스를 충전하는 용기의 부속품 : LPG
- 초저온용기 및 저온용기의 부속품 : LT

03 용기의 재검사 주기에 대한 기준으로 맞는 것은?

① 압력용기는 1년마다 재검사
② 저장탱크가 없는 곳에 설치한 기화기는 2년마다 재검사
③ 500L 이상 이음매 없는 용기는 5년마다 재검사
④ 용접용기로서 신규검사 후 15년 이상 20년 미만인 용기는 3년마다 재검사

🔍 용기의 재검사 주기
- 압력용기 : 4년마다
- 저장탱크가 없는 곳에 설치한 기화기 : 3년마다
- 이음매 없는 용기 및 용접용기

용기의 종류		신규검사 후 경과연수		
		15년 미만	15년 이상 20년 미만	20년 이상
용접 용기	500L 이상	5년마다	2년마다	1년마다
	500L 미만	3년마다	2년마다	1년마다
이음매 없는 용기	500L 이상	5년마다		
	500L 미만	신규검사후 경과연수가 10년 이하인 것은 5년마다, 10년을 초과한 것은 3년마다		

04 가스사용시설인 가스보일러의 급·배기방식에 따른 구분으로 틀린 것은?

① 반밀폐형 자연배기식(CF)
② 반밀폐형 강제배기식(FE)
③ 밀폐형 자연배기식(RF)
④ 밀폐형 강제급·배기식(FF)

🔍 가스보일러의 급·배기방식
- 반밀폐형 자연배기식(CF)
- 반밀폐형 강제배기식(FE)
- 밀폐형 강제급·배기식(FF)
- 밀폐형 자연급·배기식(BF)

05 도시가스 배관을 지상에 설치 시 검사 및 보수를 위하여 지면으로부터 몇 [cm] 이상의 거리를 유지하여야 하는가?

① 10cm
② 15cm
③ 20cm
④ 30cm

> 도시가스 배관을 지상에 설치하는 경우에는 배관의 부식방지와 검사 및 보수를 위하여 지면으로부터 30cm 이상의 거리를 유지하여야 한다.

06 차량에 고정된 산소용기 운반 차량에는 일반인이 쉽게 식별할 수 있도록 표시하여야 한다. 운반차량에 표시하여야 하는 것은?

① 위험고압가스, 회사명
② 위험고압가스, 전화번호
③ 화기엄금, 회사명
④ 화기엄금, 전화번호

> 운반차량의 앞뒤에 보기 쉬운 곳에 적색 글씨로 "위험 고압가스"라는 경계표지와 위험을 알리는 도형 및 전화번호를 표시한다.

07 LPG 충전 · 집단공급 저장시설의 공기에 의한 내압시험시 상용압력의 일정 압력 이상으로 승압시킨 후 단계적으로 승압시킬 때, 상용압력의 몇 [%]씩 증가시켜 내압시험압력에 달하였을 때 이상이 없어야 하는가?

① 5%
② 10%
③ 15%
④ 20%

> 내압시험을 공기 등의 기체의 압력으로 하는 경우에는 먼저 상용압력의 50%까지 승압하고 그 후에는 상용압력의 10%씩 단계적으로 승압하여 내압시험압력에 도달하였을 때 누설 등의 이상이 없어야 한다.

08 도시가스도매사업자가 제조소 내에 저장능력이 20만 톤인 지상식 액화천연가스 저장탱크를 설치하고자 한다. 이때 처리능력이 30만m³인 압축기와 얼마 이상의 거리를 유지하여야 하는가?

① 10m
② 24m
③ 30m
④ 50m

> 액화천연가스의 저장탱크는 그 외면으로부터 처리능력이 20만m³ 이상인 압축기까지 30m 이상의 거리를 유지하여야 한다.

09 특정고압가스사용시설에서 독성가스 감압설비와 그 가스의 반응설비 간의 배관에 반드시 설치하여야 하는 설비는?

① 안전밸브
② 역화방지장치
③ 중화장치
④ 역류방지장치

> 역류방지장치 설치
> • 암모니아 또는 메탄올의 합성탑 및 정제탑과 압축기 사이의 배관
> • 아세틸렌을 압축하는 압축기의 유분리기와 고압건조기 사이의 배관
> • 가연성가스를 압축하는 압축기와 충전용 주관과의 사이 배관

10 과압안전장치 형식에서 용전의 용융온도로서 옳은 것은? (단, 저압부에 사용되는 것은 제외한다.)

① 40℃ 이하
② 60℃ 이하
③ 75℃ 이하
④ 105℃ 이하

> 과압안전장치에서 용전의 용융온도는 75℃ 이하로 한다.

11 차량에 고정된 탱크 중 독성가스는 내용적을 얼마 이하로 하여야 하는가?

① 12,000L
② 15,000L
③ 16,000L
④ 18,000L

> 내용적 제한
> • 가연성가스(액화석유가스 제외)나 산소 탱크의 내용적 : 18,000L
> • 독성가스(액화암모니아 제외)의 내용적 : 12,000L

12 다음 중 2중관으로 하여야 하는 가스가 아닌 것은?

① 일산화탄소
② 암모니아
③ 염화메탄
④ 염소

> 독성가스 배관시 2중관으로 설치해야 하는 가스 : 염소, 암모니아, 염화메탄, 시안화수소, 황화수소, 포스겐, 아황산가스, 산화에틸렌

13 LPG 저장탱크에 설치하는 압력계는 상용압력 몇 [배] 범위의 최고눈금이 있는 것을 사용하여야 하는가?

① 1 ~ 1.5배
② 1.5 ~ 2배
③ 2 ~ 2.5배
④ 2.5 ~ 3배

> 압력계는 상용압력의 1.5배 이상 2배 이하의 최고눈금이 있는 것을 설치해야 한다.

14 암모니아 취급시 피부에 닿았을 때 조치사항으로 가장 적당한 것은?

① 열습포로 감싸준다.
② 아연화 연고로 바른다.
③ 산으로 중화시키고 붕대로 감는다.
④ 다량의 물로 세척 후 붕산수를 바른다.

> 암모니아(NH_3) 취급시 응급조치
> • 피부에 묻은 경우 : 물로 세척 후 피크린산 용액을 바른다.
> • 눈에 들어간 경우 : 물로 세척 후 2[%] 붕산액 또는 유동파라핀을 점안한다.

15 압축, 액화 등의 방법으로 처리할 수 있는 가스의 용적이 1일 100m³ 이상의 사업소에는 표준이 되는 압력계를 몇 [개] 이상 비치하여야 하는가?

① 1개   ② 2개
③ 3개   ④ 4개

> 가스의 용적이 1일 100m³ 이상인 사업소에는 압력계를 2개 이상 설치해야 한다.

16 압력조정기 출구에서 연소기 입구까지의 호스는 얼마 이상의 압력으로 기밀시험을 실시하는가?

① 2.3kPa
② 3.3kPa
③ 5.63kPa
④ 8.4kPa

> 기밀시험은 최고사용압력의 1.1배 또는 8.4kPa 중 높은 압력 이상으로 실시한다.

17 가연성가스 및 독성가스의 충전용기보관실에 대한 안전거리 규정으로 옳은 것은?

① 충전용기 보관실 1m 이내에 발화성물질을 두지 말 것
② 충전용기 보관실 2m 이내에 인화성물질을 두지 말 것
③ 충전용기 보관실 5m 이내에 발화성물질을 두지 말 것
④ 충전용기 보관실 8m 이내에 인화성물질을 두지 말 것

> 충전용기 보관장소의 주위 2m 이내에는 화기 또는 인화성 물질이나 발화성 물질을 두지 않는다.

18 액화염소가스 1,375kg을 용량 50L인 용기에 충전하려면 몇 [개]의 용기가 필요한가? (단, 액화염소가스의 정수[C]는 0.8이다.)

① 20   ② 22
③ 35   ④ 37

> 액화가스 용기의 저장능력 $W = \dfrac{V}{C}(kg)$
> 여기서, 내용적 V = 50L, 가스 정수 C = 0.8
> • 용기 1개당 저장능력 $W = \dfrac{50}{0.8} = 62.5kg$
> • 용기 개수 개 $n = \dfrac{1,375kg}{62.5kg} = 22$개

19 고압가스 품질검사에 대한 설명으로 틀린 것은?

① 품질검사 대상가스는 산소, 아세틸렌, 수소이다.
② 품질검사는 안전관리책임자가 실시한다.
③ 산소는 동·암모니아 시약을 사용한 오르잣드법에 의한 시험결과 순도가 99.5% 이상이어야 한다.
④ 수소는 하이드로쎌파이드 시약을 사용한 오르잣드법에 의한 시험결과 순도가 99.0% 이상이어야 한다.

> 수소의 품질검사 : 피로카롤 또는 하이드로쎌파이드 시약을 사용한 오르잣드법에 의한 시험에서 순도가 98.5% 이상이고 용기안의 가스충전압력이 35℃에서 11.8MPa 이상으로 한다.

20 저장탱크 방류둑 용량은 저장능력에 상당하는 용적 이상의 용적이어야 한다. 다만, 액화산소 저장탱크의 경우에는 저장능력 상당용적의 몇 [%] 이상으로 할 수 있는가?

① 40
② 60
③ 80
④ 90

🔍 방류둑 용량
• 저장탱크의 저장능력에 상당하는 용적 이상이어야 한다.
• 액화산소 저장탱크는 저장능력 상당용적의 60%로 한다.

21 도시가스 중압 배관을 매몰할 경우 다음 중 적당한 색상은?

① 회색
② 청색
③ 녹색
④ 적색

🔍 도시가스 배관 시공
• 배관 외부에 사용가스명, 최고사용압력, 도시가스의 흐름방향 등을 표시할 것
• 도시가스배관의 표면색상은 지상배관은 황색으로 한다.
• 매설배관은 최고사용압력이 저압인 배관은 황색, 중압인 배관은 적색으로 한다.

22 가연성가스를 취급하는 장소에서 공구의 재질로 사용하였을 경우 불꽃이 발생할 가능성이 가장 큰 것은?

① 고무
② 가죽
③ 알루미늄합금
④ 나무

🔍 방폭공구란 인화성 또는 가연성 가스를 취급하는 장소에서 마찰, 충격 등에 의해 불꽃이 발생하지 않는 특수재질로 만든 공구로서 베릴륨합금공구, 고무, 나무, 가죽으로 만들어 화재 또는 폭발 등의 재해를 방지할 수 있는 공구이다.

23 고압가스 저장능력 산정기준에서 액화가스의 저장탱크 저장능력을 구하는 식은? (단, Q, W는 저장능력, P는 최고충전압력, V는 내용적, C는 가스종류에 따른 정수, d는 가스의 비중이다.)

① $W = 0.9dV$
② $Q = 10PV$
③ $W = \dfrac{V}{C}$
④ $Q = (10P+1)V$

🔍 저장능력 산정
• 액화가스용기의 저장능력 $W = \dfrac{V}{C}(kg)$
  여기서, V(L): 내용적, C : 가스의 종류에 따른 정수
• 압축가스 저장탱크 및 용기의 저장능력
  $Q = (10P+1)V(m^3)$
  여기서, V(L) : 내용적, P(MPa) : 35℃(아세틸렌은 15℃)에서의 최고충전압력
• 액화가스 저장탱크의 저장능력
  $W = 0.9dV(kg)$
  여기서, V(L) : 내용적, d : 가스의 비중

24 도시가스 공급시설의 안전조작에 필요한 조명등의 조도는 몇 [럭스] 이상이어야 하는가?

① 100
② 150
③ 200
④ 300

🔍 제조소 및 공급소에는 가스공급시설의 조작을 안전하고 확실하게 할 수 있도록 하기 위하여 조명등을 설치하고 조명등의 조도는 150lx(럭스) 이상으로 한다.

25 도시가스사업법에서 정한 특정가스사용시설에 해당하지 않는 것은?

① 제1종 보호시설 내 월사용예정량 1,000m³ 이상인 가스사용시설
② 제2종 보호시설 내 월사용예정량 2,000m³ 이상인 가스사용시설
③ 월사용예정량 2,000m³ 이하인 가스사용시설 중 많은 사람이 이용하는 시설로 시·도지사가 지정하는 시설
④ 전기사업법, 에너지이용합리화법에 의한 가스사용시설

🔍 도시가스의 특정가스사용시설
• 월 사용예정량이 2000m³(제1종 보호시설 안에 있는 경우에는 1000m³) 이상인 가스사용시설(단, 전기사업법, 에너지이용합리화법에 해당하는 가스사용시설은 제외)
• 월 사용예정량이 2000m³(제1종 보호시설 안에 있는 경우에는 1000m³) 미만인 가스사용시설 중 내관 및 그 부속시설이 바닥·벽 등에 매립 또는 매몰 설치되는 가스사용시설, 많은 사람이 이용하는 시설로서 시·도지사가 안전관리를 위하여 필요하다고 인정하여 지정하는 가스사용시설, 도시가스를 연료로 사용하는 자동차의 가스사용시설

26 가연성 가스용 가스누출경보 및 자동차단장치의 경보 농도 설정치의 기준은?

① ±5% 이하
② ±10% 이하
③ ±15% 이하
④ ±25% 이하

> 가스누출검지 경보장치의 기준
>
> | 가스 | 경보농도 | 지시계눈금 | 정밀도 |
> |---|---|---|---|
> | 가연성가스 | 폭발한계의 1/4 이하 | 0~폭발하한 계값 | ±25% 이하 |
> | 독성 가스 | 허용농도 이하 | 0~허용농도 의 3배값 | ±30% 이하 |
> | 암모니아 | 50ppm | 150ppm | - |

27 액화가스를 충전하는 탱크는 그 내부에 액면요동을 방지하기 위하여 무엇을 설치하여야 하는가?

① 방파판
② 안전밸브
③ 액면계
④ 긴급차단장치

> 방파판 : 탱크내의 액면요동을 방지하기 위하여 설치

28 고압가스 충전용 밸브를 가열할 때의 방법으로 가장 적당한 것은?

① 60℃ 이상의 더운물을 사용한다.
② 열습포를 사용한다.
③ 가스버너를 사용한다.
④ 복사열을 사용한다.

> 충전용 밸브가 동결되었을 경우 40℃ 이하의 더운물 또는 열습포를 사용하여 녹인다.

29 일반도시가스사업 정압기실에 설치되는 기계환기설비 중 배기구의 관경은 얼마 이상으로 하여야 하는가?

① 10cm ② 20cm
③ 30cm ④ 50cm

> 환기설비에서 흡입구 및 배기구의 관경은 100mm(10cm) 이상으로 하여야 한다.

30 도시가스 공급시설을 제어하기 위한 기기를 설치한 계기실의 구조에 대한 설명으로 틀린 것은?

① 계기실의 구조는 내화구조로 한다.
② 내장재는 불연성 재료로 한다.
③ 창문은 망입(網入)유리 및 안전유리로 한다.
④ 출입구는 1곳 이상에 설치하고 출입문은 방폭문으로 한다.

> 계기실의 구조
> • 내화구조로 한다.
> • 내장재는 불연성 재료로 한다. 단, 바닥재료는 난연성 재료를 사용할 수 있다.
> • 출입구는 2곳 이상에 설치하고, 출입문은 방화문으로 한다.
> • 창문은 망입(網入)유리 및 안전유리로 한다.

31 가스미터의 설치장소로서 가장 부적당한 곳은?

① 통풍이 양호한 곳
② 전기공작물 주변의 직사광선이 비치는 곳
③ 가능한 한 배관의 길이가 짧고 꺾이지 않는 곳
④ 화기와 습기에서 멀리 떨어져 있고 청결하며 진동이 없는 곳

> 가스미터는 직사광선이나 빗물을 받을 우려가 있는 장소에는 설치를 피해야 한다.

32 액주식 압력계에 사용되는 액체의 구비조건으로 틀린 것은?

① 화학적으로 안정되어야 한다.
② 모세관 현상이 없어야 한다.
③ 점도와 팽창계수가 작아야 한다.
④ 온도변화에 의한 밀도변화가 커야 한다.

> 액주식 압력계의 액체 구비조건
> • 점도가 작을 것
> • 온도변화에 따른 밀도의 변화가 적어야 할 것
> • 모세관 및 표면장력이 적을 것
> • 휘발성이 적을 것
> • 화학적으로 안정할 것
> • 점도 및 팽창계수가 적을 것

33 고압가스안전관리법령에 따라 고압가스 판매시설에서 갖추어야 할 계측설비가 바르게 짝지어진 것은?

① 압력계, 계량기
② 온도계, 계량기
③ 압력계, 온도계
④ 온도계, 가스분석계

> 고압가스 판매시설의 기준
> • 판매시설에는 압력계 및 계량기를 갖출 것
> • 판매업소에는 용기운반자동차의 원활한 통행과 용기의 원활한 하역작업을 위하여 용기보관실 주위에 11.5m² 이상의 부지(주차장)를 확보할 것
> • 사무실의 면적은 9m² 이상으로 할 것

34 사용 압력이 2MPa, 관의 인장강도가 20kg/mm²일 때의 스케줄 번호(Sch No)는? (단, 안전율은 4로 한다.)

① 10   ② 20
③ 40   ④ 80

> 스케줄 번호 $Sch\ No = 10 \times \dfrac{P}{\sigma}$
> 여기서, P(kg/cm²) : 사용압력, σ(kg/mm²) : 허용응력(인장강도/안전율)
> • 허용응력 $\sigma = \dfrac{20}{4} = 5kg/mm^2$
> • 압력 1kg/cm²일 때 0.1MPa이므로 사용 압력 $P = 2MPa = 20kg/cm^2$
> • 스케줄 번호 $Sch\ No = 10 \times \dfrac{20}{5} = 40$

35 부취제 주입용기를 가스압으로 밸런스시켜 중력에 의해서 부취제를 가스 흐름 중에 주입하는 방식은?

① 적하 주입방식
② 펌프 주입방식
③ 위크증발식 주입방식
④ 미터연결 바이패스 주입방식

> 부취제 주입방식
> • 적하 주입방식 : 부취제 주입용기를 가스압으로 밸런스시켜 중력에 의해서 부취제를 가스 흐름 중에 주입한다.
> • 펌프 주입방식 : 다이어프램 펌프 등에 의해 부취제를 가스 중에 주입한다.
> • 위크증발식 주입방식 : 아스베스토스 심에 부취제가 흡수되어 가스가 접촉하는 부분에서 부취제가 증발하여 주입된다.
> • 미터연결 바이패스 주입방식 : 가스 주배관의 오리피스 차압에 의해 바이패스 배관에 설치된 가스미터와 부취제 첨가장치를 연동시켜 가스 중에 부취제를 주입한다.

36 도시가스의 품질검사 시 가장 많이 사용되는 검사방법은?

① 원자흡광광도법
② 가스크로마토그래피법
③ 자외선, 적외선 흡수분광법
④ ICP법

> 도시가스의 품질검사
> • 열량 : 품질검사기관에서 확인한 자동열량측정기에 의해 측정·기록한 열량 및 가스크로마토그래피로 성분 분석 후 열량을 계산한다.
> • 웨버지수 : 가스크로마토그래피로 성분 분석 후 웨버지수를 계산한다.
> • 황화수소, 전유황, 부취농도, 이산화탄소, 산소, 질소 등 : 가스크로마토그래피로 성분을 분석한다.

37 도시가스시설 중 입상관에 대한 설명으로 틀린 것은?

① 입상관이 화기가 있을 가능성이 있는 주위를 통과하여 불연재료로 차단조치를 하였다.
② 입상관의 밸브는 분리 가능한 것으로서 바닥으로부터 1.7m의 높이에 설치하였다.
③ 입상관의 밸브를 어린 아이들이 장난을 못하도록 3m의 높이에 설치하였다.
④ 입상관의 밸브 높이가 1m 이어서 보호상자 안에 설치하였다.

> 입상관은 환기가 양호한 장소에 설치하며 입상관의 밸브는 1.6m 이상 2m 이내에 설치한다. 단, 보호상자 안에 설치하는 경우에는 1.6m 이상 2m 이내에 설치하지 않을 수 있다.

38 배관 속을 흐르는 액체의 속도를 급격히 변화시키면 물이 관벽을 치는 현상이 일어나는데 이런 현상을 무엇이라 하는가?

① 캐비테이션 현상
② 워터해머링 현상
③ 서징 현상
④ 맥동 현상

> 수격작용(water hammering) : 배관 내에 유체가 흐를 때 펌프가 순간적으로 정지하거나 기동할 경우, 급격하게 밸브를 개폐하는 경우, 배관의 급격한 확대와 축소 등에 의해 유속이 급격히 변화하여 운동에너지가 압력에너지로 변하여 순간적으로 큰 압력변화가 발생하여 물이 관벽을 치는 현상이다.

39 연소기의 설치방법으로 틀린 것은?

① 환기가 잘되지 않는 곳에는 가스온수기를 설치하지 아니한다.
② 밀폐형 연소기는 급기구 및 배기통을 설치하여야 한다.
③ 배기통의 재료는 불연성 재료로 한다.
④ 개방형 연소기가 설치된 실내에는 환풍기를 설치한다.

🔍 연소기 설치기준
- 가스보일러 또는 가스온수기는 목욕탕이나 환기가 잘 되지 않는 곳은 설치하지 않는다.
- 반밀폐형 연소기는 급기구 및 배기통을 설치하여야 한다.
- 개방형 연소기를 설치한 곳에는 환풍기 또는 환기구를 설치하여야 한다.
- 배기통의 재료는 금속, 석면 그 밖의 불연성재료로 한다.
- 밀폐형 연소기는 급기구 및 배기통과 벽과의 사이에 배기가스가 실내로 들어올 수 없도록 밀폐한다.

40 오리피스 미터의 특징에 대한 설명으로 옳은 것은?

① 압력손실이 매우 작다.
② 침전물이 관벽에 부착되지 않는다.
③ 내구성이 좋다.
④ 제작이 간단하고 교환이 쉽다.

🔍 오리피스 미터의 특징
- 유체의 압력손실이 가장 크다.
- 관벽에 침전물이 생성될 우려가 많다.
- 제작이 간단하고 설치가 쉽다.
- 고장에 대하여 교환이 용이하다.

41 압력조정기의 종류에 따른 조정압력이 틀린 것은?

① 1단 감압식 저압조정기 : 2.3~3.3kPa
② 1단 감압식 준저압조정기 : 5~30kPa 이내에서 제조자가 기준압력의 ±20%
③ 2단 감압식 2차용 저압조정기 : 2.3~3.3kPa
④ 자동절체식 일체형 저압조정기 : 2.3~3.3kPa

🔍 자동절체식 일체형 저압조정기의 조정압력 : 2.55 ~ 3.3kPa

42 용기의 내용적이 105L인 액화암모니아 용기에 충전할 수 있는 가스의 충전량은 약 몇 [kg] 인가? (단, 액화암모니아의 가스정수 C값은 1.86이다.)

① 20.5
② 45.5
③ 56.5
④ 117.5

🔍 액화암모니아 용기의 저장능력 $W = \dfrac{V}{C}(kg)$
여기서, 내용적 V = 105L, 가스 정수 C = 1.86
저장능력 $W = \dfrac{105}{1.86} = 56.45kg$

43 증기 압축식 냉동기에서 냉매가 순환되는 경로로 옳은 것은?

① 압축기 → 증발기 → 응축기 → 팽창밸브
② 증발기 → 응축기 → 압축기 → 팽창밸브
③ 증발기 → 팽창밸브 → 응축기 → 압축기
④ 압축기 → 응축기 → 팽창밸브 → 증발기

🔍 증기 압축식 냉동기의 냉매순환 경로 : 압축기 → 응축기 → 팽창밸브 → 증발기 → 압축기

44 도시가스 정압기에 사용되는 정압기용 필터의 제조기술 기준으로 옳은 것은?

① 내가스 성능시험의 질량변화율은 5~8%이다.
② 입·출구 연결부는 플랜지식으로 한다.
③ 기밀시험은 최고사용압력의 1.25배 이상의 수압으로 실시한다.
④ 내압시험은 최고사용압력 2배의 공기압으로 실시한다.

🔍 정압기용 필터의 제조기술기준
- 필터 용기의 표면은 매끈하고 사용상 지장이 있는 부식, 균열, 주름 등이 없을 것
- 차계계는 필터의 허용차압 초과여부를 알 수 있는 것을 사용할 것
- 입·출구 연결부는 플랜지식으로 할 것
- 필터 엘리멘트는 0.05MPa 미만의 차압에서 찌그러지지 않을 것
- 필터는 분해 청소 및 엘리멘트의 교체가 용이한 구조일 것
- 필터는 이물질을 제거할 수 있도록 드레인밸브를 설치할 것

45 구조가 간단하고 고압, 고온 밀폐탱크의 압력까지 측정이 가능하며 가장 널리 사용되는 액면계는?

① 크린카식 액면계
② 벨로우즈식 액면계
③ 차압식 액면계
④ 부자식 액면계

🔍 액면계의 용도
- 크린카식 액면계 : 유리관식 액면계로서 지상에 설치하는 LP가스 탱크에 사용
- 벨로우즈식 액면계 : 극저온 액체의 액면을 측정
- 차압식 액면계 : 액화산소 등과 같이 극저온 저장탱크의 액면을 측정
- 부자식 액면계 : 플로트의 움직임으로 액면을 측정하며 구조가 간단하고 고온·고압 밀폐탱크의 압력차를 측정하는데 사용

46 주기율표의 0족에 속하는 불활성 가스의 성질이 아닌 것은?

① 상온에서 기체이며, 단원자 분자이다.
② 다른 원소와 잘 화합한다.
③ 상온에서 무색, 무미, 무취의 기체이다.
④ 방전관에 넣어 방전시키면 특유의 색을 낸다.

🔍 주기율표의 0족에 속하는 희가스는 상온에서 가장 안정된 가스이며 다른 원소와 화합하지 않는 불활성 가스이다.

47 LPG 1L가 기화해서 약 250L의 가스가 된다면 10kg의 액화 LPG가 기화하면 가스 체적은 얼마나 되는가? (단, 액화 LPG의 비중은 0.5이다.)

① $1.25m^3$
② $5.0m^3$
③ $10.0m^3$
④ $25m^3$

🔍 LPG의 가스체적
- 액화 LPG 비중이 0.5이므로 밀도는 0.5kg/L이다.
  10kg의 액의 체적 $V_1 = \dfrac{10kg}{0.5\frac{kg}{L}} = 20L$
- LPG 1L가 기화하면 250L의 가스가 되므로 250배로 체적이 늘어난다.
  기화 가스의 체적
  $V_2 = 20L \times 250배 = 5,000L = 5,000 \times \dfrac{1}{1,000} = 5m^3$
  $\left(1L = 1,000cm^3 = \dfrac{1}{1,000}m^3\right)$

48 공급가스인 천연가스 비중이 0.6이라 할 때 45m 높이의 아파트 옥상까지 압력손실은 약 몇 [mmH₂O] 인가?

① 18.0
② 23.3
③ 34.9
④ 27.0

🔍 입상관의 압력손실 $H = 1.293(1-s)h(mmH_2O)$
여기서, 비중 s = 0.6, 입상 높이 h = 45m
압력손실 $H = 1.293 \times (1-0.6) \times 45 = 23.274 mmH_2O$

49 시안화수소 충전에 대한 설명 중 틀린 것은?

① 용기에 충전하는 시안화수소는 순도가 98% 이상 이어야 한다.
② 시안화수소를 충전한 용기는 충전 후 24시간 이상 정치한다.
③ 시안화수소는 충전 후 30일이 경과되기 전에 다른 용기에 옮겨 충전하여야 한다.
④ 시안화수소 충전용기는 1일 1회 이상 질산구리 벤젠 등의 시험지로 가스누출 검사를 한다.

🔍 용기에 충전한 시안화수소는 충전한 후 60일이 경과되기 전에 다른 용기에 옮겨 충전하여야 하나 순도가 98% 이상 착색되지 아니한 것에 대해서는 그러하지 아니하여도 된다.

50 다음 중 절대압력을 정하는데 기준이 되는 것은?

① 게이지 압력
② 국소 대기압
③ 완전진공
④ 표준 대기압

🔍 절대압력은 완전진공 0kgf/cm²을 기준으로 측정한 압력이다.

51 일산화탄소 전화법에 의해 얻고자 하는 가스는?

① 암모니아
② 일산화탄소
③ 수소
④ 수성가스

🔍 일산화탄소 전화법 : 수성가스법에서 생성된 일산화탄소에 수증기를 작용시켜 수소를 얻는다.
$CO + H_2O \rightarrow CO_2 + H_2$

52 도시가스는 무색, 무취이기 때문에 누출 시 중독 및 사고를 미연에 방지하기 위하여 부취제를 첨가하는데 그 첨가 비율의 용량이 얼마의 상태에서 냄새를 감지할 수 있어야 하는가?

① 0.1% ② 0.01%
③ 0.2% ④ 0.02%

🔍 부취제의 착취농도 : 공기 중에 가스가 $\frac{1}{1,000}$(0.1%)의 농도로 섞였을 때 쉽게 그 냄새를 느낄 수 있는 농도

53 절대영도로 표시한 것 중 가장 거리가 먼 것은?

① -273.15℃ ② 0K
③ 0R ④ 0°F

🔍 절대영도
0K = 0R = -273.15℃ = -460°F

54 염소(Cl_2)에 대한 설명으로 틀린 것은?

① 황록색의 기체로 조연성이 있다.
② 강한 자극성의 취기가 있는 독성기체이다.
③ 수소와 염소의 등량 혼합기체를 염소폭명기라 한다.
④ 건조 상태의 상온에서 강재에 대하여 부식성을 갖는다.

🔍 건조한 염소는 강재를 부식시키지 않으나 수분이 존재할 경우 염산을 생성하여 금속을 부식시키고 120℃ 이상의 철(Fe)과 반응하여 염화물을 만든다.

55 '효율이 100%인 열기관은 제작이 불가능하다.'라고 표현되는 법칙은?

① 열역학 제0법칙 ② 열역학 제1법칙
③ 열역학 제2법칙 ④ 열역학 제3법칙

🔍 열역학법칙
• 열역학 제0법칙 : 온도평형의 법칙이다.
• 열역학 제1법칙 : 에너지보존의 법칙으로 에너지의 공급을 받지 않고 일을 계속할 수 있는 기관은 존재할 수 없다.
• 열역학 제2법칙 : 자연적인 법칙으로서 열은 고온에서 저온으로 이동하며 열효율이 100%인 열기관은 제작이 불가능하다.
• 열역학 제3법칙 : 절대온도의 법칙이다.

56 순수한 물의 증발 잠열은?

① 539kcal/kg
② 79.68kcal/kg
③ 539cal/kg
④ 79.68cal/kg

🔍 잠열
• 100℃ 물의 증발잠열 : 539kcal/kg
• 0℃ 물의 응고잠열 : 79.68kcal/kg

57 게이지압력 1520mmHg는 절대압력으로 몇 [기압]인가?

① 0.33atm ② 3atm
③ 30atm ④ 33atm

🔍 절대압력 $P_a = P + P_g$
• 표준대기압 1atm = 760mmHg
• 절대압력 $P_a = 760 + 1,520 = 2,280 mmHg$
$= \frac{2,280 mmHg}{760 mmHg} \times 1 atm = 3 atm$

58 압력단위를 나타낸 것은?

① kg/cm^2 ② kL/m^3
③ $kcal/mm^2$ ④ kV/km^2

🔍 압력
• 단위면적(m^2)당 작용하는 힘(kg, N)이다.
• 단위 : kg/cm^2, N/m^2, mH_2O, psi, Pa, bar, mmHg

59 A의 분자량은 B의 분자량의 2배이다. A와 B의 확산속도의 비는?

① $\sqrt{2}$: 1 ② 4 : 1
③ 1 : 4 ④ 1 : $\sqrt{2}$

🔍 확산속도의 비 $\frac{U_B}{U_A} = \sqrt{\frac{M_A}{M_B}} = \sqrt{\frac{\rho_A}{\rho_B}}$
여기서, U_A, U_B : 확산속도, M_A, M_B : 분자량, ρ_A, ρ_B : 밀도
• A의 분자량 $M_A = 2M_B$
• 확산속도의 비 $\frac{U_B}{U_A} = \sqrt{\frac{M_A}{M_B}}$ 에서
$\frac{U_B}{U_A} = \sqrt{\frac{2M_B}{M_B}} = \frac{\sqrt{2}}{1}$
$U_A : U_B = 1 : \sqrt{2}$

60 부탄(C_4H_{10}) 가스의 비중은?

① 0.55
② 0.9
③ 1.5
④ 2

🔍 가스 비중(s) : 표준상태(0℃, 1atm)의 공기 분자량과 측정기체의 분자량과의 비이다.
$s = \dfrac{M}{M_a} = \dfrac{M}{29}$

• 부탄의 분자량 $M = 58$
• 가스비중 $s = \dfrac{M}{M_a} = \dfrac{M}{29}$

정답 최근기출문제 – 2014년 4회

01 ③	02 ①	03 ③	04 ③	05 ④
06 ②	07 ②	08 ③	09 ④	10 ③
11 ①	12 ①	13 ②	14 ④	15 ②
16 ④	17 ②	18 ②	19 ④	20 ②
21 ④	22 ③	23 ①	24 ②	25 ④
26 ④	27 ①	28 ②	29 ①	30 ④
31 ②	32 ④	33 ①	34 ③	35 ①
36 ②	37 ③	38 ②	39 ②	40 ④
41 ④	42 ③	43 ④	44 ②	45 ④
46 ②	47 ②	48 ②	49 ③	50 ③
51 ③	52 ①	53 ④	54 ②	55 ③
56 ①	57 ②	58 ①	59 ④	60 ④

2015년 1회 최근기출문제

01 고압가스판매자가 실시하는 용기의 안전점검 및 유지관리의 기준으로 틀린 것은?

① 용기아래부분의 부식상태를 확인할 것
② 완성검사 도래 여부를 확인할 것
③ 밸브의 그랜드너트가 고정핀으로 이탈방지를 위한 조치가 되어 있는지의 여부를 확인할 것
④ 용기캡이 씌워져 있거나 프로텍터가 부착되어 있는지의 여부를 확인할 것

🔍 고압가스 용기는 재검사기간의 도래 여부를 확인할 것

02 가연성가스의 제조설비 중 전기설비를 방폭성능을 가지는 구조로 갖추지 아니하여도 되는 가스는?

① 암모니아　　② 염화메탄
③ 아크릴알데히드　　④ 산화에틸렌

🔍 가연성가스의 제조설비 중 전기설비 방폭구조 제외가스 : 암모니아, 브롬화메탄

03 수소의 특징에 대한 설명으로 옳은 것은?

① 조연성기체이다.
② 폭발범위가 넓다.
③ 가스의 비중이 커서 확산이 느리다.
④ 저온에서 탄소와 수소취성을 일으킨다.

🔍 수소의 특징
- 무색, 무취의 가연성 가스이다.
- 밀도가 작고 가볍기 때문에 확산속도가 빠르다.
- 고온, 고압에서 강의 탄소와 반응하여 탈탄작용에 의해 메탄을 생성하고 수소취성을 일으킨다.
- 공기중에서 폭발범위는 4~75V%이므로 폭발범위가 넓다.

04 다음 중 제1종 보호시설이 아닌 것은?

① 가설건축물이 아닌 사람을 수용하는 건축물로서 사실상 독립된 부분의 연면적이 $1,500m^2$인 건축물
② 문화재보호법에 의하여 지정문화재로 지정된 건축물
③ 수용능력이 100인(人)이상인 공연장
④ 어린이집 및 어린이놀이시설

🔍 제1종 보호시설
- 학교, 유치원, 어린이집, 놀이방, 어린이 놀이터, 학원, 병원, 도서관, 청소년 수련시설, 경로당, 시장, 공중목욕탕, 호텔, 여관, 극장, 교회 및 공회당
- 사람을 수용하는 건축물(가설건축물을 제외)로서 사실상 독립된 부분의 연면적이 $1,000m^2$ 이상인 것
- 극장, 교회, 공회당 그 밖에 이와 유사한 시설로서 수용능력이 300명 이상 수용할 수 있는 건축물
- 아동복지시설 또는 장애인복지시설로서 수용능력이 20명 이상 수용할 수 있는 건축물
- 문화재보호법에 의하여 지정문화재로 지정된 건축물

05 공기 중에서 폭발범위가 가장 좁은 것은?

① 메탄　　② 프로판
③ 수소　　④ 아세틸렌

🔍 폭발범위

가스종류 \ 범위	공기중 하한계(V%)	공기중 상한계(V%)
메탄	5.0	15.0
프로판	2.1	9.5
수소	4.0	75.0
아세틸렌	2.5	81.0

06 운반책임자를 동승시키지 않고 운반하는 액화석유가스용 차량에서 고정된 탱크에 설치하여야 하는 장치는?

① 살수장치　　② 누설방지장치
③ 폭발방지장치　　④ 누설경보장치

🔍 운반책임자의 동승을 제외하고자 하는 액화석유가스용 차량에 고정된 탱크에는 그 탱크의 외벽이 화염으로 인하여 국부적으로 가열될 경우 그 탱크 벽면의 열을 신속히 흡수, 분리시킬 수 있는 폭발방지장치를 설치해야 한다.

07 용기에 의한 액화석유가스 저장소에서 실외저장소 주위의 경계 울타리와 용기보관장소 사이에는 얼마 이상의 거리를 유지하여야 하는가?

① 2
② 8m
③ 15m
④ 20m

🔍 실외저장소 주위의 경계 울타리와 용기보관장소 사이에는 20m 이상의 거리를 유지하여야 한다.

08 일반도시가스사업의 가스공급시설기준에서 배관을 지상에 설치할 경우 가스배관의 표면 색상은?

① 흑색
② 청색
③ 적색
④ 황색

🔍 지상배관은 황색, 매설배관은 최고사용압력이 저압인 배관은 황색, 중압인 배관은 적색으로 한다.

09 고압가스안전관리법상 독성가스는 공기 중에 일정량 이상 존재하는 경우 인체에 유해한 독성을 가진 가스로서 허용농도(해당 가스를 성숙한 흰쥐 집단에게 대기 중에서 1시간 동안 계속하여 노출시킨 경우 14일 이내에 그 흰쥐의 2분의 1 이상이 죽게 되는 가스의 농도를 말한다.)가 얼마인 것을 말하는가?

① 100만분의 2,000 이하
② 100만분의 3,000 이하
③ 100만분의 4,000 이하
④ 100만분의 5,000 이하

🔍 독성가스는 허용농도가 5,000ppm(100만분의 5,000) 이하인 가스이다.

10 다음 중 허가대상 가스용품이 아닌 것은?

① 용접절단기용으로 사용되는 LPG 압력조정기
② 가스용 폴리에틸렌 플러그형 밸브
③ 가스소비량이 132.6kW인 연료전지
④ 도시가스정압기에 내장된 필터

🔍 액화석유가스의 허가대상 가스용품
• 액화석유가스 압력조정기(용접절단기용 액화석유가스 압력조정기) 및 도시가스 압력조정기
• 가스누출자동차단장치
• 정압기용필터(정압기에 내장된 것은 제외)
• 매몰형정압기
• 고압호스 및 저압호스
• 배관용밸브(가스용 폴리에틸렌 볼밸브 및 플러그밸브)
• 콕(퓨즈콕, 상자콕 및 주물연소기용노즐콕)
• 배관이음관(퀵카플러, 세이프티커플링)
• 강제혼합식가스버너
• 연소기
• 다기능가스안전계량기
• 로딩암
• 연료전지(가스소비량이 232.6kW 이하의 것)

11 도시가스사업자는 굴착공사정보지원센터로부터 굴착계획의 통보내용을 통지받은 때에는 얼마 이내에 매설된 배관이 있는지를 확인하고 그 결과를 굴착공사정보지원센터에 통지하여야 하는가?

① 24시간
② 36시간
③ 48시간
④ 60시간

🔍 도시가스사업자는 정보지원센터로부터 굴착계획의 통보내용을 통지받은 때에는 그 때부터 24시간 이내에 매설된 배관이 있는지를 확인하고 그 결과를 정보지원센터에 통지하여야 한다.

12 도시가스 배관의 지름이 15mm인 배관에 대한 고정장치의 설치간격은 몇 m 이내마다 설치하여야 하는가?

① 1
② 2
③ 3
④ 4

🔍 배관고정
• 관경이 13mm 미만 : 1m 마다 고정
• 관경이 13mm 이상 33mm 미만 : 2m 마다 고정
• 관경이 33mm 이상 : 3m 마다 고정

13 독성가스인 암모니아의 저장탱크에는 그 가스의 용량이 그 저장탱크 내용적의 몇 %를 초과하지 않아야 하는가?

① 80%
② 85%
③ 90%
④ 95%

🔍 독성가스를 저장탱크에 충전할 경우 저장탱크 내용적의 90%를 초과하지 않도록 과충전방지장치를 설치하여 이를 방지한다.

14 도시가스의 매설배관에 설치하는 보호판은 누출가스가 지면으로 확산되도록 구멍을 뚫는데 그 간격의 기준으로 옳은 것은?

① 1m 이하의 간격
② 2m 이하의 간격
③ 3m 이하의 간격
④ 5m 이하의 간격

> 보호판은 직경 30mm 이상, 50mm 이하의 구멍을 3m 이하의 간격으로 뚫어 누출된 가스가 지면으로 확산되도록 한다.

15 가스도매사업의 가스공급시설 중 배관을 지하에 매설할 때의 기준으로 틀린 것은?

① 배관은 그 외면으로부터 수평거리로 건축물까지 1.0m 이상을 유지한다.
② 배관은 그 외면으로부터 지하의 다른 시설물과 0.3m 이상의 거리를 유지한다.
③ 배관을 산과 들에 매설할 때는 지표면으로부터 배관의 외면까지의 매설깊이를 1m 이상으로 한다.
④ 배관은 지반 동결로 손상을 받지 아니하는 깊이로 매설한다.

> 배관은 그 외면으로부터 수평거리로 건축물까지 1.5m 이상을 유지한다.

16 고압가스 용기 재료의 구비조건이 아닌 것은?

① 내식성, 내마모성을 가질 것
② 무겁고 충분한 강도를 가질 것
③ 용접성이 좋고 가공 중 결함이 생기지 않을 것
④ 저온 및 사용온도에 견디는 연성과 점성강도를 가질 것

> 고압가스 용기의 재료는 가볍고 충분한 강도를 가지고 있을 것

17 다음 중 고압가스 특정제조 허가의 대상이 아닌 것은?

① 석유정제시설에서 고압가스를 제조하는 것으로서 그 저장능력이 100톤 이상인 것
② 석유화학공업시설에서 고압가스를 제조하는 것으로서 그 처리능력이 1만세제곱미터 이상인 것
③ 철강공업시설에서 고압가스를 제조하는 것으로서 그 처리능력이 1만세제곱미터 이상인 것
④ 비료제조시설에서 고압가스를 제조하는 것으로서 그 저장능력이 100톤 이상인 것

> 철강공업시설에서 고압가스를 제조하는 것으로서 그 처리능력이 100만세제곱미터 이상인 것

18 고압가스 저장의 시설에서 가연성가스 시설에 설치하는 유동방지 시설의 기준은?

① 높이 2m 이상의 내화성 벽으로 한다.
② 높이 1.5m 이상의 내화성 벽으로 한다.
③ 높이 2m 이상의 불연성 벽으로 한다.
④ 높이 1.5m 이상의 불연성 벽으로 한다.

> 유동방지시설의 기준
> • 높이 2m 이상의 내화성 벽으로 한다.
> • 가스설비 등과 화기를 취급하는 장소와 우회수평거리 8m 이상을 유지한다.

19 도시가스배관의 용어에 대한 설명으로 틀린 것은?

① 배관이란 본관, 공급관, 내관 또는 그 밖의 관을 말한다.
② 본관이란 도시가스제조사업소의 부지경계에서 정압기까지 이르는 배관을 말한다.
③ 사용자 공급관이란 공급관 중 정압기에서 가스사용자가 구분하여 소유하는 건축물의 외벽에 설치된 계량기까지 이르는 배관을 말한다.
④ 내관이란 가스사용자가 소유하거나 점유하고 있는 토지의 경계에서 연소기까지 이르는 배관을 말한다.

> 사용자 공급관
> 공급관 중 가스사용자가 소유하거나 점유하고 있는 토지의 경계에서 가스사용자가 구분하여 소유하거나 점유하는 건축물의 외벽에 설치된 계량기의 전단밸브(계량기가 건축물의 내부에 설치된 경우에는 그 건축물의 외벽)까지 이르는 배관을 말한다.

20 가연성가스와 동일차량에 적재하여 운반할 경우 충전용기의 밸브가 서로 마주보지 않도록 적재해야 할 가스는?

① 수소
② 산소
③ 질소
④ 아르곤

> 가연성가스와 산소를 동일 차량에 적재하여 운반하는 때에는 그 충전용기의 밸브가 서로 마주보지 않도록 할 것

21 천연가스의 발열량이 10,400kcal/Sm³이다. SI 단위인 MJ/Sm³으로 나타내면?

① 2.47
② 43.68
③ 2476
④ 43,680

> • 1kcal ≒ 4.2kJ
> • 1kJ = 10⁻³MJ
> (1kJ = 1,000J, 1MJ = 1,000kJ)
> • $10400 \frac{kcal}{Sm^3} \times \frac{4.2kJ}{kcal} = 43,680 kJ/Sm^3 = 43.68 MJ/Sm^3$

22 LPG 충전소에는 시설의 안전확보 상 "충전 중 엔진 정지"를 주위의 보기 쉬운 곳에 설치해야 한다. 이 표지판의 바탕색과 문자색은?

① 흑색바탕에 백색글씨
② 흑색바탕에 황색글씨
③ 백색바탕에 흑색글씨
④ 황색바탕에 흑색글씨

> 충전 중 엔진정지
> • 규격 : 30×80cm 이상
> • 색상 : 바탕색은 황색, 충전 중 엔진정지의 글자색은 흑색
> • 수량 : 충전기 수량 이상
> • 게시위치 : 충전기 부근(운전자가 보기 쉬운 곳)

23 가스도매사업 제조소의 배관장치에 설치하는 경보장치가 울려야 하는 시기의 기준으로 잘못된 것은?

① 배관 안의 압력이 상용압력의 1.05배를 초과한 때
② 배관 안의 압력이 정상운전 때의 압력보다 15% 이상 강하한 경우 이를 검지한 때
③ 긴급차단밸브의 조작회로가 고장난 때 또는 긴급차단밸브가 폐쇄된 때
④ 상용압력이 50MPa 이상인 경우에는 상용압력에 0.5MPa를 더한 압력을 초과한 때

> 배관장치에는 압력이나 유량의 이상변동 등 이상상태가 발생한 경우에 그 상황을 경보로 알리는 경보장치를 설치해야 한다.
> • 배관 안의 압력이 상용압력의 1.05배를 초과한 때
> • 상용압력이 4MPa 이상인 경우에는 상용압력에 0.2MPa을 더한 압력을 초과한 때
> • 배관 안의 압력이 정상운전 때의 압력보다 15% 이상 내려간 경우 이를 검지한 때
> • 긴급차단밸브의 조작회로가 고장 나거나 긴급차단밸브가 폐쇄된 때

24 다음 중 상온에서 가스를 압축, 액화상태로 용기에 충전시키기가 가장 어려운 가스는?

① C_3H_8
② CH_4
③ Cl_2
④ CO_2

> • 압축가스 : 일정한 압력에 의하여 압축되어 있는 가스로서 35℃ 온도에서 압력이 1MPa 이상이 되는 가스이며 수소(H_2), 산소(O_2), 질소(N_2), 아르곤(Ar), 헬륨(He), 네온(Ne), 일산화탄소(CO), 메탄(CH_4) 등이 있다.
> • 액화가스 : 가압·냉각 등의 방법에 의하여 액체상태로 되어 있는 가스로서 압력이 0.2MPa이 되는 경우 온도가 35℃ 이하인 가스이며 암모니아(NH_3), 염소(Cl_2), 이산화탄소(CO_2), 프로판(C_3H_8), 부탄(C_4H_{10}), 시안화수소(HCN), 황화수소(H_2S) 등이 있다.

25 가스 운반 시 차량비치 항목이 아닌 것은?

① 가스 표시 색상
② 가스 특성(온도와 압력과의 관계, 비중, 색깔, 냄새)
③ 인체에 대한 독성 유무
④ 화재, 폭발의 위험성 유무

> 가스운반시 차량비치 항목
> • 가스의 명칭
> • 가스의 특성(온도와 압력과의 관계, 비중, 색깔, 냄새)
> • 인체에 대한 독성 유무
> • 화재, 폭발의 위험성 유무

26 처리능력이 1일 35,000m³인 산소 처리설비로 전용공업지역이 아닌 지역일 경우 처리설비 외면과 사업소밖에 있는 병원과는 몇 m 이상 안전거리를 유지하여야 하는가?

① 16m
② 17m
③ 18m
④ 20m

🔍 산소 처리설비 및 저장설비의 보호시설과의 안전거리(병원은 제1종 보호시설이다.)

처리능력 및 저장능력	제1종 보호시설	제2종 보호시설
1만 이하	12m	8m
1만 초과 2만 이하	14m	9m
2만 초과 3만 이하	16m	11m
3만 초과 4만 이하	18m	13m
4만 초과	20m	14m

27 용기에 의한 고압가스 판매시설의 충전용기 보관실 기준으로 옳지 않은 것은?

① 가연성가스 충전용기 보관실은 불연성 재료나 난연성의 재료를 사용한 가벼운 지붕을 설치한다.
② 공기보다 무거운 가연성가스의 용기보관실에는 가스누출검지경보장치를 설치한다.
③ 충전용기 보관실은 가연성가스가 새어나오지 못하도록 밀폐구조로 한다.
④ 용기보관실의 주변에는 화기 또는 인화성물질이나 발화성물질을 두지 않는다.

🔍 가연성가스의 용기보관실에는 누출된 가스가 체류하지 아니하도록 환기설비를 설치하고 환기가 잘 되지 아니하는 곳에는 강제환기시설을 설치한다.

28 다음 중 연소의 3요소가 아닌 것은?

① 가연물
② 산소공급원
③ 점화원
④ 인화점

🔍 연소의 3요소 : 가연물, 산소공급원, 점화원

29 액화 암모니아 10kg을 기화시키면 표준상태에서 약 몇 m³의 기체로 되는가?

① 4
② 5
③ 13
④ 26

🔍 이상기체 상태방정식(표준상태 0℃, 1atm = 10,332kgf/m²)을 적용한다.
$PV = GRT$
• 압력 P = 10,332kgf/m²
• 암모니아 분자량 M = 17
• 기체상수 $R = \dfrac{848}{M} = \dfrac{848}{17} = 49.882 kgf \cdot m/kg \cdot K$
• 질량 G = 10kg
• 절대온도 T = 0℃ = 273K
• 체적 $V = \dfrac{GRT}{P} = \dfrac{10 \times 49.882 \times 273}{10,332} = 13.18 m^3$

30 가연성가스 충전용기 보관실의 벽 재료의 기준은?

① 불연재료
② 난연재료
③ 가벼운 재료
④ 불연 또는 난연재료

🔍 충전용기의 보관실 벽은 불연재료를 사용하고, 지붕은 가벼운 불연재료 또는 난연재료를 사용할 것

31 질소를 취급하는 금속재료에서 내질화성을 증대시키는 원소는?

① Ni
② Al
③ Cr
④ Ti

🔍 질화란 강을 암모니아 가스 중에 장시간 가열하면 질소가 흡수되어 표면에 질화물이 형성되어 굳게 되는 것으로서 Al(알루미늄), Cr(크롬), Ti(티타늄), Mo(몰리브덴)은 질소와 친화력이 크기 때문에 질화되기 쉽다. 따라서, 내질화성을 증대시키기 위하여 Ni(니켈)을 첨가한다.

32 비점이 점차 낮은 냉매를 사용하여 저비점의 기체를 액화하는 사이클은?

① 클라우드 액화사이클
② 필립스 액화사이클
③ 캐스케이드 액화사이클
④ 캐피자 액화사이클

> 액화사이클
> • 클라우드 액화사이클 : 수입기지의 저온설비에서 가스를 압축기에 의해 압축하여 응축기에서 응축시켜 재액화한 LPG를 다시 저온탱크에 끌어넣어 차압에 의해 증발시켜 그 일부를 저온액으로 저장하는 냉동사이클이다.
> • 필립스 액화사이클 : 수소나 헬륨을 냉매로 사용하고 피스톤과 보조피스톤이 한 실린더 안에 설치되어 팽창기와 압축기의 역할을 동시에 하는 사이클이다.
> • 캐스케이드 액화사이클 : 비점이 낮은 냉매를 사용하여 저비점의 기체를 액화시키는 다원액화사이클이다.
> • 캐피자 액화사이클 : 공기의 압축압력은 7atm 정도이며 열교환시 축냉기를 사용하여 공기를 냉각시키고 공기 중에 수분과 탄산가스를 제거하여 액화시키는 사이클이다.

33 분말진공단열법에서 충진용 분말로 사용되지 않는 것은?

① 탄화규소
② 펄라이트
③ 규조토
④ 알루미늄 분말

> 분말진공단열법
> • 단열하고자 하는 공간에 미세한 분말을 충진하고 압력을 10^{-2}Torr 정도로 진공을 유지시켜 단열하는 방법이다.
> • 충진용 분말 : 펄라이트, 규조토, 알루미늄 분말

34 압축기에서 다단압축을 하는 목적으로 틀린 것은?

① 소요 일량의 감소
② 이용 효율의 증대
③ 힘의 평형 향상
④ 토출온도 상승

> 다단압축의 목적
> • 압축기의 소요일량이 감소한다.
> • 압축 후 토출온도 상승을 방지한다.
> • 힘의 평형을 양호하게 하게 한다.
> • 압축비를 작게 하여 압축기의 이용효율을 증대시킨다.

35 다음 각 가스에 의한 부식현상 중 틀린 것은?

① 암모니아에 의한 강의 질화
② 황화수소에 의한 철의 부식
③ 일산화탄소에 의한 금속의 카르보닐화
④ 수소원자에 의한 강의 탈수소화

> 고온가스에 의한 부식현상
> • 산소에 의한 강의 산화작용
> • 수소에 의한 강의 탈탄작용
> • 일산화탄소에 의한 금속의 카르보닐화 및 침탄
> • 황화수소에 의한 강의 황화작용
> • 암모니아에 의한 강의 질화작용

36 초저온 저장탱크에 주로 사용되며, 차압에 의하여 측정하는 액면계는?

① 시창식
② 햄프슨식
③ 부자식
④ 회전 튜브식

> 햄프슨(차압)식 액면계 : 기준기의 정압과 유체의 정압과의 차압에 의해 액면을 측정하는 것으로 초저온 저장탱크의 액면(변위 평형식)을 측정한다.

37 측정압력이 0.01~10kg/cm² 정도이고, 오차가 ± 1~2% 정도이며 유체내의 먼지 등의 영향이 적으나, 압력 변동에 적응하기 어렵고 주위 온도 오차에 의한 충분한 주의를 요하는 압력계는?

① 전기저항 압력계
② 벨로우즈(Bellows) 압력계
③ 부르동(bourdon)관 압력계
④ 피스톤 압력계

> • 전기저항 압력계 : 금속의 전기저항 변화를 이용하여 압력을 측정하는 것으로 초고압력이나 특수목적에 사용된다.
> • 부르동관 압력계 : 탄성식 압력계로서 부르동관의 한쪽 끝을 막아둔 상태에서 곡관 튜브에 압력이 가해 질 때 압력의 크기에 따라 곡률반경의 변화로 압력을 측정한다.
> • 피스톤 압력계 : 실린더 내에 피스톤을 넣고 실린더 내부에는 액체로 압력을 가하고 피스톤 위에 추를 놓아 양쪽의 압력을 측정하는 것으로 부르동관 압력계의 눈금교정과 연구실용으로 사용된다.

38 유체가 5m/s의 속도로 흐를 때 이 유체의 속도수두는 약 몇 m 인가? (단, 중력가속도는 9.8m/s²이다.)

① 0.98
② 1.28
③ 12.2
④ 14.1

> 🔍 속도수두 $H = \dfrac{V^2}{2g}(m)$
> 여기서, 유속 V = 5m/s, 중력가속도 g = 9.8m/s²
> 속도수두 $H = \dfrac{(5m/s)^2}{2 \times 9.8m/s^2} = 1.276m$

39 1000L의 액산 탱크에 액산을 넣어 방출밸브를 개방하여 12시간 방치하였더니 탱크 내의 액산이 4.8kg 방출되었다면 1시간당 탱크에 침입하는 열량은 약 몇 kcal 인가? (단, 액산의 증발잠열은 60kcal/kg이다.)

① 12
② 24
③ 70
④ 150

> 🔍 침입열량 $Q = \dfrac{G \times \gamma}{T}(kcal/h)$
> 여기서, 방출량 G = 4.8kg, 방출시간 T = 12h,
> 증발잠열 γ = 60kcal/kg
> 침입열량 $Q = \dfrac{4.8kg \times 60kcal/kg}{12h} = 24kcal/h$

40 다음 중 아세틸렌과 치환반응을 하지 않는 것은?

① Cu
② Ag
③ Hg
④ Ar

> 🔍 아세틸렌 가스에 구리(Cu), 은(Ag), 수은(Hg)을 접촉시키면 화합폭발이 일어나며 폭발성의 금속 아세틸라이드를 생성한다.

41 오리피스 유량계는 어떤 형식의 유량계인가?

① 차압식
② 면적식
③ 용적식
④ 터빈식

> 🔍 차압식 유량계 : 오리피스 미터, 벤튜리 미터, 플로노즐

42 빙점 이하의 낮은 온도에서 사용되며 LPG 탱크, 저온에서도 인성이 감소되지 않는 화학공업 배관 등에 주로 사용되는 관의 종류는?

① SPLT
② SPHT
③ SPPH
④ SPPS

> 🔍 강관의 종류
> • SPLT(저온배관용 탄소강관) : 0℃(빙점)이하의 저온에 사용되며 LPG탱크용, 냉동기 배관에 주로 사용된다.
> • SPHT(고온배관용 탄소강관) : 350~450℃의 고온에 사용되며 과열증기배관에 주로 사용된다.
> • SPPH(고압배관용 탄소강관) : 350℃ 이하, 10MPa 이상에 사용되며 암모니아관, 내연기관의 연료분사관, 화학공업용 고압배관에 주로 사용된다.
> • SPPS(압력배관용 탄소강관) : 350℃ 이하, 1~10MPa에 사용되며 보일러 증기관, 수도관, 유압배관에 주로 사용된다.

43 1단 감압식 저압조정기의 조정압력(출구압력)은?

① 2.3 ~ 3.3kPa
② 5 ~ 30kPa
③ 32 ~ 83kPa
④ 57 ~ 83kPa

> 🔍 1단 감압식 저압조정기의 입·출구 압력
> • 입구압력 : 0.07 ~ 1.56MPa
> • 출구압력 : 2.3 ~ 3.3kPa

44 도시가스용 압력조정기에 대한 설명으로 옳은 것은?

① 유량성능은 제조자가 제시한 설정압력의 ±10% 이내로 한다.
② 합격표시는 바깥지름이 5mm의 "K"자 각인을 한다.
③ 입구측 연결배관 관경은 50A 이상의 배관에 연결되어 사용되는 조정기이다.
④ 최대 표시유량 300Nm³/h 이상인 사용처에 사용되는 조정기이다.

> 🔍 도시가스용 압력조정기 기술기준
> • 유량성능은 제조사가 제시한 설정압력의 ±20% 이내로 한다.
> • 입구측 호칭지름은 50A 이하이고, 최대 표시유량이 300Nm³/h 이하인 것을 말한다.
> • 합격표시는 바깥지름 5mm의 "K"자 각인을 한다.

45 도시가스용 이음매 없는 용기에서 내력비란?

① 내력과 압궤강도의 비를 말한다.
② 내력과 파열강도의 비를 말한다.
③ 내력과 압축강도의 비를 말한다.
④ 내력과 인장강도의 비를 말한다.

🔍 내력비란 내력과 인장강도의 비를 말한다.

46 단위 체적당 물체의 질량은 무엇을 나타내는 것인가?

① 중량　　② 비열
③ 비체적　④ 밀도

🔍
- 중량 : 물체에 작용하는 중력의 크기로서 1kg의 물체에 작용하는 지구 중력의 크기를 1kgf(1kg중)로 나타낸다.
- 비열 : 어떤 물질 1kg을 1℃ 만큼 높이는데 필요한 열량(kcal)이다.
- 비체적 : 단위 질량(kg)당 갖는 물체의 체적(m^3)이다.
- 밀도 : 단위 체적(m^3)당 갖는 물체의 질량(kg)이다.

47 수소에 대한 설명으로 틀린 것은?

① 상온에서 자극성을 갖는 가연성 기체이다.
② 폭발범위는 공기 중에서 약 4~75%이다.
③ 염소와 반응하여 폭명기를 형성한다.
④ 고온·고압에서 강재 중 탄소와 반응하여 수소취성을 일으킨다.

🔍 수소는 무색, 무취, 무미의 가연성 기체이다.

48 비중이 13.6인 수은은 76cm의 높이를 갖는다. 비중이 0.5인 알코올로 환산하면 그 수주는 몇 [m] 인가?

① 20.67　② 15.2
③ 13.6　④ 5

🔍
- 압력 $P = \gamma H (kgf/m^2)$
- 비중 $s = \dfrac{\gamma}{\gamma_w}$
- 물의 비중량 $\gamma_w = 1{,}000 kgf/m^3$
- 수은의 비중량 $\gamma_{수은} = s\gamma_w = 13.6 \times 1{,}000 kgf/m^3$
- 알코올의 비중량 $\gamma_{알코올} = s\gamma_w = 0.5 \times 1{,}000 kgf/m^3$
- 수은의 압력 $P = \gamma H = 13.6 \times 1{,}000 kgf/m^3 \times 0.76m$
- 압력 $P = \gamma H$에서 알코올의 수주
$H = \dfrac{P}{\gamma_{알코올}} = \dfrac{13.6 \times 1{,}000 kgf/m^3 \times 0.76m}{0.5 \times 1{,}000 kgf/m^3} = 20.672m$

49 기체연료의 연소 특성으로 틀린 것은?

① 소형의 버너도 매연이 적고, 완전연소가 가능하다.
② 하나의 연료 공급원으로부터 다수의 연소로와 버너에 쉽게 공급된다.
③ 미세한 연소 조정이 어렵다.
④ 연소율의 가변범위가 높다.

🔍 기체연료는 착화성이 좋아 미세한 연소 조정이 쉽고 소량의 공기로 완전연소가 가능하다.

50 메탄가스의 특징에 대한 설명으로 틀린 것은?

① 메탄은 프로판에 비해 연소에 필요한 산소량이 많다.
② 폭발하한농도가 프로판보다 높다.
③ 무색, 무취이다.
④ 폭발상한농도가 부탄보다 높다.

🔍 탄화수소계 가스의 완전연소식
$C_mH_n + \left(m + \dfrac{n}{4}\right)O_2 \rightarrow mCO_2 + \dfrac{n}{2}H_2O$

- 메탄(CH_4)의 완전연소식
$CH_4 + 2O_2 \rightarrow CO_2 + 2H_2O$
1mol　2mol
메탄 1mol을 완전연소시키기 위하여 산소 2mol이 필요하다.
- 프로판(C_3H_8)의 완전연소식
$C_3H_8 + 5O_2 \rightarrow 3CO_2 + 4H_2O$
1mol　5mol
프로판 1mol을 완전연소시키기 위하여 산소 5mol이 필요하다.
∴ 따라서, 메탄(2mol)은 프로판(5mol)에 비해 연소에 필요한 이론산소량이 적다.

51 하버-보시법으로 암모니아 44g을 제조하려면 표준상태에서 수소는 약 몇 [L]가 필요한가?

① 22　② 44
③ 87　④ 100

🔍 하버-보시법(합성법)

질소 1mol에 수소 3mol이 반응하면 암모니아가 34g이 생성된다.
$34g \times \chi = (3 \times 22.4L) \times 44g$
수소량 $\chi = \dfrac{44g}{34g} \times (3 \times 22.4L) = 86.96L$

52 섭씨온도로 측정할 때 상승된 온도가 5℃이었다. 이 때 화씨온도로 측정하면 상승온도는 몇 도인가?

① 7.5　　　　② 8.3
③ 9.0　　　　④ 41

> **화씨온도와 섭씨온도의 등분**
>
> | 구분 | 빙점 | 비등점 | 등분 |
> |---|---|---|---|
> | 섭씨온도(℃) | 0℃ | 100℃ | 100 |
> | 화씨온도(℉) | 32℉ | 212℉ | 180 |
>
> $\frac{℉}{180} = \frac{℃}{100}$ 에서
>
> 화씨온도 $℉ = \frac{180}{100} \times ℃ = \frac{180}{100} \times 5℃ = 9℉$

53 다음 중 표준상태에서 가스상 탄화수소의 점도가 가장 높은 가스는?

① 에탄　　　　② 메탄
③ 부탄　　　　④ 프로판

> **가스상 탄화수소의 점도**
>
> | 가스 | 점도(mPa·s) | 가스 | 점도(mPa·s) |
> |---|---|---|---|
> | 에탄 | 0.00852 | 메탄 | 0.01118 |
> | 부탄 | 0.00735 | 프로판 | 0.0079 |

54 SNG에 대한 설명으로 가장 적당한 것은?

① 액화석유가스　　② 액화천연가스
③ 정유가스　　　　④ 대체천연가스

> • LPG : 액화석유가스　　• LNG : 액화천연가스
> • off gas : 정유가스　　• SNG : 대체천연가스

55 암모니아의 성질에 대한 설명으로 옳지 않은 것은?

① 가스일 때 공기보다 무겁다.
② 물에 잘 녹는다.
③ 구리에 대하여 부식성이 강하다.
④ 자극성 냄새가 있다.

> 암모니아(NH_3)는 분자량이 17로서 가스일 때 공기보다 가볍다.
> 가스의 비중 $s = \frac{17}{29} = 0.59$ (공기의 비중 s = 1)

56 액체는 무색 투명하고, 특유의 복숭아향을 가진 맹독성 가스는?

① 일산화탄소
② 포스겐
③ 시안화수소
④ 메탄

> 시안화수소 : 액체는 무색으로 투명하고 복숭아 냄새가 나며 맹독성 가스이다.

57 도시가스의 원료인 메탄가스를 완전연소시켰다. 이 때 어떤 가스가 주로 발생되는가?

① 부탄
② 암모니아
③ 콜타르
④ 이산화탄소

> 메탄(CH_4)가스의 완전연소식 $CH_4 + 2O_2 \rightarrow CO_2 + 2H_2O$
> 따라서, 메탄가스를 완전연소시키면 이산화탄소(CO_2)와 물(H_2O)이 발생된다.

58 어떤 물질의 고유의 양으로 측정하는 장소에 따라 변함이 없는 물리량은?

① 질량　　　　② 중량
③ 부피　　　　④ 밀도

> 질량 : 어떤 물질에 포함되어 있는 물질 고유의 양으로 측정하는 장소나 그 상태에 따라 달라지지 않으며 접시저울이나 양팔저울을 사용하여 측정한다.

59 다음 중 지연성 가스로만 구성되어 있는 것은?

① 일산화탄소, 수소
② 질소, 아르곤
③ 산소, 이산화질소
④ 석탄가스, 수성가스

> 지연성(조연성) 가스
> • 다른 가연성 가스와 혼합되었을 때 연소를 도와주는 가스이다.
> • 종류 : 산소(O_2), 불소(F_2), 염소(Cl_2), 산화질소(NO), 이산화질소(N_2O), 오존(O_3), 공기

60 표준대기압 하에서 물 1kg의 온도를 1℃ 올리는데 필요열량은 얼마인가?

① 0kcal
② 1kcal
③ 80kcal
④ 539kcal/kg · ℃

🔍 1kcal : 순수한 물 1kg을 1℃만큼 높이는데 필요한 열량이다.

정답 최근기출문제 – 2015년 1회

01 ②	02 ①	03 ②	04 ③	05 ②
06 ③	07 ④	08 ④	09 ④	10 ④
11 ①	12 ②	13 ③	14 ③	15 ①
16 ②	17 ③	18 ①	19 ③	20 ①
21 ②	22 ④	23 ④	24 ②	25 ①
26 ③	27 ②	28 ④	29 ③	30 ①
31 ①	32 ③	33 ①	34 ④	35 ④
36 ②	37 ②	38 ②	39 ③	40 ④
41 ①	42 ①	43 ①	44 ②	45 ④
46 ④	47 ①	48 ①	49 ③	50 ①
51 ③	52 ②	53 ②	54 ④	55 ①
56 ③	57 ④	58 ①	59 ③	60 ②

2015년 2회 최근기출문제

01 액화석유가스의 안전관리 및 사업법에서 정한 용어에 대한 설명으로 틀린 것은?

① 저장설비란 액화석유가스를 저장하기 위한 설비로서 각종 저장탱크 및 용기를 말한다.
② 저장탱크란 액화석유가스를 저장하기 위하여 지상 또는 지하에 고정 설치된 탱크로서 그 저장능력이 3톤 이상인 탱크를 말한다.
③ 용기집합설비란 2개 이상의 용기를 집합하여 액화석유가스를 저장하기 위한 설비를 말한다.
④ 충전용기란 액화석유가스 충전 질량의 90% 이상이 충전되어 있는 상태의 용기를 말한다.

🔍 충전용기란 액화석유가스 충전 질량의 2분의 1 이상이 충전되어 있는 상태의 용기를 말한다.

02 방호벽을 설치하지 않아도 되는 곳은?

① 아세틸렌가스 압축기와 충전장소 사이
② 판매소의 용기 보관실
③ 고압가스 저장설비와 사업소안의 보호시설과의 사이
④ 아세틸렌가스 발생장치와 당해 가스충전용기 보관장소 사이

🔍 방호벽 설치기준
- 아세틸렌 또는 압력이 9.8MPa 이상인 압축가스를 충전하는 경우 압축기와 그 충전장소사이, 압축기와 그 가스충전용기 보관장소 사이, 충전장소와 그 가스충전용기 보관장소 사이, 충전장소와 그 충전용주관밸브 조작밸브 사이
- 판매소의 용기 보관실
- 고압가스 저장설비와 사업소안의 보호시설과의 사이

03 공기와 혼합된 가스가 압력이 높아지면 폭발범위가 좁아지는 가스는?

① 메탄
② 프로판
③ 일산화탄소
④ 아세틸렌

🔍 고온, 고압일수록 폭발범위는 넓어진다. 온도나 압력을 높이면 폭발하한계는 변하지 않으나 폭발상한계는 상승하여 폭발범위가 넓어진다. 하지만, 일산화탄소는 반대로 폭발범위가 좁아진다.

04 천연가스 지하 매설 배관의 퍼지용으로 주로 사용되는 가스는?

① N_2
② Cl_2
③ H_2
④ O_2

🔍 질소(N_2)는 무색, 무취의 불연성 가스로서 가연성 가스를 취급하는 장치의 퍼지용이나 기밀시험용으로 사용된다.

05 산소압축기의 내부 윤활유제로 주로 사용되는 것은?

① 석유
② 물
③ 유지
④ 황산

🔍 산소 압축기의 내부 윤활유는 물 또는 묽은 글리세린 수용액이 사용된다.

06 지하에 매설된 도시가스 배관의 전기방식 기준으로 틀린 것은?

① 전기방식전류가 흐르는 상태에서 토양 중에 있는 배관 등의 방식전위 상한값은 포화황산동 기준전극으로 −0.85V 이하일 것
② 전기방식전류가 흐르는 상태에서 자연전위와의 전위변화가 최소한 −300mV 이하일 것
③ 배관에 대한 전위측정은 가능한 배관 가까운 위치에서 실시할 것
④ 전기방식시설의 관대지전위 등을 2년에 1회 이상 점검할 것

🔍 전기방식시설의 관대지전위 등을 1년에 1회 이상 점검해야 한다.

07 충전용기 등을 적재한 차량의 운반 개시 전 용기적재 상태의 점검내용이 아닌 것은?

① 차량의 적재중량 확인
② 용기 고정상태 확인
③ 용기 보호캡의 부착유무 확인
④ 운반계획서 확인

> 🔍 충전용기 운행개시 전 조치사항
> • 용기 적재상태 점검내용
>   - 차량의 적재중량 확인
>   - 용기 고정상태 확인
>   - 용기 보호캡의 부착유무 확인
>   - 용기 및 밸브 등에서 가스누출 확인
> • 휴대품 등 운반계획서 및 비상연락망 카드 점검내용
>   - 운반계획서의 확인
>   - 비상연락망 카드의 확인

08 도시가스 사용시설에서 안전을 확보하기 위하여 최고사용압력의 1.1배 또는 얼마의 압력 중 높은 압력으로 실시하는 기밀시험에 이상이 없어야 하는가?

① 5.4kPa
② 6.4kPa
③ 7.4kPa
④ 8.4kPa

> 🔍 기밀시험
> 도시가스 사용시설은 최고사용압력의 1.1배 또는 8.4kPa 중 높은 압력이상에서 기밀을 유지할 것

09 다음 각 폭발의 종류와 그 관계로서 맞지 않은 것은?

① 화학 폭발 : 화약의 폭발
② 압력 폭발 : 보일러의 폭발
③ 촉매 폭발 : C_2H_2의 폭발
④ 중합 폭발 : HCN의 폭발

> 🔍 폭발
> • 촉매폭발 : 수소(H_2), 염소(Cl_2) 등이 직사광선에 의해 폭발
> • 분해폭발 : 아세틸렌(C_2H_2), 산화에틸렌(C_2H_4O), 히드라진(N_2H_4) 등이 분해열에 의해 폭발

10 일반도시가스사업자가 설치하는 가스공급시설 중 정압기의 설치에 대한 설명으로 틀린 것은?

① 건축물 내부에 설치된 도시가스사업자의 정압기로서 가스누출경보기와 연동하여 작동하는 기계환기설비를 설치하고 1일 1회 이상 안전점검을 실시하는 경우에는 건축물의 내부에 설치할 수 있다.
② 정압기에 설치되는 가스방출관의 방출구는 주위에 불 등이 없는 안전한 위치로서 지면으로부터 3m 이상의 높이에 설치하여야 하며, 전기시설물과의 접촉 등으로 사고의 우려가 있는 장소에서는 5m 이상의 높이로 설치한다.
③ 정압기에 설치하는 가스차단장치는 정압기의 입구 및 출구에 설치한다.
④ 정압기는 2년에 1회 이상 분해점검을 실시하고 필터는 가스공급 개시 후 1월 이내 및 가스공급개시 후 매년 1회 이상 분해점검을 실시한다.

> 🔍 정압기에는 안전밸브와 가스방출관을 설치하고 가스방출관의 방출구는 주위에 불 등이 없는 안전한 위치로서 지면으로부터 5m 이상의 높이에 설치한다. 다만, 전기시설물과의 접촉 등으로 사고의 우려가 있는 장소에서는 3m 이상으로 할 수 있다.

11 아세틸렌(C_2H_2)에 대한 설명으로 틀린 것은?

① 폭발범위는 수소보다 넓다.
② 공기보다 무겁고 황색의 가스이다.
③ 공기와 혼합되지 않아도 폭발하는 수가 있다.
④ 구리, 은, 수은 및 그 합금과 폭발성 화합물을 만든다.

> 🔍 아세틸렌은 비중이 0.91로서 공기보다 가볍고, 무색의 가연성 가스이며 에테르 향이 난다.

12 고압가스 충전용기는 항상 몇 ℃ 이하의 온도를 유지하여야 하는가?

① 10℃
② 30℃
③ 40℃
④ 50℃

> 🔍 고압가스 충전용기는 항상 40℃ 이하로 유지하여 보관할 것

13 용기에 의한 고압가스 운반기준으로 틀린 것은?

① 3,000kg의 액화 조연성가스를 차량에 적재하여 운반할 때에는 운반책임자가 동승하여야 한다.
② 허용농도가 500ppm인 액화 독성가스 1,000kg을 차량에 적재하여 운반할 때에는 운반책임자가 동승하여야 한다.
③ 충전용기와 위험물안전관리법에서 정하는 위험물과는 동일 차량에 적재하여 운반할 수 없다.
④ 300m³의 압축 가연성가스를 차량에 적재하여 운반할 때에는 운전자가 운반책임자의 자격을 가진 경우에는 자격이 없는 사람을 동승시킬 수 있다.

🔍 운반책임자 동승기준

가스의 종류		기준
압축가스	가연성가스	300m³ 이상
	조연성가스	600m³ 이상
액화가스	가연성가스	3,000kg 이상
	조연성가스	6,000kg 이상

14 공기 중으로 누출 시 냄새로 쉽게 알 수 있는 가스로만 나열된 것은?

① Cl_2, NH_3
② CO, Ar
③ C_2H_2, CO
④ O_2, Cl_2

🔍 가스의 특성
- 염소(Cl_2) : 심한 자극성을 가진 황록색의 독성 및 조연성가스이다.
- 암모니아(NH_3) : 자극적인 냄새가 있는 무색의 독성 및 가연성가스이다.
- 일산화탄소(CO) : 무색, 무취의 가연성 가스이다.
- 아르곤(Ar) : 무색, 무미, 무취의 불활성 가스이다.
- 아세틸렌(C_2H_2) : 무색이며 에테르 향이 나는 가연성가스이다.
- 산소(O_2) : 무색, 무취, 무미의 조연성가스이다.

15 신규검사 후 20년이 경과한 용접용기(액화석유가스용 용기는 제외한다.)의 재검사 주기는?

① 3년마다
② 2년마다
③ 1년마다
④ 6개월마다

🔍 용접용기 재검사 주기
- 500L 이상
  - 15년 미만 : 5년 마다
  - 15년 이상 20년 미만 : 2년 마다
  - 20년 이상 : 1년 마다
- 500L 미만
  - 15년 미만 : 3년 마다
  - 15년 이상 20년 미만 : 2년 마다
  - 20년 이상 : 1년 마다

16 액화석유가스 저장탱크 벽면의 국부적인 온도상승에 따른 저장탱크의 파열을 방지하기 위하여 저장탱크 내벽에 설치하는 폭발방지장치의 재료로 맞는 것은?

① 다공성 철판
② 다공성 알루미늄판
③ 다공성 아연판
④ 오스테나이트계 스테인리스판

🔍 폭발방지장치의 재료
열전달 매체인 다공성 알루미늄박판은 알루미늄박판에 일정한 간격으로 슬릿을 내고 이것을 팽창시켜 다공성 벌집형으로 한다.

17 최대지름이 6m인 가연성가스 저장탱크 2개가 서로 유지하여야 할 최소 거리는?

① 0.6m
② 1m
③ 2m
④ 3m

🔍 두 저장탱크의 최대지름을 합산한 길이의 4분의 1의 길이가 1m 이상인 경우에는 두 저장탱크의 사이에 두 저장탱크의 최대지름을 합산한 길이의 4분의 1이상에 해당하는 거리를 유지하고, 두 저장탱크의 최대지름을 합산한 길이의 4분의 1의 길이가 1m 미만인 경우에는 두 저장탱크의 사이에 1m 이상의 거리를 유지한다.

최소거리 $L = (D_1 + D_2)\frac{1}{4} = (6m + 6m)\frac{1}{4} = 3m$

18 다음 중 연소의 형태가 아닌 것은?

① 분해연소
② 확산연소
③ 증발연소
④ 물리연소

🔍 연소의 형태
- 고체연료의 연소 : 표면연소, 분해연소, 증발연소, 자기연소
- 액체연료의 연소 : 증발연소, 액적(분무)연소
- 기체연료의 연소 : 예혼합연소, 확산연소

19 고압가스 일반제조시설 중 에어졸의 제조기준에 대한 설명으로 틀린 것은?

① 에어졸의 분사제는 독성가스를 사용하지 아니한다.
② 35℃에서 그 용기의 내압이 0.8MPa 이하로 한다.
③ 에어졸 제조설비는 화기 또는 인화성 물질과 5m 이상의 우회거리를 유지한다.
④ 내용적이 30cm³ 이상인 용기는 에어졸의 제조에 재사용하지 아니한다.

🔍 에어졸 제조설비 및 충전용기 저장소는 화기 또는 인화성 물질과 8m 이상의 우회거리를 유지할 것

20 가스누출검지경보장치의 설치에 대한 설명으로 틀린 것은?

① 통풍이 잘 되는 곳에 설치한다.
② 가스의 누출을 신속하게 검지하고 경보하기에 충분한 개수 이상으로 설치한다.
③ 장치의 기능은 가스의 종류에 적절한 것으로 한다.
④ 가스가 체류할 우려가 있는 장소에 적절하게 설치한다.

🔍 가스누출검지경보장치의 설치제외 장소
• 출입구 부근으로 외부의 기류가 통하는 곳(통풍이 잘 되는 곳)
• 환기구 등 공기가 들어오는 곳으로부터 1.5m 이내의 곳
• 연소기의 폐가스에 접촉하기 쉬운 곳

21 가스용기의 취급 및 주의사항에 대한 설명으로 틀린 것은?

① 충전 시 용기는 용기 재검사 기간이 지나지 않았는지 확인한다.
② LPG 용기나 밸브를 가열할 때는 뜨거운 물(40℃ 이상)을 사용한다.
③ 충전한 후에는 용기밸브의 누출 여부를 확인한다.
④ 용기 내에 잔류물이 있을 때에는 잔류물을 제거하고 충전한다.

🔍 LPG 용기나 밸브를 가열하는 때에는 열습포나 40℃ 이하의 물을 사용해야 한다.

22 용기 신규검사에 합격된 용기 부속품기호 중 압축가스를 충전하는 용기 부속품의 기호는?

① AG   ② PG
③ LG   ④ LT

🔍 용기종류별 부속품의 기호
• 아세틸렌가스를 충전하는 용기의 부속품 : AG
• 압축가스를 충전하는 용기의 부속품 : PG
• 액화석유가스외의 액화가스를 충전하는 용기의 부속품 : LG
• 초저온용기 및 저온용기의 부속품 : LT

23 일반 액화석유가스 압력조정기에 표시하는 사항이 아닌 것은?

① 제조자명이나 그 약호
② 제조번호나 로트번호
③ 입구압력(기호 : P, 단위 : MPa)
④ 검사 연월일

🔍 액화석유가스 압력조정기 제품표시 사항
• 품명
• 제조자명이나 그 약호
• 제조번호나 로트번호
• 제조연월
• 품질보증기간
• 입구압력(기호 : P, 단위 : MPa)
• 용량(기호 : Q, 단위 : kg/h)
• 조정압력(기호 : R, 단위 : kPa이나 MPa)
• 가스흐름방향
• 핸들의 조임 및 풀림상태(핸들연결식만을 말한다.)
• 권장사용기간 : 6년
• 제조국

24 산화에틸렌 취급 시 주로 사용되는 제독제는?

① 가성소다 수용액
② 탄산소다 수용액
③ 소석회 수용액
④ 물

🔍 산화에틸렌(C_2H_4O), 암모니아(NH_3), 염화메탄(CH_3Cl)의 제독제는 물을 사용한다.

25 고압가스 설비에 설치하는 압력계의 최고눈금에 대한 측정범위의 기준으로 옳은 것은?

① 상용압력의 1.0배 이상, 1.2배 이하
② 상용압력의 1.2배 이상, 1.5배 이하
③ 상용압력의 1.5배 이상, 2.0배 이하
④ 상용압력의 2.0배 이상, 3.0배 이하

> 압력계의 기술기준
> • 압력계는 상용압력의 1.5배 이상, 2배 이하의 최고눈금이 있는 것을 사용할 것
> • 가스의 용적이 1일 100m³ 이상인 사업소에는 압력계를 2개 이상 설치할 것

26 0종 장소에는 원칙적으로 어떤 방폭구조의 것으로 하여야 하는가?

① 내압방폭구조
② 본질안전방폭구조
③ 특수방폭구조
④ 안전증방폭구조

> 0종 장소
> • 상용의 상태에서 가연성가스의 농도가 연속해서 폭발하한계 이상으로 되는 장소이다.
> • 방폭구조 : 본질안전방폭구조

27 도시가스 사용시설에서 PE배관은 온도가 몇 [℃] 이상이 되는 장소에 설치하지 아니하는가?

① 25℃
② 30℃
③ 40℃
④ 60℃

> PE배관은 온도가 40℃ 이상이 되는 장소에는 설치하지 않는다.

28 충전용 주관의 압력계는 정기적으로 표준압력계로 그 기능을 검사하여야 한다. 다음 중 검사의 기준으로 옳은 것은?

① 매월 1회 이상
② 3개월에 1회 이상
③ 6개월에 1회 이상
④ 1년에 1회 이상

> 충전용 주관의 압력계는 매월 1회 이상, 그 밖의 압력계는 3개월에 1회 이상 표준이 되는 압력계로 그 기능을 검사할 것

29 방류둑의 내측 및 그 외면으로부터 몇 m 이내에 그 저장탱크의 부속설비 외의 것을 설치하지 못하도록 되어 있는가?

① 3m
② 5m
③ 8m
④ 10m

> 방류둑의 내측 및 그 외면으로부터 10m 이내에는 그 저장탱크의 부속설비외의 것을 설치하지 않는다.

30 가스의 성질에 대하여 옳은 것으로만 나열된 것은?

> ㉠ 일산화탄소는 가연성이다.
> ㉡ 산소는 조연성이다.
> ㉢ 질소는 가연성도 조연성도 아니다.
> ㉣ 아르곤은 공기 중에 함유되어 있는 가스로서 가연성이다.

① ㉠, ㉡, ㉣
② ㉠, ㉡, ㉢
③ ㉡, ㉢, ㉣
④ ㉠, ㉢, ㉣

> ㉣ 아르곤은 공기 중에 함유되어 있는 가스로서 불활성가스이며 불연성이다.

31 부취제를 외기로 분출하거나 부취설비로부터 부취제가 흘러나오는 경우 냄새를 감소시키는 방법으로 가장 거리가 먼 것은?

① 연소법
② 수동조절
③ 화학적 산화처리
④ 활성탄에 의한 흡착

> 부취제의 냄새를 감소시키는 방법
> • 연소시키는 방법
> • 화학적으로 산화처리하는 방법
> • 활성탄으로 흡착하는 방법

32 고압가스 매설배관에 실시하는 전기방식 중 외부전원법의 장점이 아닌 것은?

① 과방식의 염려가 없다.
② 전압, 전류의 조정이 용이하다.
③ 전식에 대해서도 방식이 가능하다.
④ 전극의 소모가 적어서 관리가 용이하다.

> 외부전원법은 사용전압이 높으므로 과방식의 염려가 있다.

33 압력배관용 탄소강관의 사용압력 범위로 가장 적당한 것은?

① 1 ~ 2MPa
② 1 ~ 10MPa
③ 10 ~ 20MPa
④ 10 ~ 50MPa

🔍 압력배관용 탄소강관(SPPS)
· 사용온도 : 350℃ 이하
· 사용압력 : 1~10MPa

34 정압기(governor)의 기능을 모두 옳게 나열한 것은?

① 감압기능
② 정압기능
③ 감압기능, 정압기능
④ 감압기능, 정압기능, 폐쇄기능

🔍 정압기(governor)의 기능
· 도시가스 압력을 사용처에 맞게 낮추는 감압기능
· 2차측의 압력을 허용압력으로 유지하는 정압기능
· 가스의 흐름이 없을 때는 밸브를 완전히 폐쇄하여 압력상승을 방지하는 폐쇄기능

35 고압식 액화분리장치의 작동 개요에 대한 설명이 아닌 것은?

① 원료 공기는 여과기를 통하여 압축기로 흡입하여 약 150~200kgf/cm²으로 압축시킨다.
② 압축기를 빠져나온 원료 공기는 열교환기에서 약간 냉각되고 건조기에서 수분이 제거된다.
③ 압축 공기는 수세정탑을 거쳐 축냉기로 송입되어 원료 공기와 불순 질소류가 서로 교환된다.
④ 액체 공기는 상부 정류탑에서 약 0.5atm 정도의 압력으로 정류된다.

🔍 압축 공기는 수세정탑을 거쳐 축냉기로 송입되어 원료 공기 속에 포함된 수분과 탄산가스가 응결되어 분리 제거된다.

36 정압기의 분해점검 및 고장에 대비하여 예비정압기를 설치하여야 한다. 다음 중 예비정압기를 설치하지 않아도 되는 경우는?

① 캐비닛형 구조의 정압기실에 설치된 경우
② 바이패스관이 설치되어 있는 경우
③ 단독사용자에게 가스를 공급하는 경우
④ 공동사용자에게 가스를 공급하는 경우

🔍 예비정압기는 정압기의 분해점검 및 고장에 대비하여 설치하는데 단독사용자에게 가스를 공급하는 경우에는 설치하지 않아도 된다.

37 부유 피스톤형 압력계에서 실린더 지름 0.02m, 추와 피스톤의 무게가 20,000g일 때 이 압력계에 접속된 부르동관의 압력계 눈금이 7kgf/cm²를 나타내었다. 이 부르동관 압력계의 오차는 약 몇 % 인가?

① 5
② 10
③ 15
④ 20

🔍 압력 $P = \dfrac{F}{A}(kgf/m^2)$
· 무게 또는 힘 $F = 20,000gf = 20kgf$
· 직경 $d = 0.02m = 2cm$에서
  단면적 $A = \dfrac{\pi}{4} \times d^2 = \dfrac{\pi}{4} \times (2cm)^2 = 3.14cm^2$
· 압력 $P = \dfrac{20kgf}{3.14cm^2} = 6.37kgf/cm^2$
∴ 오차율 $= \dfrac{측정값 - 실제값}{실제값} \times 100\%$에서
오차율 $= \dfrac{7kgf/cm^2 - 6.37kgf/cm^2}{6.7kgf/cm^2} \times 100\%$
$= 9.9\%$

38 저비점(低沸點) 액체용 펌프 사용상의 주의사항으로 틀린 것은?

① 밸브와 펌프사이에 기화가스를 방출할 수 있는 안전밸브를 설치한다.
② 펌프의 흡입, 토출관에는 신축조인트를 장치한다.
③ 펌프는 가급적 저장용기(貯槽)로 부터 멀리 설치한다.
④ 운전개시 전에는 펌프를 청정(淸淨)하여 건조한 다음 펌프를 충분히 예냉(豫冷)한다.

🔍 펌프는 관로에서의 압력손실을 방지하기 위하여 저장용기로부터 가까이 설치한다.

39 금속재료의 저온에서의 성질에 대한 설명으로 가장 거리가 먼 것은?

① 강은 암모니아 냉동기용 재료로서 적당하다.

② 탄소강은 저온도가 될수록 인장강도가 감소한다.
③ 구리는 액화분리장치용 금속재료로서 적당하다.
④ 18-8 스테인리스강은 우수한 저온장치용 재료이다.

> 탄소강은 저온이 되면 인장강도, 경도, 탄성계수, 항복점이 증가되고, 연신율, 단면수축률, 충격값은 감소되어 취성이 커진다.

40 상용압력 15MPa, 배관내경 15mm, 재료의 인장강도 480N/mm², 관내면 부식여유 1mm, 안전율 4, 외경과 내경의 비가 1.2 미만인 경우 배관의 두께는?

① 2mm ② 3mm
③ 4mm ④ 5mm

> 외경과 내경의 비가 1.2 미만인 경우
> 배관의 두께 $t = \dfrac{PD}{2\dfrac{f}{s} - P} + C(mm)$ 에서
> $t = \dfrac{15MPa \times 15mm}{2 \times \dfrac{480N/mm^2}{4} - 15MPa} + 1mm$
> $= 2mm$

41 수소불꽃을 이용하여 탄화수소의 누출을 검지할 수 있는 가스누출검출기는?

① FID ② OMD
③ 접촉연소식 ④ 반도체식

> 수소 이온화 검출기(FID)
> • 수소불꽃으로 시료성분이 이온화됨으로써 불꽃 중에 놓여진 전극간의 전기 전도도가 증대되는 것을 이용한다.
> • 탄화수소에서는 감도가 높고 수소, 산소, 일산화탄소, 이산화탄소, 이산화황 등에는 감도가 없다.

42 압축기에 사용하는 윤활유 선택 시 주의사항으로 틀린 것은?

① 인화점이 높을 것
② 잔류탄소의 양이 적을 것
③ 점도가 적당하고 항유화성이 적을 것
④ 사용가스와 화학반응을 일으키지 않을 것

> 압축기에 사용되는 윤활유는 항유화성이 커야 한다.
> ※ 항유화성이란 윤활유에 물이 혼입되었을 때 유화되지 않고 물을 분리할 수 있는 성질이다.

43 공기에 의한 전열은 어느 압력까지 내려가면 급히 압력에 비례하여 적어지는 성질을 이용하는 저온장치에 사용되는 진공단열법은?

① 고진공 단열법 ② 분말 진공 단열법
③ 다층진공 단열법 ④ 자연진공 단열법

> 진공 단열법
> • 고진공단열법 : 압력이 10⁻³Torr 정도로 낮아지면 압력에 비례하여 공기에 의한 전열이 적어지는 성질을 이용한 단열법이다.
> • 분말진공단열법 : 단열하고자 하는 공간에 미세한 분말을 충진하고 압력을 10⁻²Torr 정도로 진공을 유지시켜 단열하는 방법이다.
> • 다층진공단열법 : 단열공간에 알루미늄판과 글라스울을 서로 포개어 10⁻⁵Torr 정도의 고진공을 하는 단열법이다.

44 1단 감압식 저압조정기의 성능에서 조정기 최대 폐쇄압력은?

① 2.5kPa 이하 ② 3.5kPa 이하
③ 4.5kPa 이하 ④ 5.5kPa 이하

> 1단 감압식 저압조정기 압력

입구 압력	상한(MPa)		1.56
	하한(MPa)		0.07
	최대폐쇄압력		3.5kPa
출구 압력	조정	상한	3.3kPa
		하한	2.3kPa

45 백금-백금로듐 열전대 온도계의 온도 측정 범위로 옳은 것은?

① -180 ~ 350℃ ② -20 ~ 800℃
③ 0 ~ 1,700℃ ④ 300 ~ 2,000℃

> 열전대 온도계의 측정온도 범위
> • 백금-백금로듐(PR) : 0 ~ 1,700℃
> • 철-콘스탄탄(IC) : -20 ~ 800℃
> • 크로멜-알루멜(CA) : -20 ~ 1,200℃
> • 구리-콘스탄탄(CC) : -200 ~ 350℃

46 비열에 대한 설명 중 틀린 것은?

① 단위는 kcal/kg · ℃ 이다.
② 비열비는 항상 1보다 크다.
③ 정적비열은 정압비열보다 크다.
④ 물의 비열은 얼음의 비열보다 크다.

> 정압비열이 정적비열보다 분자운동에너지가 크기 때문에 정압비열이 정적비열보다 크다. 따라서, 정적비열은 정압비열보다 작다.

47 다음 화합물 중 탄소의 함유율이 가장 많은 것은?

① CO_2
② CH_4
③ C_2H_4
④ CO

48 수소(H_2)에 대한 설명으로 옳은 것은?

① 3중 수소는 방사능을 갖는다.
② 밀도가 크다.
③ 금속재료를 취화시키지 않는다.
④ 열전달율이 아주 작다.

> 수소의 특징
> • 기체 중에서 가장 밀도가 작고 가볍다.
> • 열전도율이 크고 열에 대해 안정하다.
> • 고온, 고압에서 강의 탄소와 반응하여 탈탄작용에 의해 메탄을 생성하고 수소취성을 일으킨다.
> • 3중 수소는 방사능을 갖는다.

49 샤를의 법칙에서 기체의 압력이 일정할 때 모든 기체의 부피는 온도가 1℃ 상승함에 따라 0℃ 때의 부피보다 어떻게 되는가?

① 22.4배씩 증가한다.
② 22.4배씩 감소한다.
③ $\frac{1}{273}$씩 증가한다.
④ $\frac{1}{273}$씩 감소한다.

> 샤를의 법칙 $\frac{V_1}{T_1} = \frac{V_2}{T_2}$
> 최종 체적 $V_2 = \frac{T_2}{T_1} \times V_1 = \frac{273+1}{273} \times V_1$
> $= (1 + \frac{1}{273})V_1$
> 따라서, 체적은 1℃ 상승할 때마다 $\frac{1}{273}$배씩 증가한다.

50 다음 중 가장 높은 온도는?

① $-35℃$
② $-45℉$
③ $213K$
④ $450°R$

> 섭씨온도로 환산하면 다음과 같다.
> • $-45℉$:
> $℃ = \frac{5}{9}(℉ - 32) = \frac{5}{9}(-45 - 32) = -41.1℃$
> • $213K$:
> $℃ = K - 273 = 213 - 273 = -60℃$
> • $450°R$: $\frac{450}{1.8} = 250K$ 에서
> $℃ = K - 273 = 250 - 273 = -23℃$

51 현열에 대한 가장 적절한 설명은?

① 물질이 상태변화 없이 온도가 변할 때 필요한 열이다.
② 물질이 온도변화 없이 상태가 변할 때 필요한 열이다.
③ 물질이 상태, 온도 모두 변할 때 필요한 열이다.
④ 물질이 온도변화 없이 압력이 변할 때 필요한 열이다.

> 열량의 분류
> • 현열 : 물질이 상태변화 없이 온도가 변할 때 필요한 열이다.
> • 잠열 : 물질이 온도변화 없이 상태가 변할 때 필요한 열이다.

52 일산화탄소와 염소가 반응하였을 때 주로 생성되는 것은?

① 포스겐
② 카르보닐
③ 포스핀
④ 사염화탄소

> 일산화탄소는 상온에서 활성탄의 촉매하에서 염소와 반응하여 포스겐($COCl_2$)을 생성한다.

53 다음 보기에서 압력이 높은 순서대로 나열된 것은?

| ㉠ 100atm |
| ㉡ 2kgf/mm² |
| ㉢ 15m 수은주 |

① ㉠ > ㉡ > ㉢
② ㉡ > ㉢ > ㉠
③ ㉢ > ㉠ > ㉡
④ ㉡ > ㉠ > ㉢

🔍 **압력 환산**
- 표준대기압 $1atm = 76cmHg = 1.0332 kgf/cm^2$
- 압력을 kg/cm^2 단위로 환산하면
  ㉠ 100atm
  $$\frac{100atm \times 1.0332 kgf/cm^2}{1atm} = 103.32 kgf/cm^2$$
  ㉡ $2kgf/mm^2$
  $$2\frac{kgf}{mm^2} \times \frac{10mm}{1cm} \times \frac{10mm}{1cm} = 200 kgf/cm^2$$
  ㉢ 15m 수은주
  $$\frac{15mHg \times 1.0332 kgf/cm^2}{0.76mHg} = 20.39 kgf/cm^2$$

54 산소에 대한 설명으로 옳은 것은?

① 안전밸브는 파열판식을 주로 사용한다.
② 용기는 탄소강으로 된 용접용기이다.
③ 의료용 용기는 녹색으로 도색한다.
④ 압축기 내부 윤활유는 양질의 광유를 사용한다.

🔍 **산소**
- 안전밸브는 파열판식을 사용한다.
- 이음매 없는 용기를 사용한다.
- 의료용 용기는 백색, 공업용 용기는 녹색으로 도색한다.
- 산소 압축기의 내부 윤활유는 물 또는 묽은(10%) 글리세린 수용액을 사용한다.

55 다음 가스 중 가장 무거운 것은?

① 메탄
② 프로판
③ 암모니아
④ 헬륨

🔍 분자량이 클수록 무거운 가스이다.

가스명	분자량	가스명	분자량
메탄	16	프로판	44
암모니아	17	헬륨	4

56 대기압 하에서 0℃ 기체의 부피가 500mL였다. 이 기체의 부피가 2배 될 때의 온도는 몇 ℃인가? (단, 압력은 일정하다.)

① -100
② 32
③ 273
④ 500

🔍 압력이 일정하므로 샤를의 법칙을 적용한다.
$$\frac{V_1}{T_1} = \frac{V_2}{T_2}$$
- 최종체적 $V_2 = 2V_1 = 2 \times 500mL = 1,000mL$
- 최종온도 $T_2 = \frac{V_2}{V_1} \times T_1$ 에서
$$T_2 = \frac{1,000mL}{500mL} \times 273K = 546K$$
$$= 546 - 273 = 273℃$$

57 다음에 설명하는 열역학 법칙은?

어떤 물체의 외부에서 일정량의 열을 가하면 물체는 이 열량의 일부분을 소비하여 외부에 대하여 일을 하고 남은 부분은 전부 내부에너지로 내부에 저장되고, 그 사이에 소비된 열은 발생되는 일과 같다.

① 열역학 제0법칙
② 열역학 제1법칙
③ 열역학 제2법칙
④ 열역학 제3법칙

🔍 **열역학법칙**
- 열역학 제0법칙 : 온도평형의 법칙
- 열역학 제1법칙 : 열과 일에 대한 에너지보존법칙
- 열역학 제2법칙 : 열은 고온에서 저온으로 이동하는 자연적인 법칙
- 열역학 제3법칙 : 절대온도에 관한 법칙

58 다음 중 불연성 가스는?

① CO_2
② C_3H_6
③ C_2H_2
④ C_2H_4

🔍 **불연성 가스**
질소(N_2), 이산화탄소(CO_2), 아르곤(Ar), 헬륨(He), 네온(Ne), 아황산가스(SO_2)

59 에틸렌(C_2H_4)이 수소와 반응할 때 일으키는 반응은?

① 환원반응
② 분해반응
③ 제거반응
④ 첨가반응

🔍 첨가반응은 두 개의 화합물이 더해져 하나의 화합물이 되는 반응이다.
에틸렌(C_2H_4)의 수소 첨가반응식
$CH_2 = CH_2 + H_2 \rightarrow CH_3 - CH_3$
에틸렌   수소   에탄

60 황화수소의 주된 용도는?

① 도료
② 냉매
③ 형광 물질 원료
④ 합성고무

> 황화수소의 용도
> • 형광물질 원료의 제조에 사용
> • 유황과 황산을 제조하는데 사용
> • 분석용 시약으로 사용

정답 최근기출문제 – 2015년 2회				
01 ④	02 ④	03 ③	04 ①	05 ②
06 ④	07 ④	08 ④	09 ③	10 ②
11 ②	12 ③	13 ①	14 ①	15 ③
16 ②	17 ④	18 ④	19 ③	20 ①
21 ②	22 ②	23 ④	24 ④	25 ③
26 ②	27 ③	28 ①	29 ④	30 ②
31 ②	32 ①	33 ②	34 ④	35 ③
36 ③	37 ②	38 ③	39 ②	40 ①
41 ①	42 ③	43 ①	44 ②	45 ③
46 ③	47 ③	48 ①	49 ③	50 ④
51 ①	52 ③	53 ④	54 ①	55 ②
56 ③	57 ②	58 ①	59 ④	60 ③

2015년 3회 최근기출문제

01 압축 또는 액화 그 밖의 방법으로 처리할 수 있는 가스의 용적이 1일 100m³ 이상인 사업소는 압력계를 몇 개 이상 비치하도록 되어 있는가?

① 1　　② 2
③ 3　　④ 4

🔍 가스의 용적이 1일 100m³ 이상 사업소에는 압력계를 2개 이상 설치할 것

02 고압가스의 충전용기는 항상 몇 ℃ 이하의 온도를 유지하여야 하는가?

① 15　　② 20
③ 30　　④ 40

🔍 충전탱크 및 충전용기는 온도를 항상 40℃ 이하로 유지할 것

03 암모니아 200kg을 내용적 50L 용기에 충전할 경우 필요한 용기의 개수는? (단, 충전 정수를 1.86으로 한다.)

① 4개
② 6개
③ 8개
④ 12개

🔍 액화가스 용기의 저장능력 $W = \dfrac{V_2}{C}(kg)$
여기서, V_2 : 내용적(L), C : 정수
- 용기 1개당 저장능력 $W = \dfrac{50L}{1.86} = 26.88kg$
- 용기 개수 $n = \dfrac{200kg}{26.88kg} = 7.44개 ≒ 8개$

04 가스도매사업자 가스공급시설의 시설기준 및 기술기준에 의한 배관의 해저 설치의 기준에 대한 설명으로 틀린 것은?

① 배관은 원칙적으로 다른 배관과 교차하지 아니한다.
② 두개 이상의 배관을 동시에 설치하는 경우에는 배관이 서로 접촉하지 아니하도록 필요한 조치를 한다.
③ 배관이 부양하거나 이동할 우려가 있는 경우에는 이를 방지하기 위한 조치를 한다.
④ 배관은 원칙적으로 다른 배관과 20m 이상의 수평거리를 유지한다.

🔍 고압가스 배관을 해저에 설치할 경우 배관은 다른 배관과 30m 이상의 수평거리를 유지한다.

05 도시가스 제조시설의 플레어스택 기준에 적합하지 않는 것은?

① 스택에서 방출된 가스가 지상에서 폭발한계에 도달하지 아니하도록 할 것
② 연소능력은 긴급이송설비로 이송되는 가스를 안전하게 연소시킬 수 있을 것
③ 스택에서 발생하는 최대열량에 장시간 견딜 수 있는 재료 및 구조로 되어 있을 것
④ 폭발을 방지하기 위한 조치가 되어 있을 것

🔍 플레어스택의 설치기준
- 플레어스택의 구조는 이송되는 가스를 연소시켜 대기로 안전하게 방출시킬 수 있도록 한다.
- 연소능력은 이송되는 가스를 안전하게 연소시킬 수 있는 것으로 한다.
- 플레어스택에서 발생하는 최대열량에 장시간 견딜 수 있는 재료 및 구조로 한다.
- 플레어스택의 설치위치 및 높이는 플레어스택 바로 밑의 지표면에 미치는 복사열이 4,000kcal/m²·h 이하가 되도록 한다.
- 파이롯트버너 또는 항상 작동할 수 있는 자동점화장치를 설치한다.
- 역화 및 공기 등과의 혼합폭발을 방지하기 위한 장치를 설치해야 한다.

06 초저온 용기에 대한 정의로 옳은 것은?

① 임계온도가 50℃ 이하인 액화가스를 충전하기 위한 용기
② 강관과 동판으로 제조된 용기
③ -50℃ 이하인 액화가스를 충전하기 위한 용기로서 용기내의 가스온도가 상용의 온도를 초과하지 않도록 한 용기
④ 단열재로 피복하여 용기내의 가스온도가 상용의 온도를 초과하도록 조치된 용기

🔍 초저온용기 : -50℃ 이하인 액화가스를 충전하기 위한 용기이다.

07 독성가스의 제독제로 물을 사용하는 가스는?

① 염소
② 포스겐
③ 황화수소
④ 산화에틸렌

🔍 암모니아, 산화에틸렌, 염화메탄은 제독제로 물을 사용한다.

08 특정설비 중 압력용기의 재검사 주기는?

① 3년마다
② 4년마다
③ 5년마다
④ 10년마다

🔍 압력용기의 재검사 주기는 4년마다 실시한다.

09 아세틸렌 제조설비의 방호벽 설치기준으로 틀린 것은?

① 압축기와 충전용주관밸브 조작밸브 사이
② 압축기와 가스충전용기 보관장소 사이
③ 충전장소와 가스충전용기 보관장소 사이
④ 충전장소와 충전용주관밸브 조작밸브 사이

🔍 방호벽 설치기준
• 압축기와 충전장소 사이
• 압축기와 가스충전용기 보관장소 사이
• 충전장소와 가스충전용기 보관장소 사이
• 충전장소와 충전용주관밸브 조작밸브 사이

10 용기 파열사고의 원인으로 가장 거리가 먼 것은?

① 용기의 내압력 부족
② 용기내 규정압력의 초과
③ 용기내에서 폭발성 혼합가스에 의한 발화
④ 안전밸브의 작동

🔍 용기 내의 압력이 설정압력보다 초과할 경우 안전밸브가 작동하여 내부압력을 외부로 방출하여 용기의 파열사고를 방지한다.

11 액화산소 저장탱크 저장능력이 1,000m^3일 때 방류둑의 용량은 얼마 이상으로 설치하여야 하는가?

① 400m^3
② 500m^3
③ 600m^3
④ 1,000m^3

🔍 • 액화산소의 방류둑 용량 : 저장탱크 저장능력 상당용적의 60% 이상으로 설치해야 한다.
• 방류둑의 용량 : $1,000m^3 \times 0.6 = 600m^3$

12 당해 설비 내의 압력이 상용압력을 초과할 경우 즉시 상용압력 이하로 되돌릴 수 있는 안전장치의 종류에 해당하지 않는 것은?

① 안전밸브
② 감압밸브
③ 바이패스밸브
④ 파열판

🔍 감압밸브 : 1차측의 고압을 감압시켜 2차측(사용측)의 압력을 저압으로 낮추어 일정하게 유지시켜 주는 밸브이다.

13 일반도시가스 배관을 지하에 매설하는 경우에는 표지판을 설치해야 하는데 몇 m 간격으로 1개 이상을 설치하는가?

① 100m
② 200m
③ 500m
④ 1000m

🔍 표지판 설치
• 배관을 따라 200m 간격으로 1개 이상 설치한다.
• 표지판은 가로치수 200mm, 세로치수 150mm 이상의 직사각형으로 하고 황색 바탕에 검정색 글씨로 표기한다.

14 도시가스 보일러 중 전용 보일러실에 반드시 설치하여야 하는 것은?

① 밀폐식 보일러
② 옥외에 설치하는 가스보일러
③ 반밀폐형 자연 배기식 보일러
④ 전용급기통을 부착시키는 구조로 검사에 합격한 강제배기식 보일러

> 전용 보일러실 설치 예외 기준
> • 밀폐식 보일러
> • 가스보일러를 옥외에 설치하는 경우
> • 전용급기통을 부착시키는 구조로 검사에 합격한 강제배기식 보일러

15 산소압축기의 내부 윤활제로 적당한 것은?

① 광유　　② 유지류
③ 물　　　④ 황산

> 산소압축기의 내부 윤활제로 물 또는 묽은 글리세린 수용액을 사용한다.

16 고압가스 용기 제조의 시설기준에 대한 설명으로 옳은 것은?

① 용접용기 동판의 최대두께와 최소두께와의 차이는 평균 두께의 5% 이하로 한다.
② 초저온 용기는 고압배관용 탄소 강관으로 제조한다.
③ 아세틸렌용기에 충전하는 다공질물은 다공도가 72% 이상 95% 미만으로 한다.
④ 용접용기에는 그 용기의 부속품을 보호하기 위하여 프로텍터 또는 캡을 고정식 또는 체인식으로 부착한다.

> 용기 제조 시설기준
> • 용접용기 동판의 최대두께와 최소두께와의 차이는 평균 두께의 10% 이하로 한다.
> • 초저온 용기의 재료는 18-8 스테인리스강 또는 알루미늄합금으로 제조한다.
> • 아세틸렌용기에 충전하는 다공질물은 다공도가 75% 이상 92% 미만으로 한다.
> • 용접용기에는 그 용기의 부속품을 보호하기 위하여 프로텍터 또는 캡을 고정식 또는 체인식으로 부착한다.

17 도시가스 배관 이음부와 전기점멸기, 전기접속기와는 몇 cm 이상의 거리를 유지해야 하는가?

① 10cm　　② 15cm
③ 30cm　　④ 40cm

> 도시가스 배관 이음부와 전기설비와의 거리
> • 전기계량기 및 전기개폐기 : 60cm 이상
> • 전기점멸기 및 전기접속기 : 15cm 이상
> • 절연전선 : 10cm 이상

18 용기 종류별 부속품의 기호 표시로서 틀린 것은?

① AG : 아세틸렌 가스를 충전하는 용기의 부속품
② PG : 압축가스를 충전하는 용기의 부속품
③ LG : 액화석유가스를 충전하는 용기의 부속품
④ LT : 초저온 용기 및 저온 용기의 부속품

> LG : 액화석유가스외의 액화가스를 충전하는 용기의 부속품

19 독성가스 제독작업에 필요한 보호구의 보관에 대한 설명으로 틀린 것은?

① 독성가스가 누출할 우려가 있는 장소에 가까우면서 관리하기 쉬운 장소에 보관한다.
② 긴급 시 독성가스에 접하고 반출할 수 있는 장소에 보관한다.
③ 정화통 등의 소모품은 정기적 또는 사용 후에 점검하여 교환 및 보충한다.
④ 항상 청결하고 그 기능이 양호한 장소에 보관한다.

> 보호구는 독성가스가 누출할 우려가 있는 장소에 가까우면서 관리하기 쉬운 장소에 보관하고, 긴급 시 독성가스에 접하지 아니하고 반출할 수 있는 장소에 보관한다.

20 일반 공업용 용기의 도색의 기준으로 틀린 것은?

① 액화염소 - 갈색　　② 액화암모니아 - 백색
③ 아세틸렌 - 황색　　④ 수소 - 회색

> 용기의 도색
>
> | 가스명 | 도색 | 가스명 | 도색 |
> |---|---|---|---|
> | 액화염소 | 갈색 | 액화암모니아 | 백색 |
> | 아세틸렌 | 황색 | 수소 | 주황색 |

21 액화석유가스의 안전관리 및 사업법에 규정된 용어의 정의에 대한 설명으로 틀린 것은?

① 저장설비라 함은 액화석유가스를 저장하기 위한 설비로서 저장탱크, 마운드형 저장탱크, 소형저장탱크 및 용기를 말한다.
② 자동차에 고정된 탱크라 함은 액화석유가스의 수송, 운반을 위하여 자동차에 고정 설치된 탱크를 말한다.
③ 소형저장탱크라 함은 액화석유가스를 저장하기 위하여 지상 또는 지하에 고정 설치된 탱크로서 그 저장능력이 3톤 미만인 탱크를 말한다.
④ 가스설비라 함은 저장설비외의 설비로서 액화석유가스가 통하는 설비(배관을 포함한다.)와 그 부속설비를 말한다.

> 가스설비란 저장설비외의 설비로서 액화석유가스가 통하는 설비(배관을 제외한다.)와 그 부속설비를 말한다.

22 1%에 해당하는 [ppm]의 값은?

① 10^2ppm
② 10^3ppm
③ 10^4ppm
④ 10^5ppm

> ppm농도 = %농도 × 10,000에서
> ppm농도 = 1% × 10,000 = 10,000ppm
> $= 10^4 ppm$

23 가스배관의 시공 신뢰성을 높이는 일환으로 실시하는 비파괴검사 방법 중 내부선원법, 이중벽 이중상법 등을 이용하는 방법은?

① 초음파탐상시험
② 자분탐상시험
③ 방사선투과시험
④ 침투탐상방법

> 방사선투과시험
> • 촬영방법에 따라 내부선원법(이중벽 단상법)과 이중벽 이중상법이 있다.
> • 이중벽 단상법 : 촬영하고자 하는 부위에 필름을 부착시키고 검사부위의 반대편에 선원을 밀착시켜 촬영하는 방법으로서 원통형 시험체를 촬영하는 경우에 적용한다.
> • 이중벽 이중상법 : 주로 파이프와 같은 시험체를 1회 촬영으로 선원측과 필름측 시험부위를 동시에 관찰하기 위하여 선원을 약간 경사지게 놓고 촬영하는 방법이다.

24 차량에 고정된 저장탱크로 염소를 운반할 때 용기의 내용적(L)은 얼마 이하가 되어야 하는가?

① 1,000
② 12,000
③ 15,000
④ 18,000

> 내용적 제한
> • 가연성가스(액화석유가스 제외)나 산소 탱크의 내용적 : 18,000L
> • 독성가스(액화암모니아 제외)의 내용적 : 12,000L
> ∴ 차량에 고정된 저장탱크로 염소(독성가스)를 운반할 경우 12,000L 이하가 되어야 한다.

25 일산화탄소와 공기의 혼합가스는 압력이 높아지면 폭발범위는 어떻게 되는가?

① 변함없다.
② 좁아진다.
③ 넓어진다.
④ 일정치 않다.

> 일산화탄소(CO)와 공기의 혼합가스는 압력이 높아지면 폭발범위는 좁아진다.

26 도시가스 배관을 폭 8m 이상의 도로에서 지하에 매설 시 지면으로부터 배관의 외면까지의 매설깊이의 기준은?

① 0.6m 이상
② 1.0m 이상
③ 1.2m 이상
④ 1.5m 이상

> 도시가스 배관을 시가지 외의 도로 노면 밑에 매설하는 경우에는 노면으로부터 배관의 외면까지 1.2m 이상으로 할 것
> • 폭 8m 이상의 도로에서는 1.2m 이상으로 할 것
> • 폭 4m 이상 8m 미만인 도로에서는 1m 이상으로 할 것

27 도시가스시설의 설치공사 또는 변경공사를 하는 때에 이루어지는 주요공정 시공감리 대상은?

① 도시가스사업자외의 가스공급시설설치자의 배관 설치공사
② 가스도매사업자의 가스공급시설 설치공사
③ 일반도시가스사업자의 정압기 설치공사
④ 일반도시가스사업자의 제조소 설치공사

> 주요 공정 시공감리 대상
> • 일반도시가스사업자 및 도시가스사업자 외의 가스공급시설설치자의 배관 설치공사
> • 나프타부생가스 · 바이오가스제조사업자 및 합성천연가스제조사업자의 배관 설치공사

28 고압가스 공급자의 안전점검 항목이 아닌 것은?

① 충전 용기의 설치위치
② 충전 용기의 운반 방법 및 상태
③ 충전 용기와 화기와의 거리
④ 독성가스의 경우 흡수장치, 제해장치 및 보호구 등에 대한 적합여부

> 고압가스 공급자의 안전점검 항목
> • 충전 용기의 설치위치
> • 충전 용기와 화기와의 거리
> • 충전 용기 및 배관의 설치상태
> • 충전 용기, 충전 용기로부터 압력조정기, 호스 및 가스사용기기에 이르는 각 접속부 및 배관 또는 호스의 가스 누출 여부 및 그 가스의 적합 여부
> • 독성가스의 경우 흡수장치, 제해장치 및 보호구 등에 대한 적합여부
> • 역화방지장치의 설치여부

29 액화석유가스 판매업소의 충전용기 보관실에 강제 통풍장치 설치 시 통풍능력의 기준은?

① 바닥면적 $1m^2$당 $0.5m^3$/분 이상
② 바닥면적 $1m^2$당 $1.0m^3$/분 이상
③ 바닥면적 $1m^2$당 $1.5m^3$/분 이상
④ 바닥면적 $1m^2$당 $2.0m^3$/분 이상

> 강제 통풍장치의 통풍능력은 바닥면적 $1m^2$당 $0.5m^3$/분 이상으로 한다.

30 다음 중 동일차량에 적재하여 운반할 수 없는 경우는?

① 산소와 질소
② 질소와 탄산가스
③ 탄산가스와 아세틸렌
④ 염소와 아세틸렌

> 염소와 아세틸렌, 암모니아 또는 수소는 동일차량에 적재하여 운반하지 않을 것

31 액화가스의 이송 펌프에서 발생하는 캐비테이션현상을 방지하기 위한 대책으로서 틀린 것은?

① 흡입 배관을 크게 한다.
② 펌프의 회전수를 크게 한다.
③ 펌프의 설치위치를 낮게 한다.
④ 펌프의 흡입구 부근을 냉각한다.

> 캐비테이션 방지대책
> • 흡입배관을 크게 하여 유속을 줄인다.
> • 펌프의 회전수를 작게 한다.
> • 펌프의 설치위치를 낮게 하여 흡입양정을 작게 한다.
> • 2대 이상의 펌프를 사용한다.
> • 양흡입 펌프를 사용한다.

32 다음 중 대표적인 차압식 유량계는?

① 오리피스 미터   ② 로터 미터
③ 마노 미터   ④ 습식 가스미터

> 차압식 유량계의 종류
> • 오리피스 미터
> • 벤튜리 미터
> • 플로 노즐

33 공기액화분리기 내의 CO_2를 제거하기 위해 NaOH 수용액을 사용한다. 1.0kg의 CO_2를 제거하기 위해서는 약 몇 kg의 NaOH를 가해야 하는가?

① 0.9   ② 1.8
③ 3.0   ④ 3.8

> 가성소다(NaOH)로 이산화탄소(CO_2)를 제거하기 위한 화학반응식
> $2NaOH + CO_2 \rightarrow Na_2CO_3 + H_2O$
> $2\times(23+16+1)kg$ 44kg
>
>   x   1kg
> CO_2 1kg에 대한 가성소다의 양(x)
> $44x = 2\times(23+16+1)$에서 $44x = 80$
> $x = \frac{80kg}{44kg} = 1.82kg$
> • 나트륨(Na)의 분자량 = 23
> • 산소(O)의 분자량 = 16
> • 수소(H)의 분자량 = 1
> • 탄소(C)의 분자량 = 12

34 왕복동 압축기 용량 조정 방법 중 단계적으로 조절하는 방법에 해당되는 것은?

① 회전수를 변경하는 방법
② 흡입 주밸브를 폐쇄하는 방법
③ 타임드 밸브 제어에 의한 방법
④ 클리어런스 밸브에 의해 용적 효율을 낮추는 방법

> 왕복동식 압축기의 용량을 조절하는 방법
> • 단계적으로 용량을 조절하는 방법
>   – 클리어런스 밸브에 의해 용적 효율을 낮추는 방법
>   – 흡입밸브를 개방하는 방법
> • 연속적으로 용량을 조절하는 방법
>   – 회전수를 변경하는 방법
>   – 흡입 주밸브를 폐쇄하는 방법
>   – 타임드 밸브 제어에 의한 방법
>   – 바이패스밸브에 의한 방법

35 LP가스에 공기를 희석시키는 목적이 아닌 것은?

① 발열량 조절　　② 연소효율 증대
③ 누설 시 손실 감소　④ 재액화 촉진

> LP가스에 공기를 희석하는 목적
> • 재액화를 방지
> • 연소효율을 증대
> • 발열량을 조절
> • 누설 시 손실을 감소

36 다음 중 정압기의 부속설비가 아닌 것은?

① 불순물 제거장치
② 이상압력상승 방지장치
③ 검사용 맨홀
④ 압력기록장치

> 정압기의 부속설비 : 불순물제거 장치, 이상압력상승 방지장치, 가스차단장치, 압력기록장치, 경보장치, 가스누출검지통보설비, 출입문 개폐통보장치

37 금속재료 중 저온 재료로 적당하지 않은 것은?

① 탄소강　　② 황동
③ 9% 니켈강　④ 18-8 스테인리스강

> 저압 용접용기 : 탄소강

38 다음 중 터보압축기에서 주로 발생할 수 있는 현상은?

① 수격작용(water hammer)
② 베어퍼 록(vapor lock)
③ 서징(surging)
④ 캐비테이션(cavitation)

> 터보압축기는 유량이 감소하면 운전이 불안정하게 되어 전류계 지침이 떨리고 진동과 소음이 발생하는 서징현상이 발생한다.

39 파이프 커터로 강관을 절단하면 거스러미(burr)가 생긴다. 이것을 제거하는 공구는?

① 파이프 벤더　　② 파이프 렌치
③ 파이프바이스　　④ 파이프리이머

> 강관용 배관공구
> • 파이프 벤더 : 강관을 90°, 180°로 구부리는데 사용하는 공구
> • 파이프 렌치 : 관 접속 시 이음쇠와 밸브를 조이고 분해할 때 사용하는 공구
> • 파이프 바이스 : 관 절단, 관 조립 시 관을 고정하는 공구
> • 파이프 리머 : 파이프 절단 시 파이프 내면에 생기는 거스러미를 제거하는 공구

40 고속회전하는 임펠러의 원심력에 의해 속도에너지를 압력에너지로 바꾸어 압축하는 형식으로서 유량이 크고 설치면적을 적게 차지하는 압축기의 종류는?

① 왕복식　　② 터보식
③ 회전식　　④ 흡수식

> 압축기의 종류
> • 왕복동식 : 실린더 내에서 피스톤의 왕복운동에 의해 가스를 압축하는 방식
> • 회전식 : 로터(rotor)의 원심력에 의해 가스를 압축하는 방식
> • 스크류(screw)식 : 2개의 나사(암로터와 수로터)가 고속 회전에 의해 가스를 압축하는 방식
> • 원심(turbo)식 : 임펠러의 원심력에 의해 가스를 압축하는 방식

41 가스홀더의 압력을 이용하여 가스를 공급하며 가스 제조공장과 공급지역이 가깝거나 공급면적이 좁을 때 적당한 가스공급 방법은?

① 저압공급방식　　② 중앙공급방식
③ 고압공급방식　　④ 초 고압공급방식

> 도시가스 공급방식
> • 저압공급방식 : 직접 수용가에게 공급하는 방식으로 0.1MPa 미만의 압력으로 정압기를 통해 송출하는 방식으로서 공급지역이 가깝거나 공급면적이 좁을 때 적당하며 일반주택의 공급에 적합하다.
> • 중압공급방식 : 공장에서 가스를 중압으로 공급지역내에 설치된 정압기에 의하여 저압으로 감압시켜 일반수용가에 공급하는 방식과 냉온수나 보일러에 설치된 지구정압기에서 연소기구에 적당한 압력으로 감압시켜 공급하는 방식이 있다.
> • 고압공급방식 : 공급가스량이 많거나 장거리 수송(배관이 길 경우)시 수송압력을 높여 공급할 수 있으며 배관시설비를 절약할 수 있는 방식이다.

42 가스종류에 따른 용기의 재질로서 부적합한 것은?

① LPG : 탄소강
② 암모니아 : 동
③ 수소 : 크롬강
④ 염소 : 탄소강

> 암모니아는 동 및 동합금을 부식시키므로 용기의 재질로 탄소강을 사용한다.

43 오르쟈트법으로 시료가스를 분석할 때의 성분 분석순서로서 옳은 것은?

① $CO_2 \to O_2 \to CO$
② $CO \to CO_2 \to O_2$
③ $O_2 \to CO \to CO_2$
④ $O_2 \to CO_2 \to CO$

> 오르쟈트법은 CO_2(이산화탄소), O_2(산소), CO(일산화탄소) 순으로 가스농도를 분석한다.

44 수소염 이온화식(FID) 가스 검출기에 대한 설명으로 틀린 것은?

① 감도가 우수하다.
② CO_2, NO_2는 검출할 수 없다.
③ 연소하는 동안 시료가 파괴된다.
④ 무기화합물의 가스검지에 적합하다.

> 수소염 이온화식 가스검출기는 유기탄소화합물에는 민감하게 반응하지만 물과 이산화탄소(CO_2)와 같은 운반기체의 불순물에는 반응하지 않는다. 또한, 무기화합물의 가스검지에는 부적합하다.

45 다음 [보기]와 관련 있는 분석방법은?

    - 쌍극자모멘트의 알짜변화
    - 진동 짝지움
    - Nernst 백열등
    - Fourier 변환분광계

① 질량분석법
② 흡광광도법
③ 적외선 분광분석법
④ 킬레이트 적정법

> 적외선 분광분석법
> 쌍극자모멘트의 변화를 일으킬 진동에 의하여 적외선을 흡수하여 가스를 분석하는 방식이다.

46 표준상태에서 1,000L의 체적을 갖는 가스상태의 부탄은 약 몇 [kg] 인가?

① 2.6
② 3.1
③ 5.0
④ 6.1

> 이상기체 상태방정식(표준상태 0℃, 1atm)을 적용한다.
> $PV = \dfrac{W}{M}RT$
> 여기서, 압력 P = 1atm, 체적 V = 1,000L,
> 일반기체상수 R = 0.08205L · atm/gmol · K,
> 절대온도 T = 273K, 부탄의 분자량 M = 58
> 질량 $W = \dfrac{PVM}{RT}$ 에서
> $W = \dfrac{1atm \times 1,000L \times 58}{0.08205L \cdot atm/gmol \cdot K \times 273K}$
> $= 2589.3g = 2.59kg$

47 다음 중 일반 기체상수(R)의 단위는?

① kg · m/kmol · K
② kg · m/kcal · K
③ kg · m/m³ · K
④ kcal/kg · ℃

> 일반 기체상수(R)
> • 0.08205L · atm/gmol · K
> • 1.987kcal/kmol · K
> • 848kg · m/kmol · K
> • 8314.3N · m/kmol · K

48 열역학 제1법칙에 대한 설명이 아닌 것은?

① 에너지 보존의 법칙이라고 한다.
② 열은 항상 고온에서 저온으로 흐른다.
③ 열과 일은 일정한 관계로 상호 교환한다.
④ 제1종 영구기관이 영구적으로 일하는 것은 불가능하다는 것을 알려준다.

> 열역학 제2법칙
> • 자연적인 법칙으로서 열은 고온에서 저온으로 이동한다.
> • 일은 열로 쉽게 변환 시킬 수 있으나 열을 일로 쉽게 변환시킬 수 없다는 것을 명시한 법칙으로서 열역학 제1법칙의 방향성을 제시한 법칙이다.

49 표준상태에서 가스 1m³를 완전연소시키기 위하여 필요한 최소한의 공기를 이론공기량이라고 한다. 다음 중 이론공기량으로 적합한 것은? (단, 공기 중에 산소는 21% 존재한다.)

① 메탄 : 9.5배　　② 메탄 : 12.5배
③ 프로판 : 15배　　④ 프로판 : 30배

🔍 탄화수소의 완전연소식
$C_mH_n + (m + \frac{n}{4})O_2 \rightarrow mCO_2 + \frac{n}{2}H_2O$

① 메탄의 완전연소식
$CH_4 + 2O_2 \rightarrow CO_2 + 2H_2O$
22.4m³　　2×22.4m³
1m³　　　　O_o

• 이론산소량 $O_o = \frac{1m^3 \times (2 \times 22.4m^3)}{22.4m^3} = 2m^3$
• 이론공기량 $A_o = \frac{2m^3}{0.21} = 9.5m^3$

② 프로판의 이론공기량
$C_3H_8 + 5O_2 \rightarrow 3CO_2 + 4H_2O$
22.4m³　　5×22.4m³
1m³　　　　O_o

• 이론산소량 $O_o = \frac{1m^3 \times (5 \times 22.4m^3)}{22.4Nm^3} = 5m^3$
• 이론공기량 $A_o = \frac{5m^3}{0.21} = 23.8m^3$

∴ 이론공기량은 1m³에 대하여 메탄의 경우 9.5배, 프로판의 경우 23.8배이다.

50 다음 중 액화가 가장 어려운 가스는?

① H_2　　② He
③ N_2　　④ CH_4

🔍 비점이 낮을수록 액화하기 어렵다.

가스	비점(℃)	가스	비점(℃)
수소(H_2)	-252.8	헬륨(He)	-268.94
질소(N_2)	-195.8	메탄(CH_4)	-161.5

51 다음 중 아세틸렌의 발생방식이 아닌 것은?

① 주수식 : 카바이드에 물을 넣는 방법
② 투입식 : 물에 카바이드를 넣는 방법
③ 접촉식 : 물과 카바이드를 소량씩 접촉시키는 방법
④ 가열식 : 카바이드를 가열하는 방법

🔍 아세틸렌의 가스발생 방법
• 주수식 : 카바이트에 물을 넣는 방법
• 투입식 : 물에 카바이트를 넣는 방법으로서 대량생산에 적합
• 침지식(접촉식) : 물과 카바이트를 조금씩 넣어 접촉시키는 방법

52 이상기체의 등온과정에서 압력이 증가하면 엔탈피(H)는?

① 증가한다.
② 감소한다.
③ 일정하다.
④ 증가하다가 감소한다.

🔍 엔탈피는 온도만의 함수이므로 온도변화가 없으면 일정하다.
$h_2 - h_1 = C_p(T_2 - T_1) (kcal/h)$
등온과정이므로 $T_2 - T_1 = 0$이 되므로 엔탈피 차는 $h_2 - h_1 = 0$이다. 따라서, 엔탈피 $h_1 = h_2$이다.

53 1kW의 열량을 환산한 것으로 옳은 것은?

① 536kcal/h　　② 632kcal/h
③ 720kcal/h　　④ 860kcal/h

🔍 동력
• 국제동력 1kW = 860kcal/h
• 국제마력 1PS = 632kcal/h
• 영국마력 1HP = 641kcal/h

54 섭씨온도와 화씨온도가 같은 경우는?

① -40℃　　② 32°F
③ 273℃　　④ 45°F

🔍 섭씨온도와 화씨온도와의 관계
$℃ = \frac{5}{9}(°F - 32)$

섭씨온도(℃) = 화씨온도(°F)라고 하면
$℃ = \frac{5}{9}(℃ - 32)$
$\frac{9}{9}℃ = \frac{5}{9}℃ - \frac{5}{9} \times 32$
$\frac{9}{9}℃ - \frac{5}{9}℃ = -\frac{5}{9} \times 32$
$\frac{4}{9}℃ = -\frac{5}{9} \times 32$
$℃ = -\frac{5}{9} \times 32 \times \frac{9}{4}$
$℃ = -40℃ = -40°F$

55 다음 중 1기압(1atm)과 같지 않은 것은?

① 760mmHg ② 0.9807bar
③ 10.332mH$_2$O ④ 101.3kPa

🔍 **표준대기압**
1atm = 760mmHg = 1.0332kgf/cm^2
= 10.332mH$_2$O = 14.7psi(LB/in^2)
= 101325Pa(N/m^2) = 101.3kPa
= 1.01325bar

56 어떤 기구가 1atm, 30℃에서 10,000L의 헬륨으로 채워져 있다. 이 기구가 압력이 0.6atm이고 온도가 -20℃인 고도까지 올라갔을 때 부피는 약 몇 [L]가 되는가?

① 10,000 ② 12,000
③ 14,000 ④ 16,000

🔍 **보일과 샤를의 법칙**
$$\frac{P_1 V_1}{T_1} = \frac{P_2 V_2}{T_2}$$
여기서, 초기압력 P$_1$ = 1atm,
초기온도 T$_1$ = 30℃ = 273 + 30 = 303K,
초기체적 V$_1$ = 10,000L, 최종압력 P$_2$ = 0.6atm,
최종온도 T$_2$ = -20℃ = 273 + (-20) = 253K
최종체적 V$_2$ = $\frac{T_2}{T_1} \times \frac{P_1}{P_2} \times V_1$에서
$V_2 = \frac{253K}{303K} \times \frac{1atm}{0.6atm} \times 10,000L$
= 13,916L

57 다음 중 절대온도 단위는?

① K ② ℉R
③ ℉ ④ ℃

🔍 **온도의 단위**
• 절대온도는 열역학적 온도측정의 기본단위로 켈빈온도를 사용하고 있으며 단위는 [K]이다. 또한, 국제단위계에서 온도의 기본단위로 사용한다.
• 랭킨온도는 화씨온도와 같은 눈금간격을 가지는 절대온도를 사용하는데 이것을 랭킨눈금이라 하며 단위는 [℉R]이다.
• 섭씨온도의 단위는 [℃]이다.
• 화씨온도의 단위는 [℉]이다.

58 이상 기체를 정적하에서 가열하면 압력과 온도의 변화는?

① 압력증가, 온도일정 ② 압력일정, 온도일정
③ 압력증가, 온도상승 ④ 압력일정, 온도상승

🔍 **보일과 샤를의 법칙**
$$\frac{P_1 V_1}{T_1} = \frac{P_2 V_2}{T_2}$$
여기서, 변화전·후의 온도 T$_1$·T$_2$, 변화전·후의 압력 P$_1$·P$_2$
• 정적상태이므로 체적이 일정하다. V$_1$ = V$_2$
• $\frac{T_2}{T_1} = \frac{P_2}{P_1}$에서 온도와 압력은 비례한다.
따라서, 가열하므로 온도가 상승(T$_2$ > T$_1$)하고 압력이 증가한다.

59 산소의 물리적인 성질에 대한 설명으로 틀린 것은?

① 산소는 약 -183℃에서 액화한다.
② 액체 산소는 청색으로 비중이 약 1.13이다.
③ 무색, 무취의 기체이며 물에는 약간 녹는다.
④ 강력한 조연성 가스이므로 자신이 연소한다.

🔍 산소는 조연성 가스이므로 자신은 연소하지 않고 연소를 돕는 가스이다.

60 도시가스의 주원료인 메탄(CH$_4$)의 비점은 약 얼마인가?

① -50℃ ② -82℃
③ -120℃ ④ -162℃

🔍 메탄(CH$_4$)의 비점 : -161.5℃

정답 최근기출문제 - 2015년 3회

01 ②	02 ④	03 ③	04 ④	05 ①
06 ③	07 ④	08 ②	09 ①	10 ④
11 ③	12 ②	13 ②	14 ③	15 ③
16 ④	17 ②	18 ②	19 ②	20 ④
21 ④	22 ③	23 ③	24 ②	25 ②
26 ③	27 ①	28 ②	29 ①	30 ④
31 ②	32 ①	33 ②	34 ②	35 ④
36 ④	37 ①	38 ③	39 ④	40 ②
41 ①	42 ②	43 ①	44 ②	45 ③
46 ①	47 ②	48 ②	49 ①	50 ②
51 ②	52 ③	53 ④	54 ①	55 ②
56 ③	57 ①	58 ③	59 ④	60 ④

2015년 4회 최근기출문제

01 다음 중 사용신고를 하여야 하는 특정고압가스에 해당하지 않는 것은?

① 게르만 ② 삼불화질소
③ 사불화규소 ④ 오불화붕소

🔍 특정(특수)고압가스의 종류
압축모노실란, 압축디보레인, 액화알진, 포스핀, 셀렌화수소, 게르만, 디실란, 오불화비소, 오불화인, 삼불화인, 삼불화질소, 삼불화붕소, 사불화유황, 사불화규소

02 LP가스 저장탱크 지하에 설치하는 기준에 대한 설명으로 틀린 것은?

① 저장탱크실 상부 윗면으로부터 저장탱크 상부까지의 깊이는 1m 이상으로 한다.
② 저장탱크 주위 빈 공간에는 세립분을 함유하지 않은 것으로서 손으로 만졌을 때 물이 손에서 흘러내리지 않는 상태의 모래를 채운다.
③ 저장탱크를 2개 이상 인접하여 설치하는 경우에는 상호간에 1m 이상의 거리를 유지한다.
④ 저장탱크실은 천장, 벽 및 바닥의 두께가 각각 30cm 이상의 방수조치를 한 철근콘크리트구조로 한다.

🔍 지면으로부터 저장탱크의 정상부까지의 깊이는 60cm 이상으로 한다.

03 용기의 설계단계 검사 항목이 아닌 것은?

① 단열성능
② 내압성능
③ 작동성능
④ 용접부의 기계적 성능

🔍 용기의 설계단계 검사항목
• 재료의 기계적·화학적 성능 • 용접부의 기계적 성능
• 단열성능 • 내압성능
• 기밀성능

04 고압가스용 저장탱크 및 압력용기 제조시설에 대하여 실시하는 내압검사에서 압력용기 등의 재질이 주철인 경우 내압시험압력의 기준은?

① 설계압력의 1.2배의 압력
② 설계압력의 1.5배의 압력
③ 설계압력의 2배의 압력
④ 설계압력의 3배의 압력

🔍 압력용기 등의 재질이 주철인 경우에는 내압시험압력을 설계압력의 2배로 한다.

05 초저온 용기의 단열성능 시험에 있어 침입열량 계산식은 다음과 같이 구해진다. 여기서, "q"가 의미하는 것은?

$$Q = \frac{W \cdot q}{H \cdot \Delta t \cdot V}$$

① 침입열량
② 측정시간
③ 기화된 가스량
④ 시험용 가스의 기화잠열

🔍 침입열량 $Q = \dfrac{W \cdot q}{H \cdot \Delta t \cdot V}(kcal/h \cdot ℃ \cdot L)$

여기서, W(kg): 기화된 가스량, q(kcal/kg): 시험용 가스의 기화잠열, H(h): 측정시간, Δt(℃): 가스의 비점과 대기온도와의 온도차, V(L): 초저온용기의 내용적

06 인체용 에어졸 제품의 용기에 기재하여야 할 사항으로 틀린 것은?

① 불 속에 버리지 말 것
② 가능한 한 인체에서 10cm 이상 떨어져서 사용할 것
③ 온도가 40℃ 이상 되는 장소에 보관하지 말 것
④ 특정부위에 계속하여 장시간 사용하지 말 것

🔍 에어졸은 인체에서 20cm 이상 떨어져서 사용할 것

07 비등액체팽창증기폭발(BLEVE)이 일어날 가능성이 가장 낮은 곳은?

① LPG 저장탱크
② LNG 저장탱크
③ 액화가스 탱크로리
④ 천연가스 지구정압기

> 비등액체팽창증기폭발(BLEVE)
> 블레비(BLEVE)는 액화가스 저장탱크 주변에 화재가 발생할 경우 액화가스가 가열되어 비등되면서 부피팽창으로 폭발이 일어나는 현상이다. 따라서, LPG(액화석유가스), LNG(액화천연가스), 액화가스에서 발생한다.

08 자연발화의 열의 발생 속도에 대한 설명으로 틀린 것은?

① 발열량이 큰 쪽이 일어나기 쉽다.
② 표면적이 적을수록 일어나기 쉽다.
③ 초기 온도가 높은 쪽이 일어나기 쉽다.
④ 촉매 물질이 존재하면 반응 속도가 빨라진다.

> 자연발화는 표면적이 클수록 일어나기 쉽다.

09 다음 가스의 용기보관실 중 그 가스가 누출된 때에 체류하지 않도록 통풍구를 갖추고, 통풍이 잘 되지 않는 곳에는 강제환기시설을 설치하여야 하는 곳은?

① 질소 저장소
② 탄산가스 저장소
③ 헬륨 저장소
④ 부탄 저장소

> 가연성가스의 용기보관실에는 그 가스가 누출된 때에 체류하지 않도록 통풍구를 갖추고 통풍이 잘 되지 아니하는 곳에는 강제환기시설을 설치해야 한다.
> ∴ 가연성 가스 : 부탄

10 발열량이 9,500kcal/m³이고 가스비중이 0.65인(공기 1) 가스의 웨버지수는 약 얼마인가?

① 6,175
② 9,500
③ 11,780
④ 14,615

> 웨버지수 $WI = \dfrac{H_g}{\sqrt{d}}$
> 여기서, 발열량 H_g = 9,500kcal/m³, 가스비중 d = 0.65
> 웨버지수 $WI = \dfrac{9,500}{\sqrt{0.65}} = 11,783.3$

11 도시가스 배관의 매설심도를 확보할 수 없거나 타 시설물과 이격거리를 유지하지 못하는 경우 등에는 보호판을 설치한다. 압력이 중압 배관일 경우 보호판의 두께 기준은?

① 3mm
② 4mm
③ 5mm
④ 6mm

> 보호판의 두께 기준
> • 중압배관 : 4mm
> • 고압배관 : 6mm

12 고압가스안전관리법의 적용을 받는 고압가스의 종류 및 범위로서 틀린 것은?

① 상용의 온도에서 압력이 1MPa 이상이 되는 압축가스
② 섭씨 35도의 온도에서 압력이 0Pa을 초과하는 아세틸렌가스
③ 상용의 온도에서 압력이 0.2MPa 이상이 되는 액화가스
④ 섭씨 35도의 온도에서 압력이 0Pa을 초과하는 액화가스 중 액화시안화수소

> 섭씨 15도의 온도에서 압력이 0Pa을 초과하는 아세틸렌가스

13 고압가스 제조허가의 종류가 아닌 것은?

① 고압가스 특수제조
② 고압가스 일반제조
③ 고압가스 충전
④ 냉동제조

> 고압가스 제조허가 대상
> 고압가스 특정제조, 고압가스 일반제조, 고압가스 충전, 냉동제조

14 암모니아 충전용기로서 내용적이 1,000L 이하인 것은 부식여유 두께의 수치가 (A)mm 이고, 염소 충전용기로서 1,000L 초과하는 것은 부식여유 두께의 수치가 (B)mm 이다. A와 B에 알맞은 부식 여유치는?

① A : 1, B : 3 ② A : 2, B : 3
③ A : 1, B : 5 ④ A : 2, B : 5

🔍 충전용기의 부식여유 두께

용기의 종류		부식여유 (mm)
충전가스	내용적	
암모니아	1,000L 이하	1
	1,000L 초과	2
염소	1,000L 이하	3
	1,000L 초과	5

15 LPG 자동차에 고정된 용기충전시설에서 저장탱크의 물분무장치는 최대수량을 몇 분 이상 연속해서 방사할 수 있는 수원에 접속되어 있도록 하여야 하는가?

① 20분 ② 30분
③ 40분 ④ 60분

🔍 물분무장치(살수장치)
저장탱크의 표면적 1m²당 5L/min 이상의 비율로 계산된 수량을 저장탱크 전 표면에 분무할 수 있는 고정된 장치로 하고 최대수량을 30분 이상 연속하여 방사할 수 있는 양을 갖는 배관에 접속되도록 한다.

16 산화에틸렌 충전용기에는 질소 또는 탄산가스를 충전하는데 그 내부가스 압력의 기준으로 옳은 것은?

① 상온에서 0.2MPa 이상
② 35℃에서 0.2MPa 이상
③ 40℃에서 0.4MPa 이상
④ 45℃에서 0.4MPa 이상

🔍 산화에틸렌의 충전용기는 45℃에서 내부압력을 0.4MPa(4kg/cm²) 이상이 되도록 질소 또는 탄산가스로 충전한다.

17 다음 중 보일러 중독사고의 주원인이 되는 가스는?

① 이산화탄소 ② 일산화탄소
③ 질소 ④ 염소

🔍 보일러 연소 시 발생하는 일산화탄소에 의해 중독사고가 발생한다.

18 플레어스택에 대한 설명으로 틀린 것은?

① 플레어스택에서 발생하는 복사열이 다른 제조시설에 나쁜 영향을 미치지 아니하도록 안전한 높이 및 위치에 설치한다.
② 플레어스택에서 발생하는 최대열량에 장시간 견딜 수 있는 재료 및 구조로 되어 있는 것으로 한다.
③ 파이롯트버너를 항상 점화하여 두는 등 플레어스택에 관련된 폭발을 방지하기 위한 조치가 되어 있는 것으로 한다.
④ 특수반응설비 또는 이와 유사한 고압가스설비에는 그 특수반응설비 또는 고압가스설비마다 설치한다.

🔍 플레어스택의 설치기준
• 가연성가스의 설비에서 이상상태가 발생한 경우 긴급이송장치에서 이송되는 가스를 연소시켜 대기로 안전하게 방출하는 장치이다.
• 플레어스택에서 발생하는 복사열이 다른 제조시설에 나쁜 영향을 미치지 아니하도록 안전한 높이 및 위치에 설치한다.
• 플레어스택의 설치위치 및 높이는 플레어스택 바로 밑의 지표면에 미치는 복사열이 4,000kcal/m² · h 이하가 되도록 한다.
• 플레어스택에서 발생하는 최대열량에 장시간 견딜 수 있는 재료 및 구조로 되어 있는 것으로 한다.
• 파이롯트버너 또는 항상 작동할 수 있는 자동점화장치를 설치한다.

19 도시가스사용시설에서 도시가스 배관의 표시 등에 대한 기준으로 틀린 것은?

① 지하에 매설하는 배관은 그 외부에 사용가스명, 최고사용압력, 가스의 흐름방향을 표시한다.
② 지상배관은 부식방지 도장 후 황색으로 도색한다.
③ 지하매설배관은 최고사용압력이 저압인 배관은 황색으로 한다.
④ 지하매설배관은 최고사용압력이 중압 이상인 배관은 적색으로 한다.

🔍 도시가스 배관은 그 외부에 사용가스명, 최고사용압력, 가스의 흐름방향을 표시할 것. 다만, 지하에 매설하는 배관의 경우에는 흐름방향을 표시하지 아니할 수 있다.

20 특정고압가스 사용시설에서 용기의 안전조치 방법으로 틀린 것은?

① 고압가스의 충전용기는 항상 40℃ 이하를 유지하도록 한다.
② 고압가스의 충전용기 밸브는 서서히 개폐한다.
③ 고압가스의 충전용기 밸브 또는 배관을 가열할 때에는 열습포나 40℃ 이하의 더운 물을 사용한다.
④ 고압가스의 충전용기를 사용한 후에는 밸브를 열어 둔다.

🔍 고압가스의 충전용기를 사용한 후에는 밸브를 항상 닫아 둔다.

21 일반도시가스의 배관을 철도부지 밑에 매설할 경우 배관의 외면과 지표면과의 거리는 몇 [m] 이상으로 하여야 하는가?

① 1.0m
② 1.2m
③ 1.3m
④ 1.5m

🔍 도시가스 배관을 철도부지에 매설하는 경우에는 기술기준
  • 배관의 외면으로부터 궤도 중심까지 4m 이상
  • 철도부지 경계까지는 1m 이상
  • 지표면으로부터 배관의 외면까지의 깊이를 1.2m 이상

22 가스도매사업시설에서 배관 지하매설의 설치기준으로 옳은 것은?

① 산과 들 이외의 지역에서 배관의 매설깊이는 1.5m 이상
② 산과 들에서의 배관의 매설깊이는 1m 이상
③ 배관은 그 외면으로부터 수평거리로 건축물까지 1.2m 이상 거리 유지
④ 배관은 그 외면으로부터 지하의 다른 시설물과 1.2m 이상 거리 유지

🔍 도시가스 배관을 지하에 매설하는 경우에는 지표면으로부터 배관의 외면까지의 매설깊이는 산이나 들에서는 1m 이상, 그 밖의 지역에서는 1.2m 이상으로 할 것

23 인화온도가 약 -30℃이고 발화온도가 매우 낮아 전구 표면이나 증기파이프 등의 열에 의해 발화할 수 있는 가스는?

① CS_2
② C_2H_2
③ C_2H_4
④ C_3H_8

🔍 이황화탄소(CS_2)
  인화온도가 -30℃이며 발화온도가 매우 낮은 가연성가스로서 열, 스파크, 불꽃에 의해 쉽게 발화된다.

24 액화가스를 충전하는 차량에 고정된 탱크는 그 내부에 액면요동을 방지하기 위하여 액면요동방지조치를 하여야 한다. 다음 중 액면요동방지조치로 올바른 것은?

① 방파판
② 액면계
③ 온도계
④ 스톱밸브

🔍 방파판은 탱크 내 액면의 요동을 방지하기 위하여 설치한다.

25 가연성가스의 지상저장 탱크의 경우 외부에 바르는 도료의 색깔은 무엇인가?

① 청색
② 녹색
③ 은·백색
④ 검정색

🔍 지상 저장탱크는 외부로부터의 복사열을 차단하기 위하여 외부에 은·백색으로 도장한다.

26 아르곤(Ar)가스 충전용기의 도색은 어떤 색상으로 하여야 하는가?

① 백색
② 녹색
③ 갈색
④ 회색

🔍 용기의 도색

가스의 종류	도색
액화석유가스	회색
수소	주황색
아세틸렌	황색
액화암모니아	백색
액화염소	갈색
산소	녹색
그 밖의 가스(아르곤)	회색

27 지하에 매몰하는 도시가스 배관의 재료로 사용할 수 없는 것은?

① 가스용 폴리에틸렌관
② 압력 배관용 탄소강관
③ 압출식 폴리에틸렌 피복강관
④ 분말융착식 폴리에틸렌 피복강관

> 지하에 매몰하는 도시가스 배관의 재료
> • KS D 3598 압출식 폴리에틸렌 피복강관
> • KS D 3607 분말융착식 폴리에틸렌 피복강관
> • KS D 3514 가스용 폴리에틸렌관

28 아세틸렌 용기에 대한 다공물질 충전검사 적합판정기준은?

① 다공물질은 용기 벽을 따라서 용기안지름의 1/200 또는 1mm를 초과하는 틈이 없는 것으로 한다.
② 다공물질은 용기 벽을 따라서 용기안지름의 1/200 또는 3mm를 초과하는 틈이 없는 것으로 한다.
③ 다공물질은 용기 벽을 따라서 용기안지름의 1/100 또는 5mm를 초과하는 틈이 없는 것으로 한다.
④ 다공물질은 용기 벽을 따라서 용기안지름의 1/100 또는 10mm를 초과하는 틈이 없는 것으로 한다.

> 다공물질 충전검사 : 용기 밸브 부착부 바로 아래의 가스 취입·취출부분을 제외하고 다공물질이 빈틈없이 고루 채워지고, 다공물질은 용기 벽을 따라서 용기 안지름의 1/200 또는 3mm를 초과하는 틈이 없는 것을 적합한 것으로 한다.

29 액화석유가스가 공기 중에 얼마의 비율로 혼합되었을 때 그 사실을 알 수 있도록 냄새가 나는 물질을 섞어 용기에 충전하여야 하는가?

① $\frac{1}{1,000}$ ② $\frac{1}{10,000}$
③ $\frac{1}{100,000}$ ④ $\frac{1}{1,000,000}$

> 부취제의 착취농도 : 공기 중에 가스가 $\frac{1}{1,000}$의 농도로 섞였을 때 쉽게 그 냄새를 느낄 수 있는 농도이다.

30 가스누출자동차단장치의 구성요소에 해당하지 않는 것은?

① 지시부
② 검지부
③ 차단부
④ 제어부

> 가스누출자동차단장치의 구성요소
> • 검지부 : 공기 중에 가스가 누설되면 이를 감지하여 자동으로 경보를 울리면서 제어부의 수신반으로 차단신호를 보내는 기능
> • 제어부 : 검지부로부터 신호를 받게 되면 경보음 및 자동 차단부를 작동시켜 밸브를 차단시키는 기능
> • 차단부 : 제어부로부터 신호를 받아 가스관의 밸브를 자동으로 차단시키는 기능

31 도시가스사용시설의 정압기실에 설치된 가스누출경보기의 점검주기는?

① 1일 1회 이상
② 1주일 1회 이상
③ 2주일 1회 이상
④ 1개월 1회 이상

> 정압기 실에 설치된 가스누출경보기는 1주일에 1회 이상 작동 상황을 점검한다.

32 고압가스 제조설비에서 정전기의 발생 또는 대전 방지에 대한 설명으로 옳은 것은?

① 가연성가스 제조설비의 탑류, 벤트스택 등은 단독으로 접지한다.
② 제조장치 등에 본딩용 접속선은 단면적이 $5.5mm^2$ 미만의 단선을 사용한다.
③ 대전방지를 위하여 기계 및 장치에 절연재료를 사용한다.
④ 접지 저항치 총합이 100Ω 이하의 경우에는 정전기 제거조치가 필요하다.

> 고압가스 제조설비의 정전기 제거설비
> • 탑류, 저장탱크, 열교환기, 회전기계, 벤트스택 등은 단독으로 접지한다.
> • 본딩용 접속선 및 접지접속선은 단면적 5.5mm² 이상의 것을 사용한다.
> • 접지 저항치 총합이 100Ω 이하인 것은 정전기 제거설비를 설치하지 아니할 수 있다.

33 이동식부탄연소기의 용기 연결방법에 따른 분류가 아닌 것은?

① 용기이탈식　② 분리식
③ 카세트식　　④ 직결식

🔍 이동식 부탄연소기의 용기 연결방법
- 카세트식 : 거버너가 부착된 연소기 안에 용기를 수평으로 장착시키는 구조
- 직결식 : 연소기에 1L 이하의 접합용기를 직접 연결하는 구조
- 분리식 : 연소기에 1L 이하의 접합용기를 호스 등으로 연결하는 구조

34 액화산소, LNG 등에 일반적으로 사용될 수 있는 재질이 아닌 것은?

① Al 및 Al합금　② Cu 및 Cu합금
③ 고장력 주철강　④ 18-8 스테인리스강

🔍 액화산소 및 LNG(액화천연가스) 등의 초저온가스에 사용하는 재질
- Al(알루미늄) 및 Al 합금
- Cu(구리) 및 Cu 합금
- 9% Ni(니켈)강
- 18-8 스테인리스강

35 저압식(Linde-Frankl 식) 공기액화 분리장치의 정류탑 하부의 압력은 어느 정도인가?

① 1기압　② 5기압
③ 10기압　④ 20기압

🔍 하부 정류탑에서는 약 5atm의 압력하에서 원료공기가 정류되어 하부에는 산소 40% 정도의 액체공기가 분리되고 하부 정류탑 상부에는 98% 정도의 액체질소가 분리된다.

36 LP가스 저압배관 공사를 완료하여 기밀시험을 하기 위해 공기압을 $1,000mmH_2O$로 하였다. 이 때 관지름 25mm, 길이 30m로 할 경우 배관의 전체 부피는 약 몇 [L] 인가?

① 5.7L　② 12.7L
③ 14.7L　④ 23.7L

🔍 배관의 전체 부피 $V = \frac{\pi}{4} \times D^2 L \,(cm^3)$
여기서, 관지름 D = 25mm = 2.5cm,
배관 길이 L = 30m = 3,000cm
부피 $V = \frac{\pi}{4} \times (2.5cm)^2 \times 3,000cm = 14726cm^3 = 14.7L$
($1L = 1,000cc = 1,000cm^3$)

37 저온, 고압의 액화석유가스 저장탱크가 있다. 이 탱크를 퍼지하여 수리 점검 작업할 때에 대한 설명으로 옳지 않은 것은?

① 공기로 재치환하여 산소 농도가 최소 18%인지 확인한다.
② 질소가스로 충분히 퍼지하여 가연성 가스의 농도가 폭발하한계의 1/4 이하가 될 때까지 치환을 계속한다.
③ 단시간에 고온으로 가열하면 탱크가 손상될 우려가 있으므로 국부가열이 되지 않게 한다.
④ 가스는 공기보다 가벼우므로 상부 맨홀을 열어 자연적으로 퍼지가 되도록 한다.

🔍 액화석유가스 설비의 내부가스를 그 압력이 대기압이 될 때까지 다른 저장탱크 등에 회수한 후 잔류가스를 서서히 안전하게 방출하거나 연소장치에 유도하여 연소시키는 방법으로 대기압이 될 때까지 방출한다.

38 연소에 필요한 공기를 전부 2차 공기로 취하며 불꽃의 길이가 길고, 온도가 가장 낮은 연소방식은?

① 분젠식
② 세미분젠식
③ 적화식
④ 전 1차 공기식

🔍 적화식 버너 : 연소에 필요한 연소용 공기를 전부 2차 공기(노즐 분출 후에 유입되는 공기)로 유입하고 1차 공기(노즐 분출 전에 유입하여 가스와 혼합되는 공기)를 유입하지 않는 방식이다.

39 액주식 압력계에 대한 설명으로 틀린 것은?

① 경사관식은 정도가 좋다.
② 단관식은 차압계로도 사용된다.
③ 링 밸런스식은 저압가스의 압력측정에 적당하다.
④ U자관은 메니스커스의 영향을 받지 않는다.

🔍 U자관식 압력계
- U자 모양의 유리관 안에 수은이나 물을 넣어 액주높이를 측정하여 압력을 측정하는 방법이다.
- U자관식 압력계의 액주높이를 측정하는데 있어서 메니스커스 영향을 받는다.
※ 메니스커스란 액체의 표면장력과 U자관의 접촉저항으로 인하여 오목형이나 볼록형으로 되는 현상이다.

40 압축천연가스자동차 충전소에 설치하는 압축가스설비의 설계압력이 25MPa인 경우 이 설비에 설치하는 압력계의 지시눈금은?

① 최소 25.0MPa까지 지시할 수 있을 것
② 최소 27.5MPa까지 지시할 수 있을 것
③ 최소 37.5MPa까지 지시할 수 있을 것
④ 최소 50.0MPa까지 지시할 수 있을 것

🔍 압력계의 지시눈금은 상용(설계)압력의 1.5배 이상, 2배 이하의 눈금이 있는 것을 사용해야 한다.
  • 최소 지시눈금 : $P_{min} = 25MPa \times 1.5배 = 37.5MPa$
  • 최대 지시눈금 : $P_{max} = 25MPa \times 2배 = 50MPa$

41 저온장치에서 열의 침입 원인으로 가장 거리가 먼 것은?

① 내면으로부터의 열전도
② 연결 배관 등에 의한 열전도
③ 지지 요크 등에 의한 열전도
④ 단열재를 넣은 공간에 남은 가스의 분자 열전도

🔍 열의 침입 원인
  • 연결 배관 및 밸브 등에 의한 열전도
  • 지지 요크 등에 의한 열전도
  • 단열재를 넣은 공간에 남은 가스의 분자 열전도
  • 외면으로부터 열복사

42 저장탱크 내부의 압력이 외부의 압력보다 낮아져 그 탱크가 파괴되는 것을 방지하기 위한 설비와 관계없는 것은?

① 압력계
② 진공안전밸브
③ 압력경보설비
④ 벤트스택

🔍 벤트스택 : 제조소 및 공급소에는 이상상태가 발생할 때 그 확대를 방지하기 위하여 설비내의 내용물을 설비 밖으로 긴급하고 안전하게 방출하는 설비이다.

43 공기액화분리장치에는 다음 중 어떤 가스 때문에 가연성 물질을 단열재로 사용할 수 없는가?

① 질소
② 수소
③ 산소
④ 아르곤

🔍 산소는 조연성 가스이므로 가연성 물질의 단열재로 사용할 수 없다.

44 도시가스 공급 시설이 아닌 것은?

① 압축기
② 홀더
③ 정압기
④ 용기

🔍 도시가스 공급시설은 가스를 제조하거나 공급하기 위한 시설로서 가스제조시설, 가스배관시설, 가스충전시설 등이 있으며 압축기, 가스홀더, 정압기 등이 해당된다.

45 암모니아 용기의 재료로 주로 사용되는 것은?

① 동
② 알루미늄합금
③ 동합금
④ 탄소강

🔍 암모니아는 동 및 동합금을 부식시키므로 용기의 재료는 주로 탄소강을 사용한다.

46 표준상태에서 부탄가스의 비중은 약 얼마인가? (단, 부탄의 분자량은 58이다.)

① 1.6   ② 1.8
③ 2.0   ④ 2.2

🔍 가스의 비중 $s = \dfrac{증기의 분자량}{29}$
여기서, 부탄(CH_4)의 분자량 58
부탄의 비중 $s = \dfrac{58}{29} = 2.0$

47 메탄(CH_4)의 공기 중 폭발범위 값에 가장 가까운 것은?

① 5% ~ 15.4%
② 3.2% ~ 12.5%
③ 2.4% ~ 9.5%
④ 1.9% ~ 8.4%

🔍 메탄의 공기 중 폭발범위 : 5.0 ~ 15.4%

48 다음 중 가장 낮은 압력은?

① 1atm
② 1kg/cm²
③ 10.33mH₂O
④ 1MPa

> 압력 환산
> • 표준대기압
>   1atm = 760mmHg = 1.0332kg/cm²
>   = 10.332mH₂O = 101325Pa = 0.1MPa
> • 단위를 kg/cm²로 환산하면
>   ① 1atm = 1.0332kg/cm²
>   ② 1kg/cm²
>   ③ 10.33mH₂O = 1.033kg/cm²
>   ④ $1MPa = \frac{1MPa}{0.1MPa} \times 1.0332 kg/cm^2 = 10.332 kg/cm^2$

49 부탄가스의 주된 용도가 아닌 것은?

① 산화에틸렌 제조
② 자동차 연료
③ 라이터 연료
④ 에어졸 제조

> 에틸렌(C_2H_4)의 용도
> • 아세트알데히드, 산화에틸렌, 에탄올 제조
> • 폴리에틸렌 제조
> • 합성수지, 합성고무 제조

50 포스겐의 화학식은?

① COCl₂
② COCl₃
③ PH₂
④ PH₃

> 포스겐의 화학식 : COCl₂

51 다음 중 헨리의 법칙에 잘 적용되지 않는 가스는?

① 암모니아
② 수소
③ 산소
④ 이산화탄소

> 헨리의 법칙
> • 기체의 용해도에 관한 법칙으로서 온도가 낮을수록, 압력이 높을수록 잘 용해된다.
> • 물에 잘 녹지 않는 수소(H_2), 산소(O_2), 질소(N_2), 이산화탄소(CO_2) 등에 적용된다.

52 착화원이 있을 때 가연성액체나 고체의 표면에 연소하한계 농도의 가연성 혼합기가 형성되는 최저온도는?

① 인화온도
② 임계온도
③ 발화온도
④ 포화온도

> 인화온도는 연소범위의 하한에 도달하는 최저온도로서 가연성 액체에 불꽃을 접하여 발화될 수 있는 최저온도이다.

53 부양기구의 수소 대체용으로 사용되는 가스는?

① 아르곤
② 헬륨
③ 질소
④ 공기

> 헬륨은 가스크로마토그래피의 캐리어 가스나 기구 부양용 가스로 사용된다.

54 시안화수소를 충전한 용기는 충전 후 얼마를 정치해야 하는가?

① 4시간
② 8시간
③ 16시간
④ 24시간

> 시안화수소를 충전한 용기는 충전 후 24시간 정치하고, 충전 후 60일이 경과되기 전에 다른 용기에 옮겨 충전한다. 다만, 순도가 98% 이상으로서 착색되지 아니한 것은 다른 용기에 옮겨 충전하지 아니할 수 있다.

55 아세틸렌(C_2H_2)에 대한 설명 중 틀린 것은?

① 공기보다 무거워 낮은 곳에 체류한다.
② 카바이트(CaC_2)에 물을 넣어 제조한다.
③ 공기 중 폭발범위는 약 2.5~81%이다.
④ 흡열화합물이므로 압축하면 폭발을 일으킬 수 있다.

> 아세틸렌의 분자량은 26이므로 공기보다 가벼운 가스이다.
> 비중 $s = \frac{증기의\ 분자량}{29}$
> • 공기의 비중 s = 1
> • 아세틸렌의 비중 $s = \frac{26}{29} = 0.9$

56 황화수소에 대한 설명으로 틀린 것은?

① 무색이다.
② 유독하다.
③ 냄새가 없다.
④ 인화성이 아주 강하다.

🔍 황화수소는 무색이며 계란 썩은 냄새가 난다.

57 표준상태에서 산소의 밀도(g/L)는?

① 0.7
② 1.43
③ 2.72
④ 2.88

🔍 이상기체 상태방정식(표준상태 0℃, 1atm)을 적용한다.
$\dfrac{P}{\rho} = RT$
여기서, 압력 P = 1atm = 10,332kgf/m²,
온도 T = 0℃ = 273K,
• 분자량 M = 32, 기체상수 $R = \dfrac{848}{M}$ 에서
$R = \dfrac{848}{M} = 26.5 kgf \cdot m/kg \cdot K$
• 이상기체 상태방정식 $\dfrac{P}{\rho} = RT$ 에서

밀도 $\rho = \dfrac{P}{RT} = \dfrac{10,332 \dfrac{kgf}{m^2}}{26.5 \dfrac{kgf \cdot m}{kg \cdot K} \times 273K}$

$= 1.43 kg/m^3 = 1.43 g/L$

58 다음 가스 중 비중이 가장 적은 것은?

① CO
② C_3H_8
③ Cl_2
④ NH_3

🔍 가스의 비중 $s = \dfrac{증기의 \ 분자량}{29}$
① 일산화탄소(CO) : 분자량 28
  비중 $s = \dfrac{28}{29} = 0.97$
② 프로판(C_3H_8) : 분자량 44
  비중 $s = \dfrac{44}{29} = 1.52$
③ 염소(Cl_2) : 분자량 71
  비중 $s = \dfrac{71}{29} = 2.45$
④ 암모니아(NH_3) : 분자량 17
  비중 $s = \dfrac{17}{29} = 0.59$

59 이상기체의 정압비열(C_P)과 정적비열(C_V)에 대한 설명 중 틀린 것은? (단, k는 비열비이고, R은 이상기체상수이다.)

① 정적비열과 R의 합은 정압비열이다.
② 비열비(k)는 $\dfrac{C_P}{C_V}$ 로 표현된다.
③ 정적비열은 $\dfrac{R}{k-1}$ 로 표현된다.
④ 정압비열은 $\dfrac{k-1}{k}$ 로 표현된다.

🔍 비열비(k)
• 비열비 $k = \dfrac{C_P}{C_V}$ 로서 1보다 크다.
• 기체상수 $R = C_P - C_V$ 에서
 - 정압비열 $C_P = \dfrac{k}{k-1}R$
 - 정적비열 $C_V = \dfrac{1}{k-1}R$

60 LNG의 주성분은?

① 메탄
② 에탄
③ 프로판
④ 부탄

🔍 메탄은 액화천연가스(Liquefied Natural gas, LNG)의 주성분으로서 무색, 무취의 가연성가스이다.

정답 최근기출문제 – 2015년 4회

01 ④	02 ①	03 ③	04 ③	05 ④
06 ②	07 ④	08 ②	09 ④	10 ③
11 ②	12 ②	13 ①	14 ③	15 ②
16 ④	17 ②	18 ④	19 ①	20 ④
21 ②	22 ②	23 ①	24 ①	25 ③
26 ④	27 ②	28 ②	29 ①	30 ①
31 ②	32 ①	33 ①	34 ③	35 ②
36 ①	37 ②	38 ①	39 ①	40 ③
41 ①	42 ④	43 ③	44 ①	45 ④
46 ③	47 ①	48 ②	49 ①	50 ①
51 ①	52 ①	53 ②	54 ④	55 ①
56 ③	57 ②	58 ④	59 ④	60 ①

2016년 1회 최근기출문제

01 도시가스배관에 설치하는 희생양극법에 의한 전위 측정용 터미널은 몇 m 이내의 간격으로 하여야 하는가?

① 200m
② 300m
③ 500m
④ 600m

🔍 희생양극법에 의한 전위측정용 터미널은 배관길이 300m 이내의 간격으로 설치한다.

02 저장탱크에 의한 액화석유가스 저장소에서 지상에 노출된 배관을 차량 등으로부터 보호하기 위하여 설치하는 방호철판의 두께는 얼마 이상으로 하여야 하는가?

① 2mm   ② 3mm
③ 4mm   ④ 5mm

🔍 방호철판의 두께는 4mm 이상이고, 방호철판의 길이는 1m 이상으로 한다.

03 특정고압가스 사용시설에서 취급하는 용기의 안전조치 사항으로 틀린 것은?

① 고압가스 충전용기는 항상 40℃ 이하를 유지한다.
② 고압가스 충전용기 밸브는 서서히 개폐하고 밸브 또는 배관을 가열하는 때에는 열습포나 40℃ 이하의 더운 물을 사용한다.
③ 고압가스 충전용기를 사용한 후에는 폭발을 방지하기 위하여 밸브를 열어 둔다.
④ 용기보관실에 충전용기를 보관하는 경우에는 넘어짐 등으로 충격 및 밸브 등의 손상을 방지하는 조치를 한다.

🔍 고압가스 충전용기를 사용한 후에는 밸브를 완전히 닫고 보관해야 한다.

04 액화석유가스 자동차에 고정된 용기충전시설에 설치하는 긴급차단장치에 접속하는 배관에 대하여 어떠한 조치를 하도록 되어 있는가?

① 워터햄머가 발생하지 않도록 조치
② 긴급차단에 따른 정전기 등이 발생하지 않도록 하는 조치
③ 체크 밸브를 설치하여 과량 공급이 되지 않도록 조치
④ 바이패스 배관을 설치하여 차단성능을 향상시키는 조치

🔍 긴급차단장치 또는 역류방지밸브에는 배관 등에서 워터햄머가 발생하지 않도록 조치를 해야 한다.

05 도시가스 배관 굴착작업 시 배관의 보호를 위하여 배관 주위 얼마 이내에는 인력으로 굴착하여야 하는가?

① 0.3m
② 0.6m
③ 1m
④ 1.5m

🔍 도시가스 배관의 주위를 굴착하고자 할 때에는 도시가스 배관의 좌우 1m 이내의 부분은 인력으로 굴착한다.

06 자연환기설비 설치 시 LP가스의 용기 보관실 바닥 면적이 $3m^2$ 이라면 통풍구의 크기는 몇 cm^2 이상으로 하도록 되어 있는가? (단, 철망 등이 부착되어 있지 않은 것으로 간주한다.)

① 500   ② 700
③ 900   ④ 1100

🔍 용기보관실의 환기구의 통풍가능 면적은 바닥면적 $1m^2$당 $300cm^2$의 비율로 계산된 면적 이상으로 해야한다. 따라서, 바닥면적 $3m^2$ 일 때 통풍구는 $900cm^2$ 이상이어야 한다.

07 고속도로 휴게소에서 액화석유가스 저장능력이 얼마를 초과하는 경우에 소형저장탱크를 설치하여야 하는가?

① 300kg   ② 500kg
③ 1000kg ④ 3000kg

> 저장능력이 500kg 이상인 경우에는 소형저장탱크를 설치하여야 한다.

08 특정고압가스 사용시설의 시설기준 및 기술기준으로 틀린 것은?

① 가연성가스의 사용설비에는 정전기제거설비를 설치한다.
② 지하에 매설하는 배관에는 전기부식 방지조치를 한다.
③ 독성가스의 저장설비에는 가스가 누출될 때 이를 흡수 또는 중화할 수 있는 장치를 설치한다.
④ 산소를 사용하는 밸브에는 밸브가 잘 동작할 수 있도록 석유류 및 유지류를 주유하여 사용한다.

> 산소는 조연성 가스이므로 산소를 사용하는 밸브에 석유류 및 유지류를 주유하여 사용하면 자연발화에 의한 폭발의 위험성이 있으므로 사용을 금한다.

09 고압가스 용기를 취급 또는 보관할 때의 기준으로 옳은 것은?

① 충전용기와 잔가스용기는 각각 구분하여 용기 보관장소에 놓는다.
② 용기는 항상 60℃ 이하의 온도를 유지한다.
③ 충전용기는 통풍이 잘 되고 직사광선을 받을 수 있는 따스한 곳에 둔다.
④ 용기 보관장소의 주위 5m 이내에는 화기, 인화성물질을 두지 아니한다.

> 고압가스 용기보관실 기준
> • 충전용기와 잔가스용기는 각각 구분하여 용기 보관장소에 놓을 것
> • 가연성가스 · 독성가스 및 산소의 용기는 각각 구분하여 용기 보관장소에 놓을 것
> • 용기 보관장소의 주위 2m 이내에는 화기 또는 인화성물질이나 발화성물질을 두지 않을 것
> • 충전용기는 항상 40℃ 이하의 온도를 유지하고, 직사광선을 받지 않도록 조치할 것

10 허용농도가 100만분의 200 이하인 독성가스 용기 중 내용적이 얼마 미만인 충전용기를 운반하는 차량의 적재함에 대하여 밀폐된 구조로 하여야 하는가?

① 500L   ② 1000L
③ 2000L ④ 3000L

> 허용농도가 100만분의 200 이하인 독성가스 용기 중 내용적이 1000L 미만인 충전용기를 운반하는 차량의 적재함은 밀폐된 구조로 해야 한다.

11 상용압력이 10MPa인 고압설비의 안전밸브 작동압력은 얼마인가?

① 10MPa   ② 12MPa
③ 15MPa   ④ 20MPa

> 안전밸브 작동압력 = 내압시험압력 $\times \frac{8}{10}$
> = 상용압력 $\times 1.5 \times \frac{8}{10}$ 에서
> 안전밸브 작동압력 = $10 \times 1.5 \times \frac{8}{10}$
> = 12MPa

12 방폭전기 기기구조별 표시방법 중 "e"의 표시는?

① 안전증방폭구조
② 내압방폭구조
③ 유입방폭구조
④ 압력방폭구조

> 방폭전기 기기의 구조별 표시방법
>
> | 방폭구조의 종류 | 표시방법 | 방폭구조의 종류 | 표시방법 |
> |---|---|---|---|
> | 내압방폭구조 | d | 안전증방폭구조 | e |
> | 유입방폭구조 | o | 본질안전방폭구조 | ia 또는 ib |
> | 압력방폭구조 | p | 특수방폭구조 | s |

13 다음 중 가연성이면서 독성가스는?

① $CHClF_2$ ② HCl
③ C_2H_2 ④ HCN

> • 가연성이면서 독성가스 : 시안화수소(HCN)
> • 독성가스 : 염화수소(HCl)
> • 가연성가스 : 아세틸렌(C_2H_2)

14 고압가스안전관리법의 적용범위에서 제외되는 고압가스가 아닌 것은?

① 섭씨 35℃의 온도에서 게이지 압력이 4.9MPa 이하인 유니트형 공기압축장치 안의 압축공기
② 섭씨 15℃의 온도에서 압력이 0Pa을 초과하는 아세틸렌가스
③ 내연기관의 시동, 타이어의 공기 충전, 리벳팅, 착암 또는 토목공사에 사용되는 압축장치 안의 고압가스
④ 냉동능력이 3톤 미만인 냉동설비 안의 고압가스

> 고압가스의 종류 및 범위
> • 섭씨 35℃의 온도에서 압력이 1MPa 이상이 되는 압축가스
> • 섭씨 15℃의 온도에서 압력이 0Pa을 초과하는 아세틸렌가스
> • 압력이 0.2MPa이 되는 경우의 온도가 섭씨 35℃ 이하인 액화가스
> • 섭씨 35℃의 온도에서 압력이 0Pa을 초과하는 액화가스 중 액화시안화수소·액화브롬화메탄 및 액화산화에틸렌가스

15 액화석유가스 집단공급 시설에서 가스설비의 상용압력이 1MPa일 때 이 설비의 내압시험 압력은 몇 MPa으로 하는가?

① 1
② 1.25
③ 1.5
④ 2.0

> 내압시험압력은 상용압력(최고사용압력)의 1.5배이다.
> 따라서, 내압시험압력 = $1MPa \times 1.5 = 1.5MPa$이다.

16 독성가스 충전용기를 차량에 적재할 때의 기준에 대한 설명으로 틀린 것은?

① 운반차량에 세워서 운반한다.
② 차량의 적재함을 초과하여 적재하지 아니한다.
③ 차량의 최대적재량을 초과하여 적재하지 아니한다.
④ 충전용기는 2단 이상으로 겹쳐 쌓아 용기가 서로 이격되지 않도록 한다.

> 용량 10kg 미만의 액화석유가스 충전용기를 적재할 경우를 제외하고 모든 충전용기는 1단으로 쌓는다.

17 액화석유가스 사용시설의 연소기 설치방법으로 옳지 않은 것은?

① 밀폐형 연소기는 급기구, 배기통과 벽과의 사이에 배기가스가 실내로 들어올 수 없게 한다.
② 반밀폐형 연소기는 급기구와 배기통을 설치한다.
③ 개방형 연소기를 설치한 실에는 환풍기 또는 환기구를 설치한다.
④ 배기통이 가연성 물질로 된 벽을 통과 시에는 금속 등 불연성 재료로 단열조치를 한다.

> 배기통이 가연성 물질로 된 벽 또는 천장 등을 통과할 경우 금속외의 불연성 재료로 단열조치를 한다.

18 고압가스 특정제조시설에서 선임하여야 하는 안전관리원의 선임인원 기준은?

① 1명 이상
② 2명 이상
③ 3명 이상
④ 5명 이상

> 고압가스 특정제조시설에서 안전관리자의 선임기준
>
> | 안전관리자의 구분 | 선임 인원 | 자격 구분 |
> |---|---|---|
> | 안전관리 총괄자 | 1명 | |
> | 안전관리 부총괄자 | 1명 | |
> | 안전관리 책임자 | 1명 | 가스산업기사 |
> | 안전관리원 | 2명 이상 | 가스기능사 또는 일반시설 안전관리자 양성교육을 이수한 자 |

19 LPG충전자가 실시하는 용기의 안전점검기준에서 내용적 얼마 이하의 용기에 대하여 "실내보관 금지" 표시 여부를 확인하여야 하는가?

① 15L
② 20L
③ 30L
④ 50L

> LPG 충전자가 실시하는 용기의 내용적이 15L 이하의 용기에 대하여 "실내보관 금지" 표시 여부를 확인해야 한다.

20 아세틸렌가스 또는 압력이 9.8MPa 이상인 압축가스를 용기에 충전하는 경우 방호벽을 설치하지 않아도 되는 곳은?

① 압축기와 충전장소 사이
② 압축가스 충전장소와 그 가스충전용기 보관장소 사이
③ 압축기와 그 가스 충전용기 보관장소 사이
④ 압축가스를 운반하는 차량과 충전용기 사이

> 방호벽 설치장소
> • 압축기와 그 충전장소 사이
> • 압축기와 그 가스 충전용기 보관장소 사이
> • 충전장소와 그 가스 충전용기 보관장소 사이
> • 충전장소와 그 충전용 주관밸브 조작밸브 사이

21 차량에 고정된 고압가스 탱크를 운행할 경우에 휴대하여야 할 서류가 아닌 것은?

① 차량등록증
② 탱크 테이블(용량 환산표)
③ 고압가스 이동계획서
④ 탱크 제조시방서

> 차량에 고정된 탱크를 운행할 경우 휴대해야 할 서류
> • 차량등록증
> • 탱크 테이블(용량 환산표)
> • 고압가스 이동계획서
> • 고압가스관련 자격증
> • 운전면허증
> • 차량운행일지

22 고압가스 제조설비에서 기밀시험용으로 사용할 수 없는 것은?

① 산소   ② 질소
③ 공기   ④ 탄산가스

> 산소는 조연성 가스이므로 제조설비의 기밀시험용 가스로 사용할 수 없다.

23 고압가스의 용어에 대한 설명으로 틀린 것은?

① 액화가스란 가압, 냉각 등의 방법에 의하여 액체상태로 되어 있는 것으로서 대기압에서의 끓는점이 섭씨 40도 이하 또는 상용의 온도 이하인 것을 말한다.
② 독성가스란 공기 중에 일정량이 존재하는 경우 인체에 유해한 독성을 가진 가스로서 허용농도가 100만분의 2000 이하인 가스를 말한다.
③ 초저온저장탱크라 함은 섭씨 영하 50도 이하의 액화가스를 저장하기 위한 저장탱크로서 단열재로 씌우거나 냉동설비로 냉각하는 등의 방법으로 저장탱크 내의 가스온도가 상용의 온도를 초과하지 아니하도록 한 것을 말한다.
④ 가연성가스라 함은 공기 중에서 연소하는 가스로서 폭발한계의 하한이 10% 이하인 것과 폭발한계의 상한과 하한의 차가 20% 이상인 것을 말한다.

> 독성가스란 허용농도가 5000ppm(100만분의 5000) 이하인 가스이다.

24 도시가스에 대한 설명 중 틀린 것은?

① 국내에서 공급하는 대부분의 도시가스는 메탄을 주성분으로 하는 천연가스이다.
② 도시가스는 주로 배관을 통하여 수요가에게 공급된다.
③ 도시가스의 원료로 LPG를 사용할 수 있다.
④ 도시가스는 공기와 혼합만 되면 폭발한다.

> 도시가스는 가연성가스로서 공기와 혼합한 후 점화원이 있어야 폭발한다.

25 액화석유가스의 용기보관소 시설기준으로 틀린 것은?

① 용기보관실은 사무실과 구분하여 동일 부지에 설치한다.
② 저장 설비는 용기 집합식으로 한다.
③ 용기보관실은 불연재료를 사용한다.
④ 용기보관실 창의 유리는 망입유리 또는 안전유리로 한다.

> 용기보관실의 설치기준
> • 용기보관실은 사무실과 구분하여 동일한 부지에 설치한다.
> • 저장설비는 용기 집합식으로 하지 아니한다.
> • 용기보관실은 불연재료를 사용한다.
> • 용기보관실 창의 유리는 망입유리 또는 안전유리로 한다.

26 일반도시가스 공급시설에 설치하는 정압기의 분해점검 주기는?

① 1년에 1회 이상　② 2년에 1회 이상
③ 3년에 1회 이상　④ 1주일에 1회 이상

> 정압기 점검주기
> • 분해점검 : 2년에 1회 이상
> • 작동상황 점검 : 1주일에 1회 이상

27 액화석유가스 자동차에 고정된 용기 충전시설에 게시한 "화기엄금"이라 표시한 게시판의 색상은?

① 황색바탕에 흑색글씨
② 흑색바탕에 황색글씨
③ 백색바탕에 적색글씨
④ 적색바탕에 백색글씨

> 화기엄금은 백색바탕에 적색글씨로 표시한다.

28 가스제조시설에 설치하는 방호벽의 규격으로 옳은 것은?

① 박강판 벽으로 두께 3.2cm 이상, 높이 3m 이상
② 후강판 벽으로 두께 10mm 이상, 높이 3m 이상
③ 철근 콘크리트 벽으로 두께 12cm 이상, 높이 2m 이상
④ 철근콘크리트블록 벽으로 두께 20cm 이상, 높이 2m 이상

> 철근콘크리트 방호벽은 두께 12cm 이상, 높이 2m 이상으로 한다.

29 도시가스 배관에는 도시가스를 사용하는 배관임을 명확하게 식별할 수 있도록 표시를 한다. 다음 중 그 표시 방법에 대한 설명으로 옳은 것은?

① 지상에 설치하는 배관 외부에는 사용가스명, 최고사용압력 및 가스의 흐름방향을 표시한다.
② 매설배관의 표면색상은 최고사용압력이 저압인 경우에는 녹색으로 도색한다.
③ 매설배관의 표면색상은 최고사용압력이 중압인 경우에는 황색으로 도색한다.
④ 지상배관의 표면색상은 백색으로 도색한다.

다만, 흑색으로 2중 띠를 표시한 경우 백색으로 하지 않아도 된다.

> ② 매설배관의 표면색상은 최고사용압력이 저압인 경우에는 황색으로 도색한다.
> ③ 매설배관의 표면색상은 최고사용압력이 중압인 경우에는 적색으로 도색한다.
> ④ 지상배관의 표면색상은 황색으로 도색한다.

30 다음 가스 중 독성(LC_{50})이 가장 강한 것은?

① 암모니아　② 디메틸아민
③ 브롬화메탄　④ 아크릴로니트릴

> LC_{50} : 실험 동물에 흡입투여시 실험 동물의 50%를 죽일 수 있는 물질의 농도인 반수치사 농도이다.
> • 암모니아 : 7338ppm
> • 디메틸아민 : 5290ppm
> • 브롬화메탄 : 850ppm
> • 아크릴로니트릴 : 666ppm
> ∴ 농도가 작은 가스가 독성이 가장 강하다.

31 암모니아를 사용하는 고온, 고압가스 장치의 재료로 가장 적당한 것은?

① 동
② PVC 코팅강
③ 알루미늄 합금
④ 18-8 스테인리스강

> 암모니아는 동 및 동합금을 부식시키므로 고온, 고압가스 장치 재료로 내열성과 내식성이 우수한 18-8 스테인리스강을 사용한다.

32 다단 왕복동 압축기의 중간단의 토출온도가 상승하는 주된 원인이 아닌 것은?

① 압축비 감소
② 토출 밸브 불량에 의한 역류
③ 흡입밸브 불량에 의한 고온가스 흡입
④ 전단쿨러 불량에 의한 고온가스의 흡입

> 중간단의 토출가스 온도가 상승하는 원인
> • 토출 밸브의 불량으로 역류가 발생하는 경우
> • 흡입밸브의 불량으로 고온가스를 흡입한 경우
> • 전단쿨러의 불량으로 고온가스를 흡입한 경우
> • 압축비가 증가하는 경우

33 오스테나이트계 스테인리스강에 대한 설명으로 틀린 것은?

① Fe-Cr-Ni 합금이다.
② 내식성이 우수하다.
③ 강한 자성을 갖는다.
④ 18-8 스테인리스강이 대표적이다.

> 오스테나이트계 스테인리스강
> • Fe-Cr-Ni 합금강이다.
> • 내식성이 우수한 강으로서 비자성을 갖는다.
> • 18-8 스테인리스강으로 18% Cr- 8% Ni이다.

34 LP가스 사용 시의 주의사항으로 틀린 것은?

① 용기밸브, 콕 등은 신속하게 열 것
② 연소기구 주위에 가연물을 두지 말 것
③ 가스누출 유무를 냄새 등으로 확인할 것
④ 고무호스의 노화, 갈라짐 등은 항상 점검할 것

> LP가스는 고압가스이므로 용기밸브 및 콕은 천천히 조작할 것

35 오리피스 유량계의 특징에 대한 설명으로 옳은 것은?

① 내구성이 좋다.
② 저압, 저유량에 적당하다.
③ 유체의 압력손실이 크다.
④ 협소한 장소에는 설치가 어렵다.

> 오리피스 유량계의 특징
> • 구조가 간단하고 제작비가 싸다.
> • 유체의 압력손실이 크고, 내구성이 나쁘다.
> • 침전물의 생성 우려가 크다.
> • 소형이므로 협소한 장소에 설치할 수 있다.

36 원심펌프의 양정과 회전속도의 관계는? (단, N_1 : 처음 회전수, N_2 : 변화된 회전수)

① $\left(\dfrac{N_2}{N_1}\right)$
② $\left(\dfrac{N_2}{N_1}\right)^2$
③ $\left(\dfrac{N_2}{N_1}\right)^3$
④ $\left(\dfrac{N_2}{N_1}\right)^5$

> 펌프의 상사법칙
> • 유량 $Q_2 = \left(\dfrac{N_2}{N_1}\right)^3 Q_1$
> • 양정 $H_2 = \left(\dfrac{N_2}{N_1}\right)^2 H_1$
> • 동력 $L_2 = \left(\dfrac{N_2}{N_1}\right)^5 L_1$

37 가스보일러의 본체에 표시된 가스소비량이 100,000 kcal/h이고, 버너에 표시된 가스소비량이 120,000 kcal/h일 때 도시가스 소비량 산정은 얼마를 기준으로 하는가?

① 100,000kcal/h
② 105,000kcal/h
③ 110,000kcal/h
④ 120,000kcal/h

> 도시가스 소비량 산정은 가스보일러 본체에 표시된 소비량과 버너에 표시된 소비량이 다를 경우에는 보일러 본체에 표시된 소비량으로 한다. 따라서, 도시가스 소비량은 가스보일러의 본체에 표시된 100,000kcal/h이다.

38 다음 중 다공도를 측정할 때 사용되는 식은? (단, V : 다공물질의 용적, E : 아세톤 침윤 잔용적이다.)

① 다공도 $= \dfrac{V}{(V-E)}$
② 다공도 $= (V-E) \times \dfrac{100}{V}$
③ 다공도 $= (V+E) \times V$
④ 다공도 $= (V+E) \times \dfrac{V}{100}$

> 다공도(%) $= \dfrac{V-E}{V} \times 100\%$
> 여기서, V : 다공물질의 용적, E : 아세톤 침윤 잔용적

39 공기액화 분리장치의 부산물로 얻어지는 아르곤가스는 불활성가스이다. 아르곤가스의 원자가는?

① 0
② 1
③ 3
④ 8

> 아르곤가스는 희가스로서 0족 가스이며 상온에서 무색, 무미, 무취의 단원자 분자이다.

40 공기액화 분리장치의 내부를 세척하고자 할 때 세정액으로 가장 적당한 것은?

① 염산(HCl)
② 가성소다(NaOH)
③ 사염화탄소(CCl_4)
④ 탄산나트륨(Na_2CO_3)

> 공기액화분리장치의 폭발을 방지하기 위하여 1년에 1회 정도 사염화탄소(CCl_4)로 내부를 세척한다.

41 조정압력이 2.8kPa인 액화석유가스 압력조정기의 안전장치 작동표준압력은?

① 5.0kPa
② 6.0kPa
③ 7.0kPa
④ 8.0kPa

> 압력조정기의 안전장치 작동압력은 조정압력이 3.3kPa 이하일 경우
> • 작동표준압력 : 7kPa
> • 작동개시압력 : 5.6kPa ~ 8.4kPa
> • 작동정지압력 : 5.04kPa ~ 8.4kPa

42 수은을 이용한 U자관 압력계에서 액주높이(h) 600mm, 대기압(P_1)은 1kg/cm² 일 때 P_2는 약 몇 kg/cm² 인가?

① 0.22
② 0.92
③ 1.82
④ 9.16

> U자관식 압력계의 압력 $P_2 = P_1 + \gamma h \, (kg/cm^2)$
> • 표준대기압 1atm = 760mmHg이므로 수은주에 해당하는 압력은 비례식에 의해 구한다.
> 압력 $\gamma H = \dfrac{600mmHg}{760mmHg} \times 1.0332 kg/cm^2 = 0.816 kg/cm^2$
> • U자관식 압력계의 압력
> $P_2 = P_1 + \gamma h = 1 + 0.816 = 1.816 kg/cm^2$

43 로터미터는 어떤 형식의 유량계인가?

① 차압식
② 터빈식
③ 회전식
④ 면적식

> 면적식 유량계
> • 교축면적의 변화에 의해 유량을 측정하는 방식이다.
> • 종류 : 로터미터, 피스톤식

44 가스 유량 2.03kg/h, 관의 내경 1.61cm, 길이 20m의 직관에서의 압력손실은 약 몇 mm 수주인가? (단, 온도 15℃에서 비중 1.58, 밀도 2.04kg/m³, 유량계수 0.436이다.)

① 11.4
② 14.0
③ 15.2
④ 17.5

> • 체적 가스 유량
> $Q = \dfrac{m}{\rho} = \dfrac{2.03 \frac{kg}{h}}{2.04 \frac{kg}{m^3}} = 0.995 m^3/h$
> • 가스배관에서 가스 유량 $Q = K\sqrt{\dfrac{HD^5}{SL}}$ 에서 압력손실
> $H = \left(\dfrac{Q}{K}\right)^2 \dfrac{SL}{D^5} = \left(\dfrac{0.995}{0.436}\right)^2 \times \dfrac{1.58 \times 20}{1.61^5} = 15.2 mmH_2O$

45 LP 가스의 자동 교체식 조정기 설치 시의 장점에 대한 설명 중 틀린 것은?

① 도관의 압력손실을 적게 해야 한다.
② 용기 숫자가 수동식보다 적어도 된다.
③ 용기 교환 주기의 폭을 넓힐 수 있다.
④ 잔액이 거의 없어질 때까지 소비가 가능하다.

> 자동 교체식 조정기 설치 시 장점
> • 전체 용기수량이 수동식보다 적어도 된다.
> • 용기 교환 주기의 폭을 넓힐 수 있다.
> • 가스의 잔액이 거의 없어 질 때까지 소비가 가능하다.

46 다음 중 1MPa과 같은 것은?

① 10N/cm²
② 100N/cm²
③ 1000N/cm²
④ 10000N/cm²

> • 보조단위인 메가(M)는 10^6을 나타낸다.
> • 압력 단위인 파스칼(Pa)은 N/m²이다.
> • 1m는 100cm이므로 단위를 환산하면 다음과 같다.
> $1MPa = 10^6 N/m^2 = 10^6 \dfrac{N}{m^2} \times \left(\dfrac{1m}{100cm}\right)^2 = 100N/cm^2$

47 대기압 하에서 다음 각 물질별 온도를 바르게 나타낸 것은?

① 물의 동결점 : −273K
② 질소 비등점 : −183℃
③ 물의 동결점 : 32℉
④ 산소 비등점 : −196℃

- 물의 동결점(어는점) : 0℃ = 273K = 32℉
- 질소의 비등점 : -196℃
- 산소의 비등점 : -183℃

48 진공도 200mmHg는 절대압력으로 약 몇 kg/cm² · abs 인가?

① 0.76 ② 0.80
③ 0.94 ④ 1.03

- 표준대기압 1atm = 760mmHg = 1.0332kg/cm²
- 절대압력 $P_a = P - P_0$에서
  $P_a = 760 - 200 = 560mmHg \cdot abs$
- mmHg의 압력단위를 비례식을 이용하여 kg/cm² 단위로 환산한다.
  $P_a = \dfrac{560mmHg}{760mmHg} \times 1.0332kg/cm^2 = 0.7613kg/cm^2 \cdot abs$

49 랭킨온도가 420R일 경우 섭씨온도로 환산한 값으로 옳은 것은?

① -30℃ ② -40℃
③ -50℃ ④ -60℃

- 랭킨온도 $R = 460 + t_F$에서
  화씨온도 $t_F = R - 460 = 420 - 460 = -40℉$
- 섭씨온도 $t_c = \dfrac{5}{9}(t_F - 32)$에서
  $t_c = \dfrac{5}{9}\{(-40) - 32\} = -40℃$

50 임계온도에 대한 설명으로 옳은 것은?

① 기체를 액화할 수 있는 절대온도
② 기체를 액화할 수 있는 평균온도
③ 기체를 액화할 수 있는 최저의 온도
④ 기체를 액화할 수 있는 최고의 온도

임계온도란 기체를 액화할 수 있는 최고점의 온도로서 포화온도가 상승하여 포화액과 건조포화증기가 만나는 점의 온도이다.

51 LNG의 특징에 대한 설명 중 틀린 것은?

① 냉열을 이용할 수 있다.
② 천연에서 산출한 천연가스를 약 -162℃까지 냉각하여 액화시킨 것이다.
③ LNG는 도시가스, 발전용 이외에 일반 공업용으로도 사용된다.
④ LNG로부터 기화한 가스는 부탄이 주성분이다.

LNG는 액화천연가스로서 주성분은 메탄(CH_4)이다.

52 포화온도에 대하여 가장 잘 나타낸 것은?

① 액체가 증발하기 시작할 때의 온도
② 액체가 증발현상 없이 기체로 변하기 시작할 때의 온도
③ 액체가 증발하여 어떤 용기 안이 증기로 꽉 차 있을 때의 온도
④ 액체와 증기가 공존할 때 그 압력에 상당한 일정한 값의 온도

포화온도란 액체와 증기가 공존할 때 그 압력에 상당한 일정한 값의 온도이다.

53 도시가스의 제조공정이 아닌 것은?

① 열분해 공정
② 접촉분해 공정
③ 수소화분해 공정
④ 상압증류 공정

도시가스 제조공정에는 열분해 공정, 접촉분해 공정, 수소화분해 공정, 부분연소 공정, 대체천연가스 공정이 있다.

54 다음 각 가스의 특성에 대한 설명으로 틀린 것은?

① 수소는 고온, 고압에서 탄소강과 반응하여 수소취성을 일으킨다.
② 산소는 공기액화분리장치를 통해 제조하며, 질소와 분리 시 비등점 차이를 이용한다.
③ 일산화탄소는 담황색의 무취 기체로 허용농도는 TLV-TWA 기준으로 50ppm이다.
④ 암모니아는 붉은 리트머스를 푸르게 변화시키는 성질을 이용하여 검출할 수 있다.

일산화탄소는 무색, 무취의 가연성 가스로서 허용농도는 TLV-TWA 기준으로 25ppm이다.

55 다음 중 압력단위로 사용하지 않는 것은?

① kg/cm^2
② Pa
③ mmH_2O
④ kg/m^3

- 압력의 단위 : mmHg, kg/cm², mmH₂O, psi, Pa, bar
- 밀도란 단위체적당 갖는 질량으로서 단위는 kg/m³이다.

56 다음 중 엔트로피의 단위는?

① kcal/h
② kcal/kg
③ kcal/kg · m
④ kcal/kg · K

- 엔트로피
  - 어떤 물질 1kg을 일정한 온도에서 얻은 열량을 절대온도로 나눈 값이다.
  - 단위 : kcal/kg · K, kJ/kg · K

57 다음 중 압축가스에 속하는 것은?

① 산소
② 염소
③ 탄산가스
④ 암모니아

- 압축가스
  - 일정한 압력에 의하여 압축되어 있는 가스로서 35℃ 온도에서 압력이 1MPa 이상이 되는 가스이다.
  - 종류 : 산소(O_2), 수소(H_2), 질소(N_2), 일산화탄소(CO), 메탄(CH_4)

58 불꽃의 끝이 적황색으로 연소하는 현상을 의미하는 것은?

① 리프트
② 옐로우팁
③ 캐비테이션
④ 워터해머

- 옐로우 팁
  불꽃의 끝이 적황색으로 연소하는 현상으로서 탄화수소가 열분해되어 탄소입자가 발생하고, 미연소가 된 탄소입자가 적열되어 적황색이 된다.

59 20℃의 물 50kg을 90℃로 올리기 위해 LPG를 사용하였다면, 이 때 필요한 LPG의 양은 몇 kg 인가? (단, LPG 발열량은 10000kcal/kg 이고, 열효율은 50%이다.)

① 0.5
② 0.6
③ 0.7
④ 0.8

- 열효율 $\eta = \dfrac{GC\Delta t}{G_f \times H} \times 100\%$
  LPG의 양 $G_f = \dfrac{GC\Delta t}{\eta \times H} \times 100\%$ 에서
  $G_f = \dfrac{50 \times 1 \times (90-70)}{50 \times 10000} \times 100\% = 0.7 kg$

60 암모니아에 대한 설명 중 틀린 것은?

① 물에 잘 용해된다.
② 무색, 무취의 가스이다.
③ 비료의 제조에 이용된다.
④ 암모니아가 분해하면 질소와 수소가 된다.

- 암모니아는 상온에서 무색의 독성가스로 냄새로 확인이 가능하다.

정답 최근기출문제 - 2016년 1회

01 ②	02 ③	03 ③	04 ①	05 ③
06 ③	07 ②	08 ④	09 ①	10 ②
11 ②	12 ①	13 ④	14 ②	15 ③
16 ④	17 ④	18 ②	19 ①	20 ④
21 ④	22 ①	23 ②	24 ④	25 ②
26 ②	27 ③	28 ③	29 ①	30 ④
31 ④	32 ①	33 ③	34 ①	35 ③
36 ②	37 ①	38 ②	39 ①	40 ③
41 ③	42 ③	43 ④	44 ③	45 ①
46 ②	47 ③	48 ①	49 ②	50 ④
51 ④	52 ④	53 ②	54 ③	55 ④
56 ④	57 ①	58 ②	59 ③	60 ②

2016년 2회 최근기출문제

01 다음 중 전기설비 방폭구조의 종류가 아닌 것은?

① 접지 방폭구조 ② 유입 방폭구조
③ 압력 방폭구조 ④ 안전증 방폭구조

🔍 전기설비 방폭구조의 종류 및 표시

방폭구조의 종류	표시방법
내압방폭구조	d
유입방폭구조	o
압력방폭구조	p
안전증방폭구조	e
본질안전방폭구조	ia 또는 ib
특수방폭구조	s

02 다음 중 특정고압가스에 해당되지 않는 것은?

① 이산화탄소 ② 수소
③ 산소 ④ 천연가스

🔍 특정고압가스는 수소, 산소, 액화 암모니아, 아세틸렌, 액화 염소, 천연가스, 압축 모노실란, 압축 디보레인, 액화 알진, 포스핀, 세렌화 수소, 게르만, 디실란 등을 말한다.

03 내부 용적이 25000L인 액화산소 저장탱크의 저장능력은 얼마인가? (단, 비중은 1.14이다.)

① 21930kg ② 24780kg
③ 25650kg ④ 28500kg

🔍 액화산소 저장탱크의 저장능력 $W = 0.9 dV (kg)$
$W = 0.9 \times 1.14 \times 25,000 = 25,650 kg$

04 배관의 설치방법으로 산소 또는 천연메탄을 수송하기 위한 배관과 이에 접속하는 압축기와의 사이에 반드시 설치하여야 하는 것은?

① 방파판 ② 솔레노이드
③ 수취기 ④ 안전밸브

🔍 수취기는 산소 또는 천연메탄을 수송하기 위한 배관과 이에 접속하는 압축기 사이에 설치한다.

05 공정에 존재하는 위험요소와 비록 위험하지는 않더라도 공정의 효율을 떨어뜨릴 수 있는 운전상의 문제를 파악하기 위한 안전성 평가기법은?

① 안전성 검토(Safety Review)기법
② 예비위험성 평가(Preliminary Hazard Analysis)기법
③ 사고예상 질문(What If Analysis)기법
④ 위험성 운전분석(HAZOP)기법

🔍 • 위험성 운전 분석기법(HAZOP) : 공정에 존재하는 위험 요소들과 공정의 효율을 떨어뜨릴 수 있는 운전상의 문제점을 찾아내어 그 원인을 제거하는 정성적인 안전성 평가기법이다.
• 예비위험성(PHA) 평가 : 공정 또는 설비 등에 관한 상세한 정보를 얻을 수 없는 상황에서 위험물질과 공정 요소에 초점을 맞추어 초기위험을 확인하는 안전성 평가기법이다.
• 사고예상질문 기법 : 공정에 잠재하고 있으면서 원하지 않은 나쁜 결과를 초래할 수 있는 사고에 대하여 예상 질문을 통해 사전에 확인함으로써 그 위험과 결과 및 위험을 줄이는 방법을 제시하는 정성적 안전성 평가기법이다.

06 다음 특정설비 중 재검사 대상인 것은?

① 역화방지장치
② 차량에 고정된 탱크
③ 독성가스 배관용 밸브
④ 자동차용가스 자동주입기

🔍 다음의 특정설비는 재검사대상에서 제외한다.
• 역화방지장치
• 독성가스 배관용 밸브
• 자동차용가스 자동주입기
• 평저형 및 이중각 진공단열형 저온저장탱크
• 냉동용 특정설비
• 대기식 기화장치
• 저장탱크 또는 차량에 고정된 탱크에 부착되지 않은 안전밸브 및 긴급차단밸브
• 특정고압가스용 실린더 캐비넷
• 자동차용 압축천연가스 완속충전설비
• 액화석유가스용 용기잔류가스회수장치

07 독성가스외의 고압가스 충전 용기를 차량에 적재하여 운반할 때 부착하는 경계표지에 대한 내용으로 옳은 것은?

① 적색글씨로 "위험 고압가스"라고 표시
② 황색글씨로 "위험 고압가스"라고 표시
③ 적색글씨로 "주의 고압가스"라고 표시
④ 황색글씨로 "주의 고압가스"라고 표시

> 고압가스 운반차량의 경계표지
> 일반인이 쉽게 알아볼 수 있도록 각각 붉은 글씨로 "위험 고압가스"라는 경계표시와 위험을 알리는 도형 및 전화번호를 표시할 것

08 LP 가스설비를 수리할 때 내부의 LP가스를 질소 또는 물로 치환하고, 치환에 사용된 가스나 액체를 공기로 재치환하여야 하는데, 이 때 공기에 의한 재치환 결과가 산소농도 측정기로 측정하여 산소농도가 얼마의 범위 내에 있을 때까지 공기로 재치환하여야 하는가?

① 4~6%
② 7~11%
③ 12~16%
④ 18~22%

> 산소 치환농도 : 18~22%

09 고압가스특정제조시설 중 도로 밑에 매설하는 배관의 기준에 대한 설명으로 틀린 것은?

① 시가지의 도로 밑에 배관을 설치하는 경우에는 보호판을 배관의 정상부로부터 30cm 이상 떨어진 그 배관의 직상부에 설치한다.
② 배관은 그 외면으로부터 도로의 경계와 수평거리로 1m 이상을 유지한다.
③ 배관은 원칙적으로 자동차 등의 하중의 영향이 적은 곳에 매설한다.
④ 배관은 그 외면으로부터 도로 밑의 다른 시설물과 60cm 이상의 거리를 유지한다.

> 배관은 외면으로부터 지하의 다른 시설물과 0.3m(30cm) 이상의 거리를 유지한다.

10 공기보다 비중이 가벼운 도시가스의 공급시설로서 공급시설이 지하에 설치된 경우의 통풍구조의 기준으로 틀린 것은?

① 통풍구조는 환기구를 2방향 이상 분산하여 설치한다.
② 배기구는 천장면으로부터 30cm 이내에 설치한다.
③ 흡입구 및 배기구의 관경은 500mm 이상으로 하되, 통풍이 양호하도록 한다.
④ 배기가스 방출구는 지면에서 3m 이상의 높이에 설치하되, 화기가 없는 안전한 장소에 설치한다.

> 흡입구 및 배기구의 관경은 100mm 이상으로 한다.

11 다음 중 폭발한계의 범위가 가장 좁은 것은?

① 프로판
② 암모니아
③ 수소
④ 아세틸렌

> 가연성가스의 폭발범위
>
> | 범위
가스종류 | 공기중 | |
> |---|---|---|
> | | 하한계(v%) | 상한계(v%) |
> | 프로판(C_3H_8) | 2.1 | 9.5 |
> | 암모니아(NH_3) | 15.0 | 28.0 |
> | 수소(H_2) | 4.0 | 75.0 |
> | 아세틸렌(C_2H_2) | 2.5 | 81.0 |
>
> • 프로판 9.5v% - 2.1v% = 7.4v%
> • 암모니아 28v% - 15v% = 13v%
> • 수소 75v% - 4v% = 71v%
> • 아세틸렌 81v% - 2.5v% = 78.5v%

12 도시가스 사용시설에서 정한 액화가스란 상용의 온도 또는 섭씨 35도의 온도에서 압력이 얼마 이상이 되는 것을 말하는가?

① 0.1MPa ② 0.2MPa
③ 0.5MPa ④ 1MPa

> 액화가스란 상용의 온도 또는 섭씨 35°C의 온도에서 압력이 0.2MPa 이상이 되는 것을 말한다.

13 염소가스 저장탱크의 과충전 방지장치는 가스 충전량이 저장탱크의 내용적의 몇 %를 초과할 때 가스충전이 되지 않도록 동작하는가?

① 60% ② 80%
③ 90% ④ 95%

🔍 과충전 방지장치
저장탱크에 충전된 독성가스의 용량이 90%에 이르렀을 때 지체없이 경보(부자 등 음향으로 하는 것)를 울리는 장치이다.

14 도시가스사고의 사고 유형이 아닌 것은?

① 시설 부식 ② 시설 부적합
③ 보호포 설치 ④ 연결부 이완

🔍 보호포는 도시가스 매설배관을 보호하기 위하여 설치하는 것으로 바탕색은 저압배관의 경우 황색, 중압 이상인 배관의 경우 적색으로 하고 가스명, 사용압력, 공급자명을 표시한다.

15 가연성가스 저온저장탱크 내부의 압력이 외부의 압력보다 낮아져 저장탱크가 파괴되는 것을 방지하기 위한 조치로서 갖추어야 할 설비가 아닌 것은?

① 압력계
② 압력 경보설비
③ 정전기 제거설비
④ 진공 안전밸브

🔍 저장탱크 내부의 압력이 외부의 압력보다 낮아져 저장탱크가 파괴되는 것을 방지하기 위한 조치로 다음과 같은 설비를 해야 한다.
① 압력계
② 압력 경보설비
③ 다음 중 어느 한 개 이상의 설비
  • 진공 안전밸브
  • 다른 저장탱크 또는 시설로부터의 가스도입배관(균압관)
  • 압력과 연동하는 긴급차단장치를 설치한 냉동제어설비
  • 압력과 연동하는 긴급차단장치를 설치한 송액설비

16 일반 도시가스 배관 중 중압 이하의 배관과 고압배관을 매설하는 경우 서로간의 거리를 몇 m 이상을 유지하여야 하는가?

① 1 ② 2
③ 3 ④ 5

🔍 일반 도시가스 배관 중 중압 이하의 배관과 고압배관을 매설하는 경우 서로간의 거리를 2m 이상으로 유지하여야 한다.

17 초저온 용기의 단열 성능시험용 저온액화가스가 아닌 것은?

① 액화아르곤 ② 액화산소
③ 액화공기   ④ 액화질소

🔍 단열 성능시험 적용 가스 : 액화아르곤, 액화산소, 액화질소

18 고압가스 판매소의 시설기준에 대한 설명으로 틀린 것은?

① 충전용기의 보관실은 불연재료를 사용한다.
② 가연성가스 · 산소 및 독성가스의 저장실은 각각 구분하여 설치한다.
③ 용기보관실 및 사무실은 부지를 구분하여 설치한다.
④ 산소, 독성가스 또는 가연성가스를 보관하는 용기보관실의 면적은 각 고압가스별로 10m² 이상으로 한다.

🔍 고압가스 판매소 시설기준
• 용기보관실의 벽은 불연재료를 사용하고, 지붕은 가벼운 불연재료 또는 난연재료를 사용한다.
• 용기보관실 및 사무실은 한 부지 안에 구분하여 설치한다.
• 용기보관실은 누출된 가스가 사무실로 유입되지 않는 구조로 설치한다.
• 가연성가스 · 산소 및 독성가스의 용기보관실은 각각 구분하여 설치하고, 각각의 면적은 10m² 이상으로 한다.
• 누출된 가스가 혼합될 경우 폭발하거나 독성가스가 생성될 우려가 있는 가스의 용기보관실은 별도로 설치한다.

19 운전 중인 액화석유가스 충전설비의 작동상황에 대하여 주기적으로 점검하여야 한다. 점검 주기는? (단, 철망 등이 부착되어 있지 않은 것으로 간주한다.)

① 1일에 1회 이상
② 1주일에 1회 이상
③ 3월에 1회 이상
④ 6월에 1회 이상

🔍 액화석유가스의 안전을 위하여 충전설비의 경우에는 1일에 1회 이상 점검한다.

20 재검사 용기 및 특정설비의 파기방법으로 틀린 것은?

① 잔가스를 전부 제거한 후 절단한다.
② 절단 등의 방법으로 파기하여 원형으로 가공할 수 없도록 한다.
③ 파기 시에는 검사장소에서 검사원 입회하에 사용자가 실시할 수 있다.
④ 파기 물품은 검사 신청인이 인수시한 내에 인수하지 아니한 때도 검사인이 임의로 매각처분하면 안 된다.

> 재검사 용기 및 특정설비의 파기방법
> • 절단 등의 방법으로 파기하여 원형으로 가공할 수 없도록 할 것
> • 잔가스를 전부 제거한 후 절단할 것
> • 검사신청인에게 파기의 사유·일시·장소 및 인수시한 등을 통지하고 파기할 것
> • 파기하는 때에는 검사장소에서 검사원으로 하여금 직접 실시하게 하거나 검사원 입회하에 용기 및 특정설비의 사용자로 하여금 실시하게 할 것
> • 파기한 물품은 검사신청인이 인수시한(통지한 날부터 1개월 이내)내에 인수하지 아니하는 때에는 검사기관으로 하여금 임의로 매각 처분하게 할 것

21 도시가스배관이 굴착으로 20m 이상이 노출되어 누출가스가 체류하기 쉬운 장소일 때 가스누출경보기는 몇 m 마다 설치해야 하는가?

① 5
② 10
③ 20
④ 30

> 노출된 도시가스 배관길이가 20m 이상인 경우에는 20m 마다 가스누출경보기를 설치하고 현장관계자가 상주하는 장소에 경보음이 전달되도록 설치한다.

22 시안화수소의 중합폭발을 방지하기 위하여 주로 사용할 수 있는 안정제는?

① 탄산가스
② 황산
③ 질소
④ 일산화탄소

> 시안화수소는 중합폭발을 방지하기 위하여 아황산가스 또는 황산 등의 안정제를 첨가해야 한다.

23 고압가스 용접용기 동체의 내경은 약 몇 mm 인가?

- 동체두께 : 2mm
- 최고충전압력 : 2.5MPa
- 인장강도 : 480N/mm²
- 부식여유 : 0
- 용접효율 : 1

① 190mm
② 290mm
③ 660mm
④ 760mm

> 동체의 두께 $t = \dfrac{PD}{2S\eta - 1.2P} + C(mm)$
>
> 여기서, 최고충전압력 : P(MPa), 동체의 내경 : D(mm), 허용응력 : S(N/mm²), 이음매의 용접효율 : η, 부식여유 : C(mm)
>
> • 허용응력 $S = \dfrac{1}{4}\sigma$ 에서 $S = \dfrac{1}{4} \times 480 = 120N/mm^2$
>
> • 동체의 내경 $D = \dfrac{(2S\eta - 1.2P)(t-C)}{P}$ 에서
>
> $D = \dfrac{(2 \times 120 \times 1 - 1.2 \times 2.5)(2-0)}{2.5} = 189.6mm$

24 고압가스관련법에서 사용되는 용어의 정의에 대한 설명 중 틀린 것은?

① 가연성가스라 함은 공기 중에서 연소하는 가스로서 폭발한계의 하한이 10% 이하인 것과 폭발한계의 상한과 하한의 차가 20% 이상인 것을 말한다.
② 독성가스라 함은 인체에 유해한 독성을 가진 가스로서 허용농도가 100만분의 100 이하인 것을 말한다.
③ 액화가스라 함은 가압·냉각 등의 방법에 의하여 액체 상태로 되어 있는 것으로서 대기압에서의 비점이 섭씨 40도 이하 또는 상용의 온도 이하인 것을 말한다.
④ 초저온저장탱크라 함은 섭씨 영하 50도 이하의 저장탱크로서 단열재로 피복하거나 냉동설비로 냉각하는 등의 방법으로 저장탱크 내의 가스온도가 상용의 온도를 초과하지 아니하도록 한 것을 말한다.

> 독성가스란 허용농도가 5000ppm(100만분의 5000) 이하인 가스이다.

25 다음 고압가스 압축작업 중 작업을 즉시 중단해야 하는 경우인 것은?

① 산소 중의 아세틸렌, 에틸렌 및 수소의 용량 합계가 전체 용량의 2% 이상인 것
② 아세틸렌 중의 산소용량이 전체 용량의 1% 이하의 것
③ 산소 중의 가연성가스(아세틸렌, 에틸렌 및 수소를 제외한다)의 용량이 전체 용량의 2% 이하의 것
④ 시안화수소 중의 산소용량이 전체 용량의 2% 이상의 것

🔍 고압가스 제조시 압축금지
- 산소 중의 아세틸렌, 수소, 에틸렌의 용량합계가 전용량의 2% 이상인 것
- 가연성가스(아세틸렌, 수소, 에틸렌 제외) 중 산소용량이 전용량의 4% 이상인 것
- 산소 중의 가연성가스의 용량이 4% 이상인 것
- 아세틸렌, 수소, 에틸렌 중의 산소용량이 2% 이상인 것

26 다음 중 가스사고를 분류하는 일반적인 방법이 아닌 것은?

① 원인에 따른 분류
② 사용처에 따른 분류
③ 사고형태에 따른 분류
④ 사용자의 연령에 따른 분류

27 고압가스 저장시설에 설치하는 방류둑에는 계단, 사다리 또는 토사를 높이 쌓아올림 등에 의한 출입구를 둘레 몇 m 마다 1개 이상을 두어야 하는가?

① 30　　② 50
③ 75　　④ 100

🔍 방류둑에는 계단, 사다리 또는 토사를 높이 쌓아올림 등에 의한 출입구를 둘레 50m마다 1개 이상씩 두되 그 둘레가 50m 미만일 경우에는 2개 이상을 분산하여 설치할 것

28 LPG 용기 및 저장탱크에 주로 사용되는 안전밸브의 형식은?

① 가용전식　　② 파열판식
③ 중추식　　④ 스프링식

🔍 LPG 용기 및 저장탱크에는 주로 스프링식 안전밸브를 사용한다.

29 가스 충전용기 운반 시 동일 차량에 적재할 수 없는 것은?

① 염소와 아세틸렌　　② 질소와 아세틸렌
③ 프로판과 아세틸렌　　④ 염소와 산소

🔍 염소와 아세틸렌, 암모니아 또는 수소는 동일차량에 적재하여 운반하지 않을 것

30 다음 ( )안에 들어갈 수 있는 경우로 옳지 않은 것은?

"액화천연가스의 저장설비와 처리설비는 그 외면으로부터 사업소 경계까지 일정규모 이상의 안전거리를 유지하여야 한다. 이 때 사업소 경계가 ( )의 경우에는 이들의 반대 편 끝을 경계로 보고 있다."

① 산　　② 호수
③ 하천　　④ 바다

31 비중이 0.5인 LPG를 제조하는 공장에서 1일 10만L를 생산하여 24시간 정치 후 모두 산업현장으로 보낸다. 이 회사에서 생산하는 LPG를 저장하려면 저장용량이 5톤인 저장탱크 몇 개를 설치해야 하는가?

① 2　　② 5
③ 7　　④ 10

🔍 액화가스 저장탱크의 저장능력 $W = 0.9dV_2(kg)$
- 저장능력 $W = 0.9 \times 0.5 \times 100,000 = 45,000 kg$
- 저장탱크에는 액화가스를 90%만 저장하므로
  저장탱크의 수 $n = \dfrac{45,000}{0.9 \times 5,000} = 10개$

32 고압용기나 탱크 및 라인(line) 등의 퍼지(perge)용으로 주로 쓰이는 기체는?

① 산소　　② 수소
③ 산화질소　　④ 질소

🔍 질소가스는 불연성 가스로서 가연성 가스를 취급하는 고압용기나 탱크 등의 퍼지용 또는 기밀시험용으로 사용된다.

33 고압가스제조소의 작업원은 얼마의 기간 이내에 1회 이상 보호구의 사용훈련을 받아 사용방법을 숙지하여야 하는가?

① 1개월
② 3개월
③ 6개월
④ 12개월

🔍 보호구의 장착훈련 주기는 3개월마다 1회 이상 실시한다.

34 LPG 기화장치의 작동원리에 따른 구분으로 저온의 액화가스를 조정기를 통하여 감압한 후 열교환기에 공급해 강제 기화시켜 공급하는 방식은?

① 해수가열 방식
② 가온감압 방식
③ 감압가열 방식
④ 중간 매체 방식

🔍 LPG 기화장치의 작동원리에 따른 분류
• 가온감압방식 : 액화가스를 열교환기에 공급하여 기화시킨 후 조정기로 감압시켜 공급하는 방식
• 감압가온(가열)방식 : 저온의 액화가스를 조정기로 감압시킨 후 열교환기에 공급하여 강제 기화시켜 공급하는 방식

35 도시가스사업법령에서는 도시가스를 압력에 따라 고압, 중압 및 저압으로 구분하고 있다. 중압의 범위로 옳은 것은? (단, 액화가스가 기화되고 다른 물질과 혼합되지 않은 경우로 가정한다.)

① 0.1MPa 이상, 1MPa 미만
② 0.2MPa 이상, 1MPa 미만
③ 0.1MPa 이상, 0.2MPa 미만
④ 0.01MPa 이상, 0.2MPa 미만

🔍 도시가스 공급압력에 따른 분류
• 고압 : 1MPa 이상의 압력을 말한다. 다만, 액체상태의 액화가스는 고압으로 본다.
• 중압 : 0.1MPa 이상 1MPa 미만의 압력을 말한다. 다만, 액화가스가 기화되고 다른 물질과 혼합되지 아니한 경우에는 0.01MPa 이상 0.2MPa 미만의 압력을 말한다.
• 저압 : 0.1MPa 미만의 압력을 말한다. 다만, 액화가스가 기화되고 다른 물질과 혼합되지 아니한 경우에는 0.01MPa 미만의 압력을 말한다.

36 가연성가스 누출검지 경보장치의 경보농도는 얼마인가?

① 폭발 하한계 이하
② LC_{50} 기준농도 이하
③ 폭발 하한계 1/4 이하
④ TLV-TWA 기준농도 이하

🔍 가스 누출검지 경보장치

가스의 종류	경보농도	지시계눈금
가연성 가스	폭발하한계의 1/4 이하	0~폭발하한계값
독성가스	허용농도 이하	0~허용농도의 3배값
암모니아	50ppm	150ppm

37 내용적 47L인 LP가스 용기의 최대 충전량은 몇 kg 인가? (단, LP가스 정수는 2.35이다.)

① 20
② 42
③ 50
④ 220

🔍 액화가스용기의 저장능력 $W = \dfrac{V_2}{C}(kg)$

$W = \dfrac{47}{2.35} = 20kg$

38 부식성 유체나 고점도의 유체 및 소량의 유체 측정에 가장 적합한 유량계는?

① 차압식 유량계
② 면적식 유량계
③ 용적식 유량계
④ 유속식 유량계

🔍 면적식 유량계는 면적을 변화시켜 순간적인 유량을 측정하는 것으로 압력손실이 작고, 고점도 유체 및 소유량 측정이 가능하다.

39 LP가스 이송설비 중 압축기에 의한 이송방식에 대한 설명으로 틀린 것은?

① 베이퍼록 현상이 없다.
② 잔가스 회수가 용이하다.
③ 펌프에 비해 이송시간이 짧다.
④ 저온에서 부탄가스가 재액화되지 않는다.

🔍 압축기에 의한 이송방식의 특징
• 베이퍼록 현상이 없다.
• 잔가스 회수가 용이하다.
• 이송시간이 짧다.
• 재액화현상이 일어난다.
• 드레인 현상이 있다.

40 공기, 질소, 산소 및 헬륨 등과 같이 임계온도가 낮은 기체를 액화하는 액화사이클의 종류가 아닌 것은?

① 구데 공기액화사이클
② 린데 공기액화사이클
③ 필립스 공기액화사이클
④ 캐스케이드 공기액화사이클

🔍 공기액화사이클의 종류 : 린데식, 필립스식, 캐스케이드식, 클라우드식, 캐피자식

41 계측기기의 구비조건으로 틀린 것은?

① 설비비 및 유지비가 적게 들 것
② 원거리 지시 및 기록이 가능할 것
③ 구조가 간단하고 정도(精度)가 낮을 것
④ 설치장소 및 주위조건에 대한 내구성이 클 것

🔍 계측기기는 구조가 간단하고, 정도가 높아야 한다.

42 다기능 가스안전계량기에 대한 설명으로 틀린 것은?

① 사용자가 쉽게 조작할 수 있는 테스트차단 기능이 있는 것으로 한다.
② 통상의 사용 상태에서 빗물, 먼지 등이 침입할 수 없는 구조로 한다.
③ 차단밸브가 작동한 후에는 복원조작을 하지 아니하는 한 열리지 않는 구조로 한다.
④ 복원을 위한 버튼이나 레버 등은 조작을 쉽게 실시할 수 있는 위치에 있는 것으로 한다.

🔍 사용자가 쉽게 조작할 수 없는 테스트차단 기능(제어부로부터의 신호를 받아 차단하는 것만을 말한다)이 있는 것으로 한다.

43 압축기에서 두압이란?

① 흡입 압력이다.
② 증발기 내의 압력이다.
③ 피스톤 상부의 압력이다.
④ 크랭크 케이스 내의 압력이다.

🔍 압축기의 두압은 피스톤 상부의 압력이다.

44 반밀폐식 보일러의 급·배기설비에 대한 설명으로 틀린 것은?

① 배기통의 끝은 옥외로 뽑아낸다.
② 배기통의 굴곡수는 5개 이하로 한다.
③ 배기통의 가로 길이는 5m 이하로서 될 수 있는 한 짧게 한다.
④ 배기통의 입상높이는 원칙적으로 10m 이하로 한다.

🔍 반밀폐식 보일러에서 배기통의 굴곡수는 4개 이하로 한다.

45 흡입압력이 대기압과 같으며 최종압력이 15kgf/cm² · g인 4단 공기압축기의 압축비는 약 얼마인가? (단, 대기압은 1kgf/cm²로 한다.)

① 2   ② 4
③ 8   ④ 16

🔍 다단압축시 압축비 $a = \sqrt[n]{\frac{P_H}{P_L}}$

압축비 $a = \sqrt[4]{\frac{15+1}{1}} = \left(\frac{16}{1}\right)^{1/4} = 2$

46 순수한 것은 안정하나 소량의 수분이나 알칼리성 물질을 함유하면 중합이 촉진되고 독성이 매우 강한 가스는?

① 염소
② 포스겐
③ 황화수소
④ 시안화수소

🔍 시안화수소는 순수한 것은 안정하나 소량의 수분이나 알칼리성 물질을 함유하면 중합이 촉진되어 중합폭발이 발생한다.

47 다음 중 비점이 가장 높은 가스는?

① 수소   ② 산소
③ 아세틸렌   ④ 프로판

🔍 비점
• 수소 : -252℃
• 산소 : -183℃
• 아세틸렌 : -84℃
• 프로판 : -42.1℃

48 단위질량인 물질의 온도를 단위온도차 만큼 올리는데 필요한 열량을 무엇이라고 하는가?

① 일률
② 비열
③ 비중
④ 엔트로피

> 비열이란 어떤 물질 1kg을 1℃ 높이는데 필요한 열량으로서 단위는 kcal/kg·℃이다.

49 LNG의 성질에 대한 설명 중 틀린 것은?

① LNG가 액화되면 체적이 약 1/600로 줄어든다.
② 무독, 무공해의 청정가스로 발열량이 약 9500kcal/㎥ 정도이다.
③ 메탄을 주성분으로 하며 에탄, 프로판 등이 포함되어 있다.
④ LNG는 기체 상태에서는 공기보다 가벼우나 액체 상태에서는 물보다 무겁다.

> LNG의 주성분은 메탄이므로 기체 상태에서는 공기보다 가볍고, 액체 상태에서는 물보다 가볍다.

50 압력에 대한 설명 중 틀린 것은?

① 게이지압력은 절대압력에 대기압을 더한 압력이다.
② 압력이란 단위 면적당 작용하는 힘의 세기를 말한다.
③ 1.0332kg/cm²의 대기압을 표준대기압이라고 한다.
④ 대기압은 수은주를 76cm 만큼의 높이로 밀어 올릴 수 있는 힘이다.

> 게이지압력은 절대압력에서 대기압을 뺀 압력이다.

51 프로판을 완전연소시켰을 때 주로 생성되는 물질은?

① CO_2, H_2
② CO_2, H_2O
③ C_2H_4, H_2O
④ C_4H_{10}, CO

> 탄화수소계의 완전연소식
> $C_mH_n + (m + \frac{n}{4})O_2 \rightarrow mCO_2 + \frac{n}{2}H_2O$
> 프로판의 완전연소식
> $C_3H_8 + (3 + \frac{8}{4})O_2 \rightarrow 3CO_2 + \frac{8}{2}H_2O$ 에서
> $C_3H_8 + 5O_2 \rightarrow 3CO_2 + 4H_2O$
> ∴ 프로판을 완전연소시키면 CO_2, H_2O가 생성된다.

52 요소비료 제조 시 주로 사용되는 가스는?

① 염화수소
② 질소
③ 일산화탄소
④ 암모니아

> 암모니아 가스는 요소비료, 질산암모늄의 원료로 사용된다.

53 수분이 존재할 때 일반 강재를 부식시키는 가스는?

① 황화수소
② 수소
③ 일산화탄소
④ 질소

> 황화수소는 습기를 함유한 공기 중에는 금, 백금 이외의 모든 금속과 반응하여 황화물을 만들고, 부식시킨다.

54 폭발위험에 대한 설명 중 틀린 것은?

① 폭발범위의 하한값이 낮을수록 폭발위험은 커진다.
② 폭발범위의 상한값과 하한값의 차가 작을수록 폭발위험은 커진다.
③ 프로판보다 부탄의 폭발범위 하한값이 낮다.
④ 프로판보다 부탄의 폭발범위 상한값이 낮다.

> 폭발범위가 넓을수록 위험하다. 따라서, 폭발범위의 상한값과 하한값의 차가 클수록 폭발위험은 커진다.

55 액체가 기체로 변하기 위해 필요한 열은?

① 융해열
② 응축열
③ 승화열
④ 기화열

> • 융해열 : 고체가 액체로 변하기 위해 필요한 열이다.
> • 응축열 : 기체가 액체로 변하기 위해 필요한 열이다.
> • 승화열 : 고체가 기체로, 기체가 고체로 변하기 위해 필요한 열이다.
> • 기화열 : 액체가 기체로 변하기 위해 필요한 열이다.

56 부탄 1Nm³을 완전연소시키는데 필요한 이론 공기량은 약 몇 Nm³ 인가? (단, 공기 중의 산소농도는 21v%이다.)

① 5
② 6.5
③ 23.8
④ 31

> 부탄의 완전연소식
> $C_4H_{10} + 6.5O_2 \rightarrow 4CO_2 + 5H_2O$
> 22.4Nm³   6.5×22.4Nm³
> 1Nm³ O_o
> ① $22.4Nm^3 \times O_o = 1Nm^3 \times (6.5 \times 22.4Nm^3)$에서
> 이론산소량 $O_o = \frac{1Nm^3 \times 6.5 \times 22.4Nm^3}{22.4Nm^3} = 6.5Nm^3$
> ② 공기 중에 산소가 21% 존재하므로
> 이론공기량 $A_o = \frac{6.5Nm^3}{0.21} = 30.95Nm^3$

57 온도 410°F을 절대온도로 나타내면?

① 273K
② 483K
③ 512K
④ 612K

> 온도환산
> • 섭씨온도 $℃ = \frac{5}{9}(°F - 32)$에서
> $℃ = \frac{5}{9}(410 - 32) = 210℃$
> • 절대온도 $K = 273 + ℃$에서
> $K = 273 + 210 = 483K$

58 도시가스에 사용되는 부취제 중 DMS의 냄새는?

① 석탄가스 냄새
② 마늘 냄새
③ 양파 썩는 냄새
④ 암모니아 냄새

> 부취제 종류
> • THT : 석탄가스 냄새
> • TBM : 양파 썩는 냄새
> • DMS : 마늘 냄새

59 다음에서 설명하는 기체와 관련된 법칙은?

> 기체의 종류에 관계없이 모든 기체 1몰은 표준상태(0℃, 1기압)에서 22.4L의 부피를 차지한다.

① 보일의 법칙
② 헨리의 법칙
③ 아보가드로의 법칙
④ 아르키메데스의 법칙

> 아보가드로의 법칙
> 표준상태(0℃, 1atm)에서 모든 기체 1mol이 차지하는 부피는 22.4L이며 이 때 6.02×10^{23}개의 분자량이 존재한다.

60 내용적 47L인 용기에 C_3H_8 15kg이 충전되어 있을 때 용기 내 안전공간은 약 몇 % 인가? (단, C_3H_8의 액 밀도는 0.5kg/L이다.)

① 20
② 25.2
③ 36.1
④ 40.1

> 밀도 $\rho = \frac{m}{V}(kg/L)$
> • 체적 $V = \frac{m}{\rho}$에서 $V = \frac{15}{0.5} = 30L$
> • 안전공간 $\frac{47-30}{47} \times 100\% = 36.17\%$

정답 최근기출문제 - 2016년 2회

01 ①	02 ①	03 ③	04 ③	05 ④
06 ②	07 ①	08 ④	09 ④	10 ③
11 ①	12 ②	13 ③	14 ③	15 ③
16 ②	17 ③	18 ③	19 ①	20 ④
21 ③	22 ②	23 ①	24 ②	25 ①
26 ④	27 ②	28 ④	29 ③	30 ①
31 ④	32 ④	33 ④	34 ③	35 ④
36 ③	37 ①	38 ②	39 ③	40 ①
41 ③	42 ④	43 ②	44 ①	45 ①
46 ④	47 ④	48 ②	49 ④	50 ①
51 ②	52 ④	53 ①	54 ②	55 ④
56 ④	57 ②	58 ②	59 ③	60 ③

2016년 3회 최근기출문제

01 가스 공급시설의 임시사용 기준 항목이 아닌 것은?

① 공급의 이익 여부
② 도시가스의 공급이 가능한지의 여부
③ 가스공급시설을 사용할 때 안전을 해칠 우려가 있는지 여부
④ 도시가스의 수급상태를 고려할 때 해당지역에 도시가스의 공급이 필요한지의 여부

> 가스 공급시설의 임시사용 기준 항목
> • 도시가스의 공급이 가능한지 여부
> • 가스공급시설을 사용할 때 안전을 해칠 우려가 있는지 여부
> • 도시가스의 수급 상태를 고려할 때 해당 지역에 도시가스의 공급이 필요한지 여부

02 다음 [보기]의 독성가스 중 독성(LC_{50})이 가장 강한 것과 가장 약한 것을 바르게 나열한 것은?

[보기]
㉠ 염화수소 ㉡ 암모니아
㉢ 황화수소 ㉣ 일산화탄소

① ㉠, ㉡ ② ㉢, ㉡
③ ㉠, ㉣ ④ ㉢, ㉣

> LC_{50} : 실험 동물에 흡입투여시 실험 동물의 50%를 죽일 수 있는 물질의 농도인 반수치사 농도이다.
> • 염화수소 : 2810ppm
> • 암모니아 : 7338ppm
> • 황화수소 : 712ppm
> • 일산화탄소 : 3760ppm(농도가 작은 것이 독성이 강한 것이고, 농도가 큰 것이 독성이 약한 것이다.)

03 가연성 가스의 발화점이 낮아지는 경우가 아닌 것은?

① 압력이 높을수록
② 산소 농도가 높을수록
③ 탄화수소의 탄소수가 많을수록
④ 화학적으로 발열량이 낮을수록

> 가연성 가스의 경우 발열량이 높을수록 발화점이 낮아진다.

04 다음 각 가스의 품질검사 합격기준으로 옳은 것은?

① 수소 : 99.0% 이상
② 산소 : 98.5% 이상
③ 아세틸렌 : 98.0% 이상
④ 모든 가스 : 99.5% 이상

> 가스의 품질검사
> • 산소 품질검사 : 동·암모니아시약을 사용한 오르자트법에 의한 시험에서 순도가 99.5% 이상이고, 용기안의 가스충전압력이 35℃에서 11.8MPa 이상으로 한다.
> • 아세틸렌 품질검사 : 발연황산시약을 사용한 오르자트법 또는 브롬시약을 사용한 뷰렛법에 의한 시험에서 순도가 98% 이상이고, 질산은시약을 사용한 정성시험에서 합격한 것으로 한다.
> • 수소 품질검사 : 피로카롤 또는 하이드로썰파이드시약을 사용한 오르자트법에 의한 시험에서 순도가 98.5% 이상이고, 용기안의 가스충전압력이 35℃에서 11.8MPa 이상으로 한다.

05 0℃에서 10L의 밀폐된 용기 속에 32g의 산소가 들어있다. 온도를 150℃로 가열하면 압력은 약 얼마가 되는가?

① 0.11atm ② 3.47atm
③ 34.7atm ④ 111atm

> • 이상기체 상태방정식 $PV = \frac{W}{M}RT$ 에서
> 초기압력 $P_1 = \frac{W}{M}\frac{RT}{V} = \frac{32}{32} \times \frac{0.08205 \times (273+0)}{10}$
> $= 2.24 atm$
> • 10L의 밀폐된 용기 속에 가스가 들어 있으므로 산소의 부피는 일정하다. 따라서, 보일과 샤를의 법칙을 적용한다.
> $\frac{P_1V_1}{T_1} = \frac{P_2V_2}{T_2}$ 에서
> 산소의 부피 $V_1 = V_2$ 이므로 $\frac{P_1}{T_1} = \frac{P_2}{T_2}$ 이다.
> • 최종 압력 $P_2 = P_1 \times \frac{T_2}{T_1} = 2.24 \times \frac{273+150}{273+0} = 3.47 atm$

06 염소에 다음 가스를 혼합하였을 때 가장 위험할 수 있는 가스는?

① 일산화탄소 ② 수소
③ 이산화탄소 ④ 산소

> 수소는 염소, 산소, 불소와 반응하여 폭발을 일으킨다.

07 고압가스 특정제조시설에서 배관을 해저에 설치하는 경우의 기준으로 틀린 것은?

① 배관은 해저면 밑에 매설한다.
② 배관은 원칙적으로 다른 배관과 교차하지 아니하여야 한다.
③ 배관은 원칙적으로 다른 배관과 수평거리로 30m 이상을 유지하여야 한다.
④ 배관의 입상부에는 방호시설물을 설치하지 아니한다.

> 배관을 해저에 설치하는 경우
> • 배관은 다른 배관과 교차하지 않아야 한다.
> • 배관은 다른 배관과 30m 이상의 수평거리를 유지한다.
> • 배관의 입상부는 방호시설물을 설치한다.

08 고압가스 특정제조시설 중 비가연성 가스의 저장탱크는 몇 m^3 이상일 경우에 지진영향에 대한 안전한 구조로 설계하여야 하는가?

① 300 ② 500
③ 1000 ④ 2000

> 저장능력 5톤 또는 500m^3(가연성 가스 또는 독성가스가 아닌 경우에는 10톤 또는 1000m^3) 이상인 저장탱크와 압력용기에는 지진발생 시 저장탱크와 압력용기를 보호하기 위하여 내진성능 확보를 위한 조치를 해야 한다.

09 압축도시가스 이동식 충전차량 충전시설에서 가스누출 검지경보장치의 설치위치가 아닌 것은?

① 펌프 주변
② 압축설비 주변
③ 압축가스설비 주변
④ 개별 충전설비 본체 외부

> 가스누출 검지경보장치의 설치위치
> • 펌프 주변
> • 압축설비 주변
> • 압축가스설비 주변
> • 개별 충전설비 본체 내부
> • 밀폐형 피트내부에 설치된 배관접속부 주위

10 흡수식 냉동설비의 냉동능력 정의로 옳은 것은?

① 발생기를 가열하는 1시간의 입열량 3천 320kcal를 1일의 냉동능력 1톤으로 본다.
② 발생기를 가열하는 1시간의 입열량 6천 640kcal를 1일의 냉동능력 1톤으로 본다.
③ 발생기를 가열하는 24시간의 입열량 3천 320kcal를 1일의 냉동능력 1톤으로 본다.
④ 발생기를 가열하는 24시간의 입열량 6천 640kcal를 1일의 냉동능력 1톤으로 본다.

> 흡수식 냉동설비의 1일의 냉동능력 1톤은 발생기를 가열하는 1시간의 입열량 6640kcal이다.

11 폭발범위에 대한 설명으로 옳은 것은?

① 공기 중의 폭발범위는 산소 중의 폭발범위보다 넓다.
② 공기 중 아세틸렌가스의 폭발범위는 약 4~71%이다.
③ 한계산소 농도치 이하에서는 폭발성 혼합가스가 생성된다.
④ 고온, 고압일 때 폭발범위는 대부분 넓어진다.

> 폭발범위
> • 공기 중의 폭발범위는 산소 중의 폭발범위보다 좁아진다.
> • 공기 중 아세틸렌가스의 폭발범위는 2.5~81%이다.
> • 산소농도 이상에서 폭발성 혼합가스가 생성된다.
> • 고온, 고압일수록 폭발범위는 넓어진다. 온도나 압력을 높이면 폭발하한계는 변하지 않고, 폭발상한계는 상승한다.(단, 일산화탄소는 감소한다.)

12 도시가스사용시설에서 배관의 이음부와 절연전선과의 이격거리는 몇 cm 이상으로 하여야 하는가?

① 10
② 15
③ 30
④ 60

> 도시가스사용시설의 배관이음부와 유지거리
> • 전기계량기 및 전기개폐기 : 60cm 이상
> • 굴뚝, 전기점멸기 및 전기접속기 : 30cm 이상
> • 절연조치를 하지 않은 전선 : 15cm 이상
> • 절연전선 : 10cm 이상

13 압축기 최종단에 설치된 고압가스 냉동제조시설의 안전밸브는 얼마마다 작동압력을 조정하여야 하는가?

① 3개월에 1회 이상
② 6개월에 1회 이상
③ 1년에 1회 이상
④ 2년에 1회 이상

🔍 안전밸브 점검
• 압축기의 최종단에 설치한 것은 1년에 1회 이상
• 그 밖의 안전밸브는 2년에 1회 이상

14 고압가스 특정제조시설에서 플레어스택의 설치기준으로 틀린 것은?

① 파이롯버너를 항상 점화하여 두는 등 플레어스택에 관련된 폭발을 방지하기 위한 조치가 되어 있는 것으로 한다.
② 긴급이송설비로 이송되는 가스를 대기로 방출할 수 있는 것으로 한다.
③ 플레어스택에서 발생하는 복사열이 다른 제조시설에 나쁜 영향을 미치지 아니하도록 안전한 높이 및 위치에 설치한다.
④ 플레어스택에서 발생하는 최대열량에 장시간 견딜 수 있는 재료 및 구조로 되어 있는 것으로 한다.

🔍 긴급이송설비로 이송되는 가스는 플레어스택에서 안전하게 연소시키거나 벤트스택에서 안전하게 방출시킨다.

15 액화석유가스판매시설에 설치되는 용기보관실에 대한 시설기준으로 틀린 것은?

① 용기보관실에는 가스가 누출될 경우 이를 신속히 검지하여 효과적으로 대응할 수 있도록 하기 위하여 반드시 일체형 가스누출경보기를 설치한다.
② 용기보관실에 설치되는 전기설비는 누출된 가스의 점화원이 되는 것을 방지하기 위하여 반드시 방폭구조로 한다.
③ 용기보관실에는 누출된 가스가 머물지 않도록 하기 위하여 그 용기보관실의 구조에 따라 환기구를 갖추고 환기가 잘되지 아니하는 곳에는 강제통풍시설을 설치한다.
④ 용기보관실에는 용기가 넘어지는 것을 방지하기 위하여 적절한 조치를 마련한다.

🔍 용기보관실에는 가스가 누출될 경우 이를 신속히 검지하여 효과적으로 대응할 수 있도록 하기 위하여 분리형 가스누출경보기를 설치해야 한다.

16 20kg LPG 용기의 내용적은 몇 L 인가? (단, 충전상수 C는 2.35이다.)

① 8.51
② 20
③ 42.3
④ 47

🔍 액화가스 용기의 저장능력 $W = \dfrac{V}{C}(kg)$
내용적 $V = WC$에서 $V = 2.35 \times 20 = 47L$

17 독성가스 용기를 운반할 때에는 보호구를 갖추어야 한다. 비치하여야 하는 기준은?

① 종류별로 1개 이상
② 종류별로 2개 이상
③ 종류별로 3개 이상
④ 그 차량의 승무원수에 상당한 수량

🔍 독성가스 용기를 운반할 때에는 보호구를 그 차량의 승무원수에 상당한 수량으로 비치하여야 한다.

18 가스보일러의 안전사항에 대한 설명으로 틀린 것은?

① 가동 중 연소상태, 화염유무를 수시로 확인한다.
② 가동 중지 후 노내 잔류가스를 충분히 배출한다.
③ 수면계의 수위는 적정한가 자주 확인한다.
④ 점화전 연료가스를 노내에 충분히 공급하여 착화를 원활하게 한다.

🔍 점화 전에 연료가스를 노내에 충분히 공급하여 착화할 경우 역화가 발생되어 폭발의 원인이 된다.
※ 점화 전에 노내의 미연소가스를 배출하기 위하여 충분히 통풍을 시킨 후 연료가스를 공급하여 착화한다. 이때 착화가 늦어지면 역화의 원인이 된다.

19 고압가스배관의 설치기준 중 하천과 병행하여 매설하는 경우로서 적합하지 않은 것은?

① 배관은 견고하고 내구력을 갖는 방호구조물 안에 설치한다.
② 매설심도는 배관의 외면으로부터 1.5m 이상 유지한다.
③ 설치지역은 하상(河床, 하천의 바닥)이 아닌 곳으로 한다.
④ 배관손상으로 인한 가스누출 등 위급한 상황이 발생한 때에 그 배관에 유입되는 가스를 신속히 차단할 수 있는 장치를 설치한다.

🔍 하천과 병행하여 배관을 매설하는 경우 매설심도는 배관의 외면으로부터 2.5m 이상 유지한다.

20 LP GAS 사용 시 주의사항에 대한 설명으로 틀린 것은?

① 중간 밸브 개폐는 서서히 한다.
② 사용 시 조정기 압력은 적당히 조절한다.
③ 완전 연소되도록 공기조절기를 조절한다.
④ 연소기는 급배기가 충분히 행해지는 장소에 설치하여 사용하도록 한다.

🔍 LP 가스 사용시 조정기는 연소기의 사용 압력과 조정기의 조정 압력은 반드시 일치해야 한다.

21 도시가스 매설배관의 주위에 파일박기 작업 시 손상방지를 위하여 유지하여야 할 최소거리는?

① 30cm
② 50cm
③ 1m
④ 2m

🔍 도시가스 배관과의 수평거리 30cm 이내에서는 파일박기를 하지 아니한다.

22 액화독성가스의 운반질량이 1000kg 미만 이동시 휴대해야 할 소석회는 몇 kg 이상이어야 하는가?

① 20kg   ② 30kg
③ 40kg   ④ 50kg

🔍 가스운반시 제독제 보유량

품명	운반하는 독성가스의 양	
	액화가스질량 1000kg	
	미만인 경우	이상인 경우
소석회	20kg 이상	40kg 이상

23 고압가스를 취급 하는 자가 용기 안전 점검 시 하지 않아도 되는 것은?

① 도색 표시 확인
② 재검사 기간 확인
③ 프로덱터의 변형 여부 확인
④ 밸브의 개폐조작이 쉬운 핸들 부착 여부 확인

🔍 용기 안전 점검
• 용기의 부식 및 도색 표시 확인
• 용기의 캡이 씌워져 있거나 프로덱터의 부착여부 확인
• 재검사 기간의 도래여부를 확인

24 도시가스 도매사업의 가스공급시설 기준에 대한 설명으로 옳은 것은?

① 고압의 가스공급시설은 안전구획 안에 설치하고 그 안전구역의 면적은 1만m^2 미만으로 한다.
② 안전구역 안의 고압인 가스공급시설은 그 외면으로부터 다른 안전구역 안에 있는 고압인 가스공급시설의 외면까지 20m 이상의 거리를 유지한다.
③ 액화천연가스의 저장탱크는 그 외면으로부터 처리능력이 20만m^3 이상인 압축기까지 30m 이상의 거리를 유지한다.
④ 두개 이상의 제조소가 인접하여 있는 경우의 가스공급시설은 그 외면으로부터 그 제조소와 다른 제조소의 경계까지 10m 이상의 거리를 유지한다.

🔍 ① 고압의 가스공급시설은 안전구획 안에 설치하고 그 안전구역의 면적은 2만m^2 미만으로 한다.
② 안전구역 안의 고압인 가스공급시설은 그 외면으로부터 다른 안전구역 안에 있는 고압인 가스공급시설의 외면까지 30m 이상의 거리를 유지한다.
④ 두개 이상의 제조소가 인접하여 있는 경우의 가스공급시설은 그 외면으로부터 다른 제조소의 경계까지 20m 이상의 거리를 유지한다.

25 가연성가스의 폭발등급 및 이에 대응하는 본질안전방폭구조의 폭발등급 분류 시 사용하는 최소점화전류비는 어느 가스의 최소점화전류를 기준으로 하는가?

① 메탄
② 프로판
③ 수소
④ 아세틸렌

🔍 최소점화전류란 폭발성 분위기가 전기불꽃에 의해 폭발을 일으킬 수 있는 최소전류로 가스의 종류에 따라 다르며 폭발성 가연성가스의 폭발등급과 본질안전방폭구조의 폭발등급 분류와 관계가 있다. 최소점화전류비는 메탄의 최소점화전류를 기준으로 한다.

26 수소의 성질에 대한 설명 중 옳지 않은 것은?

① 열전도도가 적다.
② 열에 대하여 안정하다.
③ 고온에서 철과 반응한다.
④ 확산속도가 빠른 무취의 기체이다.

🔍 수소는 열전도도가 크다.

27 용기종류별 부속품 기호로 틀린 것은?

① AG : 아세틸렌가스를 충전하는 용기의 부속품
② LPG : 액화석유가스를 충전하는 용기의 부속품
③ TL : 초저온용기 및 저온용기의 부속품
④ PG : 압축가스를 충전하는 용기의 부속품

🔍 초저온용기 및 저온용기의 부속품 : LT

28 공기액화 분리장치의 폭발원인이 아닌 것은?

① 액체공기 중의 아르곤의 흡입
② 공기 취입구로부터 아세틸렌 혼입
③ 공기 중의 질소화합물(NO, NO_2)의 혼입
④ 압축기용 윤활유 분해에 따른 탄화수소 생성

🔍 공기액화 분리장치의 폭발원인
 • 액체공기 중의 오존(O_3)의 혼입
 • 장치내 질소산화물 생성
 • 윤활유의 열화에 의한 탄화수소의 생성
 • 공기 취입구로부터 아세틸렌의 혼입

29 고압가스 충전용기를 운반할 때 운반책임자를 동승시키지 않아도 되는 경우는?

① 가연성 압축가스 － $300m^3$
② 조연성 액화가스 － 5000kg
③ 독성 압축가스(허용농도가 100만분의 200초과, 100만분의 5000이하) － $100m^3$
④ 독성 액화가스(허용농도가 100만분의 200초과, 100만분의 5000이하) － 1000kg

🔍 운반책임자 동승기준

가스의 종류		기준
압축가스	가연성가스	$300m^3$ 이상
	조연성가스	$600m^3$ 이상
	독성가스	$100m^3$ 이상
액화가스	가연성가스	3,000kg 이상
	조연성가스	6,000kg 이상
	독성가스	1,000kg 이상

30 다음 중 폭발범위의 상한값이 가장 낮은 가스는?

① 암모니아
② 프로판
③ 메탄
④ 일산화탄소

🔍 폭발범위

범위 가스종류	공기중	
	하한계(V%)	상한계(V%)
암모니아(NH_3)	15.0	28.0
프로판(C_3H_8)	2.1	9.5
메탄(CH_4)	5.0	15.0
일산화탄소(CO)	12.5	74.0

31 고압가스 배관재료로 사용되는 동관의 특징에 대한 설명으로 틀린 것은?

① 가공성이 좋다.
② 열전도율이 적다.
③ 시공이 용이하다.
④ 내식성이 크다.

🔍 동관은 열전도율이 우수하여 열교환기용이나 냉매배관에 사용된다.

32 자동절체식 일체형 저압조정기의 조정압력은?

① 2.30 ~ 3.30kPa
② 2.55 ~ 3.30kPa
③ 57 ~ 83kPa
④ 5.0 ~ 30kPa 이내에서 제조자가 설정한 기준압력의 ±20%

🔍 자동절체식 일체형 저압조정기의 압력
• 입구압력 : 0.1 ~ 1.56MPa
• 출구압력(조정압력) : 2.55 ~ 3.30kPa

33 수소(H_2)가스 분석방법으로 가장 적당한 것은?

① 팔라듐관 연소법
② 헴펠법
③ 황산바륨 침전법
④ 흡광광도법

🔍 수소가스의 분석방법
• 팔라듐관에 의한 연소법
• 황산동에 의한 연소법
• 열전도도법

34 터보압축기의 구성이 아닌 것은?

① 임펠러
② 피스톤
③ 디퓨저
④ 증속기어장치

🔍 피스톤은 왕복동식 압축기의 구성부품이다.

35 피토관을 사용하기에 적당한 유속은?

① 0.001m/s 이상
② 0.1m/s 이상
③ 1m/s 이상
④ 5m/s 이상

🔍 피토관은 유속식 유량계로서 기체의 유속이 5m/s 이하에서는 적용할 수 없다. 따라서, 피토관은 5m/s 이상의 유속에 사용된다.

36 수소를 취급하는 고온, 고압 장치용 재료로서 사용할 수 있는 것은?

① 탄소강, 니켈강
② 탄소강, 망간강
③ 탄소강, 18-8 스테인리스강
④ 18-8 스테인리스강, 크롬-바나듐강

🔍 탄소강은 아세틸렌, 암모니아, 염소, LPG 등의 저압 용접용기의 재료로 사용한다.

37 원심식 압축기 중 터보형의 날개출구각도에 해당하는 것은?

① 90°보다 작다.
② 90°이다.
③ 90°보다 크다.
④ 평행이다.

🔍 원심식 압축기의 분류
• 터보형 : 임펠러 출구각도가 90°보다 작다.
• 레이디얼형 : 임펠러 출구각도가 90°이다.
• 다익형 : 임펠러 출구각도가 90°보다 크다.

38 압력변화에 의한 탄성변위를 이용한 탄성압력계에 해당되지 않는 것은?

① 플로트식 압력계
② 부르동관식 압력계
③ 벨로우즈식 압력계
④ 다이어프램식 압력계

🔍 탄성압력계의 종류 : 부르동관식, 벨로우즈식, 다이어프램식

39 액면측정 장치가 아닌 것은?

① 임펠러식 액면계
② 유리관식 액면계
③ 부자식 액면계
④ 퍼지식 액면계

🔍 액면계의 종류 : 유리관식, 부자식, 퍼지식, 검척식, 차압식, 압력검출식, 초음파식, 정전용량식, 다이어프램식, 튜브식

40 나사압축기에서 숫로터의 직경 150mm, 로터의 길이 100mm, 회전수가 350rpm이라고 할 때 이론적 토출량은 약 몇 m3/min 인가? (단, 로터 형상에 의한 계수 [Cv]는 0.476이다.)

① 0.11
② 0.21
③ 0.37
④ 0.47

🔍 나사압축기의 이론적 토출량(V)
$V = C_v \times D^3 \times \dfrac{L}{D} \times N(m^3/min)$ 에서
$V = 0.476 \times 0.15^3 \times \dfrac{0.1}{0.15} = 0.375 m^3/min$

41 아세틸렌의 정성시험에 사용되는 시약은?

① 질산은 ② 구리암모니아
③ 염산 ④ 피로카롤

> 아세틸렌 품질검사 : 발연황산시약을 사용한 오르자트법 또는 브롬시약을 사용한 뷰렛법에 의한 시험에서 순도가 98% 이상이고, 질산은시약을 사용한 정성시험에서 합격한 것으로 한다.

42 정압기를 평가·선정할 경우 고려해야 할 특성이 아닌 것은?

① 정특성 ② 동특성
③ 유량특성 ④ 압력특성

> 정압기의 특성 : 정특성, 동특성, 유량특성, 사용최대차압, 작동최소차압

43 액화석유가스 소형저장탱크가 외경 1000mm, 길이 2000mm, 충전상수 0.03125, 온도보정계수 2.15일 때의 자연기화능력(kg/h)은 얼마인가?

① 11.2 ② 13.2
③ 15.2 ④ 17.2

> 자연기화능력(PVC)
> $PVC = \dfrac{DLKT}{12,000 kcal/h}(kg/h)$ 에서
> $PVC = \dfrac{1,000 \times 2,000 \times 0.03125 \times 2.15}{12,000}$
> $= 11.2 kg/h$

44 가스누출을 감지하고 차단하는 가스누출 자동차단기의 구성요소가 아닌 것은?

① 제어부 ② 중앙통제부
③ 검지부 ④ 차단부

> 가스누출 자동차단기의 구성 : 제어부, 검지부, 차단부

45 다음 중 단별 최대 압축비를 가질 수 있는 압축기는?

① 원심식 ② 왕복식
③ 축류식 ④ 회전식

> 왕복식압축기가 단별 최대 압축비를 갖는다.

46 C_3H_8 비중이 1.5라고 할 때 20m 높이 옥상까지의 압력손실은 약 몇 mmH_2O 인가?

① 12.9 ② 16.9
③ 19.4 ④ 21.4

> 입상배관에 의한 압력손실(H)
> $H = 1.293(S-1)h(mmH_2O)$ 에서
> $H = 1.293 \times (1.5-1) \times 20 = 12.93 mmH_2O$

47 실제기체가 이상기체의 상태식을 만족시키는 경우는?

① 압력과 온도가 높을 때
② 압력과 온도가 낮을 때
③ 압력이 높고 온도가 낮을 때
④ 압력이 낮고 온도가 높을 때

> 실제기체가 이상기체 상태방정식을 만족시키는 조건
> • 압력이 낮을 때   • 온도가 높을 때
> • 비체적이 클 때   • 분자량이 작을 때

48 다음 중 유리병에 보관해서는 안 되는 가스는?

① O_2 ② Cl_2
③ HF ④ Xe

> 불화수소(HF)는 유리를 부식시키므로 유리병에 보관해서는 안 된다.

49 황화수소에 대한 설명으로 틀린 것은?

① 무색의 기체로서 유독하다.
② 공기 중에서 연소가 잘 된다.
③ 산화하면 주로 황산이 생성된다.
④ 형광물질 원료의 제조 시 사용된다.

> 황화수소가 산화하면 유황이 생성된다.

50 다음 중 가연성 가스가 아닌 것은?

① 일산화탄소 ② 질소
③ 에탄 ④ 에틸렌

> 질소는 불연성 가스이다.

51 나프타의 성상과 가스화에 미치는 영향 중 PONA 값의 각 의미에 대하여 잘못 나타낸 것은?

① P : 파라핀계 탄화수소
② O : 올레핀계 탄화수소
③ N : 나프텐계 탄화수소
④ A : 지방족 탄화수소

🔍 A : 방향족 탄화수소

52 25℃의 물 10kg을 대기압 하에서 비등시켜 모두 기화시키는데 약 몇 kcal의 열이 필요한가? (단, 물의 증발잠열은 540kcal/kg이다.)

① 750
② 5400
③ 6150
④ 7100

🔍
- 25℃ 물을 100℃ 물로 만들 때 필요한 열량(현열량)
  $q_s = GC\Delta t$ 에서
  $q_s = 10 \times 1 \times (100 - 25) = 750 kcal$
- 100℃ 물을 100℃ 수증기로 만들 때 필요한 열량(잠열량)
  $q_L = G \times \gamma$ 에서
  $q_L = 10 \times 540 = 5,400 kcal$
- ∴ 전열량 $q_t = q_s + q_L$ 에서
  $q_t = 750 + 5,400 = 6,150 kcal$

53 다음에서 설명하는 법칙은?

"같은 온도(T)와 압력(P)에서 같은 부피(V)의 기체는 같은 분자 수를 가진다."

① Dalton의 법칙　　② Henry의 법칙
③ Avogadro의 법칙　④ Hess의 법칙

🔍
- Dalton의 법칙 : 혼합기체의 전압은 각 성분기체의 분압의 총합과 같다.
- Henry의 법칙 : 기체의 용해도에 관한 법칙으로서 온도가 낮을수록, 압력이 높을수록 잘 용해된다.
- Avogadro의 법칙 : 표준상태(0℃, 1atm)에서 모든 기체 1mol이 차지하는 부피는 22.4ℓ 이며 이 때 6.02×10^{23}개의 분자량이 존재한다. 따라서, 모든 기체는 같은 온도와 압력에서 같은 부피의 기체는 같은 분자 수를 가진다.
- Hess의 법칙 : 화학반응이 일어날 때 처음 상태와 나중 상태가 같으면 반응경로에 관계없이 반응열의 총합은 항상 일정하다.

54 LP가스의 제법으로서 가장 거리가 먼 것은?

① 원유를 정제하여 부산물로 생산
② 석유정제공정에서 부산물로 생산
③ 석탄을 건류하여 부산물로 생산
④ 나프타 분해공정에서 부산물로 생산

🔍 LP가스 제조법
- 습성천연가스 및 원유로부터의 제조
- 석유정제공정으로부터의 제조
- 나프타 분해 생성물로부터의 제조
- 나프타의 수소화 분해, 생성물에서의 제조

55 가스의 연소와 관련하여 공기 중에서 점화원 없이 연소하기 시작하는 최저온도를 무엇이라 하는가?

① 인화점
② 발화점
③ 끓는점
④ 융해점

🔍
- 인화점 : 가연성물질에 불꽃을 접하여 발화될 수 있는 최저온도
- 발화점(착화점) : 점화원이 없이 그 물질자체가 열을 축적하여 연소하기 시작하는 최저온도

56 아세틸렌가스 폭발의 종류로서 가장 거리가 먼 것은?

① 중합폭발
② 산화폭발
③ 분해폭발
④ 화합폭발

🔍
- 아세틸렌가스의 폭발 : 산화폭발, 분해폭발, 화합폭발
- 시안화수소의 폭발 : 중합폭발

57 도시가스 제조 시 사용되는 부취제 중 T.H.T의 냄새는?

① 마늘 냄새　　　② 양파 썩는 냄새
③ 석탄가스 냄새　④ 암모니아 냄새

🔍 부취제 냄새
- T.H.T : 석탄가스 냄새
- T.B.M : 양파 썩는 냄새
- D.M.S : 마늘 냄새

58 압력에 대한 설명으로 틀린 것은?

① 수주 280cm는 0.28kg/cm²와 같다.
② 1kg/cm²은 수은주 760mm와 같다.
③ 160kg/mm²은 16,000kg/cm²에 해당한다.
④ 1atm이란 1cm²당 1.033kg의 무게와 같다.

① 1kg/cm²일 때 수주는 10mH₂O(1000cmH₂O)이므로 비례식을 이용하여 수주 280cm의 단위를 kg/cm² 단위로 환산한다.

$$\frac{280 cmH_2O}{1,000 cmH_2O} \times 1 kg/cm^2 = 0.28 kg/cm^2$$

② 표준대기압 1atm = 760mmHg = 1.033kg/cm²이므로 비례식을 이용하여 1kg/cm²를 수은주 단위로 환산한다.

$$\frac{1 kg/cm^2}{1.033 kg/cm^2} \times 760 mmHg = 735.7 mmHg$$

③ 1cm는 10mm이므로 kg/mm²를 kg/cm² 단위로 환산한다.

$$160 \frac{kg}{mm^2} \times \left(\frac{10mm}{1cm}\right)^2 = 16,000 kg/cm^2$$

④ 표준대기압 1atm = 1.033kgf/cm²이므로 1atm은 1cm²당 1.033kg의 무게와 같다.

59 프레온(Freon)의 성질에 대한 설명으로 틀린 것은?

① 불연성이다.
② 무색, 무취이다.
③ 증발잠열이 적다.
④ 가압에 의해 액화되기 쉽다.

프레온은 증발잠열이 크기 때문에 냉동기의 냉매용으로 사용된다.

60 다음 중 가장 낮은 온도는?

① $-40°F$ ② $430°R$
③ $-50°C$ ④ $240K$

$-50°C$를 기준으로 단위를 환산한다.
- $40°F : \frac{5}{9}(40°F - 32) = -40°C$
- $430°R : \frac{430°R}{1.8} = 238.9K = 238.9K - 273 = -34.1°C$
- $240K : 240K - 273 = -33°C$

정답 최근기출문제 – 2016년 3회

01 ①	02 ②	03 ④	04 ③	05 ②
06 ②	07 ④	08 ③	09 ④	10 ②
11 ④	12 ①	13 ③	14 ②	15 ①
16 ④	17 ④	18 ④	19 ②	20 ②
21 ①	22 ①	23 ③	24 ③	25 ②
26 ①	27 ③	28 ①	29 ②	30 ②
31 ②	32 ②	33 ①	34 ②	35 ④
36 ④	37 ①	38 ①	39 ①	40 ②
41 ①	42 ④	43 ①	44 ②	45 ②
46 ①	47 ④	48 ①	49 ③	50 ②
51 ④	52 ②	53 ③	54 ③	55 ②
56 ①	57 ③	58 ②	59 ③	60 ③

CHAPTER
05
Craftsman Gas

CBT 대비
적중모의고사

1회 CBT 대비 적중모의고사

01 부탄가스의 공기 중 폭발범위(v%)에 해당하는 것은?

① 1.3~7.9　　② 1.8~8.4
③ 2.2~9.5　　④ 2.5~12

> 부탄가스의 공기 중 폭발범위 : 1.8~8.4%

02 용기에 의한 고압가스 판매시설의 충전용기 보관실 기준으로 옳지 않은 것은?

① 가연성가스 충전용기 보관실은 불연재료나 난연성의 재료를 사용한 가벼운 지붕을 설치한다.
② 가연성가스 충전용기 보관실에는 가스누출검지경보장치를 설치한다.
③ 충전용기 보관실은 가연성가스가 새어나오지 못하도록 밀폐구조로 한다.
④ 용기보관실의 주변에는 화기 또는 인화성물질이나 발화성 물질을 두지 않는다.

> 가연성가스의 충전용기 보관실은 자연환기 및 강제환기장치를 설치하여 누설가스에 의한 폭발을 방지한다.

03 다음 각 가스의 공업용 용기 도색이 옳지 않게 짝지어진 것은?

① 질소(N_2) – 회색
② 수소(H_2) – 주황색
③ 액화암모니아(NH_3) – 백색
④ 액화염소(Cl_2) – 황색

> 용기의 도색
>
> | 가스명 | 도색 | 가스명 | 도색 |
> |---|---|---|---|
> | 액화석유가스 | 회색 | 아세틸렌 | 황색 |
> | 수소 | 주황색 | 액화암모니아 | 백색 |
> | 액화염소 | 갈색 | 그밖의 가스 | 회색 |

04 다음 중 분해에 의한 폭발을 하지 않는 가스는?

① 시안화수　　② 아세틸렌
③ 히드라　　　④ 산화에틸렌

> 시안화수소 : 중합폭발

05 차량에 고정된 탱크의 안전운행을 위하여 차량을 점검할 때의 점검순서로 가장 적합한 것은?

① 원동기 → 브레이크 → 조향장치 → 바퀴 → 시운전
② 바퀴 → 조향장치 → 브레이크 → 원동기 → 시운전
③ 시운전 → 바퀴 → 조향장치 → 브레이크 → 원동기
④ 시운전 → 원동기 → 브레이크 → 조향장치 → 바퀴

06 용기 종류별 부속품의 기호 중 압축가스를 충전하는 용기 밸브의 기호는?

① PG　　② LG
③ AG　　④ LT

> 용기종류별 부속품의 기호
> • 아세틸렌가스를 충전하는 용기의 부속품 : AG
> • 압축가스를 충전하는 용기의 부속품 : PG
> • 액화석유가스외의 액화가스를 충전하는 용기의 부속품 : LG
> • 초저온용기 및 저온용기의 부속품 : LT

07 시안화수소(HCN)의 위험성에 대한 설명으로 틀린 것은?

① 인화온도가 아주 낮다.
② 오래된 시안화수소는 자체 폭발할 수 있다.
③ 용기에 충전한 후 60일을 초과하지 않아야 한다.
④ 호흡 시 흡입하면 위험하나 피부에 묻으면 아무 이상이 없다.

> 시안화수소를 호흡시 흡입하거나 피부에 묻었을 경우 인체에 흡수되어 치명상을 입으며 고농도를 흡입하면 사망한다.

08 독성가스의 정의는 다음과 같다. 괄호 안에 알맞은 LC50 값은?

> "독성가스"라 함은 공기 중에 일정량 이상 존재하는 경우 인체에 유해한 독성을 가진 가스로서 허용농도 (해당가스를 성숙한 흰쥐 집단에게 대기 중에서 1시간 동안 계속하여 노출시킨 경우 14일 이내에 그 흰쥐의 2분의 1 이상이 죽게 되는 가스의 농도를 말한다.)가 (   ) 이하인 것을 말한다.

① 100만분의 2,000
② 100만분의 3,000
③ 100만분의 4,000
④ 100만분의 5,000

> 독성가스는 허용농도가 5,000ppm(100만분의 5,000) 이하인 가스이다.

09 20kg LPG 용기의 내용적은 몇 [L] 인가? (단, 충전상수 C는 2.35이다.)

① 8.51   ② 20
③ 42.3   ④ 47

> LPG 용기의 저장능력 $W = \dfrac{V}{C}(kg)$ 에서
> 내용적 $V = W \times C = 20 \times 2.35 = 47L$

10 압축천연가스자동차 충전의 시설기준에서 배관 등에 대한 설명으로 틀린 것은?

① 배관, 튜브, 피팅 및 배관요소 등은 안전율이 최소 4이상 되도록 설계한다.
② 자동차 주입호스는 5m 이하이어야 한다.
③ 배관의 단열재료는 불연성 또는 난연성 재료를 사용하고 화재나 열·냉기·물 등에 노출 시 그 특성이 변하지 아니하는 것으로 한다.
④ 배관지지물은 화재나 초저온 액체의 유출 등을 충분히 견딜 수 있고 과다한 열전달을 예방하도록 설계한다.

> 액화천연가스 자동차 주입호스는 8m 이하이어야 한다.

11 도시가스 중 에틸렌, 프로필렌 등을 제조하는 과정에서 부산물로 생성되는 가스로서 메탄이 주성분인 가스를 무엇이라 하는가?

① 액화천연가스
② 석유가스
③ 나프타부생가스
④ 바이오가스

> 나프타부생가스란 나프타 분해공정을 통해 에틸렌, 프로필렌 등을 제조하는 과정에서 부산물로 생성되는 가스로서 메탄이 주성분인 가스 및 이를 다른 도시가스와 혼합하여 제조한 가스이다.

12 프로판가스의 위험도(H)는 약 얼마인가? (단, 공기 중의 폭발 범위는 2.1~9.5v% 이다.)

① 2.1
② 3.5
③ 9.5
④ 11.6

> 위험도 $H = \dfrac{U-L}{L}$ 에서
> $H = \dfrac{9.5-2.1}{2.1} = 3.52$

13 다음 가스의 일반적인 성질에 대한 설명 중 틀린 것은?

① 염산(HCl)은 암모니아와 접촉하면 흰연기를 낸다.
② 시안화수소(HCN)는 복숭아 냄새가 나는 맹독성의 기체이다.
③ 염소(Cl_2)는 황녹색의 자극성 냄새가 나는 맹독성의 기체이다.
④ 수소(H_2)는 저온·저압하에서 탄소강과 반응하여 수소취성을 일으킨다.

> 수소는 고온, 고압에서 탄소강과 반응하여 탈탄작용에 의해 메탄을 생성하고 수소취성을 일으킨다.

14 압력용기의 내압부분에 대한 비파괴 시험으로 실시되는 초음파탐상시험 대상은?

① 두께가 35mm인 탄소강
② 두께가 5mm인 9% 니켈강
③ 두께가 15mm인 2.5% 니켈강
④ 두께가 30mm인 저합금강

🔍 초음파탐상시험 대상
• 두께가 50mm 이상인 탄소강
• 두께가 6mm 이상인 9% 니켈강
• 두께가 13mm 이상인 2.5% 니켈강
• 두께가 38mm 이상인 저합금강

15 가연성가스의 검지경보장치 중 반드시 방폭성능을 갖지 않아도 되는 가스는?

① 수소
② 일산화탄소
③ 암모니아
④ 아세틸렌

🔍 방폭성능제외 가스 : 암모니아, 브롬화메탄

16 고압가스특정제조시설기준 중 도로 밑에 매설하는 배관에 대한 기준으로 틀린 것은?

① 시가지의 도로 밑에 배관을 설치하는 경우에는 보호판을 배관의 정상부로부터 30cm 이상 떨어진 그 배관의 직상부에 설치한다.
② 배관은 그 외면으로부터 도로의 경계와 수평거리로 1m 이상을 유지한다.
③ 배관은 자동차 하중의 영향이 적은 곳에 매설한다.
④ 배관은 그 외면으로부터 다른 시설물과 60cm 이상의 거리를 유지한다.

🔍 배관은 그 외면으로부터 다른 시설물과 0.3m(30cm) 이상의 거리를 유지한다.

17 압력용기 제조 시 A387 Gr22 강 등을 Annealing하거나 900℃ 전후로 Tempering 하는 과정에서 충격값이 현저히 저하되는 현상으로 Mn, Cr, Ni 등을 품고 있는 합금계의 용접금속에서 C, N, O 등이 입계에 편석함으로써 입계가 취약해지기 때문에 주로 발생한다. 이러한 현상을 무엇이라고 하는가?

① 적열취성
② 청열취성
③ 뜨임취성
④ 수소취성

🔍 • 청열취성 : 청색의 산화피막을 형성하는 것으로 강은 200~300℃에서 강도는 크지만 연신율이 매우 작아 취성을 일으킨다.
• 적열취성 : 강은 황(S)함유량이 많을수록 고온(900℃ 이상)에서 여린 성질이 되어 취성을 일으킨다.
• 수소취성 : 수소는 고온, 고압에서 탄소강과 반응하여 탈탄작용에 의해 메탄을 생성하고 수소취성을 일으킨다.

18 고압가스 일반제조시설의 저장탱크를 지하에 매설하는 경우의 기준에 대한 설명으로 틀린 것은?

① 저장탱크 외면에는 부식방지코팅을 한다.
② 저장탱크는 천정, 벽, 바닥의 두께가 각각 10cm 이상의 콘크리트로 설치한다.
③ 저장탱크 주위에는 마른 모래를 채운다.
④ 저장탱크에 설치한 안전밸브에는 지면에서 5m 이상의 높이에 방출구가 있는 가스방출관을 설치한다.

🔍 저장탱크는 천정, 벽 및 바닥의 두께가 각각 30cm 이상인 방수조치를 한 콘크리트로 만든 곳에 설치한다.

19 2개 이상의 탱크를 동일한 차량에 고정하여 운반할 때 충전관에 설치하는 것이 아닌 것은?

① 안전밸브
② 온도계
③ 압력계
④ 긴급탈압밸브

🔍 온도계는 탱크에 직접 설치한다.

20 액화 가스가 통하는 가스 공급 시설에서 발생하는 정전기를 제거하기 위한 접지접속선(Bonding)의 단면적은 얼마 이상으로 하여야 하는가?

① $3.5mm^2$
② $4.5mm^2$
③ $5.5mm^2$
④ $6.5mm^2$

🔍 본딩용 접속선 및 접지접속선은 단면적 $5.5mm^2$ 이상의 것을 사용할 것

21 도시가스사용시설에 정압기를 2012년에 설치하고 2015년에 분해점검을 실시하였다. 다음 중 이 정압기의 차기 분해점검 만료기간으로 옳은 것은?

① 2017년
② 2018년
③ 2019년
④ 2020년

> 도시가스사용시설의 정압기분해점검은 설치 후 3년까지는 1회 이상, 그 이후에는 4년에 1회 이상 실시한다. 따라서, 차기 분해점검 만료기간은 2019년이다.

22 고압가스 설비는 상용압력의 몇 배 이상에서 항복을 일으키지 아니하는 두께이어야 하는가?

① 1.5배
② 2배
③ 2.5배
④ 3배

> 고압가스 설비는 상용압력의 2배 이상의 압력에서 항복을 일으키지 아니하는 두께를 가지는 것으로 한다.

23 다음 중 제1종 보호시설이 아닌 것은?

① 학교
② 여관
③ 주택
④ 시장

> 제2종 보호시설 : 주택, 사람을 수용하는 건축물(가설건축물을 제외)로서 사실상 독립된 부분의 연면적이 $100m^2$ 이상 $1,000m^2$ 미만인 것

24 윤활유 선택시 유의할 사항에 대한 설명 중 틀린 것은?

① 사용 기체와 화학반응을 일으키지 않을 것
② 점도가 적당할 것
③ 인화점이 낮을 것
④ 전기 전열 내력이 클 것

> 윤활유는 인화점이 높아야 한다.

25 LPG 사용시설의 기준에 대한 설명 중 틀린 것은?

① 연소기 사용압력이 3.3kPa를 초과하는 배관에는 배관용 밸브를 설치할 수 있다.
② 배관이 분기되는 경우에는 주배관에 배관용 밸브를 설치한다.
③ 배관의 관경이 33mm 이상의 것은 3m 마다 고정장치를 한다.
④ 배관의 이음부(용접이음 제외)와 전기 접속기와는 15cm 이상의 거리를 유지한다.

> 가스계량기와 전기계량기 및 전기개폐기와의 거리는 60cm 이상, 굴뚝, 전기점멸기 및 전기접속기와의 거리는 30cm 이상, 절연조치를 하지 않은 전선과의 거리는 15cm 이상의 거리를 유지할 것

26 차량에 고정된 저장탱크로 염소를 운반할 때 용기의 내용적(L)은 얼마 이하가 되어야 하는가?

① 10,000
② 12,000
③ 15,000
④ 18,000

> 내용적 제한
> • 가연성가스(액화석유가스 제외)나 산소 탱크의 내용적 : 18,000L
> • 독성가스(액화암모니아 제외)의 내용적 : 12,000L
> ∴ 염소가스는 독성가스 이하이므로 내용적 12,000L 이하이어야 한다.

27 도시가스도매사업자 배관을 지하 또는 도로 등에 설치할 경우 매설깊이의 기준으로 틀린 것은?

① 산이나 들에서는 1m 이상의 깊이로 매설한다.
② 시가지의 도로 노면 밑에는 1.5m 이상의 깊이로 매설한다.
③ 시가지외의 도로 노면 밑에는 1.2m 이상의 깊이로 매설한다.
④ 철도를 횡단하는 배관은 지표면으로부터 배관 외면까지 1.5m 이상의 깊이로 매설한다.

> 철도를 횡단하는 배관은 지표면으로부터 배관의 외면까지의 깊이를 1.2m 이상으로 한다.

28 산소 제조시 가스 분석 주기는?

① 1일 1회 이상   ② 주 1회 이상
③ 3일 1회 이상   ④ 주 3회 이상

> 🔍 품질검사는 1일 1회 이상 제조장에서 안전관리책임자가 실시한다.

29 다음 가스 중 허용농도 값이 가장 적은 것은?

① 염소   ② 염화수소
③ 아황산가스   ④ 일산화탄소

> 🔍 독성가스의 허용농도
>
> | 가스명 | 허용농도 |
> |---|---|
> | 염소 | 1ppm |
> | 염화수소 | 5ppm |
> | 아황산가스 | 5ppm |
> | 일산화탄소 | 50ppm |

30 다음 가스 중 2중관 구조로 하지 않아도 되는 것은?

① 아황산가스   ② 산화에틸렌
③ 염화메탄   ④ 브롬화메탄

> 🔍 독성가스 배관시 2중관으로 설치해야 하는 가스 : 염소, 시안화수소, 황화수소, 포스겐, 아황산가스, 암모니아, 산화에틸렌, 염화메탄

31 자동제어의 용어 중 피드백 제어에 대한 설명으로 틀린 것은?

① 자동제어에서 기본적인 제어이다.
② 출력측의 신호를 입력측으로 되돌리는 현상을 말한다.
③ 제어량의 값을 목표치와 비교하여 그것들을 일치하도록 정정동작을 행하는 제어이다.
④ 미리 정해진 순서에 따라서 제어의 각 단계가 순차적으로 진행되는 제어이다.

> 🔍 시퀀스제어란 미리 정해진 순서에 따라서 제어의 각 단계가 순차적으로 진행되는 제어이다.

32 액화석유가스 충전용 주관 압력계의 기능 검사 주기는?

① 매월 1회 이상
② 3월에 1회 이상
③ 6월에 6회 이상
④ 매년 1회 이상

> 🔍 충전용 주관의 압력계는 매월 1회 이상, 그 밖의 압력계는 3개월에 1회 이상 표준이 되는 압력계로 그 기능을 검사할 것

33 단열공간 양면간에 복사방지용 실드판으로서의 알루미늄박과 글라스울을 서로 다수 포개어 고진공 중에 둔 단열법은?

① 상압 단열법   ② 고진공 단열법
③ 다층진공 단열법   ④ 분말진공 단열법

> 🔍 진공 단열법
> • 고진공단열법 : 진공압력을 10-3Torr로 유지
> • 분말진공단열법 : 진공압력을 10-2Torr로 유지
> • 다층진공단열법 : 알루미늄판과 글라스울을 서로 포개어 있어 단열층이 어느 정도 압력에 견디므로 내층의 지지력이 있고 최고의 단열층을 얻으려면 10-5Torr의 높은 진공을 필요

34 연소 배기가스 분석목적으로 가장 거리가 먼 것은?

① 연소가스 조성을 알기 위하여
② 연소가스 조성에 따른 연소상태를 파악하기 위하여
③ 열정산 자료를 얻기 위하여
④ 열전도도를 측정하기 위하여

> 🔍 보일러의 배기가스를 분석하는 것은 열효율 즉 열정산을 하여 연소가스의 조성과 연소상태에 대한 자료를 얻기 위한 것이다.

35 펌프는 주로 임펠러의 입구에서 캐비테이션이 많이 발생한다. 다음 중 그 이유로 가장 적당한 것은?

① 액체의 온도가 높아지기 때문
② 액체의 압력이 낮아지기 때문
③ 액체의 밀도가 높아지기 때문
④ 액체의 유량이 적어지기 때문

> 🔍 캐비테이션은 펌프의 흡입관내의 압력이 물의 포화증기압보다 낮아지면 용존산소가 분리되어 기포가 발생하는 현상이다.

36 지름 9cm인 관속의 유속이 30m/s이었다면 유량은 약 몇 [m³/s] 인가?

① 0.19 ② 2.11
③ 2.7   ④ 19.1

> 체적유량 $Q = AV(m^3/s)$에서
> $Q = AV = \frac{\pi}{4} \times d^2 \times V = \frac{\pi}{4} \times 0.09^2 \times 30 = 0.19 m^3/s$

37 가스압력을 적당한 압력으로 감압하는 직동식 정압기의 기본구조의 구성요소에 해당되지 않는 것은?

① 스프링   ② 다이어프램
③ 메인밸브   ④ 파일로트

> 직동식 정압기의 구성 : 스프링 또는 분동, 공기구멍, 다이어프램, 메인밸브

38 다음 중 저온재료로 부적당한 것은?

① 주철
② 황동
③ 9% 니켈
④ 18-8 스테인리스강

39 다음 배관재료 중 사용온도 350℃ 이하, 압력이 10MPa 이상의 고압관에 사용되는 것은?

① SPP   ② SPPH
③ SPPW ④ SPPG

> • 배관용 탄소강관(SPP)의 사용온도는 350℃ 이하, 사용압력은 1MPa 이하이다.
> • 고압배관용 탄소강관(SPPH)은 사용온도는 350℃ 이하, 사용압력은 10MPa 이상이다.
> • 배관용아크용접 탄소강관(SPW)은 도시가스배관일 경우 1MPa 이하, 수도용배관일 경우 1.5MPa 이하이다.

40 압송기 출구에서 도시가스의 연소성을 측정한 결과 총 발열량이 10,700kcal/m³, 가스비중이 0.56이었다. 웨베지수(WI)는 얼마인가?

① 14,298   ② 19,107
③ 1.8   ④ 6.9×10^{-5}

> 웨베지수 $WI = \frac{Hg}{\sqrt{d}}$에서
> $WI = \frac{10,700}{\sqrt{0.56}} = 14,298.5$

41 가스분석방법 중 연소 분석법에 해당되지 않는 것은?

① 완만 연소법
② 분별 연소법
③ 폭발법
④ 크로마토그래피법

> 연소분석법 : 완만연소법, 폭발법, 분별연소법

42 터보 압축기의 특징이 아닌 것은?

① 유량이 크므로 설치면적이 적다.
② 고속회전이 가능하다.
③ 압축비가 적어 효율이 낮다.
④ 유량조절 범위가 넓으나 맥동이 많다.

> 터보압축기는 용량제어범위가 넓으며 진동(맥동)이 적다.

43 2단 감압조정기 사용시의 장점에 대한 설명으로 가장 거리가 먼 것은?

① 공급 압력이 안정하다.
② 용기 교환주기의 폭을 넓힐 수 있다.
③ 중간 배관이 가늘어도 된다.
④ 입상에 의한 압력손실을 보정할 수 있다.

> 자동교체식 일체형 조정기의 특징은 용기 교환주기의 폭을 넓일 수 있다.

44 가스누출을 감지하고 차단하는 가스누출자동차단기의 구성요소가 아닌 것은?

① 제어부
② 중앙통제부
③ 검지부
④ 차단부

> 가스누출자동차단기의 구성 : 제어부, 감지부, 차단부

45 저온을 얻는 기본적인 원리로 압축된 가스를 단열팽창시키면 온도가 강하한다는 원리를 무엇이라고 하는가?

① 주울-톰슨 효과 ② 돌턴 효과
③ 정류 효과 ④ 헨리 효과

> 주울-톰슨효과는 기체를 단열팽창시키면 온도와 압력이 강하한다.

46 다음 각종 가스의 공업적 용도에 대한 설명 중 옳지 않은 것은?

① 수소는 암모니아 합성원료, 메탄올의 합성, 인조 보석제조 등에 사용된다.
② 포스겐은 알코올 또는 페놀과 반응성을 이용해 의약, 농약, 가소제 등을 제조한다.
③ 일산화탄소는 메탄올 합성원료에 사용된다.
④ 암모니아는 열분해 또는 불완전연소시켜 카본블랙의 제조에 사용된다.

> 암모니아의 용도
> • 질소비료(요소, 유안, 질산암모늄)의 원료로 사용
> • 냉동기의 냉매로 사용
> • 질산제조의 원료로 사용

47 아세틸렌 충전시 첨가하는 다공질물의 구비조건이 아닌 것은?

① 화학적으로 안정할 것
② 기계적인 강도가 클 것
③ 가스의 충전이 쉬울 것
④ 다공도가 적을 것

> 다공도는 75% 이상, 92% 미만이어야 한다.

48 프로판을 완전연소시켰을 때 주로 생성되는 물질은?

① CO_2, H_2 ② CO_2, H_2O
③ C_2H_4, H_2O ④ C_4H_{10}, CO

> 프로판의 완전연소식
> $\{C_mH_n + (m+\frac{n}{4})O_2 \rightarrow mCO_2 + \frac{n}{2}H_2O\}$
> $C_3H_8 + 5O_2 \rightarrow 3CO_2 + 4H_2O$

49 수성가스(water gas)의 조성에 해당하는 것은?

① $CO + H_2$
② $CO_2 + H_2$
③ $CO + N_2$
④ $CO_2 + N_2$

> 수성가스법 : 코크스를 연소(1400℃)시켜 수증기와 반응하여 수소를 제조한다.
> $C + H_2O \rightarrow \underset{(수성가스)}{CO + H_2}$

50 LP가스가 불완전 연소되는 원인으로 가장 거리가 먼 것은?

① 공기 공급량 부족 시
② 가스의 조성이 맞지 않을 때
③ 가스기구 및 연소기구가 맞지 않을 때
④ 산소 공급이 과잉일 때

> • 불완전 연소 : 공기량이 부족할 때 발생
> • 과잉 연소 : 공기(산소)량을 과잉공급할 때 발생

51 1기압, 25℃의 온도에서 어떤 기체 부피가 88mL이었다. 표준상태에서 부피는 얼마인가? (단, 기체는 이상기체로 간주한다.)

① 56.8mL ② 73.3mL
③ 80.6mL ④ 88.8mL

> 샤를의 법칙을 적용 : 압력이 일정
> $\frac{V_1}{T_1} = \frac{V_2}{T_2}$ 에서
> 부피 $V_2 = V_1 \times \frac{T_2}{T_1} = 88 \times \frac{273}{273+25} = 80.62 mL$

52 다음 F_2의 성질에 대한 설명 중 틀린 것은?

① 담황색의 기체로 특유의 자극성을 가진 유독한 기체이다.
② 활성이 강한 원소로 거의 모든 원소와 화합한다.
③ 전기음성도가 작은 원소로서 강한 환원제이다.
④ 수소와 냉암소에서도 폭발적으로 반응한다.

🔍 불소(F_2)의 성질
- 담황색의 기체로서 독성 가스이다.
- 활성이 강한 원소로 거의 모든 원소와 화합한다.
- 수소와 냉암소에서도 폭발적으로 반응한다.
- 산소와는 직접 화합하지 않으나 약한 가성소다 용액에 불소를 통하면 불화수소가 발생한다.

53 다음 중 LP 가스의 특성으로 옳은 것은?

① LP가스의 액체는 물보다 가볍다.
② LP가스의 기체는 공기보다 가볍다.
③ LP가스는 푸른 색상을 띠며 강한 취기를 가진다.
④ LP가스는 알코올에는 녹지 않으며 물에는 잘 녹는다.

🔍 LP가스의 특성
- 물에 잘 녹지 않는다.
- 기체상태의 LP가스는 공기보다 약 1.5~2배 무겁다.
- 액체상태의 LP가스는 물보다 약 0.51~0.58배 가볍다.
- LP가스는 무색, 무취의 가연성가스이다.

54 1Therm에 해당하는 열량을 바르게 나타낸 것은?

① 10^3BTU ② 10^4BTU
③ 10^5BTU ④ 10^6BTU

🔍 1Therm = 100,000BTU = 10^5BTU

55 도시가스의 웨베지수에 대한 설명으로 옳은 것은?

① 도시가스의 총발열량(kcal/m³)을 가스 비중의 평방근으로 나눈 값을 말한다.
② 도시가스의 총발열량(kcal/m³)을 가스 비중으로 나눈 값을 말한다.
③ 도시가스의 가스 비중을 총발열량(kcal/m³)의 평방근으로 나눈 값을 말한다.
④ 도시가스의 가스 비중을 총발열량(kcal/m³)으로 나눈 값을 말한다.

🔍 웨베지수 $WI = \dfrac{Hg}{\sqrt{d}}$
여기서, Hg(kcal/m³) : 도시가스의 총발열량, d : 도시가스의 비중

56 다음 압력 중 가장 높은 압력은?

① 1.5kg/cm² ② 10mH$_2$O
③ 745mmHg ④ 0.6atm

🔍 압력 0.6atm을 기준
- $1.5 kg/cm^2 = \dfrac{1.5 kg/cm^2}{1.0332 kg/cm^2} \times 1 atm = 1.45 atm$
- $10 mH_2O = \dfrac{10 mH_2O}{10.33 mH_2O} \times 1 atm = 0.97 atm$
- $745 mmHg = \dfrac{745 mmHg}{760 mmHg} \times 1 atm = 0.98 atm$

57 다음 중 제백효과(Seebeck effect)를 이용한 온도계는?

① 열전대 온도계 ② 광고온도계
③ 서미스터 온도계 ④ 전기저항 온도계

🔍 열전대온도계 : 두 종류의 금속을 접합시켜 그 접점에 온도차를 주면 열기전력이 발생하며 열기전력을 밀리볼트계로 측정하여 온도를 측정하는 방식이다. 따라서, 열전대온도계는 제백효과를 이용한 온도계이다.

58 가스의 연소시 수소성분의 연소에 의하여 수증기를 발생한다. 가스열량의 표현식으로 옳은 것은?

① 총발열량 = 진발열량 + 현열
② 총발열량 = 진발열량 + 잠열
③ 총발열량 = 진발열량 − 현열
④ 총발열량 = 진발열량 − 잠열

🔍 총(고위)발열량 $H_h = H_\ell + 600(9H + W)$ [kcal/kg]
- H_ℓ : 진(저위)발열량
- 600(9H + W) : 수증기의 응축잠열

59 프로판가스 224L가 완전 연소하면 약 몇 [kcal]의 열이 발생되는가? (단, 표준상태기준이며, 1mol당 발열량은 530kcal이다.)

① 530 ② 1,060
③ 5,300 ④ 12,000

🔍 프로판의 발열량
- 표준상태 0℃, 1atm일 때 부피는 22.4L이고 1mol의 발열량이 530kcal이다.
- $H = \dfrac{224L}{22.4L} \times 530 kcal = 5,300 kcal$

60 다음 각 가스의 특성에 대한 설명으로 틀린 것은?

① 수소는 고온, 고압에서 탄소강과 반응하여 수소취성을 일으킨다.
② 산소는 공기액화분리장치를 통해 제조하며, 질소와 분리시 비등점 차이를 이용한다.
③ 일산화탄소는 담황색의 무취 기체로 허용농도는 TLV-TWA 기준으로 50ppm이다.
④ 암모니아는 붉은 리트머스를 푸르게 변화시키는 성질을 이용하여 검출할 수 있다.

- 치사허용시간가중치(TLV-TWA) : 매일 매일 일하는 근로자가 일주일에 40시간, 하루에 8시간 정상 근무할 경우 근로자가 노출되어도 아무런 나쁜 영향을 주지 않는 최고 평균 농도 값을 말한다.
- 일산화탄소의 허용농도는 TLV-TWA 기준으로 25ppm이다.

정답 CBT 대비 적중모의고사 - 1회

01 ②	02 ③	03 ④	04 ①	05 ①
06 ①	07 ④	08 ④	09 ④	10 ②
11 ③	12 ②	13 ④	14 ③	15 ③
16 ④	17 ③	18 ②	19 ②	20 ④
21 ③	22 ②	23 ③	24 ③	25 ④
26 ②	27 ④	28 ①	29 ①	30 ④
31 ④	32 ①	33 ③	34 ④	35 ②
36 ①	37 ④	38 ①	39 ②	40 ①
41 ④	42 ④	43 ②	44 ②	45 ①
46 ④	47 ④	48 ②	49 ①	50 ④
51 ③	52 ③	53 ①	54 ③	55 ①
56 ①	57 ①	58 ②	59 ③	60 ③

2회 CBT 대비 적중모의고사

01 고압가스판매자가 실시하는 용기의 안전점검 및 유지관리의 기준으로 틀린 것은?

① 용기아래부분의 부식상태를 확인할 것
② 완성검사 도래 여부를 확인할 것
③ 밸브의 그랜드 너트가 고정핀으로 이탈방지를 위한 조치가 되어 있는지의 여부를 확인할 것
④ 용기캡이 씌워져 있거나 프로텍터가 부착되어 있는지의 여부를 확인할 것

🔍 용기의 재검사기간의 도래 여부를 확인할 것

02 LP가스의 특징에 대한 설명으로 틀린 것은?

① LP가스는 공기보다 무거워 낮은 곳에 체류하기 쉽다.
② 액체상태의 LP가스는 물보다 가볍고 증발잠열이 매우 작다.
③ 고무, 페인트, 윤활유를 용해시킬 수 있다.
④ 액체상태 LP가스를 기화하면 부피가 약 260배로 현저히 증가한다.

🔍 액체상태의 LP가스는 물보다 약 0.51 ~ 0.58배 가볍고 기화할 때 증발잠열이 크다.

03 가연성 가스의 제조설비 중 전기설비는 방폭성능을 가진 구조로 하여야 한다. 이에 해당하지 않는 가스는?

① 수소
② 프로판
③ 일산화탄소
④ 암모니아

🔍 방폭성능 제외가스 : 암모니아, 브롬화메탄

04 산소가스를 용기에 충전할 때의 주의사항에 대한 설명으로 옳은 것은?

① 충전압력은 용기내부의 산소가 30℃로 되었을 때의 상태로 규제된다.
② 용기 제조일자를 조사하여 유효기간이 경과한 미검용기는 절대로 충전하지 않는다.
③ 미량의 기름이라면 밸브 등에 묻어 있어도 상관없다.
④ 고압밸브를 개폐시에는 신속히 조작한다.

🔍 ① 충전용기의 내부온도는 40℃ 이하로 유지한다.
③ 산소는 조연성가스이므로 밸브에 기름이 묻어 있을 경우 작업을 중단한다.
④ 고압밸브를 개폐할 경우 천천히 조작한다.

05 공기액화분리장치에서의 액화산소통 내의 액화산소 5L 중 아세틸렌의 질량이 얼마를 초과할 때 폭발방지를 위하여 운전을 중지하고 액화산소를 방출시켜야 하는가?

① 0.1mg
② 5mg
③ 50mg
④ 500mg

🔍 공기액화분리기에 설치된 액화산소통 안의 액화산소 5L 중 아세틸렌 질량이 5mg 또는 탄화수소의 탄소질량이 500mg을 넘을 때에는 운전을 중지하고 액화산소를 방출한다.

06 가연성가스를 취급하는 장소에는 누출된 가스의 폭발사고를 방지하기 위하여 전기설비를 방폭구조로 한다. 다음 중 방폭구조가 아닌 것은?

① 안전증 방폭구조
② 내열 방폭구조
③ 압력 방폭구조
④ 내압 방폭구조

🔍 방폭구조의 종류 : 압력, 내압, 유입, 안전증, 본질안전, 특수방폭구조

07 도시가스사용시설 중 자연배기식 반밀폐식 보일러에서 배기통의 옥상돌출부는 지붕면으로부터 수직거리로 몇 [cm] 이상으로 하여야 하는가?

① 30　　② 50
③ 90　　④ 100

🔍 배기통의 옥상돌출부는 지붕면으로부터 수직거리를 1m(100cm) 이상으로 한다.

08 도시가스용 가스계량기와 전기개폐기와의 이격거리는 몇 [cm] 이상으로 하여야 하는가?

① 15　　② 30
③ 45　　④ 60

🔍 가스계량기와의 유지거리
- 전기계량기 및 전기개폐기 : 60cm 이상
- 굴뚝, 전기점멸기 및 전기접속기 : 30cm 이상
- 절연조치를 하지 않은 전선 : 15cm 이상

09 용기 파열사고의 원인으로 가장 거리가 먼 것은?

① 용기의 내압력 부족
② 용기 내압의 상승
③ 용기내에서 폭발성 혼합가스에 의한 발화
④ 안전밸브의 작동

🔍 안전밸브 : 고압가스장치 또는 용기의 압력이 일정압력 이상을 초과할 때 압력을 외부로 방출하여 장치의 파손을 방지하기 위한 밸브이다.

10 고압가스시설의 가스누출검지경보장치 중 검지부 설치수량의 기준으로 틀린 것은?

① 건축물 내에 설치되어 있는 압축기, 펌프 및 열교환기 등 고압가스설비군의 바닥면 둘레가 22m인 시설에 검지부 2개 설치
② 에틸렌제조시설의 아세틸렌수첨탑으로서 그 주위에 누출한 가스가 체류하기 쉬운 장소의 바닥면 둘레가 30m인 경우에 검지부 3개 설치
③ 가열로가 있는 제조설비의 주위에 가스가 체류하기 쉬운 장소의 바닥면 둘레가 18m인 경우에 검지부 1개 설치
④ 염소충전용 접속구 군의 주위에 검지부 2개 설치

🔍 건축물 안에 설치되어 있는 냉매설비에 속하는 압축기, 펌프, 응축기, 수액기 등의 설비군의 바닥둘레 10m마다 1개 이상의 비율로 계산한 수로서 바닥둘레가 22m이므로 3개를 설치해야 한다.

11 액화석유가스의 사용시설 중 관경이 33mm 이상의 배관은 몇 [m] 마다 고정·부착하는 조치를 하여야 하는가?

① 1　　② 2
③ 3　　④ 4

🔍
- 관경이 13mm 미만 : 1m마다 고정
- 관경이 13mm 이상, 33mm 미만 : 2m마다 고정
- 관경이 33mm 이상 : 3m마다 고정

12 차량에 고정된 탱크 중 독성가스는 내용적을 얼마 이하로 하여야 하는가?

① 12,000L
② 15,000L
③ 16,000L
④ 18,000L

🔍 내용적 제한
- 가연성가스(액화석유가스 제외)나 산소 탱크의 내용적 : 18,000L
- 독성가스(액화암모니아 제외)의 내용적 : 12,000L

13 산소 압축기의 내부 윤활유로 사용되는 것은?

① 물 또는 10% 묽은 글리세린 수
② 진한 황산
③ 양질의 광유
④ 디젤엔진유

🔍 압축기 윤활유

압축기 종류	윤활유
공기 압축기	디젤엔진유
염소 압축기	진한 황산
수소 압축기	양질의 광유
산소 압축기	물 또는 10% 묽은 글리세린 수용액

14 상온에서 압축하면 비교적 쉽게 액화되는 가스는?

① 수소
② 질소
③ 메탄
④ 프로판

🔍 액화가스 : 가압·냉각 등의 방법에 의하여 액체상태로 되어 있는 가스로서 암모니아(NH_3), 염소(Cl_2), 이산화탄소(CO_2), 프로판(C_3H_8), 부탄(C_4H_{10}), 시안화수소(HCN), 황화수소(H_2S) 등이 있다.

15 다음 중 가장 높은 압력은?

① $8.0mH_2O$
② $0.82kg/cm^2$
③ $9,000kg/m^2$
④ $500mmHg$

🔍 $0.82kg/cm^2$ 압력을 기준
표준대기압 $1atm = 760mmHg = 1.0332kg/cm^2 = 10,332mH_2O$
• $8mH_2O = \frac{8}{10.332} \times 1.0332 = 0.8kg/cm^2$
• $9,000kg/m^2 = 9,000 \times 10^{-4} = 0.9kg/cm^2$
• $500mmHg = \frac{500}{760} \times 1.0332 = 0.68kg/cm^2$

16 고압가스 용기 보관의 기준에 대한 설명으로 틀린 것은?

① 용기보관장소 주위 2m 이내에는 화기를 주지 말 것
② 가연성가스·독성가스 및 산소의 용기는 각각 구분하여 용기보관장소에 놓을 것
③ 가연성가스를 저장하는 곳에는 방폭형 휴대용 손전등 외의 등화를 휴대하지 말 것
④ 충전용기와 잔가스용기는 서로 단단히 결속하여 넘어지지 않도록 할 것

🔍 충전용기와 잔가스용기는 각각 구분하여 용기보관소에 놓는다.

17 LPG를 수송할 때의 주의사항으로 틀린 것은?

① 운전중이나 정차중에도 허가된 장소를 제외하고는 담배를 피워서는 안된다.
② 운전자는 운전기술 외에 LPG의 취급 및 소화기 사용 등에 관한 지식을 가져야 한다.
③ 누출됨을 알았을 때는 가까운 경찰서, 소방서까지 직접 운행하여 알린다.
④ 주차할 때는 안전한 장소에 주차하며 운반책임자와 운전자는 동시에 차량에서 이탈하지 않는다.

🔍 운반 중 누출 등의 위해 우려가 있는 경우에는 소방서 및 경찰서에 신고한다.

18 다음 중 용기보관 장소에 대한 설명으로 틀린 것은?

① 용기보관소 경계표지는 해당보관소 또는 보관실의 출입구 등 외부로부터 보기 쉬운 곳에 게시한다.
② 수소 용기보관 장소에는 겨울철 실내온도가 내려가므로 상부의 통풍구를 막아야 한다.
③ 용기보관장소에는 계량기 등 작업에 필요한 물건 외에는 두지 않는다.
④ 가연성가스와 산소의 용기는 각각 구분하여 용기보관장소에 놓는다.

🔍 수소는 가연성가스이므로 누출시 폭발의 위험성이 있으므로 환기를 위하여 통풍구를 막아서는 안된다.

19 가연성가스와 산소의 혼합비가 완전산화에 가까울수록 발화지연은 어떻게 되는가?

① 길어진다.   ② 짧아진다.
③ 변함이 없다. ④ 일정치 않다.

🔍 발화지연시간은 가연물을 가열하여 발화에 이르기까지의 시간으로서 가연성가스와 공기의 혼합비가 완전산화에 가까울수록, 고온·고압일수록 발화지연시간은 짧아진다.

20 액화석유가스를 충전하는 충전용 주관의 압력계는 국가표준기준법에 의한 교정을 받는 압력계로 몇 [개월]마다 한번 이상 그 기능을 검사하여야 하는가?

① 1개월   ② 2개월
③ 3개월   ④ 6개월

🔍 충전용 주관의 압력계는 매월 1회 이상, 그 밖의 압력계는 3개월에 1회 이상 표준이 되는 압력계로 그 기능을 검사할 것

21 다음 중 가연성이면서 독성인 가스는?

① 아세틸렌, 프로판
② 수소, 이산화탄소
③ 암모니아, 산화에틸렌
④ 아황산가스, 포스겐

🔍 가연성이면서 독성가스 : 암모니아, 일산화탄소, 염화메탄, 브롬화메탄, 황화수소, 산화에틸렌, 시안화수소

22 국내 일반가정에 공급되는 도시가스(LNG)의 발열량은 약 몇 kcal/m³ 인가? (단, 도시가스 월사용예정량의 산정기준에 따른다.)

① 9,000
② 10,000
③ 11,000
④ 12,000

🔍 월 사용예정량(Q)의 산정
$$Q = \frac{(A \times 240) + (B \times 90)}{11,000}(m^3)$$
- Q(m³) : 월 사용예정량
- A(kcal/h) : 산업용으로 사용하는 연소기의 명판에 적힌 도시가스 소비량의 합계
- B(kcal/h) : 산업용이 아닌 연소기의 명판에 적힌 도시가스 소비량의 합계
- 도시가스발열량 : 11,000kcal/Nm³

23 다음 중 아세틸렌, 암모니아 또는 수소와 동일 차량에 적재 운반할 수 없는 가스는?

① 염소
② 액화석유가스
③ 질소
④ 일산화탄소

🔍 염소와 아세틸렌, 암모니아 또는 수소는 동일차량에 적재하여 운반하지 않을 것

24 저장설비나 가스설비를 수리 또는 청소할 때 가스 치환작업을 생략할 수 있는 경우가 아닌 것은?

① 가스설비의 내용적이 2m³ 이하일 경우
② 작업원이 설비 내부로 들어가지 않고 작업할 경우
③ 출입구의 밸브가 확실하게 폐지되어 있고 내용적 5m³ 이상의 가스설비에 이르는 사이에 2개 이상의 밸브를 설치한 경우
④ 설비의 간단한 청소, 가스켓의 교환이나 이와 유사한 경비한 작업일 경우

🔍 가스설비의 내용적이 1m³ 이하인 것

25 시안화수소의 충전시 사용되는 안정제가 아닌 것은?

① 암모니아
② 황산
③ 염화칼슘
④ 인산

🔍 시안화수소는 순도가 98% 이상이고 아황산가스 또는 황산 등의 안정제를 첨가할 것

26 특정고압가스 사용시설의 시설기준 및 기술기준으로 틀린 것은?

① 저장시설의 주위에는 보기 쉽게 경계표지를 할 것
② 가스설비에는 그 설비의 안전을 확보하기 위하여 습기 등으로 인한 부식방지조치를 할 것
③ 독성가스의 감압설비와 그 가스의 반응설비간의 배관에는 일류방지장치를 할 것
④ 고압가스의 저장량이 300kg 이상인 용기 보관실의 벽은 방호벽으로 할 것

🔍 독성가스 감압설비와 당해가스의 반응설비간의 배관에는 역류방지밸브를 설치한다.

27 내용적이 1m³인 밀폐된 공간에 프로판을 누출시켜 폭발시험을 하려고 한다. 이론적으로 최소 몇 [L]의 프로판을 누출시켜야 폭발이 이루어지겠는가? (단, 프로판의 폭발범위는 2.1~9.5%이다.)

① 2.1
② 9.5
③ 21
④ 95

🔍 1m³의 밀폐공간에서 프로판이 2.1% 이상이 되면 폭발이 이루어진다. 따라서, 1m³은 1,000L이므로 프로판이 21L 이상이 되면 폭발이 된다.

28 프레온 냉매가 실수로 눈에 들어갔을 경우 눈세척에 사용되는 약품으로 가장 적당한 것은?

① 바세린
② 약한 붕산 용액
③ 농피크린산 용액
④ 유동 파라핀

> 프레온 냉매가 눈에 들어갔을 경우
> • 살균된 광물유를 적하하여 세안한다.
> • 약한 붕산용액으로 세안한다.
> • 2% 이하의 살균 식염수로 세안한다.

29 액화가스를 충전하는 탱크는 그 내부에 액면요동을 방지하기 위하여 무엇을 설치하여야 하는가?

① 방파판
② 안전밸브
③ 액면계
④ 긴급차단장치

> 방파판 : 탱크내의 액면요동을 방지하기 위하여 설치한다.

30 가스 검지시의 지시약과 그 반응색의 연결이 옳지 않은 것은?

① 산성가스 – 리트머스지 : 적색
② $COCl_2$ – 하리슨씨시약 : 심등색
③ CO – 염화파라듐지 : 흑색
④ HCN – 질산구리벤젠지 : 적색

> 시료가스에 따른 시험지와 변색

검지가스	시험지	변색
산성가스	적색리트머스지	적색
시안화수소(HCN)	질산구리벤젠지	청색
일산화탄소(CO)	염화파라듐지	흑색
포스겐($COCl_2$)	하리슨 시험지	오렌지색

31 다음 중 고압가스 충전시설 시설기준에서 풍향계를 설치하여야 할 가스는?

① 액화석유가스
② 압축산소가스
③ 액화질소가스
④ 암모니아가스

> 독성(암모니아)가스제조설비에는 풍향계를 설치하고 풍향계는 식별이 용이한 위치 및 높이에 설치할 것

32 LP가스를 도시가스와 비교하여 사용시 장점으로 옳지 않은 것은?

① LP가스는 열용량이 크기 때문에 작은 배관경으로 공급할 수 있다.
② LP가스는 연소용 공기 또는 산소가 다량으로 필요하지 않는다.
③ LP가스는 입지적 제약이 없다.
④ LP가스는 조성이 일정하다.

> LP가스의 주성분은 프로판과 부탄이며 도시가스의 주성분은 메탄이므로 LP가스는 도시가스보다 연소용 공기 또는 산소를 더 많이 필요로 한다.

33 다음 정압기 중 고차압이 될수록 특성이 좋아지는 것은?

① Reynolds식
② axial flow식
③ Fisher식
④ KRF식

> 엑셜 플로우(Axial–flow)식 정압기 특징
> • 변칙 Unloading 형식이다.
> • 정특성과 동특성이 양호하다.
> • 극히 콤팩트하다.
> • 고차압이 될수록 특성이 양호해진다.

34 압축기가 과열 운전되는 원인으로 가장 거리가 먼 것은?

① 압축비 증대
② 윤활유 부족
③ 냉동부하의 감소
④ 냉매량 부족

> 냉동부하가 감소하면 압축일량이 작게 되어 압축기가 과열운전되지 않는다.

35 다음 중 아세틸렌 및 합성용 가스의 제조에 사용되는 반응장치는?

① 축열식 반응기
② 탑식 반응기
③ 유동층식 접촉반응기
④ 내부 연소식 반응기

36 백금-백금로듐 열전대 온도계의 온도 측정 범위로 옳은 것은?

① -180 ~ 350　　② -20 ~ 800℃
③ 0 ~ 1,600　　④ 300 ~ 2,000℃

> 열전대온도계 측정범위
> • 백금-백금로듐 : 0~1,600℃
> • 철-콘스탄탄 : -20~800℃
> • 크로멜-알로멜 : -20~1,200℃
> • 구리-콘스탄탄 : -200~350℃

37 한 쪽 조건이 충족되지 않으면 다른 제어는 정지되는 자동제어 방식은?

① 피드백　　② 시퀀스
③ 인터록　　④ 프로세스

> 인터록회로 : 2대 이상의 기기를 운전하는 경우 기기의 보호를 위해 운전순서를 결정하거나 동시기동을 피할 경우에 사용하는 기기의 동작을 금지하는 회로이다.

38 압축기에서 사용하는 윤활유 선택시 주의사항으로 틀린 것은?

① 사용가스와 화학반응을 일으키지 않을 것
② 인화점이 높을 것
③ 정제도가 높고 잔류탄소의 양이 적을 것
④ 점도가 적당하고 항유화성이 적을 것

> 윤활유는 점도가 적당하고 항 유화성이 클 것

39 다음 중 흡수분석법의 종류가 아닌 것은?

① 헴펠법　　② 활성알루미나법
③ 오르자트법　　④ 게겔법

> 흡수분석법 : 헴펠법, 오르자트법, 게겔법

40 다음 중 2차 압력계이며 탄성을 이용하는 대표적인 압력계는?

① 브르동관식 압력계　　② 수은주 압력계
③ 벨로우즈식 압력계　　④ 자유피스톤형 압력계

> 브르동관식 압력계는 탄성을 이용한 2차 압력계로서 가장 많이 사용된다.

41 다음 중 초저온 저장탱크에 사용하는 재질로 적당하지 않은 것은?

① 탄소강
② 18-8 스테인리스강
③ 9% 니켈강
④ 동합금

> 저압 용접용기 : 탄소강

42 아세틸렌의 정성시험에 사용하는 시약은?

① 질산은
② 구리암모니아
③ 염산
④ 피로카롤

> 아세틸렌 품질검사 : 발연황산시약을 사용한 오르자트법 또는 브롬시약을 사용한 뷰렛법에 의한 시험에서 순도가 98% 이상이고 질산은시약을 사용한 정성시험에서 합격한 것으로 한다.

43 크로멜-알루멜(K형) 열전대에서 크로멜의 구성성분은?

① Ni-Cr　　② Cu-Cr
③ Fe-Cr　　④ Mn-Cr

> • 크로멜의 구성성분 : Ni : 90%, Cr : 10%
> • 알루멜의 구성성분 : Ni : 94%, Al : 3%, Mn : 2%, Si : 1%

44 외경이 300mm이고, 두께가 30mm인 가스용폴리에틸렌(PE)관의 사용 압력범위는?

① 0.4MPa 이하
② 0.25MPa 이하
③ 0.2MPa 이하
④ 0.1MPa 이하

> 가스용 폴리에틸렌관은 직사광선과 열에 약하므로 매몰배관에 사용되며 최고사용압력은 0.4MPa 이하이다.

45 액화가스 충전에는 액펌프와 압축기가 사용될 수 있다. 이 때 압축기를 사용하는 경우의 특징이 아닌 것은?

① 충전시간이 짧다.
② 베이퍼록 등 운전상 장애가 일어난다.
③ 재액화 현상이 일어날 수 있다.
④ 잔가스의 회수가 가능하다.

> 베이퍼록 현상 : 저비점의 액체를 이송할 때 펌프의 입구측에서 액체가 기화하는 현상으로서 회전속도가 빠른 회전펌프에서 주로 발생한다.

46 대기압이 1.033kgf/cm²일 때 산소 용기에 달린 압력계의 읽음이 10kgf/cm²이었다. 이때의 계기압력은 몇 [kgf/cm²] 인가?

① 1.033
② 8.976
③ 10
④ 11.033

> 계기(게이지)압력 Pg = 10kgf/cm²

47 다음 중 희(稀)가스가 아닌 것은?

① He
② Kr
③ Xe
④ O_3

> 희가스의 종류 : 헬륨(He), 아르곤(Ar), 네온(Ne), 크세논(Xe), 크립톤(Kr), 라돈(Rn)

48 수돗물의 살균과 섬유의 표백용으로 주로 사용되는 가스는?

① F_2
② Cl_2
③ O_2
④ CO_2

> 염소(Cl_2)의 용도 : 수돗물의 살균 및 소독제 및 섬유 표백용으로 사용된다.

49 1기압, 150℃에서의 가스상 탄화수소의 점도가 가장 높은 것은?

① 메탄
② 에탄
③ 프로필렌
④ n-부탄

> 탄화수소(C_mH_n) 가스의 점도는 일반적으로 분자량이 작을수록 커진다.

가스명	분자량	가스명	분자량
메탄(CH_4)	16	프로필렌(C_3H_6)	42
에탄(C_2H_6)	30	n-부탄(C_4H_{10})	58

50 다음 중 산화철이나 산화알루미늄에 의해 중합반응을 하는 가스는?

① 산화에틸렌
② 시안화수소
③ 에틸렌
④ 아세틸렌

> 산화에틸렌은 산, 알칼리, 산화철, 산화알루미늄과 반응하여 중합폭발을 일으킨다.

51 수분이 존재할 때 일반강재를 부식시키는 가스는?

① 일산화탄소
② 수소
③ 황화수소
④ 질소

> 황화수소의 황화작용에 의하여 철(Fe)과 니켈(Ni)을 부식시키고, 습기가 존재할 경우 부식을 촉진시킨다.

52 산화에틸렌에 대한 설명으로 틀린 것은?

① 산화에틸렌의 저장탱크에는 그 저장탱크 내용적의 90%를 초과하는 것을 방지하는 과충전 방지조치를 한다.
② 산화에틸렌 제조설비에는 그 설비로부터 독성가스가 누출될 경우 그 독성가스로 인한 중독을 방지하기 위하여 제독설비를 설치한다.
③ 산화에틸렌 저장탱크는 45℃에서 그 내부 가스의 압력이 0.4MPa 이상이 되도록 탄산가스를 충전한다.
④ 산화에틸렌을 충전한 용기는 충전 후 24시간 정치하고 용기에 충전 연월일을 명기한 표지를 붙인다.

> 산화에틸렌 충전
> - 산화에틸렌의 저장탱크는 그 내부의 질소가스, 탄산가스, 산화에틸렌의 분위기 가스를 질소가스 또는 탄산가스로 치환하고 5℃ 이하로 유지한다.
> - 산화에틸렌 저장탱크 및 충전용기는 45℃에서 그 내부가스의 압력이 0.4MPa 이상이 되도록 질소가스 또는 탄산가스로 충전한다.

53 이산화탄소에 대한 설명으로 틀린 것은?

① 공기보다 무겁다.
② 무색, 무취의 기체이다.
③ 상온에서 액화가 가능하다.
④ 물에 녹이면 강알칼리성을 나타낸다.

> 이산화탄소는 물에는 잘 녹지 않으나 물에 녹이면 약산성이 된다.

54 다음 중 착화온도가 가장 낮은 것은?

① 메탄　　　② 일산화탄소
③ 프로판　　④ 수소

> 가스의 착화온도

가스	착화점	가스	착화점
프로판	466℃	수소	530℃
메탄	537℃	일산화탄소	605℃

55 수소 가스와 등량 혼합시 폭발성이 있는 가스는?

① 질소　　　② 염소
③ 아세틸렌　④ 암모니아

> 수소가스는 염소와 반응하면 폭발을 일으킨다.
> 염소폭명기 $H_2 + Cl_2 \rightarrow 2HCl + 44kcal$

56 가스의 기초법칙에 대한 설명으로 옳은 것은?

① 열역학 제1법칙 : 100% 효율을 가지고 있는 열기관은 존재하지 않는다.
② 그라함(Graham)의 확산법칙 : 기체의 확산(유출)속도는 그 기체의 분자량(밀도)의 제곱근에 비례한다.
③ 아마가트(Amagat)의 분압법칙 : 이상기체 혼합물의 전체압력은 각 성분 기체의 분압의 합과 같다.
④ 돌턴(Dalton)의 분용법칙 : 이상기체 혼합물의 전체부피는 각 성분의 부피의 합과 같다.

> - 열역학 제1법칙 : 에너지의 공급을 받지 않고 일을 계속할 수 있는 기관은 존재할 수 없다.
> - 아마가트의 법칙 : 기체 혼합물의 전 부피는 동일 온도 및 압력하에서 각 성분 기체의 부분부피의 합과 같다.
> - 돌턴의 분압법칙 : 혼합기체의 전압은 각 성분의 분압의 합과 같다.

57 가스의 연소와 관련하여 공기 중에서 점화원 없이 연소하기 시작하는 최저온도를 무엇이라고 하는가?

① 인화점
② 발화점
③ 끓는점
④ 융해점

> - 인화점 : 가연성물질에 불꽃을 접하여 발화될 수 있는 최저온도
> - 착화점(발화점) : 점화원이 없이 그 물질자체가 열을 축척하여 발화되는 최저온도

58 내용적이 48m³인 LPG저장탱크에서 부탄 18톤을 충전한다면 저장탱크 내의 액체 부탄의 용적은 상용의 온도에서 저장탱크 내용적의 약 몇 [%]가 되겠는가? (단, 저장탱크 상용온도에 있어서의 액체 부탄의 비중은 0.55로 한다.)

① 58　　② 68
③ 78　　④ 88

> 액화가스 저장탱크의 저장량 $W = 0.9 dV_2$ 에서
> $W = 0.9 \times 0.55 \times 48 = 23.76 ton$
> 부탄을 저장탱크에 90% 충전하므로
> 액체부탄의 용적. $\frac{18ton \times 0.9}{23.76ton} \times 100\% = 68.2\%$

59 다음 LNG와 SNG에 대한 설명으로 옳은 것은?

① LNG는 액화석유가스를 말한다.
② SNG는 각종 도시가스의 일종이다.
③ 액체 상태의 나프타를 LNG라 한다.
④ SNG는 대체 천연가스 또는 합성 천연가스를 말한다.

🔍 SNG : 대체천연가스(Substitute Natural Gas) 또는 합성천연가스(Synthetic Natural Gas)

60 수소의 용도에 대한 설명으로 가장 거리가 먼 것은?

① 암모니아 합성가스의 원료로 이용
② 2,000℃ 이상의 고온을 얻어 인조보석, 유리 제조 등에 이용
③ 산화력을 이용하여 니켈 등 금속의 산화에 이용
④ 기구나 풍선 등에 충전하여 부양용으로 사용

🔍 수소는 금속제련시 환원제로 사용한다.

정답 CBT 대비 적중모의고사 – 2회

01 ②	02 ②	03 ④	04 ②	05 ②
06 ②	07 ④	08 ④	09 ④	10 ①
11 ③	12 ①	13 ①	14 ④	15 ③
16 ④	17 ③	18 ②	19 ②	20 ①
21 ③	22 ③	23 ①	24 ①	25 ①
26 ③	27 ③	28 ②	29 ①	30 ④
31 ④	32 ②	33 ②	34 ③	35 ④
36 ③	37 ③	38 ④	39 ②	40 ③
41 ①	42 ①	43 ①	44 ①	45 ②
46 ③	47 ④	48 ②	49 ①	50 ①
51 ③	52 ④	53 ④	54 ③	55 ②
56 ②	57 ②	58 ②	59 ④	60 ③

3회 CBT 대비 적중모의고사

01 사업자등은 그의 시설이나 제품과 관련하여 가스사고가 발생한 때에는 한국가스안전공사에 통보하여야 한다. 사고의 통보시에 통보내용에 포함되어야 하는 사항으로 규정하고 있지 않는 사항은?

① 피해현황(인명 및 재산) ② 시설현황
③ 사고내용 ④ 사고원인

> 사고통보를 할 때 통보내용
> • 피해현황(인명 및 재산)
> • 시설현황
> • 사고내용
> • 사고발생장소
> • 사고발생일시
> • 통보자의 소속, 직위, 성명 및 연락처

02 저장탱크의 지하설치기준에 대한 설명으로 틀린 것은?

① 천정, 벽 및 바닥의 두께가 각각 30cm 이상인 방수조치를 한 철근콘크리트로 만든 곳에 설치한다.
② 지면으로부터 저장탱크의 정상부까지의 깊이는 1m 이상으로 한다.
③ 저장탱크에 설치한 안전밸브에는 지면에서 5m 이상의 높이에 방출구가 있는 가스방출관을 설치한다.
④ 저장탱크를 매설한 곳의 주위에는 지상에 경계표지를 설치한다.

> 지면으로부터 저장탱크의 정상부까지의 깊이는 60cm 이상으로 한다.

03 가스보일러 설치기준에 따라 반밀폐식 가스보일러의 공동배기방식에 대한 기준으로 틀린 것은?

① 공동배기구의 정상부에서 최상층 보일러의 역풍방지장치 개구부 하단까지의 거리가 5m일 경우 공동배기구에 연결시킬 수 있다.
② 공동배기구 유효단면적 계산식(A = Q×0.6×K×F+P)에서 P는 배기통의 수평투영면적(mm^2)을 의미한다.
③ 공동배기구는 굴곡 없이 수직으로 설치하여야 한다.
④ 공동배기구는 화재에 의한 피해확산 방지를 위하여 방화 댐퍼(Damper)를 설치하여야 한다.

> 공동배기방식의 설치기준
> • 공동배기구의 정상부에서 최상층 보일러의 역풍방지장치 개구부 하단까지의 거리가 4m 이상일 때는 공동배기구에 연결하고 그 이하일 경우에는 단독 배기통 방식으로 한다.
> • 공동배기구는 굴곡없이 수직으로 설치하고 원형 또는 정사각형에 가깝도록 하고 가로, 세로의 비는 1:1.4 이하로 한다.
> • 공동배기구 및 배기통에는 방화댐퍼를 설치하지 않는다.

04 가연성 물질을 취급하는 설비는 그 외면으로부터 몇 [m] 이내에 온도상승방지 설비를 하여야 하는가?

① 10m ② 15m
③ 20m ④ 30m

> 온도상승방지설비 : 가연성물질을 취급하는 설비의 경우 외면으로부터 20m 이내에 설치

05 아세틸렌이 은, 수은과 반응하여 폭발성의 금속 아세틸라이드를 형성하여 폭발하는 형태는?

① 분해폭발 ② 화합폭발
③ 산화폭발 ④ 압력폭발

> 구리(Cu), 은(Ag), 수은(Hg) 등에 아세틸렌을 접촉시키면 화합폭발이 일어나며 폭발성의 금속 아세틸라이드를 생성한다.

06 고압가스안전관리법에서 규정한 특정고압가스에 해당하지 않는 것은?

① 삼불화질소 ② 사불화규소
③ 수소 ④ 오불화비소

🔍 특정고압가스 : 포스핀, 셀렌화수소, 게르만, 디실란, 오불화비소, 오불화인, 삼불화인, 삼불화질소, 삼불화붕소, 사불화유황, 사불화규소

🔍 독성가스 배관시 2중배관으로 설치해야 하는 가스 : 염소, 시안화수소, 황화수소, 포스겐, 아황산가스, 암모니아, 산화에틸렌, 염화메탄

07 고압가스안전관리법에 정하고 있는 저장능력 산정기준에 대한 설명으로 옳은 것은?

① 압축가스와 액화가스의 저장탱크 능력 산정식은 동일하다.
② 저장능력 합산시에는 액화가스 10kg을, 압축가스 10m³로 본다.
③ 저장탱크 및 용기가 배관으로 연결된 경우에는 각각의 저장능력을 합산한다.
④ 액화가스 용기 저장능력 산정식은 $W = 0.9dV_2$ 이다.

🔍 저장능력 산정기준
• 저장탱크 및 용기가 배관으로 연결된 경우에는 각각의 저장능력을 합산한다.
• 저장능력 합산시에는 액화가스 10kg을 압축가스 1m³로 본다.
• 압축가스 저장탱크 및 용기 저장능력 식 $Q = (10P+1)V_1(m^3)$
• 액화가스 저장탱크 저장능력 식 $W = 0.9dV_2(kg)$
• 액화가스 용기 저장능력 식 $W = \frac{V_2}{C}(kg)$

08 플레어스택의 높이는 지표면에 미치는 복사열이 얼마 이하가 되도록 설치하여야 하는가?

① 1,000kcal/m² · hr
② 2,000kcal/m² · hr
③ 3,000kcal/m² · hr
④ 4,000kcal/m² · hr

🔍 플레어스택의 설치위치 및 높이는 플레어스택 바로 밑의 지표면에 미치는 복사열이 4,000kcal/m² · h 이하가 되도록 한다.

09 독성가스 배관은 안전한 구조를 갖도록 하기 위해 2중관 구조로 하여야 한다. 다음 가스 중 2중관으로 하지 않아도 되는 가스는?

① 암모니아   ② 염화메탄
③ 시안화수소 ④ 에틸렌

10 압축, 액화 그 밖의 방법으로 처리할 수 있는 가스의 용적이 1일 100m³ 이상인 사업소에는 표준이 되는 압력계를 몇 [개] 이상 비치하여야 하는가?

① 1개
② 2개
③ 3개
④ 4개

🔍 가스의 용적이 1일 100m³ 이상인 사업소에는 압력계를 2개 이상 설치할 것

11 다음 중 1종 보호시설이 아닌 것은?

① 대지면적이 2,000제곱미터에 신축한 주택
② 국보 제1호인 숭례문
③ 시장에 있는 공중목욕탕
④ 건축연면적이 300제곱미터인 유아원

🔍 제2종 보호시설 : 주택, 사람을 수용하는 건축물(가설건축물을 제외)로서 사실상 독립된 부분의 연면적이 100m² 이상 1,000m² 미만인 것

12 초저온 용기에 대한 정의로 옳은 것은?

① 임계온도가 50℃ 이하인 액화가스를 충전하기 위한 용기
② 강판과 동판으로 제조된 용기
③ -50℃ 이하인 액화가스를 충전하기 위한 용기로서 용기내의 가스온도가 상용의 온도를 초과하지 않도록 한 용기
④ 단열재로 피복하여 용기내의 가스온도가 상용의 온도를 초과하도록 조치된 용기

🔍 초저온용기 : -50℃ 이하인 액화가스를 충전하기 위한 용기로서 단열재로 피복하여 용기 내의 가스 온도가 상용의 온도를 초과하지 아니하도록 조치한 용기

13 액화석유가스를 저장하는 저장능력 10,000리터의 저장탱크가 있다. 긴급차단장치를 조작할 수 있는 위치는 해당 저장탱크로부터 몇 [미터] 이상에서 조작할 수 있어야 하는가?

① 3m ② 4m
③ 5m ④ 6m

🔍 긴급차단장치 : 저장탱크로부터 5m 이상 떨어진 곳에 1개 이상 설치할 것

14 엘피지의 충전용기와 잔가스 용기의 보관장소는 얼마 이상의 간격을 두어 구분이 되도록 해야 하는가?

① 1.5m 이상 ② 2m 이상
③ 2.5m 이상 ④ 3m 이상

15 염소(Cl$_2$)가스의 위험성에 대한 설명으로 틀린 것은?

① 독성가스이다.
② 무색이고 자극적인 냄새가 난다.
③ 수분존재시 금속에 강한 부식성을 갖는다.
④ 유기화합물과 반응하여 폭발적인 화합물을 만든다.

🔍 염소는 상온에서 기체이며 심한 자극성을 가진 황록색의 독성가스 및 조연성가스이다.

16 염소의 재해 방지용으로 사용되는 제독제가 될 수 없는 것은?

① 소석회 ② 탄산소다 수용액
③ 가성소다 수용액 ④ 물

🔍 염소의 제독제 : 소석회, 탄산소다 수용액, 가성소다 수용액

17 액화석유가스 자동차용기 충전소에 설치하는 충전기의 충전호스 기준에 대한 설명으로 틀린 것은?

① 충전호스에 과도한 인장력이 가해졌을 때 충전기와 가스주입기가 분리될 수 있는 안전장치를 설치한다.
② 충전호스에 부착하는 가스주입기는 원터치형으로 한다.
③ 자동차 제조공정 중에 설치된 충전호스에 부착하는 가스주입기는 원터치형으로 하지 않을 수 있다.
④ 자동차 제조공정 중에 설치된 충전호스의 길이는 5m 이상으로 할 수 있다.

🔍 충전호스의 길이는 5m 이내(자동차제조공정 중에서 설치된 것은 제외)로 하고 가스주입기는 원터치형으로 할 것

18 독성가스의 저장탱크에는 과충전 방지장치를 설치하도록 규정되어 있다. 저장탱크의 내용적 몇 [%]를 초과하여 충전되는 것을 방지하기 위한 것인가?

① 80% ② 85%
③ 90% ④ 95%

🔍 과충전방지 장치 : 저장탱크에 충전된 독성가스의 용량이 90%에 이르렀을 때 용량이 검지되었을 때는 지체없이 경보를 울리는 장치

19 공기 중의 산소농도나 분압이 높아지는 경우의 연소에 대한 설명으로 틀린 것은?

① 연소속도 증가 ② 발화온도 상승
③ 점화 에너지의 감소 ④ 화염온도의 상승

🔍 산소의 농도가 클수록, 증기분압이 높을수록 발화온도는 낮아진다.

20 가연성가스의 검지경보장치 중 반드시 방폭성능을 갖지 않아도 되는 가스는?

① 수소 ② 일산화탄소
③ 암모니아 ④ 아세틸렌

🔍 방폭구조 설치제외 가스 : 암모니아, 브롬화메탄

21 일반도시가스사업자 정압기 입구측의 압력이 0.6MPa일 경우 안전밸브 분출구의 크기는 얼마 이상으로 해야 하는가?

① 20A 이상 ② 30A 이상
③ 50A 이상 ④ 100A 이상

> 정압기에 설치되는 안전밸브 분출구의 크기
> - 정압기 입구측의 압력이 0.5MPa 이상인 것은 50A 이상으로 한다.
> - 정압기 입구측의 압력이 0.5MPa 미만인 것은 정압기의 설계유량에 따라 다음 기준에 따른 크기로 한다.
>   - 정압기 설계유량이 1000Nm³/h 이상인 것은 50A 이상
>   - 정압기 설계유량이 1000Nm³/h 미만인 것은 25A 이상

22 C_2H_2 제조설비에서 제조된 C_2H_2를 충전용기에 충전시 위험한 경우는?

① 아세틸렌이 접촉되는 설비부분에 동함량 72%의 동합금을 사용하였다.
② 충전 중의 압력을 2.5MPa 이하로 하였다.
③ 충전 후에 압력이 15℃에서 1.5MPa 이하로 될 때까지 정치하였다.
④ 충전용 지관은 탄소함유량이 0.1% 이하의 강을 사용하였다.

> 아세틸렌(C_2H_2)은 동 또는 동함유량이 62%를 초과하는 동합금을 사용해서는 안된다.

23 가스계량기와 전기개폐기와의 이격거리는 최소 얼마 이상이어야 하는가?

① 10cm
② 15cm
③ 30cm
④ 60cm

> 가스계량기와 전기계량기 및 전기개폐기와의 거리는 60cm 이상, 굴뚝, 전기점멸기 및 전기접속기와의 거리는 30cm 이상, 절연조치를 하지 않은 전선과의 거리는 15cm 이상의 거리를 유지할 것

24 압축천연가스자동차 충전의 저장설비 및 완충탱크 안전장치의 방출관 시설기준으로 옳은 것은?

① 방출관은 지상으로부터 20m 이상의 높이 또는 저장탱크 및 완충탱크의 정상부로부터 10m의 높이 중 높은 위치로 한다.
② 방출관은 지상으로부터 15m 이상의 높이 또는 저장탱크 및 완충탱크의 정상부로부터 5m의 높이 중 높은 위치로 한다.
③ 방출관은 지상으로부터 10m 이상의 높이 또는 저장탱크 및 완충탱크의 정상부로부터 3m의 높이 중 높은 위치로 한다.
④ 방출관은 지상으로부터 5m 이상의 높이 또는 저장탱크 및 완충탱크의 정상부로부터 2m의 높이 중 높은 위치로 한다.

> 저장탱크에 설치한 방출관은 지면에서 5m 이상 또는 그 저장탱크의 정상부로부터 2m 이상의 높이 중 더 높은 위치에 설치한다.

25 가연성가스 제조시설의 고압가스설비(저장탱크 및 배관은 제외한다)에는 그 외면으로부터 다른 가연성가스 제조시설의 고압가스설비와 몇 m 이상의 거리를 유지하여야 하는가?

① 2
② 3
③ 5
④ 10

> 가연성가스 제조시설의 고압가스설비는 그 외면으로부터 다른 가연성가스 제조시설의 고압가스설비와 5m 이상으로 할 것

26 포스겐의 취급사항에 대한 설명 중 틀린 것은?

① 포스겐을 함유한 폐기액은 산성물질로 충분히 처리한 후 처분할 것
② 취급시에는 반드시 방독마스크를 착용할 것
③ 환기시설을 갖출 것
④ 누설시 용기부식의 원인이 되므로 약간의 누설에도 주의할 것

> 포스겐은 가성소다 또는 탄산소다 등으로 중화시킨 후 처리한다.

27 고압가스 용기의 어깨부분에 "FP : 15MPa"라고 표기되어 있다. 이 의미를 옳게 설명한 것은?

① 사용압력이 15MPa 이다.
② 설계압력이 15MPa 이다.
③ 내압시험압력이 15MPa 이다.
④ 최고충전압력이 15MPa 이다.

> 최고충전압력 : 기호-FP, 단위-MPa

28 다음 가스의 일반적인 성질에 대한 설명 중 틀린 것은?

① 염산(HCl)은 암모니아와 접촉하면 흰연기를 낸다.
② 시안화수소(HCN)는 복숭아 냄새가 나는 맹독성 기체이다.
③ 염소(Cl_2)는 황녹색의 자극성 냄새가 나는 맹독성 기체이다.
④ 수소(H_2)는 저온·저압하에서 탄소강과 반응하여 수소취성을 일으킨다.

🔍 수소는 고온, 고압에서 강의 탄소와 반응하여 탈탄작용에 의해 메탄이 생성되고 수소취성을 일으킨다.

29 부탄(C_4H_{10})의 위험도는 약 얼마인가? (단, 폭발범위는 1.9~8.5%이다.)

① 1.23
② 2.27
③ 3.47
④ 4.58

🔍 위험도 $H = \dfrac{U-L}{L}$ 에서
$H = \dfrac{8.5 - 1.9}{1.9} = 3.47$

30 다음 방류둑의 구조에 대한 설명으로 틀린 것은?

① 방류둑의 재료는 철근콘크리트, 철골·철근콘크리트, 흙 또는 이들을 조합하여 만든다.
② 철근콘크리트는 수밀성 콘크리트를 사용한다.
③ 성토는 수평에 대하여 45°이하의 기울기로 하여 다져 쌓는다.
④ 방류둑은 액밀하지 않는 것으로 한다.

🔍 방류둑은 액밀(液密)한 구조일 것

31 다음 중 일체형 냉동기로 볼 수 없는 것은?

① 냉매설비 및 압축기용 원동기가 하나의 프레임 위에 일체로 조립된 것
② 냉동설비를 사용할 때 스톱밸브 조작이 필요한 것
③ 응축기 유니트와 증발기 유니트가 냉매배관으로 연결된 것으로서 1일 냉동능력이 20톤 미만인 공조용 패키지 에어콘
④ 사용 장소에 분할·반입하는 경우에 냉동설비에 용접 또는 절단을 수반하는 공사를 하지 아니하고 재조립하여 냉동제조용으로 사용할 수 있는 것

🔍 일체형 냉동기는 냉동설비를 사용할 때 스톱밸브 조작이 필요 없는 것을 말한다.

32 수소취성을 방지하기 위하여 첨가되는 원소가 아닌 것은?

① Mo   ② W
③ Ti   ④ Mn

🔍 수소취성을 방지하는 원소 : Cr(크롬), W(텅스텐), Mo(몰리브덴), Ti(티타늄), V(바나듐)

33 기어펌프로 10kg 용기에 LP 가스를 충전하던 중 베이퍼록이 발생되었다면 그 원인으로 틀린 것은?

① 저장탱크의 긴급차단밸브가 충분히 열려 있지 않았다.
② 스트레이너에 녹, 먼지가 끼었다.
③ 펌프의 회전수가 적었다.
④ 흡입측 배관의 지름이 가늘었다.

🔍 베이퍼록 현상 : 저비점의 액체를 이송할 때 펌프의 입구측에서 액체가 기화하는 현상으로서 회전속도가 빠르거나 흡입측 배관이 가늘고 막혀 있을 경우에 발생한다.

34 배관용밸브 제조자가 안전관리규정에 따라 자체검사를 적정하게 수행하기 위해 갖추어야 하는 계측기기에 해당하는 것은?

① 내전압시험기   ② 토크메타
③ 대기압계   ④ 표면온도계

🔍 밸브조작에 밸브렌치나 토크렌치를 사용하는 경우 재질 및 구조에 안전한 개폐에 필요한 표준토크 조작력으로 조작해야 하므로 토크메타가 필요하다.

35 액체질소 순도가 99.999%이면 불순물은 몇 [ppm]인가?

① 1
② 10
③ 100
④ 1,000

> ppm은 중량 100만분율을 표시한 것으로서 불순물은 0.001%이므로 10ppm에 해당한다.

36 오리피스, 벤투리관 및 플로노즐에 의하여 유량을 구할 때 가장 관계가 있는 것은?

① 유로의 교축기구 전후의 압력차
② 유로의 교축기구 전후의 성상차
③ 유로의 교축기구 전후의 온도차
④ 유로의 교축기구 전후의 비중차

> 오리피스, 벤투리관, 플로노즐은 베르누이 원리를 이용하여 교축(조리개)부 전후의 압력차로 유속을 구하여 유량을 측정한다.

37 다음 ( ) 안에 알맞은 말은?

> 도시가스용 압력조정기의 유량시험은 조절스프링을 고정하고 입구압력 범위안에서 (㉮)을 통과시킬 경우 출구압력은 제조자가 제시한 설정압력의 ±(㉯)% 이내로 한다.

① ㉮ 최대표시유량, ㉯ 10
② ㉮ 최대표시유량, ㉯ 20
③ ㉮ 최대출구유량, ㉯ 10
④ ㉮ 최대출구유량, ㉯ 20

38 공기액화분리장치에 들어가는 공기 중에 아세틸렌가스가 혼입되면 안되는 주된 이유는?

① 질소와 산소의 분리에 방해가 되므로
② 산소의 순도가 나빠지기 때문에
③ 분리기내의 액체산소의 탱크내에 들어가 폭발하기 때문에
④ 배관내에서 동결되어 막하므로

> 공기취입구로부터 아세틸렌(가연성 가스)이 혼입되면 액화산소(조연성 가스) 탱크 내에서 폭발이 발생한다.

39 촉매를 사용하여 사용온도 400~800℃에서 탄화수소와 수증기를 반응시켜 메탄, 수소, 일산화탄소, 이산화탄소로 변환하는 방법은?

① 열분해공정
② 접촉분해공정
③ 부분연소공정
④ 수소화분해공정

> • 열분해 프로세스 : 분자량이 큰 원료(나프타, 원유)를 800~900℃로 분해하여 고열량(10,000kcal/Nm³)의 가스를 제조하는 공정
> • 부분연소 프로세스 : 고온, 고압에서 탄화수소를 원료로 산소, 공기, 수증기를 이용하여 탄산가스, 일산화탄소, 메탄, 수소 등을 제조하는 공정
> • 수소화분해 프로세스 : 니켈(Ni) 등의 촉매를 사용하여 나프타 등 C/H비(탄화수소/수소)가 낮은 탄화수소를 메탄으로 변화시키는 공정

40 압축기에서 다단압축을 하는 주된 목적은?

① 압축일과 체적효율 증가
② 압축일 증가와 체적효율 감소
③ 압축일 감소와 체적효율 증가
④ 압축일과 체적효율 감소

> 다단압축을 채택하면 압축일이 감소되어 체적효율이 증가한다.

41 고온·고압하의 가스 배관에 주로 쓰이며 분해, 보수 등이 용이하나 매설배관에는 부적당한 접합방법은?

① 플랜지접합
② 나사접합
③ 차입접합
④ 용접접합

> 플랜지접합 : 볼트와 너트로 플랜지를 접속하여 관을 연결하는 이음으로서 관을 자주 분해 또는 보수를 필요로 하는 곳에 사용한다.

42 고압식 공기액화 분리장치에서 구조상 없는 부품은?

① 아세틸렌 흡착기
② 열교환기
③ 수소액화기
④ 팽창기

43 강의 표면에 타금속을 침투시켜 표면을 경화시키고 내식성, 내산화성을 향상시키는 것을 금속침투법이라 한다. 그 종류에 해당되지 않는 것은?

① 세라다이징(Sheradizing)
② 칼로라이징(Calorizing)
③ 크로마이징(Chromizing)
④ 도우라이징(Dowrizing)

🔍 금속 침투법의 종류 : 크로마이징, 칼로라이징, 실리코나이징, 보로나이징, 세라다이징

44 압축천연가스(CNG) 자동차 충전소에 설치하는 압축가스설비의 설계압력이 25MPa인 경우 압축가스설비에 설치하는 압력계의 법적 최대지시눈금은 최소 얼마 이상으로 하여야 하는가?

① 25.0MPa
② 27.5MPa
③ 37.5MPa
④ 50.0MPa

🔍 압력계의 최대눈금은 상용압력의 1.5배 이상, 2배 이하로 해야 한다.
$P = 25 \times (1.5 \sim 2) = 37.5 \sim 50 MPa$
(최소눈금 37.5MPa, 최대눈금 50MPa)

45 침종식 압력계에서 사용하는 측정원리(법칙)는 무엇인가?

① 아르키메데스의 원리
② 파스칼의 원리
③ 뉴턴의 법칙
④ 돌턴의 법칙

🔍 침종식 압력계 : 아르키메데스의 원리를 이용하여 액체 중의 침종이 상하로 움직여 압력을 측정하는 방식이다.

46 암모니아 가스를 저장하는 용기에 대한 설명으로 틀린 것은?

① 용접용기로 재질은 탄소강으로 한다.
② 검지경보장치는 방폭성능을 가지지 않아도 된다.
③ 충전구의 나사형식은 왼나사로 한다.
④ 용기의 바탕색은 백색으로 한다.

🔍 충전구의 나사형식 : 조연성 가스 및 불연성 가스, 암모니아(NH_3), 브롬화메탄(CH_3Br)은 오른나사로 한다.

47 1Pa는 몇 [N/m²]인가?

① 1
② 10^2
③ 10^3
④ 10^4

🔍 $1Pa = 1N/m^2$

48 메탄의 성질에 대한 설명으로 틀린 것은?

① 무색, 무취의 기체이다.
② 파란색 불꽃을 내며 탄다.
③ 공기와 산소와의 혼합물에 불을 붙이면 폭발한다.
④ 불안정하며 격렬히 반응한다.

🔍 메탄은 파라핀계 탄화수소로서 안정된 가스이다.

49 표준상태에서 프로판 22g을 완전연소시켰을 때 얻어지는 이산화탄소의 부피는 몇 [L] 인가?

① 23.6
② 33.6
③ 35.6
④ 67.6

🔍 프로판의 완전연소식
$C_3H_8 + 5O_2 \rightarrow 3CO_2 + 4H_2O$
44g   3×22.4L
22g CO_2
이산화탄소 생성량
$CO_2 = \dfrac{22g \times (3 \times 22.4L)}{44g} = 33.6L$

50 다음 온도의 환산식 중 틀린 것은?

① $°F = 1.8°C + 32$
② $°C = \dfrac{5}{9}(°F - 32)$
③ $°R = 460 + °F$
④ $°R = \dfrac{5}{9}K$

🔍 랭킨온도 $°R = \dfrac{9}{5}K = 1.8K$

51 다음 중 부취제의 토양투과성이 크기가 순서대로 된 것은?

① DMS 〉 TBM 〉 THT
② DMS 〉 THT 〉 TBM
③ TBM 〉 DMS 〉 THT
④ THT 〉 TBM 〉 DMS

> 부취제의 성질
> • 취기의 강도 : TBM 〉 THT 〉 DMS
> • 화학적 안정성 : THT 〉 DMS 〉 TBM
> • 토양 투과성 : DMS 〉 TBM 〉 THT

52 가스의 정상 연소속도를 가장 옳게 나타낸 것은?

① 0.03 ~ 10m/s
② 30 ~ 100m/s
③ 350 ~ 500m/s
④ 1,000 ~ 3,500m/s

> 가스의 정상 연소속도 : 0.03~10m/s

53 NG(천연가스), LPG(액화석유가스), LNG(액화천연가스) 등 기체연료의 특징에 대한 설명으로 틀린 것은?

① 공해가 거의 없다.
② 적은 공기비로 완전연소한다.
③ 연소효율이 높다.
④ 저장이나 수송이 용이하다.

> NG, LNG, LPG는 가스이므로 이송시 부피가 크고 가연성가스이므로 저장이나 수송이 불리하다.

54 아세틸렌 중의 수분을 제거하는 건조제로 주로 사용하는 것은?

① 염화칼슘
② 사염화탄소
③ 진한 황산
④ 활성알루미나

> 아세틸렌가스에 혼입된 수분을 제거하기 위하여 건조제로 염화칼슘을 사용한다.

55 다음 중 NH_3의 용도가 아닌 것은?

① 요소 제조
② 질산 제조
③ 유안 제조
④ 포스겐 제조

> 암모니아(NH_3)용도
> • 질소비료(요소, 유안, 질산암모늄)의 원료로 사용
> • 냉동기의 냉매로 사용
> • 질산제조의 원료로 사용

56 도시가스의 유해성분 · 열량 · 압력 및 연소성 측정에 관한 설명으로 틀린 것은?

① 매일 2회 도시가스 제조소의 출구에서 자동열량측정기로 열량을 측정한다.
② 정압기 출구 및 가스공급시설 끝부분의 배관(일반가정의 취사용)에서 측정한 가스압력은 0.5kPa 이상 1.5kPa 이내를 유지한다.
③ 도시가스 원료가 LNG 및 LPG+Air가 아닌 경우 황전량, 황화수소 및 암모니아 등 유해성분 측정을 매주 1회 검사한다.
④ 도시가스 성분 중 유해성분의 양은 0℃, 101,325Pa에서 건조한 도시가스 $1m^3$당 황전량은 0.5g, 황화수소는 0.02g, 암모니아는 0.2g을 초과하지 못한다.

> 정압기 출구에서 측정한 가스압력은 1kPa 이상 2.5kPa 이내로 유지해야 한다.

57 고온, 고압에서 질화작용과 수소취화 작용이 일어나는 가스는?

① NH_3
② SO_2
③ Cl_2
④ C_2H_2

> 암모니아(NH_3) 가스는 강에 대하여 고온, 고압에서 질화작용과 수소취화작용이 일어난다.

58 다음 압력에 대한 설명으로 옳은 것은?

① 공기가 누르는 대기 압력은 지역이나 기후 조건에 관계없이 일정하다.
② 고압가스 용기 내벽에 가해지는 기체의 압력은 절대압력을 나타낸다.
③ 지구표면에서 거리가 멀어질수록 공기가 누르는 힘은 커진다.
④ 표준기압보다 낮은 압력을 진공 압력이라 하며 진공도로 표시할 수 있다.

- 대기압은 지역의 기후 조건에 따라 다르다.
- 고압가스 용기에 가해지는 기체의 압력은 게이지압력이다.
- 지구표면에서 거리가 멀어질수록 공기가 누르는 힘은 작아진다.

59 기체상태의 가스를 액화시킬 수 있는 최고의 온도를 무엇이라고 하는가?

① 화씨온도 ② 절대온도
③ 임계온도 ④ 액화온도

임계점 : 임계온도 이상에서는 증기를 냉각시켜도 액화되지 않으며, 기체를 액화시킬 수 있는 최고점의 온도이다.

60 가연성가스이면서 독성가스인 것은?

① 일산화탄소 ② 프로판
③ 메탄   ④ 불소

가연성이면서 독성가스 : 암모니아, 일산화탄소, 이황화탄소, 염화메탄, 브롬화메탄, 황화수소, 산화에틸렌, 시안화수소

정답 CBT 대비 적중모의고사 – 3회

01 ④	02 ②	03 ④	04 ③	05 ②
06 ③	07 ③	08 ④	09 ④	10 ②
11 ①	12 ③	13 ③	14 ①	15 ②
16 ④	17 ③	18 ③	19 ②	20 ④
21 ③	22 ①	23 ②	24 ④	25 ④
26 ①	27 ④	28 ④	29 ③	30 ④
31 ②	32 ④	33 ③	34 ②	35 ②
36 ①	37 ②	38 ②	39 ②	40 ③
41 ①	42 ③	43 ④	44 ③	45 ①
46 ③	47 ①	48 ④	49 ②	50 ④
51 ①	52 ①	53 ④	54 ①	55 ④
56 ②	57 ①	58 ④	59 ③	60 ①

4회 CBT 대비 적중모의고사

01 고압가스를 운반하는 차량의 경계표지 크기의 가로 치수는 차체 폭의 몇 [%] 이상으로 하여야 하는가?

① 10% ② 20%
③ 30% ④ 50%

🔍 경계표지
- 가로치수 : 차체 폭의 30% 이상
- 세로치수 : 가로치수의 20% 이상

02 고압가스 운반기준에 대한 설명 중 틀린 것은?

① 밸브가 돌출한 충전용기는 고정식 프로텍터나 캡을 부착하여 밸브의 손상을 방지한다.
② 충전용기를 차에 실을 때에는 넘어지거나 부딪침 등으로 충격을 받지 않도록 주의하여 취급한다.
③ 소방기본법이 정하는 위험물과 충전용기를 동일차량에 적재시에는 1m 정도 이격시킨 후 운반한다.
④ 염소와 아세틸렌·암모니아 또는 수소는 동일차량에 적재하여 운반하지 않는다.

🔍 충전용기와 소방법이 정하는 위험물과는 동일차량에 적재하여 운반하지 아니 할 것

03 이상기체 1mol이 100℃, 100기압에서 0.1기압으로 등온 가역적으로 팽창할 때 흡수되는 최대열량은 약 몇 [cal] 인가? (단, 기체상수는 1.987cal/mol·K이다.)

① 5,020
② 5,080
③ 5,120
④ 5,190

🔍 등온팽창일 때 열량 $q = nRT \ln \frac{P_1}{P_2}$ 에서
$q = 1 \times 1.987 \times (273+100) \ln \frac{100}{0.1} = 5119.7 cal$

04 공기 중에서 폭발범위가 가장 넓은 가스는?

① 황화수소   ② 암모니아
③ 산화에틸렌 ④ 프로판

🔍 공기 중에서 폭발범위(상한계 – 하한계)

범위 가스종류	공기중 하한계(V%)	공기중 상한계(V%)
황화수소	4.3	45.0
암모니아	15.0	28.0
산화에틸렌	3.0	80.0
프로판	2.1	9.5

05 프로판 가스의 위험도(H)는 약 얼마인가?

① 2.2   ② 3.3
③ 9.5   ④ 17.7

🔍 위험도 $H = \frac{U-L}{L}$ 에서
$H = \frac{9.5-2.1}{2.1} = 3.52$
- 프로판의 폭발범위 : 2.1v% ~ 9.5v%

06 고압가스 배관을 도로에 매설하는 경우에 대한 설명으로 틀린 것은?

① 원칙적으로 자동차 등의 하중의 영향이 적은 곳에 매설한다.
② 배관의 외면으로부터 도로의 경계까지 1m 이상의 수평거리를 유지한다.
③ 배관은 그 외면으로부터 도로 밑의 다른 시설물과 0.6m 이상의 거리를 유지한다.
④ 시가지의 도로 밑에 배관을 설치하는 경우 보호판을 배관의 정상부로부터 30cm 이상 떨어진 그 배관의 직상부에 설치한다.

🔍 배관은 외면으로부터 지하의 다른 시설물과 0.3m 이상의 거리를 유지한다.

07 독성가스를 운반하는 차량에 반드시 갖추어야 할 용구나 물품에 해당되지 않는 것은?

① 방독면
② 제독제
③ 고무장갑
④ 소화장비

🔍 보호장비 비치 : 방독마스크(방독면), 공기호흡기, 보호의, 보호장갑(고무장갑), 보호장화, 제독제

08 아세틸렌에 대한 설명 중 틀린 것은?

① 액체 아세틸렌은 비교적 안정하다.
② 접촉적으로 수소화하면 에틸렌, 에탄이 된다.
③ 압축하면 탄소와 수소로 자기분해한다.
④ 구리 등의 금속과 화합시 금속아세틸라이드를 생성한다.

🔍 액체 아세틸렌은 불안정하며, 고체 아세틸렌은 안정하다.

09 일정압력 20℃에서 체적 1L의 가스는 40℃에서는 약 몇 [L]가 되는가?

① 1.07
② 1.21
③ 1.30
④ 2

🔍 샤를의 법칙 : 압력이 일정하면 온도와 체적은 비례한다.
$\frac{V_1}{T_1} = \frac{V_2}{T_2}$ 에서
체적 $V_2 = V_1 \times \frac{T_2}{T_1} = 1 \times \frac{273+40}{273+20} = 1.07 L$

10 고압가스 저장탱크 2개를 지하에 인접하여 설치하는 경우 상호간에 유지하여야 할 최소거리의 기준은?

① 0.6m 이상
② 1m 이상
③ 1.2m 이상
④ 1.5m 이상

🔍 저장탱크를 2개 이상 인접하여 설치하는 경우에는 상호간에 1m 이상의 거리를 유지한다.

11 다음 중 가스의 폭발범위가 틀린 것은?

① 일산화탄소 : 12.7~74%
② 아세틸렌 : 2.5~81%
③ 메탄 : 2.1~9.3%
④ 수소 : 4~75%

🔍 메탄의 폭발범위 : 5~15v%

12 독성가스용 가스누출검지경보장치의 경보농도 설정치는 얼마 이하로 정해져 있는가?

① ± 5%
② ± 10%
③ ± 25%
④ ± 30%

🔍 가스누출검지경보장치의 경보농도
• 가연성 가스 : ± 25% 이하
• 독성가스 : ± 30% 이하

13 다음 특정설비 중 재검사 대상에서 제외되는 것이 아닌 것은?

① 역화방지장치
② 자동차용 가스자동주입기
③ 차량에 고정된 탱크
④ 독성가스 배관용 밸브

🔍 특정설비 재검사 제외대상
• 역화방지장치
• 자동차용 가스자동주입기
• 독성가스배관용 밸브
• 초저온 압력용기, 초저온 저장탱크
• 냉동용 특정설비
• 대기식 기화장치

14 액화석유가스 저장탱크의 저장능력 산정시 저장능력은 몇 [℃]에서의 액비중을 기준으로 계산하는가?

① 0
② 15
③ 25
④ 40

🔍 액비중 : 기준 물질의 밀도(4℃ 순수한 물)에 대한 측정 물질의 밀도 비이다. 이 때 저장탱크는 40℃ 이하의 온도로 유지해야 한다.

15 이동식 압축도시가스자동차 시설기준에서 처리설비, 이동충전차량 및 충전설비의 외면으로부터 화기를 취급하는 장소까지 몇 [m] 이상의 우회거리를 유지하여야 하는가?

① 5m
② 8m
③ 12m
④ 20m

🔍 가스배관구와 가스배관구 사이 또는 이동충전차량과 충전설비 사이에는 8m 이상의 우회거리를 유지하여야 한다.

16 재충전 금지용기의 안전을 확보하기 위한 기준으로 틀린 것은?

① 용기와 용기부속품을 분리할 수 있는 구조로 한다.
② 최고충전압력이 22.5MPa 이하이고 내용적이 25L 이하로 한다.
③ 납붙임 부분은 용기 몸체 두께의 4배 이상의 길이로 한다.
④ 최고충전압력이 3.5MPa 이상인 경우에는 내용적이 5L 이하로 한다.

🔍 재충전금지 용기는 용기와 용기부속품을 분리할 수 없는 구조일 것

17 도기가스 누출시 폭발사고를 예방하기 위하여 냄새가 나는 물질인 부취제를 혼합시킨다. 이 때 부취제의 공기 중 혼합비율의 용량은?

① 1/1,000
② 1/2,000
③ 1/3,000
④ 1/5,000

🔍 부취제의 착취농도 : 공기 중에 가스가 $\frac{1}{1,000}$(0.1%)의 농도로 섞였을 때 쉽게 그 냄새를 느낄 수 있는 농도

18 도시가스시설 설치시 일부공정 시공감리 대상이 아닌 것은?

① 일반도시가스사업자의 배관
② 가스도매사업자의 가스공급시설
③ 일반도시가스사업자의 배관(부속시설 포함) 이외의 가스공급시설
④ 시공감리의 대상이 되는 사용자 공급관

🔍 전공정시공감리 대상 : 일반도시가스사업자 또는 도시가스사업자외의 가스공급시설 설치자의 배관 및 사용자공급관의 설치공사

19 고압가스 용기제조의 시설기준에 대한 설명 중 틀린 것은?

① 용기 동판의 최대두께와 최소두께의 차이는 평균두께의 20% 이하로 한다.
② 초저온 용기는 오스테나이트계 스테인리스강 또는 알루미늄합금으로 제조한다.
③ 아세틸렌용기에 충전하는 다공질물은 다공도가 72% 이상 95% 미만으로 한다.
④ 용기에는 프로텍터 또는 캡을 고정식 또는 체인식으로 부착한다.

🔍 아세틸렌은 용기에 다공질물을 넣고, 여기에 아세톤(용제)을 주입시켜 아세틸렌을 압축, 흡수시킨다. 이 때 다공도는 75% 이상, 92% 미만으로 한다.

20 포스겐의 취급방법에 대한 설명 중 틀린 것은?

① 포스겐을 함유한 폐기액은 산성물질로 충분히 처리한 후 처분한다.
② 취급시에는 반드시 방독마스크를 착용할 것
③ 환기시설을 갖출 것
④ 누설시 용기부식의 원인이 되므로 약간의 누설에도 주의할 것

🔍 포스겐은 가성소다 또는 탄산소다 등으로 중화시킨 후 처리한다.

21 일산화탄소에 대한 설명으로 틀린 것은?

① 공기보다 가볍고 무색, 무취이다.
② 산화성이 매우 강한 기체이다.
③ 독성이 강하고 공기 중에서 잘 연소한다.
④ 철족의 금속과 반응하여 금속카르보닐을 생성한다.

🔍 일산화탄소는 환원성이 커서 금속산화물을 환원시킨다.

22 다음 중 용기의 도색이 백색인 가스는? (단, 의료용 가스용기를 제외한다.)

① 액화염소 ② 질소
③ 산소   ④ 액화암모니아

🔍 용기의 도색

가스명	도색	가스명	도색
액화석유가스	회색	아세틸렌	황색
수소	주황색	액화암모니아	백색
액화염소	갈색		

23 LPG가 충전된 납붙임 또는 접합용기는 얼마의 온도에서 가스누출시험을 할 수 있는 온수시험탱크를 갖추어야 하는가?

① 20~32℃   ② 35~45℃
③ 46~50℃   ④ 60~80℃

🔍 온수시험탱크의 온도 : 46℃ 이상, 50℃ 미만

24 고압가스 제조장치의 취급에 대한 설명 중 틀린 것은?

① 압력계의 밸브를 천천히 연다.
② 액화가스를 탱크에 처음 충전할 때에는 천천히 충전한다.
③ 안전밸브는 천천히 작동한다.
④ 제조장치의 압력을 상승시킬 때 천천히 상승시킨다.

🔍 안전밸브는 설정압력 이상이 되면 신속하게 작동하여 외부로 압력을 방출할 수 있어야 한다.

25 용기에 표시된 각인 기호 중 연결이 잘못된 것은?

① FP – 최고충전압력
② TP – 검사일
③ V – 내용적
④ W – 질량

🔍 내압시험압력 : 기호–TP, 단위–MPa

26 가연성가스 제조공장에서 착화의 원인으로 가장 거리가 먼 것은?

① 정전기
② 베릴륨 합금제 공구에 의한 충격
③ 사용 촉매의 접촉 작용
④ 밸브의 급격한 조작

🔍 베릴륨합금제공구는 방폭공구로서 가연성 가스를 취급하는 장소에서 사용할 경우 마찰, 충격 등에 의해 스파크가 발생하지 않도록 특수재질로 만든 공구이다.

27 고압가스 일반제조시설에서 저장탱크를 지상에 설치한 경우 다음 중 방류둑을 설치하여야 하는 것은?

① 액화산소 저장능력 900톤
② 염소 저장능력 4톤
③ 암모니아 저장능력 10톤
④ 액화질소 저장능력 1,000톤

🔍 방류둑 설치
• 가연성가스 및 산소 저장능력 : 1,000톤 이상
• 독성가스(암모니아, 염소) 저장능력 : 5톤 이상

28 다음 고압가스 압축작업 중 작업을 즉시 중단해야 하는 경우가 아닌 것은?

① 아세틸렌 중 산소용량이 전용량의 2% 이상의 것
② 산소 중 가연성가스(아세틸렌, 에틸렌 및 수소를 제외한다.)의 용량이 전용량의 4% 이상의 것
③ 산소 중 아세틸렌, 에틸렌 및 수소의 용량합계가 전용량의 2% 이상의 것
④ 시안화수소 중 산소용량이 전용량의 2% 이상의 것

🔍 고압가스 제조시 압축금지
• 가연성가스(아세틸렌, 수소, 에틸렌 제외) 중 산소용량이 전용량의 4% 이상
• 산소 중의 가연성가스의 용량이 4% 이상
• 아세틸렌, 수소, 에틸렌 중의 산소용량이 2% 이상
• 산소 중의 아세틸렌, 수소, 에틸렌의 용량합계가 전용량의 2% 이상

29 고압가스 제조설비에서 누출된 가스의 확산을 방지할 수 있는 재해조치를 하여야 하는 가스가 아닌 것은?

① 황화수소
② 시안화수소
③ 아황산가스
④ 탄산가스

🔍 이산화탄소(탄산가스)는 비독성 가스이므로 누출시 재해조치를 할 필요가 없다.

30 용기의 재검사 주기에 대한 기준으로 틀린 것은?

① 용접용기로서 신규검사 후 15년 이상 20년 미만인 용기는 2년마다 재검사
② 500L 이상 이음매 없는 용기는 5년마다 재검사
③ 저장탱크가 없는 곳에 설치한 기화기는 2년마다 재검사
④ 압력용기는 4년마다 재검사

🔍 기화장치의 재검사 주기
• 저장탱크와 함께 설치 된 것 : 검사 후 2년을 경과하여 해당 탱크의 재검사 시마다
• 저장탱크가 없는 곳에 설치된 것 : 3년마다
• 설치되지 아니한 것 : 2년마다

31 면적 가변식 유량계의 특징이 아닌 것은?

① 소용량 측정이 가능하다.
② 압력손실이 크고 거의 일정하다.
③ 유효 측정범위가 넓다.
④ 직접 유량을 측정한다.

🔍 면적 가변식 유량계는 압력손실이 작다.

32 초저온 저장탱크의 측정에 많이 사용되며 차압에 의해 액면을 측정하는 액면계는?

① 햄프슨식 액면계
② 전기저항식 액면계
③ 초음파식 액면계
④ 크랑카식 액면계

🔍 차압(햄프슨)식 액면계 : 기준기의 정압과 유체의 정압과의 압력차를 이용하여 액면을 측정하는 것으로 변위평형식은 극(초)저온 저장탱크의 액면을 측정한다.

33 가스액화사이클 중 비점이 점차 낮은 냉매를 사용하여 저비점의 기체를 액화하는 사이클로서 다원액화사이클이라고 하는 것은?

① 클라우드식 공기액화 사이클
② 캐피자식 공기액화 사이클
③ 필립스의 공기액화 사이클
④ 캐스케이드식 공기액화 사이클

🔍 캐스케이드식 공기액화사이클 : 비점이 낮은 냉매를 사용하여 저비점의 기체를 액화시키는 다원액화사이클 이다.

34 회전식 펌프의 특징에 대한 설명으로 틀린 것은?

① 고점도액에도 사용할 수 있다.
② 토출압력이 낮다.
③ 흡입양정이 적다.
④ 소음이 크다.

🔍 회전식 펌프는 케이싱속에 회전자를 회전시켜 점도성 유체(기름)를 정량으로 이송하는데 적합하며 소유량, 토출압력이 높은 펌프이다.

35 다음 중 실측식 가스미터가 아닌 것은?

① 루트식
② 로터리 피스톤식
③ 습식
④ 터빈식

🔍 추량식 : 벤투리식, 오리피스식, 터빈식, 델타(delter)식

36 배관용 보온재의 구비조건으로 옳지 않은것은?

① 장시간 사용온도에 견디며 변질되지 않을 것
② 가공이 균일하고 비중이 적을 것
③ 시공이 용이하고 열전도율이 클 것
④ 흡습, 흡수성이 적을 것

🔍 보온재는 열을 차단하는 재료로서 열전도율이 작아야 한다.

37 부취제 중 황 화합물의 화학적 안정성을 순서대로 바르게 나열한 것은?

① 이황화물 > 메르캅탄 > 환상황화물
② 메르캅탄 > 이황화물 > 환상황화물
③ 환상황화물 > 이황화물 > 메르캅탄
④ 이황화물 > 환상황화물 > 메르캅탄

> 부취제의 성질
> • 취기의 강도 : TBM > THT > DMS
> • 화학적 안정성 : THT > DMS > TBM
> • 토양 투과성 : DMS > TBM > THT
> (THT : 환상황화물, DMS : 이황화물, TBM : 메르캅탄)

38 쉽게 고압이 얻어지고 유량조절 범위가 넓어 LPG 충전소에 주로 설치되어 있는 압축기는?

① 스크류압축기
② 스크롤압축기
③ 베인압축기
④ 왕복식압축기

> 왕복식 압축기는 토출압력에 의한 용량변화가 적고 쉽게 고압을 얻을 수 있으며 용량조절 범위가 넓다.

39 액화가스의 비중이 0.8, 배관직경이 50mm이고 유량이 15ton/h일 때 배관내의 평균유속은 약 몇 [m/s] 인가?

① 1.80
② 2.66
③ 7.56
④ 8.52

> 중량유량 $G = \gamma AV(kg/h)$에서
> 유속 $V = \dfrac{G}{\gamma A} = \dfrac{15 \times 1,000/3,600}{0.8 \times 1,000 \times \frac{\pi}{4} \times 0.05^2} = 2.653 m/s$

40 가스배관설비에 전단응력이 일어나는 원인으로 가장 거리가 먼 것은?

① 파이프의 구배
② 냉간가공의 응력
③ 내부압축의 응력
④ 열팽창에 의한 응력

> 가스배관에 구배를 주는 이유는 가스가 배관에 체류하지않고 원활하게 흐르도록 하기 위한 것이다.

41 진탕형 오토클레이브의 특징이 아닌 것은?

① 가스 누설의 가능성이 없다.
② 고압력에 사용할 수 있고 반응물의 오손이 없다.
③ 뚜껑판에 뚫어진 구멍에 촉매가 끼워 들어갈 염려가 있다.
④ 교반효과가 뛰어나며 교반형에 비하여 효과가 크다.

> 진탕형은 교반형보다 교반효과가 작다.

42 다음 가스에 대한 가스용기의 재질로 적절하지 않은 것은?

① LPG : 탄소강
② 산소 : 크롬강
③ 염소 : 탄소강
④ 아세틸렌 : 구리합금강

> 탄소강 : 아세틸렌, 암모니아, 염소, LPG 등 저압용접용기에 사용

43 펌프의 유량이 100m³/s, 전양정 50m, 효율이 75%일 때 회전수를 20% 증가시키면 소요동력은 몇 [배]가 되는가?

① 1.44
② 1.73
③ 2.36
④ 3.73

> 펌프의 상사법칙
> 동력 $L_2 = \left(\dfrac{N_2}{N_1}\right) \times L_1$에서
> $L_2 = \left(\dfrac{1.2N_1}{N_1}\right)^3 \times L_1 = 1.728 L_1$

44 다음 열전대 중 측정온도가 가장 높은 것은?

① 백금 – 백금·로듐형
② 크로멜 – 알루멜형
③ 철 – 콘스탄탄형
④ 동 – 콘스탄탄형

- 열전대온도계 측정범위
  - 백금 – 백금로듐 : 0 ~ 1,600℃
  - 철 – 콘스탄탄 : -20 ~ 800℃
  - 크로멜 – 알루멜 : -20 ~ 1,200℃
  - 구리 – 콘스탄탄 : -200 ~ 350℃

45 100A용 가스누출 경보장치의 차단시간은 얼마 이내이어야 하는가?

① 20초
② 30초
③ 1분
④ 3분

- 경보차단장치는 가스를 검지한 상태에서 연속경보음을 울린 후 30초 이내에 가스를 차단하는 것으로 한다.

46 아세틸렌(C_2H_2)에 대한 설명 중 옳지 않은 것은?

① 시안화수소와 반응시 아세트알데히드를 생성한다.
② 폭발범위(연소범위)는 약 2.5~81% 이다.
③ 공기 중에서 연소하면 잘 탄다.
④ 무색이고 가연성이다.

- 황화수소를 촉매로 물을 부가시키면 아세트알데히드가 생성한다.

47 1몰의 프로판을 완전연소시키는데 필요한 산소의 몰 수는?

① 3몰
② 4몰
③ 5몰
④ 6몰

- 프로판의 완전연소식
$$\left(C_mH_n + \left(m + \frac{n}{4}\right)O_2 \rightarrow mCO_2 + \frac{n}{2}H_2O\right)$$
$C_3H_8 + 5O_2 \rightarrow 3CO_2 + 4H_2O$
1mol   5mol
따라서, 1몰의 프로판을 완전연소시키는데 5몰의 산소가 필요하다.

48 LNG와 LPG에 대한 설명으로 옳은 것은?

① LPG는 대체천연가스 또는 합성천연가스를 말한다.
② 액체 상태의 나프타를 LNG라 한다.
③ LNG는 각종 석유가스의 총칭이다.
④ LNG는 액화 천연가스를 말한다.

- LNG : 액화천연가스
- LPG : 액화석유가스
- SNG : 대체천연가스 또는 합성천연가스

49 도시가스의 제조공정이 아닌 것은?

① 열분해 공정
② 접촉분해 공정
③ 수소화분해 공정
④ 상압증류 공정

- 도시가스의 제조방식에 따른 분류 : 접촉분해 공정, 열분해법 공정, 부분연소 공정, 수소화분해 공정, 대체천연가스 공정

50 대기압하의 공기로부터 순수한 산소를 분리하는데 이용되는 액체산소의 끓는점은 약 몇 [℃]인가?

① -140
② -183
③ -196
④ -273

- 비등점(끓는점) : 액체산소(-183℃), 액체질소(-196℃)

51 천연가스의 성질에 대한 설명으로 틀린 것은?

① 주성분은 메탄이다.
② 독성이 없고 청결한 가스이다.
③ 공기보다 무거워 누출시 바닥에 고인다.
④ 발열량은 약 9500~10500kcal/m³ 정도이다.

- 천연가스의 주성분은 메탄(CH_4)이므로 공기보다 가벼워 누출시 천정으로 올라간다.

52 공기액화분리장치의 폭발원인으로 볼 수 없는 것은?

① 공기취입구로부터 O_2 혼입
② 공기취입구로부터 C_2H_2 혼입
③ 액체공기 중에 O_3 혼입
④ 공기 중에 있는 NO_2 혼입

> 🔍 공기 액화 분리장치의 폭발원인
> • 액체공기 중에 오존(O_3) 혼입
> • 장치내 질소산화물(NO_2) 생성
> • 윤활유의 열화에 의한 탄화수소의 생성
> • 공기 취입구로부터 아세틸렌(C_2H_2)의 혼입

53 다음 암모니아 제법 중 중압 합성방법이 아닌 것은?

① 카자레법
② 뉴우데법
③ 케미크법
④ 뉴파우더법

> 🔍 암모니아 가스의 반응압력에 따른 합성법 분류
> • 저압법 : 구우데법, 케로그법
> • 중압법 : IG법, 뉴파우더법, 케미크법, JIC법
> • 고압법 : 클로우드법, 카자레법

54 이상기체 상태방정식의 R값을 옳게 나타낸 것은?

① 8.314L · atm/mol · R
② 0.082L · atm/mol · K
③ 8.314m³ · atm/mol · K
④ 0.082joule/mol · K

> 🔍 기체상수 R값
> • 0.08205L · atm/mol · K
> • 0.08205m³ · atm/kmol · K
> • 1.987kcal/kmol · K
> • 1.987cal/mol · K
> • 848kgf · m/kmol · K
> • 8314.3joule/kmol · K

55 다음 중 임계압력(atm)이 가장 높은 가스는?

① CO
② C_2H_4
③ HCN
④ Cl_2

> 🔍 임계압력
>
> | 가스 | 임계압력(atm) | 가스 | 임계압력(atm) |
> |---|---|---|---|
> | CO | 35 | C_2H_4 | 50.5 |
> | HCN | 53.2 | Cl_2 | 76.1 |

56 다음 중 공기보다 가벼운 가스는?

① O_2
② SO_2
③ CO
④ CO_2

> 🔍 공기보다 분자량(29)이 작을수록 가볍다.
>
> | 가스 | 분자량 | 가스 | 분자량 |
> |---|---|---|---|
> | O_2 | 32 | SO_2 | 64 |
> | CO | 28 | CO_2 | 44 |

57 일정한 압력에서 20℃인 기체의 부피가 2배가 되었을 때의 온도는 몇 [℃]인가?

① 293
② 313
③ 323
④ 486

> 🔍 샤를의 법칙 : 압력이 일정
> $\frac{V_1}{T_1} = \frac{V_2}{T_2}$ 에서
> 온도 $T_2 = \frac{V_2}{V_1} \times T_1 = \frac{2V_1}{V_1} \times (273+20) = 586K = 313℃$

58 표준상태하에서 증발열이 큰 순서에서 적은 순으로 옳게 나열된 것은?

① NH_3 - LNG - H_2O - LPG
② NH_3 - LPG - LNG - H_2O
③ H_2O - NH_3 - LNG - LPG
④ H_2O - LNG - LPG - NH_3

59 다음 중 가장 높은 압력을 나타내는 것은?

① 101.325kPa
② 10.33mH_2O
③ 1,013hPa
④ 30.69psi

> 🔍 표준대기압
> 1atm = 760mmHg = 1.0332kg/cm²
> = 10.332mH_2O = 14.7psi
> = 101.325Pa = 101.325kPa
> = 1.013hPa

60 다음 중 불연성 가스는?

① CO_2
② C_3H_6
③ C_2H_2
④ C_2H_4

🔍 불연성가스 : 질소(N_2), 이산화탄소(CO_2), 아르곤(Ar), 헬륨(He), 네온(Ne), 아황산가스(SO_2)

정답 CBT 대비 적중모의고사 – 4회

01 ③	02 ③	03 ③	04 ③	05 ②
06 ③	07 ④	08 ①	09 ①	10 ②
11 ③	12 ④	13 ③	14 ④	15 ②
16 ①	17 ①	18 ①	19 ③	20 ①
21 ②	22 ④	23 ③	24 ③	25 ②
26 ②	27 ③	28 ④	29 ④	30 ③
31 ②	32 ①	33 ④	34 ③	35 ④
36 ③	37 ③	38 ④	39 ②	40 ①
41 ④	42 ④	43 ②	44 ①	45 ②
46 ①	47 ③	48 ④	49 ④	50 ②
51 ③	52 ①	53 ①	54 ②	55 ④
56 ③	57 ②	58 ③	59 ④	60 ①

5회 CBT 대비 적중모의고사

01 공기 중에서 폭발범위가 가장 넓은 가스는?

① C_2H_4O
② CH_4
③ C_2H_4
④ C_3H_8

🔍 공기 중 폭발범위(폭발상한계 – 폭발하한계)

가스명	폭발하한계	폭발상한계
C_2H_4O	3Vol%	80Vol%
CH_4	5Vol%	15Vol%
C_2H_4	2.7Vol%	36Vol%
C_3H_8	2.1Vol%	9.5Vol%

02 아세틸렌을 용기에 충전 시 미리 용기에 다공물질을 채우는데 이때 다공도의 기준은?

① 75% 이상 92% 미만
② 80% 이상 95% 미만
③ 95% 이상
④ 98% 이상

🔍 다공도 : 75% 이상, 92% 미만

03 헤라이드 토치를 사용하여 프레온의 누출검사를 할 때 다량으로 누출될 때의 색깔은?

① 황색
② 청색
③ 녹색
④ 자색

🔍 프레온 냉매 누출시 헤라이드 토치로 검사할 경우 변색 정도
• 청색 : 누설이 없음
• 녹색 : 소량 누설
• 자색 : 다량 누설
• 꺼진다 : 과잉누설

04 다음은 어떤 안전설비에 대한 설명인가?

> 설비가 잘못 조작되거나 정상적인 제조를 할 수 없는 경우 자동으로 원재료의 공급을 차단시키는 등 고압가스 제조설비 안의 제조를 제어하는 기능을 한다.

① 안전밸브
② 긴급차단장치
③ 인터록기구
④ 벤트스택

🔍 인터록 기구 : 가연성가스, 독성가스의 제조설비에서 오조작되거나 정상적인 제조를 할 수 없을 경우에 자동적으로 원재료의 공급을 차단시키는 장치이다.

05 물체의 상태변화 없이 온도변화만 일으키는데 필요한 열량을 무엇이라 하는가?

① 현열
② 잠열
③ 열용량
④ 대사량

🔍 • 현열 : 물체의 상태변화 없이 온도변화만 일으키는데 필요한 열량
• 잠열 : 물체의 온도변화 없이 상태변화만 일으키는데 필요한 열량

06 조정압력이 3.3kPa 이하인 LP가스용 조정기 안전장치의 작동정지 압력은?

① 5.04 ~ 7.0kPa
② 5.60 ~ 7.0kPa
③ 5.04 ~ 8.4kPa
④ 5.60 ~ 8.4kPa

🔍 안전장치 작동압력
• 작동표준압력 : 7kPa
• 작동개시압력 : 5.6kPa~8.4kPa
• 작동정지압력 : 5.04kPa~8.4kPa

07 다음 각 금속재료의 가스 작용에 대한 설명으로 옳은 것은?

① 수분을 함유한 염소는 상온에서도 철과 반응하지 않으므로 철강의 고압용기에 충전할 수 있다.
② 아세틸렌은 강과 직접 반응하여 폭발성의 금속아세틸라이드를 생성한다.
③ 일산화탄소는 철족의 금속과 반응하여 금속카르보닐을 생성한다.
④ 수소는 저온, 저압하에서 질소와 반응하여 암모니아를 생성한다.

- 염소는 수분에 함유되면 염산이 생성되어 금속을 부식시키고 120℃ 이상의 철(Fe)과 반응하여 염화물을 만든다.
- 아세틸렌에 구리(Cu), 은(Ag), 수은(Hg)과 접촉시키면 화합폭발이 일어나며 폭발성의 금속 아세틸라이드를 생성한다.
- 수소는 고온, 고압에서 질소와 반응하여 암모니아를 생성한다.

08 LPG사용시설의 고압배관에서 이상 압력 상승시 압력을 방출할 수 있는 안전장치를 설치하여야 하는 저장능력의 기준은?

① 100kg 이상 ② 150kg 이상
③ 200kg 이상 ④ 250kg 이상

LPG의 사용시설은 저장능력이 250kg 이상(자동절체기를 사용하여 용기를 집합한 경우에는 저장능력 500kg 이상)인 경우에는 용기에서 압력조정기 입구까지의 배관에 이상압력 상승시 압력을 방출할 수 있는 안전장치를 설치할 것

09 고압가스 판매소의 시설기준에 대한 설명으로 틀린 것은?

① 충전용기의 보관실은 불연재료를 사용한다.
② 가연성가스, 산소 및 독성가스의 저장실은 각각 구분하여 보관한다.
③ 용기보관실 및 사무실은 동일 부지 안에 설치하지 않는다.
④ 산소, 독성가스 또는 가연성가스를 보관하는 용기보관실의 면적은 각 고압가스별로 10m² 이상으로 한다.

용기보관실 및 사무실은 동일 부지 안에 구분하여 설치한다.

10 차량에 고정된 탱크운반차량에서 돌출부속품의 보호조치에 대한 설명으로 틀린 것은?

① 후부취출식 탱크의 주밸브는 차량의 뒷범퍼와의 수평거리가 30cm 이상 떨어져 있어야 한다.
② 부속품이 돌출된 탱크는 그 부속품의 손상으로 가스가 누출되는 것을 방지하는 조치를 하여야 한다.
③ 탱크주밸브와 긴급차단장치에 속하는 밸브를 조작상자내에 설치한 경우 조작상자와 차량의 뒷범퍼와의 수평거리는 20cm 이상 떨어져 있어야 한다.
④ 탱크주밸브 및 긴급차단장치에 속하는 중요한 부속품이 돌출된 저장탱크는 그 부속품을 차량의 좌측면이 아닌 곳에 설치한 단단한 조작상자 내에 설치하여야 한다.

후부취출식 탱크의 주밸브 및 긴급차단장치에 속하는 밸브와 차량의 뒷범퍼와의 수평거리를 40cm 이상 이격할 것

11 고압가스 설비에 설치하는 압력계의 최고눈금에 대한 측정범위의 기준으로 옳은 것은?

① 상용압력의 1.0배 이상, 1.2배 이하
② 상용압력의 1.2배 이상, 1.5배 이하
③ 상용압력의 1.5배 이상, 2.0배 이하
④ 상용압력의 2.0배 이상, 3.0배 이하

압력계의 최고 눈금범위는 상용압력의 1.5배 이상, 2배 이하의 눈금을 가진 것을 사용한다.

12 고압가스의 분출에 대하여 정전기가 가장 발생되기 쉬운 경우는?

① 가스가 충분히 건조되어 있을 경우
② 가스 속에 고체의 미립자가 있을 경우
③ 가스의 분자량이 작은 경우
④ 가스의 비중이 큰 경우

고압가스 속에 고체의 미립자가 있을 경우 충돌 및 마찰에 의해 정전기가 발생한다.

13 고압가스 일반제조시설의 밸브가 돌출한 충전용기에서 고압가스를 충전한 후 넘어짐 방지조치를 하지 않아도 되는 용량의 기준은 내용적이 몇 [L] 미만일 때 인가?

① 5
② 10
③ 20
④ 50

🔍 밸브가 돌출한 용기(내용적이 5L 미만인 용기 제외)에는 고압가스를 충전한 후 용기의 넘어짐 및 밸브의 손상을 방지하기 위한 적절한 조치를 한다.

14 LPG 충전·집단공급 저장시설의 공기에 의한 내압시험시 상용압력의 일정 압력 이상으로 승압한 후 단계적으로 승압시킬 때, 상용압력의 몇 [%]씩 증가시켜 내압시험압력에 달하였을 때 이상이 없어야 하는가?

① 5
② 10
③ 15
④ 20

🔍 내압시험을 공기 등의 기체의 압력으로 하는 경우에는 먼저 상용압력의 50%까지 승압하고 그 후에는 상용압력의 10%씩 단계적으로 승압하여 내압시험압력에 도달하였을 때 누설 등의 이상이 없어야 한다.

15 염소가스 저장탱크의 과충전 방지장치는 가스 충전량이 저장탱크 내용적의 몇 [%]를 초과할 때 가스충전이 되지 않도록 동작하는가?

① 60%
② 70%
③ 80%
④ 90%

🔍 과충전방지 장치는 저장탱크에 충전된 독성가스의 용량이 90%에 이르렀을 때 경보를 울리는 장치이다.

16 가연성 가스라 함은 폭발한계의 상한과 하한의 차가 몇 [%] 이상인 것을 말하는가?

① 10%
② 20%
③ 30%
④ 40%

🔍 가연성가스란 공기 중에서 연소하는 가스로서 폭발한계의 하한이 10% 이하인 것과 폭발한계의 상한과 하한의 차가 20% 이상인 가스이다.

17 액화석유가스(LPG) 이송방법과 관련이 먼 것은?

① 압력차에 의한 방법
② 온도차에 의한 방법
③ 펌프에 의한 방법
④ 압축기에 의한 방법

🔍 액화가스 이송방법 : 압력차에 의한 방법, 펌프 또는 압축기에 의한 방법

18 고압가스 용기 보관실에 충전 용기를 보관할 때의 기준으로 틀린 것은?

① 충전 용기와 잔가스 용기는 각각 구분하여 용기보관 장소에 놓는다.
② 용기보관 장소의 주위 5m 이내에는 화기 또는 인화성 물질이나 발화성 물질을 두지 아니한다.
③ 충전 용기는 항상 40℃ 이하의 온도를 유지하고, 직사광선을 받지 않도록 조치한다.
④ 가연성가스 용기보관 장소에는 방폭형 휴대용 손전등 외의 등화를 휴대하고 들어가지 아니한다.

🔍 가연성가스 용기보관장소의 주위 2m 이내에는 화기 또는 인화성 물질이나 발화성 물질을 두지 않는다.

19 충전 용기를 차량에 적재하여 운반하는 도중에 주차하고자 할 때의 주의사항으로 옳지 않은 것은?

① 충전 용기를 적재한 차량은 제1종 보호시설로부터 15m 이상 떨어지고, 제2종 보호시설이 밀집된 지역은 가능한 한 피한다.
② 주차시에는 엔진을 정지시킨 후 주차브레이크를 걸어 놓는다.
③ 주차를 하고자 하는 주위의 교통상황·지형조건·화기 등을 고려하여 안전한 장소를 택하여 주차한다.
④ 주차시에는 긴급한 사태에 대비하여 바퀴 고정목을 사용하지 않는다.

🔍 주위의 교통상황·지형조건·화기 등을 고려하여 안전한 장소를 택하여 주차해야 하며, 주차 시에는 엔진을 정지시킨 후 주차제동장치를 걸어 놓고 차바퀴를 고정목으로 고정시킨다.

20 다음 중 지진감지장치를 반드시 설치하여야 하는 도시가스 시설은?

① 가스도매사업자 인수기지
② 가스도매사업자 정압기지
③ 일반도시가스사업자 제조소
④ 일반도시가스사업자 정압기

> 도시가스도매사업자는 정압기지 및 밸브기지에는 압력감시장치, 지진감지장치, 누출된 도시가스를 검지하여 이를 안전관리자가 상주하는 곳에 통보할 수 있는 설비, 불순물 제거장치, 안전밸브 등을 설치하여야 한다.

21 다음 중 아황산가스의 제독제가 아닌 것은?

① 소석회
② 가성소다 수용액
③ 탄산소다 수용액
④ 물

> 아황산가스 제독제 : 탄산소다 수용액, 가성소다 수용액, 물

22 암모니아가스 검지경보장치는 검지에서 발신까지 걸리는 시간은 얼마 이내로 하는가?

① 30초
② 1분
③ 2분
④ 3분

> 검지경보장치의 검지에서 발신까지 걸리는 시간은 경보농도의 1.6배 농도에서 보통 30초 이내이어야 하고 암모니아와 일산화탄소는 1분 이내로 할 것

23 가정에서 액화석유가스(LPG)가 누출될 때 가장 쉽게 식별할 수 있는 방법은?

① 냄새로서 식별
② 리트머스 시험지 색깔로 식별
③ 누출시 발생되는 흰색 연기로 식별
④ 성냥 등으로 점화시켜 봄으로써 식별

> 액화석유가스는 무색, 무취 가스이지만 부취제가 혼합되어 있으므로 냄새로 쉽게 식별할 수 있다.

24 압축 또는 액화 그 밖의 방법으로 처리할 수 있는 가스의 용적이 1일 100m³ 이상인 사업소는 압력계를 몇 [개] 이상 비치하도록 되어 있는가?

① 1
② 2
③ 3
④ 4

> 가스의 용적이 1일 100m³ 이상인 사업소에는 압력계를 2개 이상 설치해야 한다.

25 도시가스 공급시설 중 저장탱크 주위의 온도상승 방지를 위하여 설치하는 고정식 물분무장치의 단위면적당 방사 능력의 기준은? (단, 단열재를 피복한 준내화구조 저장탱크가 아니다.)

① 2.5L/분·m² 이상
② 5L/분·m² 이상
③ 7.5L/분·m² 이상
④ 10L/분·m² 이상

> 액화석유가스(도시가스) 물분무장치 방사량
> • 내화구조 : 5L/m²·min 이상
> • 준내화구조 : 2.5L/m²·min 이상

26 고압가스 저장탱크 및 처리설비에 대한 설명으로 틀린 것은?

① 가연성 저장탱크를 2개 이상 인접 설치시에는 0.5m 이상의 거리를 유지한다.
② 지면으로부터 매설된 저장탱크 정상부까지의 깊이는 60cm 이상으로 한다.
③ 저장탱크를 매설한 곳의 주위에는 지상에 경계표지를 한다.
④ 독성가스 저장탱크실과 처리설비실에는 가스누출검시 경보장치를 설치한다.

> 저장탱크를 2개 이상 인접하여 설치하는 경우에는 상호간에 1m 이상의 거리를 유지한다.

27 수성가스의 주성분으로 바르게 이루어진 것은?

① CO, CO_2
② CO_2, N_2
③ CO, H_2O
④ CO, H_2

> 수성가스법 : 코크스를 연소(1400℃)시켜 수증기와 반응하여 수소를 제조한다.
> $$C + H_2O \rightarrow \underset{(수성가스)}{CO + H_2}$$

28 용기의 내부에 절연유를 주입하여 불꽃, 아크 또는 고온 발생 부분이 기름 속에 잠기게 함으로써 기름면 위에 존재하는 가연성 가스에 인화되지 않도록 한 방폭구조는?

① 압력 방폭구조
② 유입 방폭구조
③ 내압 방폭구조
④ 안전증 방폭구조

> • 내압방폭구조 : 용기 내부에서 가연성가스의 폭발이 발생할 경우 용기가 폭발에 견디고 접합면, 개구부 등을 통하여 외부의 가연성 가스에 인화되지 않도록 한 구조
> • 압력방폭구조 : 용기 내부에 신선한 공기 및 불활성가스를 압입하여 내부압력을 유지함으로써 가연성가스가 용기 내부로 유입되지 않도록 한 구조
> • 안전증방폭구조 : 정상운전 중에 가연성가스의 점화원이 될 전기불꽃아크 또는 고온부분 등의 발생을 방지하기 위해 기계적, 전기적 구조상 또는 온도상승에 대해 특히 안전도를 증가시킨 구조

29 프로판 15vol%와 부탄 85vol%로 혼합된 가스의 공기 중 폭발하한 값은 얼마인가? (프로판의 폭발하한 값은 2.1%로 하고, 부탄은 1.8%로 한다.)

① 1.84
② 1.88
③ 1.94
④ 1.98

> 혼합가스의 폭발하한값
> $$\frac{100}{L} = \frac{V_1}{L_1} + \frac{V_2}{L_2} + \frac{V_3}{L_3} + \cdots + \frac{V_n}{L_n}$$
> 폭발하한값 $\frac{100}{L} = \frac{15}{2.1} + \frac{85}{1.8}$ 에서
> $L = \frac{100}{\frac{15}{2.1} + \frac{85}{1.8}} = 1.84\%$

30 체적 0.8m³의 용기에 16kg의 가스가 들어 있다면 이 가스의 밀도는?

① 0.05kg/m³   ② 8kg/m³
③ 16kg/m³   ④ 20kg/m³

> 가스의 밀도 $\rho = \frac{m}{V}(kg/m^3)$ 에서
> $\rho = \frac{16}{0.8} = 20 kg/m^3$

31 햄프슨식이라고도 하며 저장조 상부로부터의 압력과 저장조 하부로부터의 압력의 차로써 액면을 측정하는 것은?

① 부자식 액면계   ② 차압식 액면계
③ 편위식 액면계   ④ 유리관식 액면계

> 햄프슨식 액면계는 차압에 의해 액면을 측정하는 것으로 차압식 액면계이며 U자관식, 다이아프램식, 변위평형식이 있다.

32 코일장에 감겨진 백금선의 표면으로 가스가 산화반응할 때의 발열에 의해 백금선의 저항 값이 변화하는 현상을 이용한 가스검지방법은?

① 반도체식
② 기체열전도식
③ 접촉연소식
④ 액체열전도식

> 접촉연소식은 촉매로 표면처리한 백금선을 가스검지 소자로 사용한 것으로 가스가 백금선에 접촉되면 촉매 작용으로 산화 발열되어 백금선의 온도가 올라가 전기저항이 변화되는 원리를 응용한 것이다.

33 대기차단식 가스보일러에서 반드시 갖추어야 할 장치가 아닌 것은?

① 저수위 안전장치
② 압력계
③ 압력팽창탱크
④ 헛불방지장치

> 저수위 안전장치는 보일러 수위가 안전저수위 이하가 되었을 때 경보 및 연료를 차단하는 장치로서 산업용 보일러에 설치한다.

34 원심펌프를 직렬로 연결하여 운전할 때의 양정과 유량의 변화는?

① 양정 : 일정, 유량 : 일정
② 양정 : 증가, 유량 : 증가
③ 양정 : 증가, 유량 : 일정
④ 양정 : 일정, 유량 : 증가

> • 펌프를 직렬 연결 : 유량 일정, 양정 증가
> • 펌프를 병렬 연결 : 유량 증가, 양정 일정

35 초저온용 가스를 저장하는 탱크에 사용되는 단열재의 구비조건으로 틀린 것을?

① 밀도가 클 것
② 흡수성이 없을 것
③ 열전도도가 작을 것
④ 화학적으로 안정할 것

🔍 단열재는 밀도가 작고 경량일 것

36 다음 중 특정설비가 아닌 것은?

① 차량에 고정된 탱크
② 안전밸브
③ 긴급차단장치
④ 압력조정기

🔍 특정설비 : 안전밸브, 긴급차단장치, 역화방지장치, 기화장치, 압력용기, 실린더캐비닛, 자동차용 가스자동주입기, 독성가스배관용 밸브, 용기잔류회수장치, 완속충전설비, 차량에 고정된 탱크, 소형저장탱크

37 고속회전하는 임펠러의 원심력에 의해 속도에너지를 압력에너지로 바꾸어 압축하는 형식으로서 유량이 크고 설치면적이 적게 차지하는 압축기의 종류는?

① 왕복식   ② 터보식
③ 회전식   ④ 흡수식

🔍 • 왕복식 : 피스톤의 왕복운동에 의해 가스를 압축하는 방식
• 회전식 : 로터의 회전력을 이용하여 가스를 압축하는 방식
• 흡수식 : 저온·저압에서 두 물질을 흡수하고 고온·고압에서 두 물질을 분리하여 냉동의 목적을 달성하는 방식

38 루트미터에 대한 설명으로 옳은 것은?

① 설치공간이 크다.
② 일반 수용가에 적합하다.
③ 스트레이너가 필요 없다.
④ 대용량의 가스 측정에 적합하다.

🔍 루트미터의 특징
• 설치공간이 적다.
• 중압가스의 계량이 가능하다.
• 대유량의 가스측정에 적합하다.
• 스트레이너를 설치해야 한다.

39 액화 산소 및 LNG 등에 사용할 수 없는 재질은?

① Al 합금
② Cu 합금
③ Cr 강
④ 18-8 스테인리스강

🔍 Cr강은 고압 무계목용기에 사용되는 재질이다.

40 액주식 압력계에 사용되는 액체의 구비조건으로 틀린 것은?

① 화학적으로 안정되어야 한다.
② 모세관 현상이 없어야 한다.
③ 점도와 팽창계수가 작아야 한다.
④ 온도변화에 의한 밀도변화가 커야 한다.

🔍 액주식 압력계에 사용되는 액체의 구비조건
• 점도가 작을 것
• 온도변화에 따른 밀도의 변화가 작아야 할 것
• 모세관 및 표면장력이 적을 것
• 휘발성이 적을 것
• 화학적으로 안정할 것
• 점도 및 팽창계수가 적을 것

41 다음 중 액면계의 측정방식에 해당하지 않는 것은?

① 압력식
② 정전용량식
③ 초음파식
④ 환상천평식

🔍 압력 측정방식 : 환상천평식

42 흡입압력이 대기압과 같으며 최종압력이 15kgf/cm²·g인 4단 공기압축기의 압축비는 약 얼마인가? (단, 대기압은 1kgf/cm²로 한다.)

① 2   ② 4
③ 8   ④ 16

🔍 다단압축시 압축비 $a = \sqrt[n]{\dfrac{P_H}{P_L}}$ 에서
$a = \sqrt[4]{\dfrac{15+1}{1}} = 2$

43 LP가스의 이송설비에서 펌프를 이용한 것에 비해 압축기를 이용한 충전방법의 특징이 아닌 것은?

① 충전시간이 길다.
② 잔가스회수가 가능하다.
③ 압축기의 오일이 탱크에 들어가 드레인의 원인이 된다.
④ 베이퍼록 현상이 없다.

🔍 압축기를 이용한 충전 방식의 특징
  • 충전시간이 짧다.
  • 잔가스 회수가 용이하다.
  • 베이퍼록 현상이 발생하지 않는다.
  • 재액화현상이 일어난다.

44 저온장치 진공 단열법에 해당되지 않는 것은?

① 고진공 단열법   ② 격막 진공 단열법
③ 분말 진공 단열법 ④ 다층 진공 단열법

🔍 저온 장치의 단열법
  • 상압 단열법
  • 진공 단열법 : 고진공단열법, 분말진공단열법, 다층진공단열법

45 고압가스 용기에 사용되는 강의 성분원소 중 탄소, 인, 황 및 규소의 작용에 대한 설명으로 옳지 않은 것은?

① 탄소량이 증가하면 인장강도는 증가한다.
② 황은 적열취성의 원인이 된다.
③ 인은 상온취성의 원인이 된다.
④ 규소량이 증가하면 충격치는 증가한다.

🔍 규소(Si)를 증가하면 강도와 경도를 증가하고 연신율 및 전성, 충격치가 감소한다.

46 다음과 같은 특징을 가지는 가스는?

  • 맹독성이고 자극성 냄새의 황록색 기체
  • 임계온도는 약 144°C, 임계압력은 약 76.1atm
  • 수은법, 격막법 등에 의해 제조

① CO   ② Cl_2
③ $COCl_2$ ④ H_2S

🔍 염소(Cl_2)의 성질
  • 상온에서 기체이며 심한 자극성을 가진 황록색의 독성가스 및 조연성가스이다.
  • 임계온도는 약 144°C, 임계압력은 약 76.1atm이다.

47 프로판 용기에 50kg의 가스가 충전되어 있다. 이 때 액상의 LP가스는 몇 [L]의 체적을 갖는가? (단, 프로판의 액 비중량은 0.5kg/L이다.)

① 25   ② 50
③ 100   ④ 150

🔍 비중량(γ) $\gamma = \dfrac{G(kgf)}{V(m^3)} (kgf/m^3)$ 에서
체적 $V = \dfrac{50}{0.5} = 100L$

48 1.0332kg/cm²·a는 게이지 압력(kg/cm²·g)으로 얼마인가? (단, 대기압은 1.0332kg/cm²이다.)

① 0
② 1
③ 1.0332
④ 2.0664

🔍 절대압력 $P_a = P + P_g (kg/cm^2 \cdot a)$ 에서
게이지 압력 $P_g = 1.0332 - 1.0332 = 0 kg/cm^2 \cdot a$

49 압력의 단위로 사용되는 SI 단위는?

① atm   ② Pa
③ psi   ④ bar

🔍 압력의 SI 단위 : Pa(N/m²)

50 아세틸렌에 대한 설명으로 틀린 것은?

① 공기보다 무겁다.
② 일반적으로 무색, 무취이다.
③ 폭발 위험성이 있다.
④ 액체 아세틸렌은 불안정하다.

🔍 아세틸렌(C_2H_2)의 분자량은 26이므로 공기(분자량 29)보다 가볍다.

51 도시가스에 첨가하는 부취제가 갖추어야 할 성질로 틀린 것은?

① 독성이 없을 것
② 극히 낮은 농도에서도 냄새가 확인될 수 있을 것
③ 가스관이나 가스미터에 흡착이 잘 될 것
④ 배관내의 상용온도에서 응축하지 않을 것

🔍 부취제는 가스관이나 가스미터에 흡착되지 않을 것

52 다음 중 물과 접촉시 아세틸렌가스를 발생하는 것은?

① 탄화칼슘
② 소석회
③ 가성소다
④ 금속칼륨

🔍 가스발생기에 물과 탄화칼슘(CaC_2)을 넣어 아세틸렌을 제조한다.

53 일산화탄소 가스의 용도로 알맞은 것은?

① 메탄올 합성
② 용접 절단용
③ 암모니아 합성
④ 섬유의 표백용

🔍 일산화탄소의 용도
 • 메탄올 합성 원료로 사용
 • 포스겐의 제조 원료로 사용
 • 개미산의 제조 원료로 사용

54 다음 중 조연성(지연성) 가스는?

① H_2
② O_3
③ Ar
④ NH_3

🔍 조연성가스 : 산소(O_2), 불소(F_2), 염소(Cl_2), 산화질소(NO), 이산화질소(N_2O), 오존(O_3), 공기

55 고압고무호스에 사용하는 부품 중 조정기 연결부이음쇠의 재료로서 가장 적당한 것은?

① 단조용 황동
② 쾌삭 황동
③ 스테인리스 스틸
④ 아연 합금

🔍 고압고무호스에 사용하는 부품의 재료
 • 조정기 연결부 이음쇠 : 단조용 황동
 • 압력조정기 직결식 측도관의 조정기 연결부 이음쇠 : 쾌삭 황동

56 주기율표 0족에 속하는 불활성 가스의 성질이 아닌 것은?

① 상온에서 기체이며, 단원자 분자이다.
② 다른 원소와 잘 화합한다.
③ 상온에서 무색, 무미, 무취의 기체이다.
④ 방전관에 넣어 방전시키면 특유의 색을 낸다.

🔍 희가스(주기율의 0족)는 상온에서 가장 안정된 가스이며 다른 원소와 화합하지 않는 불활성 가스이다.

57 프로판의 착화온도는 약 몇 [℃] 정도인가?

① 460 ~ 520
② 550 ~ 590
③ 600 ~ 660
④ 680 ~ 740

🔍 프로판의 착화온도 : 460~520℃

58 표준 대기압 상태에서 물의 끓는점을 R로 나타낸 것은?

① 373
② 560
③ 672
④ 772

🔍 물의 끓는점
 • 섭씨온도 : 100℃, 화씨온도 : 212°F
 • 켈빈온도 : 373K, 랭킨온도 : 672R

59 다음 중 온도의 단위가 아닌 것은?

① 섭씨온도　② 화씨온도
③ 켈빈온도　④ 헨리온도

🔍 온도 : 섭씨온도(℃), 화씨온도(℉), 켈빈온도(K), 랭킨온도(°R)

60 다음 중 표준 대기압에 대하여 바르게 나타낸 것은?

① 적도지방 년평균 기압
② 토리첼리의 진공실험에서 얻어진 압력
③ 대기압을 0으로 보고 측정한 압력
④ 완전진공을 0으로 했을 때의 압력

🔍 토리첼리의 진공실험
수은주가 일정한 점에서 더 이상 내려오지 않고 머물러 있는 것은 대기압이 작용하고 있기 때문이다. 따라서 수은주 상단에 진공이 형성되고 대기압은 수은주 76cm를 올릴 수 있는 힘을 가지고 있다. 이것을 표준대기압이라 한다.

정답 CBT 대비 적중모의고사 – 5회

01 ①	02 ①	03 ④	04 ③	05 ①
06 ③	07 ③	08 ④	09 ③	10 ①
11 ③	12 ②	13 ①	14 ②	15 ④
16 ②	17 ②	18 ②	19 ④	20 ②
21 ①	22 ②	23 ①	24 ②	25 ②
26 ①	27 ④	28 ②	29 ①	30 ④
31 ②	32 ③	33 ①	34 ③	35 ①
36 ④	37 ②	38 ④	39 ③	40 ②
41 ④	42 ①	43 ①	44 ②	45 ④
46 ②	47 ③	48 ①	49 ②	50 ①
51 ③	52 ①	53 ①	54 ②	55 ①
56 ②	57 ①	58 ③	59 ④	60 ②

가스기능사 필기

2026년 01월 05일 인쇄
2026년 01월 20일 발행

저자	이종관, 류재천
발행처	(주)도서출판 책과상상
등록번호	제2020-000205호
발행인	이강복
주소	경기도 고양시 일산동구 장항로 203-191
대표전화	(02)3272-1703~4
팩스	(02)3272-1705

저자협의
인지생략

홈페이지 www.sangsangbooks.co.kr
ISBN 979-11-6967-339-6

값 20,000원
Copyright© 2026
Book & SangSang Publishing Co.